Walter Wittenberger
Werner Fritz

Physikalisch-chemisches Rechnen

mit einer Einführung in die höhere Mathematik

Zweite, verbesserte Auflage

Springer-Verlag
Wien New York

Dr. techn. Ing. Walter Wittenberger
Babenhausen (Hess)

Dr. rer. nat. Werner Fritz
Ettlingen
Akademischer Direktor am Institut für Chemische Technik
der Universität Karlsruhe

Mit 257 entwickelten Übungsbeispielen, 387 Übungsaufgaben
samt Lösungen und 103 Abbildungen

ISBN-13: 978-3-7091-9133-0   e-ISBN-13: 978-3-7091-9132-3
DOI: 10.1007/978-3-7091-9132-3

Vorwort

Das vorliegende Buch richtet sich an Chemiker im Beruf und an Chemiestudenten. Die Erfahrung lehrt, daß zwischen dem Kennen der verschiedenen Gesetzmäßigkeiten der Physikalischen Chemie und deren Anwendung im praktischen Rechnen für den weniger Geübten ein oft mühsamer Weg zurückzulegen ist. Das Hauptgewicht wurde daher auf Beispiele aus der Praxis gelegt und jedes der 257 Beispiele Schritt für Schritt aufgebaut, um dem Benutzer das Einarbeiten zu erleichtern. Ergänzt wird dieses Bestreben durch 387 Übungsaufgaben, deren Lösungen, falls erforderlich mit Hinweisen auf den Rechengang, am Schluß des Buches zusammengestellt sind.

Jedem Abschnitt sind theoretische Erläuterungen vorangestellt, wobei betont werden muß, daß das vorliegende Buch nicht ein Lehrbuch der Physikalischen Chemie ersetzen kann und will, vielmehr dieses in der rechnerischen Anwendung ergänzen soll. Der mathematischen Auswertung von Meßergebnissen ist stets ein breiter Raum gewidmet.

Für die mathematische Behandlung physikalisch-chemischer Probleme ist die Anwendung der höheren Mathematik unerläßlich. An den Anfang des Buches ist daher eine Einführung in die höhere Mathematik gestellt, die es ermöglichen soll, auf die Zuhilfenahme eines Buches der reinen Mathematik zu verzichten.

Dem Springer-Verlag Wien sagen wir aufrichtig Dank für die in gewohnter Weise vorbildliche Ausstattung des Buches.

Babenhausen (Hess) und Ettlingen, im Herbst 1990

Walter Wittenberger
Werner Fritz

Inhaltsverzeichnis

Inhaltsverzeichnis   XI

1 Allgemeines Rechnen – Funktionen

1.1 Wichtige Formeln aus der Algebra

1.1.1 Potenzieren und Radizieren

$$(x \pm y)^2 = x^2 \pm 2\,xy + y^2 \qquad x^2 - y^2 = (x + y)\,(x - y)$$

$$(x \pm y)^3 = x^3 \pm 3\,x^2 y + 3\,xy^2 \pm y^3$$

$$x^a x^b = x^{a+b} \qquad\qquad x^a y^a = (xy)^a$$

$$\frac{x^a}{x^b} = x^{a-b} \qquad\qquad \frac{x^a}{y^a} = \left(\frac{x}{y}\right)^a$$

$$x^0 = 1;\ \frac{1}{0} = \infty \qquad\qquad \sqrt[a]{x}\ \sqrt[a]{y} = \sqrt[a]{xy}$$

$$x^{-a} = \frac{1}{x^a} \qquad\qquad \frac{\sqrt[a]{x}}{\sqrt[a]{y}} = \sqrt[a]{\frac{x}{y}}$$

$$(x^a)^b = x^{ab}$$

$$x^{\frac{a}{b}} = \sqrt[b]{x^a} \qquad\qquad \frac{x}{\sqrt{y}} = \frac{x\sqrt{y}}{y}$$

$$(\sqrt[a]{x})^b = \sqrt[a]{x^b} \qquad\qquad \sqrt[a]{\sqrt[b]{x}} = \sqrt[b]{\sqrt[a]{x}} = \sqrt[ab]{x}$$

1.1.2 Logarithmieren

$$\lg (xy) = \lg x + \lg y \qquad\qquad \lg x^a = a \lg x$$

$$\lg \frac{x}{y} = \lg x - \lg y \qquad\qquad \lg (x^a)^b = \lg x^{ab} = ab \lg x$$

$$\lg \frac{1}{x} = -\lg x \qquad\qquad \lg \sqrt[a]{x} = \frac{\lg x}{a}$$

1.1.3 Gleichungen

Quadratische Gleichungen:

$$x^2 + ax + b = 0; \quad \text{Wurzeln:} \quad x_{1,2} = -\frac{a}{2} \pm \sqrt{\left(\frac{a}{2}\right)^2 - b}$$

Gleichungen höheren Grades:

Näherungsverfahren s. S. 89.

1.1.4 Determinanten

Determinanten 2. Ordnung:

Löst man das Gleichungssystem $\begin{cases} a_1 x + b_1 y = k_1 \\ a_2 x + b_2 y = k_2 \end{cases}$ nach dem

Additionsverfahren, so muß man, um x zu erhalten, mit $\begin{cases} b_2 \\ (-b_1) \end{cases}$,

um y zu erhalten, mit $\begin{cases} (-a_2) \\ a_1 \end{cases}$ multiplizieren. Es resultieren
folgende Gleichungen:

$$x = \frac{k_1 b_2 - k_2 b_1}{a_1 b_2 - a_2 b_1} \quad \text{und} \quad y = \frac{a_1 k_2 - a_2 k_1}{a_1 b_2 - a_2 b_1}.$$ Dabei treten im Zähler und

Nenner Differenzen auf, die nach dem gleichen Gesetz gebaut sind
und als Determinanten zweiter Ordnung bezeichnet werden. Man
schreibt:

$$\det(a, b) = \begin{vmatrix} a_1 & b_1 \\ a_2 & b_2 \end{vmatrix}, \quad \det(k, b) = \begin{vmatrix} k_1 & b_1 \\ k_2 & b_2 \end{vmatrix}, \quad \det(a, k) = \begin{vmatrix} a_1 & k_1 \\ a_2 & k_2 \end{vmatrix}$$

Den Wert einer Determinante zweiter Ordnung erhält man,
indem man das Produkt der Glieder in der von links oben nach
rechts unten verlaufenden Hauptdiagonale bildet und dieses um
das Produkt der Glieder in der von links unten nach rechts oben
verlaufenden Nebendiagonale vermindert, also

$$\det(a, b) = \begin{vmatrix} a_1 & b_1 \\ a_2 & b_2 \end{vmatrix} = a_1 b_2 - a_2 b_1.$$

Die gemeinsame Nennerdeterminante wird aus den Koeffizienten von x und y gebildet. Sie muß von Null verschieden sein, wenn
das Gleichungssystem lösbar sein soll.

Die Zählerdeterminanten für x und y entstehen dadurch, daß
man in der Nennerdeterminante die Koeffizienten der betreffenden

Unbekannten durch die von x und y freien Glieder auf der rechten Seite der Gleichung ersetzt, also:

$$x = \frac{\det(k, b)}{\det(a, b)} = \frac{\begin{vmatrix} k_1 & b_1 \\ k_2 & b_2 \end{vmatrix}}{\begin{vmatrix} a_1 & b_1 \\ a_2 & b_2 \end{vmatrix}} \quad \text{und} \quad y = \frac{\det(a, k)}{\det(a, b)} = \frac{\begin{vmatrix} a_1 & k_1 \\ a_2 & k_1 \end{vmatrix}}{\begin{vmatrix} a_1 & b_1 \\ a_2 & b_2 \end{vmatrix}} \quad .$$

Z. B.:
$$\begin{aligned} 7x + 5y &= 85 \\ 4x - y &= 37 \end{aligned}$$

$$x = \frac{\begin{vmatrix} 85 & 5 \\ 37 & -1 \end{vmatrix}}{\begin{vmatrix} 7 & 5 \\ 4 & -1 \end{vmatrix}} = \frac{-85 - (+\,185)}{-7 - (+\,20)} = +\,10; \; y = \frac{\begin{vmatrix} 7 & 85 \\ 4 & 37 \end{vmatrix}}{\begin{vmatrix} 7 & 5 \\ 4 & -1 \end{vmatrix}} =$$

$$= \frac{259 - (+\,340)}{-7 - (+\,20)} = +\,3.$$

Determinanten 3. Ordnung:

Für das Gleichungssystem

$$\begin{aligned} a_1 x + b_1 y + c_1 z &= k_1 \\ a_2 x + b_2 y + c_2 z &= k_2 \\ a_3 x + b_3 y + c_3 z &= k_3 \end{aligned}$$

ergeben sich folgende Determinanten:

$$\det(a, b, c) = \begin{vmatrix} a_1 & b_1 & c_1 \\ a_2 & b_2 & c_2 \\ a_3 & b_3 & c_3 \end{vmatrix} \neq 0; \qquad \det(k, b, c) = \begin{vmatrix} k_1 & b_1 & c_1 \\ k_2 & b_2 & c_2 \\ k_3 & b_3 & c_3 \end{vmatrix} ;$$

$$\det(a, k, c) = \begin{vmatrix} a_1 & k_1 & c_1 \\ a_2 & k_2 & c_2 \\ a_3 & k_3 & c_3 \end{vmatrix} ; \quad \det(a, b, k) = \begin{vmatrix} a_1 & b_1 & k_1 \\ a_2 & b_2 & k_2 \\ a_3 & b_3 & k_3 \end{vmatrix} \quad \text{und damit:}$$

$$x = \frac{\det(k, b, c)}{\det(a, b, c)} , \quad y = \frac{\det(a, k, c)}{\det(a, b, c)} , \quad z = \frac{\det(a, b, k)}{\det(a, b, c)} \quad .$$

Die Determinanten können wie folgt berechnet werden:

$$\begin{vmatrix} a_1 & b_1 & c_1 & a_1 & b_1 \\ a_2 & b_2 & c_2 & a_2 & b_2 \\ a_3 & b_3 & c_3 & a_3 & b_3 \end{vmatrix} = a_1 b_2 c_3 + b_1 c_2 a_3 + c_1 a_2 b_3 - a_3 b_2 c_1 - b_3 c_2 a_1 - c_3 a_2 b_1,$$

d. h. man setzt die beiden ersten Spalten in der gleichen Reihenfolge neben die letzte und bildet die 6 Produkte der Elemente, die auf einer Diagonale liegen. Die Produkte erhalten je nach der Pfeilrichtung $+$ ($\searrow$) oder $-$ ($\nearrow$) als Vorzeichen.

Determinanten n-ter Ordnung:

Ganz allgemein besteht eine Determinante n-ter Ordnung aus n^2 Elementen. Sie hat n Zeilen (waagrechte Reihen) und n Spalten (senkrechte Reihen). Sie wird geschrieben:

$$\begin{vmatrix} a_1 & b_1 & c_1 & \cdots & \cdots & p_1 \\ a_2 & b_2 & c_2 & \cdots & \cdots & p_2 \\ \vdots & \vdots & \vdots & & & \vdots \\ a_n & b_n & c_n & \cdots & \cdots & p_n \end{vmatrix}$$

Eine Determinante n-ter Ordnung kann mit Hilfe von *Unterdeterminanten* $(n-1)$-ter Ordnung zerlegt werden:

$$\begin{vmatrix} a_1 & b_1 & c_1 & d_1 \\ a_2 & b_2 & c_2 & d_2 \\ a_3 & b_3 & c_3 & d_3 \\ a_4 & b_4 & c_4 & d_4 \end{vmatrix} = a_1 \begin{vmatrix} b_2 & c_2 & d_2 \\ b_3 & c_3 & d_3 \\ b_4 & c_4 & d_4 \end{vmatrix} - a_2 \begin{vmatrix} b_1 & c_1 & d_1 \\ b_3 & c_3 & d_3 \\ b_4 & c_4 & d_4 \end{vmatrix} + a_3 \begin{vmatrix} b_1 & c_1 & d_1 \\ b_2 & c_2 & d_2 \\ b_4 & c_4 & d_4 \end{vmatrix} - a_4 \begin{vmatrix} b_1 & c_1 & d_1 \\ b_2 & c_2 & d_2 \\ b_3 & c_3 & d_3 \end{vmatrix}$$

Die Unterdeterminante zu einem Element in der i-ten Zeile und der k-ten Spalte wird erhalten, indem man die i-te Zeile und die k-te Spalte der ursprünglichen Determinante durchstreicht und die so entstehende Determinante mit $(-1)^{i+k}$ multipliziert.

In einer Determinante kann man die Zeilen mit den Spalten unter Beibehaltung der Reihenfolge vertauschen:

$$\begin{vmatrix} a_1 & b_1 \\ a_2 & b_2 \end{vmatrix} = \begin{vmatrix} a_1 & a_2 \\ b_1 & b_2 \end{vmatrix}$$

Werden in einer Determinante 2 Zeilen oder 2 Spalten miteinander vertauscht, so ändert die Determinante ihr Vorzeichen.

Sind die entsprechenden Elemente zweier Spalten oder zweier Zeilen gleich oder proportional, so hat die Determinante den Wert 0:

$$\begin{vmatrix} a_1 & a_1 & c_1 \\ a_2 & a_2 & c_2 \\ a_3 & a_3 & c_3 \end{vmatrix} = 0; \quad \begin{vmatrix} a_1 & b_1 & c_1 \\ a_1 & b_1 & c_1 \\ a_3 & b_3 & c_3 \end{vmatrix} = 0; \quad \begin{vmatrix} a_1 & a_2 & ka_2 \\ b_1 & b_2 & kb_2 \\ c_1 & c_2 & kc_2 \end{vmatrix} = 0.$$

Sind alle Elemente einer Zeile oder einer Spalte mit dem gleichen Faktor multipliziert, so kann dieser vor die Determinante gesetzt werden:

$$\begin{vmatrix} ka_1 & b_1 & c_1 \\ ka_2 & b_2 & c_2 \\ ka_3 & b_3 & c_3 \end{vmatrix} = k \begin{vmatrix} a_1 & b_1 & c_1 \\ a_2 & b_2 & c_2 \\ a_3 & b_3 & c_3 \end{vmatrix} = \begin{vmatrix} ka_1 & kb_1 & kc_1 \\ a_2 & b_2 & c_2 \\ a_3 & b_3 & c_3 \end{vmatrix}$$

Der Wert einer Determinante bleibt unverändert, wenn man zu den Elementen einer Zeile oder Spalte das gleiche Vielfache der entsprechenden Elemente einer anderen Zeile oder Spalte addiert oder subtrahiert:

$$\begin{vmatrix} a_1 & b_1 & c_1 \\ a_2 & b_2 & c_2 \\ a_3 & b_3 & c_3 \end{vmatrix} = \begin{vmatrix} a_1 & b_1 & c_1 + ka_1 \\ a_2 & b_2 & c_2 + ka_2 \\ a_3 & b_3 & c_3 + ka_3 \end{vmatrix}$$

1.2 Allgemeines über Funktionen

1.2.1 Der Funktionsbegriff

Häufig besteht zwischen zwei veränderlichen Größen (Variablen) x und y ein Zusammenhang derart, daß bestimmten Werten von x jeweils bestimmte Werte von y zugeordnet sind. Man sagt dann, y sei eine *Funktion* von x, und schreibt $y = f(x)$. Die Größe x wird als *unabhängige Variable*, y als *abhängige Variable* bezeichnet. Die Werte von x, für welche die Funktion definiert ist, nennt man den *Definitionsbereich* der Funktion. Für x und y kann man auch andere Buchstaben setzen.

Der Ausdruck $y = f(x)$ besagt nur, daß überhaupt eine funktionale Beziehung zwischen x und y besteht, gibt jedoch keine Auskunft über die Art dieser Beziehung. Erst die Erforschung der quantitativen Zusammenhänge führt zu einer konkreten mathematischen, durch Zahlen auswertbaren Gleichung.

Oft ist auch eine Größe y von mehreren Variablen abhängig. Bei n Variablen $x_1, x_2, \ldots x_n$ spricht man dann von einer *Funktion von n Variablen* und schreibt $y = f(x_1, x_2, \ldots x_n)$.

1.2.2 *Explizite und implizite Funktionen*

Die Funktion $y = f(x)$ nennt man *explizit*. Als Gleichung ausgedrückt, steht auf der linken Seite vom Gleichheitszeichen nur die abhängige Veränderliche, auf der rechten Seite ein mathematischer Ausdruck, der zur Errechnung von y dient. Z. B. ist der Umfang U eines Kreises $U = 2\, r\, \pi$ (r Radius).

Bei Angabe eines funktionalen Zusammenhanges zwischen zwei Größen ist es meist gleichgültig, welche der beiden Größen als unabhängige Variable angesehen wird. Daher bringt man oft alle Glieder der Gleichung $y = f(x)$ auf die linke Seite; rechts vom Gleichheitszeichen steht nur noch Null. Dadurch ergibt sich eine Beziehung $F(x, y) = 0$. Diese Gleichung gibt die Funktion f in *impliziter* Weise an. Um eine solche Funktion durch Berechnung von Einzelwerten als Tabelle oder Kurve darzustellen, muß sie nach einer der Veränderlichen aufgelöst werden. Z. B. enthält die in impliziter Form dargestellte Gleichung $2\,y + 5\,x = 0$ die expliziten Funktionen $y = -\dfrac{5}{2}\, x$ und $x = -\dfrac{2}{5}\, y$.

1.3 Darstellung von Funktionen

1.3.1 *Tabellarische Darstellung*

Die *tabellarische Darstellung* eines funktionalen Zusammenhangs zwischen zwei Größen wird in der Regel das unmittelbare Ergebnis einer Meßreihe sein. Diese liefert fast stets nur eine begrenzte Anzahl von Wertepaaren; Zwischenwerte müssen durch Interpolation ermittelt werden. Lediglich automatisch und kontinuierlich arbeitende Schreiber zeichnen unmittelbar Kurven (z. B. Temperatur, Druck, pH-Wert als Funktion der Zeit).

Ein weiterer Nachteil der tabellarischen Darstellung liegt darin, daß sie die speziellen Eigenschaften der betreffenden Funktion nicht auf den ersten Blick erkennen läßt. Andererseits ist die Angabe der einzelnen Zahlenwerte einer Tabelle erheblich genauer als eine graphische Darstellung. Bei der Anfertigung einer Tabelle aus den Versuchsergebnissen darf die Angabe der Dimensionen der enthaltenen Größen nicht vergessen werden .

1.3.2 Graphische Darstellung in einem kartesischen Koordinaten-System

Die *graphische Darstellung* des funktionalen Zusammenhangs zweier Größen erfolgt meist in einem rechtwinkligen *kartesischen Koordinatensystem*. Dazu führt man ein rechtwinkliges Achsenkreuz ein und bezeichnet die horizontale Achse als *x-Achse* oder *Abszissenachse*, die vertikale Achse als *y-Achse* oder *Ordinatenachse*. Der Schnittpunkt der Achsen ist der *Koordinatenursprung* 0. Jede Achse weist eine Einteilung auf und ist als Zahlengerade anzusehen. Jedem Zahlenpaar $x = a$ und $y = b$ entspricht in der Ebene genau ein Punkt, der mit $P(a, b)$ bezeichnet wird. Diesen erhält man dadurch, daß man im Punkt a der Abszissenachse eine Parallele zur Ordinatenachse und im Punkt b der Ordinatenachse eine Parallele zur Abszissenachse einzeichnet. Die beiden Geraden schneiden sich dann im Punkt $P(a, b)$,

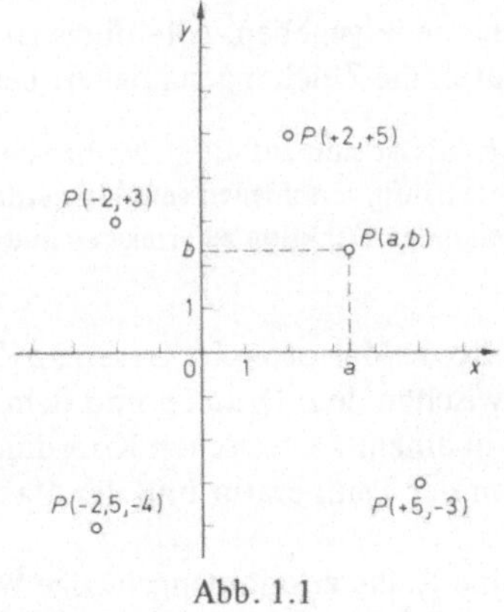

Abb. 1.1

s. Abb. 1.1. Als Beispiel sind in Abb. 1.1 die Punkte $P(+2, +5)$, $P(+5, -3)$, $P(-2,5, -4)$ und $P(-2, +3)$ eingezeichnet.

Der Abstand r eines Punktes $P(a, b)$ vom Koordinatenursprung kann mit Hilfe des Satzes von Pythagoras durch die Koordinaten a

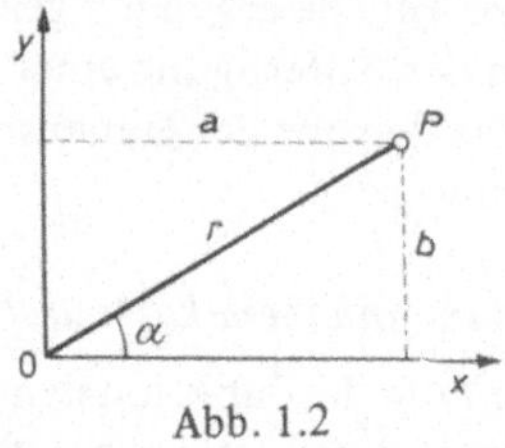

Abb. 1.2

und b angegeben werden (Abb. 1.2). Es ist $r = \sqrt{a^2 + b^2}$. Bei bekanntem Winkel α sind

$$\cos\alpha = \frac{a}{r} \;,\; \sin\alpha = \frac{b}{r} \text{ und } \tan\alpha = \frac{b}{a}\;.$$

Liegt nun eine Funktion $y = f(x)$ vor, so existiert zu jedem Wert von x aus dem Definitionsbereich der Funktion ein Wert von y und damit ein Punkt im Koordinatensystem. Kann x unendlich viele kontinuierliche Werte annehmen, so verschmelzen diese zu einer Kurve (s. Abb. 1.3).

Durch eine graphische Darstellung wird der Funktionsverlauf besonders übersichtlich wiedergegeben. Allerdings ist die Genauigkeit der Wiedergabe durch die Zeichengenauigkeit begrenzt.

Koordinatenmaßstäbe. Es ist stets auf die Maßstäbe von Abszisse und Ordinate zu achten, da diese häufig verschieden gewählt werden, um eine sinnvolle Darstellung der betreffenden Funktion zu erreichen und die Genauigkeit zu erhöhen.

Beispiel 1-1. Das Boyle-Mariottesche Gesetz, $pV = C$, welches den Zusammenhang zwischen dem Druck p und dem Volumen V eines Gases angibt, ist in einem kartesischen Koordinatensystem darzustellen (C ist eine von der Temperatur und der Masse des Gases abhängige Konstante).

Wir bestimmen eine Reihe zusammengehörige Werte, wobei C vorher festzulegen ist (z. B. $C = 1$ bar $\cdot$ Liter). Es ist dann:

$p =$	0,2	0,5	1	2	5	bar
$V =$	5	2	1	0,5	0,2	Liter

Die Werte werden in das Koordinatensystem eingezeichnet und die Punkte zu einer Kurve verbunden. Man erkennt dann sofort, daß das Volumen als Funktion des Drucks einen hyperbolischen Verlauf hat (Abb. 1.3). ——

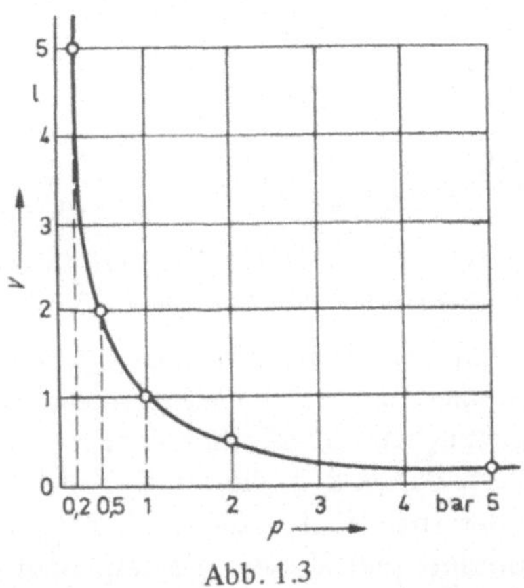

Abb. 1.3

1.3.3 Unterdrückter Nullpunkt

Aus Genauigkeitsgründen wird es häufig notwendig sein, nur einen bestimmten Teil des Koordinatennetzes zu verwenden und u. U. die Maßstäbe beider Achsen verschieden groß zu wählen.

Beispiel 1-2. Bei der Darstellung der Abhängigkeit der Dichte des Wassers von der Temperatur zwischen 0 und 10 °C wäre es sinnlos, als Koordinatenursprung die Dichte 0 g/cm^3 und eine Teilung der Ordinate mit den Abständen 0,1/0,2/0,3 usw. zu wählen. Der Unterschied der Dichte zwischen 0 und 10 °C wäre nicht mehr zu erkennen, da sich bei dem gewählten Maßstab alle Werte auf 1,00 abrunden und damit praktisch eine Gerade erhalten werden würde. Wir unterdrücken daher den Anfangspunkt der Teilung und wählen außerdem für die Ordinate einen größeren Maßstab; d. h. wir beginnen im Koordinatenschnittpunkt mit der Dichte 0,9996 g/cm^3 und führen die Teilung in größerem Maßstab nur bis 1,0000 g/cm^3 fort, da nur dieser Bereich in Betracht kommt. Auf diese Weise lassen sich die einzelnen Tabellenwerte zu einer anschaulichen und brauchbaren Kurve verbinden (Abb. 1.4). ——

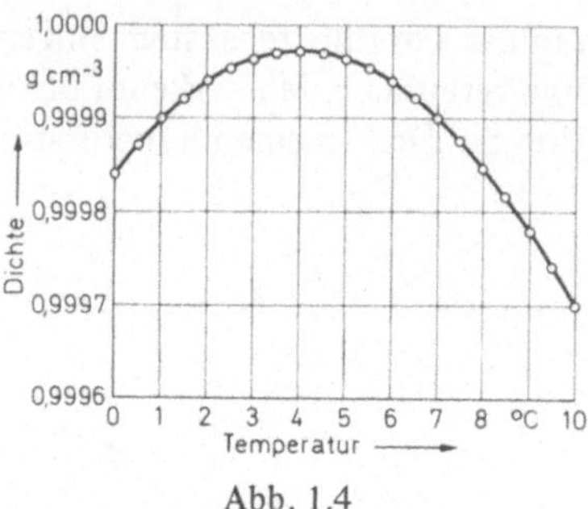

Abb. 1.4

1.3.4 Mehrdeutige und unstetige Funktionen

Mehrdeutige Funktionen. Meist nimmt bei gegebenem Wert
von x die Größe y nur einen bestimmten Wert an (*eindeutige Funktion*, z. B. $y = x^2$). In manchen Fällen gehören zu einem Wert von x
mehrere bestimmte Werte von y, d. h. die Funktion ist *mehrdeutig*
(z. B. $y = \pm \sqrt{x}$). Ein derartiger Fall ist durch die Abb. 7.18, S. 239
(Mischbarkeit von n-Butanol und Wasser) gegeben. Man kann jedoch
solche Funktionen auch als eindeutig ansehen, wenn man sich die
Kurve aus zwei Teilkurven (Löslichkeitskurven für Wasser in n-Butanol,
bzw. n-Butanol in Wasser) zusammengesetzt denkt, die im kritischen
Punkt ineinander übergehen.

Unstetige Funktionen. Viele der den Chemiker interessierenden
Funktionen haben einen stetigen Kurvenverlauf, d. h. die Kurve kann
in einem Zug gezeichnet werden*. Manche Funktionen jedoch sind
an einer oder mehreren Stellen *unstetig*, weil sie dort einen Sprung
oder einen Knick aufweisen. Eine *Unstetigkeit* in einer Kurve deutet
auf eine Veränderung des untersuchten Systems hin, z. B. Änderung
des Aggregatzustandes (Schmelzen, Verdampfen), des Hydratwasser-
Gehalts (Abb. 6.3, S. 209), des Reaktionsmechanismus usw. Als Un-
stetigkeitsstellen bezeichnet man auch solche, an denen eine Funktion
unendlich oder unbestimmt wird.

* Exakte mathematische Definition der *Stetigkeit:* Eine Funktion $y = f(x)$,
die in $x = a$ und in einer Umgebung von a definiert ist, heißt an der Stelle $x = a$
stetig, wenn der Grenzwert von $f(x)$ für x gegen a existiert und mit dem Funktions-
wert an der Stelle a übereinstimmt. Es ist dann also: $\lim\limits_{x \to a} f(x) = f(a)$.

Beispiel 1-3. Auf S. 276 ist für SO_2 die molare Wärmekapazität C_{mp} in Abhängigkeit von der Temperatur T tabelliert. Die Darstellung in Form einer Kurve ergibt folgendes Bild: Ziemlich gleichmäßiges Ansteigen bis $T = 197{,}64$ K. Bei dieser Temperatur springt die Kurve plötzlich nach oben, um von dort wieder sehr langsam zu sinken. Der Kurvensprung deutet auf eine eingetretene Veränderung, in diesem Fall das Schmelzen des festen SO_2, hin. ———

1.3.5 Mehrere Kurven in einem Koordinatensystem

Handelt es sich um die Darstellung ein- und derselben Funktion verschiedener Stoffe, so kann es von Vorteil sein, die erhaltenen Kurven in das gleiche Koordinatensystem einzuzeichnen, weil auf diese Weise

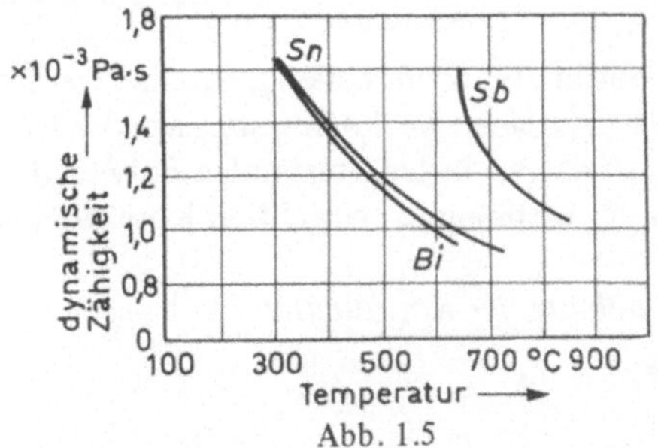

Abb. 1.5

ein anschaulicher Vergleich zustande kommt (Abb. 1.5: Zähigkeit der Schmelzen von Sb, Sn und Bi in Abhängigkeit von der Temperatur).

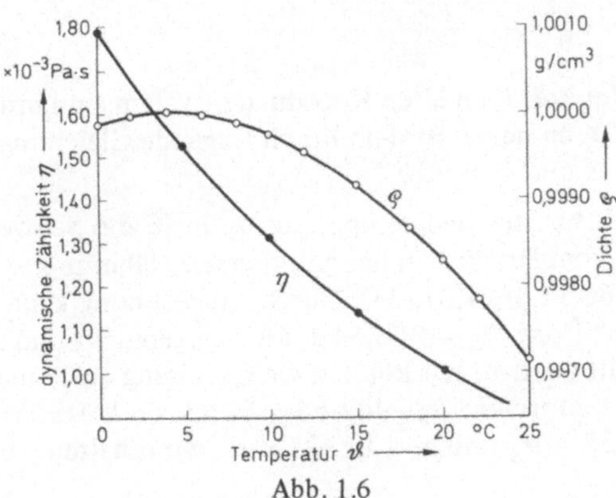

Abb. 1.6

Häufig stellt man auch mehrere Kurven in einem einzigen Koordinatensystem z. B. dann dar, wenn zwei Größen von einer dritten abhängen. Diese Darstellungsart ist dann nützlich, wenn man feststellen will, ob die beiden (abhängigen) Größen einen gleichen oder ähnlichen Verlauf in Abhängigkeit von der dritten (unabhängigen) Größe aufweisen. Abb. 1.6 zeigt als Beispiel die Zähigkeit und die Dichte des Wassers als Funktion der Temperatur zwischen 0 und 25 °C. In dieser Darstellung ist die Zähigkeit auf der linken, die Dichte auf der rechten Ordinate aufgetragen. Man kann aber auch nur eine Ordinate zeichnen und als Doppelleiter (s. S. 115) ausführen. Wichtig ist, daß jede Kurve eine deutliche Kennzeichnung trägt, welche Größe sie darstellt.

1.3.6 *Transformation der Koordinaten*

Die Lage der Koordinaten kann beliebig gewählt werden. Es wird jedoch für jede Kurve eine zweckmäßigste Lage des Koordinatensystems geben, so daß es unter Umständen notwendig wird, eine Transformation der ursprünglich gewählten Koordinaten vorzunehmen.

a) Parallelverschiebung der Koordinaten (Abb. 1.7). Die Koordi-

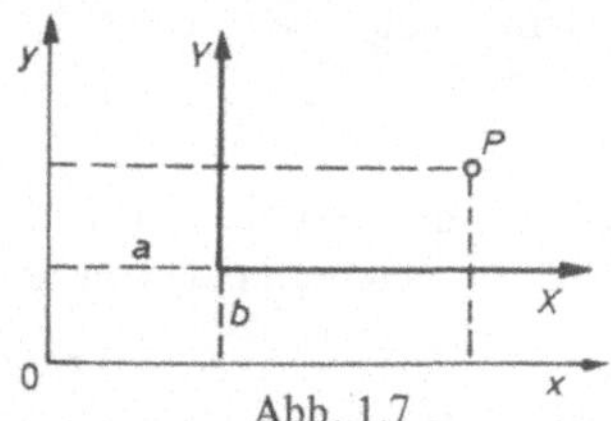
Abb. 1.7

naten x, y des Punktes P im alten Koordinatensystem sind mit den Koordinaten X, Y im neuen System durch folgende Gleichungen verbunden: $X = x - a$ und $Y = y - b$.

Beispiel 1-4. Für die Siedetemperatur ϑ_S in °C des Schwefels in Abhängigkeit vom Druck p in bar gilt in erster Näherung: $\vartheta_S = 444{,}55 + 68{,}11\,(p - 1{,}01325)$. Durch Ausrechnung kann die Gleichung auf die Form $\vartheta_S = 375{,}54 + 68{,}11\,p$ gebracht und als Gerade dargestellt werden. Wir können die Gleichung aber auch in folgender Weise umformen: $\vartheta_S - 444{,}55 = 68{,}11\,(p - 1{,}01325)$ und setzen $\vartheta_S - 444{,}55 = \vartheta_S'$ und $p - 1{,}01325 = p'$; wir erhalten dann $\vartheta_S' = 68{,}11\,p'$.

Damit ist eine Parallelverschiebung der Koordinaten durchgeführt.
In dem neuen System ist $\vartheta'_S = 68{,}11\,p'$ eine Gerade durch den Koordinatenursprung. Da die Steigung bekannt ist, kann die Gerade sofort
gezeichnet werden. Wir wollten jedoch die Funktion als Gerade im
ursprünglichen Koordinatensystem darstellen. Da $\vartheta'_S = \vartheta_S - 444{,}55$
und $p' = p - 1{,}01325$ ist, liegt der Koordinatenursprung des neuen
Systems ($\vartheta'_S = 0$ und $p' = 0$) bei $\vartheta_S = 444{,}55\ ^\circ$C und $p = 1{,}01325$ bar.

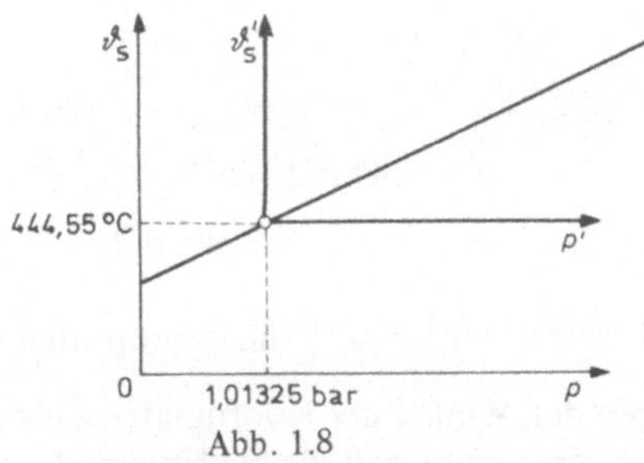

Abb. 1.8

Wir können also das ursprüngliche Koordinatensystem um das neue
herumzeichnen (Abb. 1.8). ——

b) Drehung des Koordinatensystems um den Ursprung. Ein
Punkt P habe im alten Koordinatensystem die Koordinaten x und y,
im neuen ξ und η (Abb. 1.9).

Von P aus ziehen wir PC senkrecht zur x-Achse und PB senkrecht
zur ξ-Achse, ferner BA senkrecht zur y-Achse. In dem erhaltenen Dreieck ABP erscheint der Winkel α, um den das Koordinatensystem ge-
dreht wurde, und es ist $AB = CD = \eta \sin \alpha$ und $PA = \eta \cos \alpha$. Nach
der Abb. 1.9 ist $OD = \xi \cos \alpha$, daher $OD - CD = OC = x = \xi \cos \alpha -$

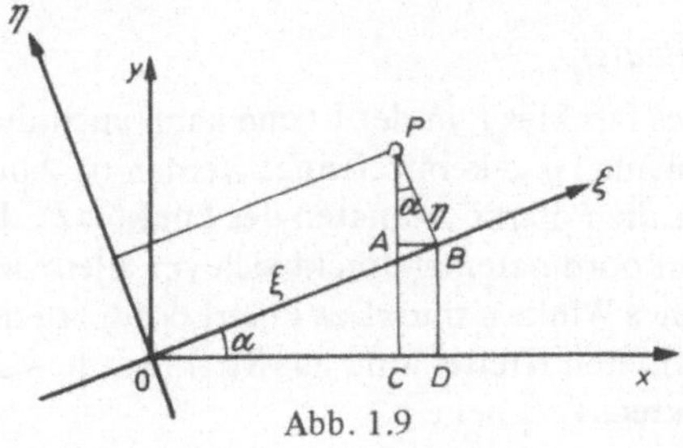

Abb. 1.9

$-\eta \sin \alpha$. Analog $PC = AC + AP = DB + AP = y = \xi \sin \alpha + \eta \cos \alpha$.

Beispiel 1-5. Die Gleichung der Hyperbel (Abb. 1.10) lautet

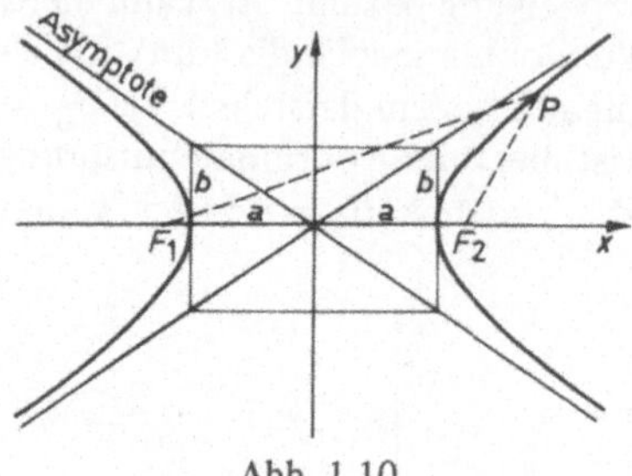

Abb. 1.10

$\dfrac{x^2}{a^2} - \dfrac{y^2}{b^2} = 1$. Ist die Hyperbel gleichseitig, d. h. $a = b$, dann wird

$\dfrac{x^2}{a^2} - \dfrac{y^2}{a^2} = 1$, daraus $x^2 - y^2 = a^2$; die Asymptoten dieser

Hyperbel halbieren den Winkel der Koordinatenachsen.

Welche Gleichung ergibt sich für die Hyperbel, wenn wir die Asymptoten als Koordinatenachsen betrachten ? Zur Beantwortung dieser Frage müssen wir das Koordinatensystem um $-45°\left(= -\dfrac{\pi}{4}\right)$

drehen. Nach S. 25 f. ist $\sin\left(-\dfrac{\pi}{4}\right) = -\dfrac{\sqrt{2}}{2}$, $\cos\left(-\dfrac{\pi}{4}\right) = +\dfrac{\sqrt{2}}{2}$

und es wird $x = \dfrac{\sqrt{2}}{2}(\xi + \eta)$ und $y = \dfrac{\sqrt{2}}{2}(\eta - \xi)$.

Einsetzen in die Gleichung $x^2 - y^2 = a^2$ ergibt, da nach den Regeln der Algebra $x^2 - y^2 = (x + y)(x - y)$ ist:

$$x^2 - y^2 = 2\,\xi\,\eta = a^2 \quad \text{oder} \quad \xi\,\eta = \dfrac{a^2}{2} = \text{konstant.} \ \text{——}$$

1.3.7 Polarkoordinaten

Die Lage eines Punktes P in der Ebene kann auch durch die Größe r und den Winkel α gekennzeichnet werden (s. Abb. 1.2, S. 8). Es sind dies die Polarkoordinaten des Punktes P. Die Anwendung der Polarkoordinaten erstreckt sich vor allem auf Größen, die Funktionen eines Winkels sind. Das Polarkoordinatennetz besteht aus konzentrischen Kreisen und aus Strahlen, die vom Zentrum aus die Kreise senkrecht schneiden.

Zwischen den Polarkoordinaten und den rechtwinkeligen Koordinaten besteht folgende Beziehung: $x = r \cos \alpha$, $y = r \sin \alpha$, $x^2 + y^2 = r^2$.

1.3.8 Räumliche Koordinaten

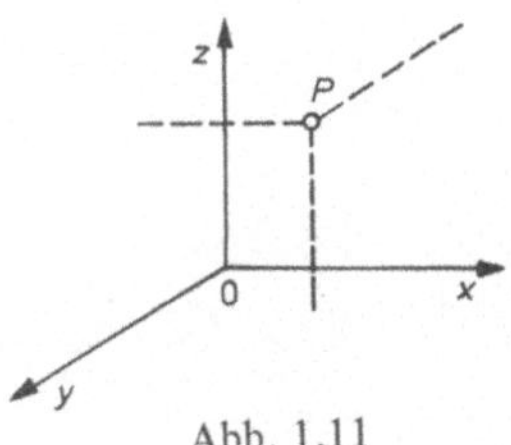

Abb. 1.11

Die 3 senkrecht aufeinanderstehenden Achsen (Abb. 1.11) bilden 3 Koordinatenebenen (xy-Ebene, xz-Ebene und yz-Ebene). Legt man durch einen Punkt P Ebenen parallel zu diesen Koordinatenebenen, so schneiden sie auf den Achsen die Koordinaten des Punktes $P(a, b, c)$ ab. Durch Betrag und Vorzeichen sind die 3 Koordinaten bestimmt.

1.3.9 Analytische Darstellung

Die Darstellung einer Funktion durch eine *Gleichung* ist zwar sehr präzise, aber nicht übersichtlich.

1.4 Wichtige Funktionstypen

1.4.1 Die Konstante

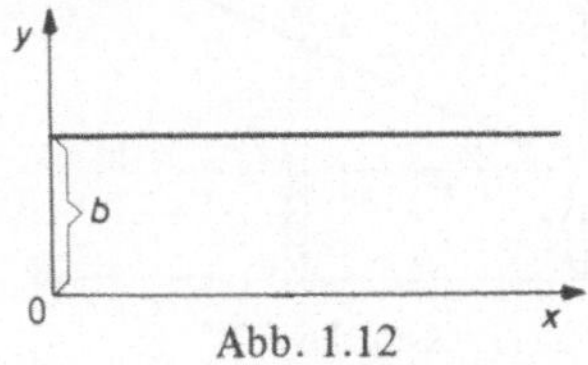

Abb. 1.12

Die Konstante ist durch die Gleichung $y = b$ gegeben (Abb. 1.12).

Da jede experimentelle Bestimmung von Werten mit Fehlern behaftet ist, wird auch die so bestimmte Konstante nicht streng mathematisch konstant sein, sondern einen Wert besitzen, der innerhalb einer gewissen Toleranz schwankt.

1.4.2 Die Proportionalität

Die Proportionalität wird ausgedrückt durch die Formel $y = ax$.

Die graphische Darstellung ergibt eine Gerade, die durch den Koordinatenursprung geht (Abb. 1.13). Der Proportionalitätsfaktor a

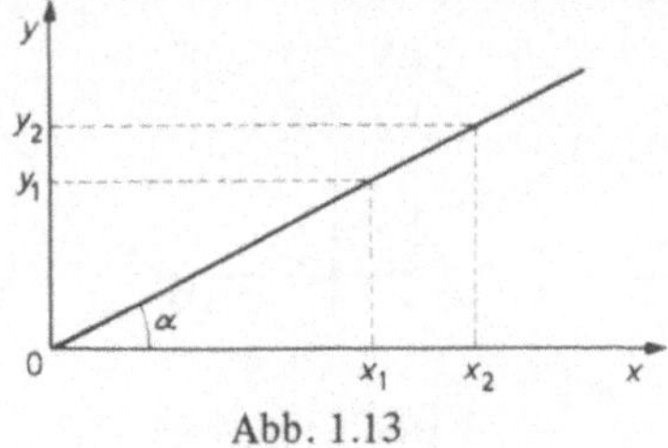

Abb. 1.13

ist eine Konstante und gibt die Steigung der Geraden an, denn es ist

$$a = \frac{y}{x} = \tan \alpha.$$

Da die Steigung eine Konstante ist, muß für die verschiedenen

Punkte der Geraden gelten: $a = \dfrac{y_1}{x_1} = \dfrac{y_2}{x_2} = \ldots$ usw.

1.4.3 Die lineare Funktion

Die lineare Funktion wird durch die allgemeine Gleichung der Geraden ausgedrückt: $y = ax + b$.

Für die Gleichung der Geraden ist die Lage zu den Koordinatenachsen maßgebend. Aus dem rechtwinkligen Dreieck (Abb. 1.14)

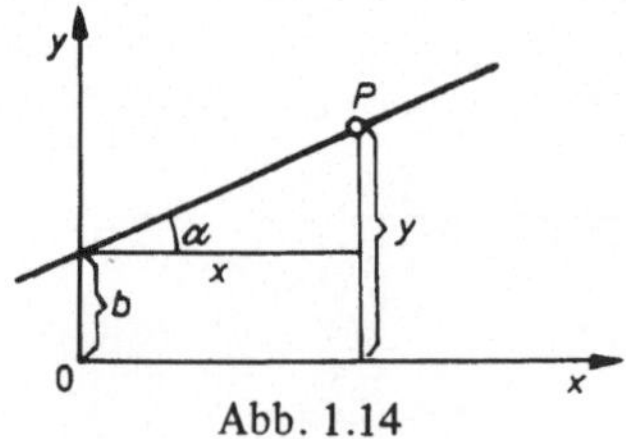

Abb. 1.14

folgt $\tan \alpha = \dfrac{y-b}{x}$ und $y = x \tan \alpha + b$, oder wenn wir $\tan \alpha = a$

setzen $y = ax + b$. Die Gleichung setzt sich also zusammen aus der Proportionalität ax und der Konstanten b.

Als Beispiel diene das Gay-Lussacsche Gesetz für ideale Gase bei konstantem Druck (s. S. 160):

$$V = V_1\left(1 + \frac{\Delta T}{T_1}\right) \quad \text{oder} \quad V = V_1 + \frac{V_1}{T_1}\,\Delta T.$$

V und V_1 sind die Volumina bei den Temperaturen T bzw. T_1 (in K), und $\Delta T = T - T_1$. Bei gegebenem V_1 und T_1 sind V und ΔT die beiden Variablen. Setzen wir $V = y$, $V_1 = b$, $\frac{V_1}{T_1} = a$ und $\Delta T = x$, so erhalten wir die Gleichung einer Geraden: $y = ax + b$.

Jede Gerade ist durch 2 Punkte bestimmt. Ausgezeichnete Punkte sind jene, in denen die Gerade die Achsen schneidet. Für den Schnittpunkt mit der y-Achse ist $x = 0$, für den Schnittpunkt mit der x-Achse ist $y = 0$. Hat also eine Gerade die Form $y = ax + b$, dann ist für $x = 0$: $y = b$; d. h. b stellt den Ordinatenabschnitt dar. Die Gerade ist also durch ihren Ordinatenabschnitt b und ihre Steigung a bestimmt.

Bestimmung der Geraden, wenn 2 Punkte gegeben sind: Für einen bestimmten Punkt $P_1(x_1, y_1)$ der Geraden $y = ax + b$ gilt dann $y_1 = ax_1 + b$, für einen zweiten Punkt $P_2(x_2, y_2)$ gilt $y_2 = ax_2 + b$. Daraus erhalten wir durch Subtraktion $y - y_1 = a(x - x_1)$, bzw. $y_1 - y_2 = a(x_1 - x_2)$ und aus diesen beiden Gleichungen durch Eliminieren von a: $\dfrac{y - y_1}{y_1 - y_2} = \dfrac{x - x_1}{x_1 - x_2}$.

Beispiel 1-6. Eine Gerade sei gegeben durch die Punkte $P_1(-1, +2)$ und $P_2(3, 4)$. Es ist nun $\dfrac{y-2}{2-4} = \dfrac{x-(-1)}{-1-3}$, daraus $\dfrac{y-2}{-2} = \dfrac{x+1}{-4}$, weiter (durch kreuzweise Multiplikation) $-4y + 8 = -2x - 2$ und die Gleichung der Geraden lautet $2x - 4y + 10 = 0$ oder $y = 0{,}5x + 2{,}5$. —

1.4.4 Die Parabel

Häufig treten Funktionen auf, bei denen eine Größe nicht proportional einer anderen, sondern proportional deren Quadrat ist. In allgemeiner Schreibweise ist dann $y = ax^2$. Dies ist die Gleichung einer *Parabel*, deren Scheitel im Koordinatenursprung liegt (Abb. 1.15).

Liegt der Scheitel der Parabel außerhalb des Koordinatenursprungs, dann ist $(y-k) = a(x-h)^2$ oder bei vertauschten Koordinaten $(x-h) = a(y-k)^2$ (Abb. 1.16).

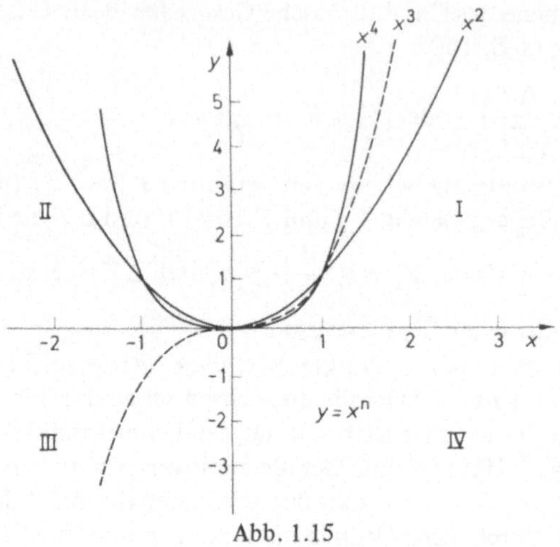

Abb. 1.15

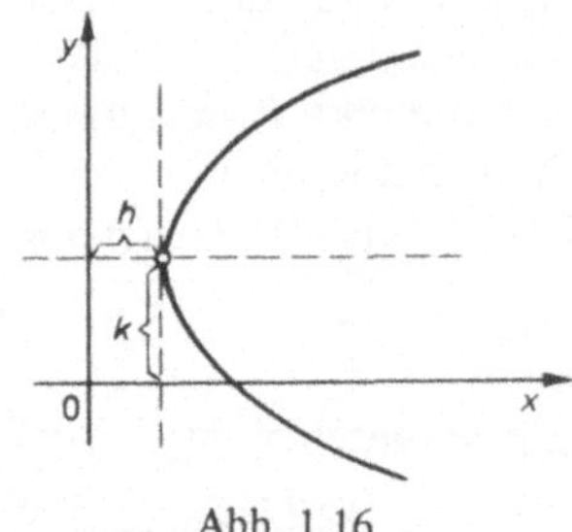

Abb. 1.16

Die unabhängige Variable kann auch in höherer Potenz auftreten, z. B. $y = ax^3$, $y = ax^4$ usw., allgemein $y = ax^n (n > 1)$. Die Kurvenbilder der Potenzfunktionen $y = x^3$ und $y = x^4$ sind ebenfalls in Abb. 1.15 dargestellt (*Parabeln höherer Ordnung*). Die beiden Äste der geraden Potenzfunktionen ($y = x^2$, $y = x^4$ usw.) liegen im ersten (I) und zweiten (II) Quadranten, diejenigen der ungeraden Potenzfunktionen ($y = x^3$, $y = x^5$ usw.) im ersten (I) und dritten (III) Quadranten.

Ein Beispiel für diesen Funktionstyp ist die Gleichung der Adiabate ($pV^\kappa = konst.$, daraus $p = \dfrac{konst.}{V^\kappa}$; s. S. 255).

Die Funktion $y = ax^n$ wird beim Auftragen der Werte für y und x auf logarithmisch geteilte Koordinatenachsen zu einer Geraden, denn $\lg y = \lg a + n \lg x$, wobei die Steigung durch den Faktor n gegeben ist. Bei der Auswertung von Meßwerten wird man häufig zu einer Kurve kommen, die der erweiterten Parabelgleichung $y = a + bx + cx^2 + \ldots$ entspricht (s. S. 55: Potenzreihe; S. 133: Ausgleichsrechnung). Ist die Krümmung der erhaltenen Kurve nur gering, kann unter Umständen der in Betracht kommende Teil der Kurve als Gerade ($y = a + bx$) mit einem zusätzlichen Korrekturglied ($cx^2 = k$) aufgefaßt werden.

1.4.5 Die umgekehrte Proportionalität

Die Funktion $y = \dfrac{a}{x}$ drückt aus, daß die Variable y umgekehrt proportional der Variablen x ist. Das Produkt aus beiden Variablen ist konstant: $yx = a$; d. h. y verringert sich um denselben Faktor, um welchen x vergrößert wird (und umgekehrt).

Bei der graphischen Darstellung ergibt sich eine *gleichseitige Hyperbel* (s. Abb. 1.3, S. 9: Boyle-Mariottesches Gesetz $pV = konstant$), die die Koordinatenachsen zu Asymptoten hat.

Die Funktion $y = \dfrac{a}{x^n}$, für $n > 1$, ist die allgemeine Form der

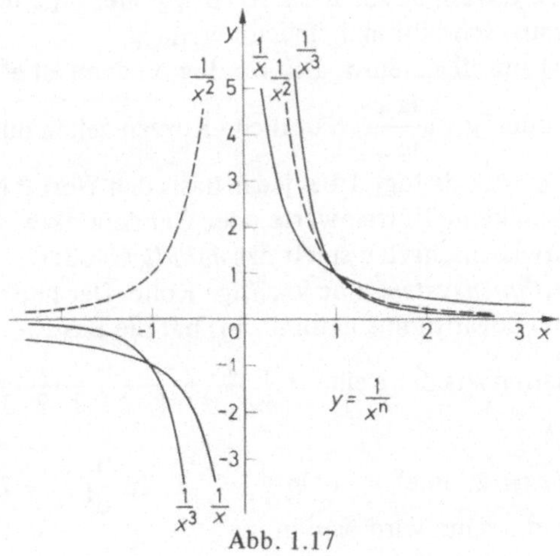

Abb. 1.17

umgekehrten Proportionalität. Mit steigendem Exponenten werden die Hyperbeln steiler (Abb. 1.17). Die Hyperbeln mit geradem Exponenten liegen im 1. und 2. Quadranten, jene mit ungeradem im 1. und 3. Quadranten (analog wie bei den Parabeln, S. 18).

1.4.6 Die Logarithmusfunktion

Der Verlauf der *logarithmischen Funktion* $y = \log_a x$ ist in der Abb. 1.18 dargestellt. Sie zeigt eine monoton ansteigende Kurve, die die negative y-Achse zur Asymptote hat und die x-Achse bei 1 schneidet.

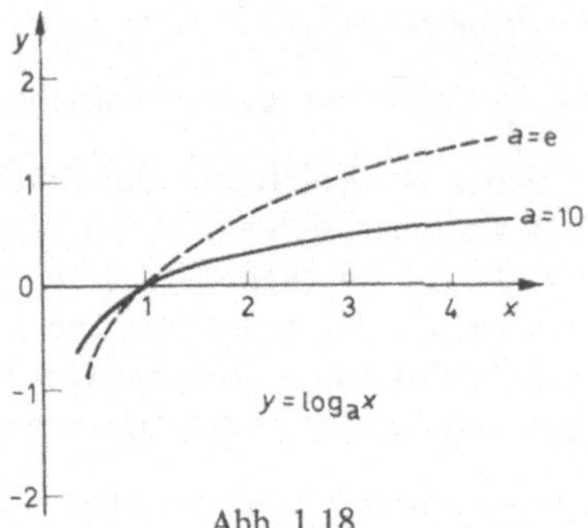

Abb. 1.18

Der *dekadische Logarithmus* hat die Basis 10, es ist also $y = \log_{10} x$. Den Logarithmus zur Basis 10 (Briggscher oder dekadischer Logarithmus) schreibt man üblicherweise lg.

Ist die Basis ganz allgemein a, also $y = \log_a x$, dann ist $a^y = x$ und $y \lg a = \lg x$ oder $y = \dfrac{\lg x}{\lg a}$: Sämtliche Kurven gehen durch den Punkt $x = 1$, $y = 0$, da $\log_a 1$ bei jeder Basis den Wert 0 hat. Die Kurven besitzen keine Extremwerte oder Wendepunkte.

In den Naturwissenschaften spielt das *natürliche* oder *Napiersche Logarithmensystem* eine wichtige Rolle. Der natürliche Logarithmus (Logarithmus naturalis ln) hat die Basis

$e = 2{,}71828$ (erhalten aus der Reihe $1 + \dfrac{1}{1} + \dfrac{1}{1 \cdot 2} + \dfrac{1}{1 \cdot 2 \cdot 3} + \ldots$).
Es ist $\log_e x = \ln x$.

$\ln e = 1$, $\ln e^2 = 2$, $\ln e^x = x$, $\ln \dfrac{1}{e} = -1$, $\ln \dfrac{1}{e^2} = -2$ usw.
Ist also z. B. $y = e^x$, dann wird $x = \ln y$.

$$\ln a - \ln b = \ln \frac{a}{b}.$$

(Der natürliche Logarithmus tritt bei der Integration von $\frac{dx}{x}$
auf, weshalb er in verschiedenen Naturgesetzen in Erscheinung tritt;
s. S. 64).

Umrechnung in die beim Zahlenrechnen gebräuchlichen dekadischen Logarithmen:

$$\ln x = 2{,}303 \lg x \quad \text{und}$$
$$\lg x = 0{,}4343 \ln x.$$

Beispiele für die Logarithmusfunktion sind die Gleichung für
den zeitlichen Ablauf einer chemischen Reaktion erster Ordnung
(s. S. 65) und die Nernstsche Gleichung für die Potentialdifferenz
(s. S. 359).

Trägt man bei der graphischen Darstellung der Logarithmusfunktion y nicht gegen x, sondern gegen $\lg x$ bzw. $\ln x$ auf, so erhält
man als Kurvenbild eine Gerade (s. logarithmische Papiere, S. 108).

1.4.7 Die Exponentialfunktion $y = a^x$

Die *Exponentialfunktion* $y = a^x$ (mit $a > 0$ und $\neq 1$), im
speziellen Fall $y = e^x$, ergibt Kurven, welche die y-Achse bei 1
schneiden. Mit wachsenden x-Werten nimmt die Steigung der Kurven
zu. Für $a = e = 2{,}71828$ erhält man eine Kurve (Abb. 1.19), deren

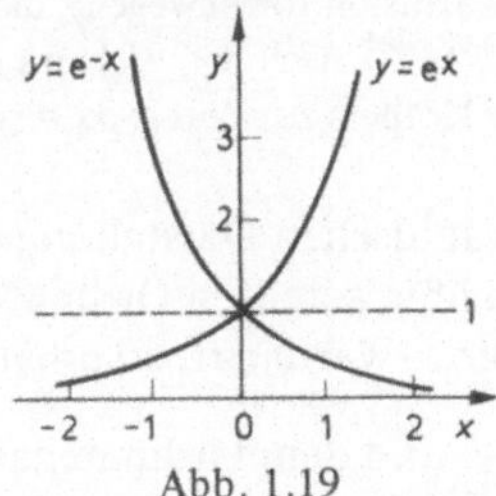

Abb. 1.19

Steigung in jedem Punkt zahlenmäßig gleich ist dem jeweiligen
Ordinatenwert (dann gilt $\frac{dy}{dx} = y$).

Die Kurve der *negativen Exponentialfunktion* $y = e^{-x}$
(oder allgemein $y = ae^{-bx}$) entsteht aus $y = e^x$ durch Vertau-

schung der positiven mit den negativen x-Werten (Spiegelung an der y-Achse); die Steigung ist nun dauernd negativ, d. h. die Kurve fällt (Abb. 1.19).

Die negative Exponentialfunktion ist für den Chemiker deshalb besonders wichtig, weil sie in der Form $c_A = c_A^0\, e^{-kt}$ oder $\ln \dfrac{c_A^0}{c_A} = kt$ den zeitlichen Ablauf einer chemischen Reaktion erster Ordnung (z. B. Esterverseifung in saurem Medium) in einem absatzweise betriebenen Reaktionsapparat beschreibt. c_A ist die Konzentration des Reaktionspartners A zur Zeit t, c_A^0 dessen Anfangskonzentration (bei $t = 0$), k die Geschwindigkeitskonstante. Eine Auftragung von $\ln \dfrac{c_A^0}{c_A}$ gegen t führt zu einer Geraden mit der Steigung k. Die Halbwertszeit $t_{1/2}$, d. h. die Zeit, nach der die Hälfte von A umgesetzt ist, ergibt sich mit $c_A = \dfrac{c_A^0}{2}$ zu $t_{1/2} = \dfrac{1}{k} \ln 2$.

Zu diesem wichtigen Funktionstyp gehören ferner das Lambert-Beersche Absorptionsgesetz $I = I_0\, e^{-\epsilon c d}$ (s. S. 406), das Nernstsche Auflösungsgesetz $c = c_s\left(1 - e^{-\frac{DA}{V\delta} t}\right)$ für die zeitliche Auflösung eines Kristalles in einer gut gerührten Flüssigkeit (c = Konzentration der Lösung, in der sich der Stoff auflöst, zur Zeit t, c_s = Sättigungskonzentration, A = Kristalloberfläche, V = Lösungsvolumen, D = Diffusionskoeffizient, δ = Dicke einer dem Kristall anhaftenden Schicht, die auch bei starkem Rühren besteht und in der sich die gelösten Moleküle nur durch Diffusion fortbewegen); das Newtonsche Abkühlungsgesetz $\vartheta = \vartheta_R - (\vartheta_R - \vartheta_0) e^{-kt}$, nach dem sich ein Körper abkühlt oder erwärmt (ϑ = Temperatur des Körpers zur Zeit t, ϑ_0 = seine Anfangstemperatur, ϑ_R = Raumtemperatur).

Trägt man bei der graphischen Darstellung der Funktion $y = ae^{-bx}$ auf der gleichmäßig geteilten Ordinate $\lg y$ (anstelle von y) und auf der Abszisse die x-Werte auf, so erhält man eine Gerade mit der Steigung $-\dfrac{b}{2{,}303}$ und dem Ordinatenabschnitt $\lg a$. (Über die Anwendung von logarithmischem Papier s. S. 108).

1.4.8 Die Funktion $y = ae^{-\frac{b}{x}}$

Die Funktion $y = ae^{-\frac{b}{x}}$ nimmt im einfachsten Fall, wenn

$a = b = 1$ ist, die Form $y = e^{-\frac{1}{x}}$ an. Diese Funktion ist in der Abb. 1.20 dargestellt. Sie besitzt nur positive y-Werte (Potenzen von e

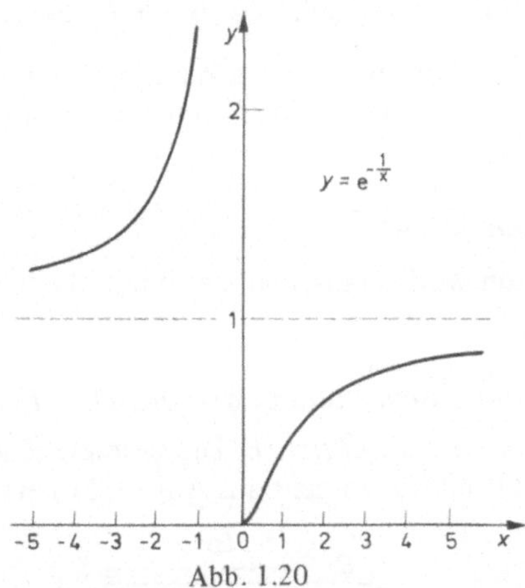

Abb. 1.20

sind stets größer als 0). Für $x \to \infty$ und $x \to -\infty$ nähert sich y dem Wert 1, und zwar im ersten Fall von unten her, im zweiten Fall von oben. Für $x = 0$ erhält die Kurve 2 verschiedene Werte. Wenn wir uns von positiven x-Werten aus bewegen, nähert sich y dem Wert 0. Nähern wir uns dem Punkt $x = 0$ von negativen x-Werten aus, dann bewegt sich y nach ∞.

Bei der allgemeinen Form dieser Funktion $y = ae^{-\frac{b}{x}}$ nähert sich y für $x \to \infty$ dem Wert a.

Die Kurve $y = ae^{-\frac{1}{x}}$ wird zu einer Geraden gestreckt, wenn man auf der Ordinate $\lg \frac{y}{a}$ und auf der Abszisse $\frac{1}{x}$ aufträgt. Ist die Ordinate logarithmisch geteilt, so kann auf ihr direkt $\frac{y}{a}$ aufgetragen werden. Zur Darstellung der Funktion wird man daher entweder einfach logarithmisches Papier $\left(\frac{y}{a} \right.$ auf der logarithmisch geteilten Ordinate und $\frac{1}{x}$ auf der Abszisse $\left. \right)$ oder logarithmisch-hyperbolisches Papier verwenden. Bei letzterem ist die eine Koordinatenachse logarithmisch, die andere reziprok (hyperbolisch) geteilt. Man trägt also auf ersterer $\dfrac{y}{a}$, auf letzterer x auf (s. auch S. 110).

Zu diesem Funktionstyp gehört z. B. die Arrheniussche Gleichung $k = k_0\,e^{-\frac{E}{RT}}$, welche den funktionalen Zusammenhang zwischen der Reaktionsgeschwindigkeitskonstante k und der absoluten Temperatur T wiedergibt (s. S. 395).

1.4.9 Die Funktion $y = e^{-x^2}$

Diese Funktion wird veranschaulicht durch die Gaußsche Glocken-kurve (s. S. 151).

1.4.10 Die trigonometrischen und zyklometrischen Funktionen

a) Trigonometrische Funktionen. Die geometrische Deutung der trigonometrischen Funktionen geht aus Abb. 1.21 hervor. Danach ist:

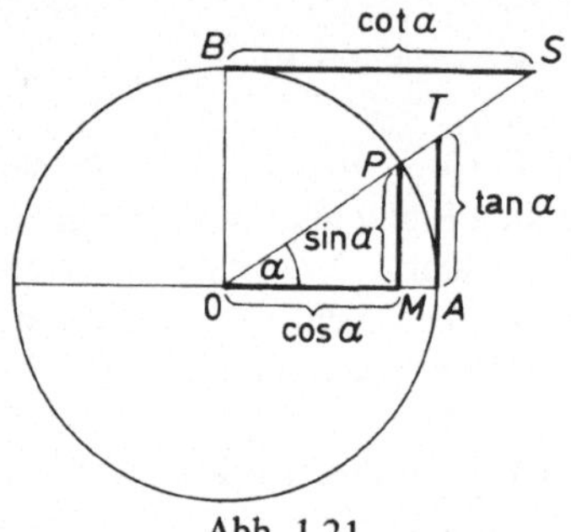

Abb. 1.21

$$\sin \alpha = \frac{MP}{OP}\,,\quad \cos \alpha = \frac{OM}{OP}\,,\quad \tan \alpha = \frac{AT}{OA}\,,\quad \cot \alpha = \frac{BS}{OB}\,.$$

Ist der Kreisradius $r = 1$ (sog. Einheitskreis) und damit $OP = OA = OB = 1$, so geben die Strecken MP, OM, AT und BS unmittelbar die Werte der entsprechenden trigonometrischen Funktionen des Winkels α an.

Der Umfang eines Kreises ist $U = 2\,r\,\pi$, der des Einheits-kreises ($r = 1$) somit $U = 2\,\pi$. Einem Winkel α von 360° im Gradmaß entspricht also im Bogenmaß ein Bogen der Länge $2\,\pi$. Für einen beliebigen Winkel α (in Grad) ist das Bogenmaß (die Bogenlänge AP)

dieses Winkels: $x = \alpha \dfrac{2\pi}{360} = \alpha \dfrac{\pi}{180}$.

Der Funktion $y = \sin \alpha$ (α in Grad) entspricht somit $y = \sin x$ (x im Bogenmaß).

b) Zyklometrische Funktionen (Umkehrfunktionen der trigono-metrischen Funktionen). Betrachten wir die Funktion $y = \sin x$; dann bezeichnet man denjenigen Winkel x im Bogenmaß, dessen Sinus gleich y ist, als „ArcusSinus y" und schreibt $x = \arcsin y$. Diese Funktion ist demnach die Umkehrfunktion von $y = \sin x$. Analoges gilt für die anderen zyklometrischen Funktionen.

Es gilt:

$$\arcsin(-x) = -\arcsin x; \quad \arccos(-x) = \pi - \arccos x;$$
$$\arctan(-x) = -\arctan x; \quad \mathrm{arccot}(-x) = \pi - \mathrm{arccot}\, x;$$
$$\arcsin x = -[(\arccos x) - \pi/2];$$
$$\arctan x = -[(\mathrm{arccot}\, x) - \pi/2].$$

Beispiel 1-7. $\sin \dfrac{\pi}{2} = 1$, daher $\arcsin 1 = \dfrac{\pi}{2}$;

$$\arcsin 0 = 0; \quad \arctan(-1) = -\frac{\pi}{4} . \underline{\qquad}$$

c) Besondere Werte der Winkelfunktionen

Winkel im Gradmaß	0°	30°	45°	60°	90°
im Bogenmaß $=$	0	$\dfrac{\pi}{6}$	$\dfrac{\pi}{4}$	$\dfrac{\pi}{3}$	$\dfrac{\pi}{2}$
zugehöriger $\sin$ $=$	0	$\dfrac{1}{2}$	$\dfrac{\sqrt{2}}{2}$	$\dfrac{\sqrt{3}}{2}$	1
$\cos$ $=$	1	$\dfrac{\sqrt{3}}{2}$	$\dfrac{\sqrt{2}}{2}$	$\dfrac{1}{2}$	0
$\tan$ $=$	0	$\dfrac{\sqrt{3}}{3}$	1	$\sqrt{3}$	∞
$\cot$ $=$	∞	$\sqrt{3}$	1	$\dfrac{\sqrt{3}}{3}$	0

d) Darstellung einer Funktion durch eine andere Funktion desselben Winkels

	$\sin\alpha$	$\cos\alpha$	$\tan\alpha$	$\cot\alpha$
$\sin\alpha =$		$\sqrt{1-\cos^2\alpha}$	$\dfrac{\tan\alpha}{\sqrt{1+\tan^2\alpha}}$	$\dfrac{1}{\sqrt{1+\cot^2\alpha}}$
$\cos\alpha =$	$\sqrt{1-\sin^2\alpha}$		$\dfrac{1}{\sqrt{1+\tan^2\alpha}}$	$\dfrac{\cot\alpha}{\sqrt{1+\cot^2\alpha}}$
$\tan\alpha =$	$\dfrac{\sin\alpha}{\sqrt{1-\sin^2\alpha}}$	$\dfrac{\sqrt{1-\cos^2\alpha}}{\cos\alpha}$		$\dfrac{1}{\cot\alpha}$
$\cot\alpha =$	$\dfrac{\sqrt{1-\sin^2\alpha}}{\sin\alpha}$	$\dfrac{\cos\alpha}{\sqrt{1-\cos^2\alpha}}$	$\dfrac{1}{\tan\alpha}$	

Ferner: $\tan\alpha = \dfrac{\sin\alpha}{\cos\alpha}$;

$$\sin(-\alpha) = -\sin\alpha\,;\qquad \tan(-\alpha) = -\tan\alpha\,;$$
$$\cos(-\alpha) = +\cos\alpha\,;\qquad \cot(-\alpha) = -\cot\alpha\,;$$

e) Zusammengesetzte Winkel

$$\sin(\alpha\pm\beta) = \sin\alpha\cos\beta \pm \cos\alpha\sin\beta$$
$$\cos(\alpha\pm\beta) = \cos\alpha\cos\beta \mp \sin\alpha\sin\beta$$

$$\sin 2\alpha = 2\sin\alpha\cos\alpha\,;\qquad \cos 2\alpha = \cos^2\alpha - \sin^2\alpha\,;$$
$$1 + \cos\alpha = 2\cos^2\frac{\alpha}{2}\,;\qquad 1-\cos\alpha = 2\sin^2\frac{\alpha}{2}\,;$$

$$\tan(\alpha\pm\beta) = \frac{\tan\alpha\pm\tan\beta}{1\mp\tan\alpha\tan\beta}\,;$$

$$\sin\alpha + \sin\beta = 2\sin\frac{\alpha+\beta}{2}\cos\frac{\alpha-\beta}{2}\,;\quad \sin\alpha-\sin\beta = 2\cos\frac{\alpha+\beta}{2}\sin\frac{\alpha-\beta}{2}\,;$$

$$\cos\alpha + \cos\beta = 2\cos\frac{\alpha+\beta}{2}\cos\frac{\alpha-\beta}{2}\,;\quad \cos\alpha-\cos\beta = -2\sin\frac{\alpha+\beta}{2}\sin\frac{\alpha-\beta}{2}$$

2 Differenzieren und Integrieren

2.1 Differentialrechnung

2.1.1 Der Differentialquotient

Geht in der Funktion $y = f(x)$ die Größe x in $x + \Delta x$ über, so ändert sich auch y um Δy (Abb. 2.1) und es ist $y + \Delta y = f(x + \Delta x)$.

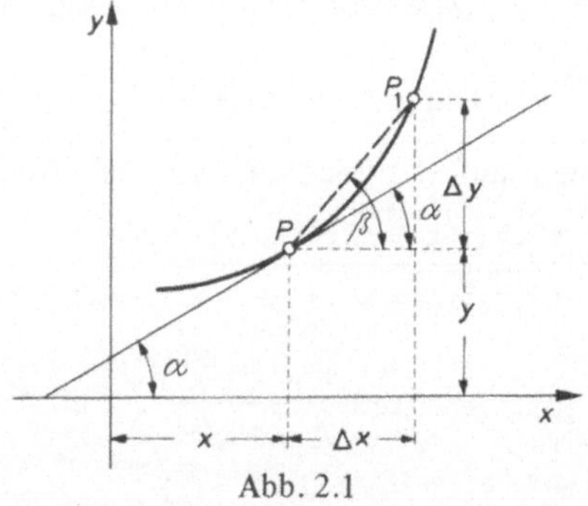

Abb. 2.1

Daraus ist $\Delta y = f(x + \Delta x) - y = f(x + \Delta x) - f(x)$. Nach Division durch Δx folgt $\dfrac{\Delta y}{\Delta x} = \dfrac{f(x + \Delta x) - f(x)}{\Delta x} = \tan \beta$; man bezeichnet diesen Ausdruck als *ersten Differenzenquotienten*. Er liefert das Verhältnis des Zuwachses der abhängigen zum Zuwachs der unabhängigen Veränderlichen.

Die Differenzen Δy und Δx sind kleine, aber meßbare Größen. Werden diese Differenzen unendlich klein, d. h. nähern sie sich dem Wert Null, so erreicht der Differenzenquotient einen *Grenzwert* (limes; lim), der sich für $\Delta x \to 0$ ergibt:

$$\lim_{\Delta x \to 0} \frac{\Delta y}{\Delta x} = \lim_{\Delta x \to 0} \frac{f(x + \Delta x) - f(x)}{\Delta x} = y' = f'(x) = \frac{dy}{dx},$$

der *erste Differentialquotient*. Dieser ist aber auch gleich tan α, denn bei der Annäherung von Δx an 0 erreicht tan β den Grenzwert tan α;

$$\tan \alpha = \lim_{\Delta x \to 0} \tan \beta = \lim_{\Delta x \to 0} \frac{\Delta y}{\Delta x}\ .$$ Man bezeichnet $f'(x)$ oder y' als die *erste Ableitung* von $f(x)$ bzw. y.

Die unendlich kleinen Größen dx und dy sind die *Differentiale*, d ist das Differentialzeichen.

$dy = d f(x) = f'(x)\, dx$ ist also das Differential der Funktion $y = f(x)$.

Mathematisch gesehen ist das Differenzieren einer Funktion die Ermittlung der Tangentenneigung.

Beispiel 2-1. Für die Funktion $y = \sqrt{x}$ ist die erste Ableitung zu bilden.

$y + \Delta y = \sqrt{x + \Delta x}$. Daraus ist nach oben Gesagtem

$\dfrac{\Delta y}{\Delta x} = \dfrac{\sqrt{x + \Delta x} - \sqrt{x}}{\Delta x}$. Durch Multiplikation mit $(\sqrt{x + \Delta x} + \sqrt{x})$ im Zähler und Nenner auf der rechten Seite erhalten wir

$$\frac{\Delta y}{\Delta x} = \frac{(\sqrt{x + \Delta x} - \sqrt{x})\,(\sqrt{x + \Delta x} + \sqrt{x})}{\Delta x\,(\sqrt{x + \Delta x} + \sqrt{x})} =$$

$$= \frac{x + \Delta x - x}{\Delta x\,(\sqrt{x + \Delta x} + \sqrt{x})} = \frac{1}{\sqrt{x + \Delta x} + \sqrt{x}}\ .$$ Für $\Delta x \to 0$

ergibt sich der Differentialquotient $\dfrac{dy}{dx} = \dfrac{1}{2\sqrt{x}}$.

Auf analoge Weise erhalten wir die unter 2.1.2 angeführten Differentialquotienten.

2.1.2 Zusammenstellung der Differentialquotienten der einfachen Funktionen

$$y = x^n \qquad\qquad \frac{dy}{dx} = y' = nx^{n-1}$$

$$y = ax^n \qquad\qquad y' = nax^{n-1}$$

$$y = \frac{a}{x^n} = ax^{-n} \qquad\qquad y' = \frac{-na}{x^{n+1}} = -nax^{-n-1}$$

$$y = \sqrt{x} \qquad\qquad y' = \frac{1}{2\sqrt{x}} = \frac{1}{2} x^{-\frac{1}{2}}$$

$$y = \sqrt[3]{x} \qquad\qquad y' = \frac{1}{3\sqrt[3]{x^2}} = \frac{1}{3} x^{-\frac{2}{3}}$$

$$y = a^x \qquad\qquad y' = a^x \ln a$$

$$y = e^x \qquad\qquad y' = e^x$$

$$y = e^{-x} \qquad\qquad y' = -e^{-x}$$

$$y = \ln x \qquad\qquad y' = \frac{1}{x}$$

$$y = \lg x \qquad\qquad y' = 0{,}4343 \,\frac{1}{x}$$

$$y = \sin x \qquad\qquad y' = \cos x$$

$$y = \cos x \qquad\qquad y' = -\sin x$$

$$y = \tan x \qquad\qquad y' = \frac{1}{\cos^2 x}$$

$$y = \cot x \qquad\qquad y' = -\frac{1}{\sin^2 x}$$

$$y = \arcsin x \qquad\qquad y' = \frac{1}{\sqrt{1-x^2}}$$

$$y = \arccos x \qquad\qquad y' = -\frac{1}{\sqrt{1-x^2}}$$

$$y = \arctan x \qquad\qquad y' = \frac{1}{1 + x^2}$$

$$y = \operatorname{arccot} x \qquad\qquad y' = -\frac{1}{1 + x^2}$$

2.1.3 Differentiationsregeln

a) Eine *Potenz* (mit rationalem, positivem oder negativem Exponenten) wird differenziert, indem man den Exponenten um 1 vermindert und die neue Potenz mit dem ursprünglichen Exponenten multipliziert.

Beispiel 2-2. $y = x^n$; $y' = n\, x^{n-1}$. ——

b) Konstante Faktoren bleiben beim Differenzieren erhalten.

Beispiel 2-3. $y = 5x^4$, $y' = 5 \cdot 4 \cdot x^{4-1} = 20x^3$. ——

c) Die *Ableitung einer Konstanten* ist Null.

Beispiel 2-4. Ist $y = f(x) = 1 = x^0$, dann ist $y' = 0$. Folglich wird auch in der Funktion $y = C \cdot f(x) = C$ die erste Ableitung $y' = 0$.

Geometrisch wurde dies bereits auf S. 15 veranschaulicht. Die Gleichung $y = C$ stellt eine Parallele zur x-Achse dar; der Winkel, den sie mit der x-Achse bildet, ist Null, also ist auch die Tangentenneigung (y') gleich Null. ——

d) Der Differentialquotient einer *Summe* von Funktionen der gleichen Veränderlichen ist gleich der Summe aus den Differentialquotienten der einzelnen Funktionen.

$$y = u + v; \quad y' = u' + v'.$$

Beispiel 2-5. $y = 2x^4 + x^2 + 3$, $y' = 2 \cdot 4 \cdot x^3 + 2 \cdot x^1 + 0 = = 8x^3 + 2x$. ——

e) Für die *Differenz* $y = u - v$ ist analog $y' = u' - v'$.

f) Ein *Produkt* aus 2 Funktionen der gleichen Veränderlichen wird differenziert, indem man den 1. Faktor mit der Ableitung des 2. Faktors und den 2. Faktor mit der Ableitung des 1. Faktors multipliziert und die erhaltenen Produkte addiert:

$$y = uv; \quad y' = uv' + vu'.$$

Beispiel 2-6. $y = x^4 \cdot x^2$; $y' = x^4 \cdot 2x + x^2 \cdot 4x^3 = 2x^5 + 4x^5 = = 6x^5$. (Dieser Wert geht auch aus der direkten Form $x^4 \cdot x^2 = x^6$, also $y' = 6x^5$, hervor.) ——

g) Die Ableitung eines *Bruches* ist gleich der Ableitung des Zählers multipliziert mit dem Nenner, vermindert um die Ableitung des Nenners, multipliziert mit dem Zähler und das Ganze durch das Quadrat des Nenners dividiert.

$$y = \frac{u}{v}; \quad y' = \frac{u'v - uv'}{v^2}.$$

Beispiel 2-7. $y = \dfrac{x^6}{x^2}$; $y' = \dfrac{6x^5 x^2 - x^6 2x}{x^4} = \dfrac{6x^7 - 2x^7}{x^4} =$

$$= \frac{4x^7}{x^4} = 4x^3 . \text{———}$$

h) Funktion einer Funktion. Ist $y = f(z)$ eine Funktion von z und $z = \varphi(x)$ eine Funktion von x, dann ist auch y eine Funktion von x.

$$\frac{\mathrm{d}y}{\mathrm{d}z} = f'(z) \quad \text{und} \quad \frac{\mathrm{d}z}{\mathrm{d}x} = \varphi'(x). \text{ Durch Multiplikation folgt}$$

$$\frac{\mathrm{d}y}{\mathrm{d}z} \cdot \frac{\mathrm{d}z}{\mathrm{d}x} = \frac{\mathrm{d}y}{\mathrm{d}x} = f'(z) \cdot \varphi'(x) = f'\{\varphi(x)\}\varphi'(x). \quad \textit{,,Kettenregel``.}$$

Beispiel 2-8. $y = (a + bx)^n$.

$a + bx = z$, also $y = z^n$. Nun ist $\dfrac{\mathrm{d}y}{\mathrm{d}z} = nz^{n-1}$ und $\dfrac{\mathrm{d}z}{\mathrm{d}x} = b$,

daraus $\dfrac{\mathrm{d}y}{\mathrm{d}x} = \dfrac{\mathrm{d}y}{\mathrm{d}z} \cdot \dfrac{\mathrm{d}z}{\mathrm{d}x} = nbz^{n-1} = nb\,(a + bx)^{n-1} . \text{———}$

Beispiel 2-9. $y = \dfrac{a}{x}\sqrt{a^2 - x^2}$. Wir setzen $\dfrac{a}{x} = u, \sqrt{a^2 - x^2} = v$.

Es ist jetzt $y = uv$ und $y' = uv' + vu'$.

$$u' = -\frac{a}{x^2}$$

$$v = \sqrt{a^2 - x^2} = (a^2 - x^2)^{\frac{1}{2}} = z^{\frac{1}{2}}, \quad \text{wenn } z = a^2 - x^2 ;$$

$$\frac{\mathrm{d}v}{\mathrm{d}z} = \frac{1}{2} z^{-\frac{1}{2}} = \frac{1}{2\sqrt{z}} ; \quad \frac{\mathrm{d}z}{\mathrm{d}x} = -2x.$$

$$\frac{\mathrm{d}v}{\mathrm{d}x} = v' = \frac{1(-2x)}{2\sqrt{z}} = \frac{-x}{\sqrt{a^2 - x^2}} .$$

$$\text{Nun folgt } y' = \frac{-xa}{\sqrt{a^2 - x^2} \cdot x} + \frac{-a\sqrt{a^2 - x^2}}{x^2} =$$

$$= \frac{-a}{\sqrt{a^2 - x^2}} - \frac{a\sqrt{a^2 - x^2}}{x^2} = \frac{-a(a^2 - x^2) - ax^2}{x^2\sqrt{a^2 - x^2}} = \frac{-a^3 + ax^2 - ax^2}{x^2\sqrt{a^2 - x^2}} =$$

$$= -\frac{a^3}{x^2\sqrt{a^2 - x^2}} . \text{———}$$

i) Exponential- und logarithmische Funktionen

$$y = a^x \qquad y' = a^x \ln a; \qquad y = \mathrm{e}^x \qquad y' = \mathrm{e}^x;$$

$$y = \mathrm{e}^{-x} \qquad y' = -\mathrm{e}^{-x}; \qquad y = \ln x \qquad y' = \frac{1}{x};$$

$$y = \lg x \qquad y' = 0{,}4343 \, \frac{1}{x}.$$

k) Logarithmisches Differenzieren. Logarithmiert man $y = f(x)$ und differenziert dann nach x, so ist es oft möglich, y' leichter zu berechnen. $\ln y$ nach x differenziert ergibt $\dfrac{y'}{y}$.

Beispiel 2-10. $y = x^n$.

Logarithmiert $\ldots\ldots\ldots$ $\ln y = n \ln x$

differenziert $\ldots\ldots\ldots$ $\dfrac{\mathrm{d}y}{y} = n \, \dfrac{1}{x} \, \mathrm{d}x$ oder $\dfrac{y'}{y} = \dfrac{n}{x}$

daraus ist $\ldots\ldots\ldots\ldots$ $y' = y \, \dfrac{n}{x} = nx^{n-1}$. ——

l) Der partielle Differentialquotient. Hängt eine Größe z von den zwei Variablen x und y ab, so ist z eine Funktion von x und y: $z = f(x, y)$. Ändert sich die Variable x bei konstant gehaltenem y, so kann — vorausgesetzt, daß z eine differenzierbare Funktion ist — z nach x bei konstantem y differenziert werden, wobei sich also nur die eine unabhängige Variable ändert. Den durch diese Operation erhaltenen Differentialquotienten nennt man den *partiellen Differentialquotienten* von z nach x und bezeichnet ihm mit $\dfrac{\partial z}{\partial x} = \dfrac{\partial}{\partial x} f(x, y)$. Ändert sich z bei konstantem x, so kann z nach y bei konstantem x partiell differenziert werden: $\dfrac{\partial z}{\partial y} = \dfrac{\partial}{\partial y} f(x, y)$.

Beispiel 2-11. $z = x^3 y^2; \quad \dfrac{\partial z}{\partial x} = 3 x^2 y^2; \quad \dfrac{\partial z}{\partial y} = 2 y x^3$. ——

Wenn $z = f(x, y)$ ist, so sind $\dfrac{\partial z}{\partial x} \, \mathrm{d}x$ bzw. $\dfrac{\partial z}{\partial x} \, \mathrm{d}y$ die differentiellen Änderungen, welche z erfährt, wenn x und y sich um $\mathrm{d}x$ bzw. $\mathrm{d}y$ ändern. Man nennt sie die *partiellen Differentiale*. Ändert sich gleichzeitig x um $\mathrm{d}x$ und y um $\mathrm{d}y$, so heißt die Summe der beiden partiellen Differentiale das *vollständige (totale) Differential* von z, welches mit $\mathrm{d}z$ bezeichnet wird:

$$\mathrm{d}z = \frac{\partial z}{\partial x} \, \mathrm{d}x + \frac{\partial z}{\partial y} \, \mathrm{d}y.$$

Für die Funktion $z = x^3 y^2$ im Beispiel 2-11 lautet das vollständige Differential: $dz = 3x^2 y^2 dx + 2yx^3 dy$.

m) Ableitung einer *zusammengesetzten Funktion* mit einer unabhängigen Variablen. Es sei y eine Funktion von u und v, wobei u und v wiederum Funktionen der unabhängigen Variablen x sind: $y = f(u, v)$, $u = \varphi(x)$ und $v = \psi(x)$. Dann gilt:

$$\frac{dy}{dx} = \frac{\partial y}{\partial u} \cdot \frac{du}{dx} + \frac{\partial y}{\partial v} \cdot \frac{dv}{dx} = \frac{\partial y}{\partial u} u' + \frac{\partial y}{\partial v} v'.$$

Beispiel 2-12. $y = \dfrac{u^n}{v^n}$

$$\frac{\partial y}{\partial u} = n \frac{u^{n-1}}{v^n} \; ; \quad \frac{\partial y}{\partial v} = -n \frac{u^n}{v^{n+1}}$$

$$y' = n \frac{u^{n-1}}{v^n} u' - n \frac{u^n}{v^{n+1}} v' = n \frac{u^{n-1} u' v}{v^n v} - n \frac{u^n v' u}{v^{n+1} u} =$$

$$= n \frac{u^{n-1} u' v}{v^{n+1}} - n \frac{u^{n-1} v' u}{v^{n+1}} = n \frac{u^{n-1}}{v^{n+1}} (u'v - v'u). \; \text{———}$$

Beispiel 2-13. Ableitung des Produktes $y = uv$

$$\frac{\partial y}{\partial u} = v; \; \frac{\partial y}{\partial v} = u$$

$$y' = \frac{\partial y}{\partial u} u' + \frac{\partial y}{\partial v} v' = vu' + uv'. \; \text{———}$$

Sind die Veränderlichen durch die Gleichung $f(x, y) = 0$ miteinander verbunden, dann ist $\dfrac{\partial f}{\partial x} dx + \dfrac{\partial f}{\partial y} dy = 0$ und $\dfrac{dy}{dx} =$

$$= -\frac{\partial f}{\partial x} : \frac{\partial f}{\partial y} \; .$$

Beispiel 2-14. $f = x^2 + y^2 - x^3 = 0$.

$$\frac{\partial f}{\partial x} = 2x - 3x^2 ; \quad \frac{\partial f}{\partial y} = 2y; \quad y = \sqrt{x^3 - x^2}$$

$$y' = \frac{-2x + 3x^2}{2y} = \frac{-2x + 3x^2}{2\sqrt{x^3 - x^2}} = \frac{-2x + 3x^2}{2x\sqrt{x - 1}} = \frac{-2 + 3x}{2\sqrt{x - 1}} \; . \; \text{———}$$

Aufgaben. Differenziere:

2/1. a) $y = 3\,x^{\frac{5}{3}}$; **b)** $y = a\,\sqrt{x}$; **c)** $y = \sqrt[4]{x^5}$; **d)** $y = \dfrac{1}{x^3}$; **e)** $y = x^{\frac{1}{n}}$;

f) $y = \sqrt{2\,a\,x}$; **g)** $y = \pi\,r^2$; **h)** $y = \dfrac{4\,\pi\,r^3}{3}$.

2/2. a) $y = x^5 - 3\,x^3 + x$; **b)** $y = b + 2\,x$; **c)** $y = \dfrac{a}{b}\,x^4 - (c + b)\,x^3$.

2/3. a) $y = x\,\sqrt{1+x}$; **b)** $y = x^2\,\sqrt{a-x}$; **c)** $y = \dfrac{1-x}{1+x}$;

d) $y = \dfrac{1}{3\,x^2 - 4\,x + 5}$.

2/4. a) $y = \sqrt[3]{(4\,x-2)^4}$; **b)** $y = 3(2\,x-5)^2$; **c)** $y = \sqrt{\dfrac{a+bx}{a-bx}}$;

d) $y = \dfrac{x}{\sqrt{1+x}}$; **e)** $y = a\,\sqrt{(2\,x-2)^3} + \dfrac{1}{\sqrt{x}}$.

2/5. a) $y = a^{\sqrt{x}}$ (setze $z = \sqrt{x}$); **b)** $y = \dfrac{x^n}{e^x}$; **c)** $y = \dfrac{e^x + 1}{e^x - 1}$;

d) $y = e^{ax}$; **e)** $y = e^{-ax}$; **f)** $y = a\,e^{\frac{x}{a}}$; **g)** $y = e^x x^n$; **h)** $y = \dfrac{e^x}{x^n}$.

2/6. a) $y = \ln 2\,x$; **b)** $y = \lg x^2$; **c)** $y = \ln \dfrac{3}{x}$; **d)** $y = e^{x^2}$;

e) $y = e^{\frac{1}{x} - 2}$; **f)** $y = e^{x^2 - 1}$.

2/7. x und y sind Funktionen von u: **a)** $x = \dfrac{a-u}{a+u}$ und $y = \dfrac{u}{a+u}$;

b) $x = a\,u$ und $y = a(1-u)$.

2/8. $f = \dfrac{x^2}{a^2} + \dfrac{y^2}{b^2} - 1 = 0$.

2.1.4 Die zweite Ableitung und der zweite Differentialquotient

Differenziert man die erste Ableitung einer Funktion $y = f(x)$, so erhält man die sog. *zweite Ableitung* y'' (lies: y zwei Strich) oder den *zweiten Differentialquotienten* $\dfrac{d^2 y}{d x^2}$ (lies: d zwei y nach dx Quadrat) der ursprünglichen Funktion:

$$y'' = f''(x) = \frac{d f'(x)}{dx} = \frac{d}{dx}\left(\frac{dy}{dx}\right) = \frac{d^2 y}{dx^2}.$$

Beispiel 2-15. $y = x^p$; $\quad y' = \dfrac{dy}{dx} = p\,x^{p-1}$;

$$y'' = \frac{d^2 y}{dx^2} = p(p-1)\,x^{p-2}. \underline{\qquad}$$

Aufgaben. 2/9. Bestimme den 2. Differentialquotienten von:

a) $y = x^3$;   b) $y = \dfrac{1}{x}$;   c) $y = \sqrt{a^2 - x^2}$;   d) $y = x \ln x$.

2.1.5 Extremwerte und Wendepunkte

Ist eine Funktion $y = f(x)$ innerhalb des zu betrachtenden Gebietes endlich und stetig veränderlich, dann gilt: Um jene Werte von x zu ermitteln, für welche die Funktion $y = f(x)$ ein Maximum oder Minimum hat, bildet man die 1. Ableitung $f'(x)$ und setzt diese gleich Null. Die Wurzeln dieser Gleichung sind die gesuchten Werte von x. Ein Wurzelwert $x = a$ dieser Gleichung entspricht dann einem Maximum oder Minimum von $f(x)$, je nachdem, ob $f''(a) < 0$ oder $f''(a) > 0$ bzw. $f''(a)$ negativ oder positiv ist.

Der Wendepunkt einer Kurve liegt dort, wo y'' sein Vorzeichen wechselt. Man setzt die 2. Ableitung 0 und sucht diejenigen Werte von x, die dieser Bedingung genügen.

Die graphische Darstellung der Funktion und ihrer 1. und 2. Ableitung kann das Gesagte veranschaulichen. Aus der Abb. 2.2

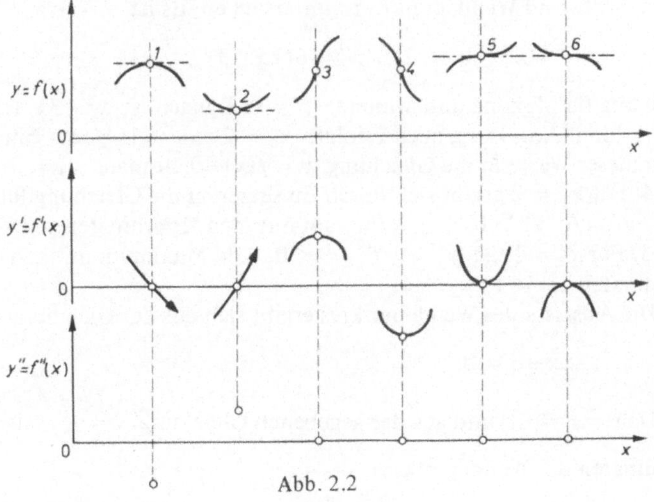

Abb. 2.2

ersieht man, daß die Tangente im Maximum und Minimum parallel
zur x-Achse verläuft, also die Steigung Null hat ($y' = 0$).

Bei der Abszisse des Wendepunktes einer Kurve besitzt die
1. Ableitung einen Extremwert, daher muß die 2. Ableitung beim
gleichen Abszissenwert den Wert Null haben. Liegt ein Wendepunkt
mit horizontaler Tangente vor, so muß $y' = 0$ sein, gleichzeitig
aber y' einen Extremwert besitzen und daher $y'' = 0$ sein.

Ist y' an einer gegebenen Stelle positiv, so steigt in diesem
Punkt die Kurve mit wachsendem x, ist y' negativ, so fällt die Kurve
an dieser Stelle.

Ist y'' an einer gegebenen Stelle positiv, so weist die hohle Seite
der Kurve nach oben (Minimum), ist y'' negativ, so weist die hohle
Seite nach unten (Maximum).

Nach der Abb. 2.2 ergibt sich somit folgendes Bild:

Im Punkt	1	2	3 und 4	5 und 6
hat y	Maximum	Minimum	Wendepunkt	Wendepunkt
				mit horizontaler
				Tangente
ist y'	null	null	Extremwert	null und
	Kurve fällt	Kurve steigt		Extremwert
y''	negativ	positiv	null	null

Beispiel 2-16. Die Funktion $y = 2x^3 - 9x^2 + 12x - 1$ ist auf
Extremwerte und Wendepunkte zu untersuchen. Es ist

$$y' = 6(x^2 - 3x + 2); \quad y'' = 6(2x - 3).$$

Bedingung für Maxima und Minima: $y' = 0$. Danach ist $x^2 - 3x + 2 = 0$,
woraus durch Auflösung nach x folgt: $x_1 = 2$, $x_2 = 1$. Durch Einsetzen dieser Werte in die Gleichung $y = f(x)$ erhält man: $y_1 = 3$,
$y_2 = 4$. Für $x_1 = 2$ ergibt sich durch Einsetzen in die Gleichung für
$y'' \ldots y'' = 6$; $y'' > 0$, d. h. Minimum mit den Koordinaten $x_1 = 2$,
$y_1 = 3$. Für $x_2 = 1$ ist $y'' = -6$; $y'' < 0$, d. h. Maximum mit den
Koordinaten $x_2 = 1$, $y_2 = 4$.

Die Abszisse des Wendepunktes ergibt sich aus der Gleichung

$$2x - 3 = 0.$$

Daher $x = \dfrac{3}{2}$ und aus der gegebenen Gleichung $y = \dfrac{7}{2}$, als

Koordinaten des Wendepunktes. ———

Beispiel 2-17. Von einem quadratischen Stück Blech mit den Seitenlängen a werden an den Ecken Quadrate mit den Seitenlängen x abgeschnitten. Wie ist x zu wählen, damit der Rest einen Behälter mit möglichst großem Volumen ergibt? – Nach Abb. 2.3 gilt für das

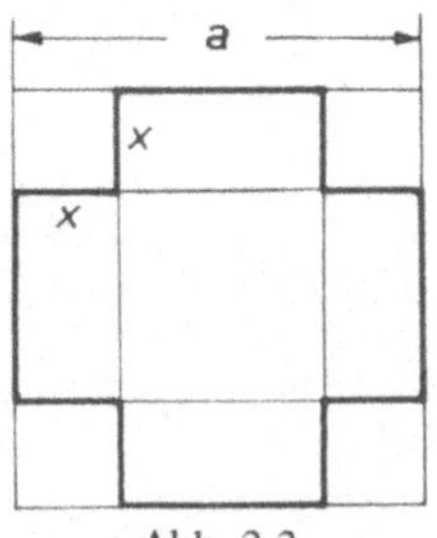

Abb. 2.3

Volumen: $V(x) = y = (a-2x)^2 x = 4x^3 - 4ax^2 + a^2 x$. Ein Maximum liegt dann vor, wenn $y' = 0$ und $y'' < 0$ ist. Man bildet daher:

$$y' = 12x^2 - 8ax + a^2 = (6x - a)(2x - a)$$
$$y'' = 24x - 8a = 8(3x - a).$$

Die Bedingung für das Maximum ($y' = 0$) führt zu:
$12x^2 - 8ax + a^2 = 0$; daraus kommt:

$$x_1 = \frac{a}{6}, \quad y(x_1) = V(x_1) = \frac{2a^3}{27}, \quad y''(x_1) = V''(x_1) = -4a < 0$$

$$x_2 = \frac{a}{2}, \quad y(x_2) = V(x_2) = 0, \quad y''(x_2) = V''(x_2) = 4a > 0.$$

D. h. für $x_1 = \frac{a}{6}$ ergibt sich als größtes Volumen $V_1 = \frac{2a^3}{27}$.

Der Wert $x_2 = \frac{a}{2}$ hat keine praktische Bedeutung. ——

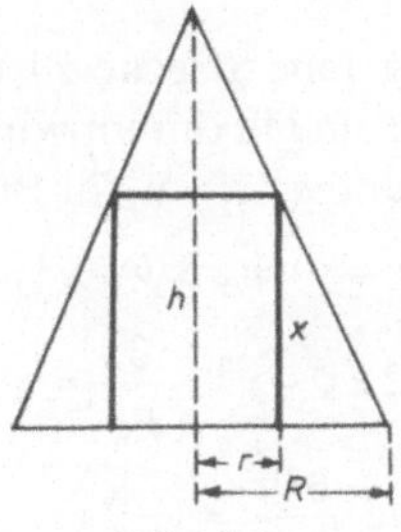

Abb. 2.4

Beispiel 2-18. In einem geraden Kreiskegel von der Höhe h und dem Radius R ist ein zur Basis senkrechter Zylinder von größtem Inhalt zu konstruieren. Der Radius des Zylinders sei r (Abb. 2.4).

Es ist also $V = r^2 \pi x$. Da $\dfrac{h}{R} = \dfrac{x}{R-r}$ ist $x = \dfrac{h}{R}(R-r)$ und

$$V = r^2 \pi \frac{h}{R}(R-r) = y.$$

$y' = \dfrac{h\pi}{R}(2Rr - 3r^2)$. Bedingung für Maximum: $y' = 0$, d. h. $(2Rr - 3r^2) = 0$ und daraus $r = \dfrac{2}{3}R$. ——

Bisher wurde ein stetiger Verlauf der Kurve angenommen. Tritt ein Knick auf, der einen Extremwert darstellt, so ist der Differentialquotient nicht gleich null, sondern springt z. B. von einem positiven zu einem negativen Wert (plötzliche Änderung der Neigung in diesem Punkt).

Bestimmung der Maxima und Minima einer Funktion zweier Variablen. Gegeben sei die Funktion $z = f(x, y)$. Man setzt die

beiden ersten partiellen Differentialquotienten $\dfrac{\partial z}{\partial x}$ und $\dfrac{\partial z}{\partial y}$

gleich 0 und bestimmt aus dem erhaltenen Gleichungssystem sämtliche Wertepaare (x_1, y_1), (x_2, y_2) . . . usw. Diese setzt man in

$$A = \frac{\partial^2 z}{\partial x^2} \, , \quad B = \frac{\partial^2 z}{\partial x\,\partial y} \quad \text{und} \quad C = \frac{\partial^2 z}{\partial y^2} \quad \text{ein und bildet den Ausdruck}$$

$\Delta = \begin{vmatrix} A & B \\ B & C \end{vmatrix} = AC - B^2$. Falls $\Delta > 0$ ist, hat die Funktion $f(x, y)$ für

das Wertepaar (x_1, y_1) ein Maximum, wenn $\dfrac{\partial^2 z}{\partial x^2} < 0$, und ein

Minimum, wenn $\dfrac{\partial^2 z}{\partial x^2} > 0$ ist. Ist jedoch $\Delta < 0$, so besitzt die

Funktion $f(x, y)$ weder ein Maximum noch ein Minimum.

Beispiel 2-19. Eine gerade Strecke a ist so in 3 Teile zu teilen, daß das Produkt der Teile ein Maximum wird.

Die Teile seien x, y und $a - x - y$, ihr Produkt z.

$$z = x\,y\,(a - x - y) = a\,x\,y - x^2 y - x\,y^2,$$

$$\frac{\partial z}{\partial x} = a\,y - 2x\,y - y^2; \quad \frac{\partial z}{\partial y} = a\,x - x^2 - 2x\,y.$$

$$\frac{\partial^2 z}{\partial x^2} = -2y; \quad \frac{\partial^2 z}{\partial y^2} = -2x; \quad \frac{\partial^2 z}{\partial x\,\partial y} = a - 2x - 2y.$$

Setzt man die ersten Differentialquotienten null, so folgt

$a-2x-y = 0$ und $a-x-2y = 0$. Daraus ist $x = y = \dfrac{a}{3}$.

Diese Werte in die zweiten Differentialquotienten eingeführt:

$$A = \frac{\partial^2 z}{\partial x^2} = -\frac{2a}{3}\,; \quad B = \frac{\partial^2 z}{\partial x\,\partial y} = -\frac{a}{3}\,; \quad C = \frac{\partial^2 z}{\partial y^2} = -\frac{2a}{3}\,.$$

$\Delta = AC - B^2 = \dfrac{4a^2}{9} - \dfrac{a^2}{9} = \dfrac{3a^2}{9}$, d. h. $\Delta > 0$, außerdem ist

$\dfrac{\partial^2 z}{\partial x^2} < 0$. Folglich ist das Produkt der Teile dann ein Maximum,

wenn diese Teile gleich lang sind $\left(\dfrac{a}{3}\right)$. ——

Aufgaben.

2/10. Zu bestimmen sind die Extremwerte: **a)** $y = 2x^3 - 9x^2 + 12x$;

b) $y = \dfrac{\ln x}{x}$.

2/11. Bestimme die Koordinaten der Extremwerte und Wendepunkte:

a) $y = -x^3 + x^2 + 5x + 1$; **b)** $y = x^2 e^{-x}$; **c)** $y = \dfrac{x^3}{3} - 2x^2 + 3x - \dfrac{1}{3}$;

d) $y = \dfrac{\ln x}{x^2}$.

2/12. Zu bestimmen ist jenes rechtwinklige Prisma, dessen Oberfläche bei gegebenem Inhalt ein Minimum ist.

2.1.6 Unbestimmte Ausdrücke

Beispiel 2-20. Setzen wir in der Funktion $y = \dfrac{x-2}{x^2-4}$ für $x = 2$,

dann nimmt die Funktion die Form $\dfrac{0}{0}$ an. Der Bruch hat also für

$x = 2$ keinen bestimmten Wert.

Durch Einsetzen verschiedener Werte für x erhalten wir folgende Tabelle:

x	$(x-2) : (x^2-4)$	$= y$
1	$(-1\ \ ) : (-3\ \ )$	$= 0{,}333$
1,5	$(-0{,}5) : (-1{,}75)$	$= 0{,}286$
1,8	$(-0{,}2) : (-0{,}76)$	$= 0{,}263$
1,9	$(-0{,}1) : (-0{,}39)$	$= 0{,}256$
2	$0\ \ :\ \ 0$	$= \dfrac{0}{0} = ?$

$$2{,}1 \quad (+0{,}1) : (+0{,}41) = 0{,}244$$
$$2{,}2 \quad (+0{,}2) : (+0{,}84) = 0{,}238$$

Man sieht, daß bei Annäherung an $x = 2$ die Funktion dem Wert $0{,}250$ zustrebt. Dies ist in diesem Fall der Wert des unbestimmten Ausdruckes $\dfrac{0}{0}$.

In unserem speziellen Fall kann der Wert dadurch gefunden werden, daß der Nenner $(x^2 - 4)$ in die Faktoren $(x - 2)$ und $(x + 2)$ zerlegt wird; dann ist $\dfrac{x-2}{(x-2)\,(x+2)} = \dfrac{1}{(x+2)}$. Für $x = 2$ nimmt die Funktion nunmehr den Wert $\dfrac{1}{4} = 0{,}250$ an. ——

Im allgemeinen müssen unbestimmte Ausdrücke mit Hilfe der Differentialrechnung nach folgender Regel gelöst werden: Werden Zähler und Nenner einer Funktion $f(x)$ an der Stelle $x = a$ null, so differenziert man Zähler und Nenner der Funktion für sich, wodurch ein neuer Quotient entsteht. Der Grenzwert der Funktion $f(x)$ für $x = a$ ist dann gleich dem Grenzwert dieses neuen Quotienten an der Stelle $x = a$.

$$\lim_{x \to a} f(x) = \lim_{x \to a} \frac{\varphi(x)}{\psi(x)} = \lim_{x \to a} \frac{\varphi'(x)}{\psi'(x)}\,.$$

Falls der neue Quotient wieder die unbestimmte Form $\dfrac{0}{0}$ hat, so wiederholt man dieses Verfahren so lange, bis Zähler oder Nenner des Quotienten von null verschieden werden.

Genau so wird der unbestimmte Ausdruck $\dfrac{\infty}{\infty}$ behandelt.

Über die graphische Ermittlung eines unbestimmten Ausdruckes s. S. 203.

Beispiel 2-21. Die Funktion $y = x\, e^{-x}$ hat für $x = \infty$ die unbestimmte Form $\infty \cdot 0$. Wir können die Funktion auch schreiben $y = \dfrac{x}{e^x}$, wodurch für $x = \infty$ die Form $\dfrac{\infty}{\infty}$ entsteht. Nach obiger Regel ist $\lim\limits_{x \to \infty} \dfrac{x}{e^x} = \lim\limits_{x \to \infty} \dfrac{1}{e^x} = \dfrac{1}{\infty} = 0.$ ——

Aufgaben 2/13. Bestimme die Grenzwerte (unbestimmten Ausdrücke):

a) $y = \dfrac{x^3 - 6x^2 + 11x - 6}{x^3 + 2x^2 - x - 2}$ für $x = 1$; b) $\lim\limits_{x \to 1} \dfrac{1-x}{\ln x}$; c) $\lim\limits_{x \to 0} \dfrac{\sin 2x}{x}$.

2.2 Integralrechnung

2.2.1 Das unbestimmte Integral

Während in der Differentialrechnung der zu einer gegebenen Funktion gehörende Differentialquotient gesucht wird, ist in der Integralrechnung zu einem Differentialquotienten die entsprechende Funktion, die sog. Stammfunktion, zu finden.

Es wird also von der gegebenen Funktion $f(x)$ auf eine Funktion $F(x)$ geschlossen, die so beschaffen sein muß, daß $F'(x) = f(x)$ ist.

Z. B. $f(x) = \dfrac{1}{x}$, dann ist $F(x) = \ln x + C$, denn der Differentialquotient von $(\ln x + C)$ ist $\dfrac{1}{x}$ (C ist eine Konstante, s. unten).

Haben 2 Funktionen $F_1(x)$ und $F_2(x)$ dieselbe Ableitung $y' = f(x)$, dann sind sie einander gleich, wenn $F_1(x) - F_2(x) = 0$ ist; sie sind ungleich, wenn $F_1(x) - F_2(x) = \psi(x)$, also verschieden von 0 ist.

Nun ist $F_1'(x) = f(x)$ und $F_2'(x) = f(x)$, daraus $F_1'(x) - F_2'(x) = = 0$. Die Gleichung $F_1(x) - F_2(x) = \psi(x)$ differenziert gibt $F_1'(x) - F_2'(x) = \psi'(x)$. Es ist daher $\psi'(x) = 0$ und $\psi(x)$ ist eine Konstante, die jeden beliebigen Wert haben kann. Die beiden Funktionen unterscheiden sich nur durch diese unbestimmte Konstante (C). Das mit ihr behaftete Integral ist ein *unbestimmtes Integral*.

Das *Integralzeichen* wird wie folgt geschrieben: $\int$.

In Formeln ausgedrückt: Wenn $F'(x) = f(x)$, so ist $F(x) + + C = \int f(x)\,\mathrm{d}x$.

Alle Funktionen $F(x) + C$ haben den gleichen Differentialquotienten, weil die additive Konstante C beim Differenzieren verschwindet.

Zur Erläuterung soll noch ein einfaches konkretes Beispiel dienen: Gegeben sei die 1. Ableitung $y' = a$, das ist eine Gerade parallel zur x-Achse. Zu diesem a gelangen wir durch Differentiation der Funktion $y = ax$. Diese Integralkurve ist ebenfalls eine Gerade mit dem Richtungskoeffizienten (= Steigung der Geraden) a. Aber auch die Funktion $y = ax + 1$ gibt durch Differentiation $y' = a$ und ganz allgemein besitzt jede Funktion $y = ax + b$ (wobei b eine von x unabhängige, beliebige Konstante ist) die 1. Ableitung $y' = a$.

Daraus ist ersichtlich, daß zu einer Steigungskurve unendlich viele Integralkurven gehören. Geometrisch werden diese durch parallele Gerade, alle mit dem Richtungskoeffizienten a, dargestellt. Das Integral von $y' = a$ muß daher geschrieben werden $y = ax + C$.

2.2.2 Grundintegrale

$$\int a\,\mathrm{d}x = ax + C, \qquad \int ax^n\,\mathrm{d}x = \frac{a\,x^{n+1}}{n+1} + C \quad (n \neq -1),$$

$$\int \frac{\mathrm{d}x}{x} = \ln x + C, \qquad \int \frac{\mathrm{d}x}{a+x} = \ln(a+x) + C,$$

$$\int \frac{\mathrm{d}x}{a-x} = -\ln(a-x) + C = \ln\frac{1}{a-x} + C,$$

$$\int a^x\,\mathrm{d}x = \frac{a^x}{\ln a} + C, \qquad \int e^x\,\mathrm{d}x = e^x + C,$$

$$\int \frac{\mathrm{d}x}{(a-x)\,(b-x)} = \frac{1}{b-a} \cdot \ln\frac{b-x}{a-x} + C,$$

$$\int \sin x\,\mathrm{d}x = -\cos x + C, \qquad \int \cos x\,\mathrm{d}x = \sin x + C,$$

$$\int \frac{\mathrm{d}x}{\sin^2 x} = -\cot x + C, \qquad \int \frac{\mathrm{d}x}{\cos^2 x} = \tan x + C,$$

$$\int \frac{\mathrm{d}x}{1+x^2} = \arctan x + C = -\operatorname{arccot} x + C_1,$$

$$\int \frac{\mathrm{d}x}{\sqrt{1-x^2}} = \arcsin x + C = -\arccos x + C_1.$$

In der Integralrechnung gibt es keine Regeln, mit deren Hilfe man jedes beliebige Integral berechnen kann. Man muß daher solche Integrale durch Umformung in die Grundintegrale überführen, um eine Lösung zu finden.

2.2.3 Sätze und Integrationsmethoden

a) Das d hebt das $\int$ auf und umgekehrt.

$$\mathrm{d} \int f(x)\,\mathrm{d}x = f(x)\,\mathrm{d}x.$$

b) *Konstante Faktoren* unter dem $\int$ dürfen vor dasselbe gesetzt werden.

$$\int a\,f(x)\,\mathrm{d}x = a\int f(x)\,\mathrm{d}x.$$

c) Das *Integral der Funktion* $f(x) = x^n\,\mathrm{d}x$ wird erhalten, indem man den Exponenten n um die Zahl 1 erhöht und die entstandene Potenz x^{n+1} durch den neuen Exponenten dividiert:

$$\int x^n\,\mathrm{d}x = \frac{x^{n+1}}{n+1} + C.$$

Beispiel 2-22. $\int 5x\,\mathrm{d}x = 5\int x\,\mathrm{d}x = 5\,\frac{x^2}{2} + C.$ ——

d) Das *Integral einer Summe von Funktionen* ist gleich der Summe der Integrale der einzelnen Funktionen (Summe im algebraischen Sinn).

$$\int [f(x) + \varphi(x) + \ldots]\,\mathrm{d}x = \int f(x)\,\mathrm{d}x + \int \varphi(x)\,\mathrm{d}x + \ldots .$$

Beispiel 2-23. $\int (a^2 - x^2)\,\mathrm{d}x = \int a^2\,\mathrm{d}x - \int x^2\,\mathrm{d}x = a^2 x - \frac{x^3}{3} + C.$ ——

Beispiel 2-24. $\int (4x^7 - 3x^3 + 2)\,\mathrm{d}x = \int 4x^7\,\mathrm{d}x + \int -3x^3\,\mathrm{d}x +$

$$+ \int 2\,\mathrm{d}x = 4\int x^7\,\mathrm{d}x - 3\int x^3\,\mathrm{d}x + 2\int \mathrm{d}x = \frac{1}{2}x^8 - \frac{3}{4}x^4 + 2x + C.$$ ——

e) *Integrieren durch Einführung einer neuen Veränderlichen (Substitutionsmethode).*

Beispiel 2-25. $\int (a + bx)^n\,\mathrm{d}x.$

Wir setzen $a + bx = z$, dann ist $\dfrac{\mathrm{d}z}{\mathrm{d}x} = b$ und $\mathrm{d}x = \dfrac{\mathrm{d}z}{b}$

$$\int (a + bx)^n\,\mathrm{d}x = \int z^n\,\frac{\mathrm{d}z}{b} = \frac{1}{b}\int z^n\,\mathrm{d}z = \frac{1}{b}\cdot\frac{z^{n+1}}{n+1} + C =$$

$$= \frac{(a + bx)^{n+1}}{(n+1)\,b} + C.$$ ——

f) Ist der Zähler eines *Bruches* gleich der Ableitung des Nenners, so ist das Integral gleich dem natürlichen Logarithmus des Nenners.

$$\int \frac{f'(x)\,\mathrm{d}x}{f(x)} = \int \frac{\mathrm{d}\,f(x)}{f(x)} = \ln f(x) + C.$$

Beispiel 2-26. $\displaystyle\int \frac{(4x^3 - 14x)\,\mathrm{d}x}{x^4 - 7x^2 + 8} = \ln(x^4 - 7x^2 + 8) + C.$ ——

g) *Partielle Integration*. Diese beruht auf der Anwendung der Formel $\int u\,\mathrm{d}v = uv - \int v\,\mathrm{d}u,$ wobei u und v als Funktionen von x zu betrachten sind.

Beispiel 2-27. $y = \int x^3 e^x\,\mathrm{d}x.$ Wir setzen $u = x^3$, $\mathrm{d}v = e^x\,\mathrm{d}x$; dann ist $\mathrm{d}u = 3x^2\,\mathrm{d}x$ und $v = e^x$.

$\int x^3 e^x\,\mathrm{d}x = x^3 e^x - 3\int x^2 e^x\,\mathrm{d}x;\quad \int x^2 e^x\,\mathrm{d}x = x^2 e^x - 2\int x\,e^x\,\mathrm{d}x;$

$\int x\,e^x\,\mathrm{d}x = x\,e^x - \int e^x\,\mathrm{d}x = x\,e^x - e^x.$ Das ganze zusammengestellt und addiert:

$$\int x^3 e^x\,\mathrm{d}x = \quad x^3 e^x \quad\quad -3\int x^2 e^x\,\mathrm{d}x$$

$$-3\int x^2 e^x\,\mathrm{d}x = -3 \cdot x^2 e^x \quad +2 \cdot 3\int x\,e^x\,\mathrm{d}x$$

$$2 \cdot 3\int x\,e^x\,\mathrm{d}x = \quad 2 \cdot 3 \cdot x\,e^x - 2 \cdot 3 \cdot e^x$$

$$\rule{8cm}{0.4pt}$$

$$\int x^3 e^x\,\mathrm{d}x = e^x(x^3 - 3x^2 + 6x - 6).\quad\text{——}$$

h) Bei der *wiederholten Integration* wird die Stammfunktion aus der zweiten Ableitung gesucht, also:

$$\frac{\mathrm{d}^2 y}{\mathrm{d}x^2} = f(x);\quad \frac{\mathrm{d}y}{\mathrm{d}x} = \int f(x)\,\mathrm{d}x;\quad y = \int\left[\int f(x)\,\mathrm{d}x\right]\mathrm{d}x.$$

Bei der zweifachen Integration treten zwei Konstanten (C_1 und C_2) auf.

Beispiel 2-28. Differenziert man, ausgehend von $s = f(t)$, den Weg s nach der Zeit t, so erhält man die Geschwindigkeit $v = \dfrac{\mathrm{d}s}{\mathrm{d}t}$; wird die Geschwindigkeit wiederum nach der Zeit differenziert, erhält man die Beschleunigung $b = \dfrac{d v}{d t} = \dfrac{d}{d t}\left(\dfrac{d s}{d t}\right)$ oder als

zweiter Differentialquotient geschrieben $b = \dfrac{d^2 s}{d t^2}$.

Ist b als Funktion von t gegeben, so wird $s = \displaystyle\int\left[\int b\, d t\right] d t$.
In Anwendung auf den freien Fall wird b eine Konstante $(= g)$ und

es folgt $s = \displaystyle\int\left[\int g\, d t\right] d t = g\int[t + C_1]\, d t = g\cdot \dfrac{t^2}{2} + C_1 t + C_2$.

Bedeutung der beiden Integrationskonstanten: C_1 = Anfangsgeschwindigkeit des freifallenden Körpers, C_2 = der zu Anfang der
Zeit bereits zurückgelegte Weg, also die Anfangslage des Körpers. ——

i) *Partialbruchzerlegung.*

Beispiel 2-29. $\displaystyle\int\dfrac{3x^2 - 2x + 1}{(1-x)(2-x)(3-x)}\, dx$. Der Integrand wird
als Summe von Einzelbrüchen dargestellt, von denen jeder nur einen
der Faktoren des Nenners als Nenner besitzt.

Es ist $\dfrac{3x^2 - 2x + 1}{(1-x)(2-x)(3-x)} = \dfrac{a}{1-x} + \dfrac{b}{2-x} + \dfrac{c}{3-x}$.

Wir müssen also 3 Zahlen a, b und c so bestimmen, daß die vorstehende Gleichung richtig ist; wir bringen auf gleichen Nenner und
lassen den Nenner weg.

$3x^2 - 2x + 1 = a(2-x)(3-x) + b(1-x)(3-x) + c(1-x)(2-x)$.
Da die Gleichung für jeden Wert von x erfüllt sein muß, gilt sie auch für
$x = 1$. Es ergibt sich: $3\cdot 1 - 2\cdot 1 + 1 = a(2-1)(3-1)$, daraus $2 = 2a$
und $a = 1$. In gleicher Weise finden wir b bzw. c, indem wir $x = 2$
bzw. $x = 3$ setzen und erhalten $b = -9$ und $c = 11$.

Nun können wir den Integranden in folgende Brüche zerlegen:

$\dfrac{3x^2 - 2x + 1}{(1-x)(2-x)(3-x)} = \dfrac{1}{1-x} - \dfrac{9}{2-x} + \dfrac{11}{3-x}$. Somit kann

das Integral in die Summe von 3 Teilintegralen zerlegt werden:

$$\int\frac{3x^2 - 2x + 1}{(1-x)(2-x)(3-x)}\, dx = \int\frac{dx}{1-x} - 9\int\frac{dx}{2-x} + 11\int\frac{dx}{3-x} =$$

$$= -\ln(1-x) + 9\ln(2-x) - 11\ln(3-x) + C =$$

$$= \ln\frac{(2-x)^9}{(1-x)(3-x)^{11}} + C. \quad\text{——}$$

Aufgaben. 2/14. a) $\int 6\,x^7\mathrm{d}x$; **b)** $\int 7\,x^4\mathrm{d}x$; **c)** $\int \sqrt{x}\,\mathrm{d}x$;

d) $\int \dfrac{1}{\sqrt{x}}\ \mathrm{d}x$; **e)** $\int \sqrt[3]{x^2}\,\mathrm{d}x$; **f)** $\int \dfrac{\mathrm{d}x}{\sqrt{a+x}}$.

2/15. a) $\int (x^2 + x + 1)\,\mathrm{d}x$; **b)** $\int \left(4\,x^3 + 5\,\sqrt{x} - \dfrac{2}{\sqrt[3]{x}}\right)\mathrm{d}x$;

c) $\int (x-1)^2\mathrm{e}^x\mathrm{d}x$; **d)** $\int \dfrac{\mathrm{d}x}{\cos^2 x} + \int x^3\mathrm{d}x$; **e)** $\int \dfrac{3\,x+1}{x-2}\ \mathrm{d}x$.

2/16. Nach der Substitutionsmethode sind zu berechnen:

a) $\int \dfrac{x}{\sqrt{x^2 + a^2}}\ \mathrm{d}x$; **b)** $\int \dfrac{1}{a + bx}\mathrm{d}x$; **c)** $\int \mathrm{e}^{mx}\mathrm{d}x$; **d)** $\int \dfrac{\mathrm{d}x}{x^2\,\sqrt{x^2 + a^2}}$;

e) $\int x\,\sqrt{x^2 + a^2}\,\mathrm{d}x$; **f)** $\int \dfrac{x}{1 + x^2}\ \mathrm{d}x$.

2/17. Durch partielle Integration sind zu berechnen: **a)** $\int \ln x\ \mathrm{d}x$;

b) $\int x \cos x\ \mathrm{d}x$; **c)** $\int x \sin x\ \mathrm{d}x$; **d)** $\int x\ \mathrm{e}^x\mathrm{d}x$.

2.2.4 Das bestimmte Integral

Der Begriff und die Ableitung des bestimmten Integrals unterscheiden sich vollständig von denen des unbestimmten Integrals. Es zeigt sich jedoch, daß der formale Operator $\int$, d. h. das Integralzeichen, den Integranden in beiden Fällen auf dieselbe Weise behandelt.

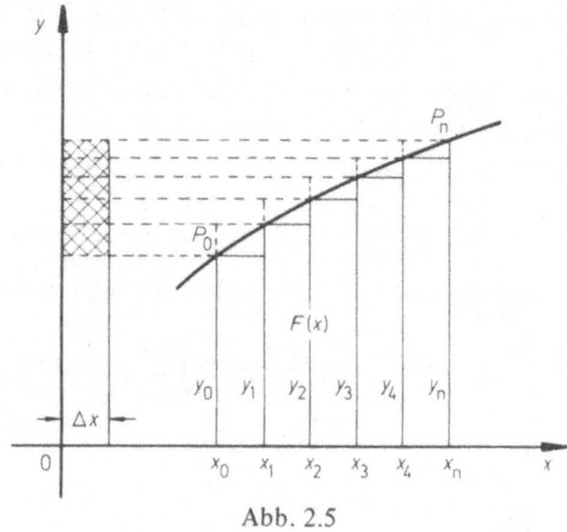

Abb. 2.5

a) In Abb. 2.5 begrenzt der von $P_0(x_0, y_0)$ bis $P_n(x_n, y_n)$ gehende Bogen der Kurve $y = f(x)$ mit den Ordinaten y_0 und y_n und dem zwischen diesen liegenden Stück $x_n - x_0$ der x-Achse eine Fläche $F(x)$; diese ist daher eine Funktion von $f(x)$. Die Ermittlung der Stammfunktion $F(x)$ nennt man Quadratur der Fläche und diese Berechnung des Flächeninhalts ist die ursprüngliche Aufgabe der Integralrechnung. Teilt man die Fläche $F(x)$ durch eine Anzahl Ordinaten $y_1, y_2, \ldots$, die voneinander die gleichen Abstände Δx haben, so kann man zwei Summen von Rechtecksflächen bilden, von denen die eine größer, die andere kleiner ist als die gesuchte Fläche F; in Abb. 2.5 ist:

$$y_0 \Delta x + y_1 \Delta x + y_2 \Delta x + y_3 \Delta x + y_4 \Delta x < F < y_1 \Delta x + y_2 \Delta x +$$
$$+ y_3 \Delta x + y_4 \Delta x + y_n \Delta x.$$

Die Differenz der beiden Summen von Rechtecksflächen ist das schraffierte Rechteck in Abb. 2.5, dessen Fläche offensichtlich umso kleiner ist, je kleiner Δx ist, d. h., je größer die Anzahl der Teilstreifen ist, in die man die gesuchte Fläche zerlegt. Läßt man nun Δx gegen 0 gehen, so werden die beiden Summen sowohl einander als auch der gesuchten Fläche gleich. Durch Angabe der Anfangs- und Endwerte der Abszissen (der Grenzen) erhält man die Gleichung:

$$\lim_{\Delta x \to 0} \sum_{x_0}^{x} y \, \Delta x = \int_{x_0}^{x} f(x) \, dx = F(x).$$

Verschiebt man die Anfangsabszisse x_0 nach links oder rechts, so ändert sich der Flächeninhalt F um einen festen Betrag, nämlich das hinzugekommene oder abgeschnittene Flächenstück. Es gibt also zu einem Integranden $f(x)$ unendlich viele Stammfunktionen, die aber alle aus einer von ihnen dadurch hervorgehen, daß man beliebige Integrationskonstanten hinzufügt. Ein solches Integral schreibt man daher ohne Angaben von Grenzen und nennt es *unbestimmtes Integral* $F(x) + C$ (s. S. 41). Sind aber die Grenzen gegeben, z. B. $x_0 = a$ als untere, $x = b$ als obere Grenze, so nennt man

$$\int_a^b f(x) \, dx = F(b) - F(a)$$

ein *bestimmtes Integral*. Dieses ist also von der Wahl der unbestimmten Integrationskonstanten unabhängig geworden.

Beispiel 2-30. $\displaystyle\int_{1}^{2} x^3\,\mathrm{d}x = \frac{x^4}{4}\Big|_{1}^{2} = \frac{16}{4} - \frac{1}{4} = \frac{15}{4}\,.$ —————

Beispiel 2-31. $\displaystyle\int_{\frac{3}{2}}^{6} (\sqrt{2x-3})\,\mathrm{d}x.$ Wir setzen $(2x-3) = u$, daraus

$x = \dfrac{1}{2}u + \dfrac{3}{2}$ und $\dfrac{\mathrm{d}x}{\mathrm{d}u} = \dfrac{1}{2}$. Der unteren Grenze $x = a = \dfrac{3}{2}$ ent-

spricht $u = 2 \cdot \dfrac{3}{2} - 3 = 0$, der oberen Grenze $x = b = 6$ entspricht

$u = 2 \cdot 6 - 3 = 9$; somit wird

$$\int_{0}^{9} \sqrt{u} \cdot \frac{1}{2}\,\mathrm{d}u = \frac{1}{2}\int_{0}^{9} \sqrt{u}\,\mathrm{d}u = \frac{1}{2}\,\frac{u^{\frac{3}{2}}}{\frac{3}{2}}\Big|_{0}^{9} = \frac{1}{2}\cdot\left(\frac{2}{3}\cdot 9^{\frac{3}{2}} - 0\right) = 9. \text{——}$$

Ein bestimmtes Integral verschwindet, wenn die Grenzen einander gleich werden:

$$\int_{a}^{a} f(x)\,\mathrm{d}x = 0.$$

b) Aus obigen Formeln folgt:

$$\int_{a}^{b} = -\int_{b}^{a} \quad\text{und}\quad \int_{a}^{c} = \int_{a}^{b} + \int_{b}^{c} \quad\text{bzw.}\quad \int_{a}^{c} - \int_{a}^{b} = \int_{b}^{c}.$$

D. h., wenn b ein beliebiger Punkt zwischen den Grenzen a und c ist, so ist das Integral von $f(x)$ zwischen den Grenzen a und c gleich der Summe der Integrale von $f(x)$, genommen zwischen den Grenzen a und b, sowie b und c.

c) Da das bestimmte Integral als Fläche aufgefaßt wird, ist, wenn die Kurve $y = f(x)$ symmetrisch in bezug auf die y-Achse ist: $f(x) = f(-x)$.

Daher ist in diesem Fall

$$\int_{-a}^{0} f(x)\,\mathrm{d}x = \int_{0}^{+a} f(x)\,\mathrm{d}x = \frac{1}{2}\int_{-a}^{+a} f(x)\,\mathrm{d}x \quad\text{oder}\quad \int_{-a}^{+a} f(x)\,\mathrm{d}x = 2\int_{0}^{a} f(x)\,\mathrm{d}x.$$

Beispiel 2-32. $\displaystyle\int_{-a}^{+a} x^2\,\mathrm{d}x = 2\int_{0}^{a} x^2\,\mathrm{d}x = \frac{2a^3}{3}$. ——

Aufgaben. 2/18. a) $\displaystyle\int_{0}^{1} x\,\mathrm{e}^x\mathrm{d}x$; **b)** $\displaystyle\int_{-2}^{+2} x^4\mathrm{d}x$; **c)** $\displaystyle\int_{a}^{b} x^2\mathrm{d}x$;

d) $\displaystyle\int_{0}^{T} (a + bT + cT^2 + \ldots)\,\mathrm{d}T$; **e)** $\displaystyle\int_{T_1}^{T_2} (a + bT)\,\mathrm{d}T$.

2/19. a) $\displaystyle\int_{0}^{\ln 2} \mathrm{e}^{-5x}\mathrm{d}x$; **b)** $t = \dfrac{1}{k}\displaystyle\int_{0}^{x} \dfrac{\mathrm{d}x}{a-x}$.

2/20. a) $\displaystyle\int_{0}^{T} \dfrac{\mathrm{d}T}{T^2} \int_{0}^{T} 0{,}001\,T\,\mathrm{d}T$; **b)** $\displaystyle\int_{0}^{a}\int_{0}^{b} m\,z\,\mathrm{d}x\,\mathrm{d}z$.

2.2.5 Mittelwert einer Funktion

Wenn wir die Fläche unter einer Kurve $y = f(x)$ zwischen den Abszissenwerten a und b durch $(b-a)$ teilen, so erhalten wir

$$\bar{y} = \frac{1}{b-a}\int_{a}^{b} f(x)\,\mathrm{d}x.$$ $\bar{y}$ ist die mittlere Ordinate, d. h. der Mittelwert der Funktion $y = f(x)$ im Intervall $a \ldots b$.

Beispiel 2-33. Wird die molare Wärmekapazität (Molwärme) als Funktion der thermodynamischen Temperatur T ausgedrückt durch die Gleichung $C_{\mathrm{mp}} = \alpha + \beta T + \gamma T^2$, dann ist die mittlere molare Wärmekapazität im Temperaturbereich zwischen T_1 und T_2:

$$\bar{C}_{\mathrm{mp}} = \frac{1}{T_2-T_1}\int_{T_1}^{T_2} C_{\mathrm{mp}}\,\mathrm{d}T = \frac{1}{T_2-T_1}\int_{T_1}^{T_2} (\alpha + \beta T + \gamma T^2)\,\mathrm{d}T.$$ Die Integration ergibt:

$$\bar{C}_{\mathrm{mp}} = \alpha + \frac{\beta}{2}\cdot\frac{T_2^2-T_1^2}{T_2-T_1} + \frac{\gamma}{3}\cdot\frac{T_2^3-T_1^3}{T_2-T_1}.$$

Nach Zerlegung von $T_2^2-T_1^2 = (T_2 + T_1)(T_2-T_1)$ und $T_2^3-T_1^3 = (T_2^2 + T_1 T_2 + T_1^2)(T_2-T_1)$ folgt hieraus:

$$\bar{C}_{\mathrm{mp}} = \alpha + \frac{\beta}{2}(T_2 + T_1) + \frac{\gamma}{3}(T_2^2 + T_1 T_2 + T_1^2).$$ ——

Aufgaben. 2/21. Berechne die mittlere molare Wärmekapazität:
a) des Ammoniaks für den Bereich von 27 bis 127 °C, wenn die Abhängigkeit
der molaren Wärmekapazität von der thermodynamischen Temperatur gegeben
ist durch die Gleichung $C_{mp} = 24{,}79 + 3{,}75 \cdot 10^{-2} \cdot T - 7{,}39 \cdot 10^{-6} \cdot T^2$ in
J/(mol·K); **b)** des Schwefelwasserstoffs von 400 bis 1000 K aus der Gleichung
$C_{mp} = 36{,}89 - 7{,}95 \cdot 10^{-3} \cdot T + 9{,}21 \cdot 10^{-6} \cdot T^2$ in J/(mol·K).

2.2.6 Länge ebener Kurven (Rektifikation)

Die Länge eines Kurvenbogens s, der durch die Funktion
$y = f(x)$ dargestellt wird, zwischen den Grenzen $x = a$ und $x = b$
kann nach folgender Gleichung berechnet werden:

$$s = \int_a^b \sqrt{1 + [f'(x)]^2}\, dx = \int_a^b \sqrt{1 + \left(\frac{dy}{dx}\right)^2}\, dx.$$

Beispiel 2-34. Zu berechnen ist die Länge der Kreislinie (der
Kreisumfang). Die Mittelpunktsgleichung des Kreises lautet $y^2 + x^2 = r$
Durch Differentiation folgt $y\, dy + x\, dx = 0$; daraus ist

$$\frac{dy}{dx} = -\frac{x}{y} \quad \text{und} \quad \left(\frac{dy}{dx}\right)^2 = \frac{x^2}{y^2}\,; \quad \text{daher}\ 1 + \left(\frac{dy}{dx}\right)^2 = 1 + \frac{x^2}{y^2} =$$

$$= \frac{r^2}{r^2 - x^2}\,; \quad ds = dx\, \sqrt{1 + \left(\frac{dy}{dx}\right)^2} = \frac{r\, dx}{\sqrt{r^2 - x^2}}\,.$$

Die Integration zwischen den Grenzen $-r$ und $+r$ ergibt die Bogen
länge eines Halbkreises:

$$s = r \int_{-r}^{+r} \frac{dx}{\sqrt{r^2 - x^2}} = r \arcsin \frac{x}{r}\Big|_{-r}^{+r} = r\,[\arcsin(1) - \arcsin(-1)] =$$

$= r\, 2 \arcsin(1) = r\, \pi$. Der Umfang des Vollkreises ist demnach $2\, r\, \pi$. —

2.2.7 Berechnung des Flächeninhaltes (Quadratur)

Wir zerlegen die Fläche (Abb. 2.6) in unendlich kleine Streifen
der Breite dx und summieren diese Streifen.
Ist $y\, dx$ der Flächeninhalt eines Streifens, so ist $\int_a^b y\, dx$ die Summ
sämtlicher Streifen zwischen a und b; das entspricht dem Inhalt des
Flächenstücks, welches von der Kurve $y = f(x)$, der x-Achse und den
Parallelen $x = a$ und $x = b$ zur y-Achse begrenzt wird.

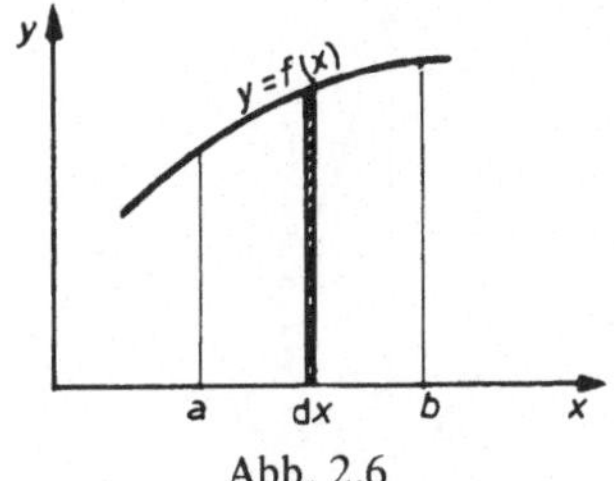

Abb. 2.6

Beispiel 2-35. Flächeninhalt eines rechtwinkligen Dreieckes (Abb. 2.7).

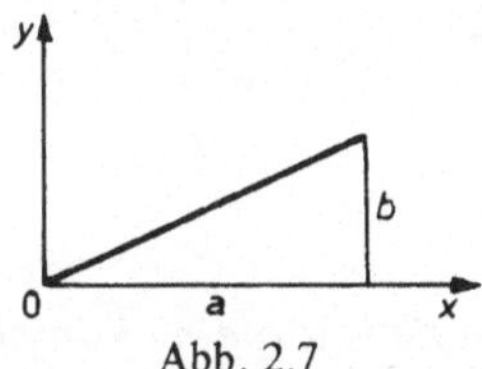

Abb. 2.7

Die Gleichung der Hypothenuse („Kurve") lautet $y = \dfrac{b}{a}\,x$.

$$\text{Flächeninhalt} = \int\limits_0^a \frac{b}{a}\,x\,\mathrm{d}x = \frac{b}{a}\int\limits_0^a x\,\mathrm{d}x = \frac{b}{a}\cdot\frac{a^2}{2} = \frac{a\,b}{2} \cdot \underline{\hspace{2cm}}$$

Beispiel 2-36. Flächeninhalt der Ellipse. (Halbachsen a und b.)

Gleichung der Ellipse: $\dfrac{x^2}{a^2} + \dfrac{y^2}{b^2} - 1 = 0$. Daraus folgt:

$y = \pm\dfrac{b}{a}\sqrt{a^2-x^2}$. Unter Verwendung des positiven Vorzeichens

ergibt die Integration zwischen den Grenzen $-a$ und $+a$ die halbe Ellipsenfläche (Fläche zwischen der Kurve und der x-Achse im 1. und 2. Quadranten):

$$\int\limits_{-a}^{+a} y\,\mathrm{d}x = \frac{b}{a}\int\limits_{-a}^{+a}\sqrt{a^2-x^2}\cdot\mathrm{d}x = \frac{b}{a}\left[\frac{x}{2}\sqrt{a^2-x^2} + \frac{a^2}{2}\arcsin\frac{x}{a}\right]_{-a}^{+a} =$$

$$= \frac{b}{a}\,\frac{a^2}{2}\,[\arcsin 1 - \arcsin(-1)] = \frac{ab}{2}\,(2\arcsin 1) = \frac{ab\,\pi}{2}.$$

Die volle Ellipsenfläche ist demnach $ab\,\pi$. ——

Beispiel 2-37. Flächeninhalt einer gleichseitigen Hyperbel $xy = a^2$ zwischen den Grenzen $x_1 = a$ und $x_2 = b$ (Abb. 2.8).

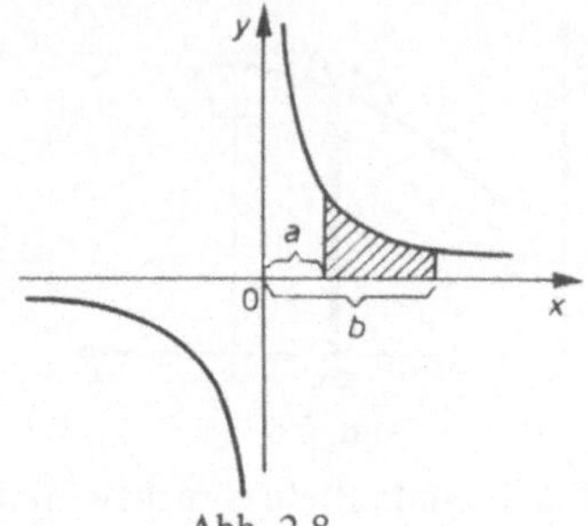

Abb. 2.8

$$\text{Fläche} = \int\limits_a^b y \, \mathrm{d}x = \int\limits_a^b a^2 \, \frac{\mathrm{d}x}{x} = a^2 \int\limits_a^b \frac{\mathrm{d}x}{x} = a^2 \ln b - a^2 \ln a =$$

$$= a^2 \left(\ln b - \ln a \right). \text{———}$$

2.2.8 Oberfläche von Rotationskörpern (Komplanation)

Ist die Funktion $y = f(x)$ im Intervall $a \dots b$ monoton (steigend oder fallend) und besitzt sie dort eine stetige Ableitung, so erzeugt das Kurvenbild von $y = f(x)$ bei der Drehung um die x-Achse einen Drehkörper mit der Oberfläche

$$A = 2\pi \int\limits_a^b f(x) \sqrt{1 + [f'(x)]^2} \, \mathrm{d}x = 2\pi \int\limits_a^b y \sqrt{1 + y'^2} \, \mathrm{d}x.$$

Beispiel 2-38. Oberfläche einer Kugel. Diese entsteht durch Drehung eines Kreises um den Durchmesser (um die x-Achse). Es ist $y = \pm \sqrt{r^2 - x^2}$ und $y' = \dfrac{\mathrm{d}y}{\mathrm{d}x} = -\dfrac{x}{y}$. Die Integration zwischen den Grenzen $x = 0$ und $x = r$ ergibt die halbe Oberfläche der Kugel:

$$\frac{1}{2} \cdot A = 2\pi \int\limits_0^r \sqrt{r^2 - x^2} \, \sqrt{1 + \frac{x^2}{y^2}} \, \mathrm{d}x = 2\pi \int\limits_0^r r \, \mathrm{d}x = 2\pi r^2.$$

Die gesamte Oberfläche der Kugel ist demnach $A = 4\pi r^2$.

2.2.9 Rauminhalt von Rotationskörpern (Kubatur)

Dreht man die Fläche zwischen der stetigen Kurve mit der Gleichung $y = f(x)$, der x-Achse und den Geraden $x = a$ und $x = b$

um die x-Achse, so entsteht ein Rotationskörper mit dem Raum-inhalt

$$V = \pi \int\limits_{x=a}^{b} [f(x)]^2 \, \mathrm{d}x = \pi \int\limits_{x=a}^{b} y^2 \, \mathrm{d}x.$$

Dreht man die Fläche zwischen dem Kurvenbild von $y = f(x)$, der y-Achse, den Geraden $y = c$ und $y = d$ um die y-Achse, so ist der Rauminhalt des entstehenden Drehkörpers

$$V = \pi \int\limits_{y=c}^{d} x^2 \, \mathrm{d}y.$$

Beispiel 2-39. Inhalt des geraden Kreiskegels der Höhe h mit dem Halbmesser r der Grundfläche. Dreht man die Fläche zwischen der Geraden $y = mx$ $(m = r/h)$, der x-Achse, dem Koordinaten-ursprung und der Geraden $x = h$ um die x-Achse, so erhält man als Drehkörper einen Kreiskegel. Dessen Volumen V ist:

$$V = \pi \int\limits_{0}^{h} y^2 \, \mathrm{d}x = \pi \frac{r^2}{h^2} \int\limits_{0}^{h} x^2 \, \mathrm{d}x = \pi \frac{r^2}{h^2} \left[\frac{x^3}{3} \right]_0^h = \frac{\pi r^2}{3 h^2} (h^3 - 0) =$$

$$= \frac{\pi r^2 h}{3} \, .$$

Der Inhalt eines Kegelstumpfes, dessen Kreisflächen um h und h' von der Spitze entfernt sind, ist:

$$V = \pi \frac{r^2}{h^2} \int\limits_{h'}^{h} x^2 \, \mathrm{d}x = \frac{\pi r^2}{3 h^2} (h^3 - h'^3). \; \text{———}$$

2.3 Reihen

2.3.1 Allgemeines

In naturwissenschaftlichen Berechnungen versucht man häufig, den unbekannten Verlauf eines Vorganges durch eine empirische *Näherungsformel* darzustellen.

Dehnt sich beispielsweise ein Stab, der bei der Temperatur Null die Länge l_0 besitzt, durch Erwärmung aus, so kann man in erster

Annäherung annehmen, daß die Ausdehnung mit der Temperatur ϑ proportional verläuft, also die Länge $l = l_0(1 + \alpha\,\vartheta)$ ist (α ist der lineare Ausdehnungskoeffizient).

Will man eine weitere Annäherung der Formel vornehmen, führt man ein Korrekturglied ein und die Gleichung erhält die Form

$$l = l_0\,(1 + \alpha\,\vartheta + \beta\,\vartheta^2).$$

Die Konstanten α und β werden dadurch bestimmt, daß man die Formel mit den Beobachtungen vergleicht (s. auch unter Ausgleichsrechnung, S. 133).

Diese *Reihe* kann man nun unendlich fortsetzen, indem man weitere Korrekturglieder $\gamma\,\vartheta^3$, $\delta\,\vartheta^4$ usw. anfügt. Man wird jedoch die Reihe dort abbrechen, wo die Größe der Korrekturglieder bereits einen so kleinen Wert erreicht, daß diese praktisch keinen Einfluß mehr ausüben. Die Formeln sind naturgemäß für die Praxis um so geeigneter, je weniger Glieder man nötig hat. Bedingung für die Anwendung solcher Reihen ist jedoch, daß man sich der zu berechnenden Größe mehr und mehr nähert, je mehr Glieder man berücksichtigt, daß also die Reihe mit wachsender Gliederzahl einem bestimmten, endlichen Wert näherkommt, daß der Rest mit wachsender Gliederzahl unbegrenzt klein wird (gegen Null konvergiert; konvergente Reihe).

$$\text{Z. B. } \frac{3}{10} + \frac{3}{10^2} + \frac{3}{10^3} + \frac{3}{10^4} + \ldots = \frac{1}{3} \text{ als Summe.}$$

2.3.2 *Formeln für die Reihenentwicklung*

a) Die *arithmetische Reihe:* $S_n = a_1 + \underbrace{(a_1 + d)}_{a_2} + \underbrace{(a_1 + 2\,d)}_{a_3} +$

$+ \underbrace{(a_1 + 3\,d)}_{a_4} + \ldots + \underbrace{[a_1 + (n-1)d]}_{a_n} = \dfrac{a_1 + a_n}{2} \cdot n.$

Bezeichnungen: S_n Summe der arithmetischen Reihe bei endlicher Anzahl n der Glieder, a_1 Anfangsglied, a_n allgemeines Glied, d konstante Differenz zwischen zwei benachbarten Gliedern.

b) Die *geometrische Reihe.* Wenn in der Reihe $a_1 + a_2 + a_3 +$

$+ \ldots + a_n$ der Quotient q zweier aufeinanderfolgender Glieder $\dfrac{a_2}{a_1} = \dfrac{a_3}{a_2} = \dfrac{a_4}{a_3} = \ldots = \dfrac{a_n}{a_{n-1}} = q$ konstant ist, nennt man die Reihe eine geometrische (n-tes Glied: $a_n = a_1 q^{n-1}$). Ist die Zahl n der Glieder endlich, so ist deren Summe: $S_n = a + aq +$

$$+ aq^2 + \ldots + aq^{n-1} = a\,\frac{q^n - 1}{q - 1} \quad \text{(endliche geometrische Reihe).}$$

Für $|q| < 1$ ist die Summe S der unendlichen geometrischen Reihe

$$S = \frac{a}{1-q}\,.$$

c) Die *MacLaurinsche Reihe*. Eine Funktion $f(x)$ werde durch eine unendliche Potenzreihe dargestellt:

$$f(x) = c_0 + c_1 x + c_2 x^2 + c_3 x^3 + c_4 x^4 + \ldots$$

Die Koeffizienten c werden folgendermaßen ermittelt:

Man setzt $x = 0$, dann ist $f(0) = c_0$ (c_0 ist also der Wert, den die Funktion für $x = 0$ besitzt).

Die obige Gleichung differenziert:

$$f'(x) = c_1 + 2c_2 x + 3c_3 x^2 + \ldots \text{ und für } x = 0 \text{ gesetzt:}$$

$$f'(0) = c_1\,; \quad \text{daraus ist } c_1 = \frac{f'(0)}{1}\,.$$

Die weitere Differentiation ergibt: $f''(x) = 2c_2 + 2 \cdot 3 \cdot c_3 x + \ldots$ und für $x = 0$:

$$f''(0) = 2c_2\,; \quad \text{daraus ist } c_2 = \frac{f''(0)}{1 \cdot 2}\,.$$

Analog: $f'''(0) = 1 \cdot 2 \cdot 3 \cdot c_3$ und $c_3 = \dfrac{f'''(0)}{1 \cdot 2 \cdot 3}\,.$

Für $f(x)$ ergibt sich daher die Reihe

$$f(x) = f(0) + \frac{x}{1} \cdot f'(0) + \frac{x^2}{1 \cdot 2} \cdot f''(0) + \frac{x^3}{1 \cdot 2 \cdot 3} \cdot f'''(0) + \ldots =$$

$$= f(0) + \frac{f'(0)}{1!}\,x + \frac{f''(0)}{2!}\,x^2 + \frac{f'''(0)}{3!}\,x^3 + \ldots$$

Die *Fakultät* (Faktorielle) $n!$ wird definiert durch $n! = 1 \cdot 2 \cdot 3 \cdot 4 \cdot \, \cdot 5 \cdot 6 \cdot \ldots n$. Es ist also $n! = (n-1)! \cdot n$, z. B. $2! = 1 \cdot 2; 3! = 1 \cdot 2 \cdot 3$ usw.

Weitere Potenzreihen:

$$f(x + h) = f(x) + \frac{h}{1!}\,f'(x) + \frac{h^2}{2!}\,f''(x) + \frac{h^3}{3!}\,f'''(x) + \ldots$$

(Taylorsche Reihe)

$$f(x-h) = f(x) - \frac{h}{1!}f'(x) + \frac{h^2}{2!}f''(x) - \frac{h^3}{3!}f'''(x) + \ldots$$

$$f(x) = e^x = 1 + \frac{x}{1!} + \frac{x^2}{2!} + \frac{x^3}{3!} + \ldots \quad \text{(Exponentialreihe, Konver-}$$

genzbereich: $|x| < \infty$)

d) Die *trigonometrischen Reihen:*

$$\sin x = \frac{x}{1} - \frac{x^3}{3!} + \frac{x^5}{5!} - \frac{x^7}{7!} + \ldots$$

$$\cos x = 1 - \frac{x^2}{2!} + \frac{x^4}{4!} - \frac{x^6}{6!} + \ldots$$

Beide Reihen konvergieren für $|x| < \infty$.

$$\tan x = \frac{x}{1} + \frac{x^3}{3} + \frac{2x^5}{15} + \ldots \left(\text{Konvergenzbereich: } |x| < \right.$$

e) Die *logarithmische Reihe:*

$$\ln(1+x) = \frac{x}{1} - \frac{x^2}{2} + \frac{x^3}{3} - \frac{x^4}{4} \ldots \quad \text{(Konvergenzbereich:}$$
$$-1 < x \leqq 1)$$

$$\ln(1-x) = -\frac{x}{1} - \frac{x^2}{2} - \frac{x^3}{3} - \frac{x^4}{4} \ldots \quad \text{(Konvergenzbereich:}$$
$$-1 \leqq x < 1)$$

f) Die *binomische Reihe:*

$$(1 \pm x)^n = 1 \pm \frac{n}{1!}x \pm \frac{n(n-1)}{2!}x^2 \pm \frac{n(n-1)(n-2)}{3!}x^3 \pm \ldots$$

($n > 0$, Konvergenzbereich: $|x| \leqq 1$)

$$(1 \pm x)^{-n} = 1 \mp \frac{n}{1!}x + \frac{n(n+1)}{2!}x^2 \mp \frac{n(n+1)(n+2)}{3!}x^3 + \ldots$$

($n > 0$, Konvergenzbereich: $|x| < 1$)

(Daraus entstandene Näherungsformel s. S. 88.)

g) Rechnen mit Reihen. Da eine konvergierende unendliche Reihe bei Berücksichtigung sämtlicher Glieder gleichwertig an die Stelle der Funktion treten kann, können auch alle Rechenoperationen statt mit der Funktion selbst mit ihrer Reihe durchgeführt werden (Addition, Multiplikation, Differentiation usw.). Daher kann auf einfache Weise z. B. die Reihe für $e^x + e^{-x}$ gebildet werden.

Die Reihe für $e^x = 1 + x + \dfrac{x^2}{2!} + \dfrac{x^3}{3!} + \dfrac{x^4}{4!} + \ldots$ Um die Reihe für e^{-x} zu bilden, braucht man nur in der gleichen Reihe überall x durch $-x$ ersetzen, also $e^{-x} = 1 + (-x) + \dfrac{(-x)^2}{2!} +$

$$+ \frac{(-x)^3}{3!} + \frac{(-x)^4}{4!} + \ldots = 1 - x + \frac{x^2}{2!} - \frac{x^3}{3!} + \frac{x^4}{4!} - \ldots$$

Durch gliedweises Addieren erhalten wir für $e^x + e^{-x} = 2 +$

$$+ 2 \cdot \frac{x^2}{2!} + 2 \cdot \frac{x^4}{4!} + 2 \cdot \frac{x^6}{6!} + \ldots = 2\left(1 + \frac{x^2}{2!} + \frac{x^4}{4!} + \frac{x^6}{6!} + \ldots\right).$$

Das Beispiel einer Division s. S. 70.

2.3.3 Integration durch unendliche Reihen

Oft ist es unmöglich, bei einem vorgelegten Integral diejenige Funktion anzugeben, welche differenziert den Integranden ergibt. So gibt es z. B. für $\displaystyle\int \frac{e^x}{x}\,dx$ keine elementare Funktion, die differenziert $\dfrac{e^x}{x}$ ergibt. Man kann aber den Integranden $\dfrac{e^x}{x}$ in eine unendliche Reihe entwickeln $\dfrac{e^x}{x} = \dfrac{1}{x} + \dfrac{1}{1!} + \dfrac{x}{2!} + \dfrac{x^2}{3!} + \ldots +$ $+ \dfrac{x^{n-1}}{n!} + \ldots$ und diese dann als Summe gliedweise integrieren.

Die Integration durch unendliche Reihen kann man allgemein folgendermaßen formulieren: Wenn $f(x) = a_0 + a_1 x + a_2 x^2 + \ldots$ (a_n konstant), so ist

$$\int f(x)\,dx = a_0 x + a_1 \frac{x^2}{2} + a_2 \frac{x^3}{3} + a_3 \frac{x^4}{4} + \ldots + C =$$

$$= x\left(a_0 + a_1 \frac{x}{2} + a_2 \frac{x^2}{3} + a_3 \frac{x^3}{4} + \ldots\right) + C.$$

Konvergiert die Reihe für $f(x)$, so konvergiert auch der Klammerausdruck, weil seine Glieder kleiner sind als die entsprechenden Glieder der Reihe. Somit kann man den Integranden $f(x)$ durch eine unendliche konvergierende Reihe ersetzen.

Aufgaben. 2/22. Integriere durch Reihenentwicklung: $\displaystyle\int \frac{dx}{1+x^2}$.

2.4 Anwendung auf physikalisch-chemische Aufgaben

Beispiel für den Unterschied zwischen Differenzenquotient und Differentialquotient:

2.4.1 Stoffmengenbezogene (molare) Wärmekapazität

Die *stoffmengenbezogene (molare) Enthalpie* H_m fester Stoffe ist bei hohen Temperaturen T angenähert proportional T. Es ist dann bei konstantem Druck: $\Delta H_m = H_{mT_1} - H_{mT_2} = = \overline{C}_{mp}(T_2 - T_1) = \overline{C}_{mp}\Delta T$, wobei $\overline{C}_{mp}$ in J/(mol·K) die mittlere mol. Wärmekapazität (Molwärme) im Temperaturbereich ΔT zwischen T_1 und T_2 ist: $\overline{C}_{mp} = \dfrac{\Delta H_m}{\Delta T}$. Der Differenzenquotient ist nicht oder nur wenig von der Temperatur abhängig (Umwandlungspunkte ausgenommen).

Bei tieferen Temperaturen hängt H_m aber in ganz anderer Weise von der Temperatur ab. Dort muß man daher zur Berechnung von C_{mp} anstelle des Differenzenquotienten den Differentialquotienten heranziehen: $C_{mp} = \left(\dfrac{\partial H_m}{\partial T}\right)_p$.

Beispiel für die Differentiation der Funktion einer Funktion:

2.4.2 Temperaturabhängigkeit der paramagnetischen Suszeptibilität

Nach dem Gesetz von Curie und Weiss kann die Temperaturabhängigkeit der molaren paramagnetischen Suszeptibilität durch die Beziehung $\chi = \dfrac{C}{T - \Theta}$ ausgedrückt werden. (C und Θ sind Konstanten.)

Zur Bestimmung des Temperaturkoeffizienten $\dfrac{d\chi}{dT}$ (also der Steigung der Kurve, in diesem Fall einer gleichseitigen Hyperbel) setzen wir $T - \Theta = z$, wodurch die Gleichung die Form $\chi = \dfrac{C}{z}$ erhält. Nun ist $\dfrac{d\chi}{dz} = -\dfrac{C}{z^2}$; daraus $dz = -\dfrac{z^2}{C}\,d\chi$. Aus $z = T - \Theta$ ist $\dfrac{dz}{dT} = 1$, es wird also $dz = dT$ und $-\dfrac{z^2}{C}\,d\chi = dT$, daher

$$\frac{d\chi}{dT} = -\frac{C}{z^2} = -\frac{C}{(T-\Theta)^2}.$$

Beispiel für logarithmisches Differenzieren:

2.4.3 Genauigkeit eines Meßergebnisses

Da die zu bestimmenden Größen fast stets Funktionen mehrerer Veränderlicher sind, diskutiere man den Einfluß der verschiedenen Beobachtungsfehler (am besten durch logarithmisches Differenzieren).

x sei die beobachtete, y die gesuchte Größe. Wie groß ist nun die relative Änderung von y, wenn x um dx falsch gemessen wurde, also der relative Fehler $\dfrac{dx}{x}$ ist ? Gesucht ist demnach der Zusammenhang zwischen $\dfrac{dy}{y}$ und $\dfrac{dx}{x}$ $\cdot$ $\left(\dfrac{dy}{y} \right.$ ist aber das Differential von $\ln y$).

Es soll nun beispielsweise der elektrische Widerstand einer Lösung nach der Wheatstoneschen Methode gemessen werden. Er sei y; die Ablesung an einer in 100 Teile geteilten Brücke sei x, der Vergleichswiderstand R (= *konstant*).

Dann ist $y = R \cdot \dfrac{x}{100-x}$; also $\ln y = \ln R + \ln x - \ln(100-x)$;

$$\frac{dy}{y} = \frac{dx}{x} + \frac{dx}{100-x} = dx \left(\frac{1}{x} + \frac{1}{100-x} \right) = 100 \cdot \frac{dx}{x\,(100-x)} .$$

$\dfrac{dy}{y}$ wird am kleinsten, wenn dx Null wird, oder wenn der Nenner $x(100-x)$ seinen maximalen Wert erreicht. Dieser ergibt sich aus einer Differentiation des Nenners und Nullsetzen ($100-2x = 0$; $x = 50$). Der relative Fehler wird also am kleinsten, wenn $x = 50$ ist, d. h., wenn man die Mitte des Meßdrahtes benutzt; der Vergleichswiderstand muß dann annähernd so groß sein, wie der zu messende Widerstand. Dann wird $\dfrac{dy}{y} = 2\,\dfrac{dx}{x}$, was bedeutet,

daß der relative Fehler des Ergebnisses (des Widerstands) doppelt so groß ist wie der Fehler der Messung (der Brückeneinstellung).

Beispiel für die partielle Differentiation:

2.4.4 Differenz der molaren Wärmekapazitäten

a) Für die Differenz der *molaren Wärmekapazitäten (Molwärmen)* bei konstantem Druck (C_{mp}) und konstantem Volumen (C_{mv}) gilt ohne Vereinfachung für alle Aggregatzustände:

$$C_{mp} - C_{mv} = T \left(\frac{\partial p}{\partial T}\right)_{V_m} \left(\frac{\partial V_m}{\partial T}\right)_p \; ; \; p \text{ ist der Druck, } V_m \text{ das Molvolumen}$$

und T die absolute Temperatur. $\left(\dfrac{\partial p}{\partial T}\right)_{V_m}$ und $\left(\dfrac{\partial V_m}{\partial T}\right)_p$ sind aus der

entsprechenden Zustandsgleichung zu berechnen. Für ein ideales Gas

mit der Zustandsgleichung $p V_m = RT$ ist also $p = \dfrac{RT}{V_m}$ und

$$V_m = \frac{RT}{p}, \quad \text{daher} \left(\frac{\partial p}{\partial T}\right)_{V_m} = \frac{R}{V_m} \text{ und } \left(\frac{\partial V_m}{\partial T}\right)_p = \frac{R}{p} \; ; \text{ somit}$$

$$C_{mp} - C_{mv} = T \cdot \frac{R}{V_m} \cdot \frac{R}{p} = \frac{R^2 T}{RT} = R. \text{ (Siehe auch S. 176.)}$$

b) Der *isobare thermische Ausdehnungskoeffizient* und die *isotherme Kompressibilität* sind folgendermaßen definiert:

$$\frac{1}{V} \left(\frac{\partial V}{\partial T}\right)_p = \alpha_p \qquad\qquad - \frac{1}{V} \left(\frac{\partial V}{\partial p}\right)_T = \chi_T$$

isobarer thermischer Ausdehnungskoeffizient   isotherme Kompressibilität

Die Differenz der Molwärmen ist $C_{mp} - C_{mv} = T \left(\dfrac{\partial p}{\partial T}\right)_{V_m} \left(\dfrac{\partial V_m}{\partial T}\right)_p$

Aus der Zustandsgleichung $p = f(V_m, T)$ ergibt sich das totale Diffe-

rential $dp = \left(\dfrac{\partial p}{\partial V_m}\right)_T d V_m + \left(\dfrac{\partial p}{\partial T}\right)_{V_m} dT$. Bei $p = \text{konstant}$ wird

$dp = 0$ und man erhält bei gleichzeitiger Division der Gleichung durch dT:

$$0 = \left(\frac{\partial p}{\partial V_m}\right)_T \left(\frac{\partial V_m}{\partial T}\right)_p + \left(\frac{\partial p}{\partial T}\right)_{V_m} \cdot$$

Nun tritt $\left(\dfrac{\partial V_m}{\partial T}\right)_p$ anstelle von $\dfrac{d V_m}{dT}$, da es sich um Änderungen des

Volumens mit der Temperatur bei konstantem Druck handelt.

$$\left(\frac{\partial p}{\partial T}\right)_{V_m} = - \left(\frac{\partial p}{\partial V_m}\right)_T \left(\frac{\partial V_m}{\partial T}\right)_p = - \frac{\left(\dfrac{\partial V_m}{\partial T}\right)_p}{\left(\dfrac{\partial V_m}{\partial p}\right)_T} \text{ als Ausdruck der Abhän-}$$

gigkeit der partiellen Differentialquotienten voneinander. Mit diesem

Ausdruck wird $C_{mp} - C_{mv} = -T \cdot \dfrac{\left(\dfrac{\partial V_m}{\partial T}\right)_p^2}{\left(\dfrac{\partial V_m}{\partial p}\right)_T}$.

Wenn wir die Definitionsgleichungen für α_p und χ_T berücksichtigen, folgt

$$C_{mp} - C_{mv} = T \cdot \frac{\alpha_p^2 V_m}{\chi_T} \ .$$

Beispiele für Maxima und Minima:

2.4.5 Größte Dichte des Wassers

Hallström hatte die Dichte des Wassers bei Temperaturen zwischen 0,8 und 32,5 °C durch 64 Versuche bestimmt und unter Anwendung der Methode der kleinsten Quadrate folgende Formel gefunden:

$$\rho = 1 + 5{,}2939 \cdot 10^{-5} \cdot \vartheta - 6{,}5322 \cdot 10^{-6} \cdot \vartheta^2 + 1{,}445 \cdot 10^{-8} \cdot \vartheta^3 .$$

Darin sind ρ in g/cm^3 die Dichte und ϑ in °C die Temperatur des Wassers.

$$\frac{d\rho}{d\vartheta} = 5{,}2939 \cdot 10^{-5} - 1{,}30644 \cdot 10^{-5} \cdot \vartheta + 4{,}335 \cdot 10^{-8} \cdot \vartheta^2$$

$$\frac{d^2\rho}{d\vartheta^2} = -1{,}30644 \cdot 10^{-5} + 8{,}670 \cdot 10^{-8} \cdot \vartheta .$$

Aus $\dfrac{d\rho}{d\vartheta} = 0$ ergibt sich für $\vartheta = 4{,}108$ °C.

Für diesen Wert von ϑ wird $\dfrac{d^2\rho}{d\vartheta^2}$ negativ, also ρ ein Maximum. Nach diesen Versuchen hätte daher das Wasser bei 4,108 °C die größte Dichte.

2.4.6 Brechungsgesetz

In der Abb. 2.9 sei A eine punktförmige Lichtquelle. Die Lichtgeschwindigkeit in Medium I sei c_1, in Medium II c_2. Es wird angenommen, daß $c_1 > c_2$, d. h. der Lichtstrahl wird beim Übergang von I in II zum Lot L gebrochen. Der Lichtstrahl soll in kürzester

Zeit von A nach B gelangen. (Die Geschwindigkeit wird definiert durch den Weg pro Sekunde.)

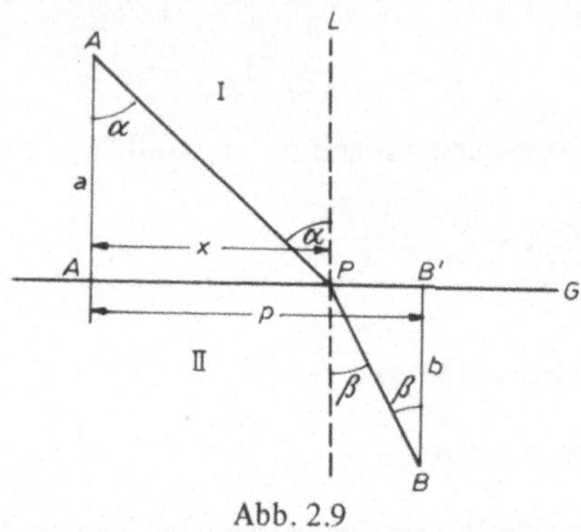

Abb. 2.9

Die Strecke AP wird in $\dfrac{AP}{c_1}$ Sekunden zurückgelegt, die Strecke PB in $\dfrac{PB}{c_2}$ Sekunden.

Die Gesamtzeit t, die der Lichtstrahl von A bis B benötigt, ist daher $t = \dfrac{AP}{c_1} + \dfrac{PB}{c_2}$.

Nun ist nach der Abbildung $AP = \sqrt{a^2 + x^2}$ und $PB =$

$= \sqrt{b^2 + (p-x)^2}$, also $t = \dfrac{\sqrt{a^2 + x^2}}{c_1} + \dfrac{\sqrt{b^2 + (p-x)^2}}{c_2}$.

Dieser Ausdruck soll ein Minimum werden. Das heißt, wir müssen differenzieren und den Differentialquotienten gleich 0 setzen:

$$\frac{dt}{dx} = \frac{x}{c_1 \sqrt{a^2 + x^2}} - \frac{(p-x)}{c_2 \sqrt{b^2 + (p-x)^2}} = 0, \text{ (I)}.$$

Nun ist $\sin \alpha = \dfrac{x}{\sqrt{a^2 + x^2}}$ und $\sin \beta = \dfrac{p-x}{\sqrt{b^2 + (p-x)^2}}$.

Diese Werte in (I) eingesetzt ergibt:

$$\frac{\sin \alpha}{c_1} - \frac{\sin \beta}{c_2} = 0 \quad \text{oder} \quad \frac{\sin \alpha}{\sin \beta} = \frac{c_1}{c_2} = n, \text{ wobei } n \text{ die}$$

Brechzahl ist (Anwendung s. S. 402).

2.4.7 Maximale Konzentration eines Zwischenprodukts bei Folgereaktionen

Bei einer Folge zweier Reaktionen 1. Ordnung $A \xrightarrow{k_1} B \xrightarrow{k_2} C$ ist die Konzentration c_B des Zwischenprodukts B in einem absatzweise betriebenen Rührkessel nach Gl. (LI), Abschnitt 10.1.3, gegeben durch:

$$c_B = \frac{k_1 c_A^0}{k_1 - k_2} \cdot (e^{-k_2 t} - e^{-k_1 t}).$$

(c_A^0 Konzentration des Reaktionspartners A zur Zeit $t = 0$, k_1 und k_2 Geschwindigkeitskonstanten der beiden Reaktionen, t Reaktionszeit). B sei das gewünschte Produkt. Es ist zu ermitteln, nach welcher Reaktionszeit (optimale Reaktionszeit t_{opt}) die Konzentration des Zwischenprodukts B ein Maximum erreicht.

Die Differentiation der Gleichung nach t ergibt:

$$\frac{dc_B}{dt} = \frac{k_1 c_A^0}{k_1 - k_2} \cdot (-k_2 \, e^{-k_2 t} + k_1 \, e^{-k_1 t}).$$

Die Konzentration von B ist ein Maximum, wenn $\dfrac{dc_B}{dt} = 0$ ist;

dies ist der Fall, wenn der Klammerausdruck Null ist: $k_2 \, e^{-k_2 t_{opt}} = k_1 \, e^{-k_1 t_{opt}}$. Daraus erhält man für die optimale Reaktionszeit:

$$t_{opt} = \frac{1}{k_2 - k_1} \cdot \ln \frac{k_2}{k_1}.$$

Beispiel für die Ermittlung der Wendepunktskoordinaten:

2.4.8 Bestimmung der kritischen Daten aus der van der Waalsschen Zustandsgleichung

Die van der Waalssche Zustandsgleichung lautet (s. S. 179):

$$(V_m - b)\left(p + \frac{a}{V_m^2}\right) = RT \quad \text{bzw.} \quad p = \frac{RT}{V_m - b} - \frac{a}{V_m^2}, \quad \text{(I). Die kritischen}$$

Werte von Temperatur, Druck und Molvolumen (T_{krit}, p_{krit}, $V_{m,krit}$) sind durch die Werte der Konstanten a und b eindeutig bestimmt und umgekehrt. Im kritischen Punkt fallen das Maximum und das Minimum der S-förmigen Kurven zusammen (s. S. 182 f.); daher gilt hier $\left(\dfrac{\partial p}{\partial V_m}\right)_{T_{krit}} = 0$. Da der kritische Punkt ein Wendepunkt der T_{krit}-Kurve ist, muß $\left(\dfrac{\partial^2 p}{\partial V_\mathrm{m}^2}\right)_T$ ebenfalls Null sein. Aus (I) erhält man durch

Differentiation: $\left(\dfrac{\partial p}{\partial V_\mathrm{m}}\right)_T = -\dfrac{RT}{(V_\mathrm{m}-b)^2} + \dfrac{2\,a}{V_\mathrm{m}^3}$ und

$\left(\dfrac{\partial^2 p}{\partial V_\mathrm{m}^2}\right)_T = \dfrac{2\,RT}{(V_\mathrm{m}-b)^3} - \dfrac{6\,a}{V_\mathrm{m}^4}$. Daraus folgt für den kritischen Punkt

$\left[\left(\dfrac{\partial p}{\partial V_\mathrm{m}}\right)_T = 0,\ \left(\dfrac{\partial^2 p}{\partial V_\mathrm{m}^2}\right)_T = 0\right]:\quad \dfrac{RT_\mathrm{krit}}{(V_\mathrm{m,\,krit}-b)^2} = \dfrac{2\,a}{V_\mathrm{m,\,krit}}$, (II), und

$\dfrac{RT_\mathrm{krit}}{(V_\mathrm{m,\,krit}-b)^3} = \dfrac{6\,a}{V_\mathrm{m,\,krit}^4}$, (III). Durch Division der Gl. (II) durch

Gl. (III) erhält man: $V_\mathrm{m,krit} = \dfrac{3}{2}\,(V_\mathrm{m,\,krit}-b)$ und daraus

$V_\mathrm{m,\,krit} = 3\,b$, (IV). Durch Einsetzen dieser Beziehung in Gl. (II)

folgt $\dfrac{RT_\mathrm{krit}}{(3\,b-b)^2} = \dfrac{2\,a}{27\,b^3}$ und weiter $T_\mathrm{krit} = \dfrac{8\,a}{27\,Rb}$, (V). Durch

Einsetzen der Gln. (IV) und (V) in Gl. (I) ergibt sich $p_\mathrm{krit} = \dfrac{a}{27\,b^2}$.

Beispiele für das unbestimmte Integral:

2.4.9 Lambert-Beersches Gesetz

Tritt Licht von bestimmter Wellenlänge und der Intensität I durch eine Lösung der molaren Konzentration c, so nimmt die Intensität um den Betrag $\mathrm{d}I$ ab. Diese Abnahme ist proportional der Konzentration c, der Intensität I und der Schichtdicke $\mathrm{d}x$, die das Licht durchstrahlt. Außerdem ist $\mathrm{d}I$ noch abhängig vom absorbierenden Stoff, ausgedrückt durch die Konstante ϵ, den molaren Extinktionskoeffizienten. Wir schreiben $\mathrm{d}I = -\epsilon c\,I\,\mathrm{d}x$ negativ, weil es sich um eine Intensitätsabnahme handelt.

$$\frac{\mathrm{d}I}{I} = -\epsilon c\,\mathrm{d}x \quad \text{und} \quad \int \frac{\mathrm{d}I}{I} = -\epsilon c \int \mathrm{d}x;\ \ln I = -\epsilon c\,x + C.$$

Bei der Schichtdicke $x = 0$ beträgt die Intensität des Lichtes I_0 (Anfangsintensität) und es ist $\ln I_0 = 0 + C$. Die so ermittelte Integrationskonstante eingesetzt: $\ln I = -\epsilon c\,x + \ln I_0$, daraus

$$\ln \frac{I}{I_0} = -\epsilon c\,x \quad \text{und} \quad \frac{I}{I_0} = \mathrm{e}^{-\epsilon c x} \quad \text{bzw.} \quad I = I_0\,\mathrm{e}^{-\epsilon c x}.$$

2.4.10 Volumenbeständige Reaktion 1. Ordnung

Eine Reaktion, bei welcher keine Volumenänderung der Reaktionsmasse stattfinden soll, sei gegeben durch $A \rightarrow P + Q$. Die Konzentration des Reaktionspartners A zur Zeit $t = 0$ sei c_A^0. Bei diskontinuierlicher Durchführung der Reaktion, z. B. in einem Rührkolben oder – in technischem Maßstab – in einem Rührkessel ohne Zu- und Ablauf, lautet nach Gl. (IX), Abschnitt 10.1.2, die Stoffbilanz für den Reaktionspartner A: $-\dfrac{dc_A}{dt} = kc_A$.

Nach Trennung der Variablen folgt daraus: $-\dfrac{dc_A}{c_A} = kt$. Die Integration führt zu $\ln c_A = -kt + C$, wobei sich die Integrationskonstante C aus den Anfangsbedingungen für $t = 0$ ergibt: $C = \ln c_A^0$.

Somit erhalten wir $\ln \dfrac{c_A}{c_A^0} = -kt$, (I), oder $c_A = e^{-kt}$, (II). Die Halbwertszeit $t_{1/2}$ ist diejenige Zeit, nach der die Konzentration von A auf die Hälfte abgesunken ist; man erhält sie dadurch, daß man in Gl. (I) setzt: $c_A = \dfrac{c_A^0}{2}$; damit folgt: $t_{1/2} = \dfrac{\ln 2}{k}$

Beispiel für die Einführung einer neuen Veränderlichen:

2.4.11 Beschreibung des zeitlichen Reaktionsablaufs durch den Umsatz

Bei der im Abschnitt 2.4.10 angenommenen Reaktion ist die bis zum Zeitpunkt t pro Volumeneinheit der Reaktionsmasse umgesetzte Menge des Reaktionspartners A: $c_A^0 - c_A$. Man definiert nun als Umsatzgrad (kurz als „Umsatz" bezeichnet) das Verhältnis von umgesetzter Menge zur Anfangsmenge: $U_A = \dfrac{c_A^0 - c_A}{c_A^0}$. Daraus folgt $c_A = c_A^0 (1 - U_A)$ und $dc_A = -c_A^0\, dU_A$. Führt man diese Beziehungen in die Stoffbilanz (Abschnitt 2.4.10) ein, so erhält man:

$$\frac{dU_A}{dt} = k(1 - U_A) \quad \text{bzw.} \quad \frac{dU_A}{(1 - U_A)} = k\, dt.$$

Daraus folgt durch Integration: $-\ln(1 - U_A) = kt + C$. Für $t = 0$ ist $c_A = c_A^0$, d. h. $U_A = 0$. Somit ist die Integrationskonstante $C = -\ln 1 = 0$ und wir erhalten $\ln(1 - U_A) = -kt$ oder $U_A = 1 - e^{-kt}$.

Beispiel für die partielle Integration:

2.4.12 Zerfall von Distickstoffmonoxid

Hinshelwood und Prichard bestimmten die Reaktionsgeschwindigkeit des katalytischen Zerfalls von N_2O am Platinkontakt und fanden für diese Reaktion, welche durch den sich bildenden Sauerstoff gehemmt wird, folgende Gleichung:

$$\frac{dx}{dt} = \frac{k(a-x)}{1 + bx}.$$

Es sind a die ursprüngliche N_2O-Menge, x die in der Zeit t zerfallende Menge, k und b Konstanten. Zum Studium des zeitlichen Zerfalls muß diese Differentialgleichung integriert werden: $k\,dt = \dfrac{1 + bx}{a-x}\,dx$ und $kt = \int \dfrac{1 + bx}{a-x}\,dx + C.$ Das Integral kann aufgespalten werden:

$\int \dfrac{1 + bx}{a-x}\,dx = \int \dfrac{dx}{a-x} + b \int \dfrac{x\,dx}{a-x}$. Nach der Substitutionsmethode ist $\int \dfrac{dx}{a-x} = - \int \dfrac{d(a-x)}{a-x} = -\ln(a-x)$, während das zweite Integral durch partielle Integration gelöst werden kann. Wir setzen $u = x$ und $dv = \dfrac{dx}{a-x} = d\,[-\ln(a-x)]$, also $\int \dfrac{x\,dx}{a-x} = \int x\,\dfrac{dx}{a-x} =$

$= \int x\,d\,[-\ln(a-x)] = -x\,\ln(a-x) + \int \ln(a-x)\,dx = -x\ln(a-x) -$

$- \int \ln(a-x)\,d(a-x)$. Nun ist $\int \ln(a-x)\,d(a-x) = (a-x)\,\ln(a-x) -$

$-(a-x)$ (siehe Aufgabe 2/17, S. 46), daher $\int \dfrac{x\,dx}{a-x} = -x\,\ln(a-x) -$

$-(a-x)\,\ln(a-x) + (a-x) = -a\,\ln(a-x) + (a-x)$. Es wird demnach $kt = -\ln(a-x) - ab\,\ln(a-x) + b(a-x) + C$. Da bei $t = 0$ auch $x = 0$ ist, berechnet sich $C = \ln a + ab\,\ln a - ab$. Folglich wird

$kt = \ln a - \ln(a-x) + ab\,[\ln a - \ln(a-x)] + ab - bx - ab = \ln \dfrac{a}{a-x} +$

$+ ab \ln \dfrac{a}{a-x} - bx = (1 + ab) \ln \dfrac{a}{a-x} - bx$ und

$k = \dfrac{1 + ab}{t}\,\ln \dfrac{a}{a-x} - \dfrac{bx}{t}.$

Beispiel für die Partialbruchzerlegung:

2.4.13 Volumenbeständige Reaktion 2. Ordnung

Wir nehmen die Reaktion $A + B \to P + Q$ an, welche bei konstantem Volumen ablaufen soll. Bei diskontinuierlicher Reaktionsführung (s. S. 375) lautet die Stoffbilanz für den

Reaktionspartner A: $-\dfrac{dc_A}{dt} = kc_A c_B$, (I). Vor der Integration

muß eine Variable eliminiert werden. Bei der angenommenen Stöchiometrie und unter den Anfangsbedingungen $c_A = c_A^0$ und $c_B = c_B^0$ bei $t = 0$ gilt: $c_A^0 - c_A = c_B^0 - c_B$, (II).

Betrachtet man den Reaktionspartner A als Bezugskomponente und führt deren Umsatz $U_A = \dfrac{c_A^0 - c_A}{c_A^0}$ in Gl. (II) ein, so wird aus der Stoffbilanz, Gl. (I):

$$\frac{dU_A}{dt} = k(1 - U_A)(c_B^0 - c_A^0 U_A) \quad \text{und} \quad \int \frac{dU_A}{(1 - U_A)(c_B^0 - c_A^0 U_A)} = kt + C.$$

Den Bruch $\dfrac{1}{(1 - U_A)(c_B^0 - c_A^0 U_A)}$ zerlegen wir in eine Summe von zwei Partialbrüchen mit den Nennern $(1 - U_A)$ und $(c_B^0 - c_A^0 U_A)$. Die beiden Zähler a und b werden so gewählt, daß sie frei von U_A sind:

$$\frac{1}{(1 - U_A)(c_B^0 - c_A^0 U_A)} = \frac{a}{1 - U_A} + \frac{b}{c_B^0 - c_A^0 U_A} .$$

Daraus folgt: $1 = a(c_B^0 - c_A^0 U_A) + b(1 - U_A) = ac_B^0 + b - U_A(ac_A^0 + b)$, Gl. (III). Damit a und b frei von U_A werden, muß $ac_A^0 = -b$ sein,

d. h. $a = -b/c_A^0$; durch Einsetzen in Gl. (III) erhält man:

$$1 = -b \frac{c_B^0}{c_A^0} + b - 0. \text{ Somit ist } b = \frac{c_A^0}{c_A^0 - c_B^0} \text{ und } a = \frac{-1}{c_A^0 - c_B^0} ;$$

$$\frac{1}{(1 - U_A)(c_B^0 - c_A^0 U_A)} = \frac{-1}{(c_A^0 - c_B^0)(1 - U_A)} + \frac{c_A^0}{(c_A^0 - c_B^0)(c_B^0 - c_A^0 U_A)} .$$

$$kt + C = \int \frac{dU_A}{(1 - U_A)(c_B^0 - c_A^0 U_A)} =$$

$$= -\frac{1}{(c_A^0 - c_B^0)}\left[\int\frac{dU_A}{1-U_A} - c_A^0 \int\frac{dU_A}{c_B^0 - c_A^0\, U_A}\right].$$

Wir setzen im ersten Integral rechts vom Gleichheitszeichen $(1 - U_A) = v$, $-dU_A = dv$, und im zweiten Integral $c_B^0 - c_A^0\, U_A = w$, $-c_A^0\, dU_A = dw$. Dann erhalten wir durch Integration:

$$kt + C = \frac{1}{c_A^0 - c_B^0}\left[\int\frac{dv}{v} - \int\frac{dw}{w}\right] = \frac{1}{c_A^0 - c_B^0}\,(\ln v - \ln w) =$$

$$= \frac{1}{c_A^0 - c_B^0}\,[\ln(1-U_A) - \ln(c_B^0 - c_A^0\, U_A)].$$

Für $t = 0$ ist $U_A = 0$ und damit $C = -\dfrac{1}{c_A^0 - c_B^0}\ln c_B^0$; somit ist

die Zeit t, nach welcher der Umsatz des Reaktionspartners A gleich U_A ist:

$$t = \frac{1}{k(c_A^0 - c_B^0)}\,\ln\left[\frac{c_B^0(1-U_A)}{c_B^0 - c_A^0\, U_A}\right].$$

Beispiel für den Differentialquotienten des Logarithmus, bzw. für das bestimmte Integral:

2.4.14 Arbeit bei der isothermen Gaskompression

Wir denken uns ein Gas in einem Zylinder, in welchem ein Kolben reibungsfrei verschiebbar ist, eingeschlossen. Der vom Gas auf den Kolben ausgeübte Druck und der Gegendruck von außen sollen sich nahezu die Waage halten, so daß durch eine geringe Änderung des Gegendrucks die Kolbenbewegung jederzeit umgekehrt werden kann (reversibler Vorgang). In diesem Fall ist zur Kompression des Gases ein Minimum an Arbeit aufzuwenden (umgekehrt leistet das Gas bei seiner Ausdehnung ein Maximum an Arbeit).

Wird bei einer reversiblen Volumenänderung der Kolben vom Querschnitt q um die Strecke Δl verschoben, so leistet das Gas gegen die äußere Gegenkraft F die Arbeit $F\Delta l$. Im reversiblen Grenzfall, solange der Gasdruck p als konstant angesehen werden darf, ist diese äußere Gegenkraft $F = pq$. Die Arbeit ist demnach $A = -pq\,\Delta l = -p \cdot \Delta V$, [Gl. (I)], da $q\,\Delta l$ gleich der Volumenänderung ΔV ist (Minuszeichen, da einer Volumenabnahme eine Arbeitsaufnahme des Gases entspricht).

Wird ein Gas bei konstanter Temperatur (isotherm, $T = $ konst.) komprimiert, so ändert sich während der Kolbenverschiebung die

Kraft, welche auf den Kolben ausgeübt werden muß, da sich der Druck
mit dem Volumen stetig ändert. Wir dürfen daher die Gl. (I) nur für
kleine Kolbenverschiebungen und zugehörige Volumenänderungen dV
anwenden, für die wir jeweils mit konstantem Druck rechnen können;
der entsprechende Arbeitsbetrag ist dann: $dA = -pdV$. Die gesamte
reversible Volumenarbeit ergibt sich durch Summation (Integration)
dieser differentiellen Arbeitsbeträge:

$$A = - \int_{V_1}^{V_2} p\,dV.$$

Diese Gleichung gilt für ein beliebiges System. Für ein ideales Gas
erhalten wir durch Einsetzen von p aus der Zustandsgleichung
($p = nRT/V$, $T =$ konst.) für die Volumenänderung von V_1 auf V_2:

$$A = -nRT \int_{V_1}^{V_2} \frac{dV}{V} = -nRT \int_{V_1}^{V_2} d(\ln V) = -nRT \ln \frac{V_2}{V_1} = -nRT \ln \frac{p_1}{p_2}.$$

Beispiel für den Mittelwert einer Funktion:

2.4.15 Mittlere Reaktionsgeschwindigkeit für eine Reaktion 1. Ordnung

Für eine Reaktion $A \rightarrow P + Q$ gilt bei 1. Ordnung und diskontinuierlicher Durchführung der Reaktion (siehe Abschnitt 2.4.10,

S. 65) für die Stoffbilanz des Reaktionspartners A: $-\dfrac{dc_A}{dt} = kc_A$;

die zeitliche Änderung der Konzentration von A ist in diesem Fall

gleich der Reaktionsgeschwindigkeit: $r_A = \dfrac{dc_A}{dt} = -kc_A$. Es ist die

mittlere Reaktionsgeschwindigkeit für den Zeitabschnitt zwischen
$t = 0$ und $t = t$ (entsprechend $c_A = c_A^0$ und $c_A = c_A$) zu bestimmen.

$$\bar{r}_A = \frac{-1}{c_A^0 - c_A} \int_{c_A^0}^{c_A} kc_A\,dc_A = \frac{-k}{c_A^0 - c_A} \int_{c_A^0}^{c_A} c_A\,dc_A = \frac{-k}{c_A^0 - c_A} \left[\frac{c_A^2}{2}\right]_{c_A^0}^{c_A} =$$

$$= \frac{-k}{c_A^0 - c_A} \left(\frac{c_A^2 - c_A^{02}}{2}\right) = \frac{-k}{c_A^0 - c_A} \frac{(c_A + c_A^0)(c_A - c_A^0)}{2} =$$

$$= -k\, \frac{c_A + c_A^0}{2} \; ; \text{ Gl. (I). Da für } t = 0: r_A^0 = -kc_A^0 \text{ und } t = t:$$

$r_A = -kc_A$ ist, folgt aus Gl. (I), daß die mittlere Reaktionsgeschwindigkeit $\bar{r}_A$ gleich dem arithmetischen Mittelwert der beiden Reaktionsgeschwindigkeiten r_A^0 und r_A ist:

$$\bar{r}_A = \frac{r_A^0 + r_A}{2} \, .$$

Beispiel für die Integration durch Reihenentwicklung:

2.4.16 Molare Wärmekapazität fester Körper

Nach Debye ist die molare Wärmekapazität fester Körper (unter Berücksichtigung der Schwingungsenergie) bei konstantem Volumen gegeben durch

$$C_{mv} = \frac{d}{dT} \left[9\,RT \left(\frac{T}{\Theta}\right)^3 \int_0^{\Theta/T} \frac{x^3 \, dx}{e^x - 1} \right].$$

Darin sind Θ die sogenannte charakteristische Temperatur, T die absolute Temperatur und R die Gaskonstante.

Wenn wir C_{mv} berechnen wollen, muß zuvor das Integral ausgewertet werden. Dies geschieht durch Reihenentwicklung. Der Nenner $e^x - 1$ wird dargestellt durch die Reihe

$$1 + x + \frac{x^2}{2!} + \frac{x^3}{3!} + \frac{x^4}{4!} + \ldots - 1 = x + \frac{x^2}{2!} + \frac{x^3}{3!} + \frac{x^4}{4!} + \ldots$$

Die Division von x^3 durch diese Reihe gibt:

$$x^3 \qquad\qquad : \left(x + \frac{x^2}{2} + \frac{x^3}{6} + \frac{x^4}{24}\right) = x^2$$

$$\frac{\pm\, x^3 \pm \dfrac{x^4}{2} \pm \dfrac{x^5}{6} \pm \dfrac{x^6}{24}}{}$$

$$-\frac{x^4}{2} - \frac{x^5}{6} - \frac{x^6}{24} \qquad\qquad\qquad -\frac{x^3}{2}$$

$$\frac{\mp \dfrac{x^4}{2} \mp \dfrac{x^5}{4} \mp \dfrac{x^6}{12}}{}$$

$$+ \frac{x^5}{12} + \frac{x^6}{24} \qquad\qquad\qquad\qquad + \frac{x^4}{12}$$

$$= x^2 - \frac{x^3}{2} + \frac{x^4}{12} - \ldots$$

Durch Integration folgt nun $\int\limits_{0}^{\Theta/T} \left(x^2 - \frac{x^3}{2} + \frac{x^4}{12} - \ldots \right) dx =$

$$= \left(\frac{x^3}{3} - \frac{x^4}{8} + \frac{x^5}{60} - \ldots \right)\Bigg|_{0}^{\Theta/T} = \left(\frac{\Theta}{T} \right)^3 \cdot \left[\frac{1}{3} - \frac{\frac{\Theta}{T}}{8} + \frac{\left(\frac{\Theta}{T} \right)^2}{60} - \ldots \right].$$

Einsetzen in die ursprüngliche Gleichung ergibt:

$$C_{mv} = \frac{d}{dT} \left\{ 9\,RT \left(\frac{T}{\Theta} \right)^3 \left(\frac{\Theta}{T} \right)^3 \left[\frac{1}{3} - \frac{\frac{\Theta}{T}}{8} + \frac{\left(\frac{\Theta}{T} \right)^2}{60} - \ldots \right] \right\} =$$

$$= \frac{d}{dT} \left(3\,RT - \frac{9}{8}\,R\,\Theta + \frac{3}{20}\,R\,\frac{\Theta^2}{T} - \ldots \right) =$$

$$= 3\,R - \frac{3}{20}\,R \left(\frac{\Theta}{T} \right)^2 + \ldots$$

Je kleiner die Werte für $x = \dfrac{\Theta}{T}$ sind (d. h., je höher die Temperaturen sind, für welche die Molwärme berechnet werden soll), desto früher kann die Reihe abgebrochen werden. Für sehr hohe Temperaturen wird demnach $C_{mv} = 3R$ (Dulong-Petitsche Regel).

Für sehr tiefe Temperaturen gilt $C_{mv} = a\,T^3$. [Siehe Abschnitt 8.2.3, Gl. (XXV)].

Die für jede Substanz charakteristische Debye-Temperatur ist $\Theta = \dfrac{h\,\nu_g}{k}$. Diese Beziehung enthält das Plancksche Wirkungs-quantum $h = 6{,}626 \cdot 10^{-34}$ J·s, die Boltzmannsche Konstante $k = 1{,}38062 \cdot 10^{-23}$ J·K^{-1} und die Grenzfrequenz ν_g. Z. B. ist Θ für Cu = 315 K, für Al = 390 K, Pb = 88 K, Cr = 485 K.

3 Das Meßergebnis

Unter *Messen* versteht man den experimentellen Vorgang, durch
den der spezielle Wert einer Größe als Vielfaches einer Einheit ermittelt wird (Größen und Einheiten, siehe 3.2.4). Die *Meßgröße* ist diejenige Größe, welche durch die Messung erfaßt wird (z. B. Länge,
Volumen, Dichte, Temperatur, Konzentration, Spannung). Der
Meßwert ist der spezielle, zu ermittelnde Wert der Meßgröße. Das
Meßergebnis wird im allgemeinen Fall aus mehreren Meßwerten einer
einzelnen Meßgröße oder aus Meßwerten verschiedenartiger Meßgrößen
mit Hilfe einer vorgegebenen, eindeutigen Beziehung, d. h. durch
Rechnung, erhalten. Im einfachsten Fall stellt ein einzelner Meßwert
bereits das Meßergebnis dar.

3.1 Genauigkeit des Meßergebnisses und Kontrolle des Rechenergebnisses

Jedes Meßergebnis wird verfälscht durch Unvollkommenheiten
des Meßgegenstandes, der Meßgeräte und der Meßverfahren, durch
Einflüsse der Umwelt und der Beobachter. Diese sogenannten *systematischen Fehler* haben einen bestimmten Betrag und ein bestimmtes
Vorzeichen (entweder + oder −).

Zufällige Fehler werden hervorgerufen durch die während der
Messung nicht erfaßbaren und nicht beeinflußbaren Änderungen der
Meßgeräte, des Meßgegenstandes, der Umwelt und der Beobachter.
Daher werden bei einer mehrfach wiederholten Messung unter denselben Bedingungen die Meßwerte voneinander abweichen, sie
„streuen". Die zufälligen Fehler schwanken ungleich nach Betrag
und Vorzeichen (±), sind im einzelnen nicht erfaßbar und machen
das Ergebnis unsicher.

3.1.1 Genauigkeit des Meßergebnisses

Die Angabe des Meßergebnisses muß in Einklang stehen mit der Genauigkeit der Meßmethode sowie der Meß- und Ablesegenauigkeit der Meßgeräte. Das Ergebnis soll so viel Dezimalstellen enthalten, daß die vorletzte Ziffer noch als verläßlich anzusehen und nur die letzte mit einer gewissen Unsicherheit behaftet ist. Folglich muß eine an letzter Stelle stehende Null noch geschrieben werden, wenn die vorhergehende Ziffer gesichert ist. In Fällen, wo die mögliche Abweichung von einem Mittelwert festgestellt werden kann, ist es richtiger, dieses Streuungsintervall in die Angabe einzubeziehen, wie dies z. B. bei der Angabe der relativen Atommasse des Kupfers geschieht: $63{,}546 \pm 0{,}003$. Über Fehlerrechnung s. S. 143.

Desgleichen muß die Rechengenauigkeit mit der Genauigkeit der Meßergebnisse in Übereinstimmung gebracht werden, was besonders bei der Heranziehung von Rechenhilfsmitteln zu berücksichtigen ist. Nomogramme und Rechenschieber geben in der Regel nur Näherungsresultate. Letzterer wird vor allem zur Kontrolle des Rechenergebnisses und für die Durchführung von Überschlagsrechnungen dienen.

Moderne Taschenrechner, die immer handlicher und leistungsfähiger werden, können in ständig steigendem Ausmaß auch komplizierte mathematische Probleme verarbeiten.

3.1.2 Runden von Zahlen

Beim *Runden von Zahlen* wird so verfahren, daß die vorhergehende Ziffer dann um 1 erhöht wird, wenn der wegfallende Rest eine halbe Einheit oder mehr beträgt (Aufrunden). Die vorhergehende Ziffer behält ihren Wert, wenn der wegfallende Rest kleiner als eine halbe Einheit ist (Abrunden). 2,4251 wird aufgerundet auf 2,43; 2,4250 wird aufgerundet auf 2,43; 2,4249 wird abgerundet auf 2,42.

3.1.3 Kontrolle des Rechenergebnisses

Rechenergebnisse sollen nach Möglichkeit durch eine überschlägige Kopfrechnung kontrolliert werden, die vor allem Stellenwertfehler erkennen läßt.

Beispiel 3-1. Der Inhalt eines rechteckigen Kastens von der Länge $l = 2{,}8$ m, Breite $b = 1{,}2$ m und Höhe $h = 50$ cm war zu berechnen. Die Rechnung habe 168 Liter ergeben. Zur Kontrolle mittels Kopfrechnung rechnet man mit abgerundeten Zahlen, also $l = 3$ m, $b = 1$ m, $h = 0{,}5$ m. Das ergäbe ein Volumen von $3 \cdot 1 \cdot 0{,}5 = 1{,}5$ m^3 = 1500 Liter. Wir haben es daher mit einem Dezimalstellenfehler zu tun und das richtige Resultat kann nur 1680 Liter lauten! Zu dem gleichen Ergebnis, daß ein Dezimalstellenfehler vorliegen muß, gelangt man durch räumliche Vorstellung, welche uns sofort erkennen läßt, daß ein Raum der gegebenen Ausmaße bedeutend mehr als 168 Liter Fassungsraum haben muß. ——

3.2 Schreibweise der Zahlen und Formeln; Maßeinheiten

3.2.1 Mathematische Zeichen

Zeichen	Bedeutung	Zeichen	Bedeutung
$+$	plus	$\leqq$	kleiner oder höchstens gleich
$-$	minus	$\geqq$	größer oder mindestens gleich
$\cdot$ oder $\times$	mal	$\sim$	proportional
$-$ (Bruchstrich), oder $/$	durch (geteilt durch)	$\approx$	angenähert gleich (rund)
$=$	gleich		
$\equiv$	identisch gleich	∞	unendlich
$\neq$	ungleich (nicht gleich)	Σ	Summe
$\stackrel{\wedge}{=}$	entspricht	$\%$	Prozent (vom Hundert)
		$^0/_{00}$	Promille (vom Tausend)
$<$	kleiner als	ppm	parts per million, (Teil je 10^6 Teile)
$>$	größer als		

3.2.2 Schreibweise der Zahlen

Dezimalbrüche werden von den ganzen Zahlen durch ein Komma getrennt (z. B. 23,76), im Englischen durch einen Punkt (z. B. 23.76).

Vielstellige Zahlen sollen niemals durch das Komma und den Punkt in Gruppen aufgetrennt werden, sondern durch Zwischenräume, z. B. 25 684 300 (falsch wäre 25,684.300).

Um lange und unübersichtliche Zahlen zu vermeiden, kann die Zahl auf die Einheit zurückgeführt werden, die sofort die Größenordnung erkennen läßt.

$$24\ 500\ 000 = 2{,}45 \cdot 10\ 000\ 000 = 2{,}45 \cdot 10^7$$
$$0{,}398 = 3{,}98 \cdot 0{,}1 = 3{,}98 \cdot 10^{-1}$$
$$0{,}00054 = 5{,}4 \cdot 0{,}0001 = 5{,}4 \cdot 10^{-4}$$

Ein Unterschied zwischen $24\ 500\ 000$ und $2{,}45 \cdot 10^7$ bestünde darin, daß bei der ersten Zahl nur die letzte 0 als ungenau betrachtet werden sollte, während die Zahl $2{,}45 \cdot 10^7$ ausdrückt, daß die angegebenen Hunderttausender nicht mehr ganz sicher sind.

3.2.3 Formel- und Einheitenzeichen

Formelzeichen (Symbole der Größen) werden kursiv (Schrägschrift) gedruckt, z. B. Volumen V, Masse m, Druck p.

Einheitenzeichen werden in senkrechter Schriftart wiedergegeben, z. B. Ampere A, Millibar mbar, Gramm g, Meter m.

Formelzeichen, Benennung der Größen und SI-Einheiten

Die in der Tabelle aufgeführten Benennungen der Größen dienen nur zur Erläuterung der Formelzeichen. (Für das Verhältnis zweier gleicher SI-Einheiten sowie für Zahlen steht „1".)

Formel- zeichen	Bedeutung	SI-Einheit
$l,\ L$	Länge	m
$b,\ B$	Breite	m
$h,\ H$	Höhe, Tiefe	m
δ	Dicke, Schichtdicke	m
$r,\ R$	Halbmesser, Radius	m
$d,\ D$	Durchmesser	m
s	Weglänge, Kurvenlänge	m
$A,\ S,\ (F)$	Fläche, Flächeninhalt, Oberfläche	m^2
$S,\ q$	Querschnitt, Querschnittsfläche	m^2
V	Volumen	m^3
$\vartheta,\ \eta$	relative Volumenänderung	1
t	Zeit, Zeitspanne, Zeitdauer	s
$f,\ \nu$	Frequenz	s^{-1}
n	Drehzahl	s^{-1}
w	Geschwindigkeit	m/s
$a,\ b$	Beschleunigung	m/s^2
g	örtliche Fallbeschleunigung	m/s^2
$\dot{V},\ Q$	Volumenstrom	m^3/s

m	Masse	kg
m'	Massenbelag, längenbezogene Masse	kg/m
m''	Massenbedeckung, flächenbezogene Masse	kg/m^2
$\rho,\ \rho_m$	Dichte, volumenbezogene Masse	kg/m^3
v	spezifisches Volumen	m^3/kg
$\dot{m}$	Massenstrom	kg/s
F	Kraft	N
$G,\ F_G$	Gewichtskraft	N
I	Impuls, Bewegungsgröße	kg·m/s $=$ N·s
p	Druck	Pa
p_{amb}	umgebender Atmosphärendruck	Pa
p_e	atmosphärische Druckdifferenz, Überdruck	Pa
σ	Normalspannung, Zug- oder Druckspannung	N/m^2
τ	Schubspannung	N/m^2
ϵ	Dehnung, relative Längenänderung	1
$\mu,\ \nu$	Poisson-Zahl	1
E	Elastizitätsmodul	N/m^2
$\kappa,\ \chi$	Kompressibilität	m^2/N
η	dynamische Viskosität	Pa·s
ν	kinematische Viskosität	m^2/s
$\sigma,\ \gamma$	Grenzflächenspannung, Oberflächenspannung	N/m
$W,\ A$	Arbeit	J
$E,\ W$	Energie	J
$E_p,\ E_{pot}$	potentielle Energie	J
$E_k,\ E_{kin}$	kinetische Energie	J
w	Energiedichte	J/m^3
Q	elektrische Ladung, Elektrizitätsmenge	C
e	Elementarladung	C
U	elektrische Spannung	V
I	elektrische Stromstärke	A
$S,\ J$	elektrische Stromdichte	A/m^2
H	magnetische Feldstärke, magnetische Erregung	A/m
R	elektrischer Widerstand, Wirkwiderstand, Resistanz	Ω

ρ	spezifischer elektrischer Widerstand, Resistivität	$\Omega \cdot m$
γ, σ, κ	elektrische Leitfähigkeit	S/m
P	Leistung	W
S	Energiestromdichte	W/m^2
T	Temperatur, thermodynamische Temperatur	K
$\Delta T = \Delta \vartheta$	Temperaturdifferenz	K
ϑ	Celsius-Temperatur $(\vartheta = T - T_0,\ T_0 = 273,15\ K)$	°C
α, α_1	thermischer Längenausdehnungskoeffizient	K^{-1}
α_V, γ	thermischer Volumenausdehnungskoeffizient	K^{-1}
α_p	Spannungskoeffizient	K^{-1}
Q	Wärme, Wärmemenge	J
$\dot{Q}$	Wärmestrom	W
q	Wärmestromdichte	W/m^2
R_{th}	Wärmewiderstand	K/W
Λ_{th}	Wärmeleitwert	W/K
ρ_{th}	spezifischer Wärmewiderstand	$K \cdot m/W$
λ	Wärmeleitfähigkeit	$W/(m \cdot K)$
α	Wärmeübergangskoeffizient	$W/(m^2 \cdot K)$
k	Wärmedurchgangskoeffizient	$W/(m^2 \cdot K)$
a	Temperaturleitfähigkeit	m^2/s
C	Wärmekapazität	J/K
c	spezifische Wärmekapazität	$J/(kg \cdot K)$
c_p	spezifische Wärmekapazität bei konstantem Druck	$J/(kg \cdot K)$
c_v	spezifische Wärmekapazität bei konstantem Volumen	$J/(kg \cdot K)$
S	Entropie	J/K
s	spezifische Entropie	$J/(kg \cdot K)$
H	Enthalpie	J
h	spezifische Enthalpie	J/kg
U	innere Energie	J
u	spezifische innere Energie	J/kg
F	freie Energie, Helmholtz-Funktion	J
f	spezifische freie Energie	J/kg
G	freie Enthalpie, Gibbs-Funktion	J

g	spezifische freie Enthalpie	J/kg
H_0	spezifischer Brennwert	J/kg
H_u	spezifischer Heizwert	J/kg
A_r	relative Atommasse	1
M_r	relative Molekülmasse	1
z_i	Ladungszahl eines Ions, Wertigkeit	1
n	Stoffmenge	mol
$\dot{n}$	Stoffmengenstrom	mol/s
c_i	Konzentration eines Stoffes i, Stoffmengenkonzentration	mol/m^3
V_m	stoffmengenbezogenes (molares) Volumen	m^3/mol
V_{mn}	stoffmengenbezogenes (molares) Normvolumen	m^3/mol
b, m	Molalität eines Stoffes	mol/kg
M	stoffmengenbezogene (molare) Masse	kg/mol
S_m	stoffmengenbezogene (molare) Entropie	$J/(mol \cdot K)$
H_m	stoffmengenbezogene (molare) Enthalpie	J/mol
U_m	stoffmengenbezogene (molare) innere Energie	J/mol
F_m	stoffmengenbezogene (molare) freie Energie	J/mol
G_m	stoffmengenbezogene (molare) freie Enthalpie	J/mol
C_m	stoffmengenbezogene (molare) Wärmekapazität	$J/(mol \cdot K)$
μ	chemisches Potential	J/mol
ν_i	stöchiometrische Zahl eines Stoffes i in einer chemischen Reaktion	1
Λ_m	konzentrationsbezogene (molare) Leitfähigkeit	$S \cdot m^2/mol$
Λ	Äquivalentleitfähigkeit	$S \cdot m^2/mol$
Π	osmotischer Druck	Pa
p_i	Partialdruck eines Stoffes i in einem Gasgemisch	Pa
D	Diffusionskoeffizient	m^2/s
α	Dissoziationsgrad eines Elektrolyten	1
N_A, L	Avogadro-Konstante	mol^{-1}
F, g_F	Faraday-Konstante	C/mol
R, R_0	universelle Gaskonstante	$J/(mol \cdot K)$

k	Boltzmann-Konstante	J/K
σ	Stefan-Boltzmann-Konstante	$W/(m^2 \cdot K^4)$
h	Plancksches Wirkungsquant	$J \cdot s$
ϵ	Emissionsgrad	1

3.2.4 Größen, Einheiten, Größengleichungen und Einheitensysteme

Ein Hauptziel der naturwissenschaftlichen und technischen
Forschung ist die Beschreibung der in der Natur ablaufenden Vorgänge bzw. der technischen Prozesse durch mathematische Beziehungen (Gleichungen), welche entweder auf Grund von Versuchen
oder durch theoretische Überlegungen erhalten werden. Diese
Gleichungen stellen den funktionalen Zusammenhang zwischen
den für den betreffenden Vorgang bzw. Prozeß maßgeblichen und
meßbaren Eigenschaften oder Merkmalen des Systems her, die man
als *„Einflußgrößen"* oder kurz als *„Größen"* bezeichnet. Derartige
Größen (physikalische, chemische, technische usw.) sind z. B. Länge,
Masse, Zeit, Temperatur, Stromstärke, Kraft, Impuls, Energie,
Konzentration, aber auch Konstanten wie die Strahlungskonstante
oder die allgemeine Gaskonstante. Jede solche Größe G läßt sich
aufspalten in ein Produkt aus dem *Zahlenwert* $\{G\}$ dieser Größe
und der zugehörigen *Einheit* (*Dimension*) $[G]$:

$$G = \{G\} \cdot [G].$$

Die Einheit charakterisiert die Art der Einflußgröße, d. h.
deren Qualität und naturwissenschaftlichen bzw. technischen
Begriffsinhalt; sie legt ferner den Maßstab für die Quantitätsbe-
stimmung fest. Der Zahlenwert einer Größe bestimmt – zusammen
mit der Einheit – die Quantität. Eine Gleichung zwischen verschiedenen Einflußgrößen (Größengleichung) korreliert demnach einerseits die Arten (Einheiten) dieser Größen, andererseits deren
Zahlenwerte. Solche *Größengleichungen* sind also – im Gegensatz
zu reinen Zahlenwertgleichungen (z. B. $2 \cdot 5 = 10$) – zusätzlich noch
Einheitengleichungen. Eine Größengleichung ist demnach nur dann
erfüllt, wenn beide Seiten im Ergebnis der Zahlenwerte und Einheiten
übereinstimmen.

Es ist nicht erforderlich, jeder neu zu definierenden Größe eine
eigene Einheit zuzuordnen. Vielmehr genügt eine geringe Anzahl von
Grundeinheiten (Basiseinheiten), aus welchen sich dann durch Bildung
von Potenzprodukten die Einheit der neu zu definierenden Größe
ableiten läßt. Solche Größen bezeichnet man als *abgeleitete Größen*

und die mit ihnen verbundenen Einheiten als *abgeleitete Einheiten*.

Hat man einmal (Maß-)Einheiten festgelegt, so erhält man durch Messung für jede Größe einen Zahlenwert, der das Vielfache oder den Bruchteil einer (Maß-)Einheit beträgt. *Einheitensysteme* erhält man, wenn man innerhalb eines Maßystems für die vorgegebenen *Grundgrößenarten* bestimmte Grundeinheiten festsetzt, z. B. durch natürliche Maße, Prototypen (Urnormalgeräte, Urnormale, Urmaße) oder definierende Meßvorschriften (Grundmeßverfahren, Normalverfahren). Die Wahl der Grundeinheiten setzt die Art der Grundgrößen voraus.

Bisher existierte eine Vielfalt von Einheitensystemen, z. B. das physikalische (mechanische, elektrostatische, elektromagnetische) und das technische Einheitensystem u. v. a.; dazu kommen noch die britischen und US-Einheitensysteme. Daher haben die Gremien der Meterkonvention das sog. *„Internationale Einheitensystem"(SI = système international d'unités)* empfohlen. Die in der Bundesrepublik Deutschland ab 5. Juli 1970 geltenden Einheiten entsprechen diesem System und werden auch in diesem Buch ausschließlich verwendet. Die Grundgrößen, Grundeinheiten und Einheitenzeichen sind in der folgenden Tabelle aufgeführt.

SI-Basisgrößen und Basiseinheiten

Basisgröße	Basiseinheit	
	Name	Zeichen
Länge	Meter	m
Masse	Kilogramm	kg
Zeit	Sekunde	s
elektrische Stromstärke	Ampere	A
thermodynamische Temperatur	Kelvin	K *
Stoffmenge	Mol	mol
Lichtstärke	Candela	cd

* Bei der Angabe von Celsius-Temperaturen wird der besondere Name Grad Celsius (Einheitenzeichen: °C) anstelle von Kelvin benutzt.

Dezimale Vielfache und Teile von Einheiten. Dezimale Vielfache und Teile von Einheiten werden durch Vorsetzen von Vorsilben (Vorsätze genannt) ausgedrückt (siehe Tabelle).

Zehnerpotenz	Vorsatz	Vorsatzzeichen
Dezimale Vielfache		
10^{12}	Tera . . .	T
10^9	Giga . . .	G
10^6	Mega . . .	M
10^3	Kilo . . .	k
10^2	Hekto . . .	h
10^1	Deka . . .	da
Dezimale Teile		
10^{-1}	Dezi . . .	d
10^{-2}	Zenti . . .	c
10^{-3}	Milli . . .	m
10^{-6}	Mikro . . .	μ
10^{-9}	Nano . . .	n
10^{-12}	Piko . . .	p
10^{-15}	Femto . . .	f
10^{-18}	Atto . . .	a

Wichtige abgeleitete Einheiten sind in der Tabelle „Formelzeichen, Benennung der Größen und SI-Einheiten " (S. 75) aufgeführt. Zwischen den abgeleiteten mechanischen Einheiten bestehen folgende Kohärenzen

$$1\,N \quad = 1\,kg \cdot m/s^2$$
$$1\,Pa \quad = 1\,N/m^2 = 1\,kg/(s^2 \cdot m)$$
$$1\,Pa \cdot s = 1\,N \cdot s/m^2 = 1\,kg/(s \cdot m)$$

$$1\,J \quad = \quad 1\,N \cdot m = 1\,kg \cdot m^2/s^2$$
$$1\,J/m = \quad 1\,N$$
$$1\,W \quad = \quad 1\,J/s = 1\,N \cdot m/s =$$
$$= 1\,kg \cdot m^2/s^3$$
$$1\,Ws \quad = \quad 1\,J$$
$$1\,Hz \quad = \quad 1\,s^{-1}$$

Einige spezielle, abgeleitete, mechanische Einheiten sind in der folgenden Tabelle aufgeführt.

Spezielle, abgeleitete, mechanische Einheiten

Größe	Einheit	Einheitenzeichen
Druck	Bar	bar
Masse	Gramm	g
Masse	Tonne	t
Spannung, mechanische	Bar	bar

Temperatur	Grad Celsius	°C
Volumen	Liter	l
Winkel, ebener	Vollwinkel	
Winkel, ebener	rechter Winkel	∟
Winkel, ebener	Grad	°
Winkel, ebener	Minute	′
Winkel, ebener	Sekunde	″
Zeit	Minute	min
Zeit	Stunde	h
Zeit	Tag	d

Umrechnungen

$$1 \text{ bar} = 100\,000 \text{ Pa} = 10^5 \text{ N/m}^2$$
$$1 \text{ g} = 1/1000 \text{ kg}$$
$$1 \text{ t} = 1000 \text{ kg} = 1 \text{ mg}$$
$$1 \text{ l} = 1 \text{ dm}^3 = 1/10\,000 \text{ m}^3$$
$$1 \text{ min} = 60 \text{ s}$$
$$1 \text{ h} = 3600 \text{ s} = 60 \text{ min}$$
$$1 \text{ d} = 86\,400 \text{ s} = 24 \text{ h}$$

Beispiel 3-2. Umrechnung von Größen mit der SI-Einheit in Größen mit einer „zweckmäßigen" Einheit:

$$12\,000 \text{ N} = 12 \cdot 10^3 \text{ N} = 12 \text{ kN}$$
$$0{,}00394 \text{ m} = 3{,}94 \cdot 10^{-3} \text{ m} = 3{,}94 \text{ mm}$$
$$140\,000 \text{ N/m}^2 = 140 \cdot 10^3 \text{ N/m}^2 = 140 \text{ kN/m}^2$$
$$\text{oder} = 1{,}4 \cdot 10^5 \text{ N/m}^2 = 1{,}4 \text{ bar}$$
$$0{,}0003 \text{ s} = 0{,}3 \cdot 10^{-3} \text{s} = 0{,}3 \text{ ms.} \quad\text{——}$$

Beispiel 3-3. Aus der Formel für den Wärmeübergang $\dot{Q} = \alpha\, A\, \Delta T$ ist die SI-Einheit für den Wärmeübergangskoeffizienten α zu berechnen. Es bedeuten: $\dot{Q}$ Wärmestrom in W, A Fläche in m^2, ΔT Temperaturdifferenz in K.

$$\alpha = \frac{\dot{Q}}{A\, \Delta T}\;;\; \text{daraus } [\alpha] = \frac{\text{W}}{\text{m}^2 \cdot \text{K}}\cdot \quad\text{——}$$

Aufgaben. 3/1. Anzugeben ist die SI-Einheit der dynamischen Zähigkeit η aus der Beziehung von Hagen-Poiseuille: $\dot{V} = \dfrac{\pi\, \Delta p\, R^4}{8\, \eta\, L}$ ($\dot{V}$ Volumenstrom, Δp Druckdifferenz, R Rohrradius, η dynamische Zähigkeit, L Rohrlänge.

3/2. Berechne aus der Zustandsgleichung des idealen Gases $pV_m = RT$ den Zahlenwert und die SI-Einheit der Gaskonstanten (V_{mn} molares Normvolumen, d. h. molares Volumen bei der Normtemperatur $T_n = 273,15$ K und beim Normdruck $p_n = 101\ 325$ Pa $= 1,01325$ bar; $V_{mn} = 22,41383$ m^3/kmol).

3.2.4.1 Umrechnung von Zahlenwerten von einer Einheit auf eine andere

Häufig müssen Zahlenwerte, die noch in alten Einheiten angegeben sind, auf neue, d. h. SI-Einheiten, umgestellt werden. Es besteht folgende Beziehung:

$$G = \{G\}_n\,[G]_n = \{G\}_a\,[G]_a\,.$$

Der Index a weist auf die alten Zahlenwerte und die alten Einheiten hin, der Index n auf die neuen Zahlenwerte und die neuen Einheiten.

Beispiel 3-4. Gegeben sei ein Zahlenwert für die Wärmeleitfähigkeit $\{\lambda\}_a$ in kcal/(m·h·grd). Gesucht ist $\{\lambda\}_n$ in W/(K·m).

Es gilt: $\lambda = \{\lambda\}_n\,\dfrac{W}{K \cdot m} = \{\lambda\}_a\,\dfrac{kcal}{m \cdot h \cdot grd}$. Zwischen den alten und den neuen Einheiten gelten die Einheitengleichungen: 1 kcal $=$ 4186,8 Ws, 1 h $=$ 3600 s, 1 grd $=$ 1 K. Diese eingesetzt ergibt:

$$\{\lambda\}_n\,\frac{W}{K \cdot m} = \{\lambda\}_a\,\frac{4186,8\ Ws}{m \cdot 3600\ s \cdot K}\ . \quad \text{Daraus folgt:}$$

$$\{\lambda\}_n = \{\lambda\}_a\,\frac{4186,8}{3600} = 1,163\ \{\lambda\}_a\,. \underline{\qquad}$$

Umrechnungen von den früheren Einheiten in SI-Einheiten und von den SI-Einheiten in die früheren Einheiten finden sich in den folgenden Tabellen.

Umrechnungen von früheren Einheiten in SI-Einheiten

1 °K	$=$	1 K
1 erg	$=$	10^{-7} kg·m^2/s^2
1 at	$=$	98 066,5 Pa
1 atm	$=$	101 325 Pa
1 m WS	$=$	0,1 at $=$ 9806,65 Pa
1 mm WS	$=$	1 kp/m^2 $=$ 9,80665 Pa
1 mm Hg	$=$	13,5951 kp/m^2 $=$ 133,3224 Pa
1 Torr	$=$	1 mm Hg $=$ 133,3224 Pa
1 PS	$=$	735,49875 W

$$1 \text{ dyn} = 10^{-5} \text{ N}$$
$$1 \text{ kp} = 9,80665 \text{ N}$$
$$1 \text{ P} = 1 \text{ dyn·s/cm}^2 = \frac{1}{98,0665} \text{ kp·s/m}^2 = 0,1 \text{ Pa·s}$$
$$1 \text{ St} = 1 \text{ cm}^2/\text{s} = 10^{-4} \text{ m}^2/\text{s}$$
$$1 \text{ kcal} = 4,1868 \text{ kJ}$$
$$1 \text{ kcal/h} = 1,163 \text{ W}$$
$$1 \text{ kp/mm}^2 = 98,0665 \text{ bar}$$

Umrechnungen von SI-Einheiten in frühere Einheiten

$$1 \text{ Nm} = 10^7 \text{ erg}$$
$$1 \text{ bar} = 1,019716 \text{ at} = 0,986\,923 \text{ atm}$$
$$1 \text{ Pa} = 0,1019716 \text{ mm WS}$$
$$1 \text{ bar} = 10,19716 \text{ m WS}$$
$$1 \text{ Pa} = 0,0075006 \text{ mm Hg}$$
$$1 \text{ kW} = 1,35962 \text{ PS}$$
$$1 \text{ N} = 10^5 \text{ dyn}$$
$$1 \text{ N} = 0,1019716 \text{ kp}$$
$$1 \text{ Pa·s} = 10 \text{ P} = 0,1019716 \text{ kp·s/m}^2$$
$$1 \text{ m}^2/\text{s} = 10^4 \text{ St} = 10^6 \text{ cSt}$$
$$1 \text{ kJ} = 0,238845 \text{ kcal}$$
$$1 \text{ W} = 0,8598 \text{ kcal/h}$$
$$1 \text{ bar} = 0,01019716 \text{ kp/mm}^2$$

Aufgaben 3/3. Es sind umzurechnen 742 Torr = 742 mm Hg in Pa und mbar.

3.2.4.2 Herleitung von Zahlenwertgleichungen aus Größengleichungen

In manchen Fällen ist es erwünscht, aus einer Größengleichung eine Zahlenwertgleichung für den praktischen Gebrauch herzuleiten. Hierzu wird in allgemeiner Form jede Größe durch ein Produkt aus Zahlenwert und Einheit ersetzt.

Beispiel 3-5. Aus der Größengleichung $M = \dfrac{P}{\omega} = \dfrac{P}{2\pi n}$ soll

eine Zahlenwertgleichung ermittelt werden, der die Einheiten kN·m für das Drehmoment M, kW für die Leistung P und min^{-1} für die Drehzahl n zugrunde liegen.

Ersetzen der Größen durch das jeweilige Produkt aus Zahlen-

wert und Einheit führt auf $M = \{M\} \text{ kN·m} = \dfrac{P}{2\pi n} = \dfrac{1}{2\pi} \dfrac{\{P\}}{\{n\}} \dfrac{\text{kW}}{\text{min}^-}$

Mit den Beziehungen 1 min = 60 s, 1 kN·m = 1 kWs erhalten wir:

$$\{M\} = \frac{60}{2\pi} \frac{\{P\}}{\{n\}} = 9{,}549 \frac{\{P\}}{\{n\}}, \quad \{M\} \text{ in kN·m}, \quad \{P\} \text{ in kW und}$$

$\{n\}$ in min^{-1}; oder in vereinfachter Form:

$$M = 9{,}549 \frac{P}{n},$$

M in kN·m, P in kW und n in min^{-1}. ——

3.2.5 Gehalts- und Konzentrationsangaben von Mischphasen

Eine *Mischphase* ist eine Phase, die aus mehreren Stoffen besteht. Sie kann gasförmig oder flüssig oder fest sein. Gasförmige Mischphasen werden auch *Gasgemische* genannt, flüssige Mischphasen auch *Lösungen*, feste Mischphasen auch *Mischkristalle* oder *feste Lösungen*. Gemenge sind keine Mischphasen, sondern heterogene oder Mehrphasensysteme.

Zur Beschreibung der Mischphasen kann man für jeden einzelnen Stoff i der insgesamt l Stoffe eine der folgenden Größen verwenden: die Masse m_i oder das Volumen V_i oder die Stoffmenge n_i. V_i ist das Volumen, welches der Stoff i allein bei der vorliegenden Temperatur, dem vorliegenden Druck und im vorliegenden Aggregatzustand einnehmen würde.

Im internationalen Einheitensystem ist die *Stoffmenge* eine Basisgröße, deren Basiseinheit das Mol (Einheitenzeichen: mol) ist. 1 mol ist die Stoffmenge eines Systems, das aus ebensoviel Einzelteilchen besteht, wie Atome in 12/1000 kg des Kohlenstoffnuklids ^{12}C enthalten sind. Bei Verwendung des Mol müssen die Einzelteilchen des Systems genau spezifiziert sein; diese Einzelteilchen können Atome, Moleküle, Ionen, Elektronen, sowie andere Teilchen oder Gruppen solcher Teilchen genau angegebener Zusammensetzung sein. Es darf also nicht heißen 1 mol Sauerstoff, sondern es muß klar zum Ausdruck gebracht werden, ob es sich um Sauerstoffatome oder Sauerstoffmoleküle handelt. Es ist daher zu schreiben: 1 mol Sauerstoffatome (oder 1 mol O) = 16 g bzw. 1 mol Sauerstoffmoleküle (oder 1 mol O_2) = 32 g.

Durch die alleinige Anwendung des Molbegriffs anstelle der früher gebräuchlichen Größen g-Atom, g-Mol, g-Ion und g-Äquivalent werden diese Begriffe überflüssig.

a) *Angabe des Anteils.* Als *Anteil* bezeichnet man den Quotienten aus der Masse, dem Volumen oder der Stoffmenge

für einen Stoff i und der Summe der gleichartigen Größe für alle l
Stoffe der Mischphase:

$$\text{Massenanteil} \quad w_i = \frac{m_i}{m_1 + m_2 + \ldots m_i + \ldots + m_l}.$$

Der Massenanteil (früher: „Massengehalt") wird auch als *Massen-
bruch* bezeichnet.

$$\text{Volumenanteil} \quad \varphi_i = \frac{V_i}{V_1 + V_2 + \ldots V_i + \ldots + V_l}.$$

Der *Volumenanteil* wird auch als *Volumenbruch* bezeichnet.

$$\text{Stoffmengenanteil} \quad x_i = \frac{n_i}{n_1 + n_2 + \ldots n_i + \ldots + n_l}.$$

Der *Stoffmengenanteil* wird gelegentlich auch als *Stoffmengen-
bruch*, meist jedoch als *Molenbruch* bezeichnet.

Jeder Anteil kann mit gleichen Einheiten für die Zählergröße und die Nennergröße angegeben werden, z. B. $w_i = 0{,}178$ g/g.
Für die Zählergröße kann man auch eine andere Einheit verwenden
als für die Nennergröße, z. B. für den Molenbruch $x_i = 780\ \mu$mol/mol.

Jeder Anteil kann auch in %, $^0/_{00}$ oder ppm angegeben werden.
Bei diesen Angaben muß unmißverständlich erkennbar sein, welcher
Anteil gemeint ist. Das kann mit Hilfe des Formelzeichens für die
betreffende Größe erreicht werden, z. B. $w_i = 17{,}8\%$, $\varphi_i = 189^0/_{00}$,
$x_i = 780$ ppm.

b) *Angabe des Verhältnisses*. Bei der Angabe als Verhältnis
handelt es sich ebenfalls um den Quotienten aus gleichartigen Größen,
aber es wird hier die Größe eines Stoffes i mit der gleichartigen Größe
eines anderen Stoffes k in der Mischung verglichen:

$$\text{Massenverhältnis} \quad \zeta_{ik} = \frac{m_i}{m_k},$$

$$\text{Volumenverhältnis} \quad \psi_{ik} = \frac{V_i}{V_k},$$

$$\text{Stoffmengenverhältnis} \quad r_{ik} = \frac{n_i}{n_k}.$$

c) *Angabe der Konzentration*. Konzentrationsangaben beziehen
sich stets auf das Volumen der Mischung. Im Nenner des Quotienten
steht das Volumen V der Mischphase.

Massenkonzentration $\rho_i = \dfrac{m_i}{V} = \dfrac{\text{Masse des Stoffes } i}{\text{Volumen der Mischung}}$.

Die *Massenkonzentration* wird oft auch als *Partialdichte* bezeichnet.

Volumenkonzentration $\sigma_i = \dfrac{V_i}{V} = \dfrac{\text{Volumen des Stoffes } i}{\text{Volumen der Mischung}}$.

σ_i ist nur dann gleich φ_i, wenn $V = V_1 + V_2 + \ldots V_1$ ist.

Stoffmengenkonzentration c_i (oder M) $= \dfrac{n_i}{V} =$

$$= \dfrac{\text{Stoffmenge des Stoffes } i}{\text{Volumen der Mischung}} .$$

Die *Stoffmengenkonzentration* wird auch *Molarität M* genannt.

d) *Angabe der Molalität. Molalität* einer Lösung heißt der Quotient

$$b_i = n_i/m_k .$$

Der Index i bezieht sich auf den gelösten Stoff, der Index k auf das Lösungsmittel.

e) *Umrechnung von Molenbrüchen in Massenanteile und umgekehrt.* $M_1, M_2, M_3 \ldots$ seien die molaren Massen der Stoffe 1, 2, 3 ... einer Mischphase, $x_1, x_2, x_3 \ldots$ die Molenbrüche in mol/mol dieser Stoffe in der Mischphase und $w_1, w_2, w_3 \ldots$ die Massenanteile in g/g der Stoffe 1, 2, 3 ...

Sind die Molenbrüche der einzelnen Stoffe einer Mischphase bekannt, dann ist der *Massenanteil* des Stoffes i (in g/g):

$$w_i = \dfrac{x_i M_i}{x_1 M_1 + x_2 M_2 + x_3 M_3 + \ldots} .$$

Sind die Massenanteile der einzelnen Stoffe einer Mischphase angegeben, so ist der *Molenbruch* des Stoffes i (in mol/mol):

$$x_i = \dfrac{\dfrac{w_i}{M_i}}{\dfrac{w_1}{M_1} + \dfrac{w_2}{M_2} + \dfrac{w_3}{M_3} + \ldots} .$$

f) *Gasgemische.* Bei Gemischen idealer Gase gilt (s. S. 163):

$$\varphi_i = x_i = \frac{p_i}{p}$$

(p_i Partialdruck des Stoffes i, p Gesamtdruck)

Aufgaben. 3/4. Eine Mischphase aus Wasser und Äthylalkohol hat folgende Massenanteile: $w_{H_2O} = 40\%$, $w_{C_2H_5OH} = 60\%$. Berechne die Zusammensetzung in Molenbrüchen.

3/5. Eine wässrige Na_2CO_3-Lösung mit $w_{Na_2CO_3} = 0{,}2$ g/g hat die Dichte $\rho = 1{,}2086$ g/cm^3. Wie groß sind **a)** die Massenkonzentration, **b)** die Stoffmengenkonzentration und **c)** der Molenbruch für Na_2CO_3 ?

3.3 Näherungsverfahren

3.3.1 Rechenhilfen beim Zahlenrechnen

a) Mit $\pi = 3{,}14159$ multipliziert man, indem man mit 3 multipliziert und das Produkt um 5% vergrößert.

b) Sind einzelne Größen gegen andere sehr klein, so läßt sich ein mathematischer Ausdruck oft vereinfachen. Bei der Anwendung von *Näherungsformeln* bringt man den Ausdruck in eine Form, welche die kleine Größe ($\alpha, \beta \ll 1$) nur in einem zu 1 addierten Glied enthält.

$$(1 \pm \alpha)^m \approx 1 \pm m\,\alpha$$

$$(1 \pm \alpha)^m \cdot (1 \pm \beta)^n \approx 1 \pm m\,\alpha \pm n\beta$$

$$\frac{1 \pm \alpha}{1 \pm \beta} \approx 1 \pm \alpha \mp \beta$$

$$(1 \pm \alpha)^2 \approx 1 \pm 2\,\alpha$$

$$\sqrt{1 \pm \alpha} \approx 1 \pm \frac{1}{2}\,\alpha$$

$$\frac{1}{1 \pm \alpha} \approx 1 \mp \alpha$$

$$\frac{1}{(1 \pm \alpha)^2} \approx 1 \mp 2\,\alpha$$

$$\frac{1}{\sqrt{1 \pm \alpha}} \approx 1 \mp \frac{1}{2}\,\alpha$$

$$\sqrt{(1 + \alpha)\,(1 \pm \beta)} \approx 1 + \frac{\alpha \pm \beta}{2}$$

$$\ln\,(1 \pm \alpha) \approx \pm \alpha$$

$$\frac{(1 + \alpha)\,(1 + \gamma)}{(1 + \beta)\,(1 + \delta)} \approx 1 + \alpha + \gamma - \beta - \delta.$$

Beispiel 3-6.

a) $\dfrac{328,7}{295,3} \approx \dfrac{329}{295} \approx \dfrac{300\,(1 + 10\%)}{300\,(1-2\%)} \approx 1 + (10\%)-(-2\%) =$

$= 1 + 12\% = 1,12$ (genauer Wert: 1,113).

b) $35,8 \cdot \dfrac{273 \cdot 736}{293 \cdot 760} \approx 40\,(1-10\%)\ \dfrac{273}{273\,(1 + 7\%)} \cdot \dfrac{760\,(1-3\%)}{760} =$

$= 40\,(1-10\%-7\%-3\%) = 40\,(1-20\%) = 32$ (genauer Wert: 32,3).

c) $(1,002)^2 = (1 + 0,002)^2 \approx 1,004$ (genauer Wert: 1,00400). ——

c) Für kleinere Änderungen der Veränderlichen kann die Beziehung zwischen Differentialen als Näherungsformel verwendet werden.

Beispiel 3-7. Es ist zu berechnen, in welcher Beziehung der kubische Ausdehnungskoeffizient γ zum linearen Ausdehnungskoeffizienten α steht.

Das Differential einer Funktion ist nach S. 28 $dy = f'(x)\,dx$.

Also ist $d(x^3) = 3\,x^2\,dx$,   daraus $\dfrac{d(x^3)}{x^3} = \dfrac{3\,x^2}{x^3}\,dx = 3\,\dfrac{dx}{x}$.

Die relative Volumenänderung des Würfels ist somit angenähert gleich der 3fachen relativen Längenänderung einer Kante. Fassen wir den kubischen Ausdehnungskoeffizienten als relative Volumenänderung und den linearen als relative Längenänderung für eine Temperaturerhöhung um 1 K auf, so folgt, daß $\gamma = 3\,\alpha$ ist. ——

Ein Beispiel über die Fehlerfortpflanzung s. S. 148.

3.3.2 Näherungsweise Lösung numerischer Gleichungen

a) Durch *Probieren*. Die Möglichkeit des Probierens durch Einsetzen eines angenommenen Wurzelwertes in eine vorliegende Gleichung hat nur dann Erfolgsaussichten, wenn Anhaltspunkte für die Schätzung des Wurzelwertes gegeben sind und keine große Genauigkeit gefordert wird (s. Beispiel 4-11, S. 179).

b) *Graphisch*. Eine einfache Methode, die reellen Wurzeln einer Gleichung in erster Näherung zu finden, besteht darin, daß man die Kurve $y = f(x)$ aus den einzelnen Punkten *konstruiert* (x nacheinander 0, 1, 2, 3, . . . setzen und y berechnen) und ihre Schnittpunkte mit der x-Achse feststellt. Die so gefundenen Werte sind die Wurzeln der Gleichung, denn es ist für sie $y = f(x) = 0$. Die Genauigkeit hängt von der Genauigkeit der Zeichnung ab (s. Aufgabe 4/20, S. 180 und Beispiel 8-31, S. 298).

c) Mit Hilfe des *Rechenschiebers*. Bezeichnung der Skalen:
Stab: O_1 oberhalb der Zunge, U_1 unterhalb der Zunge; Zunge:
O_2 obere Skala (gleiche Teilung wie O_1, umfassend 2 log. Einheiten),
U_2 untere Skala (gleiche Teilung wie U_1, umfassend 1 log. Einheit).
In der Mitte der Zunge befindet sich die Reziprokskala R, das ist
eine von rechts nach links laufende normale logarithmische Skala,
umfassend 1 log. Einheit.

α) Eine quadratische Gleichung wird auf die Form $x^2 - ax +$
$+ b = 0$ gebracht. Durch x dividiert, erhält man daraus $x + \dfrac{b}{x} = a$.

Man schiebt die 1 oder 10 von U_2 auf die Zahl b von U_1 und setzt
den Läuferstrich auf den Wert x von U_1. Dadurch findet man auf

R den Ausdruck $\dfrac{b}{x}$. Nun verschiebt man den Läufer so lange,

bis die Summe der beiden Werte auf der U_1- und R-Skala
gleich a ist.

Beispiel 3-8. $x^2 - 9\,x + 15 = 0$; daraus $x + \dfrac{15}{x} = 9$. Die 1

von U_2 über die 15 von U_1 stellen und nun mit dem Läufer suchen,
in welcher Stellung die Summe von U_1 und R gleich 9 ist. Das ist

der Fall für die Stellung $U_1 = x = 2{,}21$; dann ist $R = \dfrac{15}{x} = 6{,}78$
und die Summe $= 8{,}99 \approx 9{,}0$.

Systematisch geht man dabei nach der Einstellung der 1 von
U_2 über die 15 von U_1 wie folgt vor:

auf $U_1 = x$	2	2,5	2,25	2,20	2,21
auf $R = \dfrac{15}{x}$	7,5	6	6,67	6,82	6,78
$\Sigma =$	9,5	8,5	8,92	9,02	$8{,}99 \approx 9{,}0$.

Die zweite Wurzel findet man analog mit $U_1 = x = 6{,}80$ und

$R = \dfrac{15}{x} = 2{,}205$, also die Summe $\sim 9{,}0$. ——

β) Eine kubische Gleichung der Form $x^3 + A x^2 + B x + C = 0$

wird durch Einsetzen des Ausdruckes $x = y - \dfrac{A}{3}$ in die Form

$y^3 - ay + b = 0$ übergeführt. Nun wird durch y dividiert, wodurch

eine Gleichung der Form $y^2 + \dfrac{b}{y} = a$ erhalten wird. Jetzt wird wie früher die 1 oder 10 von U_2 über b von U_1 gestellt. Auf der U_1-Skala wird mit dem Läufer y, auf der O_1-Skala y^2 und auf

der R-Skala $\dfrac{b}{y}$ abgelesen. Der Läufer muß so lange verschoben

werden, bis die Bedingung erfüllt ist, daß die Summe der Werte auf O_1 und R gleich a ist. Besonders rasch führt die Methode zum Ziel, wenn man den ungefähren Wert von y kennt.

Beispiel 3-9. $4x^3 + 12x^2 - 27x - 70 = 0$. Division durch 4 ergibt $x^3 + 3x^2 - 5{,}75x - 17{,}5 = 0$. Durch Einsetzen von

$x = y - \dfrac{A}{3} = y - 1$ erhält man, da $(a-b)^3 = a^3 - 3a^2b + 3ab^2 - b^3$

nun $(y^3 - 3y^2 + 3y - 1) + 3(y^2 - 2y + 1) - 6{,}75(y - 1) - 17{,}5 = 0$,

ausgerechnet: $y^3 - 9{,}75y - 8{,}75 = 0$. Nun wird durch y dividiert:

$y^2 - \dfrac{8{,}75}{y} = 9{,}75$. (Man kann vor Durchführung der Rechnung die

Wurzelwerte in grober Annäherung graphisch ermitteln; s. S. 89.) Durchführung der Rechnung: Die 10 von U_2 über die 8,75 von U_1 stellen und den Läufer verschieben, bis seine Ablesungen die Summenbedingung erfüllen. Dies ist bei folgender Stellung der Fall:

O_1-Skala $= y^2 = 12{,}25$; R-Skala $= \dfrac{8{,}75}{y} = 2{,}50$; die Differenz

beider ist tatsächlich 9,75, daraus ist auf der U_1-Skala $y = 3{,}5$.

Nachdem keine andere positive Zahl die Bedingung zu erfüllen scheint, wird mit negativen Zahlen probiert. Damit werden beide y-Glieder positiv, so daß deren Summe 9,75 sein muß. Man findet so auf der O_1-Skala $= 6{,}25$, auf der R-Skala 3,5 und damit auf der U_1-Skala $y = -2{,}5$. In gleicher Weise 1, bzw. 8,75 und $y = -1$.

Es war $x = y - 1$, folglich sind die Wurzeln der Gleichung $x = 2{,}5$; $-3{,}5$ und -2.

Besitzt der Rechenschieber keine Reziprokskala, hilft man sich so, daß man die Zunge verkehrt einschiebt, d. h. mit U_2 nach oben und O_2 nach unten. Dann liest man die Wurzel wie folgt ab: auf $O_1 = 12{,}25$, auf $U_1 = 2{,}5$ und auf $U_2 = y = 3{,}5$. ———

Beispiel 3-10. Man kann aber auch so verfahren, daß man die Gleichung höheren Grades in eine quadratische mit einfachem x^2 verwandelt.

In dem vorhergehenden Beispiel wäre durch $4x$ zu dividieren, wodurch man die Gleichung $x^2 + 3x - 6,75 - \dfrac{17,5}{x} = 0$ erhält.

Nun stellt man die 1 von U_2 über die 17,5 von U_1 und geht wie folgt vor:

Einstellung des Läufers auf U_1 und Annahme von

		$x =$ 2,6	2,4	2,5
ablesen auf O_1	x^2	6,76	5,76	6,25
berechnen von .... $3x$		7,8	7,2	7,5
Summe Σ_1 ... ... $=$		14,56	12,96	13,75
ablesen auf R ...... $-\dfrac{17,5}{x} =$		$-6,73$	$-7,29$	$-7,0$
$\Sigma =$		7,83	5,67	6,75

Mit dem letzten Wert ist die Bedingung erfüllt, folglich ist $x = 2,5$. ——

   d) Die *Newtonsche Näherungsmethode* gestattet, eine Wurzel mit beliebiger Näherung zu berechnen. Voraussetzung ist, daß die Wurzel zwischen 2 bestimmten Grenzen eingeschlossen ist. Diese Grenzen können nach dem Verfahren a) oder b) festgestellt werden. Es werden also nach dieser Methode die in erster Näherung gefundenen Werte verbessert.

   Ist a ein Wert, welcher der Gleichung $f(x) = 0$ nahezu genügt (Näherungswert) und vom wirklichen Wert $a + h$ nur um die kleine Zahl h verschieden ist, dann ist $f(a + h) = 0$. Die Entwicklung einer Taylorschen Reihe (s. S. 55) gibt $f(a) + h \cdot f'(a) + \dfrac{h^2}{2!} \cdot f''(a) + \ldots =$
$= 0$. Da nach unserer Annahme h sehr klein ist, können wir die höheren Potenzen von h vernachlässigen und beim 2. Glied abbrechen, also wird $f(a) + h \cdot f'(a) = 0$. Daraus ist $h = -\dfrac{f(a)}{f'(a)}$.

   Wird das so bestimmte h zu a addiert, wird ein Wert erhalten, welcher der Gleichung $f(x) = 0$ bereits besser genügt als a. Da aber auch h nur annähernd bestimmt wurde (Vernachlässigung der höheren Potenzen), ist der Wert $a + h = a_1$ ebenfalls nur als verbesserter Näherungswert zu betrachten. Eine weitere Näherung wird erzielt, wenn mit dem erhaltenen Wert a_1 in gleicher Weise verfahren wird usw.

   Beispiel 3-11. Für die Gleichung $f(x) = x^3 - 4x - 4 = 0$ wurde durch graphische Darstellung oder auf folgendem Weg ein erster

Näherungswert gefunden: Für $x = 0$ ist $f(x) = -4$, für $x = +1$ ist $f(x) = -7$, für $x = +2$ ist $f(x) = -4$ und für $x = +3$ ist $f(x) = +11$. Da der Wert zwischen $+2$ und $+3$ das Vorzeichen wechselt, muß die Kurve hier die x-Achse schneiden, d. h. eine gesuchte Wurzel muß zwischen 2 und 3 liegen. Aus der Aufstellung geht ferner hervor, daß der Wert näher an 2 liegt. Nehmen wir an, es sei $x = 2,3$, dann wird $f(x) = -1,033$, für $x = 2,4$ ist $f(x) = +0,224$. Da $x = 2,4$ den kleineren Unterschied von 0 ergibt, wählen wir 2,4 als ersten Näherungswert.

Es ist $f(x) = x^3 - 4x - 4$ und $f'(x) = 3x^2 - 4$. Wir setzen nun den Näherungswert $a = 2,4$ an Stelle von x in die Gleichungen ein und erhalten $h = -\dfrac{+0,224}{+13,28} = -0,0169$ und die 2. Näherung $a_1 = 2,4 - 0,0169 = +2,3831$.

Nun wird $a_1 = 2,3831$ in die Gleichung eingesetzt und man erhält $h = -\dfrac{0,0016}{13,037} = -0,0001$. Die 3. Näherung ist damit $a_2 = 2,3831 - 0,0001 = 2,3830$. Da die Änderung von a_1 zu a_2 nur eine Einheit in der 4. Dezimale beträgt, genügt diese Annäherung und der Wert $2,3830 = x$ ist die gesuchte Wurzel. ———

e) Beim *Iterationsverfahren* wird keine Differentiation benötigt. Die Näherung an den gesuchten Wert erfolgt stetig oder in immer geringer werdenden Schwankungen um den wahren Wert. Ist letzteres nicht der Fall, sondern nehmen die Differenzen zwischen den erhaltenen Werten zu statt ab, so „divergiert" das Verfahren und ist für diesen Fall nicht anwendbar. Man achte also bei der Durchführung auf diese Möglichkeit.

Grundlage des Iterationsverfahrens bildet eine Gleichung, bei der die unbekannte gesuchte Größe durch sich selbst ausgedrückt wird, d. h. es muß eine Gleichung der Form $x = f(x)$ vorliegen. Aus ihr berechnet man die Werte von x durch Einsetzen der ersten (auf graphischem Wege oder durch Probieren gefundenen) Näherung. Der nun erhaltene Wert wird abermals in die Gleichung eingesetzt usw., bis die Differenz zwischen zwei aufeinanderfolgenden Werten hinreichend klein ist (s. auch Aufgabe 7/8, S. 429).

Beispiel 3-12. Bei Überprüfung der in *d*) angenommenen Gleichung $f(x) = x^3 - 4x - 4 = 0$ ergibt sich $x^3 = 4x + 4$ und $x = \sqrt[3]{4x + 4}$. Die erste Näherung war $x = 2,4$. Man findet für

$$x = 2{,}4 \qquad x = \sqrt[3]{4x + 4} \;=\; \sqrt[3]{13{,}6} \quad\;\; = 2{,}3870$$
$$x = 2{,}3870 \qquad\qquad\qquad = \sqrt[3]{13{,}5480} = 2{,}3839$$
$$x = 2{,}3839 \qquad\qquad\qquad = \sqrt[3]{13{,}5356} = 2{,}3832$$
$$x = 2{,}3832 \qquad\qquad\qquad = \sqrt[3]{13{,}5328} = 2{,}3830$$

Hier kann infolge der Kleinheit der Differenz (= 0,0002) die Rechnung abgebrochen werden und x ist, in Übereinstimmung mit dem nach der Newtonschen Methode bestimmten Wert, gleich 2,3830.

3.3.3 Graphisches Differenzieren

Liegt eine Funktion nicht in Form ihrer Gleichung, sondern nur als Kurve vor, so kann ihre Ableitung auch auf graphischem Weg als Kurve ermittelt werden, was u.U. für die Bestimmung von Extrem- und Wendepunkten wichtig sein kann.

Im oberen Teil der Abb. 3.1 ist die Kurve $y = f(x)$ dargestellt.

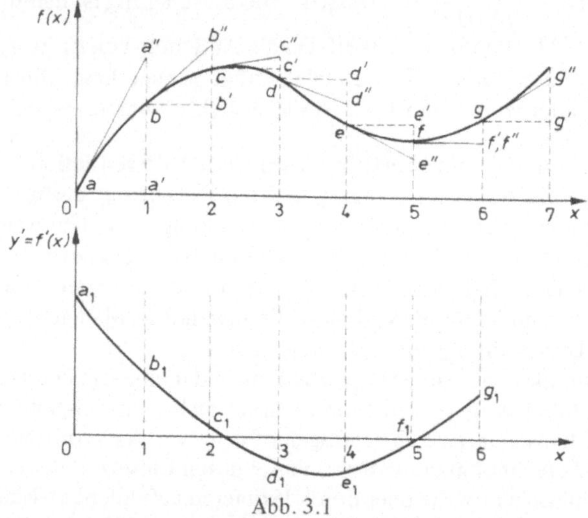

Abb. 3.1

Man zeichnet nun in den Punkten mit den Abszissenwerten 0, 1, 2, 3 usw. die Tangenten an die Kurve. Bei gleichem Maßstab der x- und y-Achse entspricht dann die Steigung $\tan\alpha$ der 1. Ableitung y'. Sind in den Dreiecken $aa'a''$, $bb'b''$ usw. die Seiten $aa' = bb' = cc' = \ldots = 1$, so sind die Werte der Ableitungen in den Punkten a, b, c usw. gleich den Längen der Strecken $a'a''$, $b'b''$ usw.

Nun konstruiert man im unteren Teil die Kurve wie folgt: man trägt im Abszissenpunkt 0 die Strecke $a'a''$ als Ordinatenwert auf und erhält so den Punkt a_1, desgleichen im Abszissenpunkt 1 die Strecke $b'b''$ (= Punkt b_1), im Abszissenpunkt 2 die Strecke $c'c''$ usw. Die Verbindung dieser Punkte gibt die Kurve der ersten Ableitung der Funktion, also $f'(x)$. Zu beachten ist, daß die Ordinatenwerte der unteren Kurve auch negativ sein können.

Das Tangentenziehen wird erleichtert durch Verwendung zweier sich rechtwinklig kreuzender Linien auf einem durchsichtigen Papier oder Zelluloid. Das Ziehen der Tangente nach Augenmaß ist aber in jedem Fall schwierig, einfacher ist das Zeichnen der zur Tangente senkrecht stehenden Geraden. Ein ausgezeichnetes Hilfsmittel ist das sog. Spiegellineal (ein Lineal mit spiegelnder Kante). Wird dieses in der Richtung der Normalen zur Tangente quer über die Kurve gelegt, so spiegelt sich darin die Kurve. Man verschiebt das Lineal so lange, bis das Spiegelbild und die Kurve selbst ohne Knick ineinander übergehen. In dieser Stellung steht das Lineal senkrecht zur Tangente.

3.3.4 Graphische Integration

a) Auszählmethode. Der Wert eines bestimmten Integrals

$$\int_{x=x_a}^{x=x_b} f'(x)\, dx$$

wird durch eine Fläche dargestellt, die begrenzt wird durch die Kurve von $f'(x)$, aufgetragen über x, die Parallelen $x = x_a$ und $x = x_b$ zur y-Achse und die x-Achse. Jedes bestimmte Integral kann daher zahlenmäßig ermittelt werden, indem man $f'(x)$ über x aufträgt, die 2 Vertikallinien, die den Grenzen entsprechen, einzeichnet und die Fläche ermittelt, die eingeschlossen wird von der Kurve, den Grenzen und der x-Achse unter Beachtung des Maßstabes.

Der Flächeninhalt kann bestimmt werden durch Aufteilung in eine Reihe von Rechtecken (bzw. Auszählung der Quadrate auf Millimeterpapier) oder durch Ausmessen mit dem Planimeter.

Diese Methode der graphischen Integration ist auch dann wichtig, wenn die Kurve $f'(x)$ experimentell ermittelt wurde und keine mathematische Formulierung dafür vorliegt.

Beispiel 3-13. Ermittlung des Dampfverbrauches für die Zeit von 8 bis 10 Uhr aus der in der Abb. 3.2 gezeigten, vom registrierenden Schreibgerät aufgezeichneten Dampfverbrauchskurve.

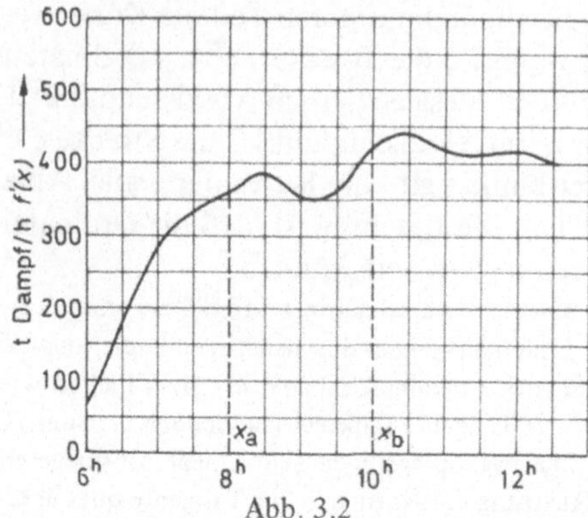

Abb. 3.2

Die Einheit der x-Achse beträgt pro Quadrat 30 Minuten
= 0,5 Stunden. Die Einheit der Ordinate ist für ein Quadrat 50 t
Dampf/h. Jedes Quadrat entspricht daher $50 \cdot 0,5 = 25$ t Dampf·
·h/h = 25 t Dampf.

Ausgezählte Quadrate 29,6, d. h. $29,6 \cdot 25 = 740$ t Dampf. ——
S. auch Beispiel 8-11, S. 263.

b) Wägemethode. Die Fläche kann auch durch die sehr bequeme
Methode der Wägung ermittelt werden. Wir zeichnen den Integranden auf
Millimeterpapier (wie bei der graphischen Methode) und schneiden nun
aus dem Blatt eine rechteckige Fläche, welche etwas größer ist als die zu
berechnende (z. B. eine Fläche von 100 der in der Abbildung gezeichneten
Quadrate ergaben durch Wägung auf der analytischen Waage 1,1325 g).
Nun schneiden wir aus dem Rechteck das durch Kurve und Ordinaten
begrenzte Flächenstück aus und bestimmen wiederum das Gewicht
(= 0,3350 g). Vorausgesetzt, daß das Papier überall gleich dick ist, gilt die
Proportion $100 : A = 1,1325 : 0,3350$. Demnach enthält A 29,58 Quadrate.
Da 1 Quadrat 25 t Dampf entspricht, ergibt die Fläche 739,5 t Dampf.

c) Bestimmung der Stammfunktion. Die Ermittlung des
Verlaufs der Stammfunktion $\eta = F(x)$ einer graphisch gegebenen Funktion $y = f(x)$ kann auch auf rein graphischem Wege
erfolgen. Zu diesem Zweck schreiben wir $F(x)$ als bestimmtes
Integral mit veränderlicher oberer Grenze

$$\eta = F(x) = \int\limits_{x_1}^{x} f(x)\, dx.$$

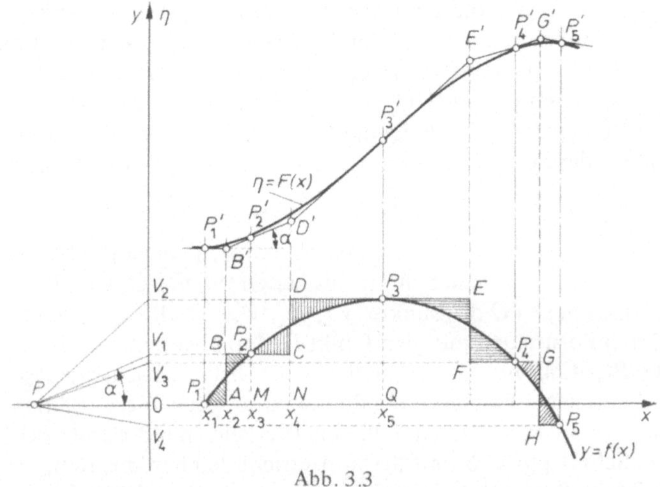

Abb. 3.3

Die Funktion $y = f(x)$ ist in Abb. 3.3 durch den Kurvenzug
$P_1P_2P_3P_4P_5$ dargestellt. Nun ersetzen wir diesen Kurvenzug durch
die Stufenkurve $P_1ABCDEFGHP_5$. Diese wird so gezeichnet, daß
die gegenüberliegenden (gleichartig schraffierten) Segmente flächengleich sind. Hat die Kurve einen Extremwert (Punkt P_3), so beginnt
man an dieser Stelle mit dem Zeichnen der Stufenkurve nach beiden
Seiten. Das Abgleichen der Segmente, die nicht zu klein gemacht
werden müssen, kann mit ausreichender Genauigkeit nach Augenmaß erfolgen. Da die Segmente oberhalb und unterhalb der Kurve
$y = f(x)$ flächengleich sind, ist die Fläche unter der Kurve
$P_1P_2P_3P_4P_5$ gleich der Fläche unter der Stufenkurve. Es ist aber
auch jedes Teilintegral flächengleich dem Inhalt zweier Rechtecke,
z. B.

$$\int_{x_3}^{x_5} f(x)\,\mathrm{d}x = MP_2CN + NDP_3Q\,.$$

Das graphische Verfahren soll nun die Flächeninhalte der
einzelnen Doppelrechtecke und damit die Teilintegrale liefern,
diese fortlaufend aufaddieren und graphisch die addierten Werte
als Ordinatenwerte einer neuen Kurve darstellen. Dadurch erhält
man den Verlauf der Stammfunktion $\eta = F(x) = \int f(x)\,\mathrm{d}x$ durch
Ermittlung einzelner ihrer Punkte.

Dazu geht man folgendermaßen vor (Abb. 3.3). Links vom Koordinatenursprung wird auf der Abszissenachse ein sog. Polpunkt P im Abstand p cm von 0 festgelegt. Dieser Abstand p steht in Beziehung zu den Einheitslängen l_x und l_y auf der x- bzw. y-Achse und der Einheitslänge l_η; l_η ist die Länge derjenigen Strecke, welche die Einheit der Stammfunktion $\eta = F(x)$ auf der η-Achse darstellen soll. Es wird $p = \dfrac{l_x l_y}{l_\eta}$ gewählt.

Man verlängert nun die horizontalen Stufen der Stufenkurve $BC, DE, FG, \ldots$ bis zum Schnitt mit der Ordinatenachse und erhält damit neben O die Punkte $V_1, V_2, V_3, \ldots$ Diese verbindet man durch Polstrahlen mit dem Punkt P. Jetzt werden durch die Punkte $P_1, A, M, N, Q, \ldots$ Parallelen zur Ordinatenachse gezogen und auf der ersten Parallelen ein Punkt P_1' mit beliebiger Ordinate gewählt. Durch P_1' zieht man nun eine Parallele zum Polstrahl PO bis zum Schnittpunkt B' mit der in A errichteten Senkrechten. Durch Punkt B' zieht man eine Parallele zum Polstrahl PV_1 bis zum Schnittpunkt D' mit der in N errichteten Senkrechten. Die Gerade $B'D'$ schneidet die in M errichtete Senkrechte im Punkt P_2'. Analog wird die Gerade $D'E'$ parallel zum Polstrahl PV_2 gezogen usw.

Die Geraden $P_1'B', B'D', D'E', \ldots$ sind, wie ohne Beweis mitgeteilt sei, Tangenten der Kurve, welche die gesuchte Stammfunktion $\eta = F(x) = \int f(x)\,dx$ darstellt. Die Punkte P_1', P_2', P_3', P_4' und P_5' sind Punkte dieser Integralkurve, die nun, entsprechend Abb. 3.3, bequem gezeichnet werden kann.

Der Flächeninhalt unter der gegebenen Kurve $y = f(x)$ zwischen x_1 und x_n (d. h. unter den Punkten P_1 bis P_n) ist gleich der Differenz der Ordinatenwerte von P_1' und P_n' mal dem Abstand $PO = p$ des Polpunkts vom Koordinatenursprung.

3.3.5 Numerische Integration

Während bei der graphischen Integration das von der Kurve begrenzte Flächenstück ausgemessen wurde, kann diese Fläche (bestimmtes Integral) auch mit Hilfe von Näherungsformeln berechnet werden.

a) Die Trapezformel. Man errichtet zwischen x_0 und x_n eine ungerade Zahl von Ordinaten, so daß die Fläche in eine gerade Anzahl Streifen zerlegt wird, die man als Trapeze auffassen kann, wenn die Kurvenbegrenzung der entstandenen kleinen Teilflächen als Gerade betrachtet wird. Wenn h den gleichmäßigen Abstand der Ordinaten bedeutet, dann ist die Summe sämtlicher Trapeze, also die gesamte Fläche F (Abb. 3.4):

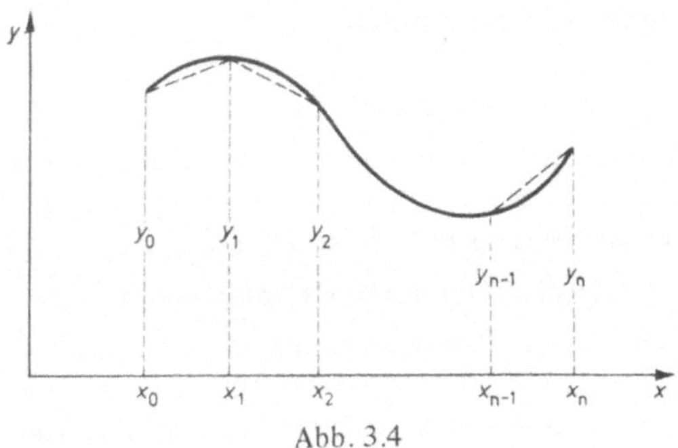

Abb. 3.4

$$F = h \left(\frac{y_0}{2} + y_1 + y_2 + y_3 + \ldots + y_{n-2} + y_{n-1} + \frac{y_n}{2} \right).$$

b) Noch einen Schritt weiter geht die *Simpsonsche Formel*, bei der die Verbindungslinie dreier Punkte als Parabelstück betrachtet wird. Es muß auch hier wieder eine ungerade Anzahl von Wertepaaren (x, y) vorliegen.

$$F = \frac{h}{3} (y_0 + 4y_1 + 2y_2 + 4y_3 + 2y_4 + \ldots + 2y_{n-2} + 4y_{n-1} + y_n).$$

Beispiel 3-14. $\ln 2 = \int\limits_{1}^{2} \frac{dx}{x}$. Aus dem dekadischen Logarithmus ist $\ln 2 = 2{,}303 \lg 2 = 0{,}693147$. Es ist $y = f(x) = \frac{1}{x}$, deren Kurvenbild eine Hyperbel darstellt.

Zur angenäherten Berechnung ziehen wir zwischen $x_0 = 1$ und $x_n = 2$ elf Ordinaten in gleichen Abständen h voneinander, also ist $h = 0{,}1$ und $n = 10$. Daher ist $x_0 = 1$ und $y_0 = \frac{1}{1{,}0}$; $x_1 = 1{,}1$ und $y_1 = \frac{1}{1{,}1}$; $x_2 = 1{,}2$ und $y_2 = \frac{1}{1{,}2}$; $\ldots x_{10} = 2$ und $y_{10} = \frac{1}{2}$.

Nach der Trapezformel ist daraus $\ln 2 = 0{,}693771$ (Abweichung $= 0{,}000624$); nach der Simpsonschen Formel ist $\ln 2 =$

$= 0{,}693150$ (Abweichung $= 0{,}000003$). ——

Anwendung beider Formeln s. auch Beispiel 8-18, S. 276.

3.4 Darstellung von Meßergebnissen

3.4.1 Funktionen einer Veränderlichen

Funktionen einer Veränderlichen werden dargestellt als *Tabelle*, als *Kurve* oder analytisch als *Gleichung*. Über die Vor- und Nachteile der einzelnen Darstellungsarten s. S. 6 und 15.

3.4.2 Funktionen zweier Veränderlichen als Tabelle

Soll z. B. das molare Volumen (in l/mol) von Argon in Abhängigkeit vom Druck p (in bar) und von der Temperatur ϑ (in °C) tabelliert werden, so muß die Tabelle zweidimensional sein:

p bar \ ϑ °C	V_m in l/mol				
	−50	0	50	100	150
1,01325	18,277	22,395	26,509	30,618	34,728
10,1325	1,7943	2,2202	2,6413	3,0585	3,4744
20,2650	0,87867	1,0999	1,3157	1,5277	1,7383
40,5300	0,42108	0,54045	0,65343	0,76272	0,87061
60,7950	0,26908	0,35459	0,43327	0,50826	0,58175

Zwischenwerte müssen durch zweimalige Interpolation, z. B. erst in waagrechter Richtung ($p = konst$) und danach aus der erhaltenen neuen Tabelle in senkrechter Richtung ($\vartheta = konst$) ermittelt werden.

3.4.3 Funktionen zweier Veränderlichen in graphischer Darstellung

Funktionen zweier Veränderlichen können geometrisch als Fläche im Raum dargestellt werden. Über räumliche Koordinaten s. S. 15.

Durch Projektion der Kurven, für welche eine Größe konstant gehalten wurde, z. B. Kurven gleicher Temperatur (Isothermen), auf die Ebene der beiden anderen Größen erhält man eine Netztafel (Kurventafel). In dieser Kurvenschar ist für jede Kurve eine Größe konstant („Parameter der Kurvenschar"), der Wert dieser Größe jedoch von Kurve zu Kurve verschieden.

Beispiel 3-15. Die Werte der folgenden Tabelle, welche das Kuchenvolumen (in l) einer Rahmenfilterpresse mit einer Rahmengröße von $(0,6 \times 0,6)$ m² angibt, sollen graphisch dargestellt werden.

Zahl der Rahmen	Kuchendicke in mm					
	5	10	20	30	40	50
3	6	12	23	34	46	57
6	12	23	46	69	92	115
12	23	46	92	138	184	230
18	35	69	138	207	276	345
24	46	92	184	276	370	461
30	58	115	230	345	460	576
36	69	138	276	415	553	690

1. Möglichkeit. Man wählt die Kuchendicke als Parameter und trägt für konstante Kuchendicke das Kuchenvolumen als Funktion der Zahl der Rahmen auf (Abb. 3.5).

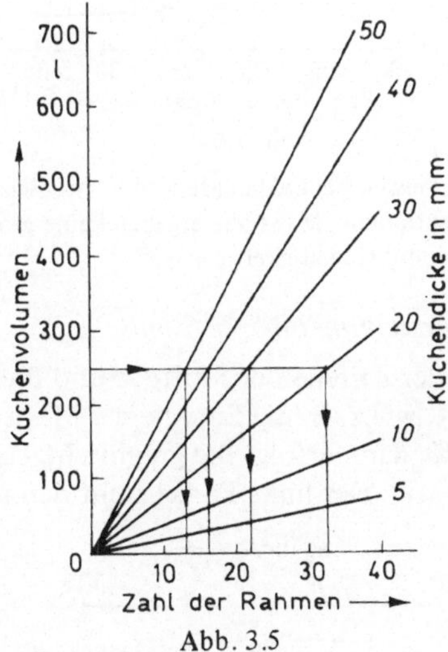

Abb. 3.5

2. Möglichkeit. Es soll das Kuchenvolumen als Parameter gewählt und die Kuchendicke als Funktion der Zahl der Rahmen dargestellt werden. Man kann dabei so vorgehen, daß man in Abb. 3.5

für ein bestimmtes Kuchenvolumen eine Parallele zur Abszissenachse
zieht, welche die Geraden für die verschiedenen Kuchendicken schneidet. Auf der Abszissenachse liest man dann für jeden Schnittpunkt die
zugehörige Zahl der Rahmen ab. Daraufhin wird die entsprechende
Kuchendicke in Abhängigkeit von der Zahl der Rahmen für konstantes
Kuchenvolumen aufgetragen. Dieses Verfahren wird für mehrere
Kuchenvolumina wiederholt. Auf diese Weise erhält man die Kurven
der Abb. 3.6.

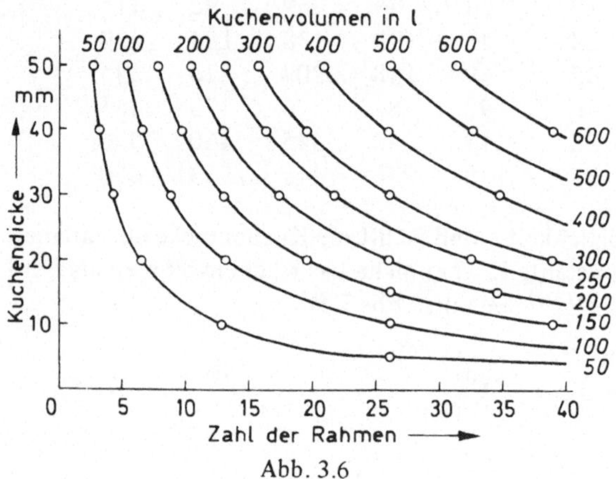

Abb. 3.6

Bei Interpolation müssen bei beiden Methoden die Zwischenentfernungen
geschätzt werden. Die gedrängten Maßstäbe ergeben keine große (jedoch für die
Praxis vielfach ausreichende) Genauigkeit. ———

3.4.4 Graphische Darstellung binärer Gemische

Ist die Summe der Anteile der Stoffe A und B einer binären
Mischphase konstant, wie z. B. die Summe der Massenanteile $w_A +$
$+ w_B = 1$ bzw. 100%, dann erfolgt die graphische Darstellung auf
einer Strecke (Abb. 3.7). Der linke Punkt stellt den reinen Stoff B

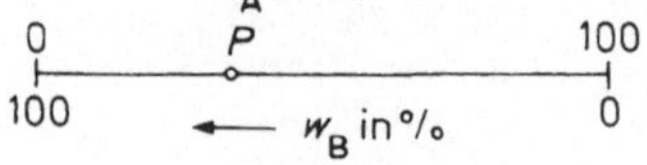

Abb. 3.7

(100% B), der rechte Punkt den reinen Stoff A (100% A) dar.
Ist irgendeine Größe, z. B. die Siedetemperatur ϑ_S, eine

Funktion der Zusammensetzung des binären Gemisches, so trägt man die entsprechenden Werte für ϑ_S als Ordinate über den einzelnen Abszissenwerten, d. h. der Zusammensetzung auf, und erhält eine Kurve, in unserem Fall das Siedetemperatur-Schaubild der Mischung aus A und B. In der Abb. 3.8 ist als Beispiel die Siedetemperatur-Kurve für das Zweistoffsystem CS_2/CCl_4 dargestellt.

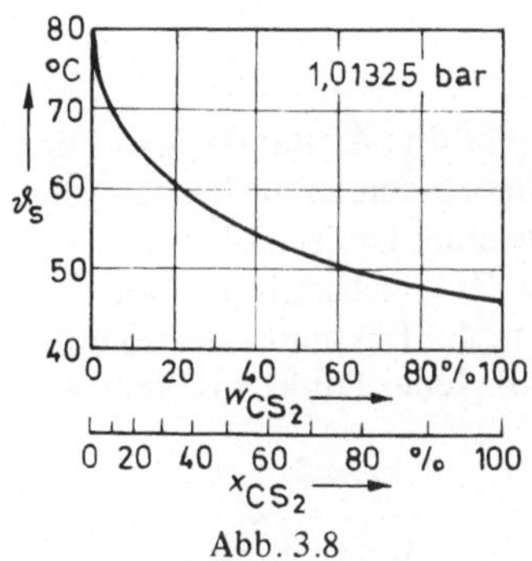

Abb. 3.8

Neben der Skala für den Massenanteil w_{CS_2} in % ist zusätzlich eine Skala für den Molenbruch x_{CS_2} in % eingezeichnet.
Weitere Beispiele (Schmelzdiagramme) s. S. 216 ff.

3.4.5 Graphische Darstellung ternärer Gemische

Will man irgendeine Größe darstellen, die eine Funktion der Zusammensetzung eines sog. ternären (Dreistoff-) Gemisches ist, so verwendet man zweckmäßig Dreieckskoordinaten. Die Summe der Massen- bzw. Stoffmengenanteile muß stets konstant sein: $w_A + w_B + w_C = 1$ (bzw. 100%) oder $x_A + x_B + x_C = 1$ (bzw. 100%). Der Anteil einer Komponente ist stets durch die Angabe der Anteile der beiden anderen Komponenten eindeutig festgelegt.

Die Anwendung der Dreieckskoordinaten (Gibbssches Dreieck) beruht auf folgenden Eigenschaften des gleichseitigen Dreiecks:

a) Die Summe der Senkrechten von einem Punkt P auf die Dreieckseiten ist konstant und gleich der Höhe h des Dreiecks (Abb. 3.9): $h_1 + h_2 + h_3 = h$.

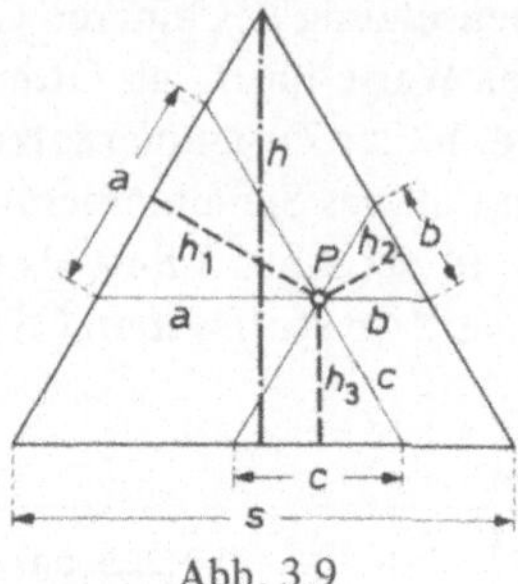

Abb. 3.9

b) Die Summe der drei Abstände eines Punktes P von den
Dreieckseiten, parallel zu den Dreieckseiten gemessen, ist konstant
und gleich der Länge einer Dreieckseite: $a + b + c = s$.

Die Eckpunkte des gleichseitigen Dreiecks entsprechen den
reinen Komponenten, der Eckpunkt A also $w_A = 100\%$, $w_B = 0\%$,
$w_C = 0\%$ (Abb. 3.10). Jeder Punkt auf einer der Dreieckseiten gibt

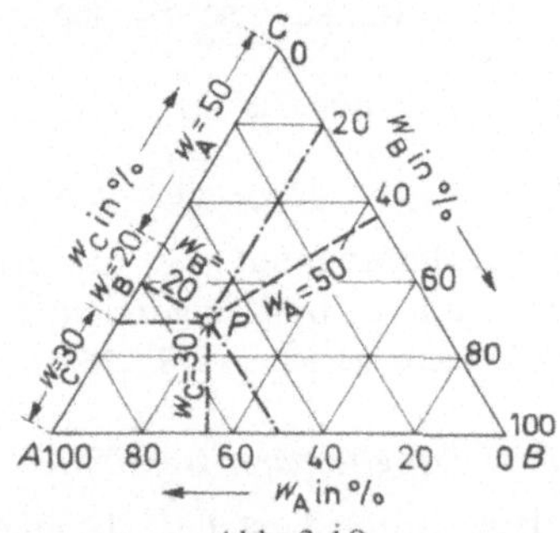

Abb. 3.10

die Zusammensetzung eines binären Gemisches wieder, z. B. jeder
Punkt auf der Seite AB die Zusammensetzung eines binären
Gemisches aus den Komponenten A und B.

Beispiel 3-16. Punkt P in der Abb. 3.10 entspricht einem
Gemisch aus $w_A = 50\%$, $w_B = 20\%$, $w_C = 30\%$. Die Bestimmung
des Punktes erfolgt entweder aus den gestrichelt gezeichneten
Senkrechten auf den Dreieckseiten oder aus den zu den Dreieckseiten parallelen, strichpunktiert markierten Geraden. ———

c) Alle Gemische, deren Zusammensetzung durch einen
Punkt dargestellt wird, welcher sich auf der Verbindungsgeraden
zwischen einer Ecke des Dreiecks (z. B. Ecke C, Abb. 3.11) und

einem Punkt P auf der gegenüberliegenden Seite AB befindet,
enthalten die Komponenten A und B in einem gleichen Verhältnis
ihrer Massen- bzw. Stoffmengenanteile. Entzieht man also z. B.
einem Dreistoffgemisch mit der Zusammensetzung des Punktes D
die Komponente C, so bewegt man sich auf der Linie CDP in der
Richtung nach P (Abb. 3.11). Die Längen der Senkrechten Px und

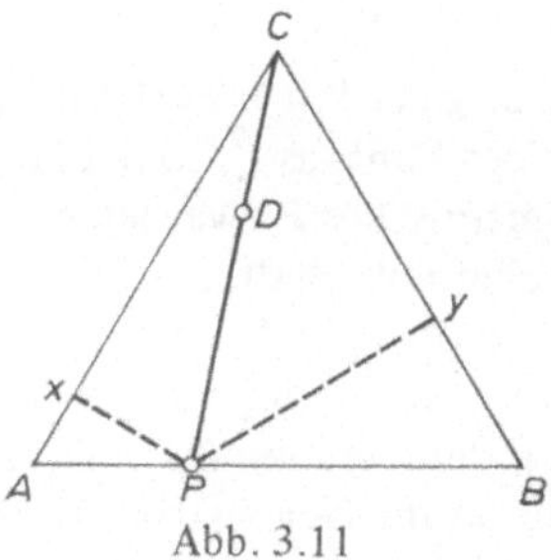

Abb. 3.11

Py vom Punkt P auf die Dreieckseiten AC und BC verhalten sich
wie die Abschnitte PA und PB.

d) Vereinigt man m_1 kg eines Gemisches mit der Zusammensetzung des Punktes P_1 mit m_2 kg eines Gemisches mit der
Zusammensetzung des Punktes P_2 (Abb. 3.12), so erhält man ein

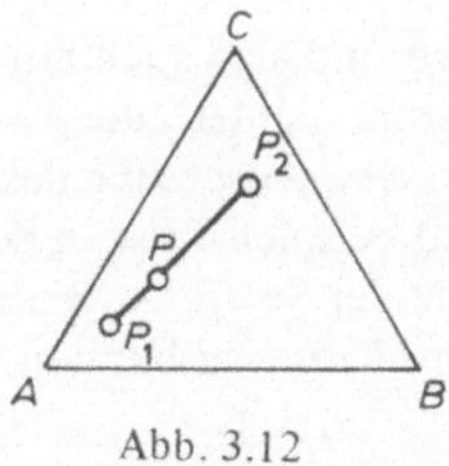

Abb. 3.12

Gemisch mit der Zusammensetzung des Punktes P, welcher auf
der Verbindungsgeraden $P_1 P_2$ liegt, wobei gilt $PP_1 : PP_2 = m_2 : m_1$.

e) Punkte außerhalb des Dreiecks stellen keine möglichen
Gemische dar; sie haben jedoch rechnerische Bedeutung als Hilfs-
punkte (Abb. 3.13). Entzieht man einem Gemisch der Masse m_D

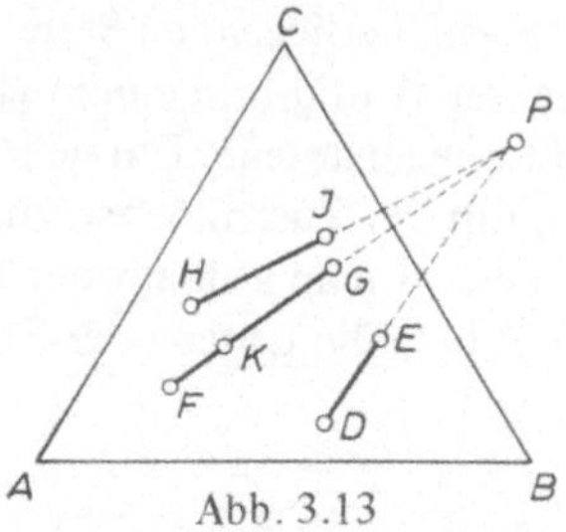

Abb. 3.13

und der Zusammensetzung des Punktes D eine Teilmenge m_E mit
der Zusammensetzung des Punktes E, so liegt die Zusammensetzung
des verbleibenden Restgemisches P zwar auch auf der Verbindungsgeraden von D und E, aber außerhalb der Strecke DE, meist sogar
außerhalb des Dreiecks, wobei gilt $PE{:}PD = m_D : m_E$. Für eine
Massenbilanz, bei der $m_D - m_E = m_F - m_G = m_H - m_J$ ist, schneiden
sich die Verlängerungen der Geraden DE, FG und HJ alle im Punkt P.
Solche Diagramme sind für die Gegenstrom-Extraktion von Flüssigkeiten bedeutungsvoll.

Will man nun irgendeine Größe, welche eine Funktion der
Zusammensetzung des Dreistoffgemisches ist (z. B. die Siedetemperatur, die Dichte oder die Zähigkeit), darstellen, so kann man dies
in der Weise tun, daß man über dem Grunddreieck ABC diese Größe
als Fläche im Raum aufbaut (s. Abb. 7.9, S. 226). Man kann aber
auch die „Höhenlinien" (Linien gleicher Siedetemperatur usw.) auf
dieser Fläche im Raum in das Grunddreieck ABC hinunterprojizieren
(s. Abb. 7.10, S. 227).

Dreieckskoordinaten sind also auch mit Vorteil überall anzu-
wenden, wenn es sich darum handelt, die Abhängigkeit einer physikalischen Größe von der Zusammensetzung des Dreistoffgemisches zu
veranschaulichen. So sind beispielsweise in der Netztafel Abb. 3.14
alle Punkte, die Gemische der Stoffe A, B und C mit gleicher Dichte ρ
darstellen, jeweils zu einer Kurve verbunden.

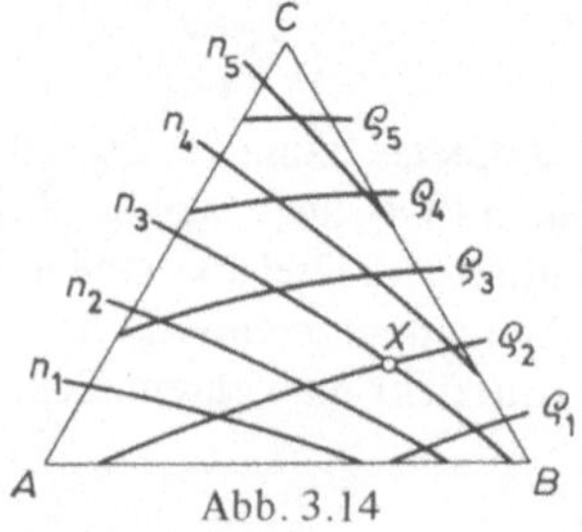

Abb. 3.14

Will man jedoch umgekehrt die Zusammensetzung eines Gemisches ermitteln, so genügt dazu eine einzige Größe nicht, denn es gibt viele Gemische verschiedener Zusammensetzung, die z. B. die gleiche Dichte ρ_2 besitzen. Erst durch die gleichzeitige Angabe einer zweiten physikalischen Größe ist es möglich, eine eindeutige Aussage über die Zusammensetzung zu machen, wie dies in der Abb. 3.14, die außer den Dichtelinien noch Linien mit gleicher Brechzahl n_1, n_2 usw. enthält, der Fall ist. In diesem Diagramm gibt es nur einen einzigen Punkt, der z. B. gleichzeitig der Dichte ρ_2 und der Brechzahl n_3 entspricht (Schnittpunkt X), womit die Zusammensetzung dieses Gemisches eindeutig festgelegt ist.

Ein weiteres Beispiel für die Anwendung der Dreieckskoordinaten gibt die Darstellung der Verhältnisse bei der Destillation von Dreistoffgemischen. In der Abb. 3.15 bedeuten für das ideale Dreistoffgemisch

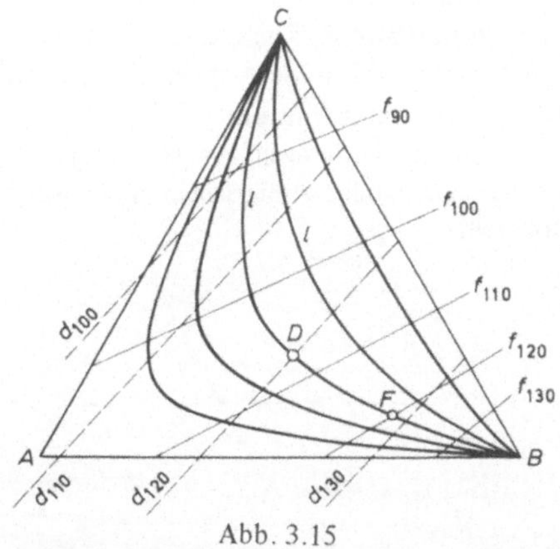

Abb. 3.15

der Stoffe A, B und C die Linien f die Flüssigkeitsisothermen für die verschiedenen Temperaturen, d die zugehörigen Dampfisothermen und l die Destillationslinien. Dem eingezeichneten Zustandspunkt F auf der Flüssigkeitsiostherme für 120 °C muß die Zusammensetzung des beim Sieden entstehenden Dampfes im Zustandspunkt D entsprechen, da beide auf der durch den Punkt F gehenden Destillationslinie liegen.

3.4.6 Graphische Papiere

Graphische Papiere enthalten in farbigem Druck horizontale und vertikale Linien, wodurch ein Liniennetz entsteht.

Millimeterpapier. Die Abstände der einzelnen Linien betragen
1 mm, wobei jede fünfte Linie durch etwas stärkeren, jede zehnte
durch fetten Druck hervorgehoben wird, wodurch Gebrauch und
Übersicht erleichtert werden.

An Stelle von Millimeterpapier sind auch Papiere im Handel,
bei denen die Netzlinien nicht ausgezogen sind, sondern die nur die
Schnittpunkte dieser Linien als Punktnetz tragen. Der Vorteil
besteht darin, daß keine Beirrung durch Linien eintritt und eine
genauere Interpolation möglich ist.

Einfach-Logarithmen-Papier (halblogarithmisches oder Expo-
nentialpapier). Die x-Achse (Abszisse) ist gleichmäßig geteilt wie
auf Millimeterpapier, während die y-Achse (Ordinate) logarithmisch
geteilt ist. Die Teilung kann bei Selbstanfertigung z. B. einem
Rechenschieber entnommen werden. Der Anfangspunkt hat die
Koordinaten $x = 0$ und $y = 1$.

Doppelt-Logarithmen-Papier (ganzlogarithmisches oder
Potenzpapier). Bei diesem sind beide Achsen logarithmisch geteilt.
Der Anfangspunkt hat die Koordinaten $x = 1$ und $y = 1$.

In der Abb. 3.16 sind die Gleichungen $y = ax + b$, $y = ba^x$ und
$y = b\,x^a$ auf Millimeterpapier, halblogarithmischem und logarithmischem
Papier graphisch dargestellt.

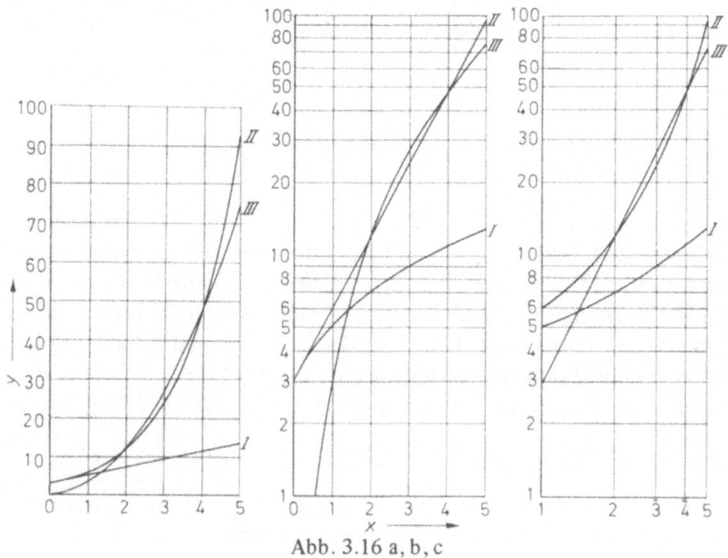

Abb. 3.16 a, b, c

Setzen wir z. B. für die Konstanten $a = 2$ und $b = 3$, dann erhalten wir durch Auflösung der Gleichungen nach steigendem x ($= 1, 2, 3, 4$ usw.) folgende Werte für y:

	$y = ax + b$ (I)	$y = b\,a^x$ (II)	$y = b\,x^a$ (III)
$x = 0$	$y = 3$	$y = 3$	$y = 0$
1	5	6	3
2	7	12	12
3	9	24	27
4	11	48	48
5	13	96	75

Durch Einzeichnen der zusammengehörigen Wertepaare in die oben genannten Papiere erkennen wir, daß die Gleichung II auf halblogarithmischem Papier und die Gleichung III auf ganzlogarithmischem Papier zur Geraden wird und auf ihm eine lineare (gleichmäßige) Abhängigkeit darstellt, wodurch die Möglichkeit einer einfachen und genauen Interpolation und Extrapolation entsteht (Abb. 3.16a bis c).

Logarithmenpapiere verwendet man nicht nur zur Darstellung logarithmischer Zusammenhänge, sondern auch dann, wenn Meßreihen dargestellt werden müssen, bei denen die Zahlenwerte über mehrere Zehnerpotenzen gehen, aber überall gleiche Genauigkeit aufweisen (s. z. B. Abb. 4.2, S. 185).

Benötigt man *Logarithmenteilungen ganz bestimmter Länge*, so hilft man sich in einer der nachstehend angegebenen Arten:

a) Mit Hilfe der Logarithmentafel. Man geht von einer arithmetischen ($=$ gleichförmigen) x-Skala aus und zeichnet beim Teilstrich 0,301 ($= \lg 2$) den Wert 2 als Doppelleiter ein, beim Teilstrich 0,477 den Wert 3 usw. Die gleichförmige Skala wird sodann weggelassen, da die Werte 0,301; 0,477 usw. nicht abgelesen werden müssen. Die gleichen Numeri haben gleiche Abstände voneinander (Zeicheneinheit einer logarithmischen Einheit), wodurch das Zeichnen der logarithmischen Skala erleichtert wird.

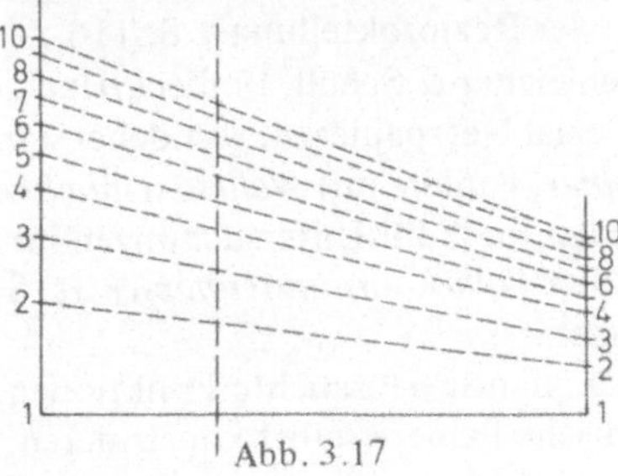

Abb. 3.17

b) Man überträgt auf ein Zeichenblatt 2 parallele Logarithmenskalen (vom Rechenschieber oder einem Logarithmenpapier). Nun verbindet man alle Teilungspunkte gleicher Bezifferung miteinander. Jede Parallele zu den beiden Logarithmenskalen wird von den Verbindungslinien logarithmisch geteilt (Abb. 3.17, Logarithmische Harfe).

c) Man zeichnet, wie aus der Abb. 3.18 ersichtlich, durch den Punkt 1 geneigte Strecken, deren Längen die gewünschten Ein-

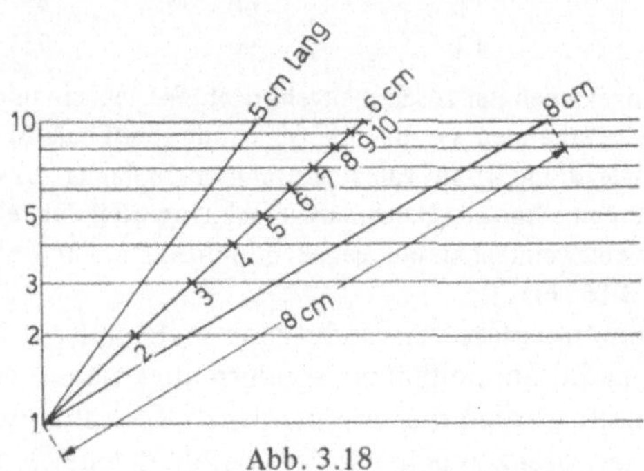

Abb. 3.18

heiten sind und deren Endpunkte auf der Waagrechten durch den Punkt 10 bestimmt sind. Die Waagrechten des Netzes schneiden diese Strecken in den logarithmischen Teilpunkten. Man kann dazu das käufliche Logarithmenpapier verwenden und auf diesem die geneigten Strecken gewünschter Länge einzeichnen.

In analoger Weise lassen sich auch andere Teilungen durch Projektion verkleinern oder vergrößern.

Beim *hyperbolisch-logarithmischen Netz* trägt die Abszisse eine reziproke Teilung, während die Ordinate logarithmisch geteilt ist. (Konstruktion der Reziprokteilung s. S. 116.)

Die Firma Schleicher & Schüll, Einbeck/Han., erzeugt noch eine Reihe von Spezial-Netzpapieren, von denen für den Chemiker das *Häufigkeitspapier*, Papiere mit *Wahrscheinlichkeitsnetz*, *Hartmanns Dispersionsnetz* für Untersuchungen im Spektrum, *Körnungsnetz*, ferner *Polarkoordinatenpapier* (s. S. 14) von Interesse sein können.

Für bestimmte, häufig gebrauchte Funktionen kann man sich nach Bedarf graphische Papiere selbst konstruieren, die z. B. eine zusätzliche Funktions-Skala enthalten, wodurch der Anwendungsbereich erweitert wird.

Dreieckskoordinatenpapier dient zur Darstellung von ternären Gemischen (s. S. 103).

Der folgende Abschnitt bringt unter *c*) eine Übersicht über die Achsenteilungen graphischer Papiere, durch welche verschiedene Funktionen zu geraden Linien werden.

3.4.7 Streckung von Kurven

a) Streckung einer empirischen Kurve. Die Streckung einer Kurve läßt sich durch Änderung einer Achsenteilung immer erreichen. Bei der in der Abb. 3.19 gestreckten Kurve ist die lineare

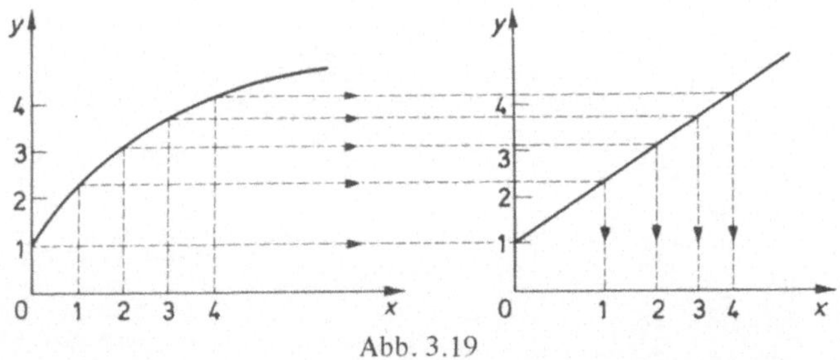

Abb. 3.19

Teilung der Ordinate beibehalten. Die x-Werte werden auf die Gerade herübergeholt und von dort senkrecht nach unten projiziert, wodurch die neue Teilung für x auf der Abszisse festgelegt wird.

b) Gleichzeitige Streckung zweier Kurven nach Lafay. Zwei Kurven lassen sich durch gleichzeitige Änderung beider Achsenteilungen strecken (Abb. 3.20). Das linear geteilte Netz (x, y) enthält oben rechts die beiden Kurven *I* und *II*. Das verzerrte Netz liegt links unten. Zwischen den Kurven *I* und *II* zeichnet man einen treppenförmigen Linienzug. Die dadurch festgelegten Punkte *a* bis *d* auf *I* werden senkrecht nach unten projiziert. Die entsprechenden Punkte *a'* bis *d'* haben also mit den Punkten *a* bis *d* die Abszisse x gemeinsam. Die Ordinaten ξ der Punkte *a'* bis *d'* werden so gewählt, daß sie eine arithmetische Reihe bilden. Man zieht also parallel zur x-Achse Linien durch die Punkte *a'* bis *d'* mit dem gleichen Abstand *m*. Die Punkte *a'* bis *d'* bilden die Verzerrungskurve *I'*.

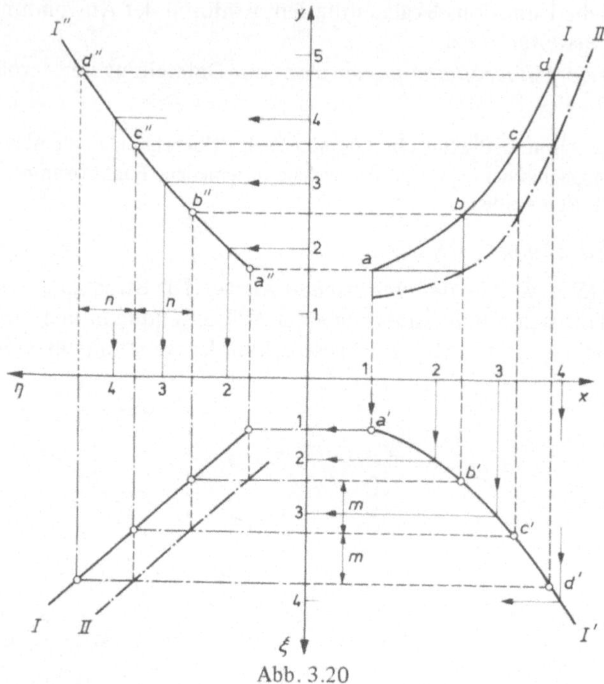

In gleicher Weise wird die Kurve I'' konstruiert durch waagrechtes
Projizieren der Punkte a bis d. Der gleiche Abstand auf η beträgt
hier n und wir erhalten die Punkte a'' bis d'', die zur Kurve I'' verbunden werden. Die Ordinate beträgt y wie bei den Punkten a bis d.
Nun zieht man die Senkrechten ausgehend von a'', b'' usw. und die
Waagrechten von a', b' usw. und findet die Gerade I. Durch Treppen-
zug erhält man die Gerade II. Die Teilung findet man durch Projektion der x- und y-Achse (Pfeile), z. B. die Abschnitte 1, 2, 3 und 4
auf der ξ-Achse und die Punkte 2, 3 und 4 auf der η-Achse.

*c) Achsenteilungen für die Streckung verschiedener Funktionen
zu einer Geraden.* Beim Vorliegen einer Gleichung $f(y) = a + b \cdot f(x)$
ist allgemein

$f(y)$ die Ordinatenteilung,

$f(x)$ die Abszissenteilung,

a der Ordinatenabschnitt und

$$b = \frac{f(y_2) - f(y_1)}{f(x_2) - f(x_1)} \quad \text{die Steigung.}$$

Für die verschiedenen Funktionen gilt also:

	Ordinate	Abszisse	Ordinaten-abschnitt	Steigung
$y = a + bx$	y	x	a	$b = \dfrac{y_2 - y_1}{x_2 - x_1}$
$y = b x^n$	$\lg y$	$\lg x$	$\lg b$	$n = \dfrac{\lg y_2 - \lg y_1}{\lg x_2 - \lg x_1}$
$y = a + b x^n$	y	x^n	a	$b = \dfrac{y_2 - y_1}{x_2^n - x_1^n}$
$y = a b^x$	$\lg y$	x	$\lg a$	$\lg b = \dfrac{\lg y_2 - \lg y_1}{x_2 - x_1}$
$y = a + b^x$	$\lg (y - a)$	x	0	$\lg b = \dfrac{\lg(y_2 - a) - \lg(y_1 - a)}{x_2 - x_1}$
$y = \dfrac{b}{x}$	$\lg y$	$\lg x$	$\lg b$	$-1 = \dfrac{\lg y_2 - \lg y_1}{\lg x_2 - \lg x_1}$
$y = \dfrac{b}{x^n}$	$\lg y$	$\lg x$	$\lg b$	$-n = \dfrac{\lg y_2 - \lg y_1}{\lg x_2 - \lg x_1}$
$y = a + \dfrac{b}{x^n}$	$\lg (y - a)$	$\lg x$	$\lg b$	$-n = \dfrac{\lg (y_2 - a) - \lg (y_1 - a)}{\lg x_2 - \lg x_1}$
	y	$\dfrac{1}{x^n}$	a	$b = \dfrac{y_2 - y_1}{\dfrac{1}{x_2^n} - \dfrac{1}{x_1^n}}$
$y = a x + b x^n$	$\lg\left(\dfrac{y}{x} - a\right)$	$\lg x$	$\lg b$	$n - 1 = \dfrac{\lg\left(\dfrac{y_2}{x_2} - a\right) - \lg\left(\dfrac{y_1}{x_1} - a\right)}{\lg x_2 - \lg x_1}$
	$\dfrac{y}{x}$	x^{n-1}	a	$b = \dfrac{\dfrac{y_2}{x_2} - \dfrac{y_1}{x_1}}{x_2^{n-1} - x_1^{n-1}}$
$y^m = a + b\,\dfrac{1}{x^n}$	y^m	$\dfrac{1}{x^n}$	a	$b = \dfrac{y_2^m - y_1^m}{\dfrac{1}{x_2^n} - \dfrac{1}{x_1^n}}$
$y = a\, e - \dfrac{b}{x}$	$\lg y$	$\dfrac{1}{x}$	$\lg a$	$-\dfrac{b}{2{,}303} = \dfrac{\lg y_2 - \lg y_1}{\dfrac{1}{x_2} - \dfrac{1}{x_1}}$
$y = a^{-\left(\frac{x}{b}\right)^n}$	$\lg\lg \dfrac{1}{y}$	$\lg \dfrac{x}{b}$	$\lg\lg a$	$-n = \dfrac{\lg\lg \dfrac{1}{y_2} - \lg\lg \dfrac{1}{y_1}}{\lg \dfrac{x_2}{b} - \lg \dfrac{x_1}{b}}$

Bemerkungen: Für die in den Steigungswerten enthaltenen Logarithmen gilt, daß nicht die aus der Zeichnung entnommenen Längen, sondern die an der Funktionsskala abgelesenen Werte der Numeri zu verwenden sind.

Anstatt $\lg y$ auf der linear geteilten Ordinate aufzutragen, kann y auf der logarithmisch geteilten Ordinate aufgetragen werden. Analoges gilt für die Abszisse. Diese Vereinfachung ist bei den logarithmischen Papieren verwirklicht.

In bestimmten Fällen wird es möglich sein, die Gleichung so umzuformen, daß eine der oben tabellierten Formen entsteht, z. B. durch Division geeigneter Potenzen von x.

So kann man beispielsweise $y = ax + bx^2$ umformen in $\dfrac{y}{x} = a + bx$. Dann ist $\dfrac{y}{x}$ auf der Ordinate und x auf der Abszisse aufzutragen.

Oder bei $y = ax^2 + bx^4$ wäre $\dfrac{y}{x^2}$ als Ordinate und x^2 als Abszisse aufzutragen.

Beispiel 3-17. Die Funktion $\lg p = k\,\dfrac{1}{T} + C$ ist als Gerade darzustellen. Man wählt

Ordinate: $y = \lg p$, Abszisse: $x = \dfrac{1}{T}$, Ordinatenabschnitt: C und Steigung: k. ——

3.5 Nomogramme

Die *Nomographie* befaßt sich mit der graphischen Darstellung von funktionalen Zusammenhängen zwischen verschiedenen veränderlichen Größen derart, daß zusammengehörige Werte bequem abzulesen sind. Sie bietet vor allem dort Vorteile, wo oft wiederkehrende Rechnungen durchzuführen sind, besonders wenn diese langwierig sind und keine allzu hohe Genauigkeit gefordert wird. Solche graphische Rechentafeln nennt man *Nomogramme*.

3.5.1 Netztafeln

Netztafeln sind eine geeignete Darstellungsform für die Beziehung zwischen drei Veränderlichen.

Über die Konstruktion und Auswertung von Netztafeln (Kurventafeln) s. S. 100 ff.

Kurventafeln können durch Streckung (s. S. 111) in Fluchtlinientafeln umgewandelt werden.

3.5.2 Funktionsleitern (Doppelleitern)

Die *Funktionsleitern (Doppelleitern)* sind eine besondere Art der graphischen Darstellung für Funktionen, die nur von einer unabhängigen Variablen abhängen. Eine Funktionsleiter läßt sich aus dem Kurvenbild der Funktion in einem kartesischen Koordinatensystem herleiten. Sie hat den Vorteil des geringeren Platzbedarfs, jedoch läßt das Kurvenbild anschaulicher den Zusammenhang erkennen.

Herleitung: Man projiziert die Teilung der Abszissenachse durch Parallelen zur Ordinatenachse auf die Kurve und von dieser durch Parallelen zur Abszissenachse auf die Ordinate, wodurch die Funktionsleiter als Doppelleiter erhalten wird (Abb. 3.21).

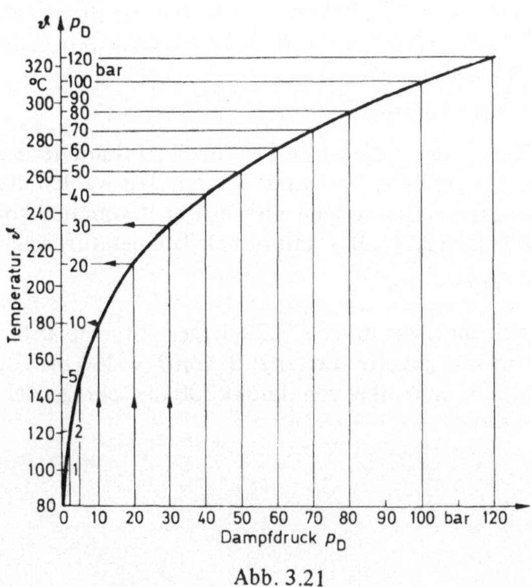

Abb. 3.21

Beispiel 3-18. Der Zusammenhang zwischen Dampfdruck p_D (Druck im Gleichgewicht der Phasen dampfförmig/flüssig) und Temperatur ϑ für Wasser soll als Doppelleiter dargestellt werden. Wir legen der Kurve folgende Wertepaare zugrunde:

| p_D | ϑ | p_D | ϑ | p_D | ϑ |
bar	°C	bar	°C	bar	°C
1,0133	100	19,077	210	59,496	275
1,9854	120	30,632	235	80,037	295
4,760	150	39,776	250	98,700	310
10,027	180	50,877	265	120,56	325

Als Abszisse wählen wir den Dampfdruck, als Ordinate die Temperatur und konstruieren die Doppelleiter durch zweimalige Parallelprojektion (Abb. 3.21). ⸺

Liegt die Funktion als Formel vor, so kann die Doppelleiter auch auf *rechnerischem Wege* ermittelt werden, indem man z. B. die x-Leiter festlegt und aus der Formel einige Werte von y berechnet, markiert und Zwischenwerte in dem erhaltenen Maßstab in die Leiter einzeichnet. (S. z. B. S. 109, Konstruktion der logarithmischen Skala.)

3.5.3 Projektive Leitern

Das Prinzip der projektiven Leiter soll an Hand der Reziprok-Teilung (Kehrwert-Leiter) erläutert werden. Wir wählen die reziproke Temperaturskala, welche ein häufiger Bestandteil von Diagramm-Netzen ist (z. B. Dampfdruck-Temperatur-Diagramme, S. 189 ff.): $f(T) = y = \dfrac{1}{T}$.

Man zeichnet, wie in Abb. 3.22 dargestellt, eine arithmetische (d. h. gleichmäßig geteilte) Leiter z. B. von $T = 200$ bis 500 K sowie in einem beliebigen Winkel vom Punkt 200 die schräge Kehrwert-

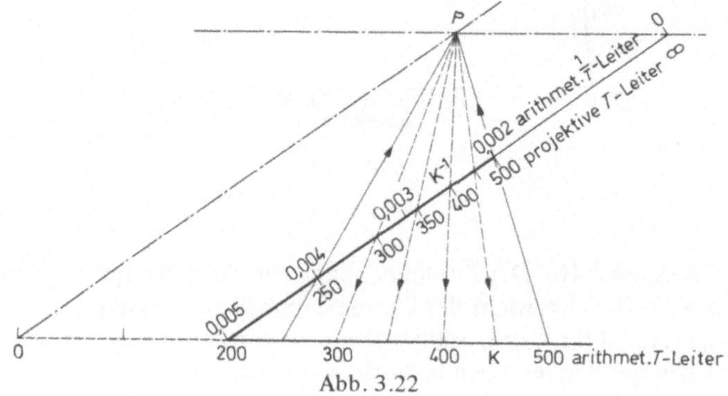

Abb. 3.22

Leiter der gewünschten Länge. Für $T = 200\ \mathrm{K}$ ist $\dfrac{1}{T} = 0{,}005\ \mathrm{K}^{-1}$.

Nun berechnet man 2 oder 3 Punktpaare, z. B. ist für $T = 250$:
$\dfrac{1}{T} = 0{,}004$, für $T = 500$: $\dfrac{1}{T} = 0{,}002$. Die schräge Leiter wird
vom angenommenen Anfangswert 0,005 bis zum vorher festgelegten
Endpunkt $0{,}002 \left(= \dfrac{1}{500} \right)$ ebenfalls gleichmäßig geteilt. Durch
Ziehen der Verbindungsgeraden der zusammengehörenden Punkte
und Verlängerung erhält man den Schnittpunkt P (Projektionspol).
Von diesem aus werden die Verbindungsgeraden zu den Skalen-
punkten der arithmetischen T-Skala gezeichnet, welche die schräge
Kehrwert-Leiter in den entsprechenden Punkten für $\dfrac{1}{T}$ schneiden.
Man beziffert natürlich nicht mit den Kehrwerten, sondern mit
den Werten für T (Projektive T-Leiter in der Abb. 3.22).

Um das Konstruktionsbild zu vervollständigen, verlängern wir die
arithmetische T-Leiter bis $T = 0$ und die Reziprok-Leiter bis $\dfrac{1}{T} = 0$. Für
$T = 0$ ist $f(T) = y = \infty$, womit eine Gerade resultiert, die parallel zur
Reziprok-Leiter verläuft und durch den Punkt P geht. Für $T = \infty$ ist
$f(T) = 0$, dargestellt durch eine Parallele zur arithmetischen T-Leiter.

Die Reziprokteilung $f(x) = \dfrac{1}{x}$ ist ein spezieller Fall der
projektiven Funktion $f(x) = y = \dfrac{ax + b}{cx + d}$, die nach dem gleichen
Prinzip konstruiert wird. Man zeichnet die arithmetische x-Leiter
und in beliebigem Winkel die projektive Leiter. Es ist dann nur
nötig, 2 oder besser 3 Punktpaare zu berechnen und diese zu verbinden, um den Projektionspol zeichnerisch zu finden.

Werden in der allgemeinen Formel $a = 0$, $b = 1$, $c = 1$ und
$d = 0$ gesetzt, so entsteht die Form $y = \dfrac{1}{x}$, also die Kehrwert-
Leiter.

3.5.4 Symmetrische Leitertafeln

Die Darstellung von Funktionen zweier oder auch mehrerer
unabhängiger Variabler mit Hilfe von *Leiter-* oder *Fluchtlinientafeln*,
die auch als *Nomogramme* bezeichnet werden, hat gegenüber den
Netztafeln den Vorteil, daß keine wesentlichen Interpolations-
schwierigkeiten auftreten.

Bei den *symmetrischen Leitertafeln* sind die Abstände p und q
der senkrechten Funktionsleitern gleich (Abb. 3.23); dann ist in dem

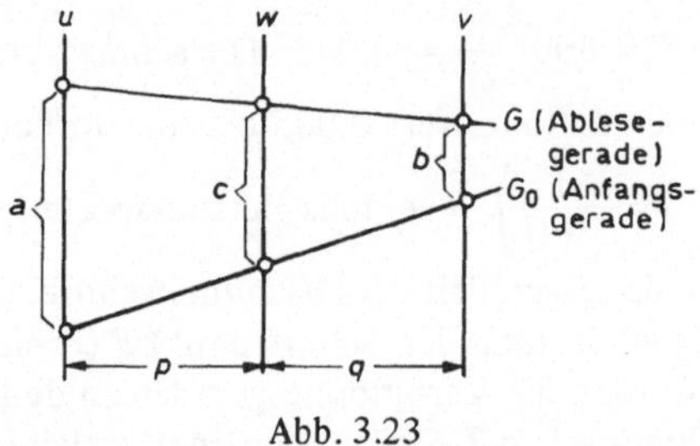

Abb. 3.23

gebildeten Trapez $2\,c = a + b$ (die Mittellinie c ist das arithmetische
Mittel aus den beiden Parallelseiten a und b). Diese Gleichung nennt
man die *Schlüsselgleichung*.

Allgemein schreiben wir eine solche Additionsgleichung $w = u +$
Wir multiplizieren diese Gleichung mit der Zeicheneinheit l und erhalte
$lw = lu + lv$; schreiben wir darunter die Schlüsselgleichung $2\,c = a +$
und passen wir die Gleichungen einander an, indem wir $a = lu$, $b = lv$
und $c = \dfrac{1}{2}\,lw$ setzen, so ergeben sich für die einzelnen Funktionsleite
die Zeicheneinheiten $l_\mathrm{u} = l$, $l_v = l$, $l_\mathrm{w} = \dfrac{1}{2}\,l$, d. h. die Zeicheneinheiten der beiden Außenleitern sind einander gleich, die der Innen-
leiter ist halb so groß.

Beispiel 3-19. Zu konstruieren ist eine symmetrische Leitertafel
für die Addition.

Wir wählen als Zeicheneinheit für die Außenleitern 1 cm pro
Einheit, folglich ist diejenige der Innenleiter 0,5 cm. Der Abstand
$p = q$ kann beliebig gewählt werden und richtet sich nach der geforderten Ablesegenauigkeit. Nun setzen wir den Bereich, für welchen
die Leitertafel verwendet werden soll, fest, z. B. u von 0 bis $+ 5$ und
v von -2 bis $+ 3$ (dann bewegt sich w in den Grenzen -2 bis $+ 8$).

Die Anfangspunkte der 3 Funktionsleitern $u = 0$, $v = 0$ und
$w = 0$, müssen auf der Anfangsgeraden G_0 liegen, deren Lage gleichgültig ist. (Ihre Lage kann man oft ausnutzen, um der Leitertafel
eine geeignete Form zu geben.) Durch die Verbindung der beiden
Anfangspunkte von u und v ist die Lage der w-Leiter festgelegt,
denn die Verbindungsgerade muß durch den Anfangspunkt der

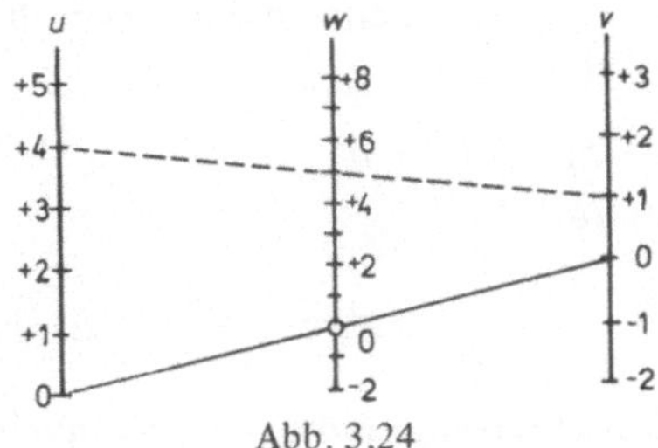

Abb. 3.24

w-Leiter gehen. Nun wird die vorher bestimmte Zeicheneinheit auf der w-Leiter aufgetragen (Abb. 3.24). Das gestrichelt eingezeichnete Beispiel 4 + 1 ergibt nun den Wert 5 auf der w-Leiter. ———

Alle Gleichungen, die auf diese einfache Schlüsselgleichung $a + b = 2c$ zurückgeführt werden können, sind auf diese Weise lösbar. Hierher gehören z. B. die Multiplikationen $uv = w$. Durch Logarithmieren erhalten wir $\lg u + \lg v = \lg w$ und haben wiederum eine Addition vor uns. Die einzelnen Funktionsleitern sind in diesem Fall logarithmisch geteilt. Bei der logarithmischen Leiter umfaßt die Zeicheneinheit den Abstand der Zahlen 1 bis 10. Ein weiteres Beispiel ist die Gleichung $w = \sqrt{u^2 + v^2}$. Durch Quadrieren der Gleichung wird $w^2 = u^2 + v^2$ erhalten, also ebenfalls eine Addition. Die Funktionsleitern sind dann naturgemäß Potenzleitern.

3.5.5 Unsymmetrische Leitertafeln

Wir zeichnen die Gerade G_0' (parallel zur Geraden G_0 durch den Schnittpunkt von G mit der Mittelleiter) und erhalten die beiden schraffierten Dreiecke, so daß die Beziehung besteht

$$\frac{a-c}{p} = \frac{c-b}{q}$$ (Abb. 3.25). Durch Umformung ergibt sich daraus

$aq + bp = c(p + q)$. (Setzt man $p = q$ und dividiert durch q, dann kommt man auf die unter 3.5.4 genannte Schlüsselgleichung für

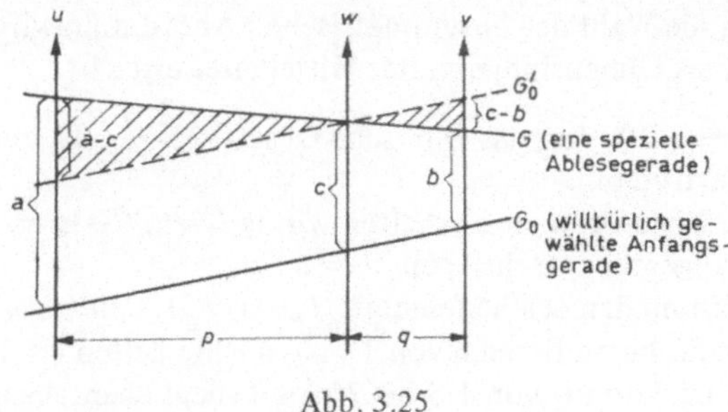

Abb. 3.25

den symmetrischen Fall.) Nun nehmen wir wieder die Angleichung an die Additionsgleichung vor:

$$aq + bp = c(p + q)$$
$$lu + lv = lw$$

und setzen $a = \dfrac{lu}{q}$, $b = \dfrac{lv}{p}$ und $c = \dfrac{lw}{p + q}$; daraus ergeben sich

für die einzelnen Funktionsleitern die Zeicheneinheiten $l_\mathrm{u} = \dfrac{l}{q}$ (I),

$l_\mathrm{v} = \dfrac{l}{p}$ (II) und $l_\mathrm{w} = \dfrac{l}{p + q}$ (III). Zwischen diesen Zeichenein-

heiten bestehen folgende Beziehungen: $l_\mathrm{u} q = l_\mathrm{v} p$ oder $l_\mathrm{u} = l_\mathrm{v} \dfrac{p}{q}$

und $l_\mathrm{v} = l_\mathrm{u} \dfrac{q}{p}$, d. h., die Zeicheneinheiten der beiden Außenleitern

u und v verhalten sich wie die zugehörigen Abstände p und q von der Mittelleiter. Durch Einsetzen von l aus (I) bzw. (II) in (III) erhalten wir:

$$l_\mathrm{w} = \frac{l_\mathrm{u} q}{p + q} = \frac{l_\mathrm{v} p}{p + q} ; \quad l_\mathrm{w} = \frac{l_\mathrm{u}}{\dfrac{p}{q} + 1} = \frac{l_\mathrm{v} \dfrac{p}{q}}{\dfrac{p}{q} + 1} . \quad \text{Da } \frac{p}{q} = \frac{l_\mathrm{u}}{l_\mathrm{v}} \text{ ist,}$$

folgt $l_\mathrm{w} = \dfrac{l_\mathrm{u}}{\dfrac{l_\mathrm{u}}{l_\mathrm{v}} + 1} = \dfrac{l_\mathrm{v} \dfrac{l_\mathrm{u}}{l_\mathrm{v}}}{\dfrac{l_\mathrm{u}}{l_\mathrm{v}} + 1} = \dfrac{l_\mathrm{v} l_\mathrm{u}}{l_\mathrm{u} + l_\mathrm{v}}$, woraus ersichtlich ist,

daß es nicht auf die absoluten Werte von p und q, sondern nur auf

das Verhältnis $\dfrac{p}{q}$ ankommt.

Durch die Wahl der unsymmetrischen Anordnung wird häufig ein günstigeres Dimensionieren der Mittelleiter erreicht.

Beispiel 3-20. Für das Ohmsche Gesetz $I = \dfrac{U}{R}$ ist eine Leitertafel zu konstruieren.

Durch Logarithmieren erhalten wir $\lg I = \lg U - \lg R$, das entspricht allgemein geschrieben $w = u - v$.

Einführung der Zeicheneinheit: $l_\mathrm{w} w = l_\mathrm{u} u - l_\mathrm{v} v$.

Soll R für einen Bereich von 1 bis 10 Ohm gelten (= 1 logarithmische Einheit) und U von 1,5 bis 20 Volt (liegt ebenfalls innerhalb

einer logarithmischen Einheit), so können wir $l_u = l_v$ wählen
(wodurch die Leitertafel wieder symmetrisch wird). Dann ist

$$l_w = \frac{l_u l_v}{l_u + l_v} = \frac{l_u}{2} \ .$$ Wenn wir $l_u = l_v = 250$ mm in logarithmischer

Teilung wählen, dann ist $l_w = 125$ mm in logarithmischer Teilung
(die Längen dieser beiden logarithmischen Einheiten können einem
normalen Rechenschieber entnommen werden).

Die Leitern u und v zeichnen wir parallel zueinander und wegen
des Minuszeichens mit in entgegengesetztem Sinn wachsender Bezifferung. Der Abstand der Leitern und die Lage ihrer Anfangspunkte

ist beliebig. Da das Verhältnis der Abstände $\dfrac{p}{q} = \dfrac{l_u}{l_v} = \dfrac{250}{250} = 1$,

so ist die w-Leiter mit halb so großem Maßstab (l_w) an die Gerade
zu legen, die genau in der Mitte der beiden Leitern parallel zu ihnen
verläuft. Die Leiter ist gleichsinnig mit der u-Leiter. Der Anfangspunkt wird mit Hilfe eines Beispiels bestimmt, etwa $U = 15$ V
und $R = 1\ \Omega$, dann ist $I = 15$ A. Diese 3 Punkte müssen auf einer
Geraden liegen. ———

Graphisches Verfahren zur Herstellung einer Leitertafel
(Fluchtlinientafel) mit 3 geraden Leitern.

Das Verfahren soll an Hand der Gleichung $m = V\rho$ (Masse =
Volumen · Dichte) gezeigt werden (Abb. 3.26). Da es sich um eine

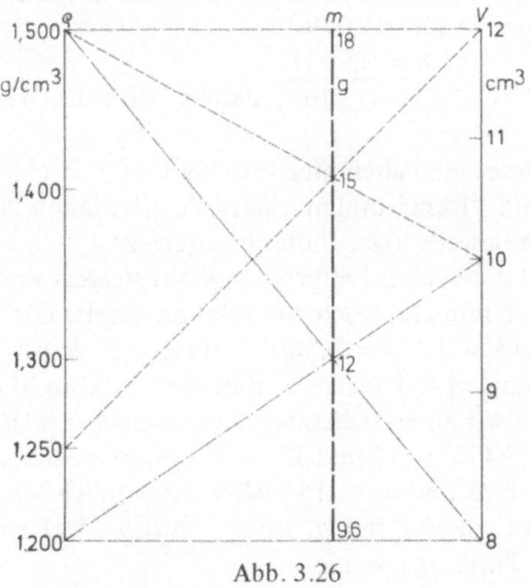

Abb. 3.26

Multiplikation handelt, ist es vorteilhaft, die Leitern logarithmisch
zu teilen. Die ρ-Leiter sei für Werte von 1,500 bis 1,200 g/cm^3,
die V-Leiter für 12 bis 8 cm^3 zu zeichnen. Die Gesamtlänge jeder
Leiter betrage 200 mm.

Die logarithmische ρ-Leiter muß also von (lg 1,500 =) 0,1761
bis (lg 1,200 =) 0,0792 reichen. Die Konstruktion der Teilung
kann entweder so vorgenommen werden, daß man die entsprechende
Logarithmenteilung nach S. 109 f. (Abb. 3.17 und 3.18) zeichnerisch
ermittelt oder rechnerisch auf folgende Weise:

$$
\begin{aligned}
\text{lg } 1{,}500 &\ldots\ldots\ 0{,}1761 \\
- \text{lg } 1{,}200 &\ldots\ldots\ \underline{0{,}0792} \\
&= 0{,}0969, \quad \text{aufzutragen auf 200 mm Skalenlänge};
\end{aligned}
$$

daher ist die Zeicheneinheit für 0,0001 ... 200 : 0,0969 = x : 0,0001,
daraus $x = 0,206$.

Für den Punkt 1,300 ist dann

$$
\begin{aligned}
\text{lg } 1{,}300 &= 0{,}1139 \\
- \text{lg } 1{,}200 &= \underline{0{,}0792} \\
&= 347 \cdot 0{,}0001;
\end{aligned}
$$

durch Multiplikation 347 · 0,206 erhalten wir 71,5 mm, welche von
0 mm aus (oder $\rho = 1,200$) gemessen werden; dieser Punkt wird
markiert. Ebenso werden weitere Zwischenwerte festgelegt und man
erhält so die Teilung der ρ-Skala.

In gleicher Weise verfährt man mit der parallel zur ρ-Leiter
gezeichneten, gleich langen V-Leiter, bei der die Zeicheneinheit
ermittelt wird zu

$$
\begin{aligned}
\text{lg } 12 &= 1{,}0792 \\
- \text{lg } 8 &= \underline{0{,}9031} \\
&= 0{,}1761, \quad \text{daraus } 200 : 0{,}1761 = x : 0{,}0001;
\end{aligned}
$$

$x = 0,114$.

Nun errechnet man auch hier verschiedene Zwischenwerte, z. B.
für $V = 9$, 10 und 11 cm^3 und markiert die erhaltenen Punkte. Die
Leiter wird dann jeweils logarithmisch unterteilt.

Damit sind die beiden Leiterteilungen festgelegt und die Lage
der m-Leiter wird nun graphisch wie folgt ermittelt: Die Verbindung
der Grenzwerte ($V = 12$, $\rho = 1,500$) und ($V = 8$, $\rho = 1,200$) führt
nach der Gleichung $m = V\rho$ zu den Endwerten der m-Skala 18 und
9,6. Nun wählen wir einen beliebigen Zwischenwert, z. B. $m_1 = 15$
und 2 Werte für V ($V_1 = 12$ und $V_2 = 10$) und berechnen ρ, also
$\rho_1 = 15 : 12 = 1,25$ und $\rho_2 = 15 : 10 = 1,50$; nach Markierung der
Punkte verbindet man V_1 mit ρ_1 und V_2 mit ρ_2. Der Schnittpunkt
ist der gesuchte Punkt $m_1 = 15$.

Dasselbe wiederholt man für den zweiten Punkt, z. B. $m_2 = 12$ und wählt $V_3 = 10$ und $V_4 = 8$. Damit ergeben sich $\rho_3 = 12 : 10 = 1,20$ und $\rho_4 = 12 : 8 = 1,50$. Der Schnittpunkt der beiden Verbindungslinien von V_3 mit ρ_3 und V_4 mit ρ_4 gibt den Punkt $m_2 = 12$.

Die Gerade durch m_1 und m_2 bildet die m-Skala, von der bereits die Endwerte bekannt sind. Die logarithmische Teilung wird in analoger Weise wie oben ermittelt.

3.5.6 Leitertafeln mit schräger Mittelleiter

Die Anfangspunkte der parallelen u- und v-Leitern seien A und B. A sei gleichzeitig der Anfangspunkt für die w-Leiter und die unveränderliche Strecke $AB = a$ (Abb. 3.27). Die Pfeile zeigen die positiven

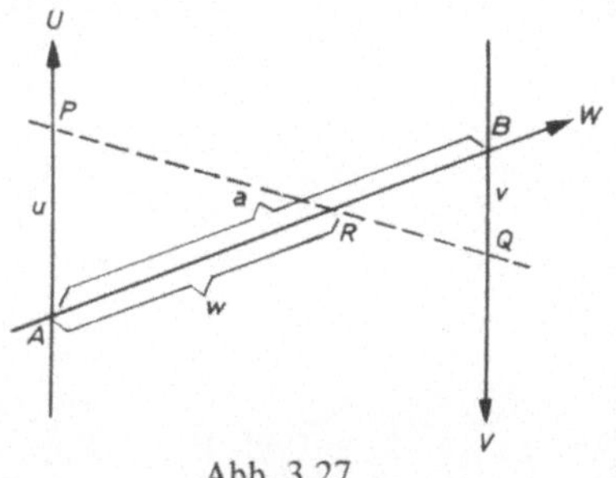

Abb. 3.27

Richtungen an. Die 3 Punkte P, Q und R liegen nur dann auf einer Geraden, wenn $AP : BQ = AR : PB$ oder $u : v = w : (a-w)$. Die u- und v-Leitern sind parallel und entgegengesetzt gerichtet in beliebigem Maßstab auf Millimeterpapier zu zeichnen. Die w-Leiter ergibt sich durch Konstruktion. (Auf die mathematische Ableitung dieser projektiven Skala soll hier nicht näher eingegangen werden.)

Beispiel 3-21. Die Formel zur Berechnung der Korrektur der Ablesung eines Quecksilberbarometers mit Messingmaßstab lautet $\epsilon = \vartheta \cdot 0,00016\,p$. Darin sind ϵ die abzuziehende Korrektur in mbar, p der abgelesene Barometerstand in mbar und ϑ die Temperatur in °C.

Die Größe p erscheint auf der u-Leiter, ϵ auf der v-Leiter und ϑ auf der w-Leiter. Die Skalen u und v sind in unserem Fall regulär, w ist projektiv. Wir bringen also die Größen p und ϵ auf den beiden parallelen Leitern unter, deren Abstand nach Bedarf gewählt werden kann.

Die Leiter ϑ findet man wie folgt: Da der Träger dieser Leiter eine gerade Linie ist, genügt es, 2 Punkte festzulegen. Als einer davon kann der Punkt $\epsilon = 0$ der ϵ-Leiter dienen. Da nach der Gleichung $\epsilon = \vartheta \cdot 0{,}00016\, p$ bei $\vartheta = 0$ für beliebige p-Werte $\epsilon = 0$ wird, ist der Punkt $\epsilon = 0$ der ϵ-Leiter zugleich ein Punkt der ϑ-Leiter. Als zweiter Bestimmungspunkt soll z. B. der Schnittpunkt der Verbindungsgeraden $p = 500$, $\epsilon = 4$ mit der Geraden $p = 625$, $\epsilon = 5$ dienen, denn beide Geraden geben nach der Formel den gleichen

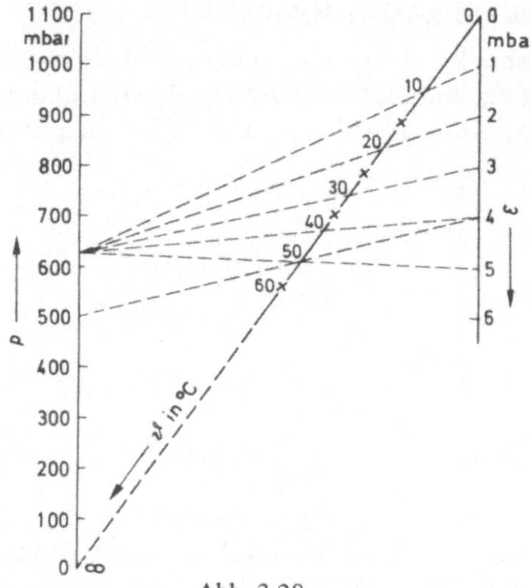

Abb. 3.28

Wert $\vartheta = 50$ der ϑ-Leiter.

Nun wird der Maßstab für die projektive Teilung ermittelt.

Für $p = \dfrac{10\,000}{16} = 625$ geht die Formel über in $\vartheta = 10\,\epsilon$.

Projiziert man also die ϵ-Leiter vom Punkt $p = 625$ der p-Leiter aus auf den aufgefundenen Träger, so erhält man die Punkte der ϑ-Leiter, die mit den zehnfachen Zahlen der entsprechenden Punkte der ϵ-Leiter zu beziffern sind (Abb. 3.28). ——

3.5.7 Zusammengesetzte Nomogramme

Gleichungen mit mehr als 3 Veränderlichen löst man mit Hilfe zusammengesetzter Tafeln. So kann beispielsweise das Nomogramm für eine Gleichung mit 4 Veränderlichen aus 2 Netz- bzw.

2 Fluchtlinientafeln oder einer Netz- und einer Fluchtlinientafel mit je 3 Veränderlichen zusammengesetzt werden. Die Abb. 3.29 und 3.30 zeigen solche zusammengesetzte Nomogramme für die Berechnung von längenbezogenen Rohrmassen auf Grund der Formel $m_L = 0{,}001\,\pi\,(D_i s + s^2)\rho$. Darin bedeuten m_L die längenbezogene Masse des Rohres in kg/m, D_i die lichte Weite in mm, s die Wandstärke in mm und ρ die Dichte des Werkstoffes in g/cm^3.

Nach der Umformung in $\dfrac{1000\,m_L}{\pi\,\rho} = D_i s + s^2$ stehen auf

jeder Seite nur 2 Veränderliche, so daß wir durch Einführung einer Hilfsveränderlichen in 2 Gleichungen mit je 3 Veränderlichen zerlegen können: $\varphi = \dfrac{1000\,m_L}{\pi\,\rho}$ und $\varphi = D_i s + s^2$. Für jede

Gleichung wird ein Nomogramm gezeichnet, wobei φ in jeder der beiden Tafeln durch dieselbe Linienschar (Abb. 3.29) oder durch

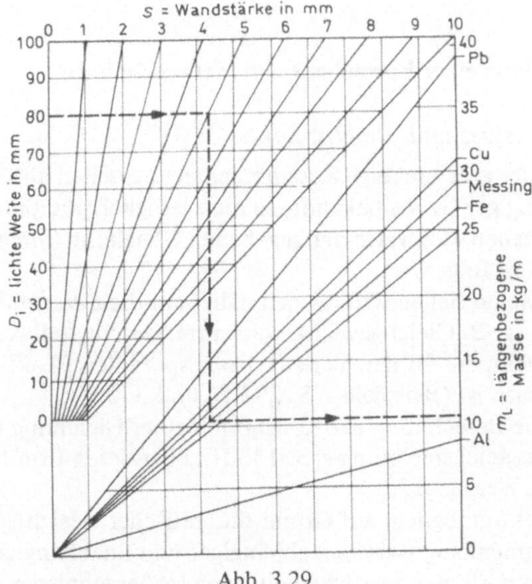

Abb. 3.29

die gemeinsame Zapfenlinie (Abb. 3.30) dargestellt wird. Das in beide Nomogramme eingezeichnete Beispiel lautet: 1 m Eisenrohr von 80 mm lichter Weite und 5 mm Wandstärke hat eine Masse von 10,5 kg.

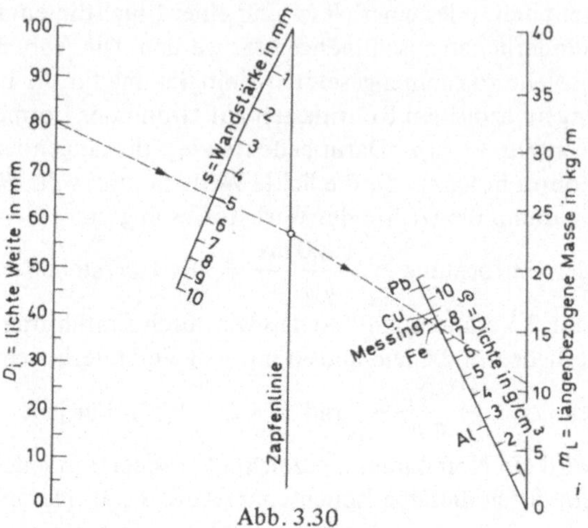

Abb. 3.30

3.6 Aufstellung einer Formel aus den Meßergebnissen

3.6.1 Allgemeines und Anhaltspunkte

a) Ist der gesetzmäßige Zusammenhang zwischen abhängiger
und unabhängiger Größe bekannt, so muß lediglich überprüft werden,
ob die erhaltenen Meßwerte der gegebenen Gleichung (innerhalb der
Fehlergrenzen) folgen.

b) In vielen Fällen wird es sich dabei um die *Berechnung einer
Konstanten*, z. B. Gleichgewichtskonstante, Geschwindigkeitskonstante, handeln, die für den Verlauf dieser speziellen Reaktion
charakteristisch ist (Beispiele s. S. 292 ff. und 372 ff).

Über die Berechnung der Konstanten einer Gleichung mit
Hilfe der Ausgleichsrechnung s. S. 133 ff., über deren Ermittlung auf
graphischem Wege S. 128.

c) Ist es unmöglich, auf Grund theoretischer Gesichtspunkte
einen Zusammenhang zwischen abhängiger und unabhängiger Größe
zu finden, so muß man versuchen, aus den Meßergebnissen eine
empirische Formel aufzustellen. Allgemeine Regeln hierfür lassen
sich nicht geben; es spielen Erfahrung und Übung eine große Rolle.

Oft gibt die *graphische Darstellung* der Meßergebnisse wichtige
Anhaltspunkte. Dabei ist leicht festzustellen, ob sich die aufgetragenen

und verbundenen Punkte der Meßwerte innerhalb des Fehlerbereiches
einer bekannten Kurve eng anschmiegen. Handelt es sich um eine
Gerade, so gilt die Gleichung $y = a + bx$ (s. Beispiel 3-23, S. 128),
für eine Parabel $y = a + bx + cx^2$ (s. Beispiel 3-25, S. 131). Geraden
Linien auf Logarithmenpapier liegen die Gleichungen $y = ba^x$, bzw.
$y = bx^a$ zugrunde (s. S. 108 und Beispiel 3-24, S. 130).

Man versuche, durch Umformung zu der Gleichung einer Geraden
zu kommen (Zusammenstellung der Formeln s. S. 113).

d) Häufig geben die für eine Reihe von Wertepaaren angenähert

berechneten Werte von $\dfrac{\mathrm{d}y}{\mathrm{d}x}$ brauchbare Anhaltspunkte.

Ist $\dfrac{\mathrm{d}y}{\mathrm{d}x}$ proportional　　　kann der Zusammenhang zwischen
x und y ausgedrückt werden durch

$$y \dots\dots\dots\dots\dots\dots\dots\quad y = b\,\mathrm{e}^{ax}$$

$$\frac{y}{x} \dots\dots\dots\dots\dots\dots\dots\quad y = bx^a$$

$$x \dots\dots\dots\dots\dots\dots\dots\quad y = a + bx^2$$

Näherungsformel zur Berechnung von $\dfrac{\mathrm{d}y}{\mathrm{d}x}$ aus den Beobach-
tungsergebnissen.

Man bilde Differenzen nach folgendem Schema:

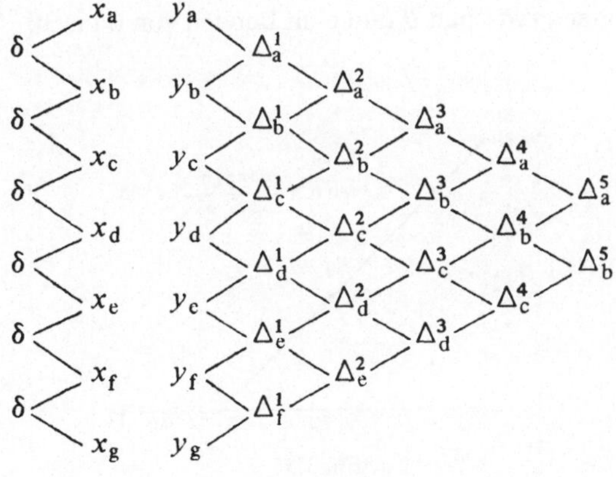

Dann ist z. B. $\left(\dfrac{dy}{dx}\right)_{x=x_d} =$

$$= \frac{1}{\delta}\left(\frac{\Delta_c^1 + \Delta_d^1}{2} - \frac{1^2}{3!}\cdot\frac{\Delta_b^3 + \Delta_c^3}{2} + \frac{1^2\cdot 2^2}{5!}\cdot\frac{\Delta_a^5 + \Delta_b^5}{2} + \ldots\right)$$

Beispiel 3-22. Horstmann bestimmte den Dissoziationsdruck p von Ammoniumsilberchlorid bei $\vartheta = 8\ °C$ zu $p = 576$ mbar, bei $12\ °C$ zu 693 mbar und bei $16\ °C$ zu 870 mbar. Zu berechnen ist $\left(\dfrac{dp}{d\vartheta}\right)_{\vartheta = 12°}$.

$$\left(\frac{dp}{d\vartheta}\right)_{\vartheta = 12°} = \frac{1}{4}\left(\frac{117 + 177}{2}\right) = 36,8\ \text{mbar/K.}\ \text{———}$$

e) Zeigt y in seiner Abhängigkeit von x periodische Eigenschaften, so können trigonometrische Reihen herangezogen werden.

3.6.2 Bestimmung der Konstanten einer Gleichung auf graphischem Wege

a) *Gerade Linie auf Millimeterpapier.* Schmiegen sich die aufgetragenen Meßwerte eng an eine Gerade an, so gilt für den Zusammenhang die Gleichung $y = a + bx$. Man bestimmt den Schnittpunkt der Geraden mit der y-Achse sowie den $\tan\alpha$ (s. S. 16).

Beispiel 3-23. Das Potential ϵ der Elektrode Cd/0,5-M CdSO$_4$/ /Cd-amalgam wurde bei verschiedenen Temperaturen ϑ gemessen zu: $0\ °C\ 55,38$ mV, $10\ °C\ 53,59$ mV, $20\ °C\ 51,48$ mV und $30\ °C\ 49,50$ mV. Aufzustellen ist die Gleichung, welche für den Zusammenhang zwischen ϑ und ϵ im Bereich von 0 bis 30 °C gilt.

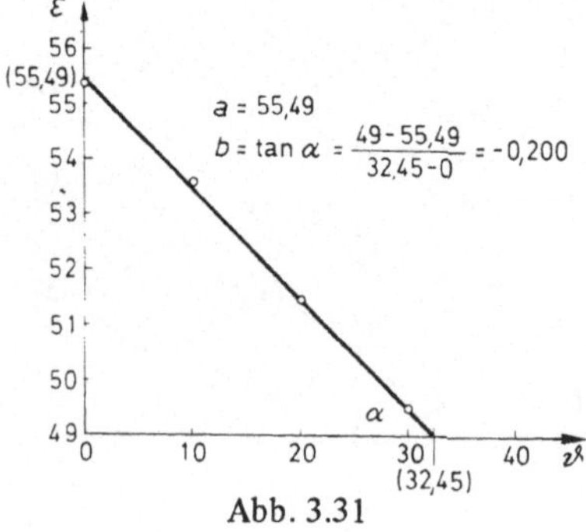

Abb. 3.31

Die Durchführung ist der Abb. 3.31 zu entnehmen.

Die erhaltene Gleichung lautet: $\epsilon = 55{,}49 - 0{,}200\,\vartheta$.

Die mit ihr berechneten Werte sind: für 0 °C 55,49, 10 °C 53,49, 20 °C 51,49 und 30 °C 49,49 mV. ——

b) *Gerade auf halblogarithmischem Papier* (Abb. 3.32). Wird die Potenzgleichung $y = ba^x$ logarithmiert, so erhalten wir

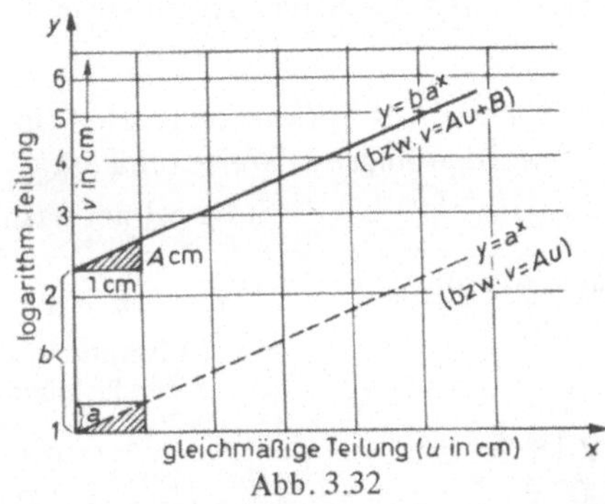

Abb. 3.32

$$\lg y = \lg b + x \lg a.$$

Führen wir für $\lg y = v$, $\lg b = B$, $x = u$ und $\lg a = A$ ein, dann erhält die Gleichung folgendes Aussehen: $v = B + uA$, d. h. die Gleichung einer Geraden. Aus dem schraffierten Steigungsdreieck ergibt sich für $u = 1$ cm: $v - B = A$ cm. Da $A = \lg a$, so ist a die gleiche Strecke auf der logarithmischen Teilung; ebenso $B = \lg b$ und b die gleiche Strecke auf der logarithmischen Teilung.

c) *Gerade auf ganzlogarithmischem Papier* (Abb. 3.33). Für

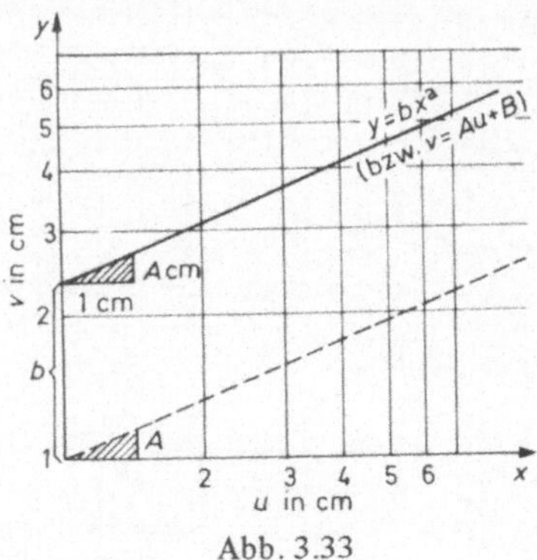

Abb. 3.33

$y = bx^a$ ist $\lg y = \lg b + a \lg x$. Wir setzen für $\lg y = v$, $\lg b = B$, $a = A$ und $\lg x = u$, dann ist $v = Au + B$. Aus $u = 1$ cm folgt $v - l$ cm und nach obigem $a = A$ durch einfache Abmessung in cm.

Sind also die Versuchswerte gegeben und man vermutet ein Exponential- oder Potenzgesetz, so trägt man die Werte in Logarithmenpapier ein, legt eine Ausgleichsgerade, die sich möglichst gut anschmiegt, und bestimmt auf zeichnerischem Wege die Konstanten a und b.

Beispiel 3-24. Für die Adsorption von Aceton (in Wasser gelöst) an Kohle bei 18 °C wurden folgende Werte erhalten:

c	a	a berechnet nach der Formel
mol/l	$\dfrac{\text{mmol ads. Aceton}}{\text{g Kohle}}$	$a = \alpha\, c^{\frac{1}{n}}$ (Adsorptionsisotherme nach Freundlich und Boedeker)
0,0147	0,618	0,614
0,041	1,075	1,037
0,089	1,50	1,54
0,178	2,08	2,19
0,270	2,88	2,71

Zu bestimmen sind die Konstanten α und n, wenn die Adsorption der Formel $a = \alpha\, c^{\frac{1}{n}}$ folgt. Die Durchführung der Aufgabe ist der Abb. 3.34 zu entnehmen.

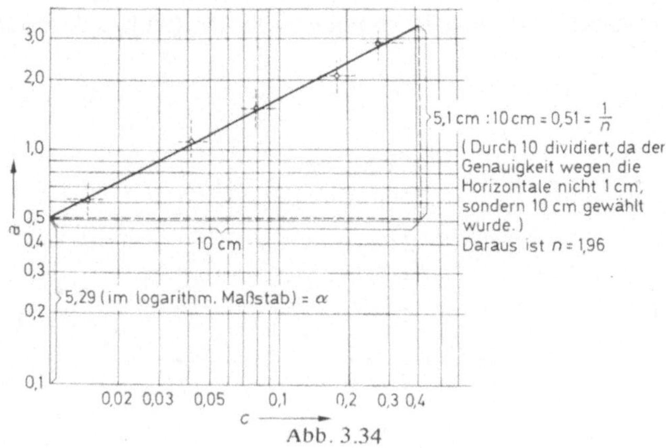

Abb. 3.34

Die gefundene Gleichung lautet: $a = 5{,}29\, c^{\frac{1}{1{,}96}}$.

Berechnen wir die Werte nach dieser Formel, so ergeben sich die in obiger Tabelle unter „a berechnet" angegebenen Werte, die eine gute Übereinstimmung mit dem Experiment zeigen. ——

d) Parabel auf Millimeterpapier. Die Meßwerte ergaben in der graphischen Darstellung einen Parabelast. Man zeichnet auf Koordinatenpapier eine Schar von Parabeln nach der Parabelgleichung $y = \gamma x^2$ (s. S. 17 f., $a = \gamma$) mit verschiedenen Werten von γ (z. B. 1, 0,5, 0,2, 0,1). Aus den Meßwerten wird eine Kurve auf Transparentpapier gezeichnet. Nun legt man dieses so auf die Parabelschar, daß die beiden Koordinatensysteme vollkommen parallel sind und verschiebt das Transparentpapier so lange parallel zu sich selbst (ohne Drehung!), bis sich die Kurve mit einer der Parabeln möglichst gut deckt. (Gegebenenfalls muß im fraglichen Bereich eine weitere Reihe von Parabeln eingezeichnet werden.) Endlich wird auf dem Transparentpapier die Lage des zugehörigen Parabelscheitelpunktes markiert und auf dem ursprünglichen Koordinatensystem die Abstände h und k abgemessen (Berücksichtigung des Maßstabes!). Oder es kann durch Rechnung γ bestimmt und dann aus 2 Punkten der Parabel die Gleichung aufgestellt werden.

Durch Auflösung der Gleichung $(x - h)^2 = \dfrac{1}{\gamma}\,(y - k)$ erhält

man für $\;y = \underbrace{k + h^2\gamma}_{a} - \underbrace{2\,h\,\gamma\cdot x}_{b} + \gamma\cdot x^2\;$ oder $\;y = a + bx + cx^2$.

Beispiel 3-25. Die Bestimmung des spezifischen Volumens einer Flüssigkeit ergab folgende Werte: bei 10 °C 1,2090; 20 °C 1,2124; 30 °C 1,2166; 40 °C 1,2210; 50 °C 1,2260 cm³/g.

Man zeichnet nach der Gleichung $y = \gamma x^2$ eine Parabelschar für verschiedene Werte von γ (z. B. ist für $\gamma = 0{,}2$: $x = 0$ und $y = 0$; $x = 1$ und $y = 0{,}2$; $x = 2$ und $y = 0{,}8$; $x = 3$ und $y = 1{,}8$ usw.). S. oberen Teil der Abb. 3.35.

Auf einem Transparentpapier stellt man die Meßwerte graphisch dar (unterer Teil der Abb. 3.35) und bringt durch Auflegen des Transparentpapiers und Parallelverschiebung die Kurve mit einer der Parabeln zur Deckung. Für unser Beispiel wäre dies die Parabel mit $\gamma = 0{,}12$.

Es muß daher unsere Meßkurve dieselbe Gleichung haben

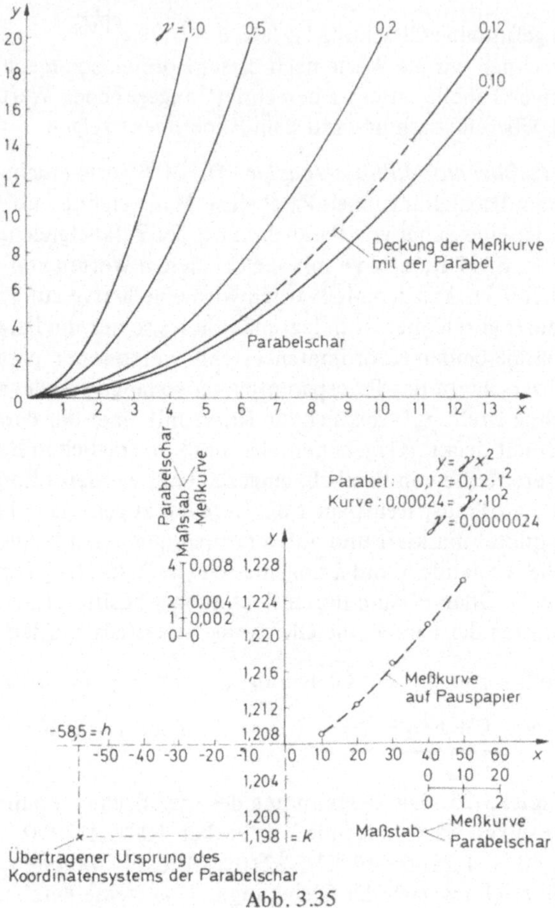

Abb. 3.35

wie die betreffende Parabel. Man zeichnet nun den Koordinatenursprung der Parabelschar auf das Transparentpapier ein und
bestimmt, unter Berücksichtigung des Maßstabes, $h = -58,5$
und $k = 1,198$.

Den Wert von γ findet man aus dem Maßstabverhältnis:
0,12 Einheiten der y-Achse der Parabelschar entsprechen 0,00024
Einheiten der y-Achse der Kurve; ferner entspricht 1 Einheit der
x-Achse der Parabelschar 10 Einheiten der x-Achse der Kurve.

Daher ist, da für die Parabel $0,12 = 0,12 \cdot 1^2$ war, für die Kurve $0,00024 = \gamma \cdot 10^2$, daraus $\gamma = 2,4 \cdot 10^{-6}$.

Man kann h und k auch aus 2 Punkten der Kurve, die allerdings genau auf der entsprechenden Parabel liegen müssen, berechnen. Solche Punkte seien: $y = 1,2090$ (für $x = 10$) und $y = 1,2260$ (für $x = 50$). Durch Einsetzen in die Gleichung

$(x-h)^2 = \dfrac{1}{\gamma}\,(y-k)$ erhält man 2 Gleichungen, aus denen man h und

k berechnet zu $h = -58,54$ und $k = 1,1977$.

Mit diesen Werten erhält die Gleichung folgendes Aussehen:

$$y = 1,20592 + 0,000281\,x + 0,0000024\,x^2.$$

Diese Gleichung ist gleichzeitig Interpolationsgleichung für das spezifische Volumen dieser Flüssigkeit zwischen 10 und 50 °C.

Die daraus berechneten Werte sind nun: 10 °C 1,2090; 20 °C 1,2125; 30 °C 1,2165; 40 °C 1,2210; 50 °C 1,2260 cm³/g. ——

3.6.3 *Ausgleichsrechnung*

In einer Meßreihe seien Wertepaare ermittelt worden, welche die Abhängigkeit einer Größe y von einer anderen Größe x tabellarisch wiedergeben. Die experimentell ermittelten Werte von y werden stets mit zufälligen Fehlern behaftet sein. Es soll nun der funktionale Zusammenhang zwischen x und y in Form einer Gleichung dargestellt werden. Diese Aufgabe muß so gelöst werden, daß die nach der aufgestellten Gleichung aus den x-Werten berechneten y-Werte und die experimentell gefundenen im Mittel möglichst nahe beieinander liegen. Bei graphischer Darstellung müßte sich also die nach der Gleichung berechnete Kurve den experimentell gefundenen Punkten möglichst eng anschmiegen. Zur Lösung dieser Aufgabe dient die *Ausgleichsrechnung*.

Ist die Beziehung zwischen x und y linear, so lautet die Gleichung $y = a + bx$ (Gerade), wobei a und b Konstanten sind, welche mit Hilfe der Ausgleichsrechnung bestimmt werden sollen.

Liegen n Messungen vor, durch welche für die Werte x_1 bis x_n der einen Größe die diesen zugeordneten Werte y_1 bis y_n der anderen Größe gemessen wurden, so gilt:

$$y_1 - (a + bx_1) = f_1$$
$$y_2 - (a + bx_2) = f_2$$
$$\vdots$$
$$y_n - (a + bx_n) = f_n$$

(I)

$y_1, y_2, \ldots y_n$ sind die gemessenen Werte, die Klammerausdrücke $(a + bx_1)$, $(a + bx_2)$, $\ldots (a + bx_n)$ die aus der linearen Gleichung mit $x_1, x_2, \ldots x_n$ berechneten Werte. Die Differenzen $y_1 - (a + bx_1)$ bis $y_n - (a + bx_n)$ sind dann die Einzelabweichungen (Fehler) $f_1, f_2, \ldots f_n$ zwischen den gemessenen und berechneten Werten.

Nach der Gaußschen Methode der kleinsten Fehlerquadrate stimmen die berechneten und die gemessenen Werte dann am besten überein, wenn die Summe der Quadrate der Einzelabweichungen (Fehler) zwischen gemessenen und berechneten Werten ein Minimum ist:

$$f_1^2 + f_2^2 + f_3^2 + \ldots f_n^2 = \sum_{i=1}^{n} f_i^2 = \sum_{i=1}^{n} (y_i - a - bx_i)^2 = \text{Minimum.} \quad \text{(II)}$$

Durch Quadrieren der Gleichungen des Gleichungssystems (I) und Addition erhält man:

$$\sum_{i=1}^{n} y_i^2 + na^2 + b^2 \sum_{i=1}^{n} x_i^2 - 2a \sum_{i=1}^{n} y_i - 2b \sum_{i=1}^{n} x_i y_i + 2ab \sum_{i=1}^{n} x_i =$$

$$= \sum_{i=1}^{n} f_i^2. \quad \text{(III)}$$

Die Forderung der Methode der kleinsten Fehlerquadrate ist dann erfüllt, wenn die partiellen Differentialquotienten der Summe der Fehlerquadrate nach a und b gleich Null sind. Wir erhalten dann aus Gl. (III):

$$\frac{\partial \sum_{i=1}^{n} f_i^2}{\partial a} = 2na - 2 \sum_{i=1}^{n} y_i + 2b \sum_{i=1}^{n} x_i = 0$$

(IV)

$$\frac{\partial \sum\limits_{i=1}^{n} f_i^2}{\partial b} = 2\,b \sum_{i=1}^{n} x_i^2 - 2 \sum_{i=1}^{n} x_i y_i + 2\,a \sum_{i=1}^{n} x_i = 0.$$

Durch Auflösen dieses Gleichungssystems nach den beiden gesuchten Unbekannten a und b folgt:

$$a = \frac{\sum\limits_{i=1}^{n} x_i^2 \cdot \sum\limits_{i=1}^{n} y_i - \sum\limits_{i=1}^{n} x_i \cdot \sum\limits_{i=1}^{n} x_i y_i}{n \sum\limits_{i=1}^{n} x_i^2 - (\sum\limits_{i=1}^{n} x_i)^2} \quad \text{und}$$

$$b = \frac{n \sum\limits_{i=1}^{n} x_i y_i - \sum\limits_{i=1}^{n} x_i \cdot \sum\limits_{i=1}^{n} y_i}{n \sum\limits_{i=1}^{n} x_i^2 - (\sum\limits_{i=1}^{n} x_i)^2}.$$

Ist der funktionale Zusammenhang zwischen x und y zweiten Grades, also von der allgemeinen Form $y = a + bx + cx^2$, so müssen

$$\frac{\partial \sum\limits_{i=1}^{n} f_i^2}{\partial a}, \quad \frac{\partial \sum\limits_{i=1}^{n} f_i^2}{\partial b} \quad \text{und} \quad \frac{\partial \sum\limits_{i=1}^{n} f_i^2}{\partial c}$$

gleich Null sein. Dann erhält man bei n Meßwerten folgende 3 Gleichungen zur Berechnung der gesuchten Konstanten a, b und c:

$$\sum_{i=1}^{n} y_i = na + b \sum_{i=1}^{n} x_i + c \sum_{i=1}^{n} x_i^2,$$

$$\sum_{i=1}^{n} x_i y_i = a \sum_{i=1}^{n} x_i + b \sum_{i=1}^{n} x_i^2 + c \sum_{i=1}^{n} x_i^3,$$

$$\sum_{i=1}^{n} x_i^2 y_i = a \sum_{i=1}^{n} x_i^2 + b \sum_{i=1}^{n} x_i^3 + c \sum_{i=1}^{n} x_i^4.$$

Für Gleichungen 3. und höheren Grades können die entsprechenden Bestimmungsgleichungen in gleicher Weise aufgestellt werden.

Beispiel 3-26. Das Beispiel 3-25, S. 131 ist mit Hilfe der Ausgleichsrechnung zu lösen für die Gleichung $y = a + bx + cx^2$.

y_i	x_i	x_i^2	x_i^3	x_i^4	$x_i y_i$	$x_i^2 y_i$
1,2090	10	100	1000	10000	12,090	120,90
1,2124	20	400	8000	160000	24,248	484,96
1,2166	30	900	27000	810000	36,498	1094,94
1,2210	40	1600	64000	2560000	48,840	1953,60
1,2260	50	2500	125000	6250000	61,300	3065,00
Σ 6,0850	150	5500	225000	9790000	182,976	6719,40

$$n = 5$$
$$6{,}085 = 5a + 150b + 5500c \qquad \text{(I)}$$
$$182{,}976 = 150a + 5500b + 225\,000c \qquad \text{(II)}$$
$$6719{,}4 = 5500a + 225\,000b + 9790000c \qquad \text{(III)}$$

Nun ist Gleichung II $-30\cdot$ Gleichung I = Gleichung IV.
Gleichung III $-1100\cdot$ Gleichung I = Gleichung V.
Gleichung V $-60\cdot$ Gleichung IV ergibt $0{,}34 = 140000\,c$.
Daraus ist dann
$c = +0{,}00000243$; $b = +0{,}0002802$ und $a = +1{,}2059$.
Die Gleichung lautet $y = 1{,}2059 + 0{,}0002802\,x + 0{,}00000243\,x^2$.
Die daraus berechneten Werte sind für: 10 °C 1,2089, 20 °C 1,2125,
30 °C 1,2165, 40 °C 1,2210 und 50 °C 1,2260 cm³/g. ——

Aufgaben. 3/6. Berechne für die Messungen des Beispiels 3-23, S. 128,
   a) die Konstanten a und b, wenn der lineare Zusammenhang $y = a + bx$
gegeben ist. Berechne nach der gefundenen Gleichung die Werte für y;

   b) den Wert $\dfrac{d\epsilon}{d\vartheta}$ für 20 °C (das ist der Ausdruck für die Temperaturabhängigkeit) nach der Näherungsformel, S. 127.

   3/7. Hüttig und Toischel geben für die molare Wärmekapazität C_{mp} von
geglühtem Zinkoxid folgende Werte an: Für $T = 300$ K, $C_{mp} = 40{,}44$ J/(mol·K);
für 500 K, $C_{mp} = 44{,}80$; für 500 K, $C_{mp} = 46{,}89$ und für 600 K, $C_{mp} = 48{,}57$
J/(mol·K). Stelle auf graphischem Wege fest, durch welche Gleichung die Abhängigkeit zwischen C_{mp} und T in diesem Temperaturbereich ausgedrückt werden
kann und bestimme dann die Konstanten der Gleichung durch Ausgleichsrechnun

3.6.4 Bestimmung der Ausgleichsgeraden auf graphischem Wege

In der Regel wird man sich begnügen, die Ausgleichsgerade nach
Augenmaß zu ziehen.

Das genauere Verfahren nach Mehmke soll an einem einfachen Zahlenbeispiel erläutert werden.

Beispiel 3-27. Die Messung habe folgende Werte ergeben:

x_i	y_{ib}
0,30	1
0,44	2
0,76	3
0,90	4
$\Sigma x_i = 2,40$	$\Sigma y_{ib} = 10$

Die Ausgleichsgerade muß folgende Bedingungen erfüllen:

1) Die Summe aller Fehler $\Sigma f_i = 0$, dabei ist $f_i = y_{ib} - y_i$ (beobachteter Wert − tatsächlicher Wert) und

2) $\Sigma f_i^2 = $ Minimum.

Die erste Bedingung wird durch eine Gerade erfüllt, die durch den „Schwerpunkt S" des Systems der markierten Punkte hindurchgeht. Die Koordinaten dieses Schwerpunktes sind $x_S = \dfrac{\Sigma x_i}{n}$ bzw. $y_S = \dfrac{\Sigma y_{ib}}{n}$ bei n Beobachtungen.

Für unser Zahlenbeispiel ist also $x_S = \dfrac{2,40}{4} = 0,60$ und $y_S = \dfrac{10}{4} = 2,5$ (s. Abb. 3.36). Nun werden einige Gerade (a, b, c

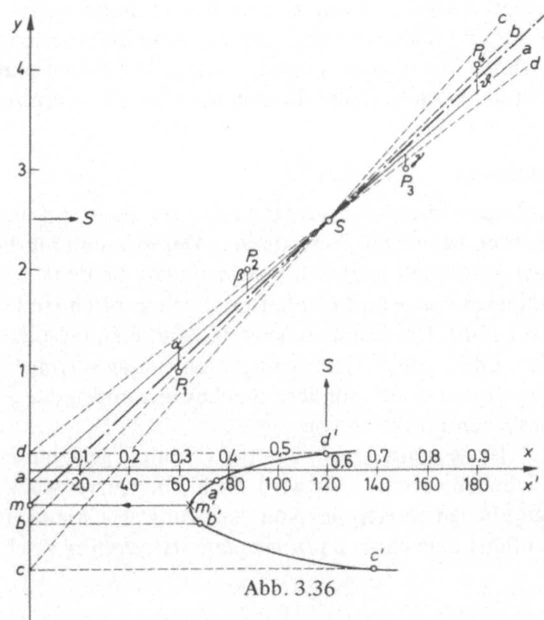

Abb. 3.36

und d) durch diesen Schwerpunkt gezogen, die in der Nähe der Beobachtungspunkte liegen. Die Abweichungen von den Beobachtungspunkten werden für jede dieser Geraden (eingezeichnet für die Gerade a mit α, β, γ und ϑ) z. B. in mm abgemessen, die Quadrate der Abweichungen berechnet (z. B. $\alpha = 4{,}2$, daraus $\alpha^2 = 17{,}64$; $\beta = 4{,}4$, daraus $\beta^2 = 19{,}36$ usw.) und deren Summe gebildet:

Für Punkt   sind die Quadrate der Abweichungen f_i^2 für die Gerade

Für Punkt	a	b	c	d
1	17,64	0	20,50	49,00
2	19,36	39,69	37,21	5,76
3	9,00	29,16	64,00	2,56
4	29,16	0,09	16,00	62,41
$\Sigma f_i^2 =$	75,16	68,94	137,71	119,73

Jede dieser Summen wird in einem geeigneten Maßstab (x'), ausgehend vom jeweiligen Schnittpunkt der Geraden mit der Ordinatenachse, aufgetragen, wodurch die Punkte a' bis d' erhalten werden. Durch diese Punkte wird eine Kurve gezogen, die das Minimum m' anzeigt. Ausgehend von m' wird nun in umgekehrter Weise verfahren und man kann über den Punkt m die Ausgleichsgerade M zeichnen, die ebenfalls durch den Punkt S gehen muß. Die Gleichung der Geraden kann dann in üblicher Weise ermittelt werden. ——

3.6.5 Interpolation

a) *Graphische Interpolation.* Man zeichnet die Kurve und kann daraus jeden beliebigen Wert ablesen. Der Maßstab für die Zeichnung der Kurve soll so gewählt werden, daß die Fehler, welche den Bestimmungen von x und y anhaften, noch sichtbar sind (also mindestens 0,1 mm). Um Raum zu sparen, kann man beispielsweise die Werte für x und y um je einen konstanten Betrag verringern oder man trägt nicht y selbst auf, sondern die Abweichungen der y-Werte von einer einfachen Funktion von x.

b) Liegt der gesuchte Wert auf einer Geraden, gezogen zwischen den beiden Tabellenwerten (oder wird das kleine Kurvenstück zwischen zwei gegebenen Werten in erster Näherung als Gerade angenommen), so führt eine einfache *Interpolationsrechnung* rasch zum Ziel.

Beispiel 3-28. Eine 8%ige Lösung (Massenanteil) habe die Dichte 1,04, eine 9%ige die Dichte 1,08 g/cm³. Zu berechnen ist die Dichte für eine 8,3%ige Lösung.

Gegeben ist 8,0%	Für eine 9,0%ige Lösung ist die Dichte 1,08	
gesucht ist 8,3%	für eine 8,0%ige Lösung ist die Dichte 1,04	
Differenz 0,3%	Differenz 1,0% 0,04	

Für 1,0% Differenz ist die Dichtedifferenz 0,04
daher für 0,3% 0,012

Also ist für eine Lösung von $(8,0 + 0,3)\%$ die Dichte 1,052 g/cm³. ——

Verfahren für die Berechnung von Zwischenwerten, wenn das Verbindungsstück als Kurve angenommen wird:

c) Für die meisten Zwecke gut brauchbar ist *Newtons Interpolationsformel*. Bedingung für ihre Anwendung ist jedoch, daß die unabhängige Veränderliche x stets um den gleichen Betrag d zunimmt, daß also der Abstand zwischen je 2 Meßgrundlagen stets der gleiche ist.

Die kleine Tabelle soll die Bedeutung der einzelnen Buchstaben der Formel klarlegen:

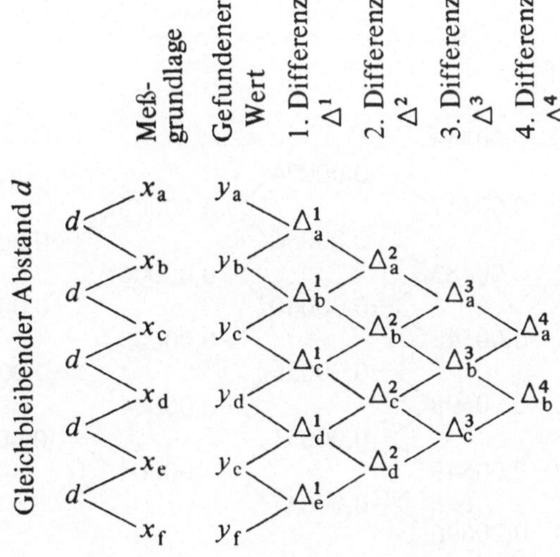

$d = x_b - x_a$; die Differenzen werden wie folgt gebildet:

$$\Delta_a^1 = y_b - y_a, \quad \Delta_b^1 = y_c - y_b \quad \text{usw.},$$
$$\Delta_a^2 = \Delta_b^1 - \Delta_a^1, \quad \Delta_b^2 = \Delta_c^1 - \Delta_b^1 \quad \text{usw.},$$
$$\Delta_a^3 = \Delta_b^2 - \Delta_a^2 \quad \text{usw.}$$

Bei der Bildung der Differenzen ist auf das Vorzeichen zu achten!

Die Interpolationsformel lautet:

$$y_{a+\xi} = y_a + \frac{\xi}{d} \cdot \frac{\Delta_a^1}{1} + \frac{\xi(\xi-d)}{d^2} \cdot \frac{\Delta_a^2}{1 \cdot 2} +$$
$$+ \frac{\xi(\xi-d)(\xi-2d)}{d^3} \cdot \frac{\Delta_a^3}{1 \cdot 2 \cdot 3} +$$
$$+ \frac{\xi(\xi-d)(\xi-2d)(\xi-3d)}{d^4} \cdot \frac{\Delta_a^4}{1 \cdot 2 \cdot 3 \cdot 4} + \cdots$$

Zu bestimmen ist also für die Meßgrundlage $x_{a+\xi}$ ($\xi = x_{a+\xi} - x_a$) der zugehörige Wert $y_{a+\xi}$.

Beispiel 3-29. Die Dichte ρ des Wassers in Abhängigkeit von der Temperatur wurde wie folgt ermittelt:

ϑ, °C	ρ, g/cm³	1. Differenz	2. Differenz	3. Differenz	4. Differenz
10	0,99973				
20	0,99823				
30	0,99567				
		−0,00343			
40	0,99224		−0,00074		
		−0,00417		+0,00008	
50	0,98807		−0,00066		−0,00002
		−0,00483		+0,00006	
60	0,98324		−0,00060		−0,00001
		−0,00543		+0,00005	
70	0,97781		−0,00055		−0,00001
		−0,00598		+0,00004	
80	0,97183		−0,00051		0,00000
		−0,00649		+0,00004	
90	0,96534		−0,00047		
		−0,00696			
100	0,95838				

Zu berechnen ist ρ für $36\,°C$ ($x_{a+\xi} = 36$, gesucht ist das zugehörige $y_{a+\xi} = y_{36}$).

Der zu der nächstniedrigeren Temperatur in der Tabelle ($x_a = 30$) gehörige Wert ist $y_a = 0,99567$; $d = 10$; $\xi = 6$.

$$y_{36} = 0,99567 + \frac{6}{10} \cdot \frac{-0,00343}{1} + \frac{6 \cdot (6-10)}{100} \cdot \frac{-0,00074}{1 \cdot 2} +$$

$$+ \frac{6 \cdot (6-10) \cdot (6-20)}{1000} \cdot \frac{+0,00008}{1 \cdot 2 \cdot 3} + \ldots =$$

$$= 0,99567 - 0,00206 + 0,00009 = 0,99370 \text{ g/cm}^3.$$

Bei der linearen Interpolation (also unter Annahme des gleichmäßigen Anstieges; das entspricht den beiden ersten Gliedern der Gleichung) würde man für $y_{36} = 0,99567 - 0,00206 = 0,99361$ erhalten. ——

d) Differieren die aufeinanderfolgenden Werte der unabhängigen Veränderlichen nicht stets um den gleichen Betrag, so interpoliert man nach der *Formel von Lagrange*.

Gegeben seien die Werte x_1 bis x_n mit den zugehörigen Werten y_1 bis y_n. Man bilde nach folgendem Schema die Differenzen:

$$d_n\left\{ d_4\left\{ d_3\left\{ d_2\left\{ \begin{array}{l} x_1 \ldots y_1 \\ x_2 \ldots y_2 \\ x_3 \ldots y_3 \\ x_4 \ldots y_4 \\ \vdots \\ x_n \ldots y_n \end{array} \right. \right. \right. \right.$$

$d_1 = 0$

Zu berechnen sei y_a für den Wert x_a (Differenz d_a).

$$y_a = \frac{(d_a - d_2) \cdot (d_a - d_3) \ldots \cdot (d_a - d_n)}{(d_1 - d_2) \cdot (d_1 - d_3) \ldots \cdot (d_1 - d_n)} \cdot y_1 +$$

$$+ \frac{(d_a - d_1) \cdot (d_a - d_3) \ldots \cdot (d_a - d_n)}{(d_2 - d_1) \cdot (d_2 - d_3) \ldots \cdot (d_2 - d_n)} \cdot y_2 +$$

$$+ \frac{(d_a - d_1) \cdot (d_a - d_2) \cdot (d_a - d_4) \ldots \cdot (d_a - d_n)}{(d_3 - d_1) \cdot (d_3 - d_2) \cdot (d_3 - d_4) \ldots \cdot (d_3 - d_n)} \cdot y_3 + \ldots .$$

Beispiel 3-30. Die dynamische Zähigkeit von Essigsäureäthylester wurde gefunden zu

$5{,}78 \cdot 10^{-4}$ Pa·s bei	0 °C	Gesucht ist der Wert für 30 °C.
4,73	15 °C	Die Differenzen sind:
4,48	20 °C	$d_1 = 0$, $d_2 = 15$, $d_3 = 20$,
3,60	40 °C	$d_4 = 40$, $d_5 = 50$, $d_a = 30$
3,26	50 °C	

Nach obiger Gleichung ist

$$y_{30} = (0{,}289 - 4{,}325 + 6{,}720 + 1{,}620 - 0{,}279) \cdot 10^{-4} =$$
$$= 4{,}025 \cdot 10^{-4} \text{ Pa·s; die lineare Interpolation hätte } 4{,}040 \cdot 10^{-4} \text{ Pa·s}$$

ergeben. ——

Aufgaben. 3/8. Aus der Dampfdrucktafel, S. 451 ff. sind die Wasserdampfdrücke für die Temperaturen 50, 60, 70, 80, 90 und 100 °C zu entnehmen und
durch Interpolation mit Hilfe der Newtonschen Formel der Dampfdruck für
55 °C zu berechnen. (Der erhaltene Wert soll mit dem in der Dampfdrucktafel
für 55 °C ebenfalls enthaltenen Wert verglichen werden.)

3.6.6 Extrapolation

Unter Extrapolation versteht man die Ermittlung eines Wertes,
der außerhalb der gegebenen Werte liegt. Eine Extrapolation kann
nur dann vorgenommen werden, wenn anzunehmen ist, daß die
betreffende Funktion einen stetigen Verlauf nimmt.

a) Graphische Extrapolation. Die gegebene Kurve wird über
den letzten gegebenen Wert hinaus verlängert.

b) Rechnerische Extrapolation. Die von Sippel entwickelte
Formel ermöglicht eine rasche Berechnung des auf den letzten Meßwert in gleichem Abstand folgenden Extrapolationswertes für
folgende Voraussetzungen (welche in der Praxis meist erfüllt sind):
1. Die unabhängigen Veränderlichen (Meßgrundlagen) folgen in
jeweils gleichem Abstand aufeinander und 2. die Zahl der zugehörigen abhängigen Werte (y) beträgt mindestens 4, d. h. es müssen
4 Meßwerte vorliegen.

Sind $y_1, y_2, y_3, \ldots y_n$ die bekannten y-Werte, dann ist y_{n+1}
der nächstfolgende, zu berechnende Wert. Die Gleichung lautet:

$$y_{n+1} = y_2 + (y_n - y_1) \cdot$$

$$\frac{(n-3)(y_n - y_3) + (n-5)(y_{n-1} - y_4) + (n-7)(y_{n-2} - y_5) + \ldots}{(n-3)(y_{n-1} - y_2) + (n-5)(y_{n-2} - y_3) + (n-7)(y_{n-3} - y_4) + \ldots} \cdot$$

Darin sind die beiden offenen Reihen nur so weit zu führen,

als die Faktoren $(n-3)$, $(n-5)$ usw. positive Werte haben. Bei $n = 4$ bekannten Wertpaaren vereinfacht sich daher die Formel:

$$y_5 = y_2 + (y_4 - y_1) \cdot \frac{y_4 - y_3}{y_3 - y_2} \ .$$

Beispiel 3-31. Die Dichte ρ des Wassers für die Temperaturen 5, 10, 15 und 20 °C sei bekannt (die Voraussetzung des gleichen Abstandes ist erfüllt); gesucht ist ρ für 25 °C.

ϑ, °C	ρ, g/cm^3	
5	0,99996	$y_{25} = 0,99970 + (0,99820 - 0,99996) \times$
10	0,99970	$\times \dfrac{0,99820 - 0,99910}{0,99910 - 0,99970} =$
15	0,99910	
20	0,99820	$= 0,99970 - 0,00264 = 0,99706.$ ——

3.7 Fehlerrechnung

3.7.1 Mittelwert, Standardabweichung, Vertrauensbereich

Bereits in Abschnitt 3.1 (S. 72) wurde hervorgehoben, daß jedes Meßergebnis verfälscht wird durch Unvollkommenheiten des Meßgegenstandes, der Meßgeräte und der Meßverfahren, ferner durch Einflüsse der Umwelt (z. B. Temperatur, Luftdruck, Feuchte) und der Beobachter (z. B. Aufmerksamkeit, Übung, Sehschärfe, Schätzvermögen) und schließlich durch zeitliche Veränderungen bei allen diesen Fehlerquellen.

Die erfaßbaren *systematischen Fehler* (s. 3.1) müssen durch Anbringen von Korrekturen ausgeschaltet werden. Wird der Meßwert nicht berichtigt, so ist das Meßergebnis falsch; es hat einen (systematischen) Fehler.

Die *zufälligen Fehler* (s. 3.1) sind im einzelnen nicht erfaßbar und machen ein Meßergebnis unsicher. Sie können aber in ihrer Gesamtheit durch geeignete Rechengrößen zahlenmäßig abgeschätzt und gekennzeichnet werden; dies ist umso zuverlässiger möglich, je größer die Anzahl der ausgeführten Messungen ist.

Arithmetisches Mittel, Mittelwert. Wurden in einer Meßreihe bei n Messungen derselben Größe die voneinander unabhängigen Einzelwerte $x_1 \ldots x_i \ldots x_n$, die nur mit zufälligen Fehlern behaftet sind, gemessen, so gilt als Ergebnis üblicherweise das *arithmetische Mittel* aus diesen n Einzelwerten, kurz *Mittelwert* genannt:

$$\bar{x} = \frac{1}{n}\sum_{i=1}^{n} x_i.$$

Gelegentlich muß den Einzelwerten einer Meßreihe ein unterschiedliches Gewicht zugemessen werden. Dann benutzt man den sog. *gewogenen Mittelwert*

$$\bar{x} = \frac{\sum\limits_{i=1}^{n} p_i x_i}{\sum\limits_{i=1}^{n} p_i}\,,$$

wobei p_i das Gewicht der i^{ten} Einzelmessung bedeutet. Dieser Fall tritt z. B. dann ein, wenn die Einzelwerte mittels verschieden genauer Meßmethoden gewonnen wurden. Ein anderer Fall ist der, daß mehrere Beobachter eine Meßgröße unter sonst gleichen Bedingungen, d. h. mit gleicher Standardabweichung (s. unten), ermitteln, wobei jeder Beobachter ein Mittel $\bar{x}_i$, jedoch mit einer verschiedenen Anzahl von Einzelwerten n_i gewonnen hat. In diesem Fall kann man z. B. das Gewicht $p_i = n_i$ setzen und erhält dann als gewogenes Mittel:

$$\bar{x}_g = \frac{\sum\limits_{i=1}^{n} n_i \bar{x}_i}{\sum\limits_{i=1}^{n} n_i}$$

Standardabweichung. Die wichtigste Rechengröße für die zufälligen Abweichungen der Einzelwerte von ihrem Mittelwert ist die *mittlere quadratische Abweichung* (*mittlerer quadratischer Fehler der Einzelmessung*); diese wird als *Standardabweichung s* bezeichnet:

$$s = +\sqrt{\frac{1}{n-1}\sum_{i=1}^{n}(x_i - \bar{x})^2}\,.$$

Beim Gebrauch einer Rechenmaschine wird zweckmäßig folgende Formel benutzt:

$$s = +\sqrt{\frac{n\sum\limits_{i=1}^{n} x_i^2 - (\sum\limits_{i=1}^{n} x_i)^2}{n\,(n-1)}} = +\sqrt{\frac{\sum\limits_{i=1}^{n} x_i^2 - \bar{x}\sum\limits_{i=1}^{n} x_i}{n-1}}\,.$$

Diese Standardabweichung ist aus einer endlichen Anzahl von Meßwerten gebildet.

Als Rechengröße für die zufälligen Fehler ist neben der Standardabweichung s auch s^2 als sog. *Varianz* gebräuchlich (besonders in der Statistik).

Für hinreichend große n nähert sich s einer Größe, welche Standardabweichung σ der (sehr großen) Grundgesamtheit genannt wird (s. 3.7.3, S. 150).

Häufig ist es zweckmäßig, anstelle von s die *relative Standardabweichung*

$$s_\mathrm{r} = \frac{s}{\bar{x}} = \frac{100\,s}{\bar{x}}\ \%$$

anzugeben. Diese Größe wird auch als *Variationskoeffizient* bezeichnet.

Bei einer Normalverteilung (Gauß-Verteilung, s. S. 150) fallen im Mittel von 1000 unabhängigen Einzelwerten praktisch

317 außerhalb des Bereiches $\bar{x} \pm 1{,}00\ \sigma$ (statistische Sicherheit
$$P = 68{,}3\%)$$
 46 außerhalb des Bereiches $\bar{x} \pm 2{,}0\ \sigma$ $(P = 95{,}4\%)$
  3 außerhalb des Bereiches $\bar{x} \pm 3{,}0\ \sigma$ $(P = 99{,}73\%)$.

Eine *statistische Sicherheit* von z. B. $P = 95{,}4\%$ bedeutet, daß 95,4% einer sehr großen Anzahl n von Einzelwerten innerhalb des Bereiches $\bar{x} \pm 2{,}0\ \sigma$ zu erwarten sind.

Vertrauensgrenzen und Vertrauensbereich des Mittelwertes. Der arithmetische Mittelwert wird meist als endgültiges Meßergebnis einer Meßreihe (mit voneinander unabhängigen und gleich zuverlässigen Einzelwerten) angegeben. Man darf jedoch nicht annehmen, daß dieser Mittelwert der gesuchte wahre Wert der Meßgröße ist; dieser kann nämlich bei Ausschluß von systematischen Fehlern nur aus einer sehr großen Anzahl von Einzelmeßwerten gewonnen werden. Es lassen sich aber zwei Grenzen (sog. *Vertrauensgrenzen*) — oberhalb und unterhalb des Mittelwertes — angeben, zwischen denen (bei Abwesenheit von systematischen Fehlern und unter Voraussetzung einer Gaußschen Normalverteilung) der wahre Wert mit der gewählten statistischen Sicherheit P zu erwarten ist. Der Bereich, den diese Grenzen einschließen, ist der *Vertrauensbereich des Mittelwertes.* Beim Vertrauensbereich sollte immer, wie bei allen Fehlerangaben, die gewählte statistische Sicherheit P angegeben werden.

Ist die Standardabweichung σ der Grundgesamtheit (s. oben) nicht bekannt, so ist der Vertrauensbereich gegeben durch

$$\pm \frac{t}{\sqrt{n}}\, s.$$

Dabei hängt der Faktor t sowohl von der gewählten statistischen Sicherheit P als auch von der Anzahl n der Einzelmessungen ab (s. Tabelle). Aus der Tabelle geht hervor, daß der Faktor t bei

Werte für t und $t/\sqrt{n}$ (gerundete Zahlenwerte) bei verschiedener statistischer Sicherheit P

Anzahl n der Einzelwerte	Werte für t und $t/\sqrt{n}$							
	1 σ-Regel $P = 68{,}3\%$		3 σ-Regel $P = 99{,}73\%$		$P = 95\%$		$P = 99\%$	
	t	$t/\sqrt{n}$	t	$t/\sqrt{n}$	t	$t/\sqrt{n}$	t	$t/\sqrt{n}$
(2)	(1,8)	(1,3)	(235)	(166)	(12,7)	(9,0)	(64)	(45)
3	1,32	0,76	19,2	11,1	4,3	2,5	9,9	5,7
4	1,20	0,60	9,2	4,6	3,2	1,6	5,8	2,9
5	1,15	0,51	6,6	3,0	2,8	1,24	4,6	2,1
6	1,11	0,45	5,5	2,3	2,6	1,05	4,0	1,6
8	1,08	0,38	4,5	1,6	2,4	0,84	3,5	1,24
10	1,06	0,34	4,1	1,29	2,3	0,72	$3{,}2_5$	1,03
20	1,03	0,23	3,4	0,77	2,1	0,47	2,9	0,64
30	1,02	0,19	3,3	0,60	$2{,}0_5$	0,37	2,8	0,50
50	1,01	0,14	$3{,}1_6$	0,45	2,0	0,28	2,7	0,38
100	1,00	0,10	3,1	0,31	2,0	0,20	2,6	0,26
200	1,00	0,07	$3{,}0_4$	0,22	$1{,}9_7$	0,14	2,6	0,18
sehr groß (über 200)	1,0	0	3,0	0	1,96	0	2,58	0

kleiner Anzahl n, besonders für hohe statistische Sicherheit P, über jede physikalisch sinnvolle Grenze hinauswächst. Dies bedeutet, daß bei nur zwei Messungen überhaupt keine realistische statistische Aussage mehr gemacht werden kann, sofern s oder σ nicht aus früheren Beobachtungen bekannt sind.

Wenn die Standardabweichung σ der Grundgesamtheit aus einer genügend großen Anzahl früherer Messungen bekannt ist, so gelten für den Vertrauensbereich aus n Einzelmessungen die Ausdrücke

$$\bar{x} \pm \frac{\sigma}{\sqrt{n}} \quad \text{für} \quad P = 68,3\%, \qquad \bar{x} \pm \frac{3\,\sigma}{\sqrt{n}} \quad \text{für} \quad P = 99,73\%,$$

$$\bar{x} \pm \frac{1,96\,\sigma}{\sqrt{n}} \quad \text{für} \quad P = 95\% \quad \text{und} \quad \bar{x} \pm \frac{2,58\,\sigma}{\sqrt{n}} \quad \text{für} \quad P = 99\%.$$

Angabe des Meßergebnisses. Das vollständige Ergebnis einer Meßreihe von n Einzelwerten gibt man durch den von systematischen Fehlern befreiten Mittelwert $\bar{x}_E$ und den Vertrauensbereich (für die statistische Sicherheit P) an:

$$\bar{x}_E \pm \frac{t}{\sqrt{n}}\, s.$$

Beispiel 3-32. Die Dichte ρ (in g/cm^3) eines Körpers wurde in 10 Versuchen ($n = 10$) ermittelt.

Versuch	ρ_i	$(\rho_i - \bar{\rho})$	$(\rho_i - \bar{\rho})^2$
1	9,662	$-0,002$	$4 \cdot 10^{-6}$
2	9,673	$+0,009$	81
3	9,664	$\pm 0,000$	0
4	9,659	$-0,005$	25
5	9,677	$+0,013$	169
6	9,662	$-0,002$	4
7	9,663	$-0,001$	1
8	9,680	$+0,016$	256
9	9,645	$-0,019$	361
10	9,654	$-0,010$	100

$$\Sigma\,\rho_i = 96,639 \qquad\qquad \Sigma\,(\rho_i - \bar{\rho})^2 = 1001 \cdot 10^{-6}$$

$$\text{Mittelwert}\ \bar{\rho} = \frac{96,639}{10} = 9,664.$$

$$\text{Standardabweichung}\ s = +\sqrt{\frac{1,001 \cdot 10^{-3}}{9}} = 0,0105.$$

Für $n = 10$ und eine statistische Sicherheit $P = 68,3\%$ ist

$$\frac{t}{\sqrt{n}} = 0,34 \quad \text{(s. Tab. S. 146); demnach Vertrauensbereich}$$

$\pm\, 0,34 \cdot 0,0105 = \pm\, 0,0036$. Endergebnis: Dichte $\rho = 9,664$ g/cm^3 $\pm$ $\pm\, 0,004$ g/cm^3 (für $P = 68,3\%$). ——

Aufgaben. 3/9. Im Magnesium sind die Isotopen der relativen Atommassen 24, 25 und 26 wie 6 : 1 : 1 vertreten. Berechne daraus die relative Atommasse des Magnesiums als Mittelwert.

3/10. Der spezifische elektrische Widerstand einer Aluminiumsorte wurde bestimmt zu: 2,843; 2,852; 2,841; 2,840; 2,850 und 2,838 in 10^{-6} Ω cm. Berechne den Mittelwert und den Vertrauensbereich für $P = 95\%$.

3.7.2 Fehlerfortpflanzung

Bisher haben wir uns mit der Definition des systematischen Fehlers und den Rechengrößen für zufällige Fehler (Mittelwert, Standardabweichung, Vertrauensbereich) bei nur einer einzigen Meßgröße befaßt. Diese ist aber meist noch nicht das gesuchte Endergebnis vielmehr muß letzteres oft aus mehreren Meßgrößen berechnet werden. Ist also das Meßergebnis eine Funktion einer oder mehrerer Meßgröße so ist der Fehler des Meßergebnisses nach der Fortpflanzungsregel zu ermitteln. Die Fehlerfortpflanzung ist für die erfaßten systematischen Fehler anders zu behandeln als für die Rechengrößen der zufälligen Fehler.

a) Fehlerfortpflanzung für systematische Fehler. Der systematische Fehler Δy einer Funktion $y = F(x_1, x_2 \ldots x_j \ldots x_\nu)$ ist aus den genügend kleinen systematischen Fehlern Δx_1 bis Δx_ν der einzelnen voneinander unabhängigen Meßgrößen x_1 bis x_ν nach folgender Formel zu berechnen:

$$\Delta y = \sum_{j=1}^{\nu} \left(\frac{\partial F}{\partial x_j} \Delta x_j \right) = \frac{\partial F}{\partial x_1} \Delta x_1 + \frac{\partial F}{\partial x_2} \Delta x_2 + \ldots \frac{\partial F}{\partial x_\nu} \Delta x_\nu.$$

Dabei sind die Vorzeichen zu beachten.

Beispiel 3-33. $y = F(x_1, x_2) = a\, x_1^{m_1} x_2^{m_2}.$

$$\frac{\partial F}{\partial x_1} = a m_1 x_1^{m_1-1} x_2^{m_2}; \qquad \frac{\partial F}{\partial x_2} = a\, x_1^{m_1} m_2 x_2^{m_2-1}.$$

Dann ist der Fehler der Funktion y:

$$\Delta y = a(m_1 x_1^{m_1-1} x_2^{m_2} \Delta x_1 + m_2 x_1^{m_1} x_2^{m_2-1}) \text{ und deren relativer}$$

$$\text{Fehler } \frac{\Delta y}{y} = m_1 \frac{\Delta x_1}{x_1} + m_2 \frac{\Delta x_2}{x_2}.$$

b) Fehlerfortpflanzung für Rechengrößen der zufälligen Fehler. Sind für die voneinander unabhängigen Meßgrößen x_1 bis x_ν deren

Mittelwerte $\bar{x}_1$ bis $\bar{x}_\nu$ und die Standardabweichungen s_1 bis s_ν (gewonnen aus Meßreihen mit *gleicher* Anzahl n unabhängiger Einzelwerte) bekannt, so ist die Standardabweichung s_y des Meßergebnisses $y = F(\bar{x}_1, \bar{x}_2 \ldots \bar{x}_j \ldots \bar{x}_\nu)$ nach folgender Formel zu berechnen:

$$s_y = \sqrt{\sum_{j=1}^{\nu} \left(\frac{\partial F}{\partial \bar{x}_j} \cdot s_j\right)^2} .$$

Voraussetzung hierfür ist eine Normalverteilung (s. 3.7.3) der Meßwerte und daß $s_j \ll \bar{x}_j$ ist.

Für jede Meßgröße x_j ist der Mittelwert $\bar{x}_j = \frac{1}{n} \sum_{i=1}^{n} x_{ij}$ mit dem zugeordneten Vertrauensbereich $\frac{t}{\sqrt{n}} s_j$ (bei jeweils gleich großer statistischer Sicherheit). Dann kann der Vertrauensbereich $\frac{t}{\sqrt{n}} s_y$ des Meßergebnisses aus folgener Formel berechnet werden:

$$\frac{t}{\sqrt{n}} s_y = \sqrt{\sum_{j=1}^{\nu} \left(\frac{\partial F}{\partial \bar{x}_j} \cdot \frac{t}{\sqrt{n}} \cdot s_j\right)^2} .$$

Beispiel 3-34. Ein fluides Medium der Dichte ρ (in kg/m^3) strömt mit der Geschwindigkeit w (in m/s) durch ein Rohr vom Radius R (in m). Wie groß ist der Vertrauensbereich für eine statistische Sicherheit $P = 95\%$ bei der Berechnung des Massenstroms $\dot{m}$ (in kg/s), wenn für jede Größe die gleiche Anzahl von 10 Einzelmessungen vorliegt und für ρ, w und R die Standardabweichungen s_ρ, s_w und s_R sind?

Massenstrom $\dot{m} = \pi \bar{R}^2 \bar{w} \bar{\rho}$;

$$\frac{\partial \dot{m}}{\partial \bar{R}} = 2 \pi \bar{R} \bar{w} \bar{\rho}, \quad \frac{\partial \dot{m}}{\partial \bar{w}} = \pi \bar{R}^2 \bar{\rho}, \quad \frac{\partial \dot{m}}{\partial \bar{\rho}} = \pi \bar{R}^2 \bar{w} .$$

Der Vertrauensbereich ist dann für $P = 95\%$ ($t/\sqrt{n} = 0{,}72$):

$$\pm\, 0{,}72 \, \pi \bar{R} \sqrt{(2 \bar{w} \bar{\rho}\, s_R)^2 + (\bar{R}\, \bar{\rho}\, s_w)^2 + (\bar{R}\, \bar{w}\, s_\rho)^2} . \quad\rule{1cm}{0.4pt}$$

3.7.3 Das Gaußsche Fehlerverteilungsgesetz

Jede Messung ein und derselben Größe ist mit zufälligen (unregelmäßigen) Fehlern behaftet, die im einzelnen nicht erfaßbar sind und das Ergebnis unsicher machen. Die erfaßbaren systematischen Fehler müssen durch Anbringen von Korrekturen an den Meßwerten ausgeschaltet werden und interessieren daher für die folgenden Betrachtungen nicht. So wird die Frage nach der Häufigkeitsverteilung der einzelnen zufälligen Fehler Gegenstand der Wahrscheinlichkeitsrechnung.

Werden insgesamt n Messungen der zu ermittelnden Größe durchgeführt, so wird bei dn Meßwerten ein Fehler auftreten, dessen Größe zwischen x und $x + dx$ liegt. Dann ist, der Definition der Wahrscheinlichkeit als relative Häufigkeit gemäß, die Wahrscheinlichkeit dw, daß ein Meßfehler zwischen x und $x + dx$ liegt: $dw = \dfrac{dn}{n}$.

dw hängt selbstverständlich von der Größe des zugeordneten Intervalls dx ab und ist dx proportional; außerdem ist dw eine Funktion von x, die als Wahrscheinlichkeitsdichte $f(x)$ bezeichnet wird. Die Wahrscheinlichkeit, daß ein Fehler zwischen x und $x + dx$ liegt, ist daher:

$$dw(x) = f(x)\,dx. \tag{I}$$

Die Häufigkeiten der einzelnen Fehler sind verteilt nach einem von Gauß aufgestellten und nach ihm benannten Fehlerverteilungsgese ($Gau\beta sches\ Normalverteilungsgesetz\ der\ Fehler$). Die Ergebnisse der praktischen und theoretischen Überlegungen von Gauß lassen sich in folgenden drei Sätzen ausdrücken:

a) Gleich große positive und negative Fehler sind gleich wahrscheinlich, d. h. $f(x)$ ist eine gerade Funktion: $f(-x) = f(x)$.

b) Fehler mit großem absoluten Betrag sind weniger wahrscheinlich als solche mit kleinem absoluten Betrag, d. h. $f(x)$ ist für $x > 0$ eine monoton fallende Funktion.

c) Am wahrscheinlichsten ist der Fehler $x = 0$, d. h. das Maximum der Kurve liegt auf der y-Achse.

Die Wahrscheinlichkeitsdichte $f(x)$ des Normalverteilungsgesetzes der Fehler ist:

$$f(x) = \frac{1}{\sigma\sqrt{2\pi}}\,e^{-\frac{x^2}{2\sigma^2}}. \tag{II}$$

Die Wahrscheinlichkeitsdichte $f(x)$ hat die Form einer symmetrischen Glockenkurve (Abb. 3.37). Die Größe σ ist der Parameter

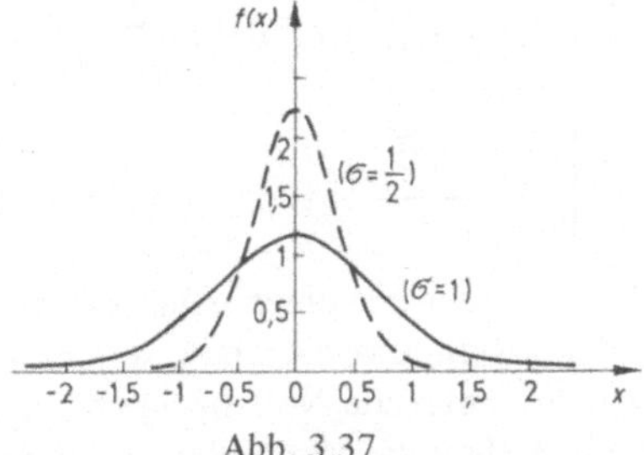

Abb. 3.37

des Normalverteilungsgesetzes, die sog. Standardabweichung
(s. 3.7.1). Kleine Werte von σ ergeben steile, große Werte von σ
flache Kurven (Abb. 3.37). Der Variationsbereich von x erstreckt
sich von $-\infty$ bis $+\infty$. Die Glockenkurve hat bei $x = 0$ ein

Maximum $f(0) = \dfrac{1}{\sigma\sqrt{2\pi}}$; die Lage der Wendepunkte der Kurve

ergibt sich aus der Bedingung $f''(x) = 0$: $x_{\mathrm{W}} = \pm\,\sigma$ und

$$f(x_{\mathrm{W}}) = \frac{1}{\sigma\sqrt{2\pi\,\mathrm{e}}} \; .$$

3.7.3.1 Bestimmung der Standardabweichung aus experimentellen Daten

Hat man für eine Größe durch unmittelbare Messung n Werte
x_i von gleichem Genauigkeitsgrad erhalten und unterliegen die
Fehler dem Normalverteilungsgesetz, so ist der wahrscheinlichste
Wert das arithmetische Mittel

$$\bar{x} = \frac{1}{n}\sum_{i=1}^{n} x_i. \tag{III}$$

Wir bezeichnen nun die Abweichung des beobachteten Wertes
x_i vom arithmetischen Mittel $\bar{x}$ mit ϵ_i, also $\epsilon_i = x_i - \bar{x}$; dann ist bei
einer sehr großen Grundgesamtheit n die Standardabweichung σ des
Normalverteilungsgesetzes folgendermaßen zu berechnen:

$$\sigma = \sqrt{\frac{\sum\limits_{i=1}^{n}\epsilon_i^2}{n-1}} \; . \tag{IV}$$

Treten Abweichungen vom gleichen Betrag ϵ_j mehrfach, d. h.

mit der absoluten Häufigkeit n_j auf, wobei $\sum\limits_{j=1}^{k} n_j = n$ ist, dann gilt:

$$\sigma = \sqrt{\dfrac{\sum\limits_{j=1}^{k} n_j \epsilon_j^2}{n-1}} \; . \tag{V}$$

Beispiel 3-35. Wenn wir mit einer Wheatstoneschen Brücke von 1000 mm Länge 2 Widerstände vergleichen, welche gleich groß sind, dann müßte das Galvanometer die Nullanzeige beim 500-mm-Teilstrich der Brücke geben. Wir stellen die Meßfehler für eine sehr große Zahl von Beobachtungen ($n = 500$) fest. Die jeweils erhaltenen Fehler (angegeben in mm) sind in folgender Tabelle zusammengestellt:

Angezeigter Teilstrich	Fehler ϵ_j (mm)	Häufigkeit n_j	$n_j \epsilon_j^2$
490	−10	0	0
491	− 9	1	81
492	− 8	3	192
493	− 7	8	392
494	− 6	19	684
495	− 5	32	800
496	− 4	37	592
497	− 3	34	306
498	− 2	45	180
499	− 1	48	48
500	0	50	0
501	+ 1	45	45
502	+ 2	38	152
503	+ 3	38	342
504	+ 4	33	528
505	+ 5	26	650
506	+ 6	21	756
507	+ 7	18	882
508	+ 8	4	256
509	+ 9	0	0
510	+10	0	0

Anzahl der Beobachtungen $n = 500$ $\qquad\qquad \sum n_j \epsilon_j^2 = 6886$

Für die Standardabweichung σ ergibt sich nach Gl. (V):

$$\sigma = \sqrt{\dfrac{\displaystyle\sum_{j=1}^{k} n_j \epsilon_j^2}{n-1}} = \sqrt{\dfrac{6886}{499}} = 3{,}715 \text{ mm}.$$

Die Verteilungsfunktion der Fehler lautet daher nach Gl. (II):

$$f(\epsilon_j) = \frac{1}{3{,}715\sqrt{2\,\pi}} \cdot e^{-\dfrac{x^2}{2\cdot(3{,}715)^2}} = 0{,}107 \cdot e^{-0{,}0362\,x^2} \text{ mm}^{-1}.$$

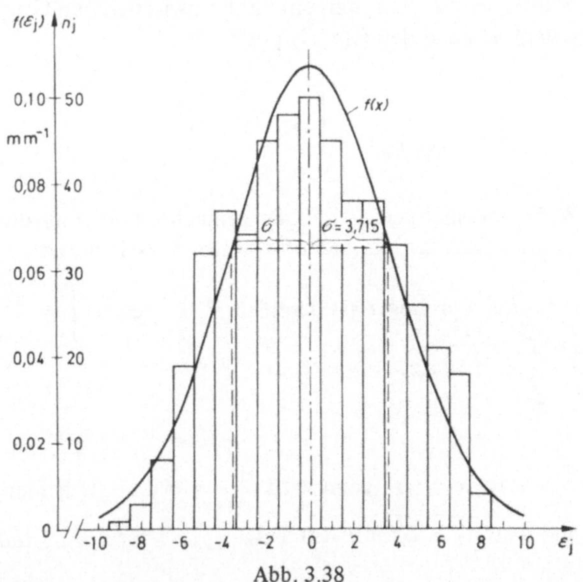

Abb. 3.38

Der Kurvenverlauf der Verteilungsfunktion ist in Abb. 3.38, welche
die tatsächliche Häufigkeitsverteilung der Fehler als Stufenkurve enthält, eingezeichnet. Nach der vorstehenden Gleichung ist für

$\epsilon_j = $	0	$f(\epsilon_j) = 0{,}1070 \text{ mm}^{-1}$	$= 10{,}70\,\%\cdot\text{mm}^{-1}$
$=$	$\pm\,1$	$= 0{,}1032$	$= 10{,}32$
$=$	$\pm\,2$	$= 0{,}0926$	$= 9{,}26$
$=$	$\pm\,3$	$= 0{,}0772$	$= 7{,}72$
$=$	$\pm\,4$	$= 0{,}0600$	$= 6{,}00$
$=$	$\pm\,5$	$= 0{,}0433$	$= 4{,}33$
$=$	$\pm\,6$	$= 0{,}0291$	$= 2{,}91$

$$
\begin{aligned}
&= \pm 7 && = 0{,}0182 && = 1{,}82 \\
&= \pm 8 && = 0{,}0105 && = 1{,}05 \\
&= \pm 9 && = 0{,}0057 && = 0{,}57 \\
&= \pm 10 && = 0{,}0029 && = 0{,}29
\end{aligned}
$$

In Abb. 3.38 ist auch der Wert für die Standardabweichung $\sigma =$
$= 3{,}715$ mm eingezeichnet. ———

3.7.3.2 Berechnung von Fehlerwahrscheinlichkeiten

Die Wahrscheinlichkeit, daß ein Fehler zwischen den Grenzen x_1 und x_2 liegt ist nach den Gln. (I) und (II):

$$
w = \frac{1}{\sigma\sqrt{2\pi}} \cdot \int_{x_1}^{x_2} e^{-\frac{x^2}{2\sigma^2}} \, \mathrm{d}x.
$$

Die Wahrscheinlichkeit w, daß der gemachte Fehler absolut kleiner ist als die Standardabweichung σ (also zwischen den Grenzen $-\sigma$ und $+\sigma$ liegt), ist damit

$$
w = \frac{1}{\sigma\sqrt{2\pi}} \cdot \int_{-\sigma}^{+\sigma} e^{-\frac{x^2}{2\sigma^2}} \, \mathrm{d}x = \frac{2}{\sigma\sqrt{2\pi}} \cdot \int_{0}^{\sigma} e^{-\frac{x^2}{2\sigma^2}} \, \mathrm{d}x.
$$

Setzen wir für $x = t\,\sigma$, dann wird $\dfrac{\mathrm{d}x}{\mathrm{d}t} = \sigma$ und die beiden neuen Grenzen sind dann $t_1 = 0$ für $x = 0$ bzw. $t_2 = 1$ für $x = \sigma$, und damit

$$
w = \frac{2}{\sigma\sqrt{2\pi}} \cdot \int_{0}^{1} e^{-\frac{t^2}{2}} \cdot \sigma \, \mathrm{d}t = \frac{2}{\sqrt{2\pi}} \cdot \int_{0}^{1} e^{-\frac{t^2}{2}} \, \mathrm{d}t.
$$

Die Funktion $\Phi(x) = \dfrac{1}{\sqrt{2\pi}} \cdot \displaystyle\int_{0}^{x} e^{-\frac{t^2}{2}} \, \mathrm{d}t$ ist aus Tabellenwerken

zu entnehmen. Für $x = t_2 = 1$ ist $\Phi(1) = 0{,}3413$. Demnach ist die Wahrscheinlichkeit w, daß der Fehler zwischen $-\sigma$ und $+\sigma$ liegt: $w = 2 \cdot \Phi(1) = 0{,}6826 = 68{,}26\%$ (s. auch 3.7.1, S. 145).

3.8 Korrelationsrechnung

Häufig liegt eine Anzahl von Messungen einander entsprechender Werte zweier Größen X und Y vor, zwischen denen zwar eine Abhängigkeit besteht, welche aber nur mehr oder weniger ausgeprägt ist: jedem Wert einer dieser Größen (z. B. X) entspricht ein bestimmtes Kollektiv der anderen Größe (z. B. Y), wobei die Verteilung von Y in ganz bestimmter Weise mit der Änderung von X schwankt.

Ein zwar nicht aus der Chemie stammendes, aber einleuchtendes Beispiel soll zur Erläuterung dienen. Es sei X die Körpergröße eines Menschen, Y dessen Gewicht. Nun entspricht einem größeren X nicht unbedingt ein größeres Y, denn es wird Menschen geben, welche bei derselben Körpergröße X ein Gewicht Y haben, welches innerhalb bestimmter Grenzen alle möglichen Werte annehmen kann. Es wird zwischen X und Y also nicht ein Zusammenhang im Sinn einer mathematischen Funktion bestehen, sondern eine *wahrscheinlichkeitstheoretische (stochastische)* Abhängigkeit. Daher verwendet man auch andere Bezeichnungen für die Variablen.

In einem derartigen Fall wird der zwischen den Variablen X und Y bestehende Zusammenhang als *Korrelation* bezeichnet. Diese stellt ein Mittelding zwischen einer exakten, durch einen funktionalen Zusammenhang gegebenen Abhängigkeit und einer vollständigen Unabhängigkeit dar.

Korrelationen sind z. B. der Zusammenhang zwischen dem SO_3-Gehalt von Glas und dem Sauerstoffgehalt der Glasofenatmosphäre, der Zusammenhang zwischen dem Gehalt an Al_2O_3 und SiO_2 im Bauxit und der Zusammenhang zwischen dem Umsatz von Äthylen bei der Hochdruckpolymerisation und den Reaktionsparametern (Monomerenkonzentration, Druck, Temperatur und Sauerstoffkonzentration).

In allen diesen Fällen liegen die Wertepaare von den einander entsprechenden Größen X und Y vor, also $(X_1, Y_1), (X_2, Y_2) \ldots (X_n, Y_n)$. Trägt man diese in ein kartesisches Koordinatensystem ein, so erhält man ein System von Punkten (Abb. 3.39). Obwohl nicht jedem Wert von X ein eindeutiger Wert von Y entspricht, erkennt man doch im Diagramm eine gewisse Tendenz. Darauf gründet sich die Möglichkeit, einen bestimmten Zusammenhang zwischen X und Y, d. h. eine Korrelation zu ermitteln.

Wir bilden nun jeweils aus allen Werten Y_i, welche zu denselben

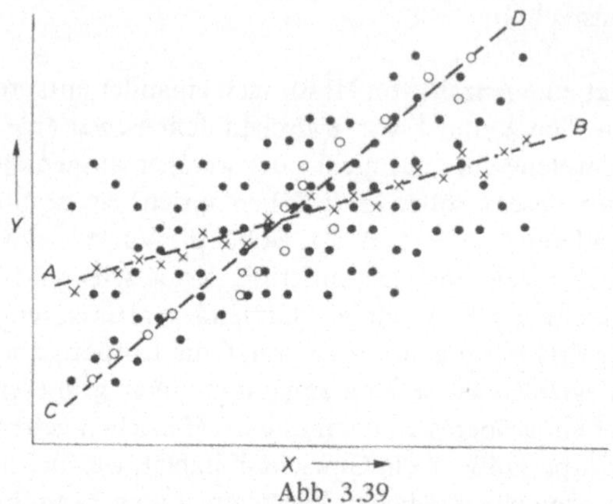

Abb. 3.39

Werten X_i gehören, den Mittelwert $\bar{Y}_i$ (in Abb. 3.39 durch Kreuze
gekennzeichnet) und tragen die Mittelwerte $\bar{Y}_i$ über den entsprechenden Werten X_i auf. Durch die erhaltenen Punkte ziehen wir die Ausgleichslinie AB, die in diesem Fall eine Gerade ist, für welche die
Gleichung $\bar{Y} = a + bX$, (I), gilt. Die Ausgleichslinie, welche als
Regressionslinie $\bar{Y}$ längs X bezeichnet wird, gibt den Zusammenhang
zwischen X und $\bar{Y}$ wieder. Analog ist CD die Ausgleichslinie
(Regressionslinie) durch die als Kreise markierten Mittelwerte $\bar{X}$.
Im Beispiel der Abb. 3.39 ist die Regressionslinie $\bar{X}$ längs Y wiederum
eine Gerade: $\bar{X} = a' + b'Y$, (II).

Im allgemeinen Fall haben die Regressionsgleichungen die Form
$\bar{Y} = f(X)$ und $\bar{X} = \varphi(Y)$, und die Regressionslinien sind Kurven. z. B.
mit parabolischen Abhängigkeiten $\bar{Y} = a + bX + cX^2 + \ldots kX^l$ (III).
Der weitaus häufigste Sonderfall ist jedoch die *lineare Korrelation*,
bei welcher die Regressionslinien Geraden sind.

Wenn zwischen X und Y keine funktionale, sondern eine korre-
lative Beziehung besteht, so verliert der Begriff vom „bestmöglichen",
einem gegebenen X-Wert entsprechenden Y-Wert seinen Sinn. An
seine Stelle tritt dann der Begriff des wahrscheinlichsten, aus der
Gesamtheit der Beobachtungswerte gebildeten Y-Wertes. Je enger
diese Y-Werte beieinander liegen, desto näher kommen sie dem
wahrscheinlichsten Wert, und desto bestimmter ist die Beziehung
zwischen X und Y.

Der Grad des Zusammenhangs zwischen verschiedenen Paaren
von stochastisch abhängigen Größen wird verschieden sein. Ein

Maß für die stochastische Abhängigkeit der beiden Variablen X und Y ist der *Korrelationskoeffizient r*. Sind n einander entsprechende Wertepaare X_i und Y_i gegeben, so ist der Korrelationskoeffizient

$$r = \frac{n \sum_{i=1}^{n} X_i Y_i - \sum_{i=1}^{n} X_i \sum_{i=1}^{n} Y_i}{\sqrt{\left[n \sum_{i=1}^{n} X_i^2 - \left(\sum_{i=1}^{n} X_i \right)^2 \right]\left[n \sum_{i=1}^{n} Y_i^2 - \left(\sum_{i=1}^{n} y_i \right)^2 \right]}} . \tag{IV}$$

Wir führen nun folgende Bezeichnungen ein

$$S_{xx} = \sum_{i=1}^{n} (X_i - \bar{X})^2 = \sum_{i=1}^{n} X_i^2 - n \bar{X}^2 \tag{V}$$

$$S_{yy} = \sum_{i=1}^{n} (Y_i - \bar{Y})^2 = \sum_{i=1}^{n} Y_i^2 - n \bar{Y}^2 , \tag{VI}$$

wobei $X_i - \bar{X}$ die Abweichung des Wertes X_i vom arithmetischen Mittelwert $\bar{X} = \dfrac{\sum_{i=1}^{n} X_i}{n}$ und $Y_i - \bar{Y}$ die Abweichung des Wertes Y_i vom arithmetischen Mittelwert $\bar{Y} = \dfrac{\sum_{i=1}^{n} Y_i}{n}$ ist.

Mit den Bezeichnungen (IV), (V) und (VI) lauten die linearen Regressionsgleichungen:

$$Y - \bar{Y} = r \sqrt{\frac{S_{yy}}{S_{xx}}} \, (X - \bar{X}) \tag{VII}$$

$$X - \bar{X} = r \sqrt{\frac{S_{xx}}{S_{yy}}} \, (Y - \bar{Y}). \tag{VIII}$$

$r\sqrt{\dfrac{S_{yy}}{S_{xx}}}$ und $r\sqrt{\dfrac{S_{xx}}{S_{yy}}}$ sind die sog. *Regressionskoeffizienten*.

Die Gl. (VII) ist die Gleichung der Regressionsgeraden Y längs X und Gl. (VIII) diejenige der Regressionsgeraden X längs Y. Die Gl. (VII) ergibt den wahrscheinlichsten Wert von Y für gegebenes X, Gl. (VIII) den wahrscheinlichsten Wert von X für gegebenes Y.

Setzt man $X - \bar{X}$ aus Gl. (VIII) auf der rechten Seite der Gl. (VII) ein, so erhält man $Y - \bar{Y} = r^2 (Y - \bar{Y})$; daraus ersieht man, daß die beiden Gln. (VII) und (VIII) nur dann identisch sind, wenn $r^2 = 1$ ($r = \pm 1$) ist. Das bedeutet, daß für $r = \pm 1$ die beiden Regressionsgeraden zusammenfallen und ein streng funktionaler Zusammenhang zwischen X und Y besteht.

Der andere Grenzfall ist der, daß $r = 0$ ist. Dann folgt aus Gl. (VII) $Y = \bar{Y}$ (Parallele zur X-Achse im Abstand $\bar{Y}$) und aus Gl. (VIII): $X = \bar{X}$ (Parallele zur Y-Achse im Abstand $\bar{X}$); d. h. die beiden Regressionsgeraden stehen aufeinander senkrecht und es besteht keinerlei Zusammenhang zwischen den Größen X und Y.

Beispiel 3-36. Ein Rohstoff enthält 2 verwertbare Komponenten A und B. Es zeigte sich, daß in den Rohstoffen mit einem höheren Gehalt an A meist auch der Stoff B mit einem höheren Gehalt vorlag. Man konnte daher annehmen, daß zwischen den Gehalten der Komponenten A und B ein gewisser Zusammenhang besteht. Die Massenanteile X_i (in %) der Komponente A und Y_i (in %) der Komponente B von 10 Rohstoffproben, welche zu verschiedenen Zeitpunkten angeliefert wurden, sind in der folgenden Tabelle aufgeführt. Es soll der Korrelationskoeffizient r und die Regressionsgleichung für lineare Korrelation ermittelt werden.

X_i	Y_i	X_i^2	Y_i^2	$X_i Y_i$
70	25	4900	625	1750
56	16	3136	256	896
75	24	5625	576	1800
67	20	4489	400	1340
41	17	1681	289	697
23	12	529	144	276
60	21	3600	441	1260
45	17	2025	289	765
48	18	2304	324	864
35	14	1225	196	490

$\Sigma X_i = 520 \quad \Sigma Y_i = 184 \quad \Sigma X_i^2 = 29514 \quad \Sigma Y_i^2 = 3540 \quad \Sigma X_i Y_i = 10138$

$$\bar{X} = \frac{520}{10} = 52; \quad \bar{Y} = \frac{184}{10} = 18{,}4. \quad S_{xx} = 29514 - 10 \cdot 52^2 =$$

$$= 2474; \quad S_{yy} = 3540 - 10 \cdot 18{,}4^2 = 154{,}4, \quad \sqrt{\frac{S_{yy}}{S_{xx}}} = \sqrt{\frac{154{,}4}{2474}} = 0{,}25,$$

$$r = \frac{10 \cdot 10138 - 520 \cdot 184}{\sqrt{(10 \cdot 29514 - 520^2)(10 \cdot 3540 - 184^2)}} = 0{,}922;$$

$r\sqrt{\dfrac{S_{yy}}{S_{xx}}} = 0{,}922 \cdot 0{,}25 = 0{,}230$. Demnach lautet die Regressionsgleichung: $Y - 18{,}4 = 0{,}23 \cdot (X - 52)$ bzw. $Y = 6{,}44 + 0{,}23 \cdot X$.
Die damit berechneten Werte sind in der folgenden Tabelle, als Y_{ber}
gekennzeichnet, mit den gegebenen Y-Werten verglichen. Die Übereinstimmung ist befriedigend.

X	70	56	75	67	41	23	60	45	48	35
Y	25	16	24	20	17	12	21	17	18	14
Y_{ber}	23	19	24	22	16	12	20	17	17	14

4 Ideale und reale Gase

4.1 Ideale Gase

4.1.1 Zustandsgleichung idealer Gase

Der *ideale Gaszustand* ist derjenige Grenzzustand stofflicher Systeme, bei dem sämtliche Wechselwirkungskräfte zwischen den Molekülen verschwinden. Für ideale Gase gelten folgende einfache Gesetzmäßigkeiten.

Boyle-Mariottesches Gesetz. Bei konstanter Temperatur ist das Volumen V einer bestimmten Gasmenge umgekehrt proportional dem Druck p, unter welchem sich das Gas befindet:

$$p V = \text{konst.}$$

oder $p_1 V_1 = p_2 V_2 = p_3 V_3 = \ldots$ Die Konstante hängt von der Temperatur und von der Masse des Gases ab.

Nach dem *Gay-Lussacschen Gesetz* ist bei konstantem Druck das Volumen V einer bestimmten Gasmenge bei der Temperatur T:

$$V = V_0 \cdot \frac{T}{T_0} \, ,$$

wobei $T = 273,15 + \vartheta$ ist (T thermodynamische Temperatur in K, ϑ Temperatur in °C). V_0 ist das Volumen bei der Temperatur $T_0 = 273,15 \text{ K}$ ($\vartheta = 0 \, °C$).

Die Gasgesetze von Boyle-Mariotte und Gay-Lussac lassen sich zu einem einzigen Gesetz vereinigen, welches die Abhängigkeit des Volumens einer bestimmten Gasmenge von der Temperatur und vom Druck angibt:

$$\frac{p V}{T} = \frac{p_0 V_0}{T_0} = \frac{p_1 V_1}{T_1} \, .$$

4.1.2 Normzustand

Unter dem *Normzustand* versteht man den Zustand bei der *Normtemperatur* $T_n = 273{,}15\ \text{K}$ bzw. $\vartheta_n = 0\ °\text{C}$ und dem *Normdruck* $p_n = 101\ 325\ \text{Pa} = 101\ 325\ \text{N/m}^2 = 1{,}01325\ \text{bar}$ (in früheren Einheiten: $p_n = 1\ \text{atm} = 760\ \text{Torr}$).

Ein beliebiges Gasvolumen im Normzustand wird als *Normvolumen* V_n bezeichnet, das stoffmengenbezogene Volumen im Normzustand als *stoffmengenbezogenes (molares) Normvolumen*

$$V_{mn} = \frac{V_n}{n}\ .$$ Das stoffmengenbezogene (molare) Normvolumen des idealen Gases ist $V_{mn} = 22{,}41383\ \text{dm}^3/\text{mol} = 22{,}41383\ \text{m}^3/\text{kmol}$.

4.1.3 Korrektur der Barometerstandablesung

Infolge der Temperaturabhängigkeit der Dichte des Quecksilbers und der Länge der Skala muß für genaue Messungen der bei $\vartheta\ °\text{C}$ abgelesene Barometerstand b auf den Barometerstand b_0 bei $0\ °\text{C}$ reduziert werden. Dies geschieht mit Hilfe der Formel

$$b_0 = b \cdot \frac{1 + \overline{\alpha}\,\vartheta}{1 + \overline{\gamma}\,\vartheta} = b\,[1-(\overline{\gamma} - \overline{\alpha})\,\vartheta] = b + \Delta b.$$

Darin sind $\overline{\gamma} = 0{,}0001823\ (°\text{C})^{-1}$ der mittlere kubische Ausdehnungskoeffizient des Quecksilbers zwischen 0 und 35 °C, $\overline{\alpha} = 0{,}000018_5\ (°\text{C})^{-1}$ der lineare Ausdehnungskoeffizient des Messings.

Erfolgt die Ablesung an einem Maßstab aus Glas, so ist $\Delta b_g = 1{,}004\ \Delta b$.

Infolge der Grenzflächenspannung zwischen Quecksilber und Glas ist eine Korrektur an der Barometerstandablesung anzubringen, die von der Rohrweite und von der Reinheit der Oberfläche abhängt. Mit der Beschaffenheit der Oberfläche ändert sich die Kuppenhöhe. Die Korrektur kann Tabellen entnommen werden, welche die dem abgelesenen Barometerstand hinzuzuzählenden Korrekturwerte in Abhängigkeit von Rohrweite und Kuppenhöhe angeben. Die Korrektur wächst mit abnehmender Rohrweite (Rohre von 15 mm Weite schalten diese Unsicherheit praktisch aus).

4.1.4 Avogadroscher Satz und ideales Gasgesetz

Avogadroscher Satz: Gleiche Volumina idealer Gase enthalten bei gleichem Druck und gleicher Temperatur die gleiche Anzahl von Molekülen.

Diese Erkenntnis über den molekularen Aufbau eines Gases rechtfertigt die Erweiterung des kombinierten Gasgesetzes. 1 mol eines Gases bzw. jeder chemischen Verbindung enthält $6{,}02217 \cdot 10^{23}$ Moleküle. Diese konstante Größe ist unter dem Namen *Avogadro-Konstante* N_A oder L bekannt: $N_A = L = 6{,}02217 \cdot 10^{23} \ \mathrm{mol}^{-1}$.

Beziehen wir die allgemeine Zustandsgleichung auf 1 mol eines idealen Gases, so ist die Größe $\dfrac{p_0 V_0}{T_0} = \dfrac{p_n V_{mn}}{T_n} = R$ für alle idealen Gase konstant und wird daher als *universelle Gaskonstante* bezeichnet.

Aus der kombinierten Zustandsgleichung (s. 4.1.1) folgt dann das Gesetz für ideale Gase

$$pV_m = RT \quad \text{(für 1 mol)} \quad \text{bzw.} \quad pV = nRT \quad \text{(für } n \text{ mol).}$$

Setzt man in die erste Gleichung für $p = p_n$, $V_m = V_{mn}$ und $T = T_n$ die Zahlenwerte aus Abschnitt 4.1.2 ein, so erhält man für R:

$R = 8{,}3143 \ \mathrm{Nm/(mol \cdot K)}$, oder, da 1 Nm = 1 J ist,
$R = 8{,}3143 \ \mathrm{J/(mol \cdot K)}$.

Mit der früher in der Chemie am meisten verwendeten Energieeinheit, der Kalorie (1 cal = 4,1868 J), ist $R = 1{,}9858 \ \mathrm{cal/(mol \cdot K)}$.

Haben n mol eines Gases der stoffmengenbezogenen (molaren) Masse M kg/mol eine Masse m kg, dann ist $n = \dfrac{m}{M}$ und $pV = \dfrac{m}{M} RT$.

Beispiel 4-1. Zu berechnen ist die stoffmengenbezogene (molare) Masse des Heliums aus der Dichte, welche bei 0 °C und 1,01325 bar 0,1785 g/dm³ beträgt.

Molare Masse $M = $ (molares Normvolumen V_{mn}) $\cdot$ (Dichte ρ).
$V_{mn} = 22{,}41383 \ \mathrm{dm^3/mol}$; $M = 22{,}41383 \cdot 0{,}1785 = 4{,}001 \ \mathrm{g/mol}$. —

4.1.5 Daltonsches Partialdruckgesetz

Liegt ein ideales Gasgemisch vor, dessen Komponenten nicht miteinander reagieren, dann ist der Gesamtdruck p des Gemisches gleich der Summe der Partialdrücke (Teildrücke) p_1, p_2 usw. der Komponenten.

Unter dem *Partialdruck* einer Komponente versteht man den Druck, den die betreffende Komponente ausüben würde, wenn sie allein den Raum V einnähme, den das ganze Gemisch einnimmt.

$$p = p_1 + p_2 + \ldots p_i \ldots + p_z = \sum_{i=1}^{z} p_i.$$

Da $p_1 V = n_1 RT,\ p_2 V = n_2 RT \ldots$, muß $pV = (p_1 + p_2 + \ldots)V =$
$= (n_1 + n_2 + \ldots) RT$ sein, wobei $n_1 + n_2 + n_i \ldots + n_z =$

$= \sum\limits_{i=1}^{z} n_i = n$ die Gesamtstoffmenge ist. Ferner ergibt sich aus der obigen

Gleichungsfolge: $\dfrac{p_1}{n_1} = \dfrac{p_2}{n_2} = \ldots \dfrac{p_i}{n_i} = \ldots = \dfrac{p_z}{n_z} = \dfrac{p_1 + p_2 + \ldots}{n_1 + n_2 + \ldots} =$

$= \dfrac{p}{n}$. Ebenso ist $V = V_1 + V_2 + \ldots V_i \ldots + V_z$ und

$$\frac{V_1}{n_1} = \frac{V_2}{n_2} = \ldots \frac{V_i}{n_i} = \ldots \frac{V_z}{n_z}. \quad \text{Somit wird} \quad \frac{p_1}{p} = \frac{n_1}{n} = \frac{V_1}{V}$$

und $\dfrac{p_2}{p} = \dfrac{n_2}{n} = \dfrac{V_2}{V}$, allgemein $\dfrac{p_i}{p} = \dfrac{n_i}{n} = \dfrac{V_i}{V}$.

Beispiel 4-2. Die Partialvolumina von H_2O, N_2 und O_2 sowie die Partialdrücke von N_2 und O_2 in feuchter Luft sind zu berechnen. Das Gesamtvolumen beträgt 2 dm^3, der Druck 1013,3 mbar, der Partialdruck des Wasserdampfes 123,3 mbar. Zusammensetzung der Luft (Volumenanteil): 21% O_2, 79% N_2.

Partialvolumen des Wasserdampfes (V_{H_2O}): $V_{H_2O}\, p = p_{H_2O}\, V$;

$$V_{H_2O} = \frac{V p_{H_2O}}{p} = \frac{2 \cdot 123{,}3}{1013{,}3} = 0{,}243\ dm^3.$$

Partialvolumina von O_2 und N_2: $V_{O_2} + V_{N_2} = V - V_{H_2O} =$

$$= 2 - 0{,}243 = 1{,}757\ dm^3. \quad \frac{V_{O_2}}{V_{N_2}} = \frac{0{,}21}{0{,}79}.$$

$V_{O_2} = 1{,}757 \cdot 0{,}21 = 0{,}369\ dm^3$ und $V_{N_2} = 1{,}757 \cdot 0{,}79 = 1{,}388\ dm^3$.

Partialdrücke von O_2 und N_2:

$$p_{O_2} = \frac{(1013{,}3 - 123{,}3) \cdot 0{,}369}{1{,}757} = 186{,}9\ mbar$$

$p_{N_2} = 1013{,}3 - 123{,}3 - 186{,}9 = 703{,}1\ mbar.$ ——

Beispiel 4-3. Eine Anlage zur Rückgewinnung von Lösungsmitteln liefert ein mit Benzol gesättigtes Gas, welches außer Benzol noch Kohlendioxid, Sauerstoff und Stickstoff enthält. Die Temperatur sei 22 °C, der Druck 1000 mbar. Das Gas wird auf 5066 mbar komprimiert und nach der Kondensation auf 22 °C zurückgekühlt. Wieviel kg Benzol werden dabei aus 1000 m^3 eingehendem Gasgemisch kondensiert ? Der Dampfdruck des Benzols bei 22 °C ist 100 mbar.

$1000 \text{ mbar} = 1 \text{ bar} = 10^5 \text{ N/m}^2$; Indizes: "B" = Benzol, "In" = Indifferente Gase (Summe von CO_2, O_2 und N_2).

$$\frac{V_{In}}{V} = \frac{p_{In}}{p} \; ; \; V_{In} = V\frac{p_{In}}{p} = V\frac{(p-p_B)}{p} = 1000\,\frac{(1,0-0,1)\cdot 10^5}{1,0\cdot 10^5} =$$

$$= 900 \text{ m}^3 . \quad p_{In}V = n_{In}RT; \quad n_{In} = \frac{p_{In}V}{RT} = \frac{(p-p_B)V}{RT} =$$

$$= \frac{(1,0-0,1)\cdot 10^5 \cdot 1000}{8,3143 \cdot 295} = 36\,694 \text{ mol}.$$

Das Verhältnis $\dfrac{n_B}{n_{In}} = \dfrac{p_B}{p_{In}}$ ist vor der Kompression

$$\frac{0,1\cdot 10^5}{1,0\cdot 10^5 - 0,1\cdot 10^5} = 0,1111, \text{ nach der Kompression}$$

$$\frac{0,1\cdot 10^5}{5,066\cdot 10^5 - 0,1\cdot 10^5} = 0,0201. \text{ Daraus ergibt sich, daß}$$

$0,1111 - 0,0201 = 0,0910$ mol Benzol pro 1 mol indifferentes Gas kondensiert worden sein müssen. Demnach ist die insgesamt kondensierte Menge an Benzol $36\,694 \cdot 0,0910 = 3\,339$ mol Benzol, entsprechend $3\,339 \cdot 78$ g $= 260\,442$ g $= 260,442$ kg Benzol. ——

Beispiel 4-4. In einem Gasbehälter befindet sich Erdgas von der Temperatur $T_1 = 300,15$ K (= 27 °C), gesättigt mit Wasserdampf. Welche Menge Wasser scheidet sich aus 1 m³ Gas aus, wenn die Temperatur im Gasbehälter auf $T_2 = 275,15$ K (= 2 °C) sinkt? Der Gesamtdruck des Gases bleibt unverändert $1,01325$ bar $= 101325$ N/m². Der Sättigungsdruck des Wasserdampfes ist bei 27 °C $p_1 = 3564$ N/m², bei 2 °C $p_2 = 705$ N/m².

Allgemeine Lösung: V_1 m³ feuchten Gases der Temperatur T_1

enthalten $n_{W1} = n_{ges,1} \cdot \dfrac{p_1}{p}$ mol Wasserdampf. Während der Abkühlung bei konstantem Druck auf die Temperatur T_2 werden n_W mol Wasserdampf kondensiert; demnach sind im Gas noch

$$n_{W2} = (n_{ges,1} - n_W) \cdot \frac{p_2}{p} \text{ mol Wasserdampf enthalten. Es gilt also}$$

$$n_W = n_{W1} - n_{W2} = n_{ges,1} \cdot \frac{p_1 - p_2}{p} + n_W \cdot \frac{p_2}{p} . \text{ Daraus folgt für}$$

$$n_W = \frac{m_W}{M_W} = n_{ges,1} \cdot \frac{p_1 - p_2}{p - p_2} . \text{ Die gesamte Stoffmenge } n_{ges,1} \text{ des}$$

Gases bei der Temperatur T_1 ist $n_{\text{ges},1} = \dfrac{pV_1}{RT_1}$. Somit ist die Masse des aus $V_1 = 1\ \text{m}^3$ kondensierten Wasserdampfes $m_{\text{W}} = \dfrac{pV_1}{RT_1} \times$

$$\times\ \frac{p_1 - p_2}{p - p_2} \cdot M_{\text{W}} = \frac{101\,325 \cdot 1}{8{,}3143 \cdot 300{,}15} \cdot \frac{3564 - 705}{101\,325 - 705} \cdot 18{,}02 = 20{,}79\ \text{g}.$$

Aufgaben. 4/1. In einem Kessel von $3{,}2\ \text{dm}^3$ Inhalt befindet sich CO_2 unter einem Druck von 307 mbar. Wie groß wird der Gesamtdruck, wenn dazu $2{,}4\ \text{dm}^3\ N_2$ vom Druck 973 mbar und $5{,}8\ \text{dm}^3\ H_2$ vom Druck 680 mbar gedrückt werden ?

4/2. Welchen Gesamtdruck zeigt eine Mischung von je 100 g Benzol und Toluol (als ideale Lösung angenommen) bei 30 °C, wenn bei dieser Temperatur die Dampfdrücke für Benzol 160,3 mbar und für Toluol 48,9 mbar betragen ?

4/3. In einem Gefäß von $2\ \text{dm}^3$ Inhalt befinden sich 5,1 g Stickstoff und 8 g Wasserstoff. Welcher Druck herrscht in dem Gefäß bei 25 °C ?

4/4. In ein evakuiertes Gefäß von $5\ \text{dm}^3$ Inhalt wurden je 1 g Wasser und Hexan (C_6H_{14}) eingefüllt und durch Erwärmen auf 250 °C verdampft. Welcher Druck herrscht in dem Gefäß ?

4/5. Bei 20 °C hat Benzol einen Dampfdruck von 100 mbar, Toluol 29,3 mbar. Wie hoch sind die Volumenanteile an Benzol und Toluol im Dampf über einem Flüssigkeitsgemisch mit $x_{\text{B}} = 0{,}6$ Benzol und $x_{\text{T}} = 0{,}4$ Toluol ?

4/6. Trockene Luft hat einen Volumenanteil von 21% O_2 . Berechne den Partialdruck des Sauerstoffs in wasserdampfgesättigter Luft bei 1000 mbar und 17 °C. Wasserdampfdruck = 19,37 mbar.

4/7. Natriumhydrogencarbonat wurde in einem geschlossenen, luftleeren Gefäß von $1\ \text{dm}^3$ Inhalt auf 100 °C erhitzt, wobei sich CO_2 und Wasserdampf entwickelten und ein Gleichgewichtsdruck von 973,2 mbar einstellte. Wieviel Gramm Soda wurden gebildet ?

4.1.6 Sättigung eines Gases mit Feuchtigkeit

Soll das Volumen eines trockenen Gases auf das Volumen V umgerechnet werden, das es in feuchtigkeitsgesättigtem Zustand einnimmt, so ist, wenn das trockene Gas unter einem Druck p steht, nach der Sättigung mit Wasserdampf (bei gleichbleibendem Druck) der Druck des Gemisches ebenfalls p, der des Gases allein $p - p_{H_2O}$, wobei p_{H_2O} den Sättigungsdruck des Wasserdampfes bedeutet.

Ist V_{t} das Volumen des trockenen Gases, dann ist nach dem Boyle-Marioetteschen Gesetz $\dfrac{V_{\text{t}}}{V} = \dfrac{p - p_{H_2O}}{p}$; daraus

$$V = \frac{pV_{\text{t}}}{p - p_{H_2O}} \ .$$

Beispiel 4-5. Ein mit Gas gefüllter Behälter vom Volumen $V_1 = 50\ cm^3$ und einer Temperatur von $\vartheta_1 = 20\ °C$ wird erhitzt. Dabei tritt ein Teil des Gases aus und wird in einem Gefäß über Wasser bei einer Temperatur von $\vartheta_2 = 17,5\ °C$ aufgefangen. Es nimmt ein Volumen $V_2 = 30\ cm^3$ ein. Der Barometerstand ist während des Versuches konstant $p_1 = 973,3\ mbar$. Wie hoch ist die Endtemperatur des erhitzten Behälters (die Behälterauskleidung bleibt unberücksichtigt)? Der Partialdruck p_{H_2O} des Wasserdampfes bei $17,5\ °C$ beträgt $20,0\ mbar$.

Es waren ursprünglich im Behälter n_1 mol Gas, ausgetreten sind n_2 mol, zurück bleiben also $n_3 = n_1 - n_2$ mol.

$$n_1 = \frac{p_1 V_1}{RT_1} \quad (p_1 = 973,3\ mbar,\ V_1 = 50\ cm^3\ und\ T_1 =$$

$$= 273 + 20 = 293\ K).\ n_2 = \frac{(p_1 - p_{H_2O}) V_2}{RT_2} \quad (p_{H_2O} = 20\ mbar,$$

$$V_2 = 30\ cm^3\ und\ T_2 = 290,5\ K).\ n_3 = \frac{p_1 V_1}{RT_3} \quad (T_3 = gesuchte$$

Temperatur). Durch Einsetzen erhält man $\dfrac{p_1 V_1}{RT_3} = \dfrac{p_1 V_1}{RT_1} -$

$$- \frac{(p_1 - p_{H_2O}) V_2}{RT_2} \quad .$$

$$\frac{1}{T_3} = \frac{1}{T_1} - \frac{(p_1 - p_{H_2O}) V_2}{p_1 V_1 T_2} = \frac{1}{293} - \frac{953,3 \cdot 30}{973,3 \cdot 50 \cdot 290,5};$$

daraus $T_3 = 719,4\ K$ und $\vartheta_3 = 446,3\ °C$. ——

Für die *Reduktion feuchter Gasvolumina auf den Normzustand* gilt:

$$V_n = \frac{V(p - p_{H_2O})\ 273}{1013\ (273 + \vartheta)}\quad .$$

Darin sind V_n das auf den Normzustand reduzierte Volumen des trockenen Gases, V das Volumen des feuchten Gases bei $\vartheta\ °C$, p der Druck in mbar des feuchten Gases, p_{H_2O} der Sättigungsdruck des Wasserdampfes bei $\vartheta\ °C$ und ϑ die herrschende Temperatur in $°C$.

4.1.7 Teilweise Sättigung eines Gases mit Feuchtigkeit

Der Feuchtigkeitsgehalt nur teilweise gesättigter Gase wird entweder als *absolute Feuchtigkeit* (d. h. in g Wasserdampf pro m^3) oder als *relative Feuchtigkeit* (d. i. das Verhältnis der vorhandenen zur maximal möglichen Feuchtigkeit, also zu der Dampfmenge, welche das Gas bei der betreffenden Temperatur überhaupt aufzunehmen vermag) angegeben. Bezeichnet f die tatsächlich vorhandene, F die maximal mögliche Feuchtigkeit, dann ist $f{:}F$ die relative Feuchtigkeit. Sie wird in % der Maximalfeuchtigkeit ausgedrückt

als *Feuchtigkeitsgrad* $100 \cdot \dfrac{f}{F}$.

Bei Rechnungen mit nur teilweise mit Feuchtigkeit gesättigten Gasen muß zunächst der Dampfdruck aus der gegebenen relativen Feuchtigkeit bei der gemessenen Temperatur bestimmt werden.

Beispiel 4-6. Beträgt die Temperatur 17 °C, die relative Feuchtigkeit des Gases 30% (d. h. es sind nur 30% des bei 17 °C aufnehmbaren Wasserdampfes in ihm enthalten), dann gilt, da der Sättigungsdruck des Wasserdampfes bei 17 °C 19,37 mbar beträgt, die Proportion $100 : 30 = 19,37 : p_{H_2O}$. Daher ist $p_{H_2O} = 5,81$ mbar.

Der Druck des trockenen Gases ergibt sich aus der Differenz dieses Drucks und dem Gesamtdruck. ——

Beispiel 4-7. Welchen Raum nehmen 500 m³ Erdgas von 21 °C, 1020 mbar und 80% Feuchtigkeitsgrad als trockenes Gas im Normzustand ein ?

Bei 21 °C ist der Sättigungsdruck des Wasserdampfes 24,86 mbar. Daher ist der Druck bei einem Feuchtigkeitsgrad von 80%

$$p_{H_2O} = \frac{80 \cdot 24,86}{100} = 19,89 \text{ mbar.}$$

$$V = \frac{500 \,(1020 - 19,89) \cdot 273}{1013 \cdot 294} = 458,4 \text{ m}^3 . \quad ——$$

Taupunkt nennt man jene Temperatur, auf welche Luft und Wasserdampf bei konstant bleibender Feuchtigkeit abgekühlt werden müssen, um gesättigt zu werden, d. h. um in Gleichgewicht mit flüssigem Wasser von der Temperatur des Taupunktes zu kommen. Die Unterschreitung des Taupunktes hat Wasserniederschlag zur Folge.

Aufgaben. 4/8. Wie groß ist die relative Feuchtigkeit und welches ist der Taupunkt, wenn die absolute Feuchtigkeit 11,3 g/m³ bei 16 °C Lufttemperatur beträgt ? (Sättigungsdruck bei 16 °C: 18,16 mbar).

4/9. Welches Volumen nehmen 4000 m³ Kohlendioxid von 17 °C, 988 mbar und 61,7% Feuchtigkeitsgrad als trockenes Gas bei 20 °C und 1000 mbar ein ? (Sättigungsdruck bei 17 °C: 19,36 mbar).

4.2 Dichte der Gase

Die *Dichte* eines Stoffes ist dessen Masse, dividiert durch das von dieser Masse eingenommene Volumen, d. h. die volumenbezogene Masse: $\rho = \dfrac{m}{V}$. Die SI-Einheit der Dichte ist 1 kg/m^3.

Für Feststoffe und Flüssigkeiten wird die Dichte auch in g/cm^3 angegeben, für Gase, wegen deren um drei Größenordnungen geringeren Dichte, meist in g/dm^3 ($=$ g/l $=$ kg/m^3).

Da das Volumen der Gase sehr stark druck- und temperaturabhängig ist, ist dies auch für deren Dichte der Fall. Bei Dichteangaben muß daher immer der Druck und die Temperatur vermerkt sein. In der Regel beziehen sich die Angaben auf den Normzustand ($T_n = T_0 = 273{,}15$ K und $p_n = p_0 = 1{,}01325$ bar).

Aus der Zustandsgleichung für ideale Gase (s. 4.1.1) folgt für das Volumen bei der Temperatur T und beim Druck p: $V = V_n \dfrac{p_n T}{p\, T_n}$;

ist die Dichte bei der Temperatur T und beim Druck p: $\rho = \dfrac{m}{V_n}\dfrac{p\,T}{p_n}$

$= \rho_n \dfrac{p\,T_n}{p_n\,T}$ (Index "n" bedeutet, daß für diese Größen deren Wert im Normzustand einzusetzen ist). Diese Gleichung gestattet die Umrech der Dichte ρ_n im Normzustand auf andere Druck- und Temperaturbedingungen.

Nach dem idealen Gasgesetz (s. 4.1.4) ist $pV = nRT = \dfrac{m}{M}RT$,

woraus für die Dichte bei der Temperatur T und beim Druck p folgt:

$\rho = \dfrac{m}{V} = \dfrac{pM}{RT}$. Diese Beziehung erlaubt die Berechnung der Dichte eines Gases bei bekannter molarer Masse M oder umgekehrt die Berechnung der molaren Masse bei bekannter bzw. gemessener Dich eines Gases oder Dampfes.

Die angeführten Gleichungen lassen sich auch auf Gase oder Dämpfe, welche ein nicht ideales Verhalten aufweisen, für überschlagsmäßige Berechnungen der Dichten bzw. molaren Massen anwenden; Maximalfehler rd. 3 bis 5%.

Beispiel 4-8. Bei $\vartheta = 200\,^{\circ}$C und $p = 1$ bar ($= 10^5$ N/m^2) nehmen 0,716 g eines organischen Stoffes im Dampfzustand ein

Volumen von 242,6 cm³ ein. Die Stoffmengen der Elemente
in dieser Verbindung verhalten sich wie folgt $C : H : O = 3 : 6 : 1$.
Die molare Masse der Verbindung und deren Formel sind zu
ermitteln.

$$\rho = \frac{0,716}{242,6} = 2,95 \cdot 10^{-3} \text{ g/cm}^3 = 2,95 \text{ kg/m}^3; \quad R = 8,3143$$

$\text{Nm/(mol} \cdot \text{K)}. \quad M = \rho \, \dfrac{RT}{p} = 2,95 \cdot \dfrac{8,3143 \cdot 473}{10^5} = 0,116 \text{ kg/mol} =$

$= 116 \text{ g/mol}. \quad 116 = 3 \cdot x \cdot 12 + 6 \cdot x \cdot 1 + 1 \cdot x \cdot 16; \text{ d. h. } x = 2.$
Die Verbindung hat die molare Masse 116 g/mol und entspricht der
Formel $C_6 H_{12} O_2$. ———

Aufgaben. 4/10. Berechne aus den molaren Massen die Dichten ρ_n im
Normzustand für Sauerstoff, Stickstoff, Kohlenmonoxid und Stickstoffmonoxid
$(M_{O_2} = 32, \; M_{N_2} = 28, \; M_{CO} = 28, \; M_{NO} = 30 \text{ g/mol})$.

4.3 Löslichkeit der Gase

In ideal verdünnten Lösungen als Grenzzustand beliebiger realer
Gemische, in welchen das chemisch indifferente Lösungsmittel in
großem Überschuß vorhanden ist, gilt für ein gelöstes Gas i das
Henrysche Gesetz:

$$p_i = H_i x_{il}. \tag{I}$$

(p_i Partialdruck des Gases, x_{il} Molenbruch des Gases i im Lösungsmittel). H_i ist die für die Komponente i charakteristische und
temperaturabhängige *Henrysche Konstante*.

Die Löslichkeit von Gasen in Flüssigkeiten und Feststoffen
wird in folgenden Größen ausgedrückt.

Der *Bunsensche Absorptionskoeffizient* α_i ist das von der
Volumeneinheit des Lösungsmittels bei der betreffenden Temperatur
aufgenommene Volumen V_{il} eines Gases i (reduziert auf den Normzustand $p_n = 1,01325$ bar, $\vartheta_n = 0\,°\text{C}$), wenn der Partialdruck des
Gases $p_i = 1,01325$ bar beträgt. Es ist also

$$\frac{V_{il}}{V_L} = \alpha_i \cdot \frac{p_i}{p_n} \tag{II}$$

(p_i in bar; V_L Volumen des Lösungsmittels).

Das aufgenommene Volumen V_{il} läßt sich mit Hilfe des idealen

Gasgesetzes auch folgendermaßen ausdrücken:

$$V_{il} = n_{il}\,\frac{RT_n}{p_n} \quad ; \text{ somit ist } \quad \frac{V_{il}}{V_L} = \frac{n_{il}}{V_L}\cdot\frac{RT_n}{p_n} = c_{il}\,V_{mn} \qquad \text{(III)}$$

(c_{il} Konzentration des Gases im Lösungsmittel, V_{mn} molares Volumen des Gases im Normzustand).

Schließlich ist $n_{ges} = n_{il} + n_L \approx n_L$ (da $n_L \gg n_{il}$), ferner

$$n_L = \frac{m_L}{M_L} = \frac{V_L\rho_L}{M_L}\;, \quad \text{und daher } c_{il} = \frac{n_{il}}{V_L} = \frac{n_{il}\rho_L}{n_L M_L} = x_{il}\frac{\rho_L}{M_L}\;.$$

Damit erhält man durch Einsetzen in Gl. (III) und Kombination

mit Gl. (II): $\quad \dfrac{V_{il}}{V_L} = x_{il}\,\dfrac{\rho_L}{M_L}\,V_{mn} = \alpha_i\,\dfrac{p_i}{p_n}\;$. Daraus ergibt sich

durch Einsetzen von p_i aus Gl. (I) der Zusammenhang zwischen α_i und H_i:

$$\alpha_i = p_n \cdot \frac{\rho_L}{M_L} \cdot \frac{V_{mn}}{H_i}\;.$$

Der *Ostwaldsche Löslichkeitskoeffizient* α_i' ist das Verhältnis der Konzentration c_{il} des Gases in der Flüssigkeit zur

Konzentration c_{ig} in der Gasphase: $\alpha_i' = \dfrac{c_{il}}{c_{ig}}$. Wie sich leicht

ableiten läßt, hier jedoch ohne Beweis mitgeteilt sei, besteht zwischen α_i und α_i' folgende Beziehung:

$$\alpha_i = \alpha_i'\,\frac{T_n}{T} = \alpha_i'\,\frac{273{,}15}{T}\;.$$

Bei Gültigkeit des Henryschen Gesetzes ist α_i' für eine gegebene Temperatur unabhängig vom Teildruck des Gases.

Beispiel 4-9. Der Bunsensche Absorptionskoeffizient α_i für H_2S in Wasser beträgt 4,52 bei 0 °C. Für den Partialdruck $p_i = 1{,}01325$ bar ist die Henrysche Konstante zu berechnen.

$p_n = 1{,}01325$ bar, $\rho_L = 1$ g/cm³, $M_L = 18{,}02$ g/mol, $V_{mn} = 22\,414$ cm³/mol.

$$H_i = p_n \cdot \frac{\rho_L}{M_L} \cdot \frac{V_{mn}}{\alpha_i} = 1{,}01325 \cdot \frac{1}{18{,}02} \cdot \frac{22\,414}{4{,}52} = 278{,}83 \text{ bar.}$$

Beispiel 4-10. Wieviel Sauerstoff und Stickstoff können von 1 dm³ Wasser aufgenommen (bzw. aus ihm ausgekocht) werden ?

Die Sättigung erfolgt mit Luft bei 20 °C und 1,01325 bar.
$\alpha_{O_2} = 0,0300$, $\alpha_{N_2} = 0,0152$. Volumenanteile der Luft: 21% O_2
und 79% N_2.

In 1 cm³ sind gelöst: $0,0300 \cdot 0,21 = 0,00630$ cm³ O_2 und
$0,0152 \cdot 0,79 = 0,01201$ cm³ N_2; aus 1 dm³ erhält man daher
6,30 cm³ O_2 und 12,01 cm³ N_2. ——

Aufgaben. 4/11. Berechne die Henrysche Konstante für die Lösung
von Acetylen in Wasser bei **a)** 0 °C, **b)** 30 °C. Der Bunsensche Absorptionskoeffizient α ist bei 0 °C 1,73, bei 30 °C 0,84.

4/12. In Wasser von 0 °C wird bei einem Druck von 1,01325 bar Luft,
Volumenanteile 20,8% O_2, 79,0% N_2 und 0,2% CO_2, bis zur Sättigung einge-
leitet. Welche Zusammensetzung hat das beim Kochen erhaltene, trockene
Gasgemisch, wenn die Löslichkeit dieser Gase in Wasser bei 100 °C mit Null
angenommen wird? $\alpha_{O_2} = 0,04889$, $\alpha_{N_2} = 0,02354$, $\alpha_{CO_2} = 1,713$.

4/13. Bei 0 °C beträgt die Löslichkeit von Luftstickstoff in Wasser
23,54 cm³/dm³, jene von Luftsauerstoff 48,89 cm³/dm³. Volumenanteile
der Luft: 79% N_2, 21% O_2. Welche Zusammensetzung hat die in Wasser
gelöste Luft?

4/14. Von 100 g Wasser wurden aus einer Gasmischung 0,0000431 g H_2
bei 20 °C gelöst. Welchen Teildruck hatte der Wasserstoff? Die Löslichkeit
von H_2 bei 20 °C und 1,01325 bar Partialdruck wird ausgedrückt durch
$\alpha = 0,01819$.

4.4 Kinetische Theorie der idealen Gase

4.4.1 Grundgleichung, Stoßzahl und mittlere freie Weglänge

Die folgende Ableitung der Grundgleichung der *kinetischen
Theorie der idealen Gase* wird nur in vereinfachter Form wiedergegeben, welche auf folgenden Postulaten beruht:

1. Ein Gas besteht aus einer großen Anzahl von Molekülen,
deren Abmessungen sehr klein sind gegenüber ihrer mittleren Entfernung voneinander und gegenüber den Behälterabmessungen.

2. Die Moleküle bewegen sich voneinander unabhängig,
ohne irgendeine Richtung im Raum zu bevorzugen, d. h. vollständig regellos.

3. Die Zusammenstöße sowohl zwischen den Molekülen
untereinander als auch zwischen den Molekülen und den Behälter-
wänden sind streng elastisch; Energie- und Impulsänderungen
unterliegen den Erhaltungssätzen der klassischen Mechanik.

Beim Zusammenstoß der Moleküle tauschen diese Energie und
Impuls aus. Dabei ändern sie im allgemeinen ihre Geschwindigkeit.
Wenn wir im folgenden zunächst nur von *einer* Geschwindigkeit
sprechen, so kann diese nur die Bedeutung eines Mittelwertes haben,
der von der Masse der Moleküle und der Temperatur des Gases abhängt.

Die Summe der Wirkungen der Molekülstöße auf die Wand
erscheint uns als Druck (= Kraft pro Flächeneinheit). Beim Stoß
der Moleküle gegen die Wand wird Impuls auf die Wand übertragen.
Nach dem Grundgesetz der Mechanik ist die Kraft auf die Wand
gleich dem in der Zeiteinheit durch die Stöße auf die Wand über-
tragenen Impuls. Der Druck ist somit der auf die Flächeneinheit
der Wand in der Zeiteinheit übertragene Impuls:

$$\text{Druck} = \frac{\text{an die Wand abgegebener Impuls}}{\text{Wandfläche} \times \text{Zeit}}. \qquad \text{(I)}$$

Die Anzahl der Moleküle in der Volumeneinheit sei N, ihre
mittlere Geschwindigkeit w. Wir denken uns nun der Einfachheit
halber die regellose Bewegung der Moleküle so aufgeteilt, daß sich
je 1/3 der Moleküle parallel zu einer der drei Koordinatenrichtungen
des Raumes bewegen und davon wieder die Hälfte, also 1/6, auf eine
vorgegebene Fläche zu, die andere Hälfte von ihr weg. Dann werden
alle Moleküle mit einer Bewegungsrichtung auf die Wand zu, welche
in einer Säule mit der Grundfläche einer Flächeneinheit und der
Länge w enthalten sind, in der Zeiteinheit auf die Wand auftreffen;
anders ausgedrückt: alle im Abstand s = (Geschwindigkeit $\times$
$\times$ Zeiteinheit) befindlichen Moleküle können in der Zeiteinheit
gerade noch die Wand erreichen. Somit ist die Anzahl der Stöße z

auf die Wand: $z = \dfrac{N}{6}\, w$.

Ist m die Masse eines Moleküls, w dessen Geschwindigkeit,
so ist sein Impuls I das Produkt aus Masse und Geschwindigkeit:
$I = mw$. Trifft das Molekül senkrecht auf eine Wand und wird
es von dieser elastisch reflektiert, so überträgt es auf die Wand den
Impuls $2\,mw$ (das Doppelte des ursprünglichen Impulses, der beim
Stoß sein Vorzeichen umkehrt). Der durch alle Stöße in der Zeiteinheit auf die Flächeneinheit der Wand übertragene Impuls ist

also $z \cdot 2\,mw = \dfrac{N}{6}\, w \cdot 2\,mw = \dfrac{1}{3}\, Nmw^2$.

Der auf die Flächeneinheit in der Zeiteinheit übertragene Impuls ist nach (I) gleich dem Druck p. Es gilt also

$$p = \frac{1}{3}\, Nmw^2.$$

Berücksichtigt man die Tatsache, daß die Geschwindigkeiten der Gasmoleküle nicht alle gleich sind (s. oben), so muß man hier w^2 durch $\overline{w^2}$ ersetzen, das Mittel der Quadrate aller vorkommenden Geschwindigkeiten:

$$p = \frac{1}{3}\, Nm\overline{w^2}.$$

Befinden sich nN_A Moleküle (n Stoffmenge in mol, N_A Avogadro-Konstante) im Volumen V, also $\dfrac{nN_A}{V} = N$ Moleküle in der Volumeneinheit, so folgt:

$$p = \frac{nN_A}{3\,V}\, m\overline{w^2} = \frac{nM\overline{w^2}}{3\,V} \quad \text{oder} \quad pV = n\,\frac{M\overline{w^2}}{3}.$$

($N_A m = M$, molare Masse). Die letzte Gleichung können wir als kinetische Ableitung des idealen Gasgesetzes auffassen, wenn wir die rechte Seite mit nRT identifizieren (vgl. 4.1.4). Aus der kinetischen Theorie der idealen Gase ergeben sich demnach dann die richtigen Beziehungen, wenn gilt $RT = \dfrac{1}{3}\, M\overline{w^2} = \dfrac{2}{3}\,\dfrac{M\overline{w^2}}{2}$. $\dfrac{M\overline{w^2}}{2}$ stellt die gesamte kinetische Energie der Gasmoleküle dar, für welche daher folgt

$$E_k = \frac{M\overline{w^2}}{2} = \frac{3}{2}\, RT. \tag{II}$$

Die Wurzel aus dem mittleren Geschwindigkeitsquadrat der Moleküle eines Gases ist

$$\sqrt{\overline{w^2}} = \sqrt{\frac{3RT}{M}} = 1{,}579 \cdot 10^4\, \sqrt{\frac{T}{M}}\ \text{cm/s}\ (M\ \text{in g/mol}).$$

Demnach verhalten sich die mittleren Geschwindigkeitsquadrate zweier verschiedener Gase umgekehrt wie deren molare Massen bzw. umgekehrt wie deren Gasdichten bei derselben Temperatur:

$$\frac{\overline{w_1^2}}{\overline{w_2^2}} = \frac{M_2}{M_1} = \frac{\rho_2}{\rho_1}.$$

$\sqrt{\overline{w^2}}$ ist nicht identisch mit der *mittleren Geschwindigkeit* $\overline{w}$ der Gasmoleküle, vielmehr gilt:

$$\overline{w} = 0{,}921 \; \sqrt{\overline{w^2}} \; .$$

Die Moleküle eines Gases stoßen infolge der ungeordneten Bewegung, die sie ausführen, nicht nur an die Wand, sondern auch gegeneinander. Bei Betrachtung einer großen Menge einzelner Moleküle läßt sich daher eine mittlere Stoßzahl und eine mittlere freie Weglänge definieren. Die *Zahl der Zusammenstöße*, Z_{11}, die ein einzelnes Molekül in einem einheitlichen Gas (ausgedrückt durch Index 11) in der Zeiteinheit erfährt, beträgt

$$Z_{11} = \sqrt{2} \cdot \frac{n \, N_A}{V} \, \pi \, d^2 \overline{w} \quad (d \; \text{Molekülmesser}).$$

Die *Gesamtzahl* Z der Stöße pro Zeit- und Volumeneinheit in einem einheitlichen Gas ist

$$Z = \frac{Z_{11} N}{2} = \frac{Z_{11} n N_A}{2V} = \frac{1}{\sqrt{2}} \left(\frac{n N_A}{V} \right)^2 \pi \, d^2 \overline{w}.$$

Die *mittlere freie Weglänge* λ, das ist die im Mittel zwischen zwei Zusammenstößen zurückgelegte Strecke eines Moleküls, ergibt sich unmittelbar aus dem Verhältnis von mittlerer Geschwindigkeit zu Stoßzahl Z_{11}:

$$\lambda = \frac{\overline{w}}{Z_{11}} = \frac{V}{\sqrt{2} \, n N_A \, \pi \, d^2} \; .$$

Beispiel 4-10. Zu berechnen ist die mittlere freie Weglänge λ, die mittlere Zahl Z_{11} der Zusammenstöße eines Moleküls pro s und die Gesamtzahl Z aller Zusammenstöße pro cm^3 und s für $n = 22{,}4$ mol Helium, welche sich bei $\vartheta = 20\,°C$ in einem Behälter von $1000 \; cm^3$ Inhalt befinden (gaskinetischer Moleküldurchmesser $d = 2{,}30 \cdot 10^{-8}$ cm).

$$\lambda = \frac{1000}{\sqrt{2} \cdot 22{,}4 \cdot 6{,}02217 \cdot 10^{23} \cdot (2{,}30 \cdot 10^{-8})^2 \cdot 3{,}14} = 3{,}15 \cdot 10^{-8} \; \text{c}$$

$$\overline{w} = 0{,}921 \cdot 1{,}579 \cdot 10^4 \; \sqrt{\frac{293}{4}} = 1{,}245 \cdot 10^5 \; \text{cm/s};$$

$$Z_{11} = \sqrt{2} \cdot \frac{22,4 \cdot 6,02217 \cdot 10^{23}}{1000} \cdot 3,14 \cdot (2,30 \cdot 10^{-8})^2 \cdot 1,245 \cdot 10^5 =$$

$$= 3,95 \cdot 10^{12} \ \mathrm{s}^{-1}.$$

$$Z = \frac{1}{\sqrt{2}} \left(\frac{n N_A}{V} \right)^2 \cdot 3,14 \cdot (2,30 \cdot 10^{-8})^2 \cdot 1,245 \cdot 10^5 =$$

$$= 2,662 \cdot 10^{34} \ \mathrm{cm}^{-3} \mathrm{s}^{-1}. \ \text{———}$$

4.4.2 Stoffmengenbezogene (molare) Wärmekapazität

Man bezeichnet diejenige Wärmemenge, die man 1 mol eines
Stoffes zuführen muß, um dessen Temperatur um 1 K (= 1 °C) zu
erhöhen, als die *stoffmengenbezogene (molare) Wärmekapazität* C_m
dieses Stoffes. Die SI-Einheit der molaren Wärmekapazität ist
J/(mol·K). Die Erfahrung lehrt, daß die molare Wärmekapazität von
den äußeren Bedingungen abhängt, unter welchen die Erwärmung
erfolgt. Dabei treten zwei Grenzfälle auf: a) bei konstant gehaltenem
Volumen müssen wir einer Stoffmenge von 1 mol die Wärmemenge
C_{mv} J zuführen, um die Temperatur um 1 K zu erhöhen; bei konstant
gehaltenem Druck müssen wir einer Stoffmenge von 1 mol die Wärmemenge C_{mp} J zuführen, um eine Temperaturerhöhung von 1 K zu
erreichen. Diese Wärmemengen werden als *stoffmengenbezogene
Wärmekapazitäten bei konstantem Volumen* (C_{mv}) bzw. bei *konstantem
Druck* (C_{mp}) bezeichnet. Dividieren wir durch die molare Masse des
betreffenden Stoffes, so erhalten wir die entsprechenden *spezifischen
Wärmekapazitäten* c_v und c_p mit der SI-Einheit J/(kg·K).

Erwärmen wir die Stoffmenge von 1 mol bei konstant gehaltenem Volumen nicht nur um 1 K, sondern um ΔT, so ist die Wärmeaufnahme $Q_m = \Delta U_m = C_{mv} \Delta T$.

Da bei konstant gehaltenem Volumen ($\Delta V = 0$) ein Arbeits-
austausch mit der Umgebung ausgeschlossen ist, dient die gesamte
zugeführte Wärmemenge Q_m zur Erhöhung der *inneren Energie* um
den Betrag ΔU_m; U_m ist die *stoffmengenbezogene (molare) innere
Energie*, welche eine sog. Zustandsfunktion ist (s. 8.1.2, S. 256).

Da C_{mv} (wie auch c_v) im allgemeinen temperaturabhängig ist,
kann diese Gleichung nur für nicht zu große Temperaturintervalle
Verwendung finden. Für größere Temperaturänderungen müssen
wir schreiben

$$\Delta U_m = U_{m2} - U_{m1} = U_m(T_2) - U_m(T_1) = \int\limits_{T_1}^{T_2} C_{mv} \, dT.$$

Der zugehörige Differentialausdruck lautet:

$$\left(\frac{\partial U_{\mathrm{m}}}{\partial T}\right)_{\mathrm{v}} = C_{\mathrm{mv}} \, .$$

Ebenso wie $C_{\mathrm{mv}} \, \mathrm{d}T$ entspricht auch $C_{\mathrm{mp}} \, \mathrm{d}T$ der Änderung einer Zustandsfunktion, die natürlich von U_{m} verschieden ist und als *stoffmengenbezogene (molare) Enthalpie* bezeichnet wird:

$$\Delta H_{\mathrm{m}} = H_{\mathrm{m}2} - H_{\mathrm{m}1} = H_{\mathrm{m}}(T_2) - H_{\mathrm{m}}(T_1) = \int\limits_{T_1}^{T_2} C_{\mathrm{mp}} \, \mathrm{d}T.$$

Der zugehörige Differentialausdruck lautet:

$$\left(\frac{\partial H_{\mathrm{m}}}{\partial T}\right)_{\mathrm{p}} = C_{\mathrm{mp}} \, .$$

Die Differenz $C_{\mathrm{mp}} - C_{\mathrm{mv}}$ hat für alle idealen Gase denselben Wert. Erwärmen wir 1 mol eines idealen Gases, ausgehend vom gleichen Zustand, um 1 K, und zwar a) bei konstantem Volumen, b) bei konstantem Druck, so werden bei beiden Vorgängen zwei Zustände erreicht, welche sich nur durch das Volumen (bzw. den Druck),nicht jedoch durch die Temperatur unterscheiden. Die innere Energie eines idealen Gases hängt aber nur von der Temperatur, nicht vom Volumen ab (sog. 2. Gay-Lussacsches Gesetz). Nach dem Satz von der Erhaltung der Energie (1. Hauptsatz der Thermodynamik, s. 8.1, S. 250) muß dann die Summe der Arbeits- und Wärmeumsätze bei beiden Vorgängen gleich groß sein.

Beim Vorgang a) erfolgt keine Arbeitsleistung, sondern nur eine Wärmeaufnahme $Q_{\mathrm{m}} = C_{\mathrm{mv}} \, \Delta T$ $(\Delta T = 1 \, \mathrm{K})$. Beim Vorgang b) dagegen tritt außer der Erwärmung um 1 K noch eine Arbeitsleistung $-p \, \Delta V_{\mathrm{m}}$ auf (vom System abgegebene Arbeit wird negativ gerechnet). Somit erhalten wir für ein ideales Gas:

$$C_{\mathrm{mp}} \Delta T - p \, \Delta V_{\mathrm{m}} = C_{\mathrm{mv}} \Delta T, \qquad\qquad\qquad (\mathrm{I})$$

wobei $\Delta V_{\mathrm{m}} = \left(\dfrac{\partial V_{\mathrm{m}}}{\partial T}\right)_{\mathrm{p}} \Delta T$ ist. Aus der Zustandsgleichung für ideale

Gase folgt für 1 mol: $\Delta V_{\mathrm{m}} = \dfrac{R}{p} \Delta T$ und damit aus der obigen Gl. (I)

$$C_{\mathrm{mp}} - C_{\mathrm{mv}} = R.$$

Besteht die innere Energie U_m eines idealen Gases nur aus der kinetischen Energie der Translationsbewegung seiner Moleküle, wie das bei einem einatomigen Gas der Fall ist, so ist nach Abschnitt 4.4.1, Gl. (II):

$$U_m = E_k = \frac{M\overline{w^2}}{2} = N_A \frac{1}{2} m\overline{w^2} = \frac{3}{2} RT = \frac{3}{2} N_A kT,$$

wobei $k = R/N_A = 1{,}3806 \cdot 10^{-23}$ J/K die *Boltzmannsche Konstante* darstellt. Daraus folgt

$$\left(\frac{\partial U_m}{\partial T}\right)_v = C_{mv} = \frac{3}{2} R = 12{,}4715 \text{ J/(mol·K)}.$$

Da $R = C_{mp} - C_{mv}$ ist, ergibt sich ferner für $C_{mp} = 20{,}7858$ J/(mol·K) und $\dfrac{C_{mp}}{C_{mv}} = \kappa = 1{,}666 \ldots$

Für ein ideales Gas mit starren zweiatomigen Molekülen ist

$$U_m = \frac{5}{2} RT, \quad C_{mp} = \frac{7}{2} R, \quad C_{mv} = \frac{5}{2} R \quad \text{und} \quad \kappa = \frac{C_{mp}}{C_{mv}} = 1{,}40.$$

Die gleichen Werte gelten für drei- und mehratomige Gase mit gestreckter Atomanordnung. Für dreiatomige Gase mit

gewinkelter Anordnung ist $C_{mp} = \dfrac{8}{2} R$, $C_{mv} = \dfrac{6}{2} R$ und $\kappa = \dfrac{C_{mp}}{C_{mv}} =$

$= \dfrac{8}{6} = 1{,}333 \ldots$

Bestimmung von $\dfrac{C_{mp}}{C_{mv}}$. a) *Methode von Clement und Desormes.* Wird ein Gasvolumen so rasch expandiert oder komprimiert, daß der Wärmeausgleich mit der Umgebung während der Zustandsänderung vernachlässigt werden kann, ist es möglich, aus den eingetretenen Druckänderungen κ zu berechnen. Ist p_1 der Druck zu Beginn des Versuches, p_2 der Druck nach der Expansion und p_3 der Druck, den das Gas bei unverändertem Endvolumen nach dem Wärmeaustausch mit dem Temperaturbad zeigt, so ist aus der Gleichung der Adiabate $p_1 V_1^\kappa = p_2 V_2^\kappa$ (s. S. 255) nach entsprechender Umformung (welche infolge der kleinen Druckänderungen vorgenommen werden kann)

$$\kappa = \frac{C_{mp}}{C_{mv}} = \frac{c_p}{c_v} = \frac{p_1 - p_2}{p_1 - p_3}.$$

b) *Methode von* Kundt. Die Schallgeschwindigkeit in einem

Gas ist gegeben durch $w = \sqrt{\dfrac{p}{\rho}\,\kappa}$, vorausgesetzt, daß der Vorgang
adiabatisch verläuft.

Die Bestimmung des Verhältnisses der Schallgeschwindigkeiten
zweier Gase führt zu einer Möglichkeit der Bestimmung der molaren
Masse, denn bei gleichem Druck wird $w_1/w_2 = \sqrt{\kappa_1\rho_2}\,/\sqrt{\kappa_2\rho_1}$ oder
wenn wir die Dichten der Gase durch die ihnen bei gleicher Temperatu
proportionalen molaren Massen ersetzen $w_1/w_2 = \sqrt{\kappa_1 M_2}/\sqrt{\kappa_2 M_1}$.

Aufgaben. 4/15. Ein Gas, welches unter einem Druck von 1,03048 bar
steht, wird adiabatisch auf einen Druck von 1,01325 bar expandiert. Nachdem
das Gas die ursprüngliche Temperatur wieder angenommen hatte, war der
Druck 1,01832 bar. Berechne κ.

4/16. Berechne κ für Wasserstoff aus folgenden Daten: Die Schallgeschwindigkeit in H_2 im Normzustand beträgt 1260 m/s, die Dichte des Wasserstoffs im Normzustand $\rho_n = 0,08987$ kg/m^3.

4/17. Vergleiche, inwieweit die Gleichung $C_{mp} = R + C_{mv} = \dfrac{7}{2}\,R$

mit der aus den Werten für Stickstoff für $T = 300, 600$ und 900 K (s. Beispiel
8-10, S. 262) berechneten Temperaturabhängigkeitsbeziehung von C_{mp}
(wenn lineare Abhängigkeit angenommen wird) übereinstimmt.

4.5 Reale Gase

4.5.1 Zustandsgleichung nach van der Waals

Die Zustandsgleichung $pV = nRT$ ist nur in bestimmten
Grenzen gültig. Jene Gase, welche ihr genügen, werden als *ideale
Gase* bezeichnet. Wie annähernd ideale Gase verhalten sich alle
Gase bei niedrigen Drücken und hohen Temperaturen. Die sog.
„permanenten" Gase weisen selbst im Normzustand meist nur geringe
Abweichungen von der Zustandsgleichung der idealen Gase auf; jedoch
bereits bei mäßigen Druckerhöhungen werden die Abweichungen
merklich und ihr Verhalten entspricht dem der *realen Gase*. Für
solche realen Gase wurden verschiedene Zustandsgleichungen aufgestellt, von denen die nach van der Waals die bekannteste ist. Sie
berücksichtigt das Eigenvolumen und die gegenseitige Anziehung
der Moleküle.

In der Zustandsgleichung wird mit V_m das einem Mol des
Gases tatsächlich zur Verfügung stehende Volumen bezeichnet.

Es ist bei idealen Gasen gleich dem Gefäßvolumen. Wenn aber die Moleküle eines Gases selbst eine bestimmte Volumenbeanspruchung ($= b$) zeigen, dann ist das freie Volumen nicht mehr V_m, sondern kleiner: $V_{frei} = V_m - b$.

Aus der Erfahrung hat sich ferner ergeben, daß ein reales Gas bei zunehmendem Druck sein Volumen stärker verkleinert, als es die Zustandsgleichung verlangt. Es scheint also unter einem Druck zu stehen, der höher ist als der von außen wirkende. Dieser Binnendruck läßt sich auf die gegenseitige Anziehung der Moleküle zurückführen und ist angenähert $p_i = \dfrac{a}{V_m^2}$.

Damit erhält die van der Waalssche Zustandsgleichung die Form

$$\left(p + \frac{a}{V_m^2}\right)(V_m - b) = RT$$

und mit $V_m = \dfrac{V}{n}$ (V_m molares Volumen)

$$\left(p + \frac{n^2 a}{V^2}\right)(V - nb) = nRT$$

Die Konstanten a und b sind für die meisten Gase bestimmt und in Tabellen zusammengefaßt.

Beispiel 4-11. Zu berechnen ist die Masse von CO_2 in einer Stahlflasche von 10 dm³ ($= 10^{-2}\,m^3$) Inhalt, wenn das Gas bei 20 °C ($= 293{,}15$ K) einen Druck von 50 bar ($= 5 \cdot 10^6$ Pa $= 5 \cdot 10^6$ N/m²) hat; $a = 0{,}3649$ Nm⁴/mol², $b = 4{,}2672 \cdot 10^{-5}\,m^3$/mol.

Die in der Flasche enthaltene Stoffmenge ist n mol (gesucht).

$$\left(5 \cdot 10^6 + \frac{n^2 \cdot 0{,}3649}{(10^{-2})^2}\right) \cdot (10^{-2} - n \cdot 4{,}2672 \cdot 10^{-5}) =$$

$$= n \cdot 8{,}3143 \cdot 293{,}15.$$

Diese Gleichung ist 3. Grades in bezug auf n. Wir schreiben sie in impliziter Form:

$$(5 \cdot 10^6 + n^2 \cdot 3{,}649 \cdot 10^3)(10^{-2} - n \cdot 4{,}2672 \cdot 10^{-5}) - n \cdot 2{,}4373 \cdot 10^3 = 0.$$

Zur Auflösung berechnen wir n zunächst überschlägig aus der idealen Gasgleichung $pV = nRT$, also $(5 \cdot 10^6) \cdot 10^{-2} = n \cdot 8{,}3143 \cdot 293{,}15$, und erhalten $n = 20{,}51$ mol. Die in der Flasche enthaltene CO_2-

Menge ist sicher höher. Nehmen wir 30 mol an und berechnen nach
der van der Waalsschen Gleichung

$$(5 \cdot 10^6 + 3{,}2841 \cdot 10^6) \, (10^{-2} - 1{,}2802 \cdot 10^{-3}) - 7{,}3119 \cdot 10^4 = -883;$$

bei dem richtigen Wert von n müßte die Gleichung 0 ergeben (s. oben)
Der Wert von 30 mol ist also zu hoch gewählt. Für $n = 29$ mol würde
wir $+ 21{,}34$ erhalten ($n = 29$ ist also zu niedrig). Nehmen wir nun
29,02 mol an, so ergibt sich durch Einsetzen dieses Wertes in die
van der Waalssche Gleichung ein Druck von 49,998 bar, in bester
Übereinstimmung mit dem gegebenen Wert von 50 bar. Die Masse
des CO_2 ist demnach: $m = nM = 29{,}02 \cdot 44 = 1277$ g. ——

Joule-Thomson-Effekt. Im Gegensatz zu den idealen Gasen tritt bei
der adiabatischen Expansion nicht idealer Gase eine Temperaturänderung
auf; es ist also in diesem Falle $\left(\dfrac{\partial U}{\partial V}\right)_T$ nicht gleich 0.

Diese Temperaturänderung kann man unter Zuhilfenahme der van der
Waalsschen Gleichung errechnen: $\Delta T = T_1 - T_2 = \left(\dfrac{2a}{RT_1} - b\right) \cdot \dfrac{p_1 - p_2}{C_{mp}}$.

Nimmt T_1 den Wert $\dfrac{2a}{Rb}$ an, wird die Temperaturdifferenz $\Delta T = 0$
(„Inversionstemperatur"). Oberhalb dieser Temperatur wird Erwärmung,
unterhalb Abkühlung beobachtet. Die Größe des Effektes ist erst bei tiefen
Temperaturen bedeutend. Bei Gültigkeit der van der Waalsschen Gleichung
ist die Inversionstemperatur gleich der doppelten Boyle-Temperatur. Letztere
ist jene Temperatur des betreffenden Gases, bei welcher das Boyle-Mariottesche
Gesetz bis zu verhältnismäßig hohen Drücken gilt. Annähernd kann angenommer
werden, daß bei der halben Boyle-Temperatur auf 1 bar Entspannung Abkühlung um 1 K eintritt. Der Effekt findet technisch Anwendung bei der Luft-
verflüssigung nach Linde.

$$T_{Boyle} = \frac{a}{bR} \; .$$

Aufgaben. 4/18. Berechne die Temperatur, bei der 1 mol CO_2 unter
einem Druck von 40 bar ein Volumen von 750 cm^3 hat. $a = 0{,}3649 \, \text{Nm}^4/\text{mol}^2$;
$b = 4{,}2672 \cdot 10^{-5} \, \text{m}^3/\text{mol}$.

4/19. In einem Gefäß von 10 dm^3 Inhalt befinden sich 416,6 g Acetylen
bei 27 °C. Berechne den Druck des Acetylens; $a = 0{,}4459 \, \text{Nm}^4/\text{mol}^2$;
$b = 5{,}1363 \cdot 10^{-5} \, \text{m}^3/\text{mol}$.

4/20. In einem 4-dm^3-Autoklav soll für einen Hydrierungsversuch bei
650 K Benzol eingefüllt werden. Der erreichte Partialdruck des Benzols soll

40 bar betragen. Wieviel g Benzol müssen eingefüllt werden? $a = 1{,}8286$
Nm^4/mol^2; $b = 1{,}1536 \cdot 10^{-4}$ m³/mol.

4/21. Zu berechnen ist die Boyle-Temperatur für Acetylen. Werte für a und
b siehe Aufgabe 4/19.

4/22. Gesucht ist der Joule-Thomson-Effekt für 1 bar Druckerniedrigung
bei 0 °C für Sauerstoff. $C_{mp} = 29{,}01$ J/(mol·K). Die Konstanten der van der
Waalsschen Gleichung sind $a = 0{,}1381$ Nm^4/mol^2 und $b = 3{,}1830 \cdot 10^{-5}$ m³/mol.

4.5.2 Kritische Daten, reduzierte Zustandsgleichung und Kompressibilitätsfaktor

Bei den realen Gasen sind die Isothermen, welche den Zusammenhang zwischen Druck und Volumen bzw. Molvolumen bei
konstanter Temperatur wiedergeben, keine gleichseitigen Hyperbeln
wie bei den idealen Gasen, sondern Kurven höherer Ordnung. Die
van der Waalssche Gleichung liefert für V_m eine Gleichung 3. Grades:

$$V_m^3 - V_m^2 \cdot \left(b + \frac{RT}{p} \right) + V_m \cdot \frac{a}{p} - \frac{ab}{p} = 0.$$

Demnach gibt es für jedes Paar von T und p entweder drei oder einen
reellen Wert von V_m, und zwar für kleine T drei, für große T einen. Abb. 4.1
zeigt eine Schar von $p(V_m)$-Kurven für verschiedene Temperaturen T. Für

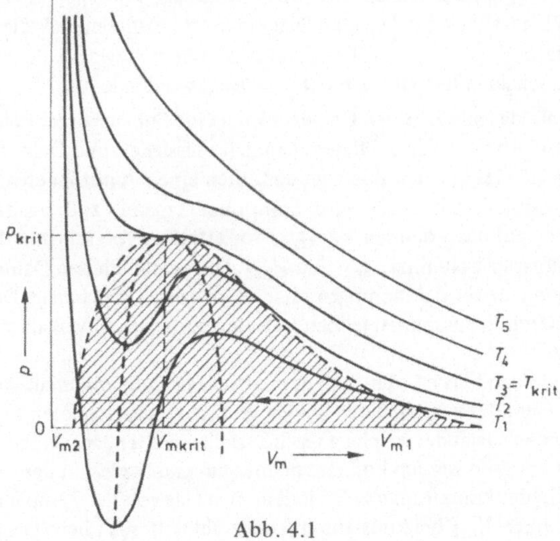

Abb. 4.1

Kohlendioxid mit den kritischen Daten (s. unten) $p_{\text{krit}} = 73{,}97$ bar, $V_{\text{mkrit}} = 96 \text{ cm}^3/\text{mol}$ und $T_{\text{krit}} = 304{,}25$ K entsprechen die Kurven T_1 etwa 243 K, T_2 etwa 286 K, $T_3 = T_{\text{krit}}$, T_4 etwa 313 K und T_5 etwa 323 K.

Bei höheren Temperaturen ähneln die Isothermen in ihrem Verlauf den Isothermen des idealen Gases. Bei tieferen Temperaturen jedoch erhält man Kurven, welche einem liegenden S ähneln. Die Isothermen durchlaufen dann ein Minimum und ein Maximum. Von den drei V_{m}-Werten, welche in diesem Bereich zu jedem Wert von p gehören, kann der mittlere keinen physikalischen Sinn haben, da er auf einem Kurvenast liegt, auf dem sich mit fallendem Druck auch das Volumen verringert. Physikalisch realisierbar können also nur die beiden anderen Kurvenäste sein. Bei isothermer Kompression muß demnach der den Zustand des Gases darstellende Punkt auf einer der T-Kurven erst auf dem rechten Kurvenast nach links wandern und dann auf den linken, steil ansteigenden Kurvenast überspringen. Dieses Überspringen bedeutet physikalisch die Verflüssigung des Gases, d. h. den isothermen Übergang vom Zustand des leicht komprimierbaren Gases (geringe Dichte, großes Volumen) in den Zustand der dichteren und schwerer komprimierbaren Flüssigkeit. Die Verflüssigung vollzieht sich längs der horizontalen Äste der Isothermen im schraffierten Teil des Diagramms, unterhalb der *kritischen Temperatur* T_{krit}. Bei dieser Temperatur erhält man, von höheren T-Werten kommend, erstmalig für einen bestimmten Druck, den sog. *kritischen Druck* p_{krit}, drei reelle Werte für das molare Volumen, die alle in einem Punkt V_{mkrit}, welcher das sog. *kritische molare Volumen* darstellt, zusammenfallen (Abb. 4.1). Aus dem Diagramm ist abzulesen, daß die kritische Temperatur T_{krit} diejenige Temperatur ist, oberhalb welcher ein Gas auch durch noch so hohen Druck nicht verflüssigt werden kann.

Innerhalb des schraffierten Gebietes kann eine Substanz nicht einheitlich existieren, sondern nur in zwei Phasen, nämlich Flüssigkeit und Dampf. Komprimiert man ein Gas in einen Zustand, der durch einen Punkt innerhalb des schraffierten Gebietes dargestellt wird, komprimiert man es z. B. bei der Temperatur T_1 auf das Volumen $V_{\text{m krit}}$, so zerfällt es von selbst in die beiden Phasen der molaren Volumina V_{m1} und V_{m2}. Die beiden Phasen Dampf und Flüssigkeit sind jede für sich homogen, d. h. physikalisch gleichartig. Das Dampf-Flüssigkeits-Gemisch zusammen jedoch ist heterogen, d. h. physikalisch verschiedenartig.

Vorübergehend lassen sich auch homogene Zustände innerhalb des schraffierten Gebietes zwischen den beiden gestrichelt gezeichneten Kurven realisieren. Diese Zustände, welche an sich zerfallen sollten, aber doch einige Zeit aufrecht erhalten werden können, nennt man *metastabil*. In das rechte metastabile Gebiet kommt man z. B., indem man Gas von der Temperatur T_1 und dem Volumen V_{m1} bei konstantem Druck abkühlt; man bewegt sich dann in Richtung des in Abb. 4.1 eingezeichneten Pfeils. Man kann aber auch bei konstanter Temperatur T_1, ausgehend vom Volumen V_{m1} den Druck erhöhen und bewegt sich dann längs der Isothermen T_1. Die so erreichten metastabilen Zustände werden als *unterkühlter bzw. übersättigter Dampf* bezeichnet.

In das linke metastabile Gebiet kann man z. B. gelangen, indem man die Flüssigkeit der Temperatur T_1 und des Volumens V_{m2} bei konstantem Druck erwärmt; dabei bewegt sich der Zustandspunkt etwas nach rechts. Die Flüssigkeit ist dann *überhitzt*.

Die Isotherme T_{krit} besitzt im kritischen Punkt (p_{krit}, $V_{m\,krit}$) eine horizontale Wendetangente. Daher muß die 1. und 2. Ableitung von p nach V_m im kritischen Punkt gleich Null sein:

$$\left(\frac{\partial p}{\partial V_m}\right)_{T_{krit}} = 0 \quad \text{und} \quad \left(\frac{\partial^2 p}{\partial V_m^2}\right)_{T_{krit}} = 0.$$

Aus den beiden daraus resultierenden Gleichungen und der van der Waalsschen Gleichung ergeben sich die Beziehungen zwischen den drei Konstanten a, b und R der van der Waalsschen Gleichung und den kritischen Größen p_{krit}, $V_{m\,krit}$ und T_{krit}:

$$a = 3\,p_{krit}\,V_{m\,krit}^2\,,\quad b = \frac{V_{m\,krit}}{3}\quad \text{und}\quad R = \frac{8}{3}\cdot\frac{p_{krit}\,V_{m\,krit}}{T_{krit}}.$$

Beispiel 4-12. SO_2 hat die kritischen Daten $\vartheta_{krit} = 157{,}3\ °C$ ($= 430{,}45\ K$) und $p_{krit} = 78{,}83\ bar$ ($= 7{,}883\cdot 10^6\ N/m^2$). Zu berechnen ist der Wert der Konstanten a und b.

$$V_{m\,krit} = \frac{3\,R\,T_{krit}}{8\,p_{krit}}\,;\ b = \frac{V_{m\,krit}}{3} = \frac{R\,T_{krit}}{8\,p_{krit}} = \frac{8{,}3143\cdot 430{,}45}{8\cdot 7{,}883\cdot 10^6} =$$

$= 5{,}675\cdot 10^{-5}\ m^3/mol.\ a = 27\,b^2 p_{krit} = 27\cdot(5{,}675\cdot 10^{-5})^2 \times$

$\times\ 7{,}883\cdot 10^6 = 0{,}6855\ Nm^4/mol^2.$ ———

Reduzierte van der Waalssche Gleichung. Drückt man in der van der Waalsschen Gleichung die Konstanten a, b und R durch die kritischen Größen aus, so erhält man:

$$\left(\frac{p}{p_{krit}} + \frac{3\,V_{m\,krit}^2}{V_m^2}\right)\left(\frac{3\,V_m}{V_{m\,krit}} - 1\right) = 8\cdot\frac{T}{T_{krit}}.$$

Wir betrachten nun in dieser Gleichung anstelle der Zustandsvariablen p, V_m und T die Quotienten $\dfrac{p}{p_{krit}} = p_{red}$, $\dfrac{V_m}{V_{m\,krit}} = V_{m\,red}$

und $\dfrac{T}{T_{\text{krit}}} = T_{\text{red}}$ als Variable, welche als *reduzierter Druck, redu-*

ziertes Volumen und *reduzierte Temperatur* bezeichnet werden. Durch Einsetzen dieser reduzierten Variablen in die vorstehende Gleichung erhalten wir

$$\left(p_{\text{red}} + \frac{3}{V_{\text{m red}}^{2}}\right)(3\,V_{\text{m red}} - 1) = 8\,T_{\text{red}}\,,$$

die sog. *reduzierte van der Waalssche Gleichung.* Diese Gleichung ist im Prinzip allgemeingültig, kann aber selbstverständlich nicht genauer sein als die van der Waalssche Gleichung selbst. Wäre die van der Waalssche Gleichung eine exakte Beziehung, so hätte man damit eine universelle Zustandsgleichung, d. h. es würde das *Theorem der übereinstimmenden Zustände* gelten.

Die van der Waalssche Gleichung beschreibt den Zustand eines Gases genügend genau, wenn $T > T_{\text{krit}}$ und $V_{\text{m}} > 0{,}3$ dm³/mol ist. Für $T < T_{\text{krit}}$ und $V_{\text{m}} < 0{,}3$ dm³/mol benutzt man statt dessen den *Kompressibilitätsfaktor* z_c:

$$z_c = \frac{p\,V_{\text{m}}}{RT}\,.$$

Für ideale Gase ist $z_c = 1$. Den Faktor z_c bestimmt man aus besonderen Diagrammen, in welchen z_c als Funktion des reduzierten Drucks p_{red} mit der reduzierten Temperatur T_{red} als Parameter aufgetragen ist (Abb. 4.2).

Beispiel 4-13. Man berechne das molare Volumen des Chlors bei $\vartheta = 200\,^{\circ}$C und $p = 2000$ bar $= 2 \cdot 10^8$ N/m²; $p_{\text{krit}} = 77{,}11$ bar, $T_{\text{krit}} = 417{,}15$ K.

$$p_{\text{red}} = \frac{2000}{77{,}11} = 25{,}94; \quad T_{\text{red}} = \frac{473{,}15}{417{,}15} = 1{,}13. \quad \text{Aus Abb. 4.2}$$

liest man hierfür ab: $z_c = 2{,}7$. Damit ist $V_{\text{m}} = \dfrac{2{,}7 \cdot 8{,}3143 \cdot 473{,}15}{2 \cdot 10^8}$

$= 5{,}31 \cdot 10^{-5}$ m³/mol $= 0{,}0531$ dm³/mol. ——

4.5.3 Fugazität

Um das Verhalten realer Gase durch analoge Beziehungen ausdrücken zu können, wie sie für ideale Gase abgeleitet wurden, führt man anstelle des Druckes p einen korrigierten Druck p^* ein, welcher als *Fugazität* bezeichnet wird:

$$p^* = fp. \tag{I}$$

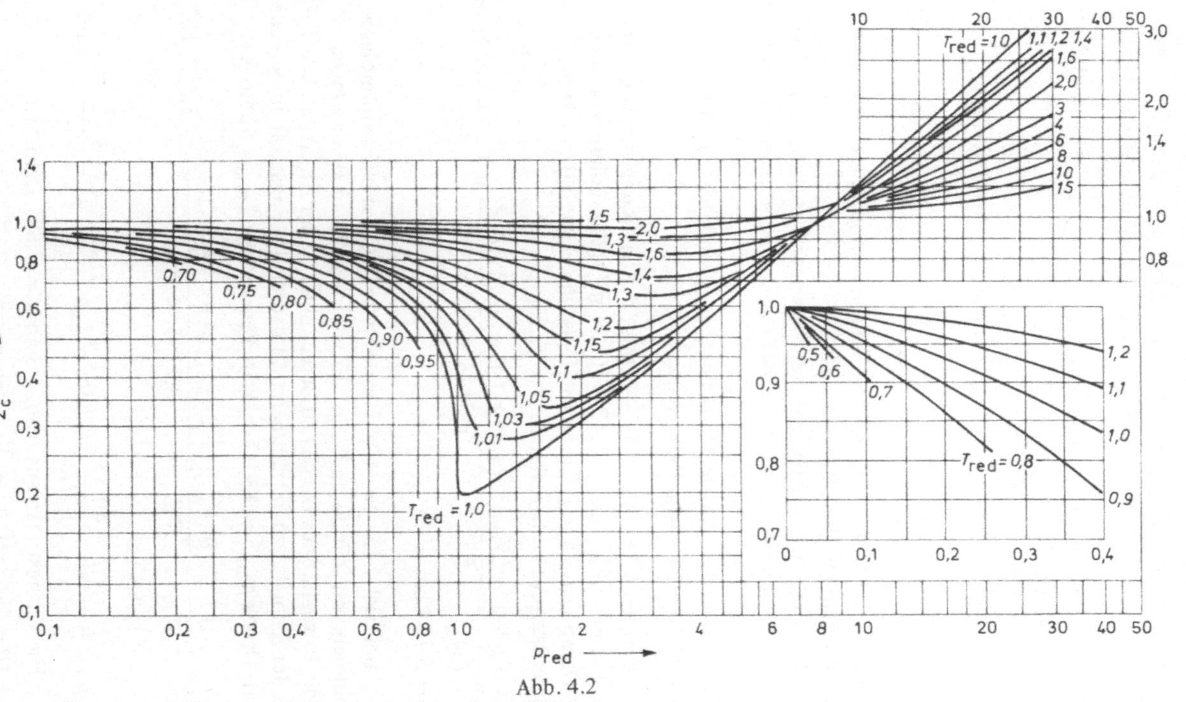
Abb. 4.2

Der Faktor f ist der *Fugazitätskoeffizient*, welcher vom Druck und von der Temperatur abhängt. Im Grenzfall sehr kleiner Drücke wird die Fugazität gleich dem Druck, d. h. $\lim\limits_{p \to 0} \dfrac{p^*}{p} = 1$ und demnach auch $\lim\limits_{p \to 0} f = 1$.

Für nicht zu hohe Drücke gilt annähernd die Gleichung

$$p^* = \frac{p^2}{p_{\mathrm{id}}} \, , \tag{II}$$

wobei p_{id} der Druck des idealen Gases bei der gleichen Temperatur und mit dem gleichen Volumen ist.

Der Fugazitätskoeffizient steht in enger Beziehung zum Kompressibilitätsfaktor (s. 4.5.2, S. 184) und kann aus diesem berechnet werden. Der Fugazitätskoeffizient wird gewöhnlich in Diagrammen als Funktion des reduzierten Druckes p_{red} und der reduzierten Temperatur T_{red} dargestellt (Abb. 4.3).

Beispiel 4-14. Bei 155 °C beträgt der Sättigungsdampfdruck des Wassers 5,433 bar ($= 5,433 \cdot 10^5$ N/m²), das molare Volumen des Dampfes $6,24 \cdot 10^{-3}$ m³/mol. Es ist die Fugazität des gesättigten Wasserdampfes zu berechnen.

$$p^* = \frac{p^2}{p_{\mathrm{id}}} = \frac{p^2 V_{\mathrm{m}}}{RT} = \frac{(5,433 \cdot 10^5)^2 \cdot 6,24 \cdot 10^{-3}}{8,3143 \cdot 428,15} = 5,174 \cdot 10^5 \text{ N/m}^2$$

$$= 5,174 \text{ bar.} \text{ ——}$$

Beispiel 4-15. Bei 40,53 bar und 150 °C hat NH_3 ein molares Volumen von 0,7696 dm³/mol. Es ist unter diesen Bedingungen
a) die Fugazität aus Gl. (II) zu berechnen, b) der Fugazitätskoeffizier aus der Abb. 4.3 zu entnehmen und daraus die Fugazität zu berechne:
(krit. Druck $p_{\mathrm{krit}} = 113,0$ bar; krit. Temperatur $T_{\mathrm{krit}} = 405,6$ K).

a) $$p^* = \frac{p^2}{p_{\mathrm{id}}} = \frac{p^2 V_{\mathrm{m}}}{RT} = \frac{(4,053 \cdot 10^6)^2 \cdot 7,696 \cdot 10^{-4}}{8,3143 \cdot 423,15} = 3,593 \cdot 10^6 \text{ N}$$

$$= 35,93 \text{ bar.}$$

b) $$p_{\mathrm{red}} = \frac{p}{p_{\mathrm{krit}}} = \frac{40,53}{113,0} = 0,36; \quad T_{\mathrm{red}} = \frac{T}{T_{\mathrm{krit}}} = \frac{423,15}{405,6} = 1,04.$$

Hierfür liest man aus Abb. 4.3 ab: $f = 0,89$. Damit ist
$p^* = fp = 0,89 \cdot 40,53 = 36,1$ bar. ——

T_red=15,0 16,0
18,0
20,0
22,0
25,0
30,0
35,0
T_red=5,0
6,0
7,0
8,0
9,0
10,0
12,0
=3,5
P_red
3,0
2,8
2,6
2,4
2,2
2,0
1,8
1,6
1,4
1,2
1,0
0 10 20 30 40 50 60 70 80 90 100
f

T_red= 3,5
2,7
2,4
2,2
2,0
1,8
1,7
1,6
1,5
1,4
1,3
1,2
1,1
1,0
P_red
1,60
1,40
1,20
1,00
0,80
0,60
0,40
0,20
0 2 4 6 8 10 12 14 16 18 20 22
f

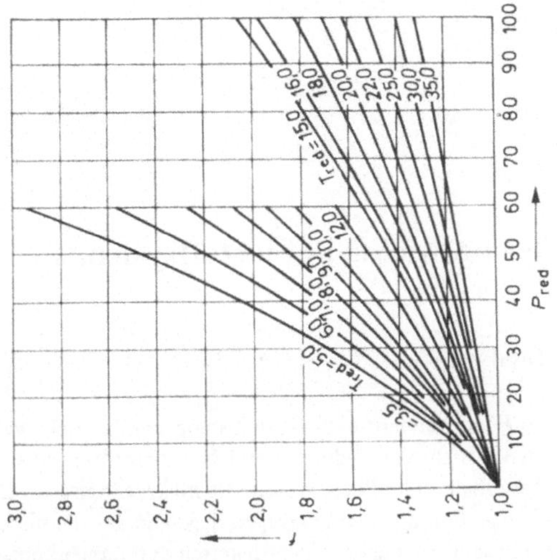

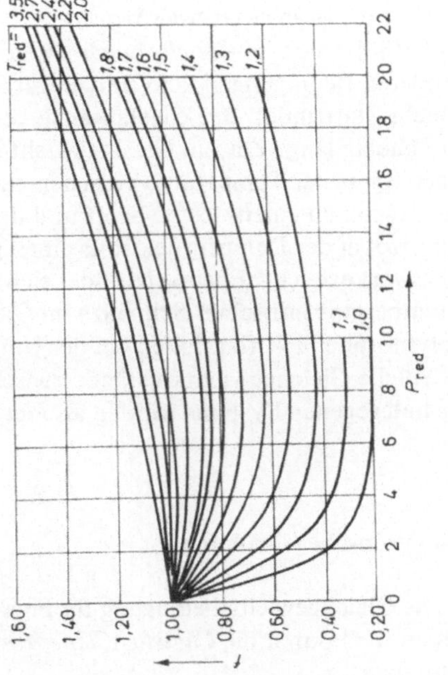

Abb. 4.3

5 Phasengleichgewichte in Einstoffsystemen

5.1 Definitionen

Unter einer *Phase* versteht man einen homogenen Bereich, welcher in einem heterogenen System von anderen Bereichen dieser Art physikalisch abtrennbar ist. Innerhalb einer Phase weisen die makroskopischen Eigenschaften keine sprunghaften Änderungen auf. Dagegen liegen an der räumlichen Grenze einer Phase, der Phasengrenzfläche, Unstetigkeiten der makroskopischen Stoffeigenschaften vor. Ein System, in welchem zwei oder mehr Phasen nebeneinander vorhanden sind, bezeichnet man als *heterogenes System.*

Ein System befindet sich im *Gleichgewicht,* wenn in ihm unter den gegebenen äußeren Bedingungen kein freiwilliger Stoff- und Energieumsatz mehr stattfindet. Bei konstanten äußeren Bedingungen kann ein System beliebig lange Zeit im Gleichgewicht erhalten werden Z. B. stellt sich bei gegebener Temperatur zwischen einer Flüssigkeit und deren Dampf, zwischen einem festen Stoff und dessen Dampf ein Gleichgewicht ein, wobei der Dampfdruck stets einen ganz bestimmten Gleichgewichtswert erreicht. Ebenso befindet sich ein fester Stoff bei der Schmelztemperatur mit seiner Schmelze im Gleichgewicht, allotrope und polymorphe Modifikationen bei der Umwandlungstemperatur usw. Solche Gleichgewichtszustände zwischen den einzelnen Phasen eines heterogenen Systems werden als *Phasengleichgewicht* bezeichnet.

5.2 Clausius-Clapeyronsche Gleichung

Die allgemeine Gleichgewichtsbedingung für Phasengleichgewicht in Einstoffsystemen wird durch die *Clausius-Clapeyronsche Gleichung* quantitativ beschrieben:

$$\frac{\mathrm{d}p}{\mathrm{d}T} = \frac{\Delta_{\mathrm{U}} H_{\mathrm{m}}}{T \, \Delta V_{\mathrm{m}}} = \frac{\Delta_{\mathrm{U}} h}{T \, \Delta v} \, , \tag{I}$$

$\dfrac{\mathrm{d}p}{\mathrm{d}T}$ Temperaturabhängigkeit des Gleichgewichtsdruckes, $\Delta_{\mathrm{U}} H_{\mathrm{m}}$ bzw. $\Delta_{\mathrm{U}} h$ molare bzw. spezifische Umwandlungsenthalpie für den betreffenden Vorgang unter den Bedingungen des Phasengleichgewichts, ΔV_{m} bzw. Δv Differenz der molaren bzw. spezifischen Volumina der im Gleichgewicht befindlichen Phasen, T thermodynamische Temperatur.

Beispiel 5-1. *Berechnung der molaren Verdampfungsenthalpie des Wassers.* Wasser hat bei 100,1 °C einen Dampfdruck von 1016,88 mbar, bei 99,9 °C einen Dampfdruck von 1009,64 mbar. Das molare Volumen von Wasserdampf (V_{mg}) bei 100 °C beträgt 30,147 dm^3/mol, das des Wassers (V_{mf}) bei 100 °C 0,018 dm^3/mol.

Zur Berechnung der molaren Verdampfungsenthalpie ersetzen wir in Gl. (I) die Differentiale durch Differenzen. Für eine Temperaturdifferenz $\Delta T = 0,2$ °C ist die Differenz der Dampfdrücke $\Delta p = 7,24$ mbar (= 724 N/m^2 = 724 Pa); ferner ist $\Delta V_{\mathrm{m}} = V_{\mathrm{mg}} - V_{\mathrm{mf}} = 30,129$ dm^3/mol $= 3,0129 \cdot 10^{-2}$ m^3/mol. Dann ist bei der mittleren Temperatur von 100 °C (= 373,15 K) $\Delta_{\mathrm{V}} H_{\mathrm{m}} = T \, \Delta V_{\mathrm{m}} \cdot \dfrac{\Delta p}{\Delta T} = 373,15 \cdot (3,0129 \times$

$\times \, 10^{-2}) \cdot \dfrac{724}{0,2} = 40\,698$ J/mol $= 40,698$ kJ/mol. ———

Beispiel 5-2. *Berechnung der Druckabhängigkeit der Schmelztemperatur von Eis.* Eis schmilzt unter einem Druck von 1,01325 bar bei 0 °C = 273,15 K. Das molare Volumen des Eises bei 0 °C beträgt 19,62 cm^3/mol, das des Wassers 18,02 cm^3/mol. Die molare Schmelzenthalpie $\Delta_{\mathrm{F}} H_{\mathrm{m}}$ ist 6,007 kJ/mol.

Es ist $\Delta V_{\mathrm{m}} = 18,02 - 19,62 = -1,60$ cm^3/mol $= -1,60 \cdot 10^{-6}$ m^3/mol.

$$\frac{\mathrm{d}p}{\mathrm{d}T} = \frac{6,007 \cdot 10^3}{273,15 \cdot (-1,60 \cdot 10^{-6})} = -1,3744 \cdot 10^7 \text{ N/(m}^2 \cdot \text{K}) = -137,44$$

bar/K. $\dfrac{\mathrm{d}T}{\mathrm{d}p} = -0,00728$ K/bar. Bei einer Druckerhöhung um 100 bar müßte daher das Eis bei $-0,728$ °C schmelzen. ———

Für *Verdampfungs- und Sublimationsvorgänge* kann Gl. (I) mit Hilfe einiger Annahmen vereinfacht werden. Für die Verdampfung ist

$$\frac{dp}{dT} = \frac{\Delta_V H_m}{T(V_{mg} - V_{mf})} \tag{II}$$

($\Delta_V H_m$ molare Verdampfungsenthalpie, V_{mg} molares Volumen des Gases, V_{mf} molares Volumen der Flüssigkeit). Ist man genügend weit vom kritischen Zustand entfernt, so kann man annehmen, daß $V_{mg} \gg V_{mf}$, d. h. $(V_{mg} - V_{mf}) \approx V_{mg}$ ist. Außerdem kann man dann für V_{mg} nach der Zustandsgleichung für ideale Gase setzen

$V_{mg} = \dfrac{RT}{p}$. So vereinfacht sich Gl. (II) zu

$$\frac{d\ln p}{dT} = \frac{\Delta_V H_m}{RT^2} . \tag{III}$$

Ist $\Delta_V H_m$ von der Temperatur unabhängig, was für einen kleinen Temperaturbereich sicher der Fall ist, so bestehen zwischen p, $\Delta_V H_m$ und T folgende Beziehungen:

$$\lg p = -\frac{\Delta_V H_m}{2,303 \cdot RT} + \text{konst.} \tag{IV}$$

$$\lg \frac{p_2}{p_1} = \frac{\Delta_V H_m}{2,303 \cdot R} \cdot \frac{T_2 - T_1}{T_1 T_2} . \tag{V}$$

Trägt man also die bei verschiedenen Temperaturen gemessenen Dampfdrücke eines Stoffes logarithmisch gegen $1/T$ in einem Diagramm auf, so müßten die Meßpunkte auf einer Geraden mit der Steigung $-\Delta_V H_m / (2,303 \cdot R)$ liegen.

Beispiel 5-3. Für Benzol ist bei $T_1 = 293$ K der Dampfdruck $p_1 = 99,99$ mbar, bei $T_2 = 303$ K beträgt $p_2 = 157,32$ mbar. Damit folgt für $\Delta_V H_m$ aus Gl. (V):

$$\Delta_V H_m = 2,303 \cdot 8,3143 \cdot \frac{293 \cdot 303}{303 - 293} \cdot \lg \frac{157,32}{99,99} = 33\,459 \text{ J/mol.} -$$

Ist nur ein Wertepaar für p und T bekannt, nämlich die Siedetemperatur T_S beim Normdruck $p_n = 1,01325$ bar, so kann man die molare Verdampfungsenthalpie aus der *Troutonschen Regel* abschätzen:

$$\frac{\Delta_V H_m}{T_S} \approx 90 \, \frac{J}{mol \cdot K} . \tag{VI}$$

Die tatsächlichen Werte für $\dfrac{\Delta_V H_m}{T_S}$ liegen für Verbindungen, welche im

Dampf assoziieren (z. B. Fettsäuren) niedriger, für Verbindungen, die in der flüssigen Phase assoziieren (z. B. Wasser, Alkohole) höher als der Wert nach Gl. (VI). Für Verbindungen, welche sich in die Troutonsche Regel einfügen, kann man $\Delta_V H_m$ aus Gl. (VI) in Gl. (V) einsetzen ($p_1 = 1013{,}25$ mbar, $T_1 = T_S$, $p_2 = p$, $T_2 = T$). Dann erhält man für den Dampfdruck p (in mbar) bei einer Temperatur T:

$$\lg p = -4{,}70 \cdot \frac{T_S}{T} + 7{,}71. \qquad \text{(VII)}$$

Für den Gesamtbereich der organischen Stoffe mit im allgemeinen größerer molarer Masse erhält man eine befriedigende Übersicht über die Siedetemperaturen bei veränderlichem Druck oder bei Destillation unter vermindertem Druck (für aliphatische Kohlenwasserstoffe unter 1 bar etwas zu hohe, für Alkohole und Phenole etwas zu tiefe Siedetemperaturen) durch folgende Gleichung (p in mbar):

$$\lg p = -5{,}4 \cdot \frac{T_S}{T} + 8{,}41. \qquad \text{(VIII)}$$

Beispiel 5-4. Benzol hat bei 1013,25 mbar eine Siedetemperatur von 80,1 °C (= 353,25 K). Bei welcher Temperatur siedet Benzol unter einem Druck von 133,3 mbar ?

Aus Gl. (VII) folgt: $\quad T = \dfrac{-4{,}70 \cdot 353{,}25}{(\lg 133{,}3) - 7{,}71} = 297{,}26 \text{ K} = 24{,}11 \text{ °C}$

(tatsächliche Siedetemperatur 26,1 °C). ——

Die Temperaturabhängigkeit der Verdampfungsenthalpie wird durch die Kirchhoffsche Gleichung beschrieben (s. 8.1.5, S. 261):

$$\Delta_V H_{m,T_2} = \Delta_V H_{m,T_1} + \int_{T_1}^{T_2} \Delta C_{mp}\, dT. \qquad \text{(IX)}$$

Gl. (IV), welche die Temperaturabhängigkeit des Sättigungsdampfdrucks wegen der eingeführten Vereinfachungen nur angenähert wiedergibt, kann präzisiert werden, wenn die Temperaturabhängigkeit der Verdampfungs- (bzw. Sublimations-) Enthalpie berücksichtigt wird. Aus den Gln. (IV) und (IX) erhalten wir dann

$$\lg p = -\frac{\Delta_V H_{m,T_1}}{2{,}303 \cdot RT} + \frac{\displaystyle\int_{T_1}^{T_2} (C_{mpg} - C_{mpf})\, dT}{2{,}303 \cdot RT} + konst.$$

Die Temperaturabhängigkeit der Differenz der molaren Wärmekapzitäten von Dampf und Flüssigkeit $C_{mpg} - C_{mpf} = \Delta C_{mp}$ wird allgemein durch eine Gleichung des Typs $\Delta C_{mp} = \Delta a + \Delta b \cdot T + \Delta c \cdot T^2 + \ldots$ beschrieben.

Aufgaben. 5/1. Für Methanol ist die Änderung des Dampfdruckes bei der Änderung der Temperatur um 1 K $\left(\text{also } \dfrac{\mathrm{d}p}{\mathrm{d}T}\right)$ mit Hilfe der Clausius-Clapeyronschen Gleichung zu berechnen **a)** bei der Siedetemperatur 64,7 °C; **b)** bei 20 °C. Die molare Verdampfungsenthalpie beträgt bei 64,7 °C 35295 J/mol, bei 20 °C 38477 J/mol. Bei 20 °C ist der Dampfdruck 128 mbar.

5/2. Äther siedet unter einem Druck von $p_1 = 1013,25$ mbar bei $\vartheta_1 = 34,6$ °C. Die molare Verdampfungsenthalpie beträgt 27549 J/mol. Wie groß ist der Dampfdruck p_2 bei $\vartheta_2 = 30$ °C ?

5/3. Berechne die vorhergehende Aufgabe, wenn die molare Verdampfungsenthalpie unbekannt wäre, nach Gl. (VII).

5/4. Nach Pohland und Mehl ist der Dampfdruck von Äthylamin bei $T = 259,3$ K 244,0 mbar, 267,6 K 375,7 mbar, 279,0 K 641,7 mbar, 289,4 K 1000,6 mbar. Welche molare Verdampfungsenthalpie ergibt sich aus diesen Daten im Mittel für diesen Temperaturbereich ?

5/5. Johnston und Marshall bestimmen den Dampfdruck für Nickel bei $T_1 = 1387$ K zu $5,78 \cdot 10^{-9}$ bar, bei $T_2 = 1415$ K zu $1,10 \cdot 10^{-8}$ bar. Wie groß ist die Sublimationsenthalpie des Nickels in diesem Temperaturbereich ?

5/6. Eine Legierung mit einem Massenanteil von 10% Pb und 90% Sb schmilzt bei 609 °C ($= \vartheta_2$). Die Schmelztemperatur des reinen Sb ist 630 °C ($= \vartheta_1$). Berechne daraus die Schmelzenthalpie des Sb.

5/7. Tetrachloräthylen C_2Cl_4 hat bei 1013,25 mbar einen Siedepunkt von 120,8 °C und die molare Verdampfungsenthalpie 34744 J/mol. Wann siedet die Flüssigkeit bei 1000 mbar ?

5/8. Für Anilin gilt für den Dampfdruck (in mbar): $\lg p = \dfrac{-2407}{T} + 8,25$.

Berechne **a)** die Siedetemperatur und **b)** die Änderung des Dampfdruckes bei einer Temperaturänderung um 1 K.

5/9. Schneider und Schupp bestimmten den Dampfdruck von Tellur zwischen 600 und 750 °C und erhielten folgende Werte:

ϑ, °C =	668	685	670	667	667,5	667	668	668	679
p,mbar=	33,9	38,9	35,9	27,7	29,6	28,4	29,3	29,6	32,4
ϑ =	751	757,5	752,5	732,5	712	721	697	635	598
p =	84,4	89,6	88,9	64,5	54,0	58,4	42,4	19,27	10,9
ϑ =	623	650,5							
p =	15,2	23,9							

Bestimme auf graphischem Weg die Formel für die Abhängigkeit zwischen p und T von 600 bis 750 °C.

6 Mischungen und Lösungen

6.1 Definitionen

Als *Mischphase* oder *Mischung* bezeichnet man ein System, welches aus zwei oder mehr Komponenten (Molekülarten) besteht, dessen chemische und physikalische Eigenschaften räumlich konstant sind (*homogenes System*) und dessen Zusammensetzung sich in gewissen Grenzen kontinuierlich verändern läßt.

Von einer *Lösung* spricht man dann, wenn eine der Komponenten (das Lösungsmittel) gegenüber den anderen im großen Überschuß vorhanden ist.

Über Gehalts- und Konzentrationsangaben von Mischphasen s. 3.2.5, S. 85.

6.2 Extensive und intensive Eigenschaften von Mischungen

Analog zur Abstraktion des idealen Gases verwendet man die Abstraktion der *idealen Mischung*. Diese ist dadurch charakterisiert, daß zwischen den Molekülen der verschiedenen Stoffe im Mittel die gleichen Kraftwirkungen wie zwischen den Molekülen der reinen Komponenten bestehen, so daß die innere Energie und die Enthalpie der Mischung gleich der Summe der inneren Energien bzw. Enthalpien der Komponenten ist. Nahezu ideal verhalten sich Gasmischungen, jedoch nur wenige Mischungen von Flüssigkeiten. Nicht ideale Mischungen bezeichnet man als *reale Mischungen*.

Bei den Eigenschaften von Mischungen (wie auch von reinen Stoffen) unterscheidet man Eigenschaften, welche der Menge proportional sind (z. B. Masse, Volumen, innere Energie, Enthalpie usw.) von solchen, welche von der Menge unabhängig sind. Die ersteren werden *extensive Eigenschaften* genannt, die letzteren *intensive Eigenschaften*. Vereinigt man zwei völlig gleiche Systeme zu einem Ganzen, so verdoppelt sich dabei der Zahlenwert aller extensiven Eigenschaften. Die intensiven Eigenschaften entsprechen oft den *"spezifischen" Eigenschaften* eines Stoffes; sie leiten sich dann von den extensiven Eigenschaften ab. Zu den intensiven Eigenschaften gehören alle massenbezogenen (spezifischen)

und stoffmengenbezogenen (molaren) Größen, z. B. spezifisches und molares
Volumen, spezifische und molare Wärmekapazität, spezifische und molare
Enthalpie usw. Bei der Vereinigung identischer Systeme sind die resultierenden
intensiven Eigenschaften dieselben wie in den ursprünglichen Systemen.

Eine Reihe extensiver Eigenschaften idealer Mischungen setzen sich additiv
aus den entsprechenden Eigenschaften der reinen Komponenten zusammen, so
z. B. bei konstantem Druck und konstanter Temperatur

$$V = V_1 + V_2 + V_3 + \ldots$$
$$U = U_1 + U_2 + U_3 + \ldots$$
$$H = H_1 + H_2 + H_3 + \ldots$$

Die auf der rechten Seite der Gleichungen stehenden Größen kann man auch
durch die Stoffmengen und die entsprechenden molaren Größen ausdrücken:

$$V = n_1 V_{m1} + n_2 V_{m2} + \ldots$$
$$U = n_1 U_{m1} + n_2 U_{m2} + \ldots$$
$$H = n_1 H_{m1} + n_2 H_{m2} + \ldots$$

6.3 Partielle molare Größen

Bei einer realen Mischung hängen die intensiven Eigenschaften
der Komponenten stets von der Zusammensetzung der Mischung ab.
Um eine bestimmte extensive Eigenschaft einer realen Mischung durch
die Stoffmengen der Komponenten und die entsprechenden intensiven Eigenschaften ausdrücken zu können, muß die Änderung
dieser intensiven Eigenschaften als Funktion der Zusammensetzung
der Mischung bekannt sein. Die resultierende extensive Eigenschaft
der Mischung, welche allgemein mit Z bezeichnet sei, ist bei konstantem Druck und konstanter Temperatur nur eine Funktion der
Zusammensetzung der Mischung: $Z = f(n_1, n_2, \ldots)$. Daher kann
man die Änderung von Z bei Änderung der Zusammensetzung als
totales Differential ausdrücken:

$$(\mathrm{d}Z)_{p,T} = \left(\frac{\partial Z}{\partial n_1}\right)_{n_2,n_3\ldots} \mathrm{d}n_1 + \left(\frac{\partial Z}{\partial n_2}\right)_{n_1,n_3\ldots} \mathrm{d}n_2 + \ldots \quad \text{(I)}$$

Die einzelnen partiellen Differentialquotienten werden als
partielle molare Größen Z_i des betreffenden Stoffes *i* bezeichnet:

$$\left(\frac{\partial Z}{\partial n_i}\right)_{p,T,n_j} = Z_i. \quad \text{(II)}$$

Der Index j steht für alle Größen außer i. Man kann dann schreiben:

$$dZ = Z_1\,dn_1 + Z_2\,dn_2 + Z_3\,dn_3 + \ldots \qquad \text{(III)}$$

Denkt man sich eine Mischung in der Weise hergestellt, daß bei konstanter Temperatur und konstantem Druck auch die Zusammensetzung konstant ist, die Komponenten also im voraus im endgültigen Mischungsverhältnis zusammengebracht werden, so kann man diese Gleichung in integrierter Form schreiben

$$Z = Z_1 n_1 + Z_2 n_2 + Z_3 n_3 + \ldots, \qquad \text{(IV)}$$

da jetzt die partiellen molaren Größen konstant bleiben. Aus dieser Gleichung ergibt sich als totales Differential von Z bei Änderung der Zusammensetzung:

$$dZ = Z_1\,dn_1 + n_1\,dZ_1 + Z_2\,dn_2 + n_2\,dZ_2 + \ldots \qquad \text{(V)}$$

Unter Berücksichtigung der Gl. (III) folgt daraus:

$$n_1\,dZ_1 + n_2\,dZ_2 + \ldots = 0. \qquad \text{(VI)}$$

Diese Gleichung stellt die *Gibbs-Duhem-Margules-Gleichung* in allgemeiner Formulierung dar, welche den Zusammenhang zwischen den Änderungen der partiellen molaren Größen der Komponenten bei einer Änderung der Zusammensetzung der Mischung angibt. Alle diese Beziehungen können auch mit Hilfe der Molenbrüche formuliert werden:

$$dZ_m = Z_1\,dx_1 + Z_2\,dx_2 + \ldots \qquad \text{(VII)}$$

$$Z_m = \frac{Z}{n_1 + n_2 + \ldots} = Z_1 x_1 + Z_2 x_2 + \ldots \qquad \text{(VIII)}$$

$$x_1\,dZ_1 + x_2\,dZ_2 + \ldots = 0. \qquad \text{(IX)}$$

Wird die Zusammensetzung der Mischung durch die Massenanteile w_i der einzelnen Komponenten ausgedrückt, so folgt analog:

$$dz = z_1\,dw_1 + z_2\,dw_2 + \ldots \qquad \text{(X)}$$

$$z = \frac{Z}{m_1 + m_2 + \ldots} = z_1 w_1 + z_2 w_2 + \ldots \qquad \text{(XI)}$$

$$w_1\,dz_1 + w_2\,dz_2 + \ldots = 0, \qquad \text{(XII)}$$

wobei $\left(\dfrac{\partial Z}{\partial m_i}\right)_{p,T,m_j} = z_i$ die *partielle spezifische (massenbezogene)*
Größe des Stoffes i ist.

6.3.1 Partielles molares und spezifisches Volumen

Nach den Gln. (VII) und (VIII) ist für eine binäre Mischung:
$dV_m = V_1 dx_1 + V_2 dx_2$ und $V_m = V_1 x_1 + V_2 x_2$. Da $x_1 + x_2 = 1$
und $dx_1 = -dx_2$ ist, folgt für die *partiellen molaren Volumina:*

$$V_1 = V_m + x_2 \cdot \frac{dV_m}{dx_1} \quad \text{(XIII)} \quad \text{und} \quad V_2 = V_m + x_1 \cdot \frac{dV_m}{dx_2} \quad \text{(XIV)}.$$

Analog ergibt sich für die *partiellen spezifischen Volumina:*

$$v_1 = v + w_2 \cdot \frac{dv}{dw_1} \quad \text{(XV)} \quad \text{und} \quad v_2 = v + w_1 \cdot \frac{dv}{dw_2} \quad \text{(XVI)}.$$

Beispiel 6-1. Zu berechnen sind die partiellen spezifischen
Volumina einer Methanol-Wasser-Mischung mit $w_{CH_3OH} = 80\%$.
Gegeben sind die Dichten der Mischung bei 15 °C:

w_{CH_3OH}	ρ	$v = \dfrac{1}{\rho}$	Δv	
%	g/cm³	cm³/g	cm³/g	
0,0	0,99913	1,00087		
79,0	0,85300	1,17233		
80,0	0,85048	1,17581	$>$ 0,00348	im Mittel 0,00350
81,0	0,84794	1,17933	$>$ 0,00352	
100,0	0,79577	1,25664		

$$v_{H_2O} = 1,17581 + 0,8 \cdot \frac{0,00350}{(-0,01)} = 0,89581;$$

$$v_{CH_3OH} = 1,17581 + 0,2 \cdot \frac{0,00350}{0,01} = 1,24581.$$

Die partiellen spezifischen Volumina sind hier beide kleiner als
die spezifischen Volumina der reinen Stoffe. ──

Aufgaben. 6/1. Die Dichte von Toluol sei zu $\rho_1 = 0,867$, jene von
Tetrachlorkohlenstoff zu $\rho_2 = 1,594$ g/cm³ bestimmt worden. Welchen
Massenanteil an Toluol muß eine „ideale" Mischung beider Komponenten
enthalten, damit deren Dichte bei der gleichen Temperatur $\rho = 1,500$ g/cm³
beträgt ?

6/2. Wiebe und Tremearne bestimmten die Dichten der Lösungen von Wasserstoff (Stoff 2) in flüssigem Ammoniak (Stoff 1) bei 100 °C und berechneten daraus die molaren Volumina V_m der Lösungen. Es waren bei 811 bar für den Molenbruch

$$x_1 = 1,0000 \qquad V_m = 29,419 \ \text{cm}^3/\text{mol}$$
$$0,8529 \qquad\qquad 31,779$$
$$0,8083 \qquad\qquad 32,701$$

Zu berechnen sind die partiellen molaren Volumina V_1 und V_2 bei 811 bar für die Molenbrüche $x_1 = 1,0000$ und $0,8529$.

6/3. 1 m³ einer Äthanol-Wasser-Mischung mit $w_{C_2H_5OH} = 96,0\%$ soll mit Wasser auf einen Massenanteil $w_{C_2H_5OH} = 56,0\%$ verdünnt werden. Die Dichte des Wassers bei 15 °C beträgt 0,9991 g/cm³. Die partiellen molaren Volumina für Wasser und Äthanol sind 14,61 und 58,01 cm³/mol im 96%igen Alkohol bzw. 17,11 und 56,58 cm³/mol im 56%igen Alkohol. Zu berechnen sind die Volumina der zuzusetzenden Menge Wasser und der nach dem Vermischen erhaltenen Menge des 56%igen Alkohols.

Die partiellen Volumina lassen sich für jede Zusammensetzung der Mischung auch graphisch aus der Kurve bestimmen, welche die Abhängigkeit des molaren Volumens vom Molenbruch darstellt.

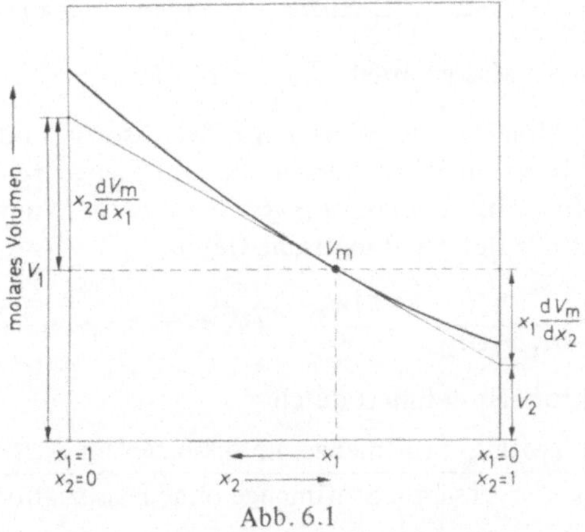

Abb. 6.1

V_1 und V_2 sind nach den Gln. (XIII) und (XIV) durch die Strecken gegeben, welche die Tangente an die V_m-Kurve in dem Punkt, welcher zu der jeweiligen Zusammensetzung gehört, auf den Ordinatenachsen bei $x_1 = 0$ und $x_2 = 0$ abschneidet (Abb. 6.1).

6.4 Raoultsches Gesetz

In einer idealen Mischung ist bei konstanter Temperatur das
Verhältnis des Partialdruckes p_i jeder Komponente zum Dampfdruck p_i^0 der reinen Komponente gleich dem Molenbruch x_i der
betreffenden Komponente in der flüssigen Mischung *(Raoultsches
Gesetz)*:

$$\frac{p_i}{p_i^0} = x_i. \tag{I}$$

Demnach ist die *relative Dampfdruckerniedrigung* des Lösungsmittels (Komponente 1) in einer binären Mischphase $(x_1 + x_2 = 1)$:

$$\frac{p_1^0 - p_1}{p_1^0} = \frac{\Delta p_1}{p_1^0} = x_2. \tag{II}$$

Beispiel 6-2. Welchen Gehalt an Glycerin (Molenbruch und
Massenanteil) hat eine wässrige Lösung, wenn bei 22,5 °C ein
Dampfdruck von 26,56 mbar ($= p_1$) gemessen wurde ? Der
Wasserdampfdruck beträgt bei dieser Temperatur 27,25 mbar
($= p_1^0$).

Es ist $x_{\text{Glyc}} = \dfrac{27,25 - 26,56}{27,25} = 0,02532 = 2,532\,\%$, ent-

sprechend einem Massenanteil $w_{\text{Glyc}} = 11,72\%$. ——

Sind die Moleküle des gelösten Stoffes dissoziiert oder
assoziiert, so ist in allen Gleichungen die Stoffmenge n_2 des
gelösten Stoffes 2 mit dem *van't Hoffschen Faktor i* zu multiplizieren. Dann lautet das Raoultsche Gesetz:

$$\frac{\Delta p_1}{p_1^0} = \frac{i n_2}{n_1 + i n_2} \approx \frac{i n_2}{n_1} \quad (n_1 \gg n_2). \tag{III}$$

Der Faktor i ist definiert durch

$$i = \frac{\text{gesamte Stoffmenge im dissoziierten Zustand}}{\text{gesamte Stoffmenge ohne Dissoziation}}.$$

Ist n_{02} die Stoffmenge des gelösten Stoffes vor der Dissoziation,
α der Dissoziationsgrad (Verhältnis der dissoziierten Moleküle zu den
ursprünglich vorhandenen) und ν die Zahl der Moleküle oder Ionen,
in die ein Molekül des Ausgangsstoffes zerfällt, dann ist die Zahl der
dissoziierten Moleküle αn_{02} und die Zahl der undissoziierten

$n_{02} - \alpha n_{02} = n_{02}(1 - \alpha)$. Da jedes dissoziierte Molekül ν Ionen gibt, bilden sich aus n_{02} mol des Ausgangsstoffes $\alpha \nu n_{02}$ mol Ionen. Die gesamte Stoffmenge beträgt dann $n_{02}(1 - \alpha) + \alpha \nu n_{02}$. Damit wird

$$i = \frac{n_{02}[(1 + \alpha(\nu - 1)]}{n_{02}} = 1 + \alpha(\nu - 1). \qquad \text{(IV)}$$

Beispiel 6-3. Der Dampfdruck einer Lösung von 6,69 g $Ca(NO_3)_2$ in 100 g Wasser beträgt 995,78 mbar bei 100 °C. Der Dampfdruck des Wassers bei 100 °C ist 1013,25 mbar. [Index „1" =

= Wasser, Index „2" = $Ca(NO_3)_2$]. $n_1 = \dfrac{100}{18,02}$, $n_2 = \dfrac{6,69}{164,1}$,

$\nu = 3$. Damit folgt für i aus den Gln. (III) und (IV):

$$i = \frac{\Delta p_1 n_1}{p_1^0 n_2} = \frac{17,47 \cdot 100 \cdot 164,1}{1013,25 \cdot 18,02 \cdot 6,69} = 2,347 = 1 + \alpha(3 - 1).$$

Damit ergibt sich $\alpha = 0,673$. ——

Führen wir in die Gl. (II) für die Stoffmengen die Beziehungen

$n_1 = \dfrac{m_1}{M_1}$ und $n_2 = \dfrac{m_2}{M_2}$ (Index „1" = Lösungsmittel, Index „2" =

gelöster Stoff) ein und lösen nach M_2 auf, so erhalten wir:

$$M_2 = \frac{m_2 M_1}{m_1} \left(\frac{p_1^0}{\Delta p_1} - 1 \right). \qquad \text{(V)}$$

Mit Hilfe dieser Gleichung kann die unbekannte molare Masse M_2 des gelösten Stoffes 2 aus der Dampfdruckerniedrigung des Lösungsmittels ermittelt werden.

Aufgaben. 6/4. Ein Schmieröl hat einen Massenanteil von 0,05% Propan. Kann dieser Propangehalt zu explosiven Propan-Luft-Gemischen in den Schmieröltanks führen? Die Explosionsgrenzen von Propan betragen 2,37 bis 9,50 Volumenanteil Propan in der Luft. Gegeben sind die molare Masse des Propans (= 44 g/mol), der Dampfdruck bei 24 °C mit 10,133 bar. Die molare Masse des Schmieröls ist mit 300 g/mol anzunehmen, sein Dampfdruck kann vernachlässigt werden.

6/5. Wasser hat bei 100 °C einen Dampfdruck von 1013,25 mbar. Welchen Dampfdruck besitzt eine wäßrige Rohrzuckerlösung mit einem Massenanteil von 10% Rohrzucker bei der gleichen Temperatur? Molare Masse des Rohrzuckers = 342,29 g/mol.

6/6. Der Dampfdruck von Äther bei 20 °C beträgt 589,3 mbar, der Dampfdruck einer Lösung von 6,1 g Benzoesäure in 50 g Äther 548,0 mbar. Berechne die molare Masse der Benzoesäure im Äther und die relative Abweichung des erhaltenen Wertes vom tatsächlichen.

6.5 Siedepunktserhöhung und Gefrierpunktserniedrigung

Siedepunktserhöhung. Mit der Dampfdruckerniedrigung von
Lösungen nicht flüchtiger Stoffe hängt die Erhöhung der Siedetemperatur gegenüber der Siedetemperatur des reinen Lösungsmittels
unmittelbar zusammen. Infolge der Dampfdruckerniedrigung der
Lösung weist diese bei der Temperatur T_V^0, bei welcher der Dampfdruck des reinen Lösungsmittels gleich 1,01325 bar ist, einen kleinere
Wert auf. Um die Lösung zum Sieden zu bringen, d. h. ihren Dampfdruck auf 1,01325 bar zu erhöhen, muß die Temperatur um einen
Betrag ΔT_V gesteigert werden, der als *Siedepunktserhöhung* bezeichr
wird.

Die Siedepunktserhöhung verdünnter Lösungen ist proportional
der Stoffmengenkonzentration c (= Molarität) bzw. proportional der
Molalität b des gelösten Stoffes:

$$\Delta T_V = K_E' c = K_E b \quad \text{bzw.} \quad \Delta T_V = i K_E b.$$

K_E ist die *ebullioskopische Konstante* (molale Siedepunktserhöhung)
welche nur von der Art des Lösungsmittels abhängt:

$$K_E = \frac{R(T_V^0)^2}{\Delta_V h} = \frac{R(T_V^0)^2 M_1}{\Delta_V H_m}$$

(T_V^0 Siedetemperatur des reinen Lösungsmittels, $\Delta_V h$ spezifische
Verdampfungsenthalpie, $\Delta_V H_m$ molare Verdampfungsenthalpie
des Lösungsmittels, M_1 molare Masse des Lösungsmittels.)
Durch Messung der Siedepunktserhöhung kann man die molare
Masse des gelösten Stoffes nach folgender Gleichung bestimmen:

$$M_2 = \frac{m_2}{m_1} \cdot \frac{K_E}{\Delta T_V}$$

(m_2 Masse des gelösten Stoffes, m_1 Masse des Lösungsmittels).

Beispiel 6-4. Man berechne die ebullioskopische Konstante
des Wassers. Die molare Verdampfungsenthalpie des Wassers beträgt
$4,0733 \cdot 10^4$ J/mol (Siedetemperatur 373,15 K, molare Masse
$18,02 \cdot 10^{-3}$ kg/mol).

$$K_E = \frac{8,3143 \cdot (373,15)^2 \cdot 18,02 \cdot 10^{-3}}{4,0733 \cdot 10^4} = 0,512 \; \frac{K \cdot kg}{mol} \cdot \underline{\quad\quad}$$

Beispiel 6-5. Reiner Tetrachlorkohlenstoff siedet bei 76,6 °C. Um wieviel erhöht sich die Siedetemperatur des Tetrachlorkohlenstoffs, wenn man in 100 g CCl_4 2,5 g Schwefel auflöst? Die spezifische Verdampfungsenthalpie des CCl_4 beträgt 195,1 J/g, die molare Masse des Schwefels 32,06 g/mol.

$$K_E = \frac{8,3143 \cdot (349,8)^2}{195,1} =$$

$$= 5214,4 \; \frac{K \cdot g}{mol} \; ; \; \Delta T_V = \frac{m_S}{m_{CCl_4}} \cdot \frac{K_E}{M_S} = \frac{2,5}{100} \cdot \frac{5214,4}{32,06} = 4,07 \; K.$$

Die Lösung wird somit bei 76,6 + 4,1 = 80,7 °C sieden. ——

Gefrierpunktserniedrigung. Mit der Dampfdruckerniedrigung von Lösungen nicht flüchtiger Stoffe hängt auch die Erniedrigung der Erstarrungstemperatur unter diejenige des reinen Lösungsmittels zusammen. Die Gefrierpunktserniedrigung ΔT_F ist, ebenso wie die Siedepunktserhöhung, proportional der Konzentration bzw. Molalität des gelösten Stoffes: $\Delta T_F = K'_K c = K_K b$ bzw. bei dissoziierenden oder assoziierenden Stoffen $\Delta T_F = i K_K b$. K_K ist die *kryoskopische Konstante* des Lösungsmittels (molale Gefrierpunktserniedrigung), für welche analog zur ebullioskopischen Konstante K_E gilt:

$$K_K = \frac{R (T_F^0)^2}{\Delta_F h} = \frac{R (T_F^0)^2 M_1}{\Delta_F H_m}$$

(T_F^0 Erstarrungstemperatur des reinen Lösungsmittels, $\Delta_F h$ spezifische Schmelzenthalpie des Lösungsmittels, $\Delta_F H_m$ molare Schmelzenthalpie des Lösungsmittels, M_1 molare Masse des Lösungsmittels). Durch Messung der Gefrierpunktserniedrigung kann man die molare Masse des gelösten Stoffes nach folgender Gleichung bestimmen:

$$M_2 = \frac{m_2}{m_1} \cdot \frac{K_K}{\Delta T_F} \; .$$

Beispiel 6-6. Für Wasser als Lösungsmittel ist die kryoskopische Konstante zu bestimmen. $T_F^0 = 273,15$ K, $\Delta_F h = 333,56$ J/g.

$$K_K = \frac{8,3143 \cdot (273,15)^2}{333,56} = 1860 \; \frac{K \cdot g}{mol} = 1,860 \; \frac{K \cdot kg}{mol} \; . \; ——$$

Beispiel 6-7. Welche molare Masse hat Rohrzucker, wenn 3,554 g, in 50 g Wasser gelöst, eine Gefrierpunktserniedrigung von 0,386 K bewirken?

$$M_{Rohrz.} = \frac{3,554 \cdot 1860}{50 \cdot 0,386} = 342,51 \; g/mol. ——$$

Beispiel 6-8. Benzol hat eine spezifische Schmelzenthalpie von 126,0 J/g und eine Schmelztemperatur von 278,5 K.

Daraus ist $K_K = \dfrac{8,3143 \cdot (278,5)^2}{126,0} = 5118 \; \dfrac{K \cdot g}{mol} = 5,118 \; \dfrac{K \cdot kg}{mol}$

Aufgaben. 6/7. Reines Benzol gefriert bei 5,500 °C, eine Lösung von 0,2242 g Campher in 30,55 g Benzol bei 5,254 °C. Man bestimme die molare Masse des Camphers.

6/8. Eine Lösung von 0,001 mol $ZnCl_2$ in 1000 g Wasser gefriert bei --0,0055 °C, eine Lösung von 0,0819 mol in 1000 g Wasser bei −0,3854 °C. Gesucht ist der van't Hoffsche Faktor i.

6/9. Wasserhaltiger Eisessig gefriert bei + 15,2 °C. Berechne den Wassergehalt, wenn reiner Eisessig bei 17,5 °C gefriert und seine molale Gefrierpunktserniedrigung 3,9 K·kg/mol beträgt.

6/10. Eine Lösung von 0,563 g Schwefel in 40 g Schwefelkohlenstoff ergab eine Siedepunktserhöhung von 0,133 K. Wieviel atomig ist das Schwefelmolekül? Molale Siedepunktserhöhung von Schwefelkohlenstoff $K_K = 2,4$ K·kg/

6/11. In je 100 g Eisessig werden 0,50 g, 1,90 g und 5,20 g H_3PO_3 gelöst und die Gefrierpunktserniedrigungen 0,223, 0,750 und 1,645 K beobachtet.
a) Wie groß ist die molare Masse der H_3PO_3 bei diesen Gehalten?
b) Bestimme auf graphischem Wege jenen Grenzwert, dem sich die molare Masse nähert, wenn die gelöste Masse an H_3PO_4 gegen Null absinkt. Die molale Gefrierpunktserniedrigung des Eisessigs beträgt 3,9 K·kg/mol.

6/12. 10,6 g einer alkoholischen Lösung enthalten 0,401 g Salicylsäure. Die Lösung siedet um 0,337 K höher als reines Äthanol. Zu berechnen ist die molare Masse der Salicylsäure. Ebullioskopische Konstante von Äthanol $K_E = 1,07$ K·kg/mol = 1070 K·g/mol.

6.6 Osmotischer Druck verdünnter Lösungen

Der *osmotische Druck* eines gelösten Stoffes ist gleich dem hydrostatischen Druck, welcher dazu notwendig ist, das Eindringen des reinen Lösungsmittels durch eine halbdurchlässige (semipermeable) Membran in die Lösung zu verhindern. Für sehr verdünnte Lösungen gilt das *Gesetz von van't Hoff*, wonach der osmotische Druck Π gleich dem Gasdruck ist, den der gelöste Stoff zeigen würde, wenn er bei der gleichen Temperatur T in dem gegebenen Volumen V vorliegen würde:

$$\Pi V = nRT \qquad\qquad (I)$$

(n Stoffmenge des gelösten Stoffes).

Sind die Moleküle des gelösten Stoffes dissoziiert oder assoziiert, so ist in dieser Gleichung die Stoffmenge n mit dem van't Hoffschen Faktor i (s. 6.3) zu multiplizieren:

$$\Pi V = inRT \qquad\qquad \text{(II)}$$

Wie die Gefrierpunktserniedrigung, so wird auch der osmotische Druck in der Praxis hauptsächlich zur Bestimmung der molaren Massen verwendet, und zwar besonders von hochpolymeren Verbindungen. Die Umformung der Gl. (I) ergibt:

$$\Pi = \frac{m}{V} \cdot \frac{RT}{M} , \qquad\qquad \text{(III)}$$

wobei m die Masse des im Volumen V gelösten Stoffes und M dessen molare Masse ist.

Da die van't Hoffsche Gleichung aber nur für ideal verdünnte Lösungen gilt, muß der osmotische Druck auf die Massenkonzentration $\frac{m}{V} = 0$ extrapoliert werden, damit ein richtiger Wert für M erhalten wird. Man geht dabei so vor, daß man die gemessenen Werte für Π durch $\frac{m}{V}$ dividiert und in einem Diagramm gegen $\frac{m}{V}$ aufträgt. Der Abschnitt der auf $\frac{m}{V} = 0$ extrapolierten Kurve auf der Ordinatenachse ist dann gleich $\frac{RT}{M}$, woraus M berechnet wird.

Beispiel 6-8. Man berechne den osmotischen Druck einer Lösung von 5 g ($= 5 \cdot 10^{-3}$ kg) Glucose, $C_6H_{12}O_6$, in 100 cm³ ($= 10^{-4}$ m³) Wasser bei 20 °C; molare Masse der Glucose $M = 0{,}18015$ kg/mol.

$$\Pi = \frac{(5 \cdot 10^{-3}) \cdot 8{,}3143 \cdot 293{,}15}{10^{-4} \cdot 0{,}18015} = 6{,}765 \cdot 10^5 \, \text{N/m}^2 = 6{,}765 \text{ bar.} \quad\text{---}$$

Aufgaben. 6/13. Bei 18 °C ist eine Natriumchloridlösung der Molarität 500 mol/m³ zu 74,3% elektrolytisch dissoziiert. Berechne den osmotischen Druck dieser Lösung.

6/14. Zur Bestimmung der molaren Masse von Hämoglobin wurde von einer in einer Pergamentmembran eingeschlossenen Lösung von 4,80 g Hämoglobin in 100 cm³ Lösung bei 10 °C der osmotische Druck zu 71,45 mbar ermittelt. Berechne die molare Masse des Hämoglobins.

6/15. Eine Lösung von $MgSO_4$ der Molarität $M = 200\ mol/m^3$ hat den Dampfdruck 31,544 mbar bei 25 °C, reines Wasser einen solchen von 31,672 mbar. Die Dichte der Lösung ist 1024 kg/m^3. Zu berechnen ist **a)** der van't Hoffsche Faktor, **b)** der osmotische Druck.

6.7 Aktivität

Man bezeichnet als *Aktivität* a_i der Komponente *i* eine korrigierte Größe, welche anstelle des Molenbruchs einzusetzen ist, um das thermodynamische Verhalten nicht idealer Mischphasen zu beschreiben. Das *Raoultsche Gesetz* (s. 6.4, S. 198) erhält dann die Form:

$$a_i = \frac{p_i}{p_i^0}\ . \tag{I}$$

Das Verhältnis der Aktivität a_i zum Molenbruch x_i wird als *Aktivitätskoeffizient* γ_{xi} bezeichnet:

$$\frac{a_i}{x_i} = \gamma_{xi}\ . \tag{II}$$

Aus diesen beiden Gleichungen folgt für den reinen Stoff ($x_i = 1$ unmittelbar: $\gamma_{xi} = 1$. Der reine Stoff stellt also den Standardzustand dar, in welchem sowohl a_i als auch γ_{xi} den Zahlenwert 1 haben.

Häufig ist es, vor allem für Lösungen, zweckmäßiger, für den gelösten Stoff einen anderen Standardzustand festzusetzen, nämlich den Zustand einer idealen Lösung, deren Molarität bzw. Molalität den Zahlenwert 1 hat. Die entsprechenden Aktivitätskoeffizienten bezeichnen wir zur Unterscheidung von den durch Gl. (II) definierten mit γ_{ci} bzw. γ_{bi}:

$$\gamma_{ci} = \frac{a_i}{c_i} \tag{III}$$

bzw.

$$\gamma_{bi} = \frac{a_i}{b_i} \tag{IV}$$

(c_i Stoffmengenkonzentration = Molarität, b_i Molalität). Weiterhin gilt:

$$\lim_{c_i \to 0} \gamma_{ci} = 1 \tag{V}$$

bzw.

$$\lim_{b_i \to 0} \gamma_{bi} = 1. \tag{VI}$$

Die Aktivität bedeutet in diesem Fall eine korrigierte Stoffmengenkonzentration (Molarität) bzw. Molalität und ist in mol/dm^3 (mol/m^3) bzw. mol/kg anzugeben.

Mit Hilfe der Gibbs-Duhem-Margules-Beziehung (s. 6.3, S. 195) läßt sich ein Zusammenhang zwischen den Aktivitäten bzw. zwischen den Aktivitätskoeffizienten der einzelnen Komponenten einer Mischung angeben. Dieser lautet für die Aktivitäten einer binären Mischphase:

$$x_1 \, d\ln a_1 + x_2 \, d\ln a_2 = 0. \tag{VII}$$

Setzt man in dieser Gleichung für die Aktivitäten $a_1 = \gamma_{x1} x_1$ und

$$a_2 = \gamma_{x2} x_2 \text{ und berücksichtigt, daß } x_1 d\ln x_1 + x_2 d\ln x_2 = x_1 \frac{dx_1}{x_1} + x_2 \frac{dx_2}{x_2} = 0$$

ist, so folgt:

$$x_1 \, d\ln \gamma_{x1} + x_2 \, d\ln \gamma_{x2} = 0. \tag{VIII}$$

Durch diese Beziehung ist der Zusammenhang der Aktivitätskoeffizienten der beiden Komponenten einer binären Mischphase gegeben.

Kennt man z. B. die Abhängigkeit der Aktivitäten a_2 bzw. der Aktivitätskoeffizienten γ_{x2} vom Molenbruchverhältnis $\dfrac{x_2}{x_1}$, so können die Gln. (VII) und (VIII) durch graphische Integration ausgewertet werden. Aus Gl. (VII) erhält man:

$$\lg \frac{a_1'}{a_1''} = \lg a_1' - \lg a_1'' = - \int_{a_2''}^{a_2'} \frac{x_2}{x_1} \, d\lg a_2. \tag{IX}$$

Man trägt nun $\dfrac{x_2}{x_1}$ als Funktion von $\lg a_2$ auf und bestimmt die Fläche unter der Kurve zwischen a_2' und a_2''. Da man jedoch auf diese Weise nur das Verhältnis zweier Aktivitäten erhält, muß die Aktivität des Bezugszustandes bekannt sein. Man kann hierfür z. B. den Zustand der ideal verdünnten Lösung wählen, für welche die Aktivität gleich dem Molenbruch ist, also $a_1'' = x_1''$, und von diesem Punkt aus integrieren. Ebenso erhält man aus Gl. (VIII):

$$\lg \frac{\gamma_{x1}'}{\gamma_{x1}''} = \lg \gamma_{x1}' - \lg \gamma_{x1}'' = - \int_{\gamma_{x2}''}^{\gamma_{x2}'} \frac{x_2}{x_1} \, d\lg \gamma_{x2}, \tag{X}$$

wobei dann, wenn $a_1'' = x_1''$ ist, gilt: $\gamma_{x1}'' = 1$ und $\lg \gamma_{x1}'' = 0$.

Die Ermittlung der Aktivität kann nach verschiedenen Methoden erfolgen, z. B.

1) Bestimmung der Aktivität flüchtiger Komponenten aus dem Dampfdruck mit Hilfe von Gl. (I),

2) Bestimmung der Aktivität gelöster Stoffe mit Hilfe des Nernstschen Verteilungssatzes (s. 7.6, S. 242):

$$\frac{a_i^{\mathrm{I}}}{a_i^{\mathrm{II}}} = K \qquad\qquad (XI)$$

(Index „I" = Lösung I, Index „II" = Lösung II). Falls die Konstante K groß ist, kann man die Lösung II mit dem zu verteilenden Stoff als ideal betrachten. Dann gilt anstelle von Gl. (XI)

$$\frac{a_i^{\mathrm{I}}}{c_i^{\mathrm{II}}} = K, \qquad\qquad (XII)$$

woraus a_i^{I} leicht zu bestimmen ist.

3) Bestimmung der Aktivität von Elektrolyten s. 9.1.6, S. 342.

Beispiel 6-9. Wie groß ist die Aktivität des Wassers in einer Lösung, deren Wasserdampfdruck bei 100 °C 933,26 mbar beträgt?

$$a = \frac{933,26}{1013,25} = 0,921. \ \rule{3em}{0.4pt}$$

Beispiel 6-10. Über Mischungen von Isopropylalkohol (Stoff 1) und Benzol (Stoff 2) wurden bei 25 °C für die Partialdrücke p_1 des Isopropylalkohols und die Gesamtdrücke p als Funktion der Molenbrüche x_1 des Isopropylalkohols die in den ersten drei Zeilen der untenstehenden Tabelle aufgeführten Werte ermittelt (alle Drücke in mbar).

Die Partialdrücke des Benzols ergeben sich aus $p_2 = p - p_1$. Die Dampfdrücke der reinen Komponenten sind $p_1^0 = 58,7$ mbar und $p_2^0 = 125,9$ mbar. Nach den Gln. (I) und (II) wurden die im unteren Teil der Tabelle aufgeführten Werte für die Aktivitäten

$a_i = \dfrac{p_i}{p_i^0}$ und die Aktivitätskoeffizienten $\gamma_{xi} = \dfrac{a_i}{x_i}$ berechnet.

Deren Verlauf als Funktion von x_1 bzw. x_2 zeigt Abb. 6.2.

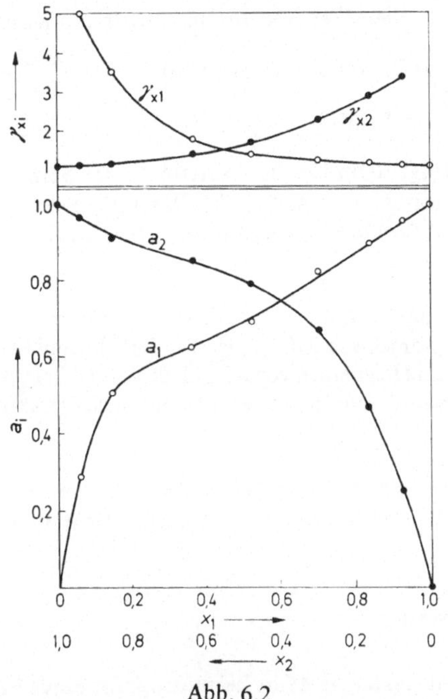

Abb. 6.2

$x_1 =$	0	0,059	0,146	0,362	0,521	0,700	0,836	0,924	1,000
$p_1 =$	0	17,2	29,9	36,8	40,7	48,5	52,7	56,3	58,7
$p =$	125,9	139,3	145,3	144,5	141,1	133,1	112,0	88,5	58,7
$p_2 =$	125,9	122,1	115,4	107,7	100,4	84,6	59,3	32,2	0,0
$a_1 =$	0	0,293	0,509	0,627	0,693	0,826	0,898	0,959	1
$a_2 =$	1	0,970	0,917	0,855	0,797	0,672	0,471	0,256	0
$\gamma_{x1} =$	∞	4,97	3,49	1,73	1,33	1,18	1,07	1,04	1
$\gamma_{x2} =$	1	1,03	1,07	1,34	1,66	2,24	2,87	3,37	∞

Beispiel 6-11. Bei der Verteilung von $HgCl_2$ zwischen Benzol und Wasser bei 25 °C wurden folgende Konzentrationen ermittelt:

in Benzol: 0,000155 0,000310 0,000618 0,00524 0,0210 mol/dm³
in Wasser: 0,001845 0,00369   0,00738   0,0648   0,2866 mol/dm³.

Zu bestimmen sind die Aktivitäten des Salzes in der wäßrigen Lösung bei den einzelnen Konzentrationen, wenn die Lösung in Benzol bis zu 0,03 mol/dm³ ideal ist.

Aus den ersten beiden Wertepaaren mit niedrigen Konzentratio-

nen ergibt sich für den Verteilungskoeffizienten $K = \dfrac{0{,}001845}{0{,}000155} = 11$,

bzw. $K = \dfrac{0{,}00369}{0{,}000310} = 11{,}903$.

Aus Gl. (XII) folgt dann für die Aktivitäten des Salzes bei den anderen Konzentrationen $a^{\mathrm{I}} = Kc^{\mathrm{II}} = 11{,}903 \cdot 0{,}000618 = 0{,}00736$ und weiter $11{,}903 \cdot 0{,}00524 = 0{,}0624$ und $11{,}903 \cdot 0{,}0210 = 0{,}2500$ mol/dm^3. ——

Aufgaben. 6/16. Bei 35 °C hat Aceton einen Dampfdruck von 459,3 mbar, Chloroform einen Dampfdruck von 390,8 mbar. Die Partialdampfdrücke über einem Gemisch mit einem Molenbruch von 36% Chloroform betragen 267,7 mbar für Aceton und 96,4 mbar für Chloroform. Zu bestimmen ist die Aktivität der beiden Komponenten.

6/17. Bei 15 °C ist über einer Lösung von 1 mol NaOH in 4,559 mol H$_2$O der Wasserdampfdruck 5,965 mbar. Reines Wasser hat bei 15 °C einen Dampfdruck von 17,049 mbar. Wie groß ist die Aktivität des Wassers in der Lösung?

6.8 Löslichkeitskurven

Befindet sich ein fester Stoff in Berührung mit einer Flüssig-keit, in der er sich ohne chemische Veränderungen auflöst, so erfolgt die Auflösung nur bis zu einem bestimmten Grad, nämlich bis zur Bildung einer *gesättigten Lösung*. Diese stellt, zusammen mit dem Bodenkörper, ein heterogenes System dar, dessen Gleichgewicht durch die Konzentration des festen Stoffes in der gesättigten Lösung, d. h. durch die *Sättigungskonzentration* festgelegt ist (oft wird auch die Molalität, gelegentlich der Molenbruch verwendet). Die Löslich-keit ist in der Regel mehr oder weniger stark von der Temperatur abhängig. Die Temperaturabhängigkeit der Löslichkeit fester Stoffe läßt sich leicht durch direkte Messungen bestimmen und durch *Löslich keitskurven* darstellen (Abb. 6.3). Diese geben den Gehalt an gelöstem Stoff (z. B. Masse des gelösten Stoffes in g pro 100 g Wasser) in der gesättigten Lösung im Gleichgewicht mit dem jeweiligen Stoff als Bodenkörper an.

Bildet ein Stoff Hydrate mit verschiedenen Gehalten an gebun-denem Kristallwasser, so besitzt jedes Hydrat und auch die wasserfreie Form eine eigene Löslichkeitskurve. Die einzelnen Hydrate und die

wasserfreie Form sind nur in begrenzten Temperaturbereichen als
Bodenkörper beständig. Die gesamte Löslichkeitskurve eines solchen
Stoffes, z. B. $ZnSO_4$, weist daher Unstetigkeiten (Knicke und Spitzen)
auf, in denen die Umwandlungen des Bodenkörpers zum Ausdruck
kommen (Abb. 6.3).

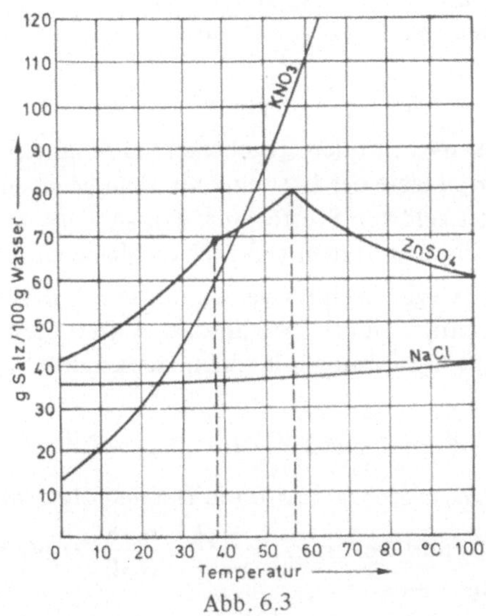

Abb. 6.3

Die Löslichkeit von $ZnSO_4$ in Wasser ist aus der folgenden
Tabelle ersichtlich:

ϑ, °C	0	10	20	30	38,0
g $ZnSO_4$ in 100 g Wasser:	41,6	47,1	53,8	61,3	69,5
Bodenkörper ist			$ZnSO_4 \cdot 7\,H_2O$		

ϑ, °C	40	50	55,5	60	80	100
g $ZnSO_4$ in 100 g Wasser:	70,4	75,7	80,2	76,5	66,7	60,5
Bodenkörper ist	$ZnSO_4 \cdot 6\,H_2O$			$ZnSO_4 \cdot 1\,H_2O$		

In Fällen starker Wasserabspaltung äußert sich die Umwandlung durch
eine Spitze in der Löslichkeitskurve, so daß jenseits der Umwandlungstemperatur
die Löslichkeit des Salzes mit steigender Temperatur abnimmt, statt weiter anzuwachsen.

6.9 Mischungsrechnung

Es sollen zwei Lösungen desselben Stoffes von gegebenem Massenanteil oder eine Lösung dieses Stoffes mit dem reinen Lösungsmittel gemischt werden, um eine bestimmte Menge der Lösung mit einem geforderten Massenanteil herzustellen. Die Massen der beiden Lösungen bzw. der Lösung und des Lösungsmittels, welche gemischt werden müssen, ergeben sich aus einer einfachen *Massenbilanz* (Stoffbilanz):

$$m_1 w_1 + m_2 w_2 = (m_1 + m_2) w_3$$

(m_1 Masse der Lösung 1 mit dem gegebenen Massenanteil w_1 des gelösten Stoffes, m_2 Masse der Lösung 2 mit dem gegebenen Massenanteil w_2 des gelösten Stoffes, $(m_1 + m_2) = m_3$ Masse der erhaltenen Mischung mit dem geforderten Massenanteil w_3.

Beispiel 6-12. Gegeben sind zwei Lösungen mit den Massenanteilen des gelösten Stoffes $w_1 = 78\%$ und $w_2 = 48\%$. Herzustellen sind daraus 150 kg einer Lösung mit einem Massenanteil des gelösten Stoffes $w_3 = 66\%$.

$$m_1 + m_2 = m_3 = 150 \text{ kg}, \quad m_2 = (150 - m_1) \text{ kg}.$$

$m_1 \cdot 0{,}78 + (150 - m_1) \cdot 0{,}48 = 150 \cdot 0{,}66.$ Daraus folgt: $m_1 (0{,}78 - 0{,}4$

$= 150 \cdot (0{,}66 - 0{,}48)$ und weiter $m_1 = 150 \cdot \dfrac{0{,}18}{0{,}30} = 90 \text{ kg}; m_2 =$
$= 150 - 90 = 60 \text{ kg.}$ ——

Ganz einfach kann man die Massenverhältnisse, in welchen die beiden Lösungen zu mischen sind, mit Hilfe der *Kreuzregel* ermitteln, die natürlich auch auf der Massenbilanz beruht. Man schreibt die Massenanteile der Ausgangslösungen links untereinander und rechts davon in der Mitte den geforderten Massenanteil der Mischung. Dann bildet man in Richtung des Pfeilkreuzes die Differenzen. Diese geben die Massenteile der Ausgangslösungen an, die zu mischen sind.

Beispiel 6-13. Die in Beispiel 6-12 gestellte Aufgabe soll mit Hilfe der Kreuzregel gelöst werden.

$$78 \searrow \qquad \nearrow 18 \text{ Massenteile}$$
$$66$$
$$48 \nearrow \qquad \searrow 12 \text{ Massenteile}$$
$$\overline{\phantom{48 \nearrow \qquad \searrow 12 \text{ Mas}}}$$
$$= 30 \text{ Massenteile Mischung mit } w_3 = 66\%.$$

Sind 150 kg Mischung verlangt, so muß man $5 \cdot 18 = 90$ kg der Lösung 1 mit $w_1 = 78\%$ und $5 \cdot 12 = 60$ kg der Lösung 2 mit $w_2 = 48\%$ mischen. ——

Sind z. B. 3 Ausgangslösungen vorhanden, dann ist die Massenbilanz sinngemäß zu erweitern, wobei aber nun der Massenteil einer der Lösungen in gewissen Grenzen frei wählbar ist.

Beispiel 6-14. Es stehen Lösungen mit Massenanteilen von $w_1 = 50\%$, $w_2 = 40\%$ und $w_3 = 30\%$ zur Verfügung. Daraus sollen 200 kg ($= m_4$) einer Lösung mit einem Massenanteil $w_4 = 35\%$ hergestellt werden.

Massenbilanzen:

$$m_1 + m_2 + m_3 = m_4, \quad \text{daraus} \quad m_3 = m_4 - m_1 - m_2;$$

$m_1 \cdot 0{,}50 + m_2 \cdot 0{,}40 + (200 - m_1 - m_2) \cdot 0{,}30 = 200 \cdot 0{,}35$. Damit ergibt sich für den Zusammenhang zwischen m_1 und m_2: $m_1 = 50 - 0{,}5 \cdot m_2$. Daraus ersieht man sofort, daß $m_1 + m_2 < 100$ kg sein müssen. Für $m_2 = 100$ kg ergäbe sich $m_1 = 0$, für $m_1 > 50$ kg würde m_2 negativ, was natürlich physikalisch sinnlos ist. Wählt man z. B. $m_2 = 50$ kg, so ist $m_1 = 25$ kg und $m_3 = 125$ kg. Eine Mischung dieser Mengen der einzelnen Ausgangslösungen würde 200 kg des geforderten Massenanteils ergeben: $25 \cdot 0{,}50 + 50 \cdot 0{,}40 + 125 \cdot 0{,}30 = 200 \cdot 0{,}35$. ——

Beispiel 6-15. Der Farbstoff F besteht aus einer Mischung der Farbstoffe A, B und C. Die Analysen ergaben für die Massenanteile der einzelnen Farbstoffe an Schwefel und Stickstoff:

Farbstoff F	4,38% N	und	1,06% S
Farbstoff A	8,20%N		
Farbstoff B			2,40% S
Farbstoff C	2,80% N	und	1,00% S.

Zu berechnen sind die Massen der einzelnen Farbstoffe in 100 kg des Farbstoffes F.

Bilanz der Gesamtmassen: $m_A + m_B + m_C = m_F = 100$.
N-Bilanz: $4{,}38 \cdot 100 = 8{,}20 \cdot m_A + 2{,}80 \cdot m_C$
S-Bilanz: $1{,}06 \cdot 100 = 2{,}40 \cdot m_B + 1{,}00 \cdot m_C$

Aus diesen 3 Gleichungen folgt: $m_A = 50$, $m_B = 40$ und $m_C = 10$ kg. ——

6.10 Lösungen von Salzgemischen

Die Löslichkeit von Salzgemischen soll an dem Beispiel NaCl/KCl näher untersucht werden.

Die Löslichkeiten von reinem NaCl und KCl (g Salz in 100 g Wasser) sind:

ϑ, °C	NaCl	KCl
20	35,85	34,35
60	37,05	45,6
100	39,2	56,2

Sind beide Salze gleichzeitig zugegen, so lösen sich bei

ϑ, °C	NaCl	KCl
20	30,2	15,1
60	28,2	25,1
100	27,5	35,7

In der Abb. 6.4 sind die Löslichkeiten bei 20, 60 und 100 °C dargestellt; die Linien werden als *Isothermen*, das sind Linien gleicher Temperatur, bezeichnet. Auf der Abszisse ist die Löslichkeit des KCl, auf der Ordinate die des NaCl aufgetragen. Während

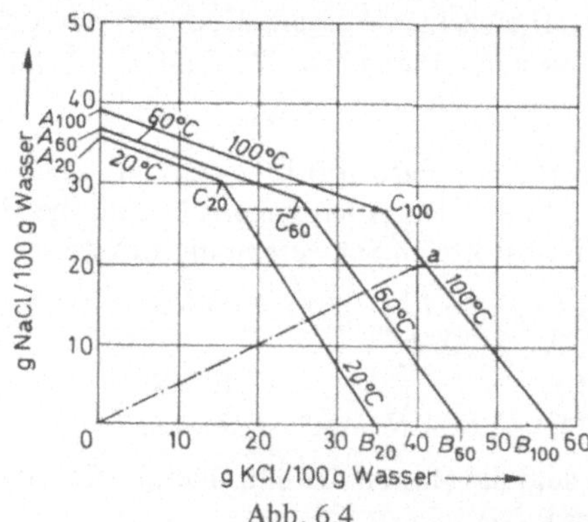

Abb. 6.4

die Punkte A und B gesättigte Lösungen der Einzelsalze NaCl bzw. KCl darstellen, haben wir in den Punkten C gleichzeitige Sättigung an NaCl und KCl. Die Linien AC stellen Sättigungsgrenzen für NaCl, die Linien BC Sättigungsgrenzen für KCl dar.

Beispiel 6-16. Wird eine Lösung der Zusammensetzung C_{100} mit 27,5 g NaCl und 35,7 g KCl in 100 g Wasser von 100 °C auf 20 °C abgekühlt, so fällt nur KCl aus und die Lösung wird an NaCl untersättigt. Die Mutterlauge hat die Zusammensetzung 27,5 g NaCl und 16,9 g KCl in 100 g Wasser; es haben sich demnach 18,8 g KCl ausgeschieden. ——

Beispiel 6-17. Wird aus einer ungesättigten Lösung, die 10 g NaCl und 20 g KCl in 100 g Wasser enthält, bei 100 °C Wasser abgedampft (dieses Verhältnis wird durch die strichpunktierte Linie gekennzeichnet), so erkennen wird, daß die Kristallisation bei der Zusammensetzung des Punktes a (20,5 g NaCl und 41 g KCl; gleiches Verhältnis wie zu Beginn) beginnt und es kristallisiert reines KCl aus (entlang der Linie $a - C_{100}$), bis der Punkt C_{100} (Löslichkeit: 27,5 g NaCl und 35,7 g KCl in 100 g Wasser) erreicht ist. Von da an kristallisieren NaCl und KCl gleichzeitig.

Berechnung der Ausbeute an KCl aus 100 kg der Ausgangslösung. Diese enthält in 100 kg Wasser 10 kg NaCl und 20 kg KCl, zusammen also 130 kg Lösung. Demnach enthalten 100 kg Lösung 7,7 kg NaCl und 15,4 kg KCl. Beim Abdampfen des Wassers bleibt, da die Lösung ungesättigt ist, die darin enthaltene Masse von 7,7 kg NaCl und 15,4 kg KCl so lange unverändert, bis die Zusammensetzung des Punktes a erreicht wird, wo die Kristallisation von KCl allein beginnt. Von hier an bleibt die Masse von NaCl (7,7 kg) in der Lösung zunächst konstant bis zur Kristallisation beider Salze (Punkt C_{100}); dort enthält die Lösung die Salze im Massenverhältnis 27,5 g NaCl/35,7 g KCl, d. h. auf 7,7 kg NaCl 10 kg KCl. Bis zum Erreichen der Zusammensetzung C_{100} sind also $15,4 - 10 = 5,4$ kg KCl auskristallisiert. ——

Beispiel 6-18. Wieviel kg KCl können bei 100 °C in 100 kg einer NaCl-Lösung mit einem Massenanteil $w_{NaCl} = 13\%$ gelöst werden?

$w_{NaCl} = 13\%$ entspricht einer Löslichkeit von $\dfrac{13}{87} \cdot 100 = 14,94$ g

NaCl in 100 g Wasser. Die Löslichkeiten von NaCl und KCl bei 100 °C sind 35,7 g KCl und 27,5 g NaCl in 100 g Wasser, die Löslichkeit von KCl allein 56,2 g in 100 g Wasser.

Im Punkt C_{100} ist der NaCl-Gehalt der Lösung $y_1 = 27,5$ g, der KCl-Gehalt $x_1 = 35,7$ g in 100 g H_2O; im Punkt B_{100} ist der NaCl-Gehalt $y_2 = 0$, der KCl-Gehalt $x_2 = 56,2$ g in 100 g Wasser. Daher lautet die Gleichung der Geraden $C_{100}B_{100}$:

$$y - y_1 = \frac{y_2 - y_1}{x_2 - x_1} \cdot (x - x_1); \quad y - 27{,}5 = \frac{0 - 27{,}5}{56{,}2 - 35{,}7} \cdot (x - 35{,}7).$$

Daraus folgt für x, die gesuchte Löslichkeit von KCl, allgemein:
$x = -0{,}745 \cdot y + 56{,}219$. Für $y = 14{,}94$ g NaCl erhält man:
$x = -0{,}745 \cdot 14{,}94 + 56{,}219 = 45{,}08$ g KCl in 100 g H_2O.
Diesen Wert hätten wir auch unmittelbar aus der Abb. 6.4 ab-
lesen können als den zum Ordinatenwert 14,94 der 100 °C-
Isotherme gehörenden Abszissenwert.

Eine Lösung von 14,94 g NaCl + 100 g H_2O = 114,94 g nimmt
also 45,08 g KCl auf, somit 100 kg einer Lösung mit w_{NaCl} = 13%
39,220 kg KCl. ——

7 Phasengleichgewichte von Mehrstoffsystemen

7.1 Phasengesetz

Das *Phasengesetz* von Gibbs stellt eine wichtige allgemeine
Gesetzmäßigkeit für Gleichgewichtszustände in heterogenen Systemen
dar. Es besagt: Zahl der Phasen + Zahl der Freiheiten = Zahl der
Komponenten + 2, oder $P + F = K + 2$.

Unter *Freiheiten* versteht man diejenigen Zustandsvariablen
(Druck, Temperatur und Molenbrüche bzw. Massenanteile der
Stoffe in den einzelnen Phasen), die man unter Aufrechterhaltung
der jeweils vorhandenen Phasen unabhängig voneinander ändern
kann. So kann sich ein Einstoffsystem, welches z. B. eine Flüssigkeit und deren Dampf enthält, in einem Temperaturbereich von
der Erstarrungstemperatur der Flüssigkeit bis zur kritischen Temperatur im Gleichgewicht befinden. Es ist $P = 2$, $K = 1$, demnach
$F = 1$. Durch die Wahl der Temperatur innerhalb dieses Bereichs
ist der Dampfdruck eindeutig festgelegt. Andererseits entspricht
jedem Druck eine ganz bestimmte Gleichgewichtstemperatur. Wenn
beide Phasen im Gleichgewicht bleiben sollen, darf man nur eine der
beiden Variablen beliebig ändern.

Das aus zwei Komponenten ($K = 2$) gebildete System Wasser/Benzol
besteht aus drei Phasen ($P = 3$), nämlich zwei flüssigen und einer dampfförmigen, so daß eine Freiheit ($F = 1$) übrigbleiben muß. Wird also der
Druck geändert, so ist dadurch die Siedetemperatur sowie die Zusammensetzung des Dampfes festgelegt und die Zusammensetzung der Flüssigkeit
ist daher bei allen Drücken ohne Einfluß auf Siedetemperatur und Dampfzusammensetzung.

Sind die beiden Bestandteile löslich, dann ist $P = 2$, folglich $F = 2$.

7.2 Diagramme zweikomponentiger Systeme mit flüssigen und festen Phasen

Der Phasenzustand eines Zwei- oder Mehrkomponenten-systems ist bestimmt durch die Anteile der Komponenten, durch den Druck und die Temperatur. Für die graphische Darstellung wird eine Variable (in der Regel der Druck) konstant gehalten.

Von besonderer Bedeutung sind die Zweistoffsysteme in bezug auf ihr Verhalten bei einer Temperaturänderung. Da die Summe der Anteile der Bestandteile eines Gemisches konstant (z. B. = 100%) ist erfolgt die Darstellung auf einer Strecke (s. S. 102); die dritte Größe z. B. die Schmelztemperatur, wird auf der Ordinate aufgetragen (s. unten). Man erhält dann ein Schmelztemperatur-Schaubild der Mischung von A und B.

Beispiel 7-1. In der Abb. 7.1 ist das Phasendiagramm des Stoff-paares Antimon/Blei dargestellt. Denken wir uns nun eine Schmelze mit einem Massenanteil von 40% Pb und 60% Sb von 700 °C abge-kühlt, so beginnt bei etwa 520 °C die Ausscheidung von Sb. Bei

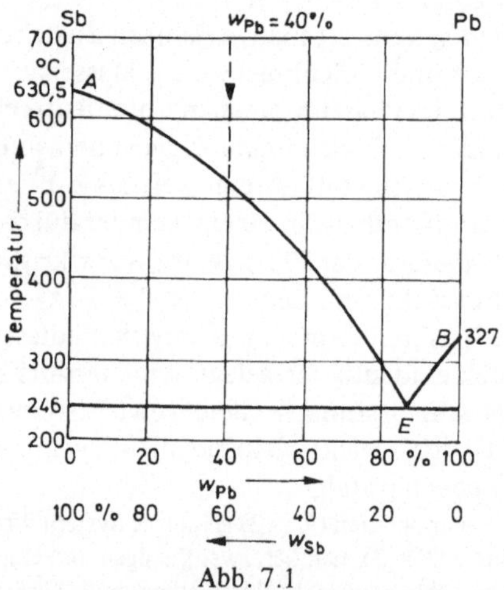

Abb. 7.1

weiterer Abkühlung wird weiter Sb ausgeschieden, bis die an Pb angereicherte Schmelze (entlang der Kurve *AE*) auch mit diesem Metall gesättigt ist. Die Kurve *AE* entspricht der Koexistenz des festen Sb mit einer Schmelze, die eine gesättigte Lösung von Sb in

Pb darstellt. Im eutektischen Punkt E kristallisieren beide Metalle
gleichzeitig aus. (Dabei wird die Abkühlungsgeschwindigkeit null,
ähnlich wie beim Erstarren eines reinen Stoffes, bis alles erstarrt ist:
Eutektischer Haltepunkt.)

Viele Stoffpaare bilden jedoch Mischkristalle, so daß sich nicht
ein grobkristallines Gemenge der reinen festen Komponenten, sondern
ein Gemenge von Mischkristallen bestimmter Zusammensetzung
bildet.

Beispiel 7-2. Die Metalle Gold und Silber lösen sich in ge-
schmolzenem Zustand vollständig ineinander und bilden eine
lückenlose Reihe von Mischkristallen (Abb. 7.2). Die obere Kurve l

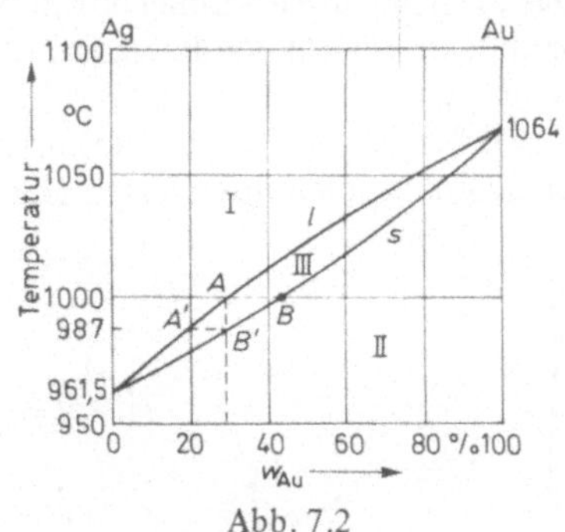

Abb. 7.2

(*Liquiduskurve*) gibt die Abhängigkeit der Erstarrungstemperatur
von der Zusammensetzung der flüssigen Phase an, die untere
Kurve s (*Soliduskurve*) die Abhängigkeit der Schmelztemperatur
von der Zusammensetzung der festen Phase.

Die Schmelztemperaturen der Mischkristalle liegen bei jeder
Zusammensetzung zwischen denjenigen des reinen Silbers
und des reinen Goldes. Kühlt man z. B. eine Schmelze mit einem
Massenanteil von 30% Gold ab, so bilden sich bei 1000 °C
(Punkt A) Mischkristalle, deren Zusammensetzung durch den
Punkt B gegeben ist ($w_{Au} = 45\%$, $w_{Ag} = 55\%$). Dadurch verarmt
die Schmelze an Gold, und die Erstarrungstemperatur sinkt längs
der Kurve l. Daher ändern auch die Mischkristalle, die sich mit
der Schmelze im Gleichgewicht befinden, ihre Zusammetzung längs
der Kurve s. Wenn sie bei 987 °C (Punkt B') dieselbe Zusammensetzung erreicht haben, welche die ursprüngliche Schmelze aufwies,

ist die gesamte Schmelze erstarrt; deren Zusammensetzung entsprach zuletzt dem Punkt A'. Demnach bestimmt der Punkt A den Beginn, der Punkt B' (Schnittpunkt der Kurve s mit der Senkrechten durch A) das Ende des Erstarrens. Würde man den Vorgang umkehren, so würden die Mischkristalle bei der Temperatur des Punktes B' zu schmelzen beginnen; bei der Temperatur des Punktes A wäre das Schmelzen beendet. Daher nennt man die Kurve l die *Erstarrungskurve*, die Kurve s die *Schmelzkurve*.

Der Bereich I stellt den der homogenen Schmelze, der Bereich II den der homogenen festen Phase und der Bereich III den Koexistenzbereich der flüssigen und festen Phase dar. ——

Beispiel 7-3. Das System Cu/Ag vermag nur in beschränktem Maß Mischkristalle zu bilden. Im Phasendiagramm (Abb. 7.3) treten hier nun zusätzlich zwei Bereiche divarianter Gleichgewichte auf (V und VI). Der Punkt E bei 776 °C ist der eutektische Punkt ($w_{Ag} = 72\%$); hier stehen nicht die reinen festen Komponenten,

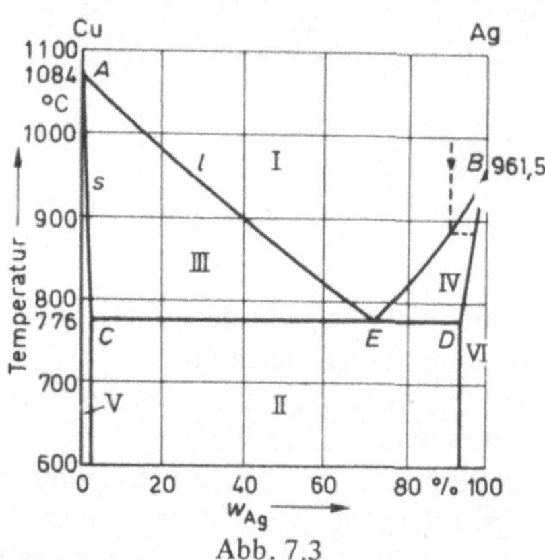

Abb. 7.3

sondern ein Gemenge zweier Mischkristallarten, deren Zusammensetzung durch die Punkte C und D bestimmt ist, mit der Schmelze im Gleichgewicht.

Bedeutung der einzelnen Bereiche: I homogene Schmelze, II Koexistenzbereich der konjugierten festen Mischungen (Ag/Cu- und Cu/Ag-Mischkristalle), III Schmelze und Cu/Ag-Mischkristalle, IV Schmelze und Ag/Cu-Mischkristalle, V Cu/Ag-Mischkristalle und Cu-Kristalle, VI Ag/Cu-Mischkristalle und Ag-Kristalle.

Kühlt man z. B. eine Schmelze mit $w_{Ag} = 90\%$ ab, so beginnt bei etwa 880 °C die Ausscheidung von Mischkristallen mit w_{Ag} von etwa 97%. Bei weiterer Abkühlung sinkt die Erstarrungstemperatur längs der Kurve BE und die Zusammensetzung der Mischkristalle ändert sich entlang der Kurve BD. Bei 776 °C bilden sich die beiden konjugierten festen Mischungen, wobei die Temperatur konstant bleibt, bis die ganze Schmelze erstarrt ist. Die erstarrte Schmelze enthält dann zwei Arten von Mischkristallen, deren Zusammensetzung durch die Punkte C und D gegeben ist. ——

Eine andere Gruppe von zweikomponentigen Systemen besitzt Schmelzdiagramme, welche durch eine *Verbindungsbildung* ausgezeichnet sind. Haben die zwei Komponenten unter bestimmten Bedingungen die Tendenz, eine Verbindung einzugehen, so entstehen Schmelzdiagramme, wie sie die Abb. 7.4 zeigt. Beim Auftreten stöchiometrischer Verbindungen der Komponenten ist es zweckmäßig, die Zusammensetzung nicht durch den Massenanteil, sondern durch den Stoffmengenanteil einer Komponente auszudrücken. Verbindungsbildung tritt bei ganz bestimmten Stoffmengenverhältnissen der Komponenten ein. Beim Abkühlen einer Schmelze kristallisieren dann die beiden Komponenten nicht rein aus, auch nicht in Form von Mischkristallen, sondern eine reine Komponente oder Mischkristalle und Kristalle der Verbindung. Das gesamte Schmelzdiagramm setzt sich daher formal aus mehreren Schmelzdiagrammen mit Eutektika zusammen.

Beispiel 7-4. System Ameisensäure/Formamid (Abb. 7.4). Kühlt man eine Schmelze mit Zusammensetzungen zwischen x_M und x_N bzw. zwischen x_R und x_Q ab, so kristallisiert zuerst reine Ameisensäure bzw. reines Formalmid aus (Abb. 7.4).

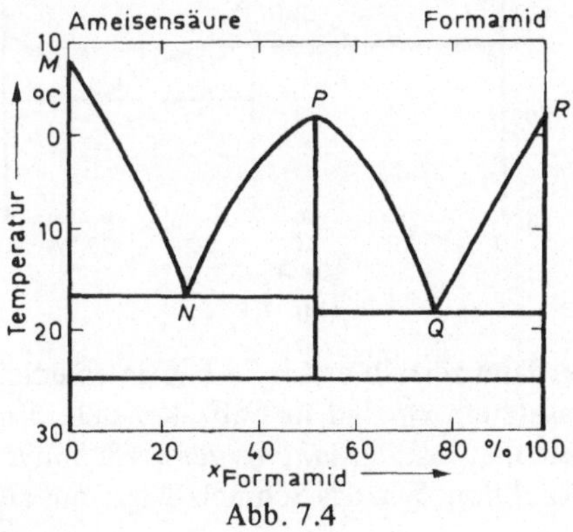

Abb. 7.4

Beim Abkühlen im Bereich zwischen x_P und x_N, sowie zwischen x_P und x_Q kristallisiert zuerst die Anlagerungsverbindung von einem Molekül Ameisensäure und einem Molekül Formamid aus.

Das Eutektikum bei N besteht aus einem Gemenge von Ameisensäure- und Verbindungskristallen, das bei Q aus Verbindungs- und Formamidkristallen. Besonders häufig sind Verbindungsbildungen bei wäßrigen Lösungen von Säuren und Salzen zu beobachten. Die Verbindungen sind Hydrate mit mehr oder weniger Wassermolekülen. ——

Beispiel 7-5. Sind Verbindungen nicht bis zu ihrer Schmelztemperatur stabil, sondern zerfallen schon vorher in reine Kristalle einer Komponente und in eine Lösung beider Komponenten, so sehen die Schmelzdiagramme etwas komplizierter aus, wie am Beispiel des Systems $CaF_2/CaCl_2$ (Abb. 7.5) gezeigt werden soll. Gehen wir vom Doppelsalz $CaF_2 \cdot CaCl_2$ als Verbindung aus und

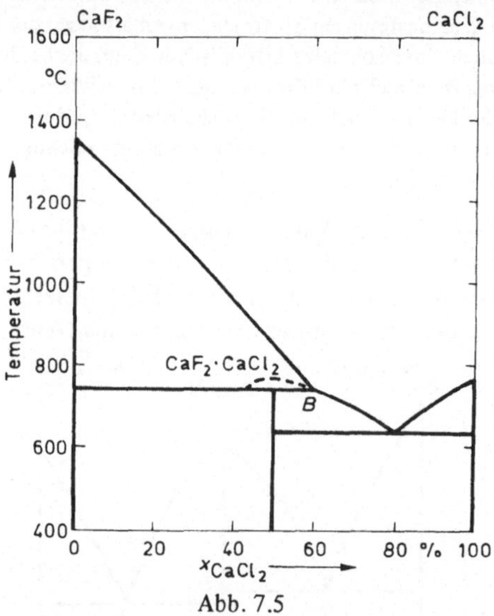

Abb. 7.5

erhitzen dieses, dann zerfällt es bei 737 °C in eine Schmelze mit der Zusammensetzung x_B und in CaF_2-Kristalle. Einen Zerfall dieser Art bezeichnet man als *inkongruentes Schmelzen* oder als *peritektische Reaktion*. Wie das Schmelzdiagramm aussehen würde,

wenn die Verbindung stabil wäre, deutet die in Abb. 7.5 gestrichelt eingezeichnete Kurve an; diese hat jedoch für die Praxis
keine Bedeutung.——

7.2.1 Konstruktion von Schmelzdiagrammen (Thermische Analyse)

Das Erstarren einer reinen Komponente in der Schmelze oder
das Erstarren der gesamten eutektischen Mischung ist mit einer
Abgabe von Wärme verbunden; daher kann man aus der *Abkühlungskurve* der betreffenden Schmelze feststellen, bei welchen
Temperaturen diese Vorgänge ablaufen. Aus den Abkühlungskurven, die für eine Reihe von Schmelzen des zu untersuchenden
Systems aufgenommen wurden, erhält man dann die beschriebe-
nen Diagramme. Diese Methode wird als *thermische Analyse*
bezeichnet.

Bei der thermischen Analyse wird die Temperatur des Systems als Funktion der Zeit gemessen und aufgetragen. Beim
Abkühlen einer flüssigen oder festen Phase allein fällt die Temperatur annähernd linear mit der Zeit (in Wirklichkeit exponen-
tiell) ab; eine Abkühlung um dieselbe Temperaturdifferenz
erfolgt umso langsamer, je kleiner die Temperaturdifferenz gegenüber der Umgebung ist.

Zunächst betrachten wir eine Reihe von Abkühlungskurven
eines Zweikomponentensystems, das nur ein einziges Eutektikum
aufweist, wobei unbegrenzte Mischbarkeit in der festen Phase
vorliegt (Abb. 7.6).

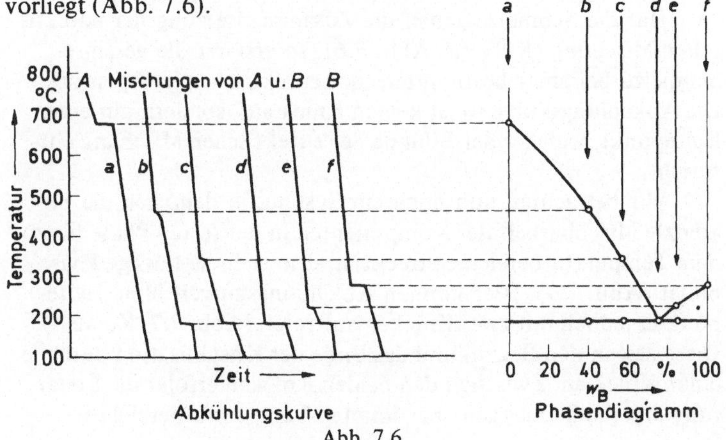

Abb. 7.6

Beim Abkühlen der Schmelze einer reinen Komponente (Abb. 7.6, Kurven *a* und *f*) sinkt die Temperatur zunächst bis zur Erstarrungstemperatur und bleibt dann konstant, bis die ganze Probe erstarrt ist (Haltepunkt: horizontaler Kurvenast, hervorgerufen durch die beim Erstarren frei werdende Wärme). Nach vollständigem Erstarren fällt die Temperatur weiter, jedoch, infolge der Differenz der spezifischen Wärmekapazitäten von flüssiger und fester Phase, mit anderer Neigung.

Besteht eine homogene Schmelze aus zwei Komponenten (Kurven *b*, *c*, *e*), so kühlt sie sich zunächst bis auf die Temperatur ab, bei der sie im Gleichgewicht mit derjenigen festen Komponente steht, welche gegenüber der eutektischen Zusammensetzung im Überschuß vorhanden ist. Beim Erstarren dieser Komponente verzögert sich der Temperaturabfall; die Temperatur bleibt aber nicht konstant, da sich die Schmelze mit der anderen Komponente anreichert, wobei der Temperaturverlauf von der Änderung der Erstarrungstemperatur mit der Zusammensetzung abhängt.

Erreicht die Schmelze die Zusammensetzung der *eutektischen Mischung*, so erstarren beide Komponenten gemeinsam und die Temperatur bleibt so lange konstant, bis die gesamte flüssige Phase erstarrt ist. Der erste Knick in den Abkühlungskurven gibt also die Temperatur an, bei der eine der festen Komponenten mit der Schmelze der ursprünglichen Zusammensetzung im Gleichgewicht steht; man erhält so je einen Punkt der Erstarrungskurven. Der nachfolgende Haltepunkt ergibt die *eutektische Temperatur*.

Hat die Schmelze genau die Zusammensetzung der eutektischen Mischung (Kurve *d*, Abb. 7.6), so erstarrt die gesamte Schmelze bei einer bestimmten, der eutektischen Temperatur. Die Abkühlungskurve weist keinen Knick auf, sondern nur einen Haltepunkt, welcher der Bildung der eutektischen Mischung entspricht.

Wir betrachten nun noch ein System, in dem sich die begrenzte Mischbarkeit der Komponenten in der festen Phase bis zu dem Temperaturbereich erstreckt, in dem sich die flüssige Phase bildet (Abb. 7.7). Hier können Abkühlungskurven ohne Haltepunkte, jedoch mit zwei Knicken auftreten (Abb. 7.7, Kurve *b*). Diese zeigen den Beginn und das Ende der Kristallisation durch je einen Knick an. Zwischen den beiden Knicken erfolgt die Erstarrung innerhalb eines ganz bestimmten Temperaturbereiches.

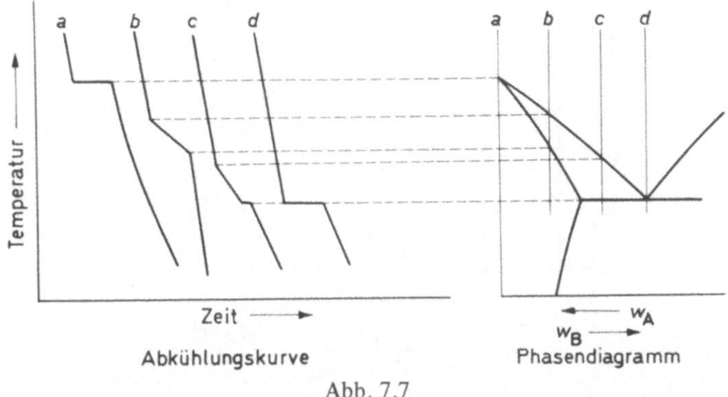

Abb. 7.7

Die eutektische Zusammensetzung kann man auch aus einer Reihe von Abkühlungskurven für Schmelzen nichteutektischer Zusammensetzungen ermitteln. Die eutektische Haltezeit ist nämlich umso größer, je mehr die Zusammensetzung der Schmelze derjenigen der eutektischen Mischung nahekommt. Für die eutektische Mischung hat die Haltezeit ein Maximum. Trägt man also die Haltezeit als Funktion der Zusammensetzung auf, so kann man die Zusammensetzung der eutektischen Mischung aus der Lage des Maximums ablesen.

Beispiel 7-6. G. Grube bestimmte für das System Mg/Zn die Abkühlungskurven verschiedener Mischungen (s. Tab.). Es sollen das Phasendiagramm gezeichnet und die auftretenden Verbindungen und Eutektika festgestellt werden.

Massenanteil Zn in der Mischung, %:	0	10	20	30	40	50	60
Knick (ϑ, °C):	–	623	586	530	453	356	437
Waagrechte (ϑ, °C):	651	344	337	347	344	346	346
während Sekunden:	125	15	45	75	100	140	115
(= Punkt der Abb. 7.8):	*a*	*b*	*c*	*d*	*e*	*f*	*g*

Massenanteil Zn in der Mischung, %:	70	80	84,3	90	95	97,5	100
Knick (ϑ, °C):	517	577	–	557	456	379	–
Waagrechte (ϑ, °C):	347	342	595	368	367	368	419
während Sekunden:	70	20	185	85	145	145	160
(= Punkt der Abb. 7.8):	*h*	*i*	*j*	*k*	*l*	*m*	*n*

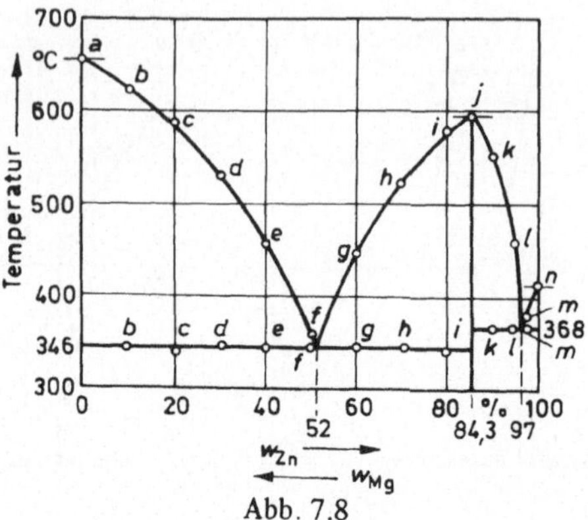

Abb. 7.8

Aus dem mit Hilfe der Punkte a bis n konstruierten Diagramm (Abb. 7.8) lesen wir ab: Maximum bei 595 °C und w_{Zn} = = 84,3%. Das entspricht umgerechnet x_{Zn} = 66,6% und x_{Mg} = = 33,4%, also resultiert ein Atomverhältnis Zn : Mg = 2 : 1, entsprechend einer Verbindung $MgZn_2$.

Es ergeben sich 2 Eutektika, und zwar bei 346 °C (w_{Zn} = 52%) und 368 °C (w_{Zn} = 97%); keine Mischkristalle. ──────

Aufgaben. 7/1. H. Lettré und Mitarbeiter bestimmten die Temperaturen der beginnenden Erstarrung der Schmelzen (ϑ_E) und die Schmelztemperaturen (ϑ_F) für die nachfolgend aufgeführten Zweistoffsysteme I/II. Mit Hilfe dieser Daten sind die Phasendiagramme zu zeichnen und aus diesen abzuleiten, ob die betreffenden binären Gemische Eutektika, Molekülverbindungen oder Mischkristalle bilden.

a) I = 2-Methylbenzoesäure, II = 2-Hydroxybenzoesäure.

$x_I, \%$	0	10	20	30	40	50	60	70	80	90	100
ϑ_F, °C	157	94	94	92	91	92	92	91	92	92	104
ϑ_E, °C	157	154	149	143	135	124	112	97	95	101	105

b) I = 4-Chlorbenzoesäure, II = 4-Methylbenzoesäure.

$x_I, \%$	0	10	20	30	40	50	60	70	80	90	100
ϑ_F, °C	177	178	180	182	185	190	194	202	212	224	239
ϑ_E, °C	179	183	187	193	202	212	220	227	233	239	241

c) I = 3-Nitrobenzoesäure, II = 2-Methylbenzoesäure

$x_I, \%$	0	10	20	30	40	50	60	70	80	90	100
ϑ_F, °C		98	98	98	98		121	121	121	121	
ϑ_E, °C	104	115	122	128	131	133	131	127	127	135	139

7/2. H. Rheinboldt und E. Giesbrecht fanden für das Zweistoffsystem Diphenyltelluroxid (= I)/Diphenylselenon (= II) folgende experimentelle Daten:

w_I, %	0	5,4	14,3	20,9	31,0
ϑ_F, °C	153,8	150,2	146,8	146,0	147,9
ϑ_E, °C	154,9	154,2	148,5	147,5	151,4
w_I, %	44,3	59,4	75,0	89,5	100
ϑ_F, °C	151,5	159,0	169,1	180,4	190,1
ϑ_E, °C	160,8	170,6	179,2	187,1	191,1

Das Diagramm ist zu zeichnen und zu charakterisieren.

7/3. Vogel bestimmte bei dem Zweistoffsystem Sb/Au für die Abkühlungskurven verschiedener Mischungen folgende Knicke bzw. Waagrechte bei den angegebenen Temperaturen ϑ (°C):

w_{Sb}, %	0	10	20	25	30	40	45	45	50	50	55
Knick, °C	−	728	472	−	396	443	−	−	−	−	−
Waagrechte, °C	1064	360	360	357	360	360	455	360	458	350	460
während Sekunden	110	160	310	310	230	80	80	40	260	10	380

w_{Sb}, %	60	70	80	90	100
Knick, °C	494	543	580	608	
Waagrechte, °C	460	458	460	450	631
während Sekunden	280	180	60	25	300

Es sollen das Phasendiagramm gezeichnet und die auftretenden Verbindungen sowie Eutektika festgestellt werden.

7.3 Diagramme dreikomponentiger Systeme mit flüssigen und festen Phasen

Die graphische Darstellung von Gleichgewichten zwischen den flüssigen und festen Phasen eines Dreikomponentensystems erfolgt mit Hilfe von Dreiecksdiagrammen (s. 3.4.5, S. 104 ff.). Es soll zunächst nur das einfachste System mit unbegrenzter Mischbarkeit der Komponenten im flüssigen Zustand ohne Mischkristall- und Verbindungsbildung anhand eines Beispiels behandelt werden. Es besitzt dann jedes Komponentenpaar ein binäres Eutektikum und außerdem alle drei Komponenten noch ein gemeinsames ternäres Eutektikum.

Beispiel 7-7. System Pb/Bi/Sn. Abb. 7.9 zeigt eine perspektivische Darstellung des Raumdiagramms dieses Systems, wobei die sehr geringe Mischbarkeit in den festen Phasen nicht berück-

sichtigt ist. Die Kurven *ADB, BEC* und *CFA* stellen darin die
univarianten Gleichgewichte zwischen einer festen Phase und der
binären Schmelze der Zweikomponentensysteme Pb/Sn, Sn/Bi
und Bi/Pb dar. Die divarianten Gleichgewichte zwischen einer

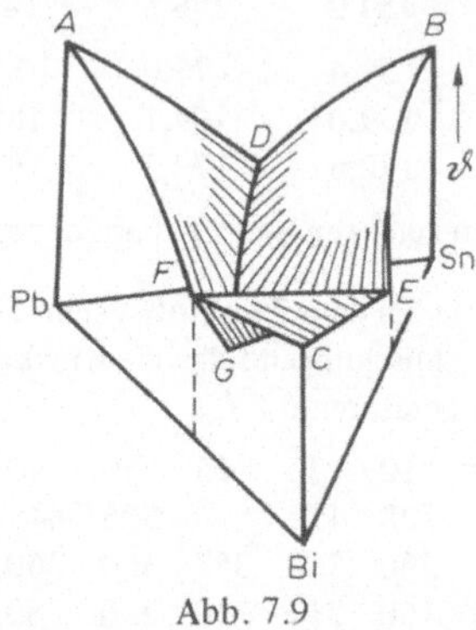

Abb. 7.9

festen Phase und der ternären Schmelze werden im Raumdiagramm durch die Flächen *ADGF, BEGD* und *CFGE* gekennzeichnet. Die Schnittlinien dieser Flächen, *DG, EG* und *FG*, charakterisieren die Koexistenz von zwei festen Phasen mit der ternären
Schmelze (univariante Gleichgewichte). Diese ternären eutektischen Kurven beginnen bei den eutektischen Punkten der Zweistoffsysteme und schneiden sich im *ternären eutektischen Punkt
G*. In diesem liegt ein invariantes Gleichgewicht zwischen drei
festen Phasen und der ternären Schmelze vor. Die Phasenregel
liefert für ihn die Freiheit $F = K - P + 2 = 3 - 4 + 2 = 1$, doch ist
diese Freiheit durch den konstanten Druck bereits vergeben (invariantes Gleichgewicht). Die eutektische Mischung hat die
Massenanteile $w_{Pb} = 33\%$, $w_{Bi} = 51{,}5\%$ und $w_{Sn} = 15{,}5\%$; die
eutektische Temperatur ist 96 °C.

In Abb. 7.10 ist das Raumdiagramm auf die Papierebene
projiziert. Die Seitenflächen des Prismas sind in die Papierebene
geklappt. Die dünn ausgezogenen Kurven im Dreiecksdiagramm
sind die Projektionen der isothermen Ebenen mit den divarianten
Raumflächen auf die Grundfläche. Jede dieser Kurven charakterisiert demnach eine bestimmte Temperatur, bei welcher die betreffende feste Phase mit der ternären Schmelze der jeweiligen Zusammensetzung im Gleichgewicht steht. Die fett ausgezogenen

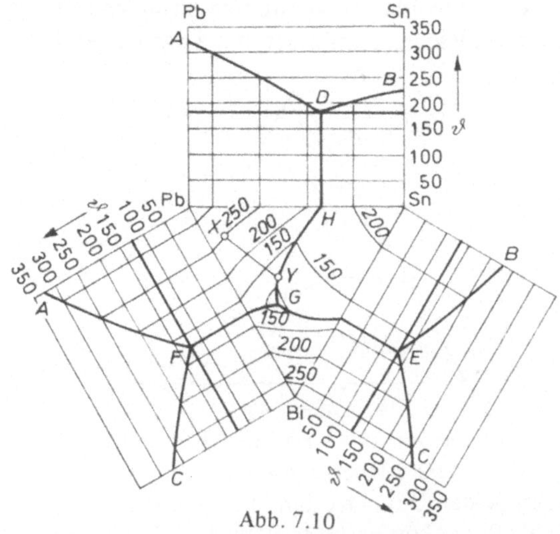

Abb. 7.10

Kurven, die sich im ternären eutektischen Punkt *G* schneiden, sind die Projektionen der ternären eutektischen Kurven auf die Grundfläche, durch welche die Dreiecksfläche in drei Felder zerlegt wird, die der Ausscheidung je eines anderen Metalls aus der Schmelze entsprechen.

Läßt man z. B. eine Schmelze der Zusammensetzung *X* abkühlen, so scheidet sich Pb aus. Dadurch ändert sich die Zusammensetzung der Schmelze entlang der Geraden *XY*; sie wird ärmer an Pb (bei gleichbleibendem Verhältnis von Bi zu Sn), bis sie den Punkt *Y* auf der ternären Kurve *HG* erreicht hat. Bei weiterer Abkühlung scheiden sich daher entlang dieser Kurve Pb und Sn aus. Erst beim Erreichen der eutektischen Temperatur von 96 °C erstarrt der Rest der Schmelze bei konstanter Temperatur als ternäres Eutektikum *G*. ——

Nur verhältnismäßig selten wird jedoch ein Dreistoffgemisch mit einfachem Eutektikum vorliegen; in der Regel treten Mischkristallbildungen, Molekülverbindungen, Modifkationsumwandlungen u. a. in Erscheinung.

Beispiel 7-8. Jänecke und Rahlfs ermittelten das Phasendiagramm des Systems Ammoniak/Dicyandiamid/Harnstoff (abgekürzt mit A, D und H bezeichnet). In der Abb. 7.11 sind, um die Anschaulichkeit zu erhöhen, die Temperaturlinien weg-

gelassen. Aus der Abbildung erkennt man, in welcher Weise das
Dreieck auf die Ausscheidungsfelder der einzelnen Verbindungen

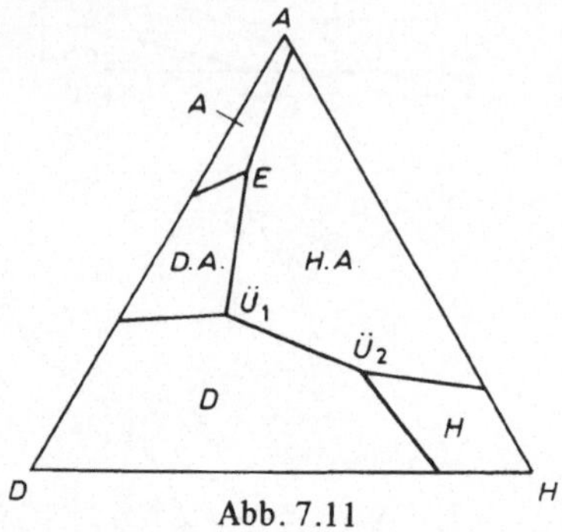

Abb. 7.11

und Doppelverbindungen (H·A und D·A) zerlegt wird. Von den
3 Dreisalzpunkten sind 2 Übergangspunkte ($\ddot{U}_1$ und $\ddot{U}_2$) und der
dritte mit den beiden Doppelverbindungen und dem festen
Ammoniak als Bodenkörper ein ternäres Eutektikum (E). Diese
Punkte entsprechen den Mischungen in Massenanteilen (%):
$E = 4\,H + 23\,D + 73\,A$ ($-90\,°C$), $\ddot{U}_1 = 20\,H + 46\,D + 34\,A$
($18\,°C$) und $\ddot{U}_2 = 50\,H + 27\,D + 23\,A$ ($38\,°C$). ——

7.4 Gleichgewichte zwischen flüssigen und gasförmigen Phasen

7.4.1 Gleichgewichtsbeziehungen

Für ideale flüssige Mischungen gilt das Raoultsche Gesetz
(s. 6.4, S. 198): $p_i = x_i' p_i^0$, (I), wobei x_i' der Molenbruch der
Komponente i in der flüssigen Phase ist. Verhält sich die gasförmige Phase ebenfalls ideal, so gilt für diese neben dem idealen
Gasgesetz das Daltonsche Gesetz der Additivität der Partialdrücke
(s. 4.1.5, S. 162): $\Sigma p_i = p$, (II), mit $p_i = x_i'' p$, (III), wobei x_i'' der
Molenbruch der Komponente i in der Gasphase ist. Sind beide
Komponenten 1 und 2 einer idealen Mischung im reinen Zustand
flüchtig, d. h. besitzen sie einen merklichen Dampfdruck, so ist
$p_1 = x_1' p_1^0$, (IVa), und $p_2 = x_2' p_2^0$, (IVb). Nach Gl. (II) folgt daraus
für den Gesamtdruck p über der Mischung $p = x_1' p_1^0 + x_2' p_2^0$, (V),
oder wegen $x_1' + x_2' = 1$, (VI):

$$p = p_2^0 + x_1'\,(p_1^0 - p_2^0),\ (\text{VIIa}), \quad \text{bzw.} \quad p = p_1^0 + x_2'\,(p_2^0 - p_1^0),\ (\text{VIIb}).$$

Die Gln. (IV), (V) und (VII) drücken einen linearen Zusammenhang zwischen Dampfdruck und Molenbrüchen aus. Bei idealem Verhalten der gasförmigen Phase gilt nach Gl. (III) außerdem: $p_1 = x_1'' p$, (VIIIa), und $p_2 = x_2'' p$, (VIIIb). Daraus folgt, zusammen mit den Gln. (IVa) bzw. (IVb):

$$\frac{x_1''}{x_1'} = \frac{p_1^0}{p} \quad \text{(IXa)} \quad \text{und} \quad \frac{x_2''}{x_2'} = \frac{p_2^0}{p} \quad \text{(IXb).}$$

Diese Gleichungen geben das Verhältnis der Molenbrüche in der gasförmigen und der flüssigen Phase in Abhängigkeit von $\dfrac{p_1^0}{p}$ bzw. $\dfrac{p_2^0}{p}$ für ein ideales Zweistoffgemisch wieder. Weiter ergibt sich aus den Gln. (VII) und (IX) für den Zusammenhang der Molenbrüche in der gasförmigen und flüssigen Phase:

$$x_1'' = \frac{x_1' p_1^0}{p_2^0 + x_1'(p_1^0 - p_2^0)} \tag{Xa}$$

bzw.

$$x_2'' = \frac{x_2' p_2^0}{p_1^0 + x_2'(p_2^0 - p_1^0)} . \tag{Xb}$$

Zur Beschreibung der Trennbarkeit eines flüssigen Zweistoffgemisches über ein Phasengleichgewicht verwendet man den *Trennfaktor* (= *relative Flüchtigkeit*) α. Dieser ist definiert als der Quotient aus den Verhältnissen der Molenbrüche in der gasförmigen und flüssigen Phase, Gln. (IX), für die beiden Komponenten:

$$\alpha = \frac{x_1''}{x_1'} \cdot \frac{x_2'}{x_2''} . \tag{XI}$$

Als Komponente 1 wird im allgemeinen die am leichtesten flüchtige Komponente bezeichnet, so daß $\alpha > 1$ ist. Für ein ideales Zweistoffgemisch ist somit unter Berücksichtigung der Gln. (IX):

$$\alpha^0 = \frac{p_1^0}{p_2^0} , \tag{XII}$$

d. h. der Trennfaktor ist gleich dem Verhältnis der Dampfdrücke der reinen Stoffe bei der betreffenden Temperatur.

In Wirklichkeit weichen die meisten Stoffsysteme vom idealen Verhalten mehr oder weniger stark ab. Diese Abweichungen sind meist auf das nicht ideale

Verhalten der Flüssigkeit zurückzuführen, da in dieser die Wechselwirkungen zwischen verschiedenartigen Molekülen einer Mischung wegen des kleineren mittleren Abstandes wesentlich größer sind, als in der Gasphase. Daher genügt es bis zu Gesamtdrücken von einigen Bar meist, lediglich die Nichtidealität der flüssigen Phase durch Einführung der Aktivität (s. 6.7, S. 204) anstelle

des Molenbruches bzw. durch die Aktivitätskoeffizienten $\gamma_{xi} = \dfrac{a_i}{x_i'}$ zu beschreiben. Damit gelten bei nicht idealem Verhalten der flüssigen, aber idealem Verhalten der gasförmigen Phase anstelle der Gln. (I), (IX) und (XII) folgende Beziehungen:

$$p_i = a_i p_i^0 = \gamma_{xi}\, x_i'\, p_i^0 \tag{XIII}$$

$$\frac{x_i''}{a_i} = \frac{p_i^0}{p} \quad \text{bzw.} \quad \frac{x_i''}{x_i'} = \frac{\gamma_{xi}\, p_i^0}{p} \tag{XIV}$$

$$\alpha = \frac{\gamma_{x1}}{\gamma_{x2}} \cdot \frac{p_1^0}{p_2^0} = \frac{\gamma_{x1}}{\gamma_{x2}} \cdot \alpha^0. \tag{XV}$$

Muß auch das reale Verhalten der Gasphase berücksichtigt werden, so ist auf eine entsprechende Zustandsgleichung für reale Gase zurückzugreifen (s. z. B. 4.5.1, S. 178).

7.4.2 Unbegrenzt mischbare Flüssigkeiten

Zur graphischen Darstellung binärer Dampf-Flüssigkeits-Gleichgewichte gibt es mehrere Möglichkeiten, welche in der Abb. 7.12 für drei wichtige Typen binärer Flüssigkeitsgemische mit unbegrenzter Mischbarkeit dargestellt sind:

1) *Dampfdruckdiagramme* $p = f(x_1')$ und $p_1 = f(x_1')$ bzw. $p_2 = f(x_1')$ für $T = konst.$ (Abb. 7.12, 1. Spalte).

2) *Siedediagramme* $T = f(x_1')$ bzw. $T = f(x_1'')$ bei $p = konst.$ (Abb. 7.12, 2. Spalte). Die durchgezogene Linie wird als *Siedelinie,* die gestrichelte Linie als *Taulinie* bezeichnet; der Bereich zwischen diesen beiden Linien ist das Zweiphasengebiet (Dampf und Flüssigkeit).

3) *Gleichgewichtsdiagramme* $x_1'' = f(x_1')$ bei $p = konst.$ (Abb. 7.12, 3. Spalte).

Schließlich sind in der Abb. 7.12, Spalte 4, noch die Aktivitätskoeffizienten γ_{x1} und γ_{x2} als Funktion von x_1' dargestellt.

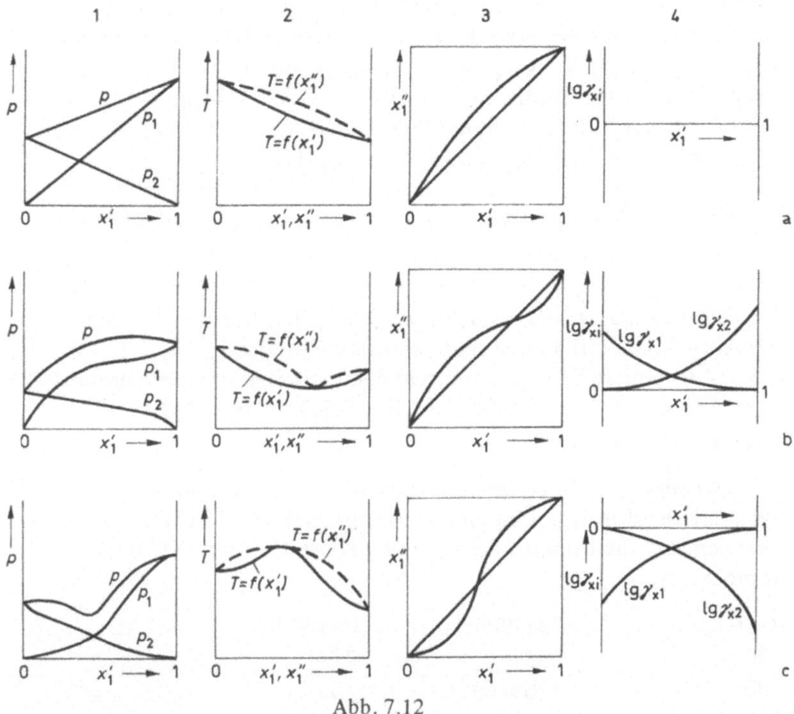

Abb. 7.12

Beim System a handelt es sich um ein ideales System, welches keine Abweichung vom Raoultschen Gesetz aufweist.

Beim System b haben die Komponenten der Mischung positive Abweichungen vom Raoultschen Gesetz. Diese führen zu einem Dampfdruckmaximum (Spalte 1) bzw. zu einem Siedetemperaturminimum (Spalte 2) bei einer bestimmten Zusammensetzung. Entsprechend schneidet die Gleichgewichtskurve (Spalte 3) die Diagonale (45°-Linie) des Diagramms eben bei dieser Zusammensetzung; d. h. die Mischung hat hier einen sog. *ausgezeichneten* oder *azeotropen Punkt*, an welchem die Zusammensetzung beider Phasen gleich ist. Eine Mischung mit der Zusammensetzung des azeotropen Punktes (kurz: *azeotrope Mischung*) kann daher nicht durch Destillation, Rektifikation oder Teilkondensation in Mischungen anderer Zusammensetzung zerlegt werden. Eine Trennung ist nur mit Hilfe besonderer Maßnahmen (Zusatz geeigneter Hilfsstoffe,

Destillation oder Rektifikation bei verschiedenen Drücken) möglich.
Die Aktivitätskoeffizienten der Komponenten in Mischungen dieses
Typs sind > 1, d. h. $\lg \gamma_{xi} > 0$. Flüssigkeitsmischungen mit Siedetemperaturminimum sind z. B.: H_2O/C_3H_7OH, H_2O/C_6H_5OH,
$H_2O/C_6H_5NH_2$, $H_2O/Pyridin$, CS_2/CH_3OH, $CS_2/(CH_3)_2CO$,
$CHCl_3/HCOOH$, C_6H_6/C_2H_5OH, C_6H_6/C_6H_{12} u. v. a.

Im System c weisen die beiden Komponenten der Mischung
negative Abweichungen vom Raoultschen Gesetz auf. Die Folge ist
ein Dampfdruckminimum (Spalte 1) und ein Siedetemperaturmaxi-
mum (Spalte 2) bei der Zusammensetzung des azeotropen Punktes;
für diesen gilt sinngemäß dasselbe wie im vorhergehenden Abschnitt.
Die Aktivitätskoeffizienten sind bei diesen Systemen < 1, d. h.
$\lg \gamma_{xi} < 0$. Binäre Flüssigkeitsmischungen mit Siedetemperaturmaxi-
mum sind z. B.: H_2O/HCl, H_2O/N_2H_4, $CHCl_3/(CH_3)_2CO$,
H_2SO_4/H_2O, HNO_3/H_2O.

Beispiel 7-9. Zu zeichnen ist das Siedediagramm für das
System Benzol/m-Xylol für einen Gesamtdruck von 1013,25 mbar.
Gegeben sind die Dampfdrücke von Benzol (p_B) und m-Xylol (p_X)
in mbar:

ϑ, °C	p_B, mbar	p_X, mbar
90	1351	215
100	1780	305
110	2318	431
120	2973	584
130	3761	787

Die Siedetemperatur von Benzol ist 80,1 °C, von m-Xylol 139 °C
bei 1013,25 mbar.

Der Molenbruch der leichter flüchtigen Komponente (Benzol)
in der flüssigen Phase ist nach Gl. (VIIa)

$$\text{bei} \quad 90\,°C \quad x_B' = \frac{1013,25-215}{1351-215} \cdot 100 = 70,2\%$$
$$100\,°C \qquad\qquad\qquad x_B' = 48,0\%$$
$$110\,°C \qquad\qquad\qquad x_B' = 30,9\%$$
$$120\,°C \qquad\qquad\qquad x_B' = 18,0\%$$
$$130\,°C \qquad\qquad\qquad x_B' = 7,6\%$$

Die Siedelinie der Flüssigkeit, $\vartheta = f(x_B')$, wird ausgezogen in
das Siedediagramm eingezeichnet. Die Endpunkte der Siedelinie

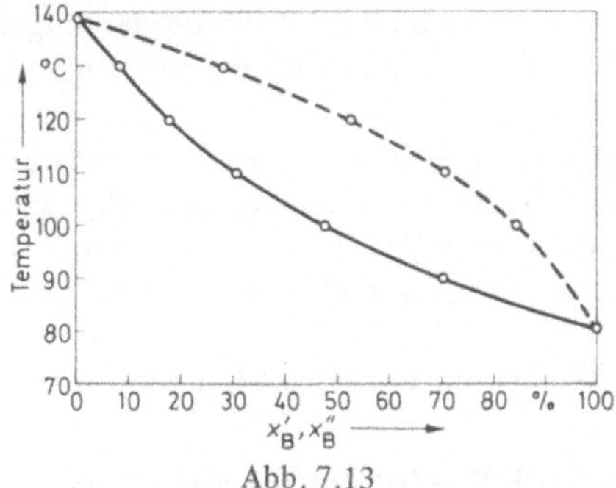

Abb. 7.13

sind die Siedetemperaturen der reinen Komponenten.

Der Molenbruch von Benzol in der Dampfphase ist nach Gl. (IXa)

$$\text{bei} \quad 90\,°\text{C} \quad x''_B = \frac{1351 \cdot 70{,}2}{1013{,}25} = 93{,}6\%$$

$$100\,°\text{C} \qquad\qquad\quad x''_B = 84{,}3\%$$

$$110\,°\text{C} \qquad\qquad\quad x''_B = 70{,}7\%$$

$$120\,°\text{C} \qquad\qquad\quad x''_B = 52{,}8\%$$

$$130\,°\text{C} \qquad\qquad\quad x''_B = 28{,}2\%$$

Die Taulinie des Dampfes, $\vartheta = f(x''_B)$, wird als unterbrochene Linie in das Diagramm eingezeichnet. Damit erhalten wir das vollständige Siedediagramm, Abb. 7.13. ———

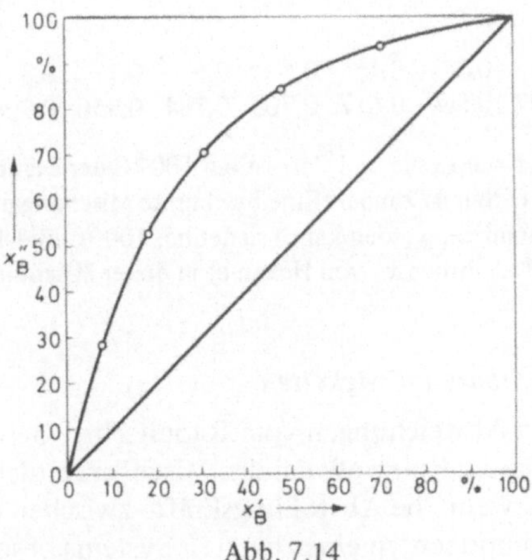

Abb. 7.14

Beispiel 7-10. Zu bestimmen ist aufgrund der Angaben des Beispiels 7-9 die Gleichgewichtskurve für das System Benzol/m-Xylol.

Man entnimmt aus der Abb. 7-13 für jede Temperatur die zusammengehörenden Werte für x'_B und x''_B und trägt x''_B als Funktion von x'_B auf; z. B. für 90 °C $x'_B = 70,2\%$ und $x''_B = 93,6\%$ usw. Wir erhalten so die Gleichgewichtskurve, Abb. 7.14. ——

Beispiel 7-11. Die Dampfdrücke von Benzol (p^0_B) und Toluol (p^0_T) betragen

bei 80,1 °C: $p^0_B = 1013,25$ mbar, $p^0_T = \;\;\;410,63$ mbar
bei 110,6 °C: $p^0_B = 2399,80$ mbar, $p^0_T = 1013,25$ mbar.

Für das ideale Zweistoffgemisch Benzol/Toluol ist der Trennfaktor α^0 (s. 7.4.1, Gl. XII) und damit die Gleichgewichtszusammensetzung $x''_1 = f(x'_1)$ zu berechnen.

Der Trennfaktor ist für ideale Gemische vom Gesamtdruck p unabhängig, jedoch eine Funktion der Temperatur. Für 80,1 °C ist

$$\alpha^0 = \frac{1013,25}{410,63} = 2,47, \text{ für } 110,6\,°\text{C ist } \alpha^0 = \frac{2399,80}{1013,25} = 2,37.$$

Wir nehmen einen mittleren Trennfaktor von 2,42 an. Aus 7.4.1, Gl. (XI), ergibt sich mit $x'_2 = 1-x'_1$ und $x''_2 = 1-x''_1$:

$$x''_1 = \frac{\alpha^0 x'_1}{1 + x'_1(\alpha^0 - 1)}\; . \text{ Damit berechnen wir } x''_1 \text{ als Funktion}$$

von x'_1:

$x'_1 =$	0	0,1	0,2	0,3	0,4	0,5	0,6	0,7	0,8	0,9	1,0
$x''_1 =$	0	0,212	0,377	0,509	0,617	0,708	0,784	0,850	0,906	0,956	1,000

Aufgaben. 7/4. Nach Leslie und Carr ist bei 100 °C der Dampfdruck für Hexan 2448 mbar, für Oktan 472 mbar. Eine bestimmte Mischung dieser beiden (welche als ideal angenommen werden kann) siedet bei 100 °C und 1,0133 bar. Zu berechnen ist der Molenbruch x_1 von Hexan **a)** in dieser Mischung, **b)** im Dampf.

7.4.3 Begrenzt mischbare Flüssigkeiten

Bei sehr großen Abweichungen vom Raoultschen Gesetz bilden sich zwei flüssige Phasen, Eine vollständige Mischbarkeit ist nämlich nicht mehr möglich, wenn die Abstoßungskräfte zwischen den Molekülen der beiden Komponenten eines binären Systems besonders groß sind, wie das bei chemisch sehr unähnlichen Stoffen der Fall ist. Zahlreiche derartige Systeme mit einer sog. Mischungslücke bilden gleichzeitig azeotrope Mischungen. Häufig liegt die Zusammensetzung der azeotropen Mischung im Bereich der Mischungslücke, wie dies die Abb. 7.15 zeigt; dann werden bei der Kondensation von Dampf mit

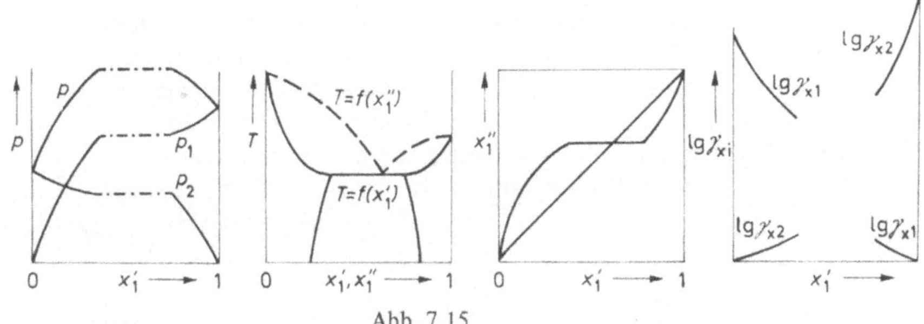

Abb. 7.15

azeotroper Zusammensetzung zwei flüssige Phasen gebildet und es liegt ein sog. Heteroazeotrop vor. Bei einem derartigen dreiphasigen Gleichgewicht ändert sich die Zusammensetzung (= Azeotropzusammensetzung) im Bereich der Mischungslücke nicht; sie ist unabhängig vom Mengenverhältnis der beiden gesättigten flüssigen Phasen, d. h. unabhängig von der Bruttozusammensetzung der Flüssigkeit. Diese Tatsache ist für die sog. azeotrope Destillation von Bedeutung.

7.4.4 Praktisch vollkommen unlösliche Flüssigkeiten

Erstreckt sich im Extremfall die Mischungslücke über den gesamten Bereich aller möglichen Zusammensetzungen, so sind beide Komponenten praktisch ineinander unlöslich. Dies trifft für viele Systeme aus Wasser und organischen Verbindungen zu. In Abb. 7.16 ist als Beispiel das Dampfdruck- und Siedediagramm des Systems

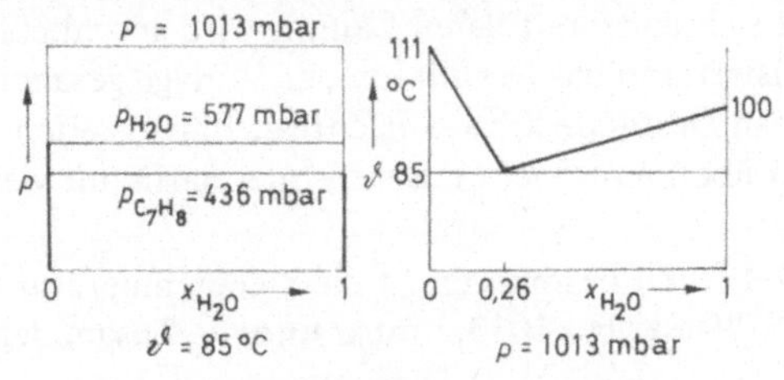

Abb. 7.16

Wasser/Toluol dargestellt. Der über einem zweiphasigen Flüssigkeits-gemisch vorliegende Dampfdruck setzt sich additiv aus den Dampf-drücken der beiden reinen Phasen zusammen. Die Siedetemperatur eines solchen Systems hängt nur vom Druck ab, ist aber unabhängig vom Mengenverhältnis der Komponenten und immer niedriger als die Siedetemperaturen der beiden reinen Flüssigkeiten.

Die Zusammensetzung des Dampfes wird bestimmt durch die Dampfdrücke p_1^0 und p_2^0 der beiden reinen Flüssigkeiten bei der Siedetemperatur des Systems. Das Verhältnis der Stoffmengen im Dampf ist gleich dem Verhältnis der Dampfdrücke der beiden reinen Komponenten. Ist p der resultierende Dampfdruck des Systems bei der Siedetemperatur, so ist

$$p = p_1^0 + p_2^0 \tag{XVI}$$

und

$$\frac{p_1^0}{p_2^0} = \frac{n_1}{n_2} . \tag{XVII}$$

Demnach ist das Massenverhältnis der beiden Komponenten in der Gasphase

$$\frac{m_1}{m_2} = \frac{n_1 M_1}{n_2 M_2} = \frac{p_1^0 M_1}{p_2^0 M_2} , \tag{XVIII}$$

wobei M_1 und M_2 die molaren Massen der beiden Flüssigkeiten sind.

Wasserdampfdestillation

Die Tatsache, daß zwei nicht mischbare Flüssigkeiten gemein-sam bei einer niedrigeren Temperatur destilliert werden können, als zur Destillation der reinen Flüssigkeiten allein erforderlich wäre, macht man sich bei der Wasserdampfdestillation zunutze. Diese wird praktisch so ausgeführt, daß der Dampf aus einem Gefäß mit siedendem Wasser durch die schwerer flüchtige Flüssigkeit getrieben wird; er sättigt sich dabei mit deren Dampf, wird anschließend im Kühler kondensiert und das Destillat in der Vorlage gesammelt. Dabei erhält man Destillate schwer flüchtiger Flüssigkeiten, die sich mit Wasser überhaupt nicht mischen oder darin nur wenig löslich sind.

Beispiel 7-12. Zu bestimmen ist die Siedetemperatur des Systems Toluol/Wasser bei 1013,3 mbar und die Zusammensetzung des Dampfes.

Die Dampfdrücke von Toluol und Wasser, sowie der Gesamtdruck
(= Summe der Dampfdrücke von Toluol und Wasser) sind in Abb. 7.17
als Funktion der Temperatur dargestellt.

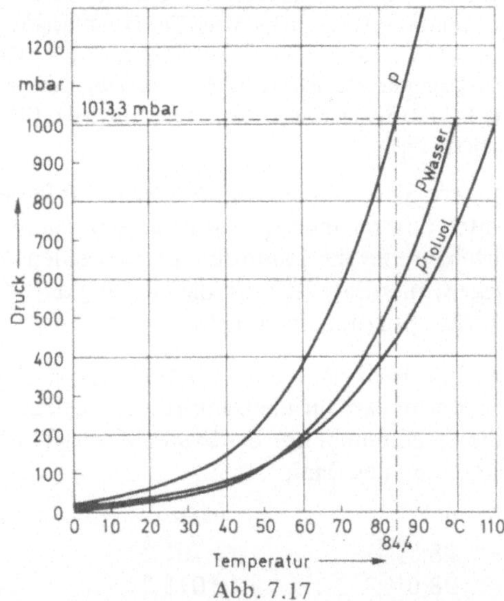

Abb. 7.17

Soll die Destillation unter einem Druck von 1013,3 mbar stattfinden, so entnehmen wir dem Diagramm, daß bei 84,4 °C der Gesamtdruck 1013,3 mbar beträgt, d. h. 84,4 °C ist die Siedetemperatur des
Systems Toluol/Wasser. Die Siedetemperaturen der reinen Flüssigkeiten bei 1013,3 mbar sind für Toluol 110,8 °C, für Wasser 100 °C.

Bei 84,4 °C betragen die Teildrücke von Toluol p_{Toluol} = 449 mbar,
von Wasser p_{Wasser} = 565 mbar. Somit ist das Massenverhältnis

$$\frac{m_{Toluol}}{m_{Wasser}} = \frac{449}{565} \cdot \frac{92,13}{18,02} = 4,063 \text{ und die Massenanteile } w_{Toluol} =$$

$$= \frac{4,063}{4,063 + 1} = 0,802; \quad w_{Wasser} = 0,198. \text{ Für 4,063 kg Toluol wird}$$

1 kg Wasser benötigt, somit für 1 kg Toluol 0,246 kg Wasser.

Das Stoffmengenverhältnis ist $\dfrac{n_{Toluol}}{n_{Wasser}} = \dfrac{449}{565} = 0,795$ und

demnach die Molenbrüche $x_{Toluol} = \dfrac{0,795}{0,795 + 1} = 0,443;$

$x_{Wasser} = 0,557.$ ———

Aufgaben. 7/5. Aus der Abb. 7.17 sind für das System Toluol/Wasser die Siedetemperatur, der Molenbruch und der Massenanteil von Toluol im Dampf bei einem Gesamtdruck von 400 mbar zu bestimmen.

7/6. Chlorbenzol hat folgende Dampfdrücke: bei 80 °C 190,5 mbar, bei 90 °C 273,1 mbar und bei 100 °C 383,9 mbar. Die Dampfdrücke von Wasser sind: bei 80 °C 473,6 mbar, bei 90 °C 701,1 mbar und bei 100 °C 1013,3 mbar. Es ist die Dampfdruckkurve zu zeichnen und die Siedetemperatur dieses Systems bei 1013,3 mbar sowie der Molenbruch des Chlorbenzols im Dampf zu bestimmen.

Die Ermittlung der Siedetemperatur und der Dampfzusammensetzung kann auch rein rechnerisch erfolgen, z. B. dann, wenn nur zwei Wertepaare für die Dampfdrücke der beiden Flüssigkeiten vorliegen; allerdings ist dann die Genauigkeit infolge der linearen Interpolation etwas geringer.

Beispiel 7-13. Für das System Nitrobenzol (Stoff 1)/Wasser (Stoff 2) seien zwei Wertepaare für die Dampfdrücke bekannt. Zu berechnen ist die Siedetemperatur des Systems bei 1013,3 mbar und die Zusammensetzung des Dampfes.

ϑ, °C	p_1^0, mbar	p_2^0, mbar	p, mbar
90	18,5	701,1	719,6
100	28,6	1013,3	1041,9
$\Delta\vartheta = 10$ K	$\Delta p_1 = 10,1$	$\Delta p_2 = 312,2$	$\Delta p = 322,3$

Bei linearer Interpolation zwischen 90 und 100 °C entspricht einer Temperaturdifferenz von 1 K eine Differenz des Gesamtdruckes von 32,23 mbar.

Da der Destillationsdruck $p = 1013,3$ mbar betragen soll, liegt dieser um $1013,3 - 719,6 = 293,7$ mbar höher als 719,6 mbar (bei 90 °C). Somit muß die Siedetemperatur um $\dfrac{293,7}{32,23} = 9,11$ K höher liegen; sie beträgt somit 99,11 °C.

Die Dampfdrücke der Flüssigkeiten werden ebenfalls durch lineare Interpolation ermittelt. Einer Differenz von 1 K entspricht eine Differenz der Dampfdrücke a) bei Nitrobenzol von 1,01 mbar, b) bei Wasser von 31,22 mbar. Somit sind die Dampfdrücke bei der Siedetemperatur von 99,11 °C: a) für Nitrobenzol $18,5 + 9,11 \cdot 1,01 = 27,7$ mbar, b) für Wasser $701,1 + 9,11 \cdot 31,22 = 985,5$ mbar, der Gesamtdruck also 1013,2 mbar.

Das Massenverhältnis ist $\dfrac{m_1}{m_2} = \dfrac{n_1 M_1}{n_2 M_2} = \dfrac{p_1^0 M_1}{p_2^0 M_2} = \dfrac{27,7}{985,5} \times$

$\times \dfrac{123,11}{18,02} = 0,1920.$

Demnach werden für 0,192 kg Nitrobenzol 1 kg Wasser, d. h. für 1 kg Nitrobenzol 5,208 kg Wasser benötigt.

Die Massenanteile im Dampf sind $\quad w_1 = \dfrac{0,1920}{0,1920 + 1} =$
$= 0,1611;\ w_2 = 0,8389.$

Das Stoffmengenverhältnis ist $\dfrac{n_1}{n_2} = \dfrac{27,7}{985,5} = 0,0281.$

Somit sind die Molenbrüche $x_1 = \dfrac{0,0281}{0,0281 + 1} = 0,0273$ und $x_2 = 0,9727.$ ——

7.5 Gleichgewichte zwischen flüssigen Phasen

Bringen wir zwei Flüssigkeiten (binäres System), deren Mischbarkeit begrenzt ist, zusammen, so bilden sich, sofern man sich in der Mischungslücke befindet, zwei getrennte flüssige Phasen. Da der Einfluß des Druckes auf die Mischbarkeit praktisch vernachlässigbar ist, verwendet man zur graphischen Darstellung des Löslichkeitsverhaltens flüssiger Phasen Temperatur-Massenanteil-(Molenbruch)-Diagramme. Meist steigt mit zunehmender Temperatur die Löslichkeit an, bis oberhalb einer bestimmten Temperatur, der sog. *kritischen Mischungstemperatur*, nur noch eine Phase vorliegt (Abb. 7.18).

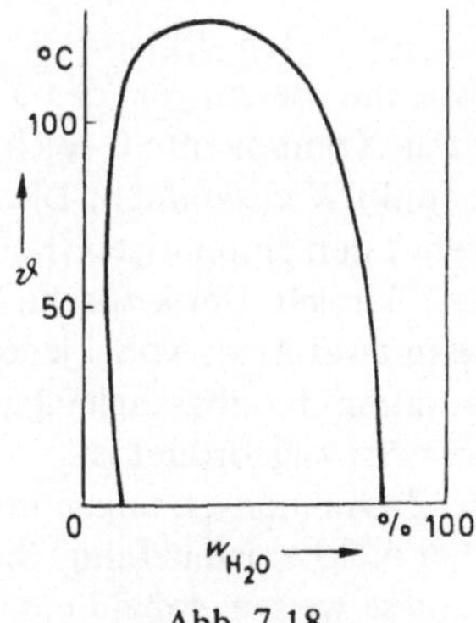

Abb. 7.18

Das Löslichkeitsverhalten ternärer flüssiger Systeme wird zweckmäßig mit Hilfe von Dreiecksdiagrammen dargestellt (s. auch 3.4.5, S. 103).

Die Eckpunkte des gleichseitigen Dreiecks entsprechen den reinen Komponenten A, B und C, ein Punkt auf einer der Dreieckseiten der Zusammensetzung eines binären Systems A/B, B/C bzw. A/C, und ein Punkt innerhalb des Dreiecks einer bestimmten Zusammensetzung des Dreistoffsystems A/B/C. In ein solches Dreiecksdiagramm zeichnet man die Löslichkeitskurven für konstante Temperatur ein.

Hat von den drei binären Systemen nur das System B/C eine Mischungslücke, während in den Systemen A/B und A/C unbegrenzte Mischbarkeit vorliegt, so erhöht ein Zusatz von A die gegenseitige Löslichkeit von B und C bis zur Bildung eines homogenen ternären Systems (Abb. 7.19). Die Löslichkeitskurven für

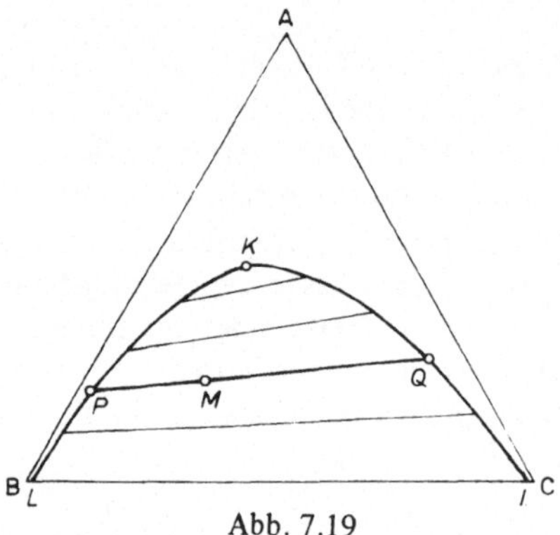

Abb. 7.19

die Gleichgewichtszusammensetzungen der an Komponente B reichen Phase und der an Komponente C reichen Phase laufen im kritischen Mischungspunkt K zusammen. Dieser Kurvenzug, die sog. *Binodalkurve*, trennt den einphasigen (homogenen) vom zweiphasigen (heterogenen) Bereich. Der kritische Mischungspunkt K teilt die Binodalkurve in zwei Äste, wobei jedem Punkt auf dem einen Ast ein zweiter, durch das Phasengleichgewicht festgelegter Punkt auf dem anderen Ast zugeordnet ist.

Gemische, deren Zusammensetzungen unterhalb der Binodalkurve liegen, sind daher nicht existenzfähig. Sie trennen sich vielmehr in zwei Phasen; diese weisen, sobald das Gleichgewicht erreicht ist, eine ganz bestimmte Zusammensetzung und ein ganz bestimmtes Mengenverhältnis auf. Zusammensetzungen und Mengenverhältnisse der beiden Phasen lassen sich mit Hilfe der sog. *Konnoden*, den Verbindungslinien zweier koexistierender Phasen, bestimmen. Ein Gemisch, dessen Zusammensetzung durch den Punkt M charakterisiert ist, welcher im heterogenen Bereich liegt, zerfällt in zwei Phasen mit den Zusammensetzungen P und Q. Das Mengenverhältnis der beiden Phasen ist gegeben durch

$$\frac{m_P}{m_Q} = \frac{\text{Strecke } MQ}{\text{Strecke } MP}$$, wobei $m_P + m_Q = m_M$ ist. Die Lage der Konnoden muß experimentell bestimmt werden.

Experimentell kann nur eine begrenzte Anzahl von Konnoden ermittelt und im Dreiecksdiagramm dargestellt werden. Dazwischen liegende Konnoden können dadurch erhalten werden, daß man (s. Abb. 7.20) aus den bekannten

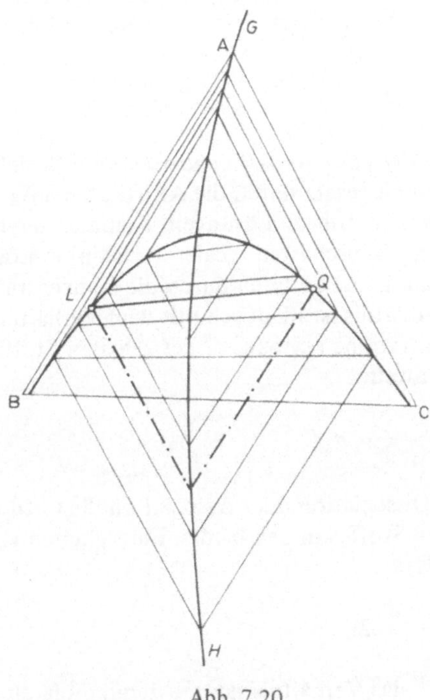

Abb. 7.20

Konnoden die Kurve *GH* konstruiert, indem man durch die bekannten Konnodenendpunkte Parallelen zu den Dreieckseiten zieht und zum Schnitt bringt. Die Verbindungslinie der Schnittpunkte ist die Kurve *GH*. Mittels dieser Kurve kann nunmehr für jeden Punkt Q der zugehörige andere Endpunkt der Konnode auf dem anderen Ast der Binodalkurve ermittelt werden (strichpunktierte Linie und Punkt L).

7.6 Verteilungsgleichgewichte

Besteht ein System aus zwei praktisch nicht mischbaren Flüssigkeiten und einem dritten, in beiden Flüssigkeiten löslichen Stoff (Feststoff, Flüssigkeit oder Gas), so ist das Gleichgewicht zwischen den beiden flüssigen Phasen divariant. Sind die Temperatur und die Konzentration des gelösten Stoffes in einer der beiden flüssigen Phasen festgelegt, so ist damit auch dessen Konzentration in der anderen flüssigen Phase bestimmt.

Nach dem von Nernst thermodynamisch begründeten Verteilungsgesetz gilt für die Aktivitäten des gelösten Stoffes in den beiden flüssigen Phasen

$$\frac{a'}{a''} = K, \tag{I}$$

wobei K der sog. *Verteilungskoeffizient* ist. Diese Beziehung gilt, da wir das Verteilungsgesetz durch die Aktivitäten ausgedrückt haben, auch für konzentrierte Lösungen. Kommen die beiden Lösungen in ihren Eigenschaften idealen verdünnten Lösungen nahe, so kann man die Aktivitäten durch die Konzentrationen ersetzen. Deren Verhältnis ist identisch mit dem Verhältnis der Sättigungskonzentrationen c_s' bzw. c_s'' des gelösten Stoffes in den beiden Lösungsmitteln:

$$\frac{c'}{c''} = \frac{c_s'}{c_s''} = K. \tag{II}$$

Ist infolge Dissoziation oder Assoziation die mittlere Teilchengröße des gelösten Stoffes in den beiden Flüssigkeiten verschieden, so gilt statt Gl. (II):

$$\frac{c'}{(c'')^q} = K, \tag{III}$$

wobei $q = \overline{M}'/\overline{M}''$ das Verhältnis der mittleren molaren Massen des gelösten Stoffes in den beiden Phasen darstellt.

Beispiel 7-14. Bei der Verteilung von Essigsäure zwischen Wasser und Tetrachlorkohlenstoff wurden folgende Konzentrationen in beiden Phasen ermittelt:

H_2O CCl_4

$c_1' = 1{,}691 \text{ mol/dm}^3$ $c_1'' = 0{,}0450 \text{ mol/dm}^3$

$c_2' = 9{,}346 \text{ mol/dm}^3$ $c_2'' = 1{,}0461 \text{ mol/dm}^3$

Welche mittlere molare Masse hat die Essigsäure in CCl_4 ? Die molare Masse der Essigsäure in der wäßrigen Lösung ist $\overline{M}' = 60 \text{ g/mol}$.

$$K = \frac{c_1'}{(c_1'')^q} = \frac{c_2'}{(c_2'')^q} \; ; \; \frac{c_1'}{c_2'} = \left(\frac{c_1''}{c_2''}\right)^q . \quad \text{Durch Logarithmieren}$$

erhalten wir daraus: $\quad q \cdot \lg \dfrac{c_1''}{c_2''} = \lg \dfrac{c_1'}{c_2'} \; ; \; q = \dfrac{\lg c_1' - \lg c_2'}{\lg c_1'' - \lg c_2''} =$

$$= \frac{\lg 1{,}691 - \lg 9{,}346}{\lg 0{,}0450 - \lg 1{,}0461} = 0{,}543. \quad \overline{M}'' = \frac{\overline{M}'}{q} = \frac{60}{0{,}543} = 110{,}5 \text{ g/mol}.$$

Es liegen also annähernd Doppelmoleküle vor. ———

Bei der Verteilung eines gelösten Stoffes zwischen zwei nicht mischbaren Flüssigkeiten kann der Dissoziationsgrad des gelösten Stoffes in beiden Lösungsmitteln verschieden sein. Bezeichnet man den Dissoziationsgrad in den beiden Flüssigkeiten mit α' bzw. α'', so lautet das Verteilungsgesetz:

$$\frac{c'\,(1-\alpha')}{c''\,(1-\alpha'')} = K. \tag{IV}$$

Beispiel 7-15. Eine Lösung von Pikrinsäure in Benzol ($c' = 0{,}07 \text{ mol/dm}^3$) steht im Gleichgewicht mit einer Lösung von Pikrinsäure in Wasser ($c'' = 0{,}02 \text{ mol/dm}^3$). In Benzol ist die Pikrinsäure nicht ($\alpha' = 0$), in Wasser dagegen teilweise dissoziiert, wobei die Dissoziationskonstante $0{,}164 \text{ mol/dm}^3$ beträgt. Zu berechnen ist der Verteilungskoeffizient der Pikrinsäure in Wasser.

Der Dissoziationsgrad α'' ist aus der Dissoziationskonstanten (s. 9.1.3, S. 322 ff.) zu berechnen:

$$\frac{0{,}02 \cdot \alpha''^2}{1 - \alpha''} = 0{,}164. \quad \text{Daraus ergibt sich } \alpha'' = 0{,}9. \quad \text{Dann ist}$$

nach Gl. (IV): $\quad K = \dfrac{c'}{c''\,(1-\alpha'')} = \dfrac{0{,}07}{0{,}02\,(1-0{,}9)} = 35.$ ———

Sind sowohl die Konzentrationsabhängigkeit der Aktivität des gelösten Stoffes in einer der beiden Flüssigkeiten als auch der Verteilungskoeffizient bekannt, so kann man daraus die Konzentrationsabhängigkeit der Aktivität für die andere flüssige Phase bestimmen (s. 6.7, S. 204 ff.).

Das Verteilungsgesetz wird häufig auf die *Extraktion* eines Stoffes aus einer Lösung angewandt. Wir bezeichnen nun mit

m_0 die Anfangsmasse des zu extrahierenden Stoffes im Rohgemisch, d. h. in der sog. Abgeberphase,

$m_1, m_2, \ldots, m_n$ die nach der ersten, zweiten, . . ., n-ten Extraktion in der Abgeberphase noch vorhandenen Massen des gelösten Stoffes,

V_R das Volumen der Abgeberphase (Raffinatphase),

V_S das Volumen des Lösungsmittels (Aufnehmers) für jede Extraktion,

K den Verteilungskoeffizienten des zu extrahierenden Stoffes.

Nach der ersten Extraktion ist im Volumen V_R noch die Masse m_1 des gelösten Stoffes enthalten, demnach die Masse $(m_0 - m_1)$ extrahiert, welche sich nunmehr im Volumen V_S befindet. Nach Gl. (II) ist

$$\frac{c'}{c''} = \frac{\dfrac{n_0 - n_1}{V_S}}{\dfrac{n_1}{V_R}} = \frac{\dfrac{m_0 - m_1}{M V_S}}{\dfrac{m_1}{M V_R}} = K \tag{V}$$

(c' Konzentration des gelösten Stoffes im Aufnehmer, c'' Konzentration des gelösten Stoffes im Abgeber, M molare Masse des gelösten Stoffes). Daraus ergibt sich:

$$m_1 = m_0 \cdot \frac{V_R}{K V_S + V_R} . \tag{VI}$$

Nach der zweiten Extraktion ist

$$\frac{\dfrac{m_1 - m_2}{V_S}}{\dfrac{m_2}{V_R}} = K \quad \text{(VII)}; \quad m_2 = m_1 \cdot \left(\frac{V_R}{K V_S + V_R} \right). \tag{VIII}$$

Setzt man darin für m_1 die Beziehung aus Gl. (VI) ein, so folgt:

$$m_2 = m_0 \left(\frac{V_R}{KV_S + V_R} \right)^2 . \tag{IX}$$

Vorausgesetzt ist natürlich, daß für die zweite Extraktion dieselbe Menge an Aufnehmer verwendet wird wie für die erste. Ist diese Voraussetzung auch für weitere Extraktionen erfüllt, so ist offensichtlich nach der q-ten Extraktion noch die Masse m_q im Abgeber enthalten, für welche gilt:

$$m_q = m_0 \left(\frac{V_R}{KV_S + V_R} \right)^q . \tag{X}$$

Beispiel 7-16. Der Verteilungskoeffizient von Jod zwischen Schwefelkohlenstoff (Phase $'$) und Wasser (Phase $''$) ist $K = 588$. Wieviel Jod ist im Wasser noch enthalten, wenn eine Lösung, welche 2 g Jod in 1000 cm^3 Wasser enthält a) mit 50 cm^3 CS$_2$ und b) zweimal mit je 25 cm^3 CS$_2$ extrahiert wird?

$$\text{a)} \quad m_1 = 2 \cdot \frac{1000}{588 \cdot 50 + 1000} = 0{,}0658 \text{ g},$$

$$\text{b)} \quad m_2 = 2 \cdot \left(\frac{1000}{588 \cdot 25 + 1000} \right)^2 = 0{,}0081 \text{ g.} \; \text{———}$$

Aufgaben. 7/7. 1 dm^3 einer wäßrigen Lösung von 3 g Bernsteinsäure wird mit 3 dm^3 Äther geschüttelt. Der Verteilungskoeffizient der Bernsteinsäure beträgt 6. Wieviel Gramm Bernsteinsäure sind danach in je 1 dm^3 der beiden Phasen enthalten?

7/8. Bei 25 °C hat der Verteilungskoeffizient von Jod zwischen Schwefelkohlenstoff und Wasser den Wert $K_1 = 588$, zwischen Chloroform und Wasser den Wert $K_2 = 130$. Gegeben ist 1 dm^3 einer wäßrigen Jodlösung. Durch Schütteln mit 100 cm^3 CS$_2$ wird ein Teil des gelösten Jods extrahiert. Verwendet man als Extraktionsmittel jedoch 100 cm^3 CHCl$_3$, so ergibt sich die Frage, in wieviel gleiche Teilmengen diese CHCl$_3$-Menge aufgeteilt und die wäßrige Jodlösung damit geschüttelt werden muß, um in ihr den gleichen Endgehalt an Jod zu erreichen wie bei einmaliger Extraktion mit CS$_2$.

7.7 Adsorption

Als *Adsorption* bezeichnet man den Effekt der Anreicherung eines Stoffes an der Oberfläche eines Körpers oder einer Flüssigkeit. Die Adsorption von Molekülen im Oberflächenraum einer

Flüssigkeit erfolgt, wenn ein sog. *oberflächenaktiver Stoff* in
einem Lösungsmittel aufgelöst wird, z. B. Stearinsäure,
$CH_3(CH_2)_{34}COOH$, in Wasser.

Die Stearinsäuremoleküle reichern sich an der Wasseroberfläche an und
bilden eine mehr oder weniger zusammenhängende Schicht (je nach Konzentration). Die hydrophilen Carboxylgruppen sind nach dem Flüssigkeitsinneren,
die langen aliphatischen Ketten nach der Gasphase gerichtet. Durch diese Anreicherung wird die Grenzflächenspannung des Wassers herabgesetzt.

Ähnliche Schichten wie bei Flüssigkeiten treten auch bei der Gas-
adsorption an Festkörperoberflächen auf, wobei aber ein wesentlicher Unterschied hinsichtlich der Bindung zum adsorbierenden Stoff (*Adsorbens*)
besteht.

Bei Flüssigkeiten wirken zwischen den Molekülen der adsorbierten
Schicht und denen des Lösungsmittels ausschließlich van der Waalssche
Kräfte. Bei der Adsorption von Gasmolekülen an einer Festkörperoberfläche
unterscheidet man, je nach der Art der Bindung, zwischen *physikalischer* und
chemischer Adsorption. Die physikalische Adsorption hat den Charakter
einer Kondensation (Bindung durch van der Waalssche Kräfte), die chemische
Adsorption den Charakter einer chemischen Reaktion (chemische Bindung,
mehr oder weniger polar).

Bei der Adsorption stellt sich nach kürzerer oder längerer
Zeit ein Gleichgewicht ein, welches von den jeweiligen Bedingungen
abhängt. Es kann allgemein durch eine Funktion $f(a, p, T) = 0$
bzw. $f(a, c, T) = 0$ beschrieben werden, wobei a die Menge
(g oder mmol) des adsorbierten Stoffes pro Masse m des Adsorbens,
p der Druck des adsorbierten Gases, c die Konzentration des
adsorbierten Stoffes und T die thermodynamische Temperatur
sind. Bei der Messung von *Adsorptionsgleichgewichten* hält man
meistens die Temperatur konstant und erhält dann die sog.
Adsorptionsisothermen $(a)_T = f(p)$ bzw. $(a)_T = f(c)$.

a) Nach H. Freundlich ist die Menge des aus einer Flüssigkeit
bzw. aus einem Gas adsorbierten Stoffes

$$a = \alpha\, c^{\frac{1}{n}} \quad\text{bzw.}\quad a = \alpha\, p^{\frac{1}{n}}$$

(α und n sind empirische Konstanten, c die Konzentration der Moleküle in der Lösung, p der Gasdruck). Durch Logarithmieren ergibt

sich die Gleichung einer Geraden: $\lg a = \lg \alpha + \dfrac{1}{n}\lg c$. (Bestimmung

der Konstanten auf graphischem Weg, s. Beispiel 3-24, S. 130). Die

Freundlichsche Adsorptionsisotherme beschreibt in befriedigender Weise nur den Anfangsverlauf der Isothermen (Beispiel 3-24, S. 130).

b) Langmuir faßt die Chemisorption bis zur Ausbildung einer zusammenhängenden monomolekularen Schicht als chemische Reaktion Gas(g) $\rightleftharpoons$ Gas(ads) auf und beschreibt diese mit Hilfe eines dynamischen Gleichgewichts (s. 10.1.3, S. 382). Daraus resultiert folgende Gleichung

$$a = a_{max} \cdot \frac{p}{\beta + p}$$

(a adsorbierte Gasmenge bei einem bestimmten Druck p, a_{max} adsorbierte Gasmenge bei vollständiger monomolekularer Belegung der Oberfläche, β Konstante). Schreibt man diese Gleichung in der Form

$$\frac{p}{a} = \frac{p}{a_{max}} + \frac{\beta}{a_{max}} \, ,$$

so kann man die Adsorptionsisotherme, sofern reine Chemisorption vorliegt, graphisch als Gerade darstellen, wenn man p/a als Funktion von p aufträgt. Die Steigung der Geraden ist $1/a_{max}$, der Ordinatenabschnitt β/a_{max}.

c) Bei der Chemisorption wird nur eine monomolekulare Adsorptionsschicht gebildet, bei der physikalischen Adsorption dagegen meist mehrere Schichten. Für diesen Fall leiteten S. Brunauer, P. H. Emmet und E. Teller eine Gleichung für die Adsorptionsisotherme (*BET-Adsorptionsisotherme*) ab:

$$\frac{p}{(p_0-p)a} = \frac{c-1}{ca_m} \cdot \frac{p}{p_0} + \frac{1}{ca_m}$$

(p Gasdruck, p_0 Gleichgewichtsdampfdruck des reinen adsorbierten Gases bei der Temperatur T, a Volumen des adsorbierten Stoffes pro g Adsorbens, a_m Volumen einer monomolekularen Schicht pro g Adsorbens, c Konstante).

Bei Auftragung von $\dfrac{p}{(p_0-p)a}$ gegen $\dfrac{p}{p_0}$ in einem Diagramm erhält man eine Gerade, deren Steigung $m = \dfrac{c-1}{ca_m}$ und deren Ordinatenabschnitt $o = \dfrac{1}{ca_m}$ ist. Daraus erhält man $m + o = \dfrac{1}{a_m}$.

Mit Hilfe der für den betreffenden Fall gültigen Adsorptionsiso-
thermen läßt sich aus a_{max} bzw. a_m die spezifische adsorbierende
Oberfläche pro Gramm Adsorbens berechnen. Der Flächenbedarf
eines kugelförmigen Moleküls in hexagonal dichtester Kugelpackung
(= Fläche eines regulären Sechsecks, welches dem Kreis mit dem
Molekülradius r_{Mol} umbeschrieben ist) beträgt:

$$F_{Mol} = 3,46 \, r_{Mol}^2 = 1,33 \left(\frac{V_m}{N_A}\right)^{2/3},$$

wobei N_A die Avogadro-Konstante und $V_m = \dfrac{M}{\rho}$ ist.

Beispiel 7-17. Zu bestimmen ist die zugängliche Oberfläche
eines Kaolin-Präparates aus den Adsorptionsisothermen von
Methanol bei 20 °C. Methanol hat bei 20 °C den Sättigungsdampfdruck $p_0 = 128{,}0$ mbar und die Dichte $\rho = 0{,}7923$ g/cm^3.
Die molare Masse des Methanols ist $M = 32{,}04$ g/mol. Die Ad-
sorptionsversuche ergaben folgende Werte:

a, mmol/g:	0,072	0,120	0,158	0,189	0,212	0,289	0,343
p, mbar:	1,3	2,7	4,0	5,3	6,7	13,3	20,0
a, mmol/g:	0,405	0,467	0,524	0,678	0,867	1,054	1,288
p, mbar:	26,7	33,3	40,0	53,3	66,7	80,0	93,3

Die Auftragung von $\dfrac{p}{(p_0-p)a}$ gegen $\dfrac{p}{p_0}$ ergibt die in

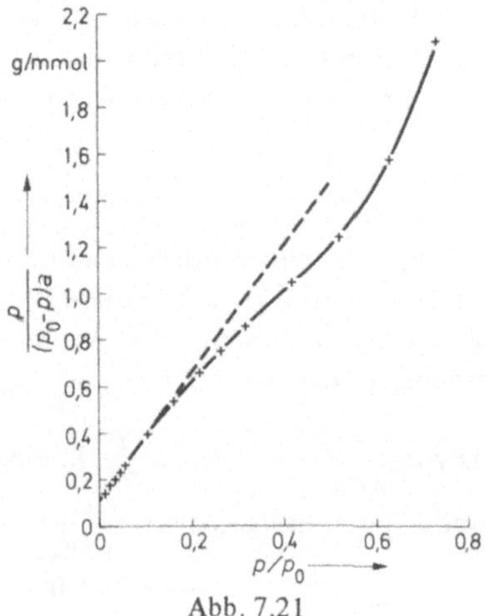

Abb. 7.21

Abb. 7.21 dargestellt Kurve. Daraus erhält man für die Steigung der Geraden $m = 2,724$ und für den Ordinatenabschnitt $o = 0,1179$ g/mmol; demnach ist $m + o = \dfrac{1}{a_m} = 2,8419$ g/mmol und $a_m = 0,352$ mmol/g bzw. $2,120 \cdot 10^{20}$ Moleküle/g. Weiter ist der Flächenbedarf

$$F_{Mol} = 1,33 \left(\frac{32,04}{0,7923 \cdot 6,023 \cdot 10^{23}} \right)^{2/3} = 2,20 \cdot 10^{-15} \frac{cm^2}{Molekül} \quad \text{und}$$

daher die zugängliche Oberfläche $A = 2,120 \cdot 10^{20} \cdot 2,20 \cdot 10^{-15} =$
$= 4,664 \cdot 10^5$ cm^2/g $= 46,64$ m^2/g. ——

Aufgaben. 7/9. Für die Adsorption von Stickstoff an aktivierter Zuckerkohle bei 196,15 K ergaben sich folgende Meßergebnisse:

a, g N$_2$/g Kohle:	0,126	0,170	0,192	0,207	0,211
p, bar:	3,55	10,13	16,92	39,72	49,24

Es ist zu untersuchen, ob die Freundlichsche oder die Langmuirsche Adsorptionsisotherme die Ergebnisse besser beschreibt.

7/10. Bei der Untersuchung der Adsorption von Cl-Ionen an Eisenoxidsol ergaben sich für a (Stoffmenge der adsorbierten Cl-Ionen pro Gramm Fe$_2$O$_3$) in Abhängigkeit von der Cl$'$-Konzentration c der Lösung folgende Meßwerte:

a, mmol/g:	1,058	1,031	0,9965	0,9788	0,9651	0,9214	0,9017
c, mmol/cm^3:	257	194	169	114	127	110	$93 \cdot 10^{-4}$

Es sind die Konstanten der Freundlichschen Adsorptionsisotherme zu ermitteln und die Übereinstimmung der beobachteten und der berechneten Werte von a zu prüfen.

8 Chemische Thermodynamik

8.1 Erster Hauptsatz der Thermodynamik

Das *Prinzip von der Erhaltung der Energie* lautet: Die Summe aller in einem abgeschlossenen System vorhandenen Energieformen bleibt bei sämtlichen in diesem System stattfindenden Energieumwandlungen konstant. Demnach kann Energie (beliebiger Form) weder erzeugt noch vernichtet werden. Dieser allgemeine Erfahrungssatz ist der Inhalt des *ersten Hauptsatzes der Thermodynamik*. Die Summe aller Energien eines abgeschlossenen Systems wird allgemein als *innere Energie U* bezeichnet.

Nimmt ein System aus der Umgebung Energie in Form von Arbeit oder Wärme auf, oder gibt es Arbeit oder Wärme an die Umgebung ab, so ist die Änderung der inneren Energie ΔU endlich; für ein von der Umgebung isoliertes (abgeschlossenes) System hingegen ist ΔU stets gleich Null.

Im folgenden verwenden wir folgende Symbolik: Q Wärme, A Arbeit, ΔU Änderung der inneren Energie. Damit wird der erste Hauptsatz der Thermodynamik ausgedrückt durch die Gleichung:

$$\Delta U = Q + A. \tag{I}$$

Zu beachten ist dabei folgende altruistische Vorzeichengebung: Wird Wärme vom System aufgenommen, so besitzt Q einen positiven Wert, wird Wärme vom System abgegeben, einen negativen Wert. Wenn das System Arbeit verrichtet, so ist A negativ; verrichtet umgekehrt die Umgebung Arbeit am System, so ist A positiv. Entsprechend hat dann ΔU einen positiven oder negativen Wert.

Für differentielle Änderungen der inneren Energie eines Systems kann man anstelle von Gl. (I) schreiben:

$$\mathrm{d}U = \delta Q + \delta A = \delta Q + \delta A' - p\mathrm{d}V. \qquad \text{(II)}$$

δA ist die dem System zugeführte differentielle Arbeit, $\delta A'$ die dem System zugeführte differentielle Arbeit mit Ausnahme der durch den äußeren Druck geleisteten Volumenarbeit $- p\mathrm{d}V$. Das Symbol „d" bedeutet ein totales Differential, das Symbol „δ" dagegen (Symbol der Variation) kennzeichnet ein nicht exaktes Differential. δ gibt differentielle Änderungen einer Funktion an, welche vom Weg abhängig ist und deren Integral über einen geschlossenen Weg (zyklisches Integral) nicht gleich Null ist.

8.1.1 Spezielle Zustandsänderungen

Wird bei einer Zustandsänderung des Systems keine Arbeit geleistet, dann ist $\delta A = 0$ und somit

$$\delta Q = \mathrm{d}U. \qquad \text{(III)}$$

Bleibt die innere Energie des Systems konstant, z. B. bei einem Kreisprozeß, so ist $\mathrm{d}U = 0$ und damit

$$\delta Q = -\delta A. \qquad \text{(IV)}$$

Bei einer *adiabatischen Zustandsänderung* (kein Wärmeaustausch mit der Umgebung) ist $\delta Q = 0$ und daher

$$\delta A = \mathrm{d}U. \qquad \text{(V)}$$

Die Größe der vom System geleisteten Volumenarbeit hängt von den Bedingungen ab, unter denen die Volumenänderung stattfindet.

Bei einem *isobaren Vorgang* (konstanter Druck, p = konst.) ist

$$A = -p(V_2 - V_1), \qquad \text{(VI)}$$

wobei V_1 das Anfangsvolumen und V_2 das Endvolumen ist. Für ein System, welches aus n mol eines idealen Gases besteht, ist

$$A = -nR(T_2 - T_1) = -nR\,\Delta T. \qquad \text{(VII)}$$

ΔT ist die Temperaturdifferenz, um die das Gas bei konstantem Druck erwärmt wurde. Die auf die Einheit der Stoffmenge bezogene Arbeit (molare Arbeit) ist dann:

$$A_\mathrm{m} = \frac{A}{n} = -R\,\Delta T. \qquad \text{(VIII)}$$

Wird eine Flüssigkeit bei konstanter Temperatur und konstantem Druck verdampft, so kann man in erster Näherung das Volumen V_1 der Flüssigkeit gegenüber dem Volumen V_2 des Dampfes vernachlässigen, da $V_2 \gg V_1$ ist. Aus Gl. (VI) folgt dann:

$$A = -pV_2. \tag{IX}$$

Kann man für den Dampf das Verhalten eines idealen Gases voraussetzen ($V_2 = nRT/p$, T Verdampfungstemperatur), so ist

$$A = -nRT. \tag{X}$$

Beispiel 8-1. A und ΔU sollen für die Verdampfung von 1 mol Wasser bei 100 °C und 101325 N/m² berechnet werden. Die molare Verdampfungswärme von Wasser beträgt $Q_m = 40670$ J/mol. Das molare Volumen von flüssigem Wasser ist $1{,}8 \cdot 10^{-5}$ m³/mol, dasjenige von Wasserdampf $3{,}06 \cdot 10^{-2}$ m³/mol.

Die bei der Verdampfung geleistete Arbeit (Expansionsarbeit) ist dann nach Gl. (VI)

$$A_m = -101325 \cdot (30600 - 18) \cdot 10^{-6} = -3099 \text{ Nm/mol} = -3099 \text{ J/mol}$$

Nach Gl. (X) hätten wir erhalten:

$$A_m = \frac{A}{n} = -RT = -8{,}3143 \cdot 373{,}15 = -3102 \text{ J/mol}.$$

Nach Gl. (I) ist die Änderung der inneren Energie pro mol:
$$\Delta U_m = Q_m + A_m = 40670 - 3099 = 37571 \text{ J/mol}.$$

Der größte Teil der Verdampfungswärme wird demnach zur Erhöhung der inneren Energie und nur zu etwa 8% zur Expansion des Wasserdampfes verbraucht. ——

Die bei der *isothermen Volumenänderung* eines Gases geleistete Arbeit hängt davon ab, in welcher Weise diese Volumenänderung durchgeführt wird. Steht der Außendruck stets mit dem Druck des Gases im Gleichgewicht, so ist die bei einer Expansion abgegebene Arbeit entgegengesetzt gleich der Arbeit, welche zur Kompression des Gases auf das ursprüngliche Volumen erforderlich ist; man spricht dann von einem *reversiblen Vorgang*. Da die innere Energie eines idealen Gases nur von der Temperatur abhängt, ist diese bei einer isothermen Volumenänderung konstant, d. h. $\Delta U = 0$. Für eine isotherme, reversible Volumenänderung ist dann

$$A = -Q = -p \int_{V_1}^{V_2} dV = -nRT \int_{V_1}^{V_2} \frac{dV}{V} = -nRT \cdot \ln \frac{V_2}{V_1} = nRT \cdot \ln \frac{p_2}{p_1}$$

$$(XI)$$

(V_1, V_2 Anfangs- bzw. Endvolumen; p_1, p_2 Anfangs- bzw. End-druck des Gases).

Beispiel 8-2. Q, A und ΔU sind für die isotherme reversible Expansion von 5 mol eines idealen Gases bei 50 °C vom Anfangs-druck $p_1 = 1$ bar ($= 10^5$ N/m^2) auf den Enddruck $p_2 = 0,1$ bar ($= 10^4$ N/m^2) zu berechnen.

$$A = nRT \cdot \ln \frac{p_2}{p_1} = 5 \cdot 8,3143 \cdot 323,15 \cdot \ln \frac{0,1}{1} = -30\ 933 \text{ J}.$$

Mit dem ersten Hauptsatz folgt: $Q = \Delta U - A = 0 + 30\ 933 = 30\ 933$ J. ——

Beispiel 8-3. Welche Wärmemenge wird entwickelt, wenn 5 dm^3 ($= 5 \cdot 10^{-3}$ m^3) eines idealen Gases, welches unter einem Druck von 1 bar ($= 10^5$ N/m^2) steht, bei 20 °C isotherm und reversibel auf 1 dm^3 ($= 1 \cdot 10^{-3}$ m^3) komprimiert werden ?

$$n = \frac{pV}{RT} = \frac{10^5 \cdot (5 \cdot 10^{-3})}{8,3143 \cdot 293,15} = 0,205 \text{ mol}; \quad \Delta U = 0, \text{ also}$$

$$Q = -A = 0,205 \cdot 8,3143 \cdot 293,15 \cdot \ln \frac{1}{5} = -804,16 \text{ J}. \text{ ——}$$

Beispiel 8-4. 1 kg CO$_2$ soll bei 40 °C isotherm und rever-sibel vom Druck $p_1 = 50,06$ bar auf den Druck $p_2 = 89,33$ bar verdichtet werden. Wie groß ist die erforderliche Arbeit, wenn sich das Gas a) ideal, b) real nach der van der Waalsschen Gleichung verhalten würde ?

a) 1 kg CO$_2$ entspricht $\dfrac{1000}{44,01} = 22,72$ mol;

$$A = 22,72 \cdot 8,3143 \cdot 313,15 \cdot \ln \cdot \frac{89,33}{50,06} = 34\ 257 \text{ J}.$$

b) Nach der van der Waalsschen Gleichung (s. 4.5.1) berechnet man für CO$_2$ folgende Wertepaare:

p	=	89,33	80,44	74,28	67,21	60,62	54,94	50,06	bar
V_m	=	1,0	1,5	2,0	2,5	3,0	3,5	$4,0 \cdot 10^{-4}$	m^3

Die für die Kompression von 1 mol aufzuwendende Arbeit

$$A_m = -\int_{V_{m1}}^{V_{m2}} p \cdot dV_m \quad \text{ist in einem } p, V_m\text{-Diagramm gleich der Fläche,}$$

welche von der Isothermen $T = 313,15$ K, der Abszissenachse (V_m-Achse) und den Parallelen zur p-Achse im Abstand $V_{m1} = 1 \cdot 10^{-4}$ m³ und $V_{m2} = 4 \cdot 10^{-4}$ m³ eingeschlossen wird. Wir berechnen die Fläche nach der Trapezregel (s. 3.3.5, S. 98):

$$F = A_m = 5 \cdot 10^{-5} \left(\frac{89,33}{2} + 80,44 + 74,28 + 67,21 + \right.$$

$$\left. + 60,62 + 54,94 + \frac{50,06}{2} \right) \cdot 10^5 \approx 2036 \text{ Nm/mol} = 2036 \text{ J/m}$$

Somit ist für 22,72 mol: $A = 22,72 \cdot 2036 \approx 46\ 258$ J. ———

Erfolgt der Vorgang der Volumenänderung weit entfernt vom Gleichgewicht zwischen Gasdruck und Außendruck (Kolbendruck), so ist die bei einer Expansion des Gases abgegebene Arbeit nicht entgegengesetzt gleich der Arbeit, welche zur Kompression des Gases auf das ursprüngliche Volumen erforderlich ist. Man spricht dann von einem *irreversiblen Vorgang*.

Zwischen den beiden Grenzfällen Gleichgewicht und Nichtgleichgewicht gibt es unendlich viele Zwischenstufen. Bei einer Volumenänderung im Gleichgewicht kann die Volumenarbeit maximal, im Nichtgleichgewicht nur minimal genutzt werden. Je weiter das System vom Gleichgewicht entfernt ist, desto kleiner ist auch die vom System geleistete Nutzarbeit.

Bei einer *adiabatischen Zustandsänderung* eines idealen Gases kann man die molare Arbeit aus einer der folgenden Gleichungen bestimmen.

$$A_m = \Delta U_m = C_{mv}(T_2 - T_1) \tag{XII}$$

$$A_m = \frac{p_2 V_{m2} - p_1 V_{m1}}{\kappa - 1} \tag{XIII}$$

$$A_m = \frac{RT_1}{\kappa - 1} \left(\frac{V_{m1}^{\kappa-1}}{V_{m2}^{\kappa-1}} - 1 \right) \tag{XIV}$$

$$A_m = \frac{RT_1}{\kappa - 1} \left(\frac{p_2^{\frac{\kappa-1}{\kappa}}}{p_1^{\frac{\kappa-1}{\kappa}}} - 1 \right) \tag{XV}$$

Darin bedeuten: C_{mv} molare Wärmekapazität des Gases bei konstantem Volumen; p_1, V_{m1}, T_1 Druck, molares Volumen und Temperatur des Gases im Anfangszustand; p_2, V_{m2}, T_2 Druck, molares Volumen und Temperatur des Gases im Endzustand; $\kappa = \dfrac{C_{mp}}{C_{mv}}$.

Für den Zusammenhang zwischen Druck, Volumen und Temperatur am Anfang und am Ende der adiabatischen Zustandsänderung gelten folgende Beziehungen:

$$p_1 V_1^\kappa = p_2 V_2^\kappa \qquad\qquad\qquad (XVI)$$

$$T_1 V_1^{\kappa-1} = T_2 V_2^{\kappa-1} \qquad\qquad (XVII)$$

$$T_1^\kappa p_1^{1-\kappa} = T_2^\kappa p_2^{1-\kappa} \qquad\qquad (XVIII)$$

Beispiel 8-5. 10 g Sauerstoff von 17 °C werden adiabatisch von 8 dm³ auf 5 dm³ komprimiert. Zu bestimmen ist die Endtemperatur, die aufzuwendende Arbeit und die Änderung der inneren Energie, wenn die molare Wärmekapazität bei konstantem Volumen

$C_{mv} = \dfrac{5}{2} R$ ist.

$$C_{mp} = C_{mv} + R = \frac{7}{2} R; \quad \kappa = \frac{C_{mp}}{C_{mv}} = \frac{7}{5}.$$

Nach Gl. (XIV) ist $A_m = \dfrac{8,3143 \cdot 290,15}{\dfrac{7}{5} - 1} \left[\left(\dfrac{8}{5}\right)^{\frac{7}{5} - 1} - 1\right] =$

$= 1247$ J/mol. 10 g Sauerstoff entsprechen $\dfrac{10}{32} = 0,313$ mol.

Somit ist $A = \Delta U = 0,313 \cdot 1247 = 390$ J.

Nach Gl. (XVII) ist $T_2 = 290,15 \cdot \left(\dfrac{8}{5}\right)^{\frac{7}{5} - 1} = 350,16$ K $= 77,01$ °C. –

Aufgaben. 8/1. Berechne die Änderung der inneren Energie bei der Verdampfung von 20 g Äthanol unter einem Druck von 1,01325 bar. Die spezifische Verdampfungsenthalpie beträgt 921,1 kJ/kg, das spezifische Volumen des Dampfes bei 78,5 °C und 1,01325 bar beträgt 0,607 m³/kg. Das Flüssigkeitsvolumen ist zu vernachlässigen.

8/2. 5 dm³ Argon im Normzustand werden bei konstantem Volumen auf 600 °C erwärmt. Zu berechnen ist der Enddruck des Gases und die zuzuführende Wärmemenge.

8/3. Ein Behälter von 50 dm^3 ($= 5 \cdot 10^{-2}$ m^3) Inhalt enhält bei 25 °C Stickstoff unter einem Druck von 6 bar ($= 6 \cdot 10^5$ N/m^2). Es ist die Wärmemenge zu berechnen, welche dem Gas maximal zugeführt werden kann, wenn die Behälterwände einen Druck von 20 bar aushalten können. Der Stickstoff soll in erster Näherung als ideales Gas angesehen werden $\left(C_{mv} = \dfrac{5}{2} R\right)$.

8/4. Ein Behälter enthält ein unbekanntes Gas; es wird angenommen, daß es Stickstoff oder Krypton ist. Bei plötzlicher Entspannung des Gases von einem Volumen von 5 dm^3 auf 6 dm^3 sinkt seine Temperatur von 25 °C auf 4 °C. Welches Gas befindet sich in dem Behälter ?

8.1.2 Innere Energie und Enthalpie

Die *innere Energie* ist eine *Zustandsfunktion*, deren Änderung stets eindeutig durch den Anfangs- und Endzustand des Systems bestimmt ist; sie ist also unabhängig vom Weg, auf welchem die Zustandsänderung durchgeführt wird.

Die innere Energie kann man entweder als Funktion des Volumens und der Temperatur, $U = f(V, T)$, oder als Funktion des Druckes und der Temperatur, $U = f(p, T)$, ansehen. Eine Änderung der inneren Energie wird durch ihr totales Differential ausgedrückt:

$$\mathrm{d}U = \left(\frac{\partial U}{\partial V}\right)_{T} \mathrm{d}V + \left(\frac{\partial U}{\partial T}\right)_{v} \mathrm{d}T \qquad \text{(XIX)}$$

bzw.

$$\mathrm{d}U = \left(\frac{\partial U}{\partial p}\right)_{T} \mathrm{d}p + \left(\frac{\partial U}{\partial T}\right)_{p} \mathrm{d}T. \qquad \text{(XX)}$$

Für ideale Gase ist

$$\left(\frac{\partial U}{\partial V}\right)_{T} = 0 \quad \text{(XXI)} \quad \text{und} \quad \left(\frac{\partial U}{\partial p}\right)_{T} = 0 \quad \text{(XXII)}.$$

Diese Beziehungen sind die mathematischen Formulierungen des 2. Gay-Lussacschen Gesetzes, wonach die innere Energie eines idealen Gases weder von dessen Volumen noch von dessen Druck abhängt.

Findet ein Vorgang bei konstantem Volumen (isochor, $\mathrm{d}V = 0$) statt, so folgt aus Gl. (I):

$$Q_{v} = \Delta U. \qquad \text{(XXIII)}$$

Bei konstantem Druck (isobarer Vorgang, $dp = 0$) kann man, wenn außer Volumenarbeit keine andere Arbeit geleistet wird, $(dA' = 0)$ die Gl. (II) schreiben:

$$\delta Q_p = dU + p\, dV = d(U + pV). \qquad \text{(XXIV)}$$

Setzt man

$$U + pV = H, \qquad \text{(XXV)}$$

so ist

$$\delta Q_p = dH \quad \text{bzw.} \quad Q_p = \Delta H. \qquad \text{(XXVI)}$$

Die so definierte Größe H wird als *Enthalpie* bezeichnet; diese ist, ebenso wie die innere Energie, eine Zustandsfunktion.

8.1.3 Heßscher Satz

Die Aussagen der Gln. (XXIII) und (XXVI) werden unter der Voraussetzung, daß außer Volumenarbeit keine weitere Arbeit geleistet wird, durch den Heßschen Satz in Worten ausgedrückt:

Die bei einer isochoren oder isobaren Zustandsänderung freiwerdende (verbrauchte) Wärmemenge hängt nicht von den Zwischenstufen ab, über welche ein Vorgang abläuft; sie ist vielmehr durch den Anfangs- und Endzustand des Systems eindeutig bestimmt.

8.1.4 Reaktions-, Bildungs- und Verbrennungsenthalpien

Die Gleichung für eine chemische Reaktion schreiben wir allgemein $|v_A|\,A + |v_B|\,B \to |v_C|\,C + |v_D|\,D$. Darin kennzeichnen die Buchstaben A, B, C und D die Art der einzelnen Reaktanden, $|v_A|$, $|v_B|$, $|v_C|$ und $|v_D|$ sind die Absolutbeträge der zugehörigen *stöchiometrischen Zahlen*. Allgemein werden die stöchiometrischen *Zahlen* mit Vorzeichen belegt, und zwar für Reaktionspartner (A und B) mit negativen, für Reaktionsprodukte (C und D) mit positivem Vorzeichen.

Die an einer Reaktion beteiligten Reaktionspartner und Reaktionsprodukte haben allgemein verschiedene Energien. Daher sind alle chemischen Reaktionen entweder mit einer Abgabe oder mit einer Aufnahme von Energie verbunden, die gewöhnlich als Wärmeenergie auftritt.

Die *molare Reaktionsenergie* ist folgendermaßen definiert:

$$\Delta_R U_m = \nu_C U_{mC} + \nu_D U_{mD} + \nu_A U_{mA} + \nu_B U_{mB} = \sum_i (\nu_i U_{mi}),$$

$$(\text{XXVII})$$

wobei U_{mi} die molaren inneren Energien der einzelnen Reaktanden
(i = A, B, C und D) sind.

Von größerer Bedeutung ist die *molare Reaktionsenthalpie*:

$$\Delta_R H_m = \nu_C H_{mC} + \nu_D H_{mD} + \nu_A H_{mA} + \nu_B H_{mB} = \sum_i (\nu_i H_{mi})$$

$$(\text{XXVIII})$$

(H_{mi} molare Enthalpien der einzelnen Reaktanden).

Die Reaktionsenthalpie ist diejenige Wärmemenge, welche von
einem reagierenden System aufgenommen (endotherme Reaktion,
$\Delta_R H_m$ positiv) bzw. abgegeben wird (exotherme Reaktion,
$\Delta_R H_m$ negativ), wenn die Reaktion bei konstantem Druck vollständig in Richtung des Pfeils abläuft und die gebildeten Produkte
nach der Reaktion auf dieselbe Temperatur gebracht werden,
welche die Reaktionspartner zu Beginn der Reaktion hatten.

Die Reaktionsenthalpie hängt sowohl von der chemischen Natur
der einzelnen Reaktanden als auch von deren physikalischen Zustän-
den ab. Der Aggregatzustand der Reaktanden wird durch einen Buchstaben in Klammern angegeben: (g) gasförmig, (l) flüssig, (s) fest. In
manchen Fällen kann noch eine weitere Kennzeichnung notwendig
sein, welche sich auf die kristalline Modifikation bezieht, z. B.
S (rhombisch), S (monoklin), C (Graphit), C (Diamant). Als Standardzustand wählt man meist den Zustand eines Stoffes bei einem Druck
von 1,01325 bar und einer Temperatur von 25 °C = 298,15 K.

Da die Reaktionsenergie und Reaktionsenthalpie druck- und
temperaturabhängig sind, werden Druck und Temperatur durch
nachgestellte Indizes an den Symbolen U bzw. H gekennzeichnet.
Der hochgestellte Index ^{0} bedeutet den Standarddruck von 1,01325
bar, der Index für die Temperatur wird tief gestellt und in K angegeben, z. B. molare Standard-Reaktionsenthalpie $\Delta_R H^0_{m,298,15}$.
Die molaren Reaktionsenthalpien sind mit den molaren Reak-
tionswärmen Q_{mp} bei konstantem Druck identisch:

$$(\Delta_R H_m)_p = \Delta_R U_m + p \cdot \Delta_R V_m = Q_{mp}. \qquad (\text{XXIX})$$

Sind an einer Reaktion nur feste oder flüssige Reaktanden beteiligt, dann ist ΔV_m vernachlässigbar, d. h.

$$\Delta_R U_m \approx \Delta_R H_m .\qquad\qquad\text{(XXX)}$$

Wenn an einer Reaktion Gase beteiligt sind, für die man in erster Näherung ideales Verhalten voraussetzen kann, so ist

$$\Delta_R H_m = \Delta_R U_m + pV_m \cdot \sum_i \nu_i = \Delta_R U_m + RT \cdot \sum_i \nu_i .\qquad\text{(XXXI)}$$

(V_m molares Volumen des idealen Gases unter den Bedingungen der Reaktion).

Beispiel 8-6. Bei der Durchführung der Reaktion $2\,CO(g) + O_2(g) \to 2\,CO_2(g)$ in einem Bombenkalorimeter ($V = konst.$) wurde bei 25 °C eine Reaktionswärme $Q_{mv} = -563{,}5$ kJ/mol gemessen. Daher ist die Reaktionsenergie $\Delta_R U_m = Q_{mv} = -563{,}5$ kJ/mol. Es ist ferner $\sum_i \nu_i = (-2-1) + 2 = -1$.

Somit ist die Reaktionsenthalpie bei 25 °C:

$$\Delta_R H_m = -563\,500 + (-1)\cdot 8{,}3143 \cdot 298{,}15 = -565981 \text{ J/mol.} \quad\text{———}$$

Aus dem Heßschen Satz folgt, daß die molare Reaktionsenthalpie gleich der stöchiometrischen Summe der molaren Bildungsenthalpien aller beteiligten Reaktanden ist:

$$\Delta_R H_m = \sum_i (\nu_i \cdot \Delta_B H_{mi}).\qquad\qquad\text{(XXXII)}$$

Die molare Bildungsenthalpie $\Delta_B H_m$ ist die Reaktionsenthalpie für die Bildung von 1 mol des betrachteten Stoffes aus den Elementen in der unter den jeweiligen Bedingungen stabilen Modifikation, z. B. O_2 (g), Br_2 (l), C (Graphit), S (rhomb.) bei der allgemein üblichen Standardtemperatur von 25 °C.

Beispiel 8-7. Es ist die molare Standard-Reaktionsenthalpie für die Reaktion Al_2O_3 (s) $+ 3\,SO_3$ (g) $\to Al_2(SO_4)_3$ (s) zu bestimmen. Die molaren Standard-Bildungsenthalpien sind für Al_2O_3 (Korund) $-1670{,}91$ kJ/mol, SO_3 (g) $-395{,}44$ kJ/mol und $Al_2(SO_4)_3$ (s) $-3437{,}28$ kJ/mol. Demnach ist die molare Standard-Reaktionsenthalpie: $\Delta_R H^0_{m,\,298,15} = 1\cdot(-3437{,}28) - 1\cdot(-1670{,}91) - 3\cdot(-395{,}44) = -580{,}05$ kJ/mol. ———

Beispiel 8-8. Zu bestimmen ist die molare Standard-Reaktionsenthalpie für die Hydrierung von Äthylen $H_2C{=}CH_2$ (g) $+ H_2$ (g) $\to H_3C{-}CH_3$ (g). Die molaren Bildungsenthalpien bei 25 °C und

1,01325 bar sind für C_2H_4 (g) 52,30 kJ/mol, H_2 (g) 0 kJ/mol und C_2H_6 (g) $-84,68$ kJ/mol. Demnach ist die molare Standard-Reaktionsenthalpie: $\Delta_R H^0_{m,\,298,15} = 1\cdot(-84,68)-1\cdot0-1\cdot(52,30) =$ $= -136,98$ kJ/mol. ——

Die Reaktionsenthalpie kann auch aus den Verbrennungs-enthalpien $\Delta_C H_{mi}$ aller beteiligten Reaktanden in analoger Weise wie aus den Bildungsenthalpien berechnet werden. In diesem Fall gilt:

$$\Delta_C H_m = - \sum_i (\nu_i \cdot \Delta_C H_{mi}). \qquad \text{(XXXIII)}$$

Beispiel 8-9. Zu bestimmen ist die Standard-Reaktionsenthalpie (Umwandlungsenthalpie) für die Reaktion C (Graphit) $\rightarrow$ C (Diamant). Die Standard-Verbrennungsenthalpien sind für die Reaktionen

C (Graphit) + O_2 (g) $\rightarrow CO_2$ (g), $\Delta_C H^0_{m,\,298,15} = -393,51$ kJ/mol;
C (Diamant) + O_2 (g) $\rightarrow CO_2$ (g), $\Delta_C H^0_{m,\,298,15} = -395,40$ kJ/mol.

Somit ist $\Delta_R H^0_{m,\,298,15} = -[-395,40-(-393,51)] = 1,89$ kJ/mol. ——

Aufgaben. 8/5. Die molare Standard-Bildungsenthalpie von Fe_2O_3 beträgt $-822,16$ kJ/mol, diejenige von Al_2O_3 $-1669,79$ kJ/mol. Man berechne die Standard-Reaktionsenthalpie für die Reduktion von 1 mol Fe_2O_3 durch metallisches Al.

8/6. Berechne die molare Standard-Reaktionsenthalpie für die Reaktion CaC_2 (s) + 2 H_2O (l) $\rightarrow Ca(OH)_2$ (s) + C_2H_2 (g). Die molaren Standard-Bildungsenthalpien betragen für CaC_2 (s) $-62,76$, H_2O (l) $-285,83$, $Ca(OH)_2$ (s) $-986,59$ und C_2H_2 (g) $+226,75$ kJ/mol.

8/7. Die molaren Standard-Bildungsenthalpien von H_2O (l) und CO_2 (g) aus Graphit betragen $-285,83$ bzw. $-393,51$ kJ/mol; die molare Standard-Verbrennungsenthalpie von Methan beträgt $-890,44$ kJ/mol. Man berechne die molare Standard-Bildungsenthalpie und die molare Standard-Bildungsenergie des Methans: C (Graphit) + 2 H_2 (g) $\rightarrow CH_4$ (g).

8/8. Berechne die molare Standard-Bildungsenthalpie der Ameisensäure. Gegeben sind folgende molaren Standard-Verbrennungsenthalpien:

C (Graphit) + O_2 (g) $\rightarrow CO_2$ (g) $\Delta_C H^0_{m,\,298,15} = -393,51$ kJ/mol

H_2 (g) + $\dfrac{1}{2} O_2$ (g) $\rightarrow H_2O$ (l) $\Delta_C H^0_{m,\,298,15} = -285,83$ kJ/mol

HCOOH(l) + $\dfrac{1}{2} O_2$ (g) $\rightarrow CO_2$ (g) + H_2O (l) $\Delta_C H^0_{m,\,298,15} = -270,14$ kJ/mol.

8/9. Berechne die molare Standard-Reaktionsenthalpie für die Dehydrierung von 1 mol flüssigen Äthanols zu Acetaldehyd: C_2H_5OH (l) $\rightarrow CH_3CHO$ (g) +

$+ H_2$ (g). Die molaren Standard-Verbrennungsenthalpien betragen für
C_2H_5OH (l) $-1366,88$, für H_2 (g) $-285,83$ und CH_3CHO (g) $-1166,37$
kJ/mol.

8/10. Die molare Standard-Verbrennungsenthalpie des Propans beträgt
$-2219,9$ kJ/mol. Die molare Standard-Bildungsenthalpie von H_2O (l) ist
$-285,83$, diejenige von CO_2 $-393,51$ kJ/mol. Zu berechnen sind die molare
Standard-Bildungsenthalpie und Standard-Bildungsenergie des Propans.

8/11. Durch Verbrennung in der kalorimetrischen Bombe wurde die
Standard-Verbrennungsenergie von Oxalsäure zu $-249,32$ kJ/mol bestimmt.
Wie groß ist die molare Standard-Verbrennungsenthalpie?

8/12. 1 mol $CH_2(COOH)_2$ wurde mit Sauerstoff in der Kalorimeter-
bombe verbrannt, wobei eine Wärmemenge $Q_{mv} = 863,63$ kJ/mol (25 °C)
entwickelt wurde. Zu berechnen ist die molare Standard-Verbrennungsenthalpie.

8/13. Bei der Verbrennung von Naphthalin ($C_{10}H_8$) in der kalormetri-
schen Bombe unter Bildung von flüssigem Wasser und gasförmigem CO_2 werden
5188,55 kJ/mol (bei 25 °C) frei. Zu berechnen ist die molare Verbrennungs-
enthalpie bei 25 °C unter der Bedingung, daß der gebildete Wasserdampf nicht
kondensiert wird. Molare Verdampfungsenthalpie des Wassers bei 25 °C:
44,02 kJ/mol.

8.1.5 Temperaturabhängigkeit der Reaktionsenthalpie und Reaktionsenergie

Die Enthalpie eines Systems hängt vom Druck und von der
Temperatur ab. Daher gelten die in Abschnitt 8.1.4 berechneten
molaren Reaktionsenthalpien, welche aus den molaren Standard-
Bildungs- bzw. Verbrennungsenthalpien berechnet wurden, nur
für den Standardzustand. Die Druckabhängigkeit der Enthalpie
ist so gering, daß sie in der Praxis oft vernachlässigt werden kann.
Die Temperaturabhängigkeit der Reaktionsenthalpie ist nach
Kirchhoff gegeben durch

$$\left(\frac{\partial \Delta_R H_m}{\partial T}\right)_p = \sum_i \nu_i C_{mpi} = \Delta_R C_{mp}. \qquad \text{(XXXIV)}$$

Danach können die molaren Reaktionsenthalpien bei beliebigen Temperaturen T_2 berechnet werden, wenn die Temperaturabhängigkeit der molaren Wärmekapazitäten bei konstantem Druck
aller beteiligten Reaktanden und die Reaktionsenthalpie bei irgendeiner Temperatur T_1 gegeben sind. Die Temperatur T_1 wird meist
die Standardtemperatur 298,15 K sein. Durch Integration folgt aus
Gl. (XXXIV):

$$\Delta_R H_{m,T_2} = \Delta_R H_{m,T_1} + \int\limits_{T_1}^{T_2} \Delta_R C_{mp} \, dT. \qquad \text{(XXXV)}$$

Finden im Temperaturbereich zwischen T_1 und T_2 Phasen- oder Modifikationsumwandlungen statt, so müssen in Gl. (XXXV) die molaren Umwandlungsenthalpien addiert werden.

Für nicht allzu große Temperaturbereiche kann man $\Delta_R C_{mp}$ in erster Näherung als konstant betrachten, und es gilt dann in diesem Fall:

$$\Delta_R H_{m,T_2} = \Delta_R H_{m,T_1} + \Delta_R C_{mp} \, (T_2 - T_1). \qquad \text{(XXXVI)}$$

Die Abhängigkeit der molaren Wärmekapazitäten C_{mp}^0 beim Standarddruck 1,01325 bar wird meist durch folgende Gleichung angenähert:

$$C_{mp}^0 = a + bT + cT^{-2}, \qquad \text{(XXXVII)}$$

wobei a, b und c für jeden Stoff charakteristische Konstanten sind, welche Tabellen entnommen werden können. Für eine Reaktion erhält Gl. (XXXVII) folgende Form:

$$\Delta_R C_{mp}^0 = \Delta a + \Delta b \cdot T + \Delta c \cdot T^{-2}, \qquad \text{(XXXVIII)}$$

mit $\Delta a = \sum_i \nu_i a_i$, $\Delta b = \sum_i \nu_i b_i$ usw. (ν_i stöchiometrische Zahl des Reaktanden i).

Führt man Gl. (XXXVIII) in Gl. (XXXV) ein und integriert, so ergibt sich:

$$\Delta_R H_{m,T_2}^0 = \Delta_R H_{m,T_1}^0 + \Delta a \, (T_2 - T_1) + \frac{\Delta b}{2} (T_2^2 - T_1^2) - \Delta c \left(\frac{1}{T_2} - \frac{1}{T_1} \right).$$

$$\text{(XXXIX)}$$

Beispiel 8-10. Zu berechnen ist die Temperaturabhängigkeit der molaren Reaktionsenthalpie (= Bildungsenthalpie) für die Reaktion

$$\frac{1}{2} N_2(g) + \frac{3}{2} H_2 \, (g) \rightarrow NH_3 \, (g) \quad \text{beim Standarddruck 1,01325 bar.}$$

Die molare Standard-Bildungsenthalpie des NH_3 beträgt $-46{,}19$ kJ/mol, die der Elemente N_2 und H_2 0 kJ/mol. Es ist für

	N_2	H_2	NH_3	
a	28,58	27,28	25,75	J/(mol·K)
b	$3,76·10^{-3}$	$3,26·10^{-3}$	$25,10·10^{-3}$	J/(mol·K^2)
c	$-0,50·10^5$	$0,50·10^5$	$-1,55·10^5$	J·K/mol

(gültig von 298 bis 2000 K). Somit ist

$$\Delta a = -\frac{1}{2}·28,58 - \frac{3}{2}·27,28 + 29,75 = -25,46 \text{ J/(mol·K)},$$

$$\Delta b = -\frac{1}{2}·(3,76·10^{-3}) - \frac{3}{2}·(3,26·10^{-3}) + (25,10·10^{-3}) =$$

$$= 1,833·10^{-2} \text{ J/(mol·K}^2),$$

$$\Delta c = -\frac{1}{2}·(-0,50·10^5) - \frac{3}{2}·(0,50·10^5) + (-1,55·10^5) =$$

$$= -2,05·10^5 \text{ J·K/mol.}$$

Damit ist nach Gl. (XXXIX):

$$\Delta_R H^0_{m,T} = \Delta_R H^0_{m,298,15} - 25,46·T + 25,46·298,15 + \frac{1,833}{2}·10^{-2}·T^2 -$$

$$- \frac{1,833}{2}·10^{-2}·(298,15)^2 + \frac{2,05·10^5}{T} - \frac{2,05·10^5}{298,15};$$

$$\Delta_R H^0_{m,T} = -40\,101 - 25,46·T + 9,165·10^{-3}·T^2 + \frac{2,05·10^5}{T}.$$

Für $T = 800$ K ist die Reaktionsenthalpie $\Delta_R H^0_{m,800} =$

$$= -40\,101 - 25,46·800 + 9,165·10^{-3}·800^2 + \frac{2,05·10^5}{800} =$$

$$= -54\,347 \text{ J/mol} = -54,347 \text{ kJ/mol.} \text{ ———}$$

Beispiel 8-11. Zu berechnen ist die Reaktionsenthalpie der

Reaktion $2\,CH_4$ (g) $+ \frac{3}{2}\,O_2$ (g) $\rightarrow C_2H_2$ (g) $+ 3\,H_2O$ (g) bei 900 °C

und 1,01325 bar (Standarddruck). Gegeben sind die Standard-
Bildungsenthalpien für CH_4 $-74,85$ kJ/mol, H_2O (l) $-285,84$
kJ/mol und C_2H_2 $+226,75$ kJ/mol. Die molare Verdampfungsenthalpie des Wassers bei 25 °C beträgt 44,02 kJ/mol. Die molaren
Wärmekapazitäten in J/(mol·K) sind:

$$C^0_{mp(CH_4)} = 23,64 + 47,86·10^{-3}\,T - 1,92·10^5\,T^{-2}$$
$$C^0_{mp(O_2)} = 29,96 + 4,18·10^{-3}\,T - 1,67·10^5\,T^{-2}$$
$$C^0_{mp(H_2O,g)} = 30,54 + 10,29·10^{-3}\,T,$$

alle anwendbar von 298 bis 2000 K.

Die molaren Wärmekapazitäten von C_2H_2 sind:

T	298,15	300	400	500	600	700	K
$C^0_{mp(C_2H_2)}$	43,93	44,07	50,10	54,25	57,44	60,11	J/(mol·K

T	800	900	1000	1100	1200	K
$C^0_{mp(C_2H_2)}$	62,48	64,64	66,62	68,42	70,06	J/(mol·K).

$$\Delta_R H^0_{m,298,15} = -2(-74,85) + 226,75 + 3(-285,84 + 44,02) =$$
$$= -349,03 \text{ kJ/mol}.$$

Die Temperaturabhängigkeit der Reaktionsenthalpie ist nach dem Kirchhoffschen Gesetz

$$\Delta_R H^0_{m,1173,15} = \Delta_R H^0_{m,298,15} + \int_{298,15}^{1173,15} [-2 \cdot C^0_{mp(CH_4)} - 1,5 \cdot C^0_{mp(O_2)} +$$

$$+ 3 \cdot C^0_{mp(H_2O)}] \, dT + \int_{298,15}^{1173,15} C^0_{mp(C_2H_2)} \cdot dT.$$

Das erste Integral kann berechnet werden

$$\int_{298,15}^{1173,15} (-2 \cdot 23,64 - 1,5 \cdot 29,96 + 3 \cdot 30,54) \, dT +$$

$$+ \int_{298,15}^{1173,15} (-2 \cdot 47,86 - 1,5 \cdot 4,18 + 3 \cdot 10,29) \cdot 10^{-3} \, T \, dT +$$

$$+ \int_{298,15}^{1173,15} [-2 \cdot (-1,92) - 1,5 \cdot (-1,67)] \cdot 10^5 \, T^{-2} \, dT =$$

$$= 0,6 \, (1173,15 - 298,15) - \frac{7,112 \cdot 10^{-2}}{2} (1173,15^2 - 298,15^2) -$$

$$- 6,345 \cdot 10^5 \left(\frac{1}{1173,15} - \frac{1}{298,15} \right) = -43,67 \text{ kJ/mol}.$$

Das zweite Integral kann graphisch oder rechnerisch, z. B. nach der Trapezformel (s. 3.3.5, S. 98), gelöst werden. Nach der Trapezformel berechnet man zunächst die Fläche, welche von der Kurve und der Abszissenachse zwischen 300 und 1200 K (gleiche Abstände von 100 K) eingeschlossen wird:

$$F = 100 \cdot \left(\frac{44,07}{2} + 50,10 + 54,25 + 57,44 + 60,11 + 62,84 + \right.$$

$$\left. + 64,64 + 66,62 + 68,42 + \frac{70,06}{2} \right) = 54\,112,50 \text{ J/mol}.$$

Dazu ist noch das Trapez zwischen 298,15 und 300 K, Ordinatenwerte 43,93 und 44,07 J/(mol·K), mit der Fläche

$$\left(\frac{44,07 + 43,93}{2}\right)(300 - 298,15) = 81,40 \text{ J/mol zu addieren.}$$

Andererseits ist das Trapez zwischen 1173,15 und 1200 K, Ordinatenwerte 69,62 und 70,06 J/(mol·K) mit der Fläche

$$\left(\frac{69,62 + 70,06}{2}\right)(1200 - 1173,15) = 1875,20 \text{ J/mol abzuziehen.}$$

Insgesamt ergibt also das zweite Integral $54\,112,50 + 81,40 - 1875,20 = 52\,318,70$ J/mol $\approx 52,32$ kJ/mol. Somit wird $\Delta_R H^0_{m,\,1173,15} = -349,03 - 43,67 + 52,32 = -340,38$ kJ/mol. ——

Für die Temperaturabhängigkeit der molaren Reaktionsenergie gelten dieselben Beziehungen (XXXIV) bis (XXXIX) wie für die molare Reaktionsenthalpie, wenn man an Stelle von $\Delta_R H_m$ und C_{mp} in die Gleichungen $\Delta_R U_m$ und C_{mv} einsetzt.

Aufgaben. 8/14. Die molare Standard-Reaktionsenthalpie der Reaktion $2\,H_2$ (g) $+ O_2$ (g) $\to 2\,H_2O$ (g) beträgt $-483,63$ kJ/mol. Die molaren Wärmekapazitäten sind: $C^0_{mp(H_2)} = 27,28 + 3,26 \cdot 10^{-3}\,T + 0,50 \cdot 10^5 T^{-2}$, $C^0_{mp(O_2)} = 29,96 + 4,18 \cdot 10^{-3} T - 1,67 \cdot 10^5 T^{-2}$, $C^0_{mp(H_2O)} = 30,54 + 10,29 \cdot 10^{-3} T$ J/(mol·K). Wie groß ist die Reaktionsenthalpie bei 1300 K und 1,01325 bar?

8/15. Die molaren Standard-Verbrennungsenthalpien betragen für C (Graphit) $-393,15$, für H_2 zu H_2O (l) $-285,83$ und für CH_4 zu H_2O (l) und CO_2 (g) $-890,91$ kJ/mol. Die molaren Wärmekapazitäten sind: $C^0_{mp(C,Graphit)} = 16,86 + 4,77 \cdot 10^{-3} T - 8,54 \cdot 10^5 T^{-2}$, $C^0_{mp(H_2)} = 27,28 + 3,26 \cdot 10^{-3}\,T + 0,50 \cdot 10^5\,T^{-2}$, $C^0_{mp(CH_4)} = 23,64 + 47,86 \cdot 10^{-3} T - 1,92 \cdot 10^5 T^{-2}$ J/(mol·K). Wie groß ist die molare Reaktionsenthalpie für die Bildung von CH_4 aus den Elementen ($=$ molare Bildungsenthalpie) bei 800 K und 1,01325 bar?

8/16. Die molare Standard-Bildungsenthalpie von CO beträgt $-110,53$ kJ/mol. Die molaren Wärmekapazitäten sind:

$$C^0_{mp(C,Graphit)} = 16,86 + 4,77 \cdot 10^{-3}\,T - 8,54 \cdot 10^5\,T^{-2},$$

$$C^0_{mp(O_2)} = 29,96 + 4,18 \cdot 10^{-3}\,T - 1,67 \cdot 10^5\,T^{-2} \text{ und}$$

$$C^0_{mp(CO)} = 28,41 + 4,10 \cdot 10^{-3}\,T - 0,46 \cdot 10^5\,T^{-2} \text{ J/(mol·K).}$$

Berechne $\Delta_B H^0_{m,T}$ als Funktion von T.

8/17. Zu berechnen ist die molare Bildungsenthalpie bei 100 °C und 1,01325 bar **a)** für flüssiges Wasser, **b)** für Wasserdampf aus folgenden Daten:

molare Standard-Bildungsenthalpie für H_2O (l) $-285{,}83$ kJ/mol; molare
Wärmekapazitäten in J/(mol·K):

$$C^0_{mp(O_2)} = 29{,}96 + 4{,}18 \cdot 10^{-3}\ T - 1{,}67 \cdot 10^5\ T^{-2},$$

$$C^0_{mp(H_2)} = 27{,}28 + 3{,}26 \cdot 10^{-3}\ T + 0{,}50 \cdot 10^5\ T^{-2}\ \text{und}$$

$$C^0_{mp(H_2O,l)} = 75{,}84.$$

Die molare Verdampfungsenthalpie des Wassers bei 100 °C beträgt 40,73 kJ/mol.

8.1.6 Temperaturabhängigkeit der molaren Verdampfungsenthalpie

Die Temperaturabhängigkeit der molaren Verdampfungsenthalpie
$\Delta_V H_m$ kann auf ähnliche Weise wie diejenige der molaren Reaktionsenthalpie mit Hilfe des Kirchhoffschen Gesetzes (s. 8.1.5, S. 261)
bestimmt werden:

$$\left(\frac{\partial\, \Delta_V H_m}{\partial T} \right)_p = (C_{mp})_{\text{Dampf}} - (C_{mp})_{\text{Flüss}} \, . \qquad \text{(XL)}$$

Ist die molare Verdampfungsenthalpie der Flüssigkeit bei einer
Temperatur T_1 bekannt, so kann man sie bei einer anderen Temperatur T_2 berechnen nach

$$\Delta_V H_{m,T_2} = \Delta_V H_{m,T_1} + \int_{T_1}^{T_2} [(C_{mp})_{\text{Dampf}} - (C_{mp})_{\text{Flüss}}]\, \mathrm{d}\,T. \qquad \text{(XLI)}$$

Diese Beziehung ist nicht ganz exakt, da sich mit der Temperatur auch der
Dampfdruck ändert, weshalb der Übergang Flüssigkeit/Dampf bei verschiedenen
Temperaturen unter verschiedenen Drücken erfolgt. Bei nicht zu großen Drücken
ist die Druckabhängigkeit von $(C_{mp})_{\text{Dampf}}$ vernachlässigbar.

Für einen kleinen Temperaturbereich kann man die molaren
Wärmekapazitäten von Flüssigkeit und Dampf als temperaturunab-
hängig betrachten, und es gilt dann näherungsweise:

$$\Delta_V H_{m,T_2} = \Delta_V H_{m,T_1} + [(C_{mp})_{\text{Dampf}} - (C_{mp})_{\text{Flüss}}]\,(T_2 - T_1). \qquad \text{(XLII)}$$

Beispiel 8-12. Zwischen 40 und 60 °C wurden für die molaren
Wärmekapazitäten des Wassers und des Wasserdampfes folgende Werte
gemessen: $(C_{mp})_{\text{Flüss}} = 75{,}24$ J/(mol·K), $(C_{mp})_{\text{Dampf}} = 35{,}46$
J/(mol·K). Die molare Verdampfungsenthalpie des Wassers bei
40 °C beträgt 43 292 J/mol. Wie groß ist dessen molare Verdampfungsenthalpie bei 60 °C?

$$\Delta_V H_{m,\,333,15} = 43\ 292 + (35,46 - 75,24)\ (333,15 - 313,15) =$$
$$= 43\ 292 - 796 = 42\ 496\ \text{J/mol.} \ \underline{}$$

Aufgaben. 8/18. Die molare Verdampfungsenthalpie des Quecksilbers bei dessen Siedepunkt (357 °C) beträgt 59,29 kJ/mol. Die mittleren molaren Wärmekapazitäten des flüssigen und dampfförmigen Quecksilbers zwischen 300 und 357 °C betragen 27,16 bzw. 20,84 J/(mol·K). Zu berechnen ist die molare Verdampfungsenthalpie bei 300 °C.

8.1.7 Lösungsenthalpie

Für das Gleichgewicht zwischen einem festen Stoff und dessen gesättigter Lösung gilt die Gleichung

$$\frac{\mathrm{d} \ln L}{\mathrm{d} T} = \frac{\Delta_L H_m}{RT^2} \tag{XLIII}$$

(L Löslichkeit, $\Delta_L H_m$ differentielle molare Lösungsenthalpie in der gesättigten Lösung). Ändert sich $\Delta_L H_m$ im betrachteten Temperaturbereich nur unwesentlich, so folgt aus Gl. (XLIII) durch Integration:

$$\ln \frac{L_2}{L_1} = \frac{\Delta_L H_m}{R}\left(\frac{T_2 - T_1}{T_1 T_2}\right) \tag{XLIV}$$

(L_2 und L_1 Löslichkeiten bei den thermodynamischen Temperaturen T_2 und T_1).

Beispiel 8-13. Eine gesättigte Lösung enthält bei 20 bzw. 60 °C pro 1000 g Wasser 3,40 bzw. 13,63 g $AgNO_2$. Es ist die mittlere molare Lösungsenthalpie des $AgNO_2$ im angegebenen Temperaturbereich zu berechnen.

$$\Delta_L H_m = R \cdot \left(\frac{T_1 T_2}{T_2 - T_1}\right) \cdot \ln \frac{L_2}{L_1} = 8,3143 \cdot \frac{293,15 \cdot 333,15}{333,15 - 293,15} \times$$

$$\times \ln \frac{13,63}{3,40} = 28\ 186\ \text{J/mol} = 28,186\ \text{kJ/mol.} \ \underline{}$$

Aufgaben. 8/19. Die Löslichkeit von KIO_3 in Wasser beträgt 4,0 bzw. 6,1 g/dm³ bei 15 bzw. 40 °C. Zu berechnen ist die mittlere molare Lösungsenthalpie in diesem Temperaturbereich.

8/20. Eine gesättigte Lösung von $AgBrO_3$ in Wasser enthält bei 25 °C 1,96 g/dm³. Die mittlere molare Lösungsenthalpie beträgt 26,53 kJ/mol. Wie groß ist die Löslichkeit von $AgBrO_3$ bei 50 °C?

8.2 Zweiter Hauptsatz der Thermodynamik

8.2.1 Allgemeines

Der erste Hauptsatz der Thermodynamik gibt zwar quantitative Beziehungen für die Umwandlung verschiedener Energieformen ineinander, sagt jedoch nichts aus über die *Richtung*, in der ein Vorgang tatsächlich abläuft. Der zweite Hauptsatz dagegen gestattet die Einteilung aller möglichen Vorgänge in solche, die unter gegebenen Bedingungen freiwillig ablaufen, und in solche, die nicht freiwillig ablaufen.

Der zweite Hauptsatz lautet in der Formulierung von Kelvin: „Es ist unmöglich, bei einem Kreisprozeß Wärme aus einem Wärmereservoir zu entnehmen und diese Wärme in Arbeit umzuwandeln, ohne gleichzeitig Wärme von diesem wärmeren Reservoir an ein kälteres überzuführen." Dies bedeutet, daß es keine periodisch arbeitende Maschine geben kann, welche Wärmeenergie vollständig in Arbeit umwandelt. Wärmekraftmaschinen wandeln zwar Wärme in Arbeit um, jedoch nur unvollständig; sie funktionieren nur dann, wenn gleichzeitig ein Teil der zugeführten Wärmemenge über ein Temperaturgefälle an die Umgebung abgeführt wird. Daher ist deren Wirkungsgrad, d. h. das Verhältnis von geleisteter Arbeit zu zugeführter Wärmemenge, stets kleiner als Eins. Mit dieser Aussage des zweiten Hauptsatzes ist qualitativ bereits eine Verbindung mit dem Begriff des Gleichgewichts hergestellt: Arbeit kann nur gewonnen werden, wenn ein System von einem nicht im Gleichgewicht befindlichen Zustand in einen Gleichgewichtszustand übergeht. Für die Chemie ist der zweite Hauptsatz deshalb besonders wichtig, weil mit seiner Hilfe Aussagen über das Gleichgewicht chemischer Systeme getroffen werden können. Dazu muß aber bekannt sein, in welchem Ausmaß grundsätzlich Wärme in Arbeit umgewandelt werden kann. Darüber gibt der sog. Carnotsche Kreisprozeß Auskunft.

8.2.2 Carnotscher Kreisprozeß

Der *Carnotsche Kreisprozeß* wird in einer hypothetischen Maschine durchgeführt; diese besteht im einfachsten Fall aus einem Zylinder, in welchem sich ein ideales Gas befindet, mit einem verschiebbaren Kolben. Dieser wird derart gesteuert, daß das Gas Volumenarbeit verrichten kann, oder am Gas Volumenarbeit verrichtet werden kann. Die Umgebung dieses Systems besteht aus zwei sehr großen Wärmereservoirs verschiedener Temperaturniveaus T_a und T_b, wobei $T_a > T_b$ sein soll. Der Kreisprozeß besteht aus vier Teilschritten: einer isothermen und einer adiabatischen Expansion sowie einer isothermen und einer adiabatischen Kompression (Abb. 8.1). Jeder dieser Teilschritte sei *reversibel*, d. h. der Gasdruck soll nur differentiell vom Kolben-

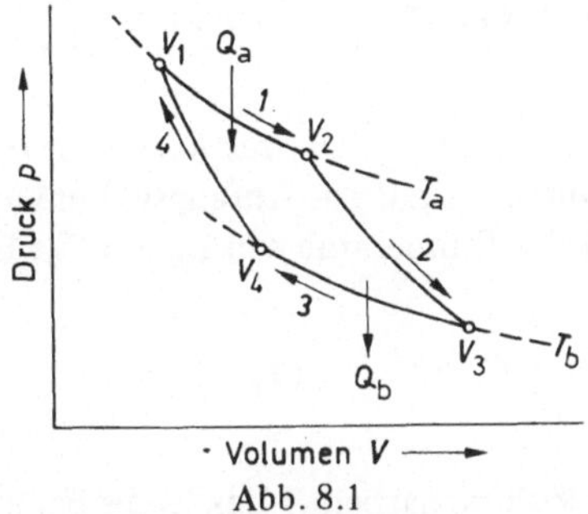

Abb. 8.1

druck abweichen und die treibende Kraft für den Wärmeübergang zwischen den Wärmereservoirs und dem Gas soll nur eine differentielle Temperaturdifferenz sein. Am Ende des Kreisprozesses befindet sich das System wieder im Anfangszustand.

1. Schritt (isotherme Expansion). Das Gas dehnt sich isotherm bei der Temperatur T_a vom Anfangsvolumen V_1 auf das Volumen V_2 aus. Die dabei vom Gas geleistete Volumenarbeit ist A_1, die aus dem wärmeren Reservoir bei der Temperatur T_a aufgenommene Wärmemenge ist Q_a. Nach dem ersten Hauptsatz ist $\Delta U_1 = 0$ und $Q_a = -A_1$. Es gilt nach Gl. XI, S. 253:

$$Q_a = -A_1 = nRT_a \int_{V_1}^{V_2} \frac{dV}{V} = nRT_a \ln \frac{V_2}{V_1}. \qquad (I)$$

2. Schritt (adiabatische Expansion). Das Gas dehnt sich adiabatisch vom Volumen V_2 auf das Volumen V_3 aus, wobei eine Abkühlung auf die Temperatur T_b erfolgt. Das Gas leistet die Arbeit $A_2 (Q = 0)$. Es ist dann (s. 8.1.1, S. 251) $A_2 = \Delta U_2$ und

$$A_2 = \Delta U_2 = \int_{T_a}^{T_b} C_v \, dT = C_v(T_b - T_a) = -C_v(T_a - T_b). \qquad (II)$$

3. Schritt (isotherme Kompression). Das Gas wird isotherm bei der Temperatur T_b vom Volumen V_3 auf das Volumen V_4 verdichtet. Der Kolben verrichtet dabei am Gas die Volumenarbeit A_3, während die Wärmemenge Q_b vom Gas an das kältere Wärmereservoir abgegeben wird. Es ist $Q_b = -A_3$ und $\Delta U_3 = 0$, somit

$$Q_b = -A_3 = nRT_b \int_{V_3}^{V_4} \frac{\mathrm{d}V}{V} = nRT_b \ln \frac{V_4}{V_3} . \tag{III}$$

4. Schritt (adiabatische Kompression). Das Gas wird adiabatisch vom Volumen V_4 auf das Anfangsvolumen V_1 verdichtet. Dabei erhöht sich die Temperatur von T_b auf T_a. Es ist $Q = 0$ und damit

$$A_4 = \Delta U_4 = \int_{T_b}^{T_a} C_v \, \mathrm{d}T = C_v (T_a - T_b). \tag{IV}$$

Die gesamte Volumenarbeit A des Gases beim Kreisprozeß ist $A = A_1 + A_2 + A_3 + A_4$, wobei aber A_2 und A_4 gleich groß mit entgegengesetztem Vorzeichen sind. Daher ist

$$A = A_1 + A_3 = -nR \left(T_a \ln \frac{V_2}{V_1} + T_b \ln \frac{V_4}{V_3} \right). \tag{V}$$

Die vom Gas während des Kreisprozesses insgesamt aufgenommene Wärmemenge ist

$$Q = Q_a + Q_b = nR \left(T_a \ln \frac{V_2}{V_1} + T_b \ln \frac{V_4}{V_3} \right), \tag{VI}$$

die dem Betrag nach gleich groß ist wie die geleistete Volumenarbeit. Die Volumina V_1 bis V_4 sind durch die adiabatischen Zustandsänderungen des 2. und 4. Teilschrittes miteinander verknüpft, so daß sich mit Hilfe der Gl. XVII, S. 255 ergibt:

$$\frac{V_2}{V_1} = \frac{V_3}{V_4} . \tag{VII}$$

Als *Wirkungsgrad* η von Wärmekraftmaschinen wird das Verhältnis von nutzbarer Arbeit zu zugeführter Wärmemenge bezeichnet:

$$\eta = \frac{|A|}{Q_a} \qquad (\,|A|\ \text{Absolutbetrag von } A). \tag{VIII}$$

Aus den Gln. (I) und (V) bis (VIII) folgt:

$$\eta = \frac{T_a - T_b}{T_a} = \frac{Q_a + Q_b}{Q_a} \, . \tag{IX}$$

Der Wirkungsgrad ist also umso größer, je größer die Temperaturdifferenz $T_a - T_b$ der beiden Wärmereservoirs und je kleiner T_a ist. Von der bei der Temperatur T_a zugeführten Wärmemenge Q_a wird

nur der Bruchteil $\eta = \dfrac{T_a - T_b}{T_a}$ in nutzbare Arbeit umgewandelt,

d. h. $|A| = \eta \, Q_a$, während der Bruchteil $\dfrac{T_b}{T_a}$ als Wärme bei der

niedrigeren Temperatur T_b abgeführt wird $\left(Q_b = - \dfrac{T_b}{T_a} \cdot Q_a \right)$.

Beispiel 8-14. Eine Wärmekraftmaschine arbeitet bei 180 °C Wasserdampftemperatur und bei 20 °C Kondensattemperatur. Wie groß ist der theoretische Wirkungsgrad dieser Maschine und welcher Bruchteil einer bei 180 °C zugeführten Wärmemenge von 1 kJ kann maximal als Nutzarbeit gewonnen werden?

$$\eta = \frac{453,15 - 293,15}{453,15} = 0,3531.$$ Von einer bei 180 °C zu

geführten Wärmemenge von 1 kJ können also maximal nur 0,3531 kJ als Nutzarbeit gewonnen werden, während 0,6469 kJ bei 20 °C als Wärme abgeführt werden. ———

Aufgaben. 8/21. Eine Carnotsche Maschine arbeitet zwischen 300 und 200 K. Sie wandelt dabei eine Wärmemenge von 80 kJ in Arbeit um. Welche Wärmemenge wird an den Wärmebehälter von 200 K abgegeben?

8/22. 1 mol Wasserstoff von 80 °C durchläuft einen Carnotschen Kreisprozeß:

a) isotherme Ausdehnung auf das Doppelte des Anfangsvolumens
b) adiabatische Ausdehnung auf das Vierfache des Anfangsvolumens
c) isotherme Kompression auf das Doppelte des Anfangsvolumens
d) adiabatische Kompression auf das Anfangsvolumen.

Zu berechnen ist für jeden Teilvorgang die Arbeit sowie der Wirkungsgrad des gesamten Kreisprozesses ($\kappa = 1,4$).

8.2.3 Entropie

Der im vorhergehenden Abschnitt abgeleitete theoretische Wirkungsgrad von Wärmekraftmaschinen ist für die chemische

Thermodynamik noch von wesentlich größerer Bedeutung, da die beschränkte Umwandelbarkeit von Wärme in Arbeit auch bei chemischen Reaktionen eine Rolle spielt.

Aus der Gl. (IX) folgt:

$$\frac{Q_a}{T_a} + \frac{Q_b}{T_b} = 0. \tag{X}$$

Diese Gleichung läßt sich verallgemeinert für mehrere hintereinander geschaltete Carnotsche Kreisprozesse schreiben:

$$\sum_i \frac{Q_{i,\,rev}}{T_i} = 0. \tag{XI}$$

Geht man zu differentiell kleinen Kreisprozessen über, so gilt:

$$\oint \frac{\delta Q_{rev}}{T} = 0. \tag{XII}$$

Die differentielle Änderung der Wärmemenge Q_{rev} ist vom Weg abhängig und daher kein exaktes Differential. Q_{rev} ist keine Zustandsfunktion, wohl aber ist $\dfrac{Q_{rev}}{T}$ eine Zustandsfunktion, da ihr zyklisches Integral verschwindet. Diese Zustandsfunktion wird als *Entropie* bezeichnet; für deren differentielle Änderung gilt:

$$dS = d\left(\frac{Q_{rev}}{T}\right) = \frac{\delta Q_{rev}}{T} \tag{XIII}$$

und für eine endliche Änderung

$$\Delta S = S_2 - S_1 = \int_{S_1}^{S_2} dS = \int_0^Q \frac{\delta Q_{rev}}{T}. \tag{XIV}$$

Entropiedifferenzen hängen nicht vom Weg ab, sondern nur vom Anfangs- und Endzustand.

Bei einem irreversiblen Kreisprozeß ist die nutzbare Arbeit kleiner als im reversiblen Fall. Dies wirkt sich in der Energiebilanz so aus, daß

$$\sum_i \frac{Q_{i,\,irr}}{T} < 0 \quad \text{bzw.} \quad \oint \frac{\delta Q_{irr}}{T} < 0 \tag{XV}$$

ist.

Die Entropieänderungen hängen von der Art des Vorgangs ab. Wird die Temperatur eines Systems von T_1 auf T_2 geändert, so ist bei konstantem Volumen bzw. bei konstantem Druck die molare Entropieänderung

$$\Delta S_\mathrm{m} = \int\limits_{T_1}^{T_2} C_\mathrm{mv} \cdot \frac{\mathrm{d}T}{T} \qquad \text{(XVI)}$$

bzw.

$$\Delta S_\mathrm{m} = \int\limits_{T_1}^{T_2} C_\mathrm{mp} \cdot \frac{\mathrm{d}T}{T} \ . \qquad \text{(XVII)}$$

Erfolgt ein Vorgang bei konstanter Temperatur, so z. B. die isotherme Verdampfung einer Flüssigkeit mit $Q_\mathrm{m} = \Delta_\mathrm{V} H_\mathrm{m}$ ($\Delta_\mathrm{V} H_\mathrm{m}$ molare Verdampfungsenthalpie), dann ist die molare Entropieänderung

$$\Delta S_\mathrm{m} = \frac{\Delta_\mathrm{V} H_\mathrm{m}}{T} \ . \qquad \text{(XVIII)}$$

Die molare Entropieänderung bei der isothermen Ausdehnung bzw. Verdichtung eines idealen Gases beträgt

$$\Delta S_\mathrm{m} = R \cdot \ln \frac{V_2}{V_1} = R \cdot \ln \frac{p_1}{p_2} \ . \qquad \text{(XIX)}$$

Für ein System aus n mol eines idealen Gases lassen sich bei gleichzeitiger Änderung zweier Parameter des Systems die Entropieänderungen nach folgenden Gleichungen berechnen:

$$\Delta S = n\, C_\mathrm{mv} \cdot \ln \frac{T_2}{T_1} + nR \cdot \ln \frac{V_2}{V_1} \ , \qquad \text{(XX)}$$

$$\Delta S = n\, C_\mathrm{mp} \cdot \ln \frac{T_2}{T_1} - nR \cdot \ln \frac{p_2}{p_1} \ , \qquad \text{(XXI)}$$

$$\Delta S = n\, C_\mathrm{mv} \cdot \ln \frac{p_2 V_2^\kappa}{p_1 V_1^\kappa} \ . \qquad \text{(XXII)}$$

Das Vorzeichen der Entropieänderung bei einem Vorgang sagt noch nichts über dessen Richtung aus. Vielmehr muß man zur Ermittlung der Richtung des Vorgangs das Vorzeichen der Entropieänderung in einem abgeschlossenen System, d. h. die gesamte

Entropieänderung bestimmen. Nach dem Satz von Nernst (*3. Hauptsatz der Thermodynamik*) ist die Entropie ideal kristallisierter, thermodynamisch stabiler Festkörper bei $T = 0$ K gleich Null. Daher kann man den Absolutwert der Entropie eines chemisch reinen Stoffes in einem beliebigen Aggregatzustand und bei beliebiger Temperatur bestimmen.

Die molare Entropie eines Stoffes bei einer beliebigen Temperatur T ist

$$S_{mT} = \int_0^{T_{I \to II}} \frac{C_{mpI}}{T} \cdot dT + \frac{\Delta_U H_{m,I \to II}}{T_{I \to II}} + \int_{T_{I \to II}}^{T_F} \frac{C_{mpII}}{T} \cdot dT +$$

$$+ \frac{\Delta_F H_m}{T_F} + \int_{T_F}^{T_V} \frac{C_{mp(l)}}{T} \cdot dT + \frac{\Delta_V H_m}{T_V} + \int_{T_V}^{T} \frac{C_{mp(g)}}{T} \cdot dT.$$

$$\text{(XXIII)}$$

($T_{I \to II}$ Umwandlungstemperatur, $\Delta_U H_{m,I \to II}$ molare Umwandlungsenthalpie zwischen den Modifikationen I und II; $\Delta_F H_m$ und $\Delta_V H_m$ molare Schmelz- bzw. Verdampfungsenthalpien; T_F und T_V Schmelz- bzw. Verdampfungstemperaturen).

Als molare *Standard- oder Normalentropie* $S^0_{m, 298,15}$ eines Stoffes bezeichnet man dessen molare Entropie im Standardzustand, das ist für kondensierte Stoffe der Zustand des reinen Stoffes bei 298,15 K und 101 325 N/m² (= 1,01325 bar), für Gase der Zustand des idealen Gases bei 298,15 K und 101 325 N/m² (= 1,01325 bar). Der Standarddruck wird durch den hochgestellten Index ^{0}. die Standardtemperatur durch den tiefgestellten Index 298,15 ausgedrückt.

Für die praktisch besonders wichtige molare Entropie S^0_{mT} beim Standarddruck $p = 1,01325$ bar als Funktion der Temperatur gilt, sofern zwischen 298,15 und der Temperatur T keine Phasenumwandlungen stattfinden

$$S^0_{mT} = S^0_{m, 298,15} + \int_{298,15}^{T} \frac{C^0_{mp}}{T} \cdot dT = S^0_{m, 298,15} + \int_{298,15}^{T} C^0_{mp} \cdot d \ln T.$$

$$\text{(XXIV)}$$

(C^0_{mp} molare Wärmekapazität beim Standarddruck $p = 1,01325$ bar als Funktion der Temperatur).

Für C_{mv} gilt bei Temperaturen in der Nähe des absoluten Nullpunkts nach Debye die Näherungsgleichung

$$C_{mv} = aT^3 . \qquad\qquad\qquad\text{(XXV)}$$

Demnach ist für kleine T:

$$S_T = a \int_0^T \frac{T^3}{T} \cdot \mathrm{d}T = a \int_0^T T^2 \cdot \mathrm{d}T = a \left(\frac{T^3}{3} - 0 \right) = \frac{C_{mv}}{3} . \qquad \text{(XXVI)}$$

Beispiel 8-15. Man berechne die molare Entropieänderung beim Erhitzen von Wasserdampf von $\vartheta_1 = 150\,°C$ auf $\vartheta_2 = 200\,°C$ unter einem Druck von 1,01325 bar. $C_{mp}^0 = 36,87 - 7,93 \cdot 10^3 \cdot T + 9,29 \cdot 10^{-6} \cdot T^2$ J/(mol·K).

$$\Delta S_m^0 = \int_{T_1}^{T_2} \frac{C_{mp}}{T} \cdot \mathrm{d}T = a \int_{T_1}^{T_2} \frac{\mathrm{d}T}{T} + b \int_{T_1}^{T_2} \frac{T}{T} \cdot \mathrm{d}T + c \int_{T_1}^{T_2} \frac{T^2}{T} \cdot \mathrm{d}T =$$

$$= a \cdot \ln \frac{T_2}{T_1} + b\,(T_2 - T_1) + \frac{c}{2}\,(T_2^2 - T_1^2) =$$

$$= 36,87 \cdot \ln \frac{473,15}{423,15} - 7,93 \cdot 10^{-3}\,(473,15 - 423,15) +$$

$$+ \frac{9,29 \cdot 10^{-6}}{2} \cdot (473,15^2 - 423,15^2) =$$

$$= 4,12 - 0,40 + 0,21 = 3,93 \text{ J/(mol·K)}. \quad\text{———}$$

Beispiel 8-16. Zu berechnen ist die Entropieänderung, welche eintritt, wenn 2 mol H_2 von 30 dm³ unter einem Druck von 2,027 bar auf 100 dm³ bei 1,013 bar gebracht werden [$C_{mp} = 30,96$ J/(mol·K)].

Es ist $\dfrac{p_1 V_1}{T_1} = \dfrac{p_2 V_2}{T_2}$, somit $\dfrac{T_2}{T_1} = \dfrac{p_2 V_2}{p_1 V_1}$.

$$\Delta S = n \left(C_{mp} \cdot \ln \frac{p_2 V_2}{p_1 V_1} - R \cdot \ln \frac{p_2}{p_1} \right) =$$

$$= 2 \left(30,96 \cdot \ln \frac{1,013 \cdot 100}{2,027 \cdot 30} - 8,3143 \cdot \ln \frac{1,013}{2,027} \right) =$$

$$= 2\,(15,80 + 5,77) = 43,14 \text{ J/K}. \quad\text{———}$$

Beispiel 8-17. Zu berechnen ist die Gesamtentropieänderung

bei der Mischung von 100 cm^3 ($= 10^{-4}$ m^3) O$_2$ mit 400 cm^3
($= 4 \cdot 10^{-4}$ m^3) N$_2$ bei 17 °C und 1,01325 bar ($=$ 101 325 N/m^2).

$$n = \frac{pV}{RT} \; ; \; n_{\text{O}_2} = \frac{101\,325 \cdot 10^{-4}}{8,3143 \cdot 290,15} = 4,20 \cdot 10^{-3} \text{ mol};$$

$n_{\text{N}_2} = 1,68 \cdot 10^{-2}$ mol.

Der Diffusionsvorgang ist zwar irreversibel, doch denken wir
uns diesen für die Berechnung der Entropieänderung reversibel
durchgeführt. Da der Vorgang isotherm verläuft, ist nach Gl. (XIX):

$$\Delta S^0 = 0,0042 \cdot 8,3143 \cdot \ln \frac{500}{100} + 0,0168 \cdot 8,3143 \cdot \ln \frac{500}{400} =$$

$$= 0,05620 + 0,03117 = 0,08737 \text{ J/K.} \quad \underline{}$$

Beispiel 8-18. Zu berechnen ist die molare Entropie für gas-
förmiges SO$_2$ beim Siedepunkt unter dem Standarddruck
$p = 1,01325$ bar. Gegeben sind die molaren Wärmekapazitäten
C_{mp}^0 für verschiedene Temperaturen aus experimentellen Daten:

T K	C_{mp}^0 J/(mol·K)	T K	C_{mp}^0 J/(mol·K)
15,20	3,601	120,37	52,00
19,73	6,787	140,92	58,28
20,59	9,257	162,03	60,54
28,96	14,947	182,82	65,48
39,25	23,748	192,82	67,66
51,28	31,548	197,64	F.P.
60,85	36,538	201,74	87,80
71,68	40,558	222,97	87,29
83,08	44,129	240,09	87,04
98,30	47,562	260,86	86,62
		263,08	K.P.

Die Schmelztemperatur liegt bei 197,64 K, die Siedetemperatur
bei 263,08 K. Die molare Schmelzenthalpie beträgt 7407 J/mol,
die molare Verdampfungsenthalpie 24 953 J/mol.

Durch graphische Interpolation der Werte von C_{mp}^0
(Abszisse T, Ordinate C_{mp}^0) erhält man:

T	C_{mp}^0	C_{mp}^0/T	T	C_{mp}^0	C_{mp}^0/T
15,20	3,601	0,2369	160	60,00	0,3750
20	7,20	0,3600	170	62,38	0,3660
30	15,91	0,5303	180	64,77	0,3598
40	24,28	0,6070	190	67,07	0,3530
50	31,07	0,6214	197,64	68,66	0,3474 (fest)
60	36,30	0,6050	197,64	87,92	0,4448 (flüssig)
70	40,03	0,5719	200	87,84	0,4392
80	43,12	0,5390	210	87,55	0,4160
90	45,80	0,5089	220	87,34	0,3970
100	47,94	0,4794	230	87,21	0,3792
110	49,95	0,4541	240	87,04	0,3627
120	51,96	0,4330	250	86,88	0,3475
130	54,01	0,4155	260	86,62	0,3332
140	55,52	0,3966	263,08	86,58	0,3291
150	57,61	0,3841			

Berechnung von $S_{m,\,263,08}^0$ in Stufen:

Zwischen 0 und 15,20 K: $S_{m\,1}^0 = \dfrac{C_{mp}^0}{3} = \dfrac{3,601}{3} = 1,200$ J/(mol·K);

zwischen 15,20 und 20 K Berechnung nach der Trapezformel:

$$S_{m2}^0 = (20-15,20)\left(\frac{0,2369 + 0,3600}{2}\right) = 1,433 \text{ J/(mol·K)};$$

zwischen 20 und 180 K Berechnung mit Hilfe der Simpsonschen Formel:

$$S_{m3}^0 = \frac{10}{3} \cdot (0,3600 + 4\cdot 0,5303 + 2\cdot 0,6070 + \ldots) = 76,660 \text{ J/(mol·K)};$$

zwischen 180 und 197,64 K Berechnung nach der Trapezformel:

$$S_{m4}^0 = 17,64\left(\frac{0,3598 + 0,3474}{2}\right) = 6,238 \text{ J/(mol·K)};$$

molare Schmelzentropie: $S_{m5}^0 = \dfrac{7407}{197,64} = 37,477$ J/(mol·K).

Zwischen 197,64 und 263,08 K kann man ebenfalls mit Hilfe der Simpsonschen Formel integrieren. Da jedoch C_{mp}^0 ziemlich linear und nur wenig abnimmt, ist es zulässig, mit dem Mittelwert 87,21 J/(mol·K) zu rechnen:

$$S_{m6}^0 = C_{mp}^0 \cdot \ln \frac{T_2}{T_1} = 87,21 \cdot \ln \frac{263,08}{197,64} = 24,943 \text{ J/(mol·K)};$$

molare Verdampfungsentropie: $S_{m7}^0 = \dfrac{24\,953}{263,08} = 94,849$ J/(mol·K).

Somit ist die molare Entropie des gasförmigen SO_2 beim Siedepunkt:

$$S_{m,\,263,08}^0 = \sum_{i=1}^{i=7} S_{mi}^0 = 242,80 \text{ J/(mol·K).} \text{ ——}$$

Beispiel 8-19. Es ist die molare Entropieänderung bei der Erstarrung von unterkühltem Benzol bei $\vartheta = -4\,°C$ zu berechnen und die Richtung dieses Vorgangs zu bestimmen. Bei $\vartheta = +5\,°C$ und $p = 1,01325$ bar ist $C_{mp\,(s)}^0 = 122,7$ J/(mol·K), $C_{mp\,(l)}^0 = 126,9$ J/(mol·K) und die molare Schmelzenthalpie $\Delta_F H_m^0 = 9922$ J/mol.

Dieser Vorgang ist sicher irreversibel, d. h. $\Delta S > \dfrac{Q}{T}$. Die

Entropieänderung kann man aber unmittelbar nur für reversible Vorgänge berechnen. Die Entropieänderung ist jedoch eine Zustandsfunktion, deren Änderung nicht vom Weg, sondern nur vom Anfangs- und Endzustand des Systems abhängt. Daher kann man zwischen denselben Anfangs- und Endzuständen einen reversiblen und einen irreversiblen Vorgang durchführen, so daß $\Delta S_{rev} = \Delta S_{irr}$ ist. (Dies gilt selbstverständlich nur für das betrachtete System; die Entropieänderung der Umgebung ist in den beiden Fällen verschieden, da immer $\Delta S_{ges,\,rev} = 0$ und $\Delta S_{ges,\,irr} > 0$ ist). Wir können aber jeden irreversiblen Vorgang gedanklich in mehreren reversiblen Stufen durchführen und für jede Stufe die Entropieänderung berechnen. Die Summe der Entropieänderungen dieser Teilvorgänge ist dann gleich der Entropieänderung des irreversiblen Gesamtvorgangs. Diesen führen wir nun gedanklich in drei reversiblen Stufen durch:

$$
\begin{array}{ccc}
C_6H_6 \ (l;\,\vartheta = -4\,°C) & \xrightarrow{\ \Delta S_m^0\ } & C_6H_6 \ (s;\,\vartheta = -4\,°C) \\[2pt]
\Big\downarrow \Delta S_{m1}^0 & & \Big\uparrow \Delta S_{m3}^0 \\[2pt]
C_6H_6 \ (l;\,\vartheta = +5\,°C) & \xrightarrow{\ \Delta S_{m2}^0\ } & C_6H_6 \ (s;\,\vartheta = +5\,°C)
\end{array}
$$

$\Delta S_m^0 = \Delta S_{m1}^0 + \Delta S_{m2}^0 + \Delta S_{m3}^0$. Die Erstarrungsenthalpie bei 269,15 K kann näherungsweise nach Gl. (XXXVI), S. 262, berechnet werden:

$$\Delta_F H^0_{m,\,269,15} = \Delta_F H^0_{m,\,278,15} + (C^0_{mp\,(s)} - C^0_{mp\,(l)})\,\Delta T =$$
$$= -9922 + (122,7 - 126,9)\cdot(-9) = -9884\ \text{J/mol}.$$

Es ist dann

$$\Delta S^0_m = 126,9\cdot\ln\frac{278,15}{269,15} + \frac{-9922}{278,15} + 122,7\cdot\ln\frac{269,15}{278,15} =$$
$$= -35,53\ \text{J/(mol}\cdot\text{K}).$$

Die Richtung des Vorgangs ergibt sich aus der Entropieänderung im abgeschlossenen System. Bei 269,15 K werden an die Umgebung 9884 J/mol abgegeben; daher beträgt deren Entropiezunahme 36,72 J/(mol·K). Die Entropiezunahme des ganzen Systems beträgt 1,19 J/(mol·K). Aus dem positiven Vorzeichen folgt, daß der Vorgang freiwillig abläuft. ——

Beispiel 8-20. Zu berechnen ist die molare Standard-Reaktionsentropie (Standard-Bildungsentropie) für die Reaktion $\frac{1}{2}\,H_2 + \frac{1}{2}\,Cl_2 \rightarrow$ $\rightarrow$ HCl. Die molaren Standardentropien betragen für H_2 130,6, für Cl_2 223,0 und für HCl 186,9 J/(mol·K).

$$\Delta_B S^0_{m,\,298,15} = \sum_i \nu_i\, S^0_{mi,\,298,15} =$$
$$= -0,5\cdot130,6 - 0,5\cdot223,0 + 1\cdot186,9 = 10,10\ \text{J/(mol}\cdot\text{K}). ——$$

Aufgaben. 8/23. Man berechne die Entropieänderung bei der Umwandlung von 100 g Wasser von 25 °C in Dampf von 110 °C. Die spezifische Wärmekapazität des Wassers beträgt 4,1868 J/(kg·K), die spezifische Verdampfungsenthalpie bei 100 °C beträgt 2257 J/kg und die spezifische Wärmekapazität c^0_p des Wasserdampfes 1,997 J/(kg·K).

8/24. Die molare Wärmekapazität von gasförmigem Methan bei konstantem Druck beträgt $C^0_{mp} = 17,46 + 6,050\cdot10^{-2}\cdot T$ J/(mol·K). Die molare Standardentropie $S^0_{m,\,298,15}$ beträgt 186,15 J/(mol·K). Zu berechnen ist die Entropie von 10 dm³ ($= 10^{-2}\,m^3$) bei 700 K und 101 325 N/m².

8/25. 12 g O_2 werden von $+20$ °C auf -40 °C abgekühlt und gleichzeitig der Druck von 1 bar auf 60 bar erhöht. Man berechne die Entropieänderung, wenn $C_{mp} = 29,18$ J/(mol·K) ist.

8/26. 4 dm³ Argon von 200 000 N/m² und 100 °C werden erwärmt, bis ein Volumen von 12 dm³ erreicht ist. Wie groß ist die Entropieänderung?

8/27. In einer Umgebung von $+10$ °C schmilzt 1 kg Eis von -5 °C zu Wasser von $+10$ °C. Die spezifische Schmelzenthalpie des Eises beträgt

333,69 kJ/kg, dessen spezifische Wärmekapazität 2,031 kJ/(kg·K). Wie groß ist bei diesem irreversiblen Vorgang die Entropiezunahme?

8/28. Man bestimme durch numerische Integration die Standardentropie von metallischem Silber aus folgenden Daten für die molare Wärmekapazität C_{mp}^0.

T	C_{mp}^0	C_{mp}^0/T	T	C_{mp}^0	C_{mp}^0/T
K	J/(mol·K)	J/(mol·K²)	K	J/(mol·K)	J/(mol·K²)
15	0,67	0,0447	170	23,61	0,1389
30	4,77	0,1590	190	24,09	0,1268
50	11,65	0,2330	210	24,42	0,1163
70	16,33	0,2333	230	24,73	0,1075
90	19,13	0,2126	250	24,73	0,0989
110	20,96	0,1905	270	25,31	0,0937
130	22,13	0,1702	290	25,44	0,0877
150	22,97	0,1531	300	25,50	0,0850

8/29. Zu berechnen ist die molare Entropie von gasförmigem Äthanol bei 78 °C und 5000 N/m². Die molare Standardentropie beträgt $S_{m,\,298,15}^0 = 160{,}77$ J/(mol·K), die molare Verdampfungsenthalpie $\Delta_V H_m^0 = 40\,821$ J/mol. Die spezifische Wärmekapazität ist gegeben durch $c_p^0 = 2{,}2584 + 7{,}1092 \cdot 10^{-3} \cdot \vartheta$ J/(g·°C). Bei welchem Teilvorgang ist die Entropieänderung am größten?

8/30. Man berechne die molaren Standard-Bildungsentropien für folgende Verbindungen: **a)** CO_2, **b)** C_2H_4 und **c)** NH_3. Die molaren Standardentropien in J/(mol·K) sind für $C_{Graphit}$ 5,740, CO_2 213,6, C_2H_4 219,4, O_2 205,0, H_2 130,6, N_2 191,5 und NH_3 (g) 192,5.

8.3 Freie Energie und freie Enthalpie

Nach dem ersten Hauptsatz der Thermodynamik gelten folgende Gleichungen (s. Abschnitte 8.1 und 8.1.2):

$$dU = \delta Q + \delta A \tag{I}$$

und

$$dH = d(U + pV) = \delta Q + \delta A + d(pV). \tag{II}$$

Da der zweite Hauptsatz der Thermodynamik die Bedeutung reversibler Zustandsänderungen zum Ausdruck brachte, verschärfen wir nun als Folgerung daraus die vorstehenden Gleichungen, indem wir δQ und δA auf die reversible Aufnahme oder Abgabe von Wärme bzw. Arbeit beschränken:

$$\mathrm{d}U = \delta Q_{\mathrm{rev}} + \delta A_{\mathrm{rev}} \tag{III}$$

und

$$\mathrm{d}H = \delta Q_{\mathrm{rev}} + \delta A_{\mathrm{rev}} + \mathrm{d}(pV). \tag{IV}$$

Nach dem zweiten Hauptsatz ist für reversible Vorgänge

$$\delta Q_{\mathrm{rev}} = T\,\mathrm{d}S. \tag{V}$$

Das Verknüpfen des ersten mit dem zweiten Hauptsatz bedeutet, daß bei einem reversiblen Vorgang A_{rev} die aus der zugeführten Wärmemenge Q_{rev} maximal umwandelbare und damit beliebig nutzbare Arbeit darstellt. Nur für den reversiblen Fall ist die Aufteilung von $\mathrm{d}U$ auf δQ_{rev} und δA_{rev} eindeutig. Aus den Gln. (III) und (IV) folgt durch Einsetzen von Gl. (V):

$$\mathrm{d}U = T\,\mathrm{d}S + \delta A_{\mathrm{rev}} \tag{VI}$$

und

$$\mathrm{d}H = T\,\mathrm{d}S + \delta A_{\mathrm{rev}} + \mathrm{d}(pV). \tag{VII}$$

Mit der Variation von TS

$$\mathrm{d}(TS) = T\,\mathrm{d}S + S\,\mathrm{d}T \tag{VIII}$$

erhält man aus den Gln. (VI) und VII):

$$\mathrm{d}(U-TS) = -S\,\mathrm{d}T + \delta A_{\mathrm{rev}} \tag{IX}$$

$$\mathrm{d}(H-TS) = -S\,\mathrm{d}T + \delta A_{\mathrm{rev}} + \mathrm{d}(pV). \tag{X}$$

Für isotherme reversible Vorgänge ($\mathrm{d}T = 0$) wird A_{rev} eine Zustandsfunktion

$$\mathrm{d}(U-TS) = \mathrm{d}A_{\mathrm{rev}} \tag{XI}$$

$$\mathrm{d}(H-TS) = \mathrm{d}A_{\mathrm{rev}} + \mathrm{d}(pV) = \mathrm{d}(A_{\mathrm{rev}} + pV), \tag{XII}$$

da U, S und pV Zustandfunktionen sind.

Die bei einem isotherm und reversibel unter konstantem Volumen ablaufenden Prozeß maximal nutzbare Arbeit A_{rev} wird als *freie Energie F* bezeichnet:

$$\mathrm{d}A_{\mathrm{rev}} = \mathrm{d}(U-TS) = \mathrm{d}F\;; \tag{XIIIa}$$

$$U-TS = F. \tag{XIIIb}$$

Die bei einem isotherm und reversibel unter konstantem Druck ablaufenden Prozeß maximal nutzbare Arbeit $A_{rev} + pV$ heißt *freie Enthalpie G*:

$$d(A_{rev} + pV) = d(F + pV) = d(H - TS) = dG; \qquad \text{(XIVa)}$$

$$H - TS = G. \qquad \text{(XIVb)}$$

F und G sind Zustandsfunktionen; deren Änderung gestattet eine Aussage über die Richtung des Ablaufs eines isothermen Prozesses, so auch einer chemischen Reaktion, bei konstantem Volumen bzw. konstantem Druck. Befindet sich ein (chemisches) System in einem Zustand minimaler freier Energie (freier Reaktionsenergie) bzw. freier Enthalpie (freier Reaktionsenthalpie), d. h. $\Delta F = 0$ $(\Delta_R F = 0)$ bzw. $\Delta G = 0$ $(\Delta_R G = 0)$, so steht es im Gleichgewicht. Ist $\Delta F < 0$ $(\Delta_R F < 0)$ bzw. $\Delta G < 0$ $(\Delta_R G < 0)$, so geht das System freiwillig und spontan in den Zustand minimaler freier Energie (freier Reaktionsenergie) bzw. freier Enthalpie (freier Reaktionsenthalpie), d. h. in den Gleichgewichtszustand über; dabei kann es auf reversiblem Weg die maximale Nutzarbeit leisten. Ist $\Delta F > 0$ $(\Delta_R F > 0)$ bzw. $\Delta G > 0$ $(\Delta_R G < 0)$, so geht das System freiwillig und spontan in umgekehrter Richtung in den Gleichgewichtszustand über.

Eine chemische Reaktion wird also dann freiwillig und spontan ablaufen, wenn $\Delta_R F \neq 0$ bzw. $\Delta_R G \neq 0$ ist, vorausgesetzt, daß keine Reaktionshemmungen kinetischer Art vorliegen. Nach Aufhebung solcher Hemmungen tritt spontan die Reaktion ein bis zur Einstellung des Gleichgewichtszustandes.

Beispiel 8-21. Es soll die Änderung der freien Enthalpie bei der Verdampfung von 1 mol Benzol bei 80,1 °C (Siedetemperatur bei 1,01325 bar) unter einem Druck von 1,01325 bar berechnet werden.

$$\Delta G_m = \Delta_V H_m - T \cdot \Delta_V S_m \; ; \; \Delta_V S_m = \frac{\Delta_V H_m}{T} \; . \text{ Daher ist}$$

$\Delta G_m = 0$. Dieses Ergebnis ist sofort einleuchtend, da sich Benzol und Benzoldampf im thermischen Gleichgewicht befinden. ——

Beispiel 8-22. Es soll die Änderung der molaren freien Enthalpie $\Delta_U G_m$ für die Umwandlung von rhombischem in monoklinen Schwefel bei 25 °C berechnet werden. Die molare Standardentropie von rhombischem Schwefel beträgt 31,88 J/(mol·K), diejenige von monoklinem Schwefel 32,55 J/(mol·K). Die molaren Verbrennungsenthalpien betragen $-297\,012$ bzw. $-297\,309$ J/mol. Der Dichteunterschied zwischen den beiden Modifikationen soll vernachlässigt werden.

$$\Delta_U G_m = \Delta_U H_m - T \cdot \Delta_U S_m \, ;$$

$$\Delta_U H_m = - \sum_i \nu_i \cdot \Delta_C H_{mi} = - [-(-297\,012) + (-297\,309)] =$$

$$= 297,00 \text{ J/mol};$$

$$\Delta_U S_m = -31,88 + 32,55 = 0,67 \text{ J/(mol·K)};$$

$$\Delta_U G_m = 297,00 - 298,15 \cdot 0,67 = 97,24 \text{ J/mol}. \text{———}$$

Aufgaben. 8/31. Die molare Schmelzenthalpie des Eises bei 0 °C beträgt $\Delta_F H_{m,\,273,15} = 6007$ J/mol. Die Differenz der molaren Wärmekapazitäten $\Delta C_{mp} = C_{mp(l)} - C_{mp(s)}$ beträgt 37,28 J/(mol·K). Zu berechnen sind ΔH_m, ΔS_m und ΔG_m für die Umwandlung von 1 mol unterkühlten Wassers von -4 °C in Eis derselben Temperatur.

8.3.1 *Molare freie Standard-, Reaktions- und Bildungsenthalpien*

Analog wie die molare Standard-Reaktionsenthalpie gleich der stöchiometrischen Summe der molaren Standard-Bildungsenthalpien aller Reaktanden ist (s. 8.1.4, S. 257 f.) gilt für die molare freie Standard-Reaktionsenthalpie $\Delta_R G^0_{m,\,298,15}$:

$$\Delta_R G^0_{m,\,298,15} = \sum_i \nu_i \cdot \Delta_B G^0_{mi,\,298,15} = \Delta_R H^0_{m,\,298,15} + T \cdot \Delta_R S^0_{m,\,298,15}, \tag{XV}$$

wobei $\Delta_B G^0_{mi,\,298,15}$ die molaren freien Standard-Bildungsenthalpien und ν_i die stöchiometrischen Zahlen der einzelnen Reaktanden in der Reaktionsgleichung sind. Als molare freie Standard-Bildungsenthalpien bezeichnet man die molaren freien Bildungsenthalpien der Reaktanden aus den Elementen im Standardzustand ($p = 101\,325$ N/m² $= 1,01325$ bar und $T = 298,15$ K), wobei kondensierte Stoffe in reiner Form, die Elemente in der im Standardzustand stabilen Modifikation vorliegen müssen. Mit dieser Festsetzung werden die molaren freien Standard-Bildungsenthalpien der Elemente — ebenso wie die molaren Standard-Bildungsenthalpien — gleich Null.

Die molare freie Standard-Bildungsenthalpie von Verbindungen ermittelt man entweder rechnerisch aus der molaren Standard-Bildungsenthalpie $\Delta_B H^0_{m,\,298,15}$ und der molaren Standardentropie $\Delta_B S^0_{m,\,298,15}$ nach der Gleichung

$$\Delta_B G^0_{m,\,298,15} = \Delta_B H^0_{m,\,298,15} - T \cdot \Delta_B S^0_{m,\,298,15} \qquad \text{(XVI)}$$

oder aus der Gleichgewichtskonstanten der Bildungsreaktion (s. 8.4.5, S. 311 ff.).

Beispiel 8-23. Die molare freie Standard-Reaktionsenthalpie (= molare freie Standard-Bildungsenthalpie) soll für die Bildungsreaktion von H_2O (l) aus den Elementen berechnet werden. $\Delta_R H^0_{m,\,298,15} = \Delta_B H^0_{m,\,298,15} = -285\,840$ J/mol. Die molaren Standardentropien $S^0_{m,\,298,15}$ betragen für H_2 (g) 130,59, für O_2 (g) 205,03 und für H_2O (l) 69,94 J/(mol·K).

$$H_2 \text{ (g)} + \frac{1}{2} O_2 \text{ (g)} \rightarrow H_2O \text{ (l)}$$

$\Delta_B S^0_{m,\,298,15} = -1 \cdot 130,59 - 0,5 \cdot 205,03 + 69,94 = -163,16$ J/(mol·K)
Somit ist

$$\Delta_B G^0_{m,\,298,15} = \Delta_B H^0_{m,\,298,15} - T \cdot \Delta_B S^0_{m,\,298,15} =$$

$$= -285\,840 - 298,15 \cdot (-163,16) = -237\,194 \text{ J/mol.} \underline{}$$

Beispiel 8-24. Für die Reaktion CH_4 (g) + Cl_2 (g) $\rightarrow$ CH_3Cl (g) + + HCl (g) ist die molare freie Standard-Reaktionsenthalpie zu berechnen. Die molaren freien Standard-Bildungsenthalpien $\Delta_B G^0_{m,\,298,15}$ betragen für CH_4 (g) $-50,79$, CH_3Cl (g) $-58,58$ und HCl (g) $-95,27$ kJ/mol.

$$\Delta_R G^0_{m,\,298,15} = -(-50,79) + (-58,58) + (-95,27) = -103,06 \text{ kJ/mol.}$$

Aufgaben. 8/32. Es soll die molare freie Standard-Bildungsenthalpie für HCl (g) berechnet werden. Gegeben sind die Werte der molaren freien Standard-Reaktionsenthalpien folgender Reaktionen:

			$\Delta_R G^0_{m,\,298,15}$
(I) H_2O (l)	$\rightarrow$	H_2O (g)	$+ \quad 7\,633$ J/mol
(II) H_2 (g) $+ \frac{1}{2} O_2$ (g)	$\rightarrow$	H_2O (l)	$- \; 236\,194$ J/mol
(III) H_2O (g) $+ Cl_2$ (g)	$\rightarrow$	$2\,HCl$ (g) $+ \frac{1}{2} O_2$ (g)	$+ \; 37\,925$ J/mol

8/33. Für die Reaktion CO (g) + H$_2$O (g) → CO$_2$ (g) + H$_2$ (g), die sog. CO-Konvertierung, ist die molare freie Standard-Reaktionsenthalpie zu berechnen. Die molaren freien Standard-Bildungsenthalpien betragen für CO (g) −137,1, für H$_2$O (g) −228,6, für CO$_2$ (g) −394,5 und für H$_2$ (g) 0 kJ/mol.

8.3.2 *Druck- und Temperaturabhängigkeit der freien Energie und freien Enthalpie*

Zur Berechnung der freien Energie und freien Enthalpie bei beliebigen Temperaturen und Drücken muß man die Temperatur- und Druckabhängigkeit dieser Zustandsfunktionen kennen; deren totale Differentiale lauten bei konstanter Stoffmenge:

$$\mathrm{d}F = \left(\frac{\partial F}{\partial V}\right)_T \mathrm{d}V + \left(\frac{\partial F}{\partial T}\right)_V \mathrm{d}T; \qquad \text{(XVII)}$$

$$\mathrm{d}G = \left(\frac{\partial G}{\partial p}\right)_T \mathrm{d}p + \left(\frac{\partial G}{\partial T}\right)_p \mathrm{d}T. \qquad \text{(XVIII)}$$

Die Bedeutung der partiellen Differentialquotienten im einzelnen wird aus den folgenden Ausführungen ersichtlich. Beschränkt man sich auf reversible Vorgänge und berücksichtigt an Arbeitsanteilen nur Volumenarbeit, d. h. $\delta A_{\text{rev}} = -p\,\mathrm{d}V$, so folgt aus den Gln. (VI) und (VII):

$$\mathrm{d}U = T\,\mathrm{d}S - p\,\mathrm{d}V \qquad \text{(XIX)}$$

und

$$\mathrm{d}H = T\,\mathrm{d}S + V\,\mathrm{d}p. \qquad \text{(XX)}$$

Andererseits erhält man aus den Definitionsgleichungen (XIIIb) und (XIVb):

$$\mathrm{d}F = \mathrm{d}U - T\,\mathrm{d}S - S\,\mathrm{d}T \qquad \text{(XXI)}$$

und

$$\mathrm{d}G = \mathrm{d}H - T\,\mathrm{d}S - S\,\mathrm{d}T, \qquad \text{(XXII)}$$

und daraus, wenn man $\mathrm{d}U$ und $\mathrm{d}H$ aus den Gln. (XIX) und (XX) einsetzt:

$$\mathrm{d}F = -p\,\mathrm{d}V - S\,\mathrm{d}T \qquad \text{(XXIII)}$$

und

$$\mathrm{d}G = V\,\mathrm{d}p - S\,\mathrm{d}T. \qquad \text{(XXIV)}$$

Der Vergleich dieser Gleichungen mit den Gln. (XVII) und (XVIII)
ergibt unmittelbar:

$$\left(\frac{\partial F}{\partial V}\right)_{\mathrm{T}} = -p \,, \tag{XXV}$$

$$\left(\frac{\partial F}{\partial T}\right)_{\mathrm{V}} = -S, \tag{XXVI}$$

$$\left(\frac{\partial G}{\partial p}\right)_{\mathrm{T}} = V \tag{XXVII}$$

$$\text{und} \quad \left(\frac{\partial G}{\partial T}\right)_{\mathrm{p}} = -S. \tag{XXVIII}$$

Für Vorgänge bei konstanter Temperatur folgt aus den Gln.
(XXV) und (XXVII):

$$\mathrm{d}F_{\mathrm{T}} = -p \, \mathrm{d}V \tag{XXIX}$$

und

$$\mathrm{d}G_{\mathrm{T}} = V \, \mathrm{d}p. \tag{XXX}$$

Infolge der geringen Komprimierbarkeit fester und flüssiger
Stoffe sind bei diesen die Änderungen der freien Energien und freien
Enthalpien mit dem Druck nur gering, im Gegensatz zu den Gasen.
Für ideale Gase ist $pV = nRT$ und demzufolge bei $T = $ konst.:

$$\Delta F_{\mathrm{T}} = F_{\mathrm{T},2} - F_{\mathrm{T},1} = - \int\limits_{V_1}^{V_2} p \, \mathrm{d}V = -nRT \int\limits_{V_1}^{V_2} \frac{\mathrm{d}V}{V} = nRT \cdot \ln \frac{V_1}{V_2} \tag{XXXI}$$

$$\Delta G_{\mathrm{T}} = G_{\mathrm{T},2} - G_{\mathrm{T},1} = \int\limits_{p_1}^{p_2} V \, \mathrm{d}p = nRT \int\limits_{p_1}^{p_2} \frac{\mathrm{d}p}{p} = nRT \cdot \ln \frac{p_2}{p_1} \,. \tag{XXXII}$$

Besonders wichtig ist die Kenntnis der Änderungen der freien
Enthalpie mit dem Druck bei konstanter Temperatur, wobei als Anfangsdruck p_1 der Standarddruck $p^0 = 101\,325\ \mathrm{N/m^2}$ verwendet
wird:

$$G_{\mathrm{T}} - G_{\mathrm{T}}^0 = nRT \cdot \ln \frac{p}{p^0} \tag{XXXIII}$$

(G_{T}^0 freie Enthalpie beim Standarddruck $101\,325\ \mathrm{N/m^2}$). Für 1 mol
ist dann:

$$G_{\mathrm{mT}} - G_{\mathrm{mT}}^0 = RT \cdot \ln \frac{p}{p^0} \tag{XXXIV}$$

(G^0_{mT} molare freie Enthalpie beim Standarddruck 101 325 N/m^2).

Beispiel 8-25. Zu berechnen sind A_m, ΔH_m, ΔU_m, ΔS_m, ΔF_m und ΔG_m für die isotherme Kompression von 1 mol eines idealen Gases bei 500 °C von 0,05 auf 0,1 bar.

$$A_m = \Delta F_m = \Delta G_m = RT \cdot \ln \frac{p_2}{p_1} = 8{,}3143 \cdot 773{,}15 \cdot \ln \frac{0{,}1}{0{,}05} =$$

$$= 4456 \ \text{J/mol} = 4{,}456 \ \text{kJ/mol};$$

$$\Delta U_m = \Delta H_m = 0; \quad \Delta S_m = R \cdot \ln \frac{p_1}{p_2} = 8{,}3143 \cdot \ln \frac{0{,}05}{0{,}1} =$$

$$= -5{,}763 \ \text{J/(mol} \cdot \text{K)}. \ \underline{\quad\quad}$$

Beispiel 8-26. Es soll ΔG_m für die folgenden Vorgänge bei $\vartheta = 80{,}1$ °C (Siedetemperatur des Benzols unter 1,01325 bar) berechnet werden:

    a) C_6H_6 (l) $\to$ C_6H_6 (g, $p = 0{,}9$ bar)
    b) C_6H_6 (l) $\to$ C_6H_6 (g, $p = 1{,}01325$ bar)
    c) C_6H_6 (l) $\to$ C_6H_6 (g, $p = 1{,}1$ bar).

Was läßt sich aus den Ergebnissen über die Richtung dieser Vorgänge aussagen?

$$\Delta G_m = RT \cdot \ln \frac{p_2}{p_1} . \quad \text{a)} \ \Delta G_m = 8{,}3143 \cdot 353{,}25 \cdot \ln \frac{0{,}9}{1{,}01325} =$$

$= -348{,}1$ J/mol;   b) $\Delta G_m = 0$ J/mol;   c) $\Delta G_m = 241{,}3$ J/mol.

Der Vorgang a) verläuft freiwillig in Richtung des Pfeils, da ΔG_m negativ (Verdampfung). Beim Vorgang b) liegt Gleichgewicht vor, da $\Delta G_m = 0$. Der Vorgang c) verläuft freiwillig in der dem Pfeil entgegengesetzten Richtung, da ΔG_m positiv; es tritt Kondensation ein.

Aufgaben. 8/34. Es sollen ΔF und ΔG bei der Verdichtung von 10 g Sauerstoff bei 25 °C von 0,5 auf 3 bar berechnet werden. Sauerstoff soll als ideales Gas betrachtet werden.

8.3.3 Chemisches Potential einer Komponente in idealen und realen Mischphasen

Die Gln. (XVII) und (XVIII) gelten nur für Vorgänge ohne Änderung der Stoffmenge. Bei den meisten chemisch interessanten

Anwendungen, so z. B. bei chemischen Reaktionen oder Stoffaus-
tausch mit der Umgebung, spielt aber die Änderung der Stoffmengen
eine große Rolle. Hier hängt die Änderung der freien Energie und
der freien Enthalpie nicht nur von der Änderung der Temperatur
und des Volumens bzw. Drucks, sondern auch von der Änderung
der Stoffmengen dn_1, dn_2, . . ., dn_i, . . ., dn_N der Komponenten
1, 2, . . ., i, . . ., N ab. Für das totale Differential von $G(T, p, n_1,$
$n_2, \ldots n_i, \ldots n_N)$ gilt dann:

$$dG = \left(\frac{\partial G}{\partial T}\right)_{p,n_i} dT + \left(\frac{\partial G}{\partial p}\right)_{T,n_i} dp + \sum_{i=1}^{N} \left(\frac{\partial G}{\partial n_i}\right)_{T,p,n_j} dn_i. \quad \text{(XXXV)}$$

Hier und in den folgenden Gleichungen bedeutet der Index n_i, daß
die Stoffmengen aller Komponenten, der Index n_j, daß die Stoffmengen aller Komponenten mit Ausnahme der Komponente i
konstant zu halten sind, d. h. $j \neq i$. Wir führen nun die Abkürzungen

$$\left(\frac{\partial G}{\partial n_i}\right)_{T,p,n_j} \equiv G_{mi} \equiv \mu_i \qquad \text{(XXXVI)}$$

ein, wobei G_{mi} die *partielle molare freie Enthalpie* der Komponente i
in der Mischung ist; sie wird auch häufig als *chemisches Potential* μ_i
der Komponente i bezeichnet. (Über partielle molare Größen
s. 6.3, S. 194 ff.).

Eine für die Praxis besonders wichtige Differentialbeziehung
ergibt sich aus der Anwendung des Schwarzschen Satzes über die
Vertauschbarkeit der Differentiationsfolge für die zweiten partiellen
Ableitungen, wonach

$$\frac{\partial^2 G}{\partial n_i\, \partial p} = \frac{\partial^2 G}{\partial p\, \partial n_i} \qquad \text{(XXXVII)}$$

ist. Nach der Gl. (XXVII) ist $\left(\frac{\partial G}{\partial p}\right)_{T,n_i} = V$. Daraus folgt unter
Berücksichtigung der Gln. (XXXVI) und (XXXVII) für die Druck-
abhängigkeit des chemischen Potentials:

$$\left(\frac{\partial G_{mi}}{\partial p}\right)_{T,n_i} = \left(\frac{\partial \mu_i}{\partial p}\right)_{T,n_i} = \left(\frac{\partial V}{\partial n_i}\right)_{T,p,n_j} = V_{mi}, \qquad \text{(XXXVIII)}$$

wobei V_{mi} das partielle molare Volumen der Komponente i in der
Mischung darstellt (s. 6.3.1, S. 196).

Für eine Mischung idealer Gase ergibt sich das partielle molare Volumen V_{mi} der Komponente i aus der Gleichung $pV_i = n_i RT$ (s. 4.1.5, S. 162) zu

$$V_{mi} = \frac{RT}{p} \,. \tag{XXXIX}$$

Damit folgt für die Druckabhängigkeit des chemischen Potentials μ_i einer Komponente i in einer idealen Mischphase

$$\left(\frac{\partial \mu_i}{\partial p}\right)_{T,x_i} = \left(\frac{\partial G_{mi}}{\partial p}\right)_{T,x_i} = V_{mi} = \frac{RT}{p} \,, \tag{XL}$$

bzw. mit $p_i = x_i p$ (p Gesamtdruck) für $T = konst.$ und alle $x_i = konst.$

$$d\mu_i = dG_{mi} = RT\,\frac{dp}{p} = RT\,\frac{dp_i}{p_i} = RT \cdot d\ln p_i. \tag{XLI}$$

Die Integration führt zu:

$$\mu_{i,\,ideal} = \mu_i\,(T, p = p^0, x_i = 1) + RT \cdot \ln \frac{p}{p^0} + RT \cdot \ln x_i. \tag{XLII}$$

wobei p_i^0 gleich dem Standarddruck $p^0 = 101\,325$ N/m^2 ist. Mit $p_i = x_i p$ erhält man aus Gl. (XLII):

$$\mu_{i,\,ideal} = \mu_i\,(T, p = p^0, x_i = 1) + RT \cdot \ln \frac{p}{p^0} + RT \cdot \ln x_i. \tag{XLIII}$$

Für reale Gasmischungen behält man die Form der Gl. (XLII) bei, setzt jedoch an Stelle des Partialdruckes p_i die Fugazität p_i^* der Komponente i in der Mischung (vgl. 4.5.3, S. 184):

$$\mu_{i,\,real} = \mu_i\,(T, p_i^* = p_i^{*0} = p^0) + RT \cdot \ln \frac{p_i^*}{p^0} \tag{XLIV}$$

In den Gln. (XLII) und (XLIV) sind $\mu_i(T, p_i = p_i^0 = p^0)$ bzw. $\mu_i(T, p_i^* = p_i^{*0} = p^0)$ die chemischen Potentiale der Komponente i in einer Mischung der gegebenen Zusammensetzung und Temperatur bei einem solchen Druck, daß der Partialdruck p_i gleich dem Standarddruck $p^0 = 101\,325$ N/m^2 bzw. die Fugazität p_i^* gleich dem Standarddruck $p^0 = 101\,325$ N/m^2 ist. In einer idealen Gasmischung ist $\mu_i(T, p_i = p_i^0 = p^0)$ gleich dem Potential $\mu_{0i}(T, p = p^0) = \mu_i^0$ des reinen Gases i bei der Temperatur T und dem Gesamtdruck

$p = p^0 = 101\ 325\ \text{N/m}^2$. Da sich auch reale Gasmischungen bei $p = 101\ 325\ \text{N/m}^2$ im allgemeinen bereits ausreichend ideal verhalten, ist auch $\mu_i(T, p_i^* = p_i^{*0} = p^0) \approx \mu_{0i}(T, p = p^0) = \mu_i^0$, somit

$$\mu_i(T, p_i = p_i^0 = p^0) \approx \mu_i(T, p_i^* = p_i^{*0} = p^0) \approx \mu_{0i}(T, p = p^0) = \mu_i^0.$$

$$(\text{XLV})$$

Die Fugazität p_i^* in der Mischung ist

$$p_i^* = p_i f_i, \qquad\qquad\qquad (\text{XLVI})$$

wobei f_i den Fugazitätskoeffizienten der Komponente i in der Mischung darstellt. Da jedoch Daten hierfür meistens nicht zur Verfügung stehen, benutzt man mit oft guter Näherung die Fugazitätskoeffizienten der reinen Komponente i bei der Temperatur T und dem Gesamtdruck p der Mischung (s. 4.5.3, S. 184).

8.3.4 Chemisches Potential einer Komponente in idealen und realen Mischungen (allgemein)

Die Zusammenfassung der beiden ersten Glieder auf der rechten Seite der Gl. (XLIII) ergibt für das chemische Potential einer Komponente i in einer *idealen Mischung*

$$\mu_{i,\text{ideal}} = \mu_{0i}(T, p, x_i = 1) + RT \cdot \ln x_i, \qquad (\text{XLVII})$$

wobei $\mu_{0i}(T, p, x_i = 1)$ das chemische Potential der reinen Komponente i bei der Temperatur T unter dem Druck p ist.

Die Beziehung (XLVII) wird in der Thermodynamik der Mischphasen als Definitionsgleichung für eine ideale Mischung unabhängig vom Aggregatzustand (fest, flüssig, gasförmig) verwendet.

Bei realen Mischungen wird die Abhängigkeit des chemischen Potentials μ_i der Komponente i von der Zusammensetzung der Mischung nicht mehr exakt durch die Gl. (XLVII) wiedergegeben. Zur thermodynamischen Beschreibung realer Mischungen behält man jedoch die Form dieser Gleichung bei, ersetzt aber den Molenbruch x_i durch die Aktivität a_i. Damit folgt:

$$\mu_{i,\text{real}} = \mu_{0i}(T, p, a_i = 1) + RT \cdot \ln a_i, \qquad (\text{XLVIII})$$

mit $a_i \to 1$ für $x_i \to 1$ (s. 6.7, S. 204). Mit der Definition des Aktivitätskoeffizienten, Gl. (II), Abschnitt 6.7, erhält man aus Gl. (XLVIII):

$$\mu_{i,\,real} = \mu_{0i}(T, p, a_i = 1) + RT \cdot \ln x_i + RT \cdot \ln \gamma_{xi}, \quad \text{(XLIX)}$$

mit $\gamma_{xi} \to 1$ für $x_i \to 1$.

Verwendet man anstelle des Molenbruchs ein anderes Maß für die Zusammensetzung, so haben entsprechend die Aktivitätskoeffizienten (s. 6.7, S. 204 f.) und μ_{0i} andere Bedeutungen, so für die Konzentration c_i als Maß für die Zusammensetzung:

$$\mu_{i,\,real} = \mu_i(T, p, a_i = 1 \text{ mol/dm}^3) + RT \cdot \ln c_i + RT \cdot \ln \gamma_{ci}. \quad \text{(L)}$$

$\mu_i(T, p, a_i = 1 \text{ mol/dm}^3)$ ist das chemische Potential einer Komponente i der Aktivität $a_i = 1 \text{ mol/dm}^3$ in einer Mischung der Temperatur T unter dem Druck p.

Mit der Molalität b_i als Maß für die Zusammensetzung ist

$$\mu_{i,\,real} = \mu_i(T, p, a_i = 1 \text{ mol/kg}) + RT \cdot \ln b_i + RT \cdot \ln \gamma_{bi}. \quad \text{(LI)}$$

$\mu_i(T, p, a_i = 1 \text{ mol/kg})$ ist das chemische Potential einer Komponente i der Aktivität $a_i = 1 \text{ mol/kg}$ in einer Mischung der Temperatur T unter dem Druck p.

8.4 Chemisches Gleichgewicht

Nach den Ausführungen in Abschnitt 8.3, S. 282, lauten die allgemeinen Gleichgewichtsbedingungen für isobar-isotherme bzw. isochor-isotherme Vorgänge:

$$(dG)_{p,T} = 0 \quad \text{(I)}$$

bzw.

$$(dF)_{V,T} = 0. \quad \text{(II)}$$

Damit folgt für einen isobar-isothermen Vorgang ($dp = 0$, $dT = 0$) aus Gl. (XXXV) des Abschnitts 8.3.3 (S. 288):

$$(dG)_{p,T} = \sum_{i=1}^{N} \left(\frac{\partial G}{\partial n_i} \right)_{T,p,n_j} dn_i = \overset{N}{\underset{i}{\Sigma}} \mu_i \, dn_i = 0. \quad \text{(III)}$$

Betrachten wir nun den allgemeinsten Fall einer chemischen Reaktion zwischen den Stoffen A, B, C und D:

$$|\nu_A| A + |\nu_B| B \rightleftharpoons |\nu_C| C + |\nu_D| D. \quad \text{(IV)}$$

Die ν_i (i = A, B, C, D) sind die stöchiometrischen Zahlen in der Reaktionsgleichung, wobei für Reaktionspartner $\nu_i < 0$ und für Reaktionsprodukte $\nu_i > 0$ ist. Die Änderungen der Stoffmengen dn_i der einzelnen Reaktanden erfolgen nicht unabhängig voneinander; sie sind vielmehr durch die stöchiometrischen Zahlen miteinander verknüpft:

$$\frac{dn_A}{\nu_A} = \frac{dn_B}{\nu_B} = \frac{dn_C}{\nu_C} = \frac{dn_D}{\nu_D} = dn. \tag{V}$$

Damit erhält man aus Gl. (III), da $dn \neq 0$ ist:

$$\nu_A \mu_A + \nu_B \mu_B + \nu_C \mu_C + \nu_D \mu_D = \sum_i \nu_i \mu_i = 0. \tag{VI}$$

Diese Gleichung stellt die allgemeinste Form der Bedingung für ein chemisches Gleichgewicht im Fall einer einzigen Reaktion dar. Sie gilt sowohl für jeden Aggregatzustand als auch für Reaktionen zwischen Stoffen mit verschiedenen Aggregatzuständen

8.4.1 Homogene Gasgleichgewichte

Setzt man in Gl. (VI) die chemischen Potentiale $\mu_{i,\,real}$ der realen gasförmigen Komponenten aus Abschnitt 8.3.3, Gl. (XLIV) und (XLV) ein, so erhält man:

$$\sum_i \nu_i \mu_i^0 = -RT \sum_i \nu_i \cdot \ln\left(\frac{p_i^*}{p^0}\right) = -RT \sum_i \ln\left(\frac{p_i^*}{p^0}\right)^{\nu_i} =$$

$$= -RT \ln \prod_i \left(\frac{p_i^*}{p^0}\right)^{\nu_i} = -RT \ln K_{th}. \tag{VII}$$

Π ist das mathematische Zeichen für Produktbildung. Die $p_i^* = f_i p_i$ sind die Fugazitäten im Gleichgewichtszustand (f_i Fugazitätskoeffizienten, p_i Partialdrücke im Gleichgewichtszustand). K_{th} ist die *wahre* oder *thermodynamische Gleichgewichtskonstante*, welche nur von der Temperatur abhängt.

$\sum_i \nu_i \mu_i^0$ bedeutet nichts anderes als die molare freie Reaktionsenthalpie $\Delta_R G_m^0$ beim Standarddruck $p^0 = 101\ 325\ \text{N/m}^2$:

$$\sum_i \nu_i \mu_i^0 = \nu_A \mu_A^0 + \nu_B \mu_B^0 + \nu_C \mu_C^0 + \nu_D \mu_D^0 = \Delta_R G_m^0 = -RT \ln K_{th}. \tag{VIII}$$

Explizit ausgeschrieben ist:

$$K_{\text{th}} = \frac{(p_{\text{C}}^*)^{|\nu_{\text{C}}|}\,(p_{\text{D}}^*)^{|\nu_{\text{D}}|}}{(p_{\text{A}}^*)^{|\nu_{\text{A}}|}\,(p_{\text{B}}^*)^{|\nu_{\text{B}}|}} \cdot (p^0)^{-\Sigma\nu_i} =$$

$$= \frac{(p_{\text{C}}/p^0)^{|\nu_{\text{C}}|} \cdot (p_{\text{D}}/p^0)^{|\nu_{\text{D}}|}}{(p_{\text{A}}/p^0)^{|\nu_{\text{A}}|} \cdot (p_{\text{B}}/p^0)^{|\nu_{\text{B}}|}} \cdot \frac{(f_{\text{C}})^{|\nu_{\text{C}}|} \cdot (f_{\text{D}})^{|\nu_{\text{D}}|}}{(f_{\text{A}})^{|\nu_{\text{A}}|} \cdot (f_{\text{B}})^{|\nu_{\text{B}}|}} =$$

$$= K_{p/p^0} \cdot K_f, \tag{IX}$$

wobei $\quad K_f = \prod_i (f_i)^{\nu_i} \tag{X}$

und $\quad K_{p/p^0} = \prod_i (p_i)^{\nu_i} \cdot (p^0)^{-\Sigma\nu_i} = K_p \cdot (p^0)^{-\Sigma\nu_i} \tag{XI}$

ist, mit $\quad K_p = \prod_i (p_i)^{\nu_i}. \tag{XII}$

Die Partialdrücke p_i im Gleichgewichtszustand kann man noch durch die Molenbrüche x_i im Gleichgewichtszustand, d. h. $p_i = x_i p$, ausdrücken, womit man aus Gl. (XII) erhält:

$$K_p = \prod_i (x_i)^{\nu_i} \cdot p^{\Sigma\nu_i} = K_x \cdot p^{\Sigma\nu_i} \tag{XIII}$$

mit $\quad K_x = \prod_i (x_i)^{\nu_i}. \tag{XIV}$

Schließlich folgt aus der idealen Gasgleichung $p_i = c_i RT$ und damit aus Gl. (XII):

$$K_p = \prod_i (c_i)^{\nu_i} \cdot (RT)^{\Sigma\nu_i} = K_c \cdot (RT)^{\Sigma\nu_i} \tag{XV}$$

mit $\quad K_c = \prod_i (c_i)^{\nu_i}. \tag{XVI}$

Insgesamt ergibt sich also folgender Zusammenhang:

$$K_{p/p^0} = K_p (p^0)^{-\Sigma\nu_i} = K_x \left(\frac{p}{p^0}\right)^{\Sigma\nu_i} = K_c \left(\frac{RT}{p^0}\right)^{\Sigma\nu_i}. \tag{XVII}$$

Beispiel 8-27. Zu berechnen ist die thermodynamische Gleichgewichtskonstante für die Reaktion $2\,CO_2\,(g) \rightleftharpoons 2\,CO\,(g) + O_2\,(g)$ bei 1000 und 1400 K. Die molaren freien Bildungsenthalpien $\Delta_B G_m^0$ betragen für

	1000 K	1400 K	
CO_2	$-395,8$	$-396,2$	kJ/mol
CO	$-200,6$	$-235,9$	kJ/mol

$$\Delta_R G_{m,1000}^0 = -2(-395,8) + 2(-200,6) = +390,4\ \text{kJ/mol},$$

$$\Delta_R G_{m,1400}^0 = -2(-396,2) + 2(-235,9) = +320,6\ \text{kJ/mol}.$$

$$\ln K_{th,1000} = \frac{-\Delta_R G_{m,1000}^0}{8,3143 \cdot 1000} = \frac{-390\,400}{8314,3} = -46,96;$$

$$\ln K_{th,1400} = \frac{-320\,600}{8,3143 \cdot 1400} = -27,54.$$

$$K_{th,1000} = 4,03 \cdot 10^{-21}\,;\ K_{th,1400} = 1,10 \cdot 10^{-12}. \ \underline{\quad\quad}$$

8.4.2 Berechnung der Gleichgewichtszusammensetzung

Zur Berechnung der Zusammensetzung eines reaktionsfähigen Stoffgemisches in einem beliebigen Reaktionszustand — und damit auch im Gleichgewichtszustand — benötigen wir eine mathematische Beziehung, welche den Zusammenhang der in dem betreffenden Reaktionszustand vorliegenden Stoffmengen (bzw. Massen oder Konzentrationen) der einzelnen Reaktanden entsprechend der Reaktionsgleichung beschreibt. Zur Ableitung einer derartigen Beziehung, die uns hier, wie auch in der Reaktionskinetik, von großem Nutzen sein wird, dienen die folgenden Betrachtungen.

Üblicherweise drückt man den Verlauf einer chemischen Reaktion durch den Umsatz U_k einer Leit- oder Bezugskomponente k aus. Unter dem *Umsatz* U_k versteht man die während einer bestimmten Reaktionszeit umgesetzte Menge eines Reaktionspartners k, ausgedrückt in Bruchteilen (oder Prozenten) der zum Zeitpunkt $t = 0$ eingesetzten Menge dieses Reaktionspartners k:

$$U_k = \frac{n_k^0 - n_k}{n_k^0} = \frac{c_k^0 V_R^0 - c_k V_R}{c_k^0 V_R^0} = \frac{m_k^0 - m_k}{m_k^0}. \qquad \text{(XVIII)}$$

In dieser Gleichung bedeuten: n_k^0, c_k^0 und m_k^0 die Stoffmenge, Konzentration bzw. Masse des Reaktionspartners k zu Beginn der

Reaktion, d. h. zum Zeitpunkt $t = 0$; n_k, c_k und m_k die Stoffmenge, Konzentration bzw. Masse des Reaktionspartners k zu einem beliebigen Zeitpunkt t während oder am Ende der Reaktion; V_R^0 und V_R das Volumen der Reaktionsmasse zu Beginn der Reaktion bzw. zum Zeitpunkt t während oder am Ende der Reaktion.

Die Beziehung zwischen der Zusammensetzung der Reaktionsmasse und dem Umsatz U_k des Reaktionspartners k, d. h. der Bezugskomponente, läßt sich folgendermaßen ableiten.

Findet nur eine stöchiometrisch unabhängige Reaktion statt, so verhalten sich die in der gleichen Zeit umgesetzten Stoffmengen zweier Reaktionspartner i und k wie deren stöchiometrische Zahlen in der Reaktionsgleichung:

$$\frac{\nu_i}{\nu_k} = \frac{n_i^0 - n_i}{n_k^0 - n_k} \ . \tag{XIX}$$

Ist i ein Reaktionspartner oder ein Reaktionsprodukt (ν_i positiv oder negativ), k aber ein Reaktionspartner, so gilt unter Beachtung der Vorzeichenregel für die stöchiometrischen Zahlen (s. 8.4, S. 292) $\nu_k = - |\nu_k|$ und damit:

$$\frac{\nu_i}{- |\nu_k|} = \frac{n_i^0 - n_i}{n_k^0 - n_k} \ . \tag{XX}$$

Mit Hilfe der Definition des Umsatzes, Gl. (XVIII), läßt sich diese Gleichung umformen zu

$$n_i = n_i^0 + \frac{\nu_i}{|\nu_k|} \cdot n_k^0 U_k \ . \tag{XXI}$$

Daraus folgt:

$$\sum_i n_i = \sum_i n_i^0 + \frac{\sum\limits_i \nu_i}{|\nu_k|} \cdot n_k^0 U_k \ . \tag{XXII}$$

Aus der Gl. (XXI) erhält man nach Division durch Gl. (XXII) für den Molenbruch des Reaktanden i:

$$x_i = \frac{n_i}{\sum\limits_i n_i} = \frac{x_i^0 + \dfrac{\nu_i}{|\nu_k|} \cdot x_k^0 U_k}{1 + \dfrac{\sum\limits_i \nu_i}{|\nu_k|} \cdot x_k^0 U_k} \ . \tag{XXIII}$$

Mit Hilfe der abgeleiteten Beziehungen läßt sich die Zusammensetzung einer Reaktionsmischung durch deren Anfangszusammensetzung, ausgedrückt durch die Stoffmengen n_i^0 und n_k^0 bzw. die Molenbrüche x_i^0 und x_k^0 sowie durch den Umsatz U_k einer Bezugskomponente k angeben.

Aus den Gln. (IX), (XVII) und (XXIII) ergibt sich dann:

$$K_{th} = K_{p/p^0} \cdot K_f = K_x \left(\frac{p}{p^0}\right)^{\Sigma \nu_i} \cdot K_f \tag{XXIV}$$

$$\text{mit} \qquad K_x = \prod_i \left(\frac{x_i^0 + \dfrac{\nu_i}{|\nu_k|} \cdot x_k^0 U_k}{1 + \dfrac{\sum_i \nu_i}{|\nu_k|} \cdot x_k^0 U_k} \right)^{\nu_i} \tag{XXV}$$

U_k ist hier der Umsatz der Bezugskomponente k bis zum Gleichgewichtszustand.

Beispiel 8-28. Man berechne den Umsatz U_{CO_2} (= Dissoziationsgrad α) für die Reaktion $2\,CO_2\,(g) \rightleftharpoons 2\,CO\,(g) + O_2\,(g)$ bei 1000 und 1400 K unter einem Druck von 101 325 N/m². Die Gleichgewichtskonstanten sind der Lösung von Beispiel 8-27 zu entnehmen. Bei den angegebenen Bedingungen sind alle Reaktanden als ideale Gase zu betrachten, d. h. $K_f = 1$.

$$\sum_i \nu_i = +1; \quad K_{th} = K_x \left(\frac{p}{p^0}\right)^{\Sigma \nu_i}; \quad \text{da } p = p^0 = 101\,325\,\text{N/m}^2$$

ist, ist $K_{th} = K_x$. Die Molenbrüche im Gleichgewichtszustand sind:

$$x_{CO_2} = \frac{x_{CO_2}^0 - \dfrac{2}{2} \cdot x_{CO_2}^0 U_{CO_2}}{1 + \dfrac{1}{2} \cdot x_{CO_2}^0 U_{CO_2}} = \frac{1 - U_{CO_2}}{1 + 0{,}5 \cdot U_{CO_2}}$$

$$x_{CO} = \frac{0 + \dfrac{2}{2} \cdot x_{CO_2}^0 U_{CO_2}}{1 + \dfrac{1}{2} \cdot x_{CO_2}^0 U_{CO_2}} = \frac{U_{CO_2}}{1 + 0{,}5 \cdot U_{CO_2}}$$

$$x_{O_2} = \frac{0 + \dfrac{1}{2} \cdot x_{CO_2}^0 U_{CO_2}}{1 + \dfrac{1}{2} \cdot x_{CO_2}^0 U_{CO_2}} = \frac{0{,}5 \cdot U_{CO_2}}{1 + 0{,}5 \cdot U_{CO_2}} \; .$$

$$K_x = \frac{0{,}5 \cdot U_{CO_2}^3}{(1 + 0{,}5 \cdot U_{CO_2})(1 - U_{CO_2})^2} = \frac{U_{CO_2}^3}{(2 + U_{CO_2})(1 - U_{CO_2})^2}.$$

Da die Gleichgewichtskonstanten bei beiden Temperaturen sehr klein sind, wird auch der Umsatz (der Dissoziationsgrad) sehr klein sein.

Man kann daher schreiben $K_x = \dfrac{U_{CO_2}^3}{2}$, d. h. $U_{CO_2} = (2\,K_x)^{1/3}$.

Dann ist der Umsatz bis zum Gleichgewichtszustand bei 1000 K:
$U_{CO_2} = (2 \cdot 4{,}05 \cdot 10^{-21})^{1/3} = 2{,}01 \cdot 10^{-7}$ und bei 1400 K:
$U_{CO_2} = (2 \cdot 1{,}10 \cdot 10^{-12})^{1/3} = 1{,}30 \cdot 10^{-4}$. ———

Beispiel 8-29. Bei 1200 K beträgt bei einem Druck von
101 325 N/m^2 der Dissoziationsgrad α von Wasserdampf $6{,}90 \cdot 10^{-6}$.
Zu berechnen ist die molare freie Bildungsenthalpie des Wasserdampfes unter diesen Bedingungen; $K_f = 1$.

$$H_2\,(g) + \frac{1}{2}\,O_2\,(g) \rightleftharpoons H_2O\,(g); \quad \alpha = U_{H_2O} = 6{,}90 \cdot 10^{-6}.$$

Molenbrüche im Gleichgewichtszustand: $x_{H_2O} = \dfrac{2(1 - U_{H_2O})}{2 + U_{H_2O}}$;

$$x_{H_2} = \frac{2\,U_{H_2O}}{2 + U_{H_2O}}; \quad x_{O_2} = \frac{U_{H_2O}}{2 + U_{H_2O}}. \quad \text{Da } p = p^0 = 101\ 325\ \text{N/m}^2$$

und $K_f = 1$ ist, ist $K_{th} = K_x$, damit $K_{th} = K_x = \dfrac{x_{H_2O}}{x_{H_2} \cdot (x_{O_2})^{1/2}} =$

$$= \frac{(1 - U_{H_2O})(2 + U_{H_2O})^{1/2}}{(U_{H_2O})^{3/2}}. \quad \text{Da aber } \alpha = U_{H_2O} \ll 1 \text{ ist, kann}$$

man schreiben:

$$K_{th} = K_x = \frac{2^{1/2}}{(U_{H_2O})^{3/2}} = \sqrt{\frac{2}{(U_{H_2O})^3}} = \sqrt{\frac{2}{(6{,}90 \cdot 10^{-6})^3}} =$$
$$= 7{,}803 \cdot 10^7.$$

$$\Delta_B G_m^0 = -RT \ln K_{th} = -8{,}3143 \cdot 1200 \cdot \ln(7{,}803 \cdot 10^7) =$$
$$= -181\ 311\ \text{J/mol}. \ \text{———}$$

Beispiel 8-30. Die katalytische Dehydrierung von Äthylbenzol
(Ä) zu Styrol (S) nach der Gleichung $C_6H_5 - C_2H_5 \rightleftharpoons C_6H_5 - CH = CH_2 +$
$+ H_2$ bei $\vartheta = 600\ °C$ ($T = 873{,}15$ K) unter einem Druck von

116 525 N/m² ergab im Gleichgewichtszustand folgende Zusammensetzung: $x_{\ddot{A}} = 0,4203$, $x_S = 0,2899$ und $x_{H_2} = 0,2899$. Zu berechnen sind K_x, K_{p/p^0}, K_p und $\Delta_R G_m^0$; $K_f = 1$.

$$\sum_i \nu_i = -1 + 1 + 1 = +1; \quad K_x = \frac{x_S x_{H_2}}{x_{\ddot{A}}} = 0,2000. \quad K_{th} = K_{p/p^0} =$$

$$= K_x \cdot \left(\frac{p}{p^0}\right)^{\sum \nu_i} = 0,2000 \cdot \frac{116\,525}{101\,325} = 0,2300; \quad K_p = K_{p/p^0} \cdot (p^0)^{\sum \nu_i}$$

$$= 0,2300 \cdot 101\,325 = 23\,305 \text{ N/m}^2. \quad \Delta_R G_m^0 = -RT \cdot \ln K_{th} =$$

$$= -8,3143 \cdot 873,15 \cdot \ln 0,2300 = 10\,669 \text{ J/mol} = 10,669 \text{ kJ/mol.} \text{ ——}$$

Beispiel 8-31. Für die Reaktion $N_2 + 3\,H_2 \rightleftharpoons 2\,NH_3$ soll die Gleichgewichtszusammensetzung bei 400 °C unter einem Druck von 400 bar ($= 4 \cdot 10^7$ N/m²) berechnet werden, wenn die Reaktionspartner vor Beginn der Reaktion im stöchiometrischen Verhältnis vorliegen. Gegeben ist die molare freie Reaktionsenthalpie $\Delta_R G_m^0 = 46,845$ kJ/mol bei 400 °C, ferner die kritischen Drücke und Temperaturen:

	p_{krit}, bar	p_{red}	T_{krit}, K	T_{red}	f_i
N_2 (A)	33,94	11,79	126,15	5,34	1,20
H_2 (B)	12,97	30,84	33,25	20,25	1,15
NH_3 (C)	114,0	3,51	405,65	1,66	0,80

Für die entsprechenden reduzierten Drücke $p_{red} = p/p_{krit}$ und reduzierten Temperaturen $T_{red} = T/T_{krit}$ wurden die Fugazitätskoeffizienten aus Abb. 4.3 abgelesen und in die Tabelle mit aufgenommen.

$$\ln K_{th} = \frac{-\Delta_R G_m^0}{RT} = \frac{-46\,845}{8,3143 \cdot 673,15} = -8,37; \quad \text{daraus ist}$$

$$K_{th} = 2,32 \cdot 10^{-4}; \quad K_{th} = K_{p/p^0} \cdot K_f = K_x \left(\frac{p}{p^0}\right)^{\sum \nu_i} \cdot K_f.$$

$$K_f = \frac{0,80^2}{1,20 \cdot 1,15^3} = 0,3507, \text{ ferner } \sum_i \nu_i = -1 - 3 + 2 = -2.$$

Für K_x ergibt sich dann $K_x = \dfrac{K_{th}}{K_f} \left(\dfrac{p}{p^0}\right)^{-\sum \nu_i} =$

$$= \frac{2,32 \cdot 10^{-4}}{0,3507} \cdot \left(\frac{4 \cdot 10^7}{101\,325}\right)^2 = 103,10.$$

Die Gleichgewichtszusammensetzung ist durch folgende Gleichungen gegeben (Anfangszusammensetzung $x_A^0 = 0,25$ und $x_B^0 = 0,75$, Bezugskomponente A):

$$x_A = \frac{x_A^0 + \dfrac{\nu_A}{|\nu_A|} \cdot x_A^0 U_A}{1 + \dfrac{\sum\limits_i \nu_i}{|\nu_A|} \cdot x_A^0 U_A} = \frac{0,25 - 0,25 \cdot U_A}{1 - 2 \cdot 0,25 \cdot U_A} = \frac{0,25(1 - U_A)}{1 - 0,5 \cdot U_A} \; ;$$

$$x_B = \frac{0,75 - 3 \cdot 0,25 \cdot U_A}{1 - 0,5 \cdot U_A} = \frac{0,75(1 - U_A)}{1 - 0,5 \cdot U_A} \; ; \quad x_C = \frac{0 + 2 \cdot 0,25 \cdot U_A}{1 - 0,5 \cdot U_A} =$$

$$= \frac{0,5 \cdot U_A}{1 - 0,5 \cdot U_A} \; ;$$ damit erhält man folgenden Ausdruck für K_x:

$$K_x = \frac{x_C^2}{x_A x_B^3} = 2,37 \cdot \underbrace{\frac{U_A^2 (1 - 0,5 \cdot U_A)^2}{(1 - U_A)^4}}_{(a)} = 103,10.$$

Diese Gleichung ist 4. Grades in bezug auf U_A. Zur Lösung geht man am besten so vor, daß man für verschiedene Umsätze $U_A = 0,1$; $0,2$; . . . den Ausdruck (a) berechnet und die erhaltenen Werte als Funktion von U_A aufträgt; beim Ordinatenwert 103,10 für (a) liest man auf der Abszisse den zugehörigen Wert für U_A ab. Es wurden berechnet für

$U_A =$	0,1	0,2	0,3	0,4	0,5	0,6	0,7	0,73	0,74
$(a) =$	0,033	0,187	0,642	1,873	5,332	16,33	60,57	95,83	112,7

Der genaue Wert für U_A liegt bei $0,73455$; damit erhält man für die Molenbrüche im Gleichgewichtszustand:

$$x_A = \frac{0,25(1 - 0,73455)}{1 - 0,5 \cdot 0,73455} = 0,1049; \quad x_B = \frac{0,75(1 - 0,73455)}{1 - 0,5 \cdot 0,73455} =$$

$$= 0,3147; \quad x_C = \frac{0,5 \cdot 0,73455}{1 - 0,5 \cdot 0,73455} = 0,5804. \; \underline{\hspace{2em}}$$

Beispiel 8-32. Bei 1400 K und 101 325 N/m² ist der Dissoziationsgrad von Wasserdampf in H_2 und O_2: $\alpha_{H_2O} = 7,52 \cdot 10^{-5}$. Unter denselben Bedingungen beträgt der Dissoziationsgrad von CO_2 zu CO und O_2: $\alpha_{CO_2} = 1,30 \cdot 10^{-4}$. Mit Hilfe dieser Angaben ist die Gleichgewichtszusammensetzung des Gasgemisches zu berechnen, welches bei der Konvertierung von Wassergas unter denselben Bedingungen (1400 K und 101 325 N/m^2) nach der Reaktionsgleichung $CO + H_2O \rightleftharpoons H_2 + CO_2$ entsteht, wenn vor der Reaktion die Stoffmengen von CO und H_2O im stöchiometrischen Verhältnis stehen. K_f ist unter diesen Bedingungen gleich 1 zu setzen.

Für die Konvertierung von Wassergas ist $\sum\limits_i \nu_i = -1 - 1 + 1 + 1 = 0$. Damit ist nach Gl. (XVII):

$$K_{p/p^0} = K_p = \frac{p_{CO_2}\, p_{H_2}}{p_{CO}\, p_{H_2O}} = \frac{x_{CO_2}\, x_{H_2}}{x_{CO}\, x_{H_2O}} = K_x.$$

Die Gleichgewichtskonstante dieser Reaktion kann aus den Dissoziationsgleichgewichten von H_2O-Dampf und von CO_2 berechnet werden.

$$\text{(I)} \quad 2\,H_2O \rightleftharpoons 2\,H_2 + O_2; \quad K_{p/p^0,I} = \frac{p_{H_2}^2\, p_{O_2}}{p_{H_2O}^2\, p^0} = \frac{x_{H_2}^2\, x_{O_2}}{x_{H_2O}^2} \cdot \frac{p}{p^0}$$

$$\text{(II)} \quad 2\,CO_2 \rightleftharpoons 2\,CO + O_2; \quad K_{p/p^0,II} = \frac{p_{CO}^2\, p_{O_2}}{p_{CO_2}^2\, p^0} = \frac{x_{CO}^2\, x_{O_2}}{x_{CO_2}^2} \cdot \frac{p}{p^0}.$$

Daraus erhalten wir: $\dfrac{K_{p/p^0,I}}{K_{p/p^0,II}} = \dfrac{x_{H_2}^2\, x_{CO_2}^2}{x_{H_2O}^2\, x_{CO}^2} = K_{p/p^0}^2$, d. h.

$K_{p/p^0} = \sqrt{\dfrac{K_{p/p^0,I}}{K_{p/p^0,II}}}$. Für $K_{p/p^0,I}$ gilt:

$$K_{p/p^0,I} = \frac{\alpha_{H_2O}^3}{(2 + \alpha_{H_2O})\,(1 - \alpha_{H_2O})^2} \approx \frac{\alpha_{H_2O}^3}{2}, \quad \text{da } \alpha \ll 1, \text{ und für}$$

$$K_{p/p^0,II} = \frac{\alpha_{CO_2}^3}{(2 + \alpha_{CO_2})\,(1 - \alpha_{CO_2})^2} \approx \frac{\alpha_{CO_2}^3}{2}, \quad \text{da } \alpha \ll 1 \text{ ist.}$$

Damit wird:

$$K_{p/p^0} = \sqrt{\frac{\alpha_{H_2O}^3}{\alpha_{CO_2}^3}} = \sqrt{\frac{4,25 \cdot 10^{-13}}{2,20 \cdot 10^{-12}}} = 0,440.$$

Mit Hilfe dieser Gleichgewichtskonstante wird die Gleichgewichtszusammensetzung für die Wassergaskonvertierung berechnet. Es sind die Molenbrüche im Gleichgewichtszustand mit H_2O als Bezugskomponente:

$$x_{CO} = x_{CO}^0 - x_{H_2O}^0 \, U_{H_2O} = 0{,}5 \, (1 - U_{H_2O})$$

$$x_{H_2O} = x_{H_2O}^0 \, (1 - U_{H_2O}) = 0{,}5 (1 - U_{H_2O})$$

$$x_{H_2} = x_{H_2O}^0 \, U_{H_2O} = 0{,}5 \cdot U_{H_2O}$$

$$x_{CO_2} = x_{H_2O}^0 \, U_{H_2O} = 0{,}5 \cdot U_{H_2O} \, .$$

Damit wird $K_{p/p^0} = K_x = \dfrac{U_{H_2O}^2}{(1 - U_{H_2O})^2} = 0{,}440$. Somit ist

$U_{H_2O} = 0{,}663 (1 - U_{H_2O})$ und weiter $U_{H_2O} = 0{,}399$. Daraus erhält man durch Einsetzen in die vorstehenden Gleichungen für die Molenbrüche: $x_{CO} = 0{,}300$; $x_{H_2O} = 0{,}300$; $x_{H_2} = 0{,}200$; $x_{CO_2} = 0{,}200$. ——

Beispiel 8-33. Bei einer Temperatur von 49,7 °C und unter einem Druck von 40 773 N/m² ist für die Reaktion $N_2O_4 \rightleftharpoons 2\,NO_2$ der Dissoziationsgrad $\alpha = 0{,}60 \, (= U_{N_2O_4})$.

Wie hoch ist der Dissoziationsgrad bei derselben Temperatur unter einem Druck von 5380 N/m²?

$$x_{N_2O_4} = \frac{1 - \alpha}{1 + \alpha} \; ; \; x_{NO_2} = \frac{2\,\alpha}{1 + \alpha} \; ; \quad \sum_i \nu_i = 1 \, .$$

$$K_{p/p^0} = K_x \left(\frac{p}{p^0}\right)^{\sum \nu_i} = \frac{4\,\alpha^2}{(1 - \alpha^2)} \left(\frac{p}{p^0}\right) = \frac{4 \cdot (0{,}60)^2}{1 - (0{,}60)^2} \cdot \frac{40\,773}{101\,325} =$$

$$= 0{,}9054 . \quad \frac{\alpha^2}{1 - \alpha^2} = \frac{K_{p/p^0}}{4} \cdot \frac{p^0}{p} \; ; \; \text{damit ist für } p = 5380 \, \text{N/m}^2 :$$

$$\frac{\alpha^2}{1 - \alpha^2} = \frac{0{,}9054}{4} \cdot \frac{101\,325}{5380} = 4{,}263 . \quad \text{Daraus folgt } \alpha = 0{,}90 . \; ——$$

Beispiel 8-34. Für die Reaktion $AB \rightleftharpoons \frac{1}{2} A_2 + \frac{1}{2} B_2$ sei die

molare freie Reaktionsenthalpie $\Delta_R G_m^0 = -4 \, \text{kJ/mol}$ bei 600 K. Zu berechnen ist die molare freie Reaktionsenthalpie als Funktion des Umsatzes bei einem Druck $p = 101\,325$ N/m². Aus der graphischen Darstellung des Ergebnisses ist die Gleichgewichtskonstante zu ermitteln und der Gleichgewichtsumsatz sowie die Molenbrüche der einzelnen Reaktanden im Gleichgewichtszustand zu berechnen; $K_f = 1$.

$$\sum_i \nu_i = 0; \; x_{AB}^0 = 1; \; x_{AB} = (1 - U_{AB}); \; x_A = \frac{U_{AB}}{2} \, ;$$

$$x_B = \frac{U_{AB}}{2}. \quad \text{Da} \; \sum_i \nu_i = 0 \; \text{bzw.} \; p = p^0 = 101\,325\,\text{N/m}^2 \; \text{und}$$

$K_f = 1$ ist, ist $K_{th} = K_{p/p^0} = K_p = K_x$. Dann gilt:

$$\Delta_R G_m = \Delta_R G_m^0 + RT \cdot \ln \frac{(x_A)^{1/2}(x_B)^{1/2}}{x_{AB}} =$$

$$= \Delta_R G_m^0 + RT \cdot \ln \frac{U_{AB}}{2(1-U_{AB})}.$$

Es ist nach dieser Gleichung für:

$U_{AB} =$	0	0,1	0,2	0,3	0,4	0,5
$\Delta_R G_m =$	$-\infty$	-18419	-14373	-11685	-9481	-7458

$U_{AB} =$	0,6	0,7	0,8	0,9	0,95	1,0
$\Delta_R G_m =$	-5435	-3231	-542	$+3503$	$+7231$	$+\infty$

Aus der Auftragung von $\Delta_R G_m$ als Funktion von U_{AB}
(s. Abb. 8.2) entnimmt man, daß die Kurve bei $U_{AB} = 0,817$

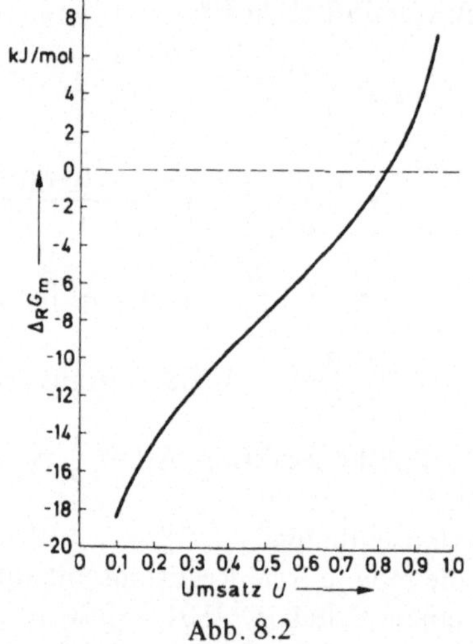

Abb. 8.2

die Abszissenachse schneidet, d. h. $\Delta_R G_m = 0$ ist und somit
Gleichgewicht vorliegt. Es ist dann

$$K_{p/p^0} = K_p = K_x = \frac{U_{AB}}{2(1-U_{AB})} = \frac{0,817}{2(1-0,817)} =$$

$$= 2,23224.$$

Die Molenbrüche im Gleichgewichtszustand sind: $x_{AB} = 0{,}1830$; $x_A = 0{,}4085$ und $x_B = 0{,}4085$. ——

Aufgaben. 8/35. Bei 800 K und 101 325 N/m² beträgt der Dissoziationsgrad α des Phosgens zu CO und Cl_2 56,49%. Zu berechnen sind K_{p/p^0} und $\Delta_R G_m^0$. Bei welchem Druck beträgt der Dissoziationsgrad 70%? ($K_f = 1$).

8/36. Die molare freie Bildungsenthalpie von Stickstoffmonoxid NO bei 2500 K beträgt 58,85 kJ/mol. Wie hoch ist der Umsatz von Sauerstoff zu NO, wenn Luft mit einem Volumenanteil ($=$ Molenbruch) von 0,20 Sauerstoff bei 101 325 N/m² auf 2500 K erhitzt wird? ($K_f = 1$).

8/37. Die Untersuchung der Reaktion $N_2O_4 \rightleftharpoons 2\,NO_2$ ergab im Gleichgewichtszustand bei $\vartheta = 49{,}7\,°C$ ($T = 322{,}85$ K) unter einem Druck von 34 850 N/m² folgende Zusammensetzung des Gasgemisches: $x_{N_2O_4} = 0{,}227$ und $x_{NO_2} = 0{,}773$. Man berechne K_x, K_{p/p^0}, K_p und $\Delta_R G_m^0$, wenn $K_f = 1$, d. h. $K_{th} = K_{p/p^0}$ ist.

8/38. Zu bestimmen ist die molare freie Bildungsenthalpie des Wasserdampfes bei 1000 K, wenn bei dieser Temperatur und unter einem Druck von 101 325 N/m² der Dissoziationsgrad des Wasserdampfes $2{,}494 \cdot 10^{-7}$ beträgt.

8/39. Erhitzt man 74,6 g Jod und 1,62 g Wasserstoff in einem geschlossenen Behälter von 100 dm³ auf 420 °C, so sind nach Einstellung des Gleichgewichtes 72,1 g Jodwasserstoff vorhanden. Wieviel Jodwasserstoff bildet sich, wenn man dem Anfangsgemisch noch 10 g Jod und 0,5 g Wasserstoff zufügt?

8.4.3 Heterogene chemische Gleichgewichte

Bisher haben wir nur chemische Gleichgewichte in der Gasphase betrachtet. Allgemein bezeichnet man chemische Gleichgewichte in einem System, welches nur eine einzige Phase umfaßt, als *homogene* chemische Gleichgewichte. Die hierfür dargestellten Beziehungen gelten im Prinzip auch für *heterogene* chemische Gleichgewichte, bei welchen die Reaktanden in zwei oder mehr Phasen vorliegen. Betrachten wir z. B. die Reaktion $CaCO_3\,(s) \rightleftharpoons \rightleftharpoons CaO\,(s) + CO_2\,(g)$, bei der die festen Reaktanden einen bestimmten, jedoch äußerst geringen Dampfdruck aufweisen, der aber nur von der Temperatur, nicht von der Menge abhängt. Die molare freie Reaktionsenthalpie $\Delta_R G_m$ bei isothermer Durchführung der angeführten Reaktion unter einem beliebigen CO_2-Druck p_{CO_2} ist

$$\Delta_R G_m = -RT \cdot \ln\left(\frac{p_{CaO}\,p_{CO_2}}{p_{CaCO_3}}\right)_{Gl} + RT \cdot \ln\frac{p_{CaO}\,p_{CO_2}}{p_{CaCO_3}} . \quad \text{(XXVI)}$$

Der Index Gl bedeutet Gleichgewichtszustand.

Da aber die Dampfdrücke der festen Reaktanden während der Reaktion konstant bleiben (s. oben), d. h. $p_{CaO} = (p_{CaO})_{Gl}$ und $p_{CaCO_3} = (p_{CaCO_3})_{Gl}$ ist, vereinfacht sich diese Gleichung zu

$$\Delta_R G_m = -RT \cdot \ln \frac{(p_{CO_2})_{Gl}}{p_{CO_2}} \ . \tag{XXVII}$$

Ist p_{CO_2} gleich dem Standarddruck $p^0 = 101\ 325\ N/m^2 = 1{,}01325$ bar, so folgt daraus;

$$\Delta_R G_m^0 = -RT \cdot \ln \frac{(p_{CO_2})_{Gl}}{p^0} = -RT \cdot \ln K_{p/p^0} \tag{XXVIII}$$

mit $\quad K_{p/p^0} = \dfrac{(p_{CO_2})_{Gl}}{p^0} = \dfrac{K_p}{p^0} = (x_{CO_2})_{Gl} \cdot \dfrac{p}{p^0} = K_x \cdot \dfrac{p}{p^0} \ .$ (XXIX)

Beispiel 8-35. Für die Reaktion $3\ Fe(s) + 4\ H_2O(g) \rightleftharpoons Fe_3O_4(s)$ ╵ $+ 4\ H_2(g)$ wurde zu Beginn der Reaktion bei 200 °C ein Druck des Wasserdampfes von $133\ 242\ N/m^2$ gemessen, nach Einstellung des Gleichgewichtes ein Partialdruck des Wasserstoffs von $127\ 163\ N/m^2$. Wieviel H_2 wird gebildet, wenn in einem geschlossenen Behälter von $4\ dm^3$ Inhalt metallisches Eisen mit Wasserdampf von $300\ 000\ N/m^2$ bei 200 °C reagiert?

$$K_p = \left(\frac{p_{H_2}^4}{p_{H_2O}^4} \right)_{Gl} = \left(\frac{x_{H_2}^4}{x_{H_2O}^4} \right)_{Gl} = K_x \ .$$

Bei der Reaktion tritt keine Volumenänderung ein; daher bleibt auch der Druck konstant gleich $p_{Gl} = 133\ 242\ N/m^2$. Der Partialdruck des Wasserdampfes ist somit $(p_{H_2O})_{Gl} = p_{Gl} - (p_{H_2})_{Gl} =$

$= 6079\ N/m^2$. Damit ist $K_p = \dfrac{(127\ 163)^4}{(6079)^4} = 191\ 476$. Beträgt

der Anfangsdruck des Wasserdampfes $300\ 000\ N/m^2$ $(= p_{Gl})$, so ist im Gleichgewicht $(p_{H_2})_{Gl} = (p - p_{H_2O})_{Gl} = p_{Gl} - (p_{H_2})_{Gl} \cdot (K_p)^{-1/4}$ Daraus folgt: $(p_{H_2})_{Gl}\ [1 + (K_p)^{-1/4}] = p_{Gl}$ und weiter

$$(p_{H_2})_{Gl} = \frac{p_{Gl}}{1 + (K_p)^{-1/4}} = \frac{p_{Gl}(K_p)^{1/4}}{1 + (K_p)^{1/4}} = 286\ 313\ N/m^2 \ .$$

Es ist dann $(n_{H_2})_{Gl} = \dfrac{(m_{H_2})_{Gl}}{M_{H_2}} = \dfrac{(p_{H_2})_{Gl} \cdot V}{RT} \quad$ und

$$(m_{H_2})_{Gl} = \frac{(p_{H_2})_{Gl} \cdot V}{RT} \cdot M_{H_2} = \frac{286\,313 \cdot (4 \cdot 10^{-3})}{8{,}3143 \cdot 473{,}15} \cdot 2{,}016 = 0{,}587\,g.$$

Aufgaben. 8/40. Man berechne $\Delta_R G_m^0$ für die Reaktion $CaO(s) +$
$+ CO_2(g) \rightleftharpoons CaCO_3(s)$ bei 857 °C, wenn der Dissoziationsdruck des $CaCO_3$
bei dieser Temperatur 56 033 N/m² beträgt.

8/41. Für die Reaktion $Fe(s) + H_2O(g) \rightleftharpoons FeO(s) + H_2(g)$ beträgt bei
1000 K die molare freie Reaktionsenthalpie $\Delta_R G_m^0 = -4933$ J/mol. Wie
hoch ist der Partialdruck des Wasserstoffs bei einem Gesamtdruck $p = 202\,650$
N/m²?

8.4.4 *Temperaturabhängigkeit der Gleichgewichtskonstante*

Aus der Gl. (VIII) folgt bei konstantem Druck:

$$\left(\frac{\partial}{\partial T}\ln K_{th}\right)_p = -\frac{1}{R}\left[\frac{\partial\left(\dfrac{\Delta_R G_m^0}{T}\right)}{\partial T}\right]_p =$$

$$= -\frac{1}{R}\left[\frac{T}{T^2}\left(\frac{\partial \Delta_R G_m^0}{\partial T}\right)_p - \frac{\Delta_R G_m^0}{T^2}\right] =$$

$$= \frac{1}{R}\left[\frac{\Delta_R G_m^0}{T^2} - \frac{1}{T}\left(\frac{\partial \Delta_R G_m^0}{\partial T}\right)_p\right]. \tag{XXX}$$

Da nach Abschnitt 8.3.2, Gl. (XXVIII), $\left(\dfrac{\partial \Delta_R G_m^0}{\partial T}\right)_p = -\Delta_R S_m^0$
ist, erhält man weiter,

$$\left(\frac{\partial}{\partial T}\ln K_{th}\right)_p = \frac{1}{R}\left[\frac{\Delta_R G_m^0}{T^2} + \frac{\Delta_R S_m^0}{T}\right], \tag{XXXI}$$

woraus mit Hilfe der Definitionsgleichung $\Delta_R G_m^0 = \Delta_R H_m^0 - T \cdot \Delta_R S_m^0$
folgt:

$$\left(\frac{\partial}{\partial T}\ln K_{th}\right)_p = \frac{\Delta_R H_m^0}{RT^2}. \tag{XXXII}$$

Analog ist

$$\left(\frac{\partial}{\partial T}\ln K_{th}\right)_v = \frac{\Delta_R U_m^0}{RT^2}. \tag{XXXIII}$$

Diese beiden Gleichungen werden als *van't Hoffsche Gleichungen*
der *Reaktionsisobare* bzw. *Reaktionsisochore* bezeichnet.

$\Delta_R H_m^0$ und $\Delta_R U_m^0$ sind normalerweise stark temperaturabhängig. Nur in erster Näherung kann mann annehmen, daß in einem nicht zu großen Temperaturintervall $\Delta_R H_m^0$ und $\Delta_R U_m^0$ konstant sind. Dann ergibt die Integration der Gl. (XXXII):

$$\ln K_{th} = \frac{-\Delta_R H_m^0}{RT} + I \qquad\qquad\text{(XXXIV)}$$

(I Integrationskonstante). Sind für irgendeine Temperatur T_1 die molare Reaktionsenthalpie $\Delta_R H_m^0$ und die Gleichgewichtskonstante K_{th,T_1} bekannt, so kann man die Gleichgewichtskonstante bei einer anderen Temperatur T_2 berechnen:

$$\ln K_{th,T_2} = \ln K_{th,T_1} + \frac{\Delta_R H_m^0}{R}\left(\frac{1}{T_1} - \frac{1}{T_2}\right) =$$

$$= \ln K_{th,T_1} + \frac{\Delta_R H_m^0}{R}\left(\frac{T_2 - T_1}{T_1 T_2}\right). \qquad\text{(XXXV)}$$

Beispiel 8-36. Für die Reaktion $H_2(g) + \frac{1}{2} S_2(g) \rightleftharpoons H_2 S(g)$

wurden bei 1200 bzw. 1300 K folgende Gleichgewichtskonstanten gefunden: $K_{p,1200} = 0,0697$ und $K_{p,1300} = 0,0345 \ (N/m^2)^{-0,5}$. Es soll die mittlere molare Bildungsenthalpie ($=$ Reaktionsenthalpie) für diesen Temperaturbereich berechnet werden; $K_f = 1$.

$$\Delta_R H_m^0 = R\left(\frac{T_1 T_2}{T_2 - T_1}\right)(\ln K_{th,T_2} - \ln K_{th,T_1}); \ \sum_i \nu_i = -0,5;$$

$K_{th} = K_p (p^0)^{-\Sigma \nu_i}$, daraus $K_{th,1200} = 0,0697 \cdot (101\ 325)^{+0,5} =$
$= 22,187$ und $K_{th,1300} = 0,0345 \cdot (101\ 325)^{+0,5} = 10,982$. Dann

ist $\Delta_R H_m^0 = 8,3143 \cdot \left(\frac{1200 \cdot 1300}{1300 - 1200}\right)(2,396 - 3,100) =$
$= -91\ 311$ J/mol. ___

Beispiel 8-37. Für die Reaktion $Ca(OH)_2(s) \rightleftharpoons CaO(s) + H_2O(g)$ wurde bei 340,6 °C ein Dissoziationsdruck von 1,400 kN/m² und bei 421,3 °C ein Dissoziationsdruck von 13,49 kN/m² gemessen. Zu berechnen ist die mittlere molare Hydratationsenthalpie des CaO in diesem Temperaturbereich; $K_f = 1$.

$$K_p = p_{H_2O}, \ K_{th} = K_p(p^0)^{-\Sigma \nu_i}, \ \Sigma \nu_i = +1; \ K_{th} = \frac{p_{H_2O}}{p^0}.$$
$$K_{th,T_1} = \frac{1,400}{101,325} = 1,382 \cdot 10^{-2}; \ K_{th,T_2} = \frac{13,49}{101,325} = 1,331 \cdot 10^{-1}.$$

$$\Delta_R H_m^0 = R\left(\frac{T_1 T_2}{T_2 - T_1}\right) \ln \frac{K_{th,T_2}}{K_{th,T_1}} = 8,3143 \cdot \frac{613,75 \cdot 694,45}{694,45 - 613,75} \times$$

$$\times \ln \frac{1,331 \cdot 10^{-1}}{1,382 \cdot 10^{-2}} = 99\,460 \text{ J/mol} = 99,46 \text{ kJ/mol}.$$

Die mittlere Hydratationsenthalpie zwischen 341 und 421 °C beträgt also $\Delta_R H_m^0 = 99,46$ kJ/mol. ——

Beispiel 8-38. Für die Reaktion $CaCO_3(s) \rightleftharpoons CaO(s) + CO_2(g)$ ist bei 500 °C die molare freie Reaktionsenthalpie $\Delta_R G_m^0 =$ $= + 56\,832$ J/mol. Oberhalb welcher Temperatur zerfällt $CaCO_3$ in Luft mit einem Volumenanteil von 0,03% CO_2 unter einem Gesamtdruck von 101 325 N/m² vollständig? Der mittlere Wert von $\Delta_R H_m^0$ für die angegebene Reaktion beträgt in diesem Temperaturbereich 173,0 kJ/mol; $K_f = 1$.

$$\sum_i \nu_i = + 1 \quad \text{und} \quad K_f = 1; \quad \text{daher ist nach}$$

Gl. (XVII): $K_{th} = K_{p/p^0} = \dfrac{K_p}{p^0} = \dfrac{p_{CO_2}}{p^0}$. Damit ist

$$\ln K_{th,T_1} = \ln \frac{p_{CO_2}}{p^0} = -\frac{\Delta_R G_m^0}{RT} = -\frac{56\,832}{8,3143 \cdot 773,15} = -8,841;$$

daraus folgt für $K_{th,T_1} = \dfrac{p_{CO_2}}{p^0} = 1,45 \cdot 10^{-4}$ und weiter

$p_{CO_2} = 101\,325 \cdot (1,45 \cdot 10^{-4}) = 14,69$ N/m². $CaCO_3$ zerfällt dann vollständig, wenn dessen Dissoziationsdruck größer ist als der Partial-

druck des CO_2 in der Luft, wenn also $p_{CO_2} \geqslant \dfrac{0,03}{100} \cdot 101\,325 =$

$= 30,40$ N/m² ist, entsprechend $K_{th,T_2} = 3,00 \cdot 10^{-4}$, d. h.
$\ln K_{th,T_2} = -8,112$. Die zu dieser Gleichgewichtskonstante ge-

hörende Temperatur erhält man aus $\dfrac{1}{T_2} = \dfrac{1}{T_1} - \dfrac{R}{\Delta_R H_m} \cdot \ln \dfrac{K_{th,T_2}}{K_{th,T_1}} =$

$$= \frac{1}{773,15} - \frac{8,3143}{173\,000} \cdot \ln \frac{3,00 \cdot 10^{-4}}{1,45 \cdot 10^{-4}} =$$

$= 1,29 \cdot 10^{-3} - 3,49 \cdot 10^{-5} = 1,26 \cdot 10^{-3}$, demnach ist
$T_2 = 793,65$ K $= 520,50$ °C. ——

Aufgaben. 8/42. Für $LiCl \cdot NH_3$ beträgt bei 96 °C der Dissoziations-druck 48 929 N/m², bei 105 °C 72 255 N/m². Zu berechnen ist die mittlere molare Reaktionsenthalpie für die Reaktion $LiCl \cdot NH_3(s) \rightleftharpoons LiCl(s) + NH_3(g)$.

8/43. Für $MgCO_3$ beträgt bei 545 °C der Dissoziationsdruck 110 110 N/m^2, bei 565 °C 162 546 N/m^2. Zu berechnen ist die mittlere molare Reaktionsenthalpie für die Reaktion $MgCO_3(s) \rightleftharpoons MgO(s) + CO_2(g)$.

Ist $\Delta_R H_m$ stark temperaturabhängig, so ist diese Temperaturabhängigkeit nach der Kirchhoffschen Gleichung [(XXXIV), Abschnitt 8.1.5] zu berücksichtigen. Zur Absolutberechnung der Gleichgewichtskonstante ist auch noch die Integrationskonstante zu bestimmen. Mit Gl. (XXXII) folgt:

$$\frac{d}{dT}(\ln K_{th}) = \frac{\Delta_R H_{mT}^0}{RT^2} = \frac{\Delta_R H_{m0}^0 + \int_0^T \Delta_R C_{mp}^0 \cdot dT}{RT^2}.$$

$$(XXXVI)$$

und daraus durch Integration

$$\ln K_{th} = -\frac{\Delta_R H_{m0}^0}{RT} - \frac{1}{RT}\int_0^T \Delta_R C_{mp}^0 \cdot dT + \frac{1}{R}\int_0^T \frac{\Delta_R C_{mp}^0}{T} \cdot dT + I$$

$$(XXXVII)$$

($\Delta_R H_{m0}^0$ hypothetische molare Reaktionsenthalpie bei der Temperatur $T = 0$ K, I Integrationskonstante). Mit $\Delta_R G_{mT}^0 = \Delta_R H_{mT}^0 - T \cdot \Delta_R S_{mT}^0$ kann man aber auch schreiben:

$$\ln K_{th} = -\frac{\Delta_R G_{mT}^0}{RT} = -\frac{\Delta_R H_{m0}^0}{RT} - \frac{1}{RT}\int_0^T \Delta_R C_{mp}^0 \cdot dT +$$

$$+ \frac{1}{R}\int_0^T \frac{\Delta_R C_{mp}^0}{T} \cdot dT + \frac{\Delta_R S_{m0}^0}{R}. \qquad (XXXVIII)$$

Der Vergleich der Gln. (XXXVII) und (XXXVIII) zeigt, daß die Integrationskonstante $I = \Delta_R S_{m0}^0 / R$ ist.

Liegen für die Temperaturabhängigkeit der molaren Wärmekapazitäten empirische Beziehungen der Art von Gl. (XXXVII) bzw. (XXXVIII), Abschnitt 8.1.5, vor, so erhält man durch Einsetzen in die Kirchoffsche Gleichung (XXXIV), Abschnitt 8.1.5, und Integration für die molare Reaktionsenthalpie $\Delta_R H_{mT}^0$ bei der Temperatur T:

$$\Delta_R H^0_{mT} = \int \Delta_R C^0_{mp} \cdot dT + C = \Delta a \cdot T + \frac{\Delta b}{2} \cdot T^2 - \frac{\Delta c}{T} + C,$$

$$\text{(XXXIX)}$$

wobei C eine Integrationskonstante ist. Meist geht man von der Standard-Reaktionsenthalpie $\Delta_R H^0_{m,298,15}$ aus. Dann erhält man den Wert von C, indem man in die Gl. (XXXIX) für $T = 298,15$ und für $\Delta_R H^0_{mT}$ den Wert der Standard-Reaktionsenthalpie $\Delta_R H^0_{m,298,15}$ einsetzt:

$$C = \Delta_R H^0_{m,298,15} - \Delta a \cdot 298,15 - \frac{\Delta b}{2}(298,15)^2 + \frac{\Delta c}{298,15} . \quad \text{(XL)}$$

Aus der van't Hoffschen Reaktionsisobare, Gl. (XXXII), ergibt sich durch Einsetzen von Gl. (XXXIX) und Integration:

$$\ln K_{th} = \frac{1}{R} \int \left(\frac{\Delta a}{T} + \frac{\Delta b}{2} - \frac{\Delta c}{T^3} + \frac{C}{T^2} \right) dT + I =$$

$$= \frac{1}{R} \left(\Delta a \cdot \ln T + \frac{\Delta b}{2} \cdot T + \frac{\Delta c}{2T^2} - \frac{C}{T} \right) + I; \quad \text{(XLI)}$$

I ist eine Integrationskonstante. Da $\Delta_R G^0_{mT} = -RT \cdot \ln K_{th}$ ist, erhält man:

$$\Delta_R G^0_{mT} = C - \Delta a \cdot T \cdot \ln T - \frac{\Delta b}{2} \cdot T^2 - \frac{\Delta c}{2T} - IRT \quad \text{(XLII)}$$

und damit für $T = 298,15$ K:

$$I = \frac{1}{R} \left(\frac{-\Delta_R G^0_{m,298,15}}{298,15} + \frac{C}{298,15} - \Delta a \cdot \ln 298,15 - \right.$$

$$\left. - \frac{\Delta b}{2} \cdot 298,15 - \frac{\Delta c}{2(298,15)^2} \right). \quad \text{(XLIII)}$$

Beispiel 8-39. Es soll die Temperaturabhängigkeit von K_{th} und K_{th} bei 700 K für die Reaktion $CO\,(g) + H_2O\,(g) \rightleftharpoons CO_2\,(g) + H_2\,(g)$ berechnet werden. Gegeben sind folgende Daten:

$$C^0_{mp,CO} = 28,41 + 4,10 \cdot 10^{-3} \cdot T - 0,46 \cdot 10^5 \cdot T^{-2} \quad J/(mol \cdot K)$$

$$C^0_{mp,H_2O} = 30,54 + 10,29 \cdot 10^{-3} \cdot T \quad J/(mol \cdot K)$$

$$C^0_{mp,CO_2} = 44,22 + 8,79 \cdot 10^{-3} \cdot T - 8,62 \cdot 10^5 \cdot T^{-2} \quad J/(mol \cdot K)$$

$$C^0_{mp,H_2} = 27,28 + 3,26 \cdot 10^{-3} \cdot T + 0,50 \cdot 10^5 \cdot T^{-2} \quad J/(mol \cdot K)$$

$\Delta_B H^0_{m,CO,298,15} = -110,5 \text{ kJ/mol}$

$\Delta_B H^0_{m,H_2O,298,15} = -241,83 \text{ kJ/mol}$

$\Delta_B H^0_{m,CO_2,298,15} = -393,5 \text{ kJ/mol}$

$\Delta_B G^0_{m,CO,298,15} = -137,1 \text{ kJ/mol}$

$\Delta_B G^0_{m,H_2O,298,15} = -228,6 \text{ kJ/mol}$

$\Delta_B G^0_{m,CO_2,298,15} = -394,5 \text{ kJ/mol}.$

Damit berechnet man:

$\Delta_R H^0_{m,298,15} = -(-110,5) - (-241,83) + (-393,5) = -41,17 \text{ kJ/mol};$

$\Delta_R G^0_{m,298,15} = -(-137,1) - (-228,6) + (-394,5) = -28,80 \text{ kJ/mol};$

$\Delta a = -28,41 - 30,54 + 44,22 + 27,28 = 12,55 \text{ J/(mol·K)}$

$\Delta b = (-4,10 - 10,29 + 8,79 + 3,26) \cdot 10^{-3} = -2,34 \cdot 10^{-3} \text{ J/(mol·K}^2)$

$\Delta c = [-(-0,46) + (-8,62) + 0,50] \cdot 10^5 = -7,66 \cdot 10^5 \text{ J·K/mol}$

$$C = -41\,170 - 12,55 \cdot 298,15 - \frac{(-2,34) \cdot 10^{-3}}{2} \cdot (298,15)^2 + \frac{(-7,66) \cdot 1}{298,15}$$

$$= -41\,170 - 3742 - (-104) - 2569 = -47\,377 \text{ J/mol}.$$

$$I = \frac{1}{8,3143} \left(\frac{+28\,800}{298,15} - \frac{47\,377}{298,15} - 12,55 \cdot \ln 298,15 - \right.$$

$$\left. - \frac{(-2,34 \cdot 10^{-3})}{2} \cdot 298,15 - \frac{(-7,66 \cdot 10^5)}{2(298,15)^2} \right) = \frac{1}{8,3143} \times$$

$$\times (96,596 - 158,903 - 71,505 + 0,349 + 4,309) = -15,534.$$

Es ist dann

$$\ln K_{th} = \frac{1}{8.3143} \left(12,55 \cdot \ln T + \frac{(-2,34 \cdot 10^{-3})}{2} \cdot T + \right.$$

$$\left. + \frac{(-7,66 \cdot 10^5)}{2\,T^2} - \frac{(-47\,377)}{T} \right) + I =$$

$$= 1,509 \cdot \ln T - 1,407 \cdot 10^{-4} \cdot T - \frac{4,607 \cdot 10^4}{T^2} + \frac{5698}{T} - 15,534.$$

Daraus ergibt sich für $T = 700 \text{ K}$:

$\ln K_{th,700} = 9,886 - 0,098 \cdot 0,094 + 8,140 - 15,534 = +2,300$
und $K_{th,700} = 9,9742.$ ——

Aufgaben. 8/44. Für die Reaktion $CaS + 3\,CaSO_4 \rightleftharpoons 4\,CaO + 4\,SO_2$ sollen Gleichungen für die Abhängigkeit (a) der molaren Reaktionsenthalpie und (b) der molaren freien Standard-Reaktionsenthalpie aufgestellt werden. Ferner sind (c) die Gleichgewichtskonstante K_{th} und (d) der Partialdruck von SO_2 bei 1300 K zu berechnen. Gegeben sind die in der folgenden Tabelle aufgeführten Daten; $K_f = 1$.

Substanz	molare Standardentropie $S^0_{m,\,298,15}$	molare Standard-Bildungsenthalpie $\Delta_B H^0_{m,\,298,15}$	molare Wärmekapazität $C^0_{mp} = a + bT + cT^{-2}$ $J/(mol \cdot K)$		
	$J/(mol \cdot K)$	kJ/mol	a	b	c
$CaS\,(s)$	56,5	$-478,3$	42,68	$15,90 \cdot 10^{-3}$	
$CaSO_4\,(s)$	106,7	-1424	70,21	$98,74 \cdot 10^{-3}$	
$CaO\,(s)$	39,7	$-635,1$	49,63	$4,52 \cdot 10^{-3}$	$6,95 \cdot 10^5$
$SO_2\,(g)$	248,1	$-296,9$	47,71	$5,917 \cdot 10^{-3}$	$-8,559 \cdot 10^5$

8.4.5 Thermodynamische Berechnung der Gleichgewichtskonstanten

Die Berechnung der Gleichgewichtskonstanten erfolgt, sofern die Temperaturabhängigkeit der molaren Wärmekapazitäten, die molaren Standard-Reaktionsenthalpien und die molaren freien Standard-Reaktionsenthalpien bekannt sind, nach Gl. (XXXVIII). Identisch damit ist die folgende Gleichung:

$$\ln K_{th} = -\frac{\Delta_R H^0_{mT}}{RT} + \frac{\Delta_R S^0_{mT}}{R}, \qquad \text{(XLIV)}$$

$$\text{mit}\quad \Delta_R H^0_{mT} = \Delta_R H^0_{m,\,298,15} + \int\limits_{298,15}^{T} \Delta_R C^0_{mp} \cdot dT \qquad \text{(XLV)}$$

$$\text{und}\quad \Delta_R S^0_{mT} = \Delta_R S^0_{m,\,298,15} + \int\limits_{298,15}^{T} \frac{\Delta_R C^0_{mp}}{T} \cdot dT. \qquad \text{(XLVI)}$$

Stehen Daten über die molaren Wärmekapazitäten nur beschränkt zur Verfügung, so kann die Berechnung von K_{th} näherungsweise mit Hilfe der sog. Ulichschen Näherungen erfolgen:

a) Die molaren Wärmekapazitäten werden vernachlässigt. Dann ist:

$$\ln K_{th} \approx - \frac{\Delta_R H^0_{m,\,298,15}}{RT} + \frac{\Delta_R S^0_{m,\,298,15}}{R} \,. \qquad \text{(XLVII)}$$

(1. Ulichsche Näherung)

b) $\Delta_R C^0_{mp}$ wird als unabhängig von der Temperatur angesehen, bzw. ist durch einen Mittelwert im Temperaturbereich zwischen 298,15 K und der Temperatur T gegeben. Die Integration der Gl. (XLIV) ergibt dann:

$$\ln K_{th} \approx - \frac{\Delta_R H^0_{m,\,298,15}}{RT} + \frac{\Delta_R S^0_{m,\,298,15}}{R} -$$

$$- \frac{\Delta_R C^0_{mp}}{R} \cdot \left(1 - \frac{298,15}{T} - \ln \frac{T}{298,15} \right) = - \frac{\Delta_R G^0_{m,\,298,15}}{RT}$$

$$- \frac{\Delta_R C^0_{mp}}{R} \cdot \left(1 - \frac{298,15}{T} - \ln \frac{T}{298,15} \right) \,. \qquad \text{(XLVIII)}$$

(2. Ulichsche Näherung)

Beispiel 8-40. Für die Reaktion $CO\,(g) + H_2O\,(g) \rightleftharpoons CO_2\,(g) + {}+ H_2\,(g)$ ist nach den Angaben in Beispiel 8-39: $\Delta_R H^0_{m,\,298,15} =$

$$= -41,17 \text{ kJ/mol und } \Delta_R S^0_{m,\,298,15} = \frac{\Delta_R H^0_{m,\,298,15} - \Delta_R G^0_{m,\,298,15}}{298,15} =$$

$$= \frac{-41\,170 - (-28\,800)}{298,15} = -41,49 \text{ J/(mol} \cdot \text{K)}. \text{ Man berechne damit}$$

K_{th} für $T = 700$ K nach der 1. Ulichschen Näherung.

$$\ln K_{th} \approx - \frac{(-41\,170)}{8,3143 \cdot 700} + \frac{(-41,49)}{8,3143} = 7,074 - 4,990 =$$

$= 2,084$ und $K_{th} \approx 8,04$. Der nach der 1. Ulichschen Näherung berechnete Wert für K_{th} liegt somit um 19% niedriger als der exakt berechnete Wert (s. Beispiel 8-39). ——

Beispiel 8-41. Für dieselbe Reaktion wie in Beispiel 8-40 seien außer $\Delta_R H^0_{m,\,298,15}$ und $\Delta_R S^0_{m,\,298,15}$ noch die mittleren molaren Wärmekapazitäten im Temperaturbereich zwischen 298,15 und 700 K gegeben; diese betragen für $CO\,(g)$ 30,24, für $H_2O\,(g)$ 35,68, für $CO_2\,(g)$ 44,48 und für $H_2\,(g)$ 29,15 J/mol·K).

$$\Delta_R C^0_{mp} = -30,24 - 35,68 + 44,48 + 29,15 = 7,71 \text{ J/(mol} \cdot \text{K)}.$$

Dann ist nach Gl. (XLVIII):

$$\ln K_{\text{th}} \approx -\frac{(-41\ 170)}{8{,}3143 \cdot 700} + \frac{(-41{,}49)}{8{,}3143} -$$

$$-\frac{7{,}71}{8{,}3143} \cdot \left(1 - \frac{298{,}15}{700} - \ln \frac{700}{298{,}15}\right) = 2{,}3428$$

und $K_{\text{th}} \approx 10{,}41$. Nach der 2. Ulichschen Näherung liegt der Wert für K_{th} um 4,4% höher als der exakt berechnete (s. Beispiel 8-39). ———

Mit der Erweiterung kalorischer Messungen in das Gebiet sehr tiefer Temperaturen und mit der Entwicklung statistischer Methoden zur Berechnung thermodynamischer Eigenschaften von Gasmolekülen aus spektroskopischen Daten gewinnen die auf dieser Basis berechneten thermodynamischen Daten zunehmend an Bedeutung.

Beim Standarddruck $p^0 = 1{,}01325$ bar und bei der Temperatur $T = 0$ K ist:

$$\Delta_R U^0_{m0} = \Delta_R H^0_{m0} \,. \tag{XLIX}$$

Wir können nun schreiben:

$$\Delta_R G^0_{mT} = \Delta_R G^0_{mT} + (-\Delta_R H^0_{m0} + \Delta_R H^0_{m0}) \tag{L}$$

oder nach Division durch T:

$$\frac{\Delta_R G^0_{mT}}{T} = \Delta_R \left(\frac{G^0_{mT} - H^0_{m0}}{T}\right) + \frac{\Delta_R H^0_{m0}}{T} \,. \tag{LI}$$

Mit Gl. (VIII) folgt daraus:

$$R \cdot \ln K_{\text{th}} = -\left[\Delta_R \left(\frac{G^0_{mT} - H^0_{m0}}{T}\right) + \frac{\Delta_R H^0_{m0}}{T}\right] , \tag{LII}$$

wobei

$$\Delta_R \left(\frac{G^0_{mT} - H^0_{m0}}{T}\right) = \sum_i \nu_i \left(\frac{G^0_{mT} - H^0_{m0}}{T}\right)_i \tag{LIII}$$

und

$$\Delta_R H^0_{m0} = \sum_i \nu_i (\Delta_B H^0_{m0})_i. \tag{LIV}$$

Zur Berechnung von K_{th} müssen die Größen $\dfrac{G^0_{mT} - H^0_{m0}}{T}$,

die sog. *molaren freien Enthalpiefunktionen*, für alle an einer gegebenen Reaktion beteiligten Reaktanden, sowie die molare Reak-

tionsenthalpie bei $p^0 = 1,01325$ bar und $T = 0$ K bekannt sein.
In vielen modernen Tabellenwerken sind diese Funktionen für
zahlreiche Substanzen tabelliert (s. auch folgende Tabelle).

Molare freie Enthalpiefunktion $-\left(\dfrac{G^0_{mT} - H^0_{mT}}{T}\right)$ in J/(mol · K) verschiedener

Gase für den idealen Gaszustand bei 1,01325 bar und für Graphit, sowie molare
Bildungsenthalpien $\Delta_B H^0_{m0}$ in kJ/mol bei 0 K

T K	H_2	O_2	N_2	$C\,(s)$ Graphit	$H_2O\,(g)$	$NH_3\,(g)$	CO
298,15	102,25	176,10	162,52	2,165	155,63	156,06	168,94
400	110,62	184,69	171,08	3,454	165,41	169,06	177,49
500	117,02	191,23	177,58	4,798	172,89	176,89	184,00
600	122,27	196,65	182,91	6,184	179,06	183,51	189,34
700	126,71	201,26	187,44	7,578	184,33	189,29	193,88
800	130,57	205,34	191,38	8,951	188,95	194,48	197,84
900	133,99	208,97	194,90	10,295	193,10	199,25	201,37
1000	137,07	212,26	198,06	11,602	196,85	203,60	204,57
1250	143,63	219,35	204,86	14,691	205,02	213,40	211,42
1500	149,01	225,28	210,53	17,505	211,94	222,03	217,14
1750	153,64	230,39	215,41	20,235	218,05	229,73	222,07
2000	157,71	234,89	219,71	22,927	223,49	236,81	226,41
$\Delta_B H^0_{m0}$	0	0	0	0	−239,083	−38,728	−113,89

T K	CO_2	CH_4	C_2H_2	C_2H_4	C_2H_6	$C_6H_6\,(g)$
298,15	182,36	152,65	167,39	184,14	189,54	221,61
400	191,87	162,70	177,73	195,15	201,97	237,35
500	199,57	170,61	186,35	204,11	212,56	252,21
600	206,15	177,48	193,89	212,27	222,24	266,70
700	212,00	183,63	200,67	219,81	231,28	280,77
800	217,27	189,29	206,83	226,88	239,86	294,50
900	222,10	194,56	212,48	233,54	248,03	307,73
1000	226,54	199,50	217,76	239,86	255,86	320,58
1250	236,39	210,93	229,48	254,98	274,53	351,02
1500	244,85	221,23	239,61	267,70	290,82	378,70
1750	252,30					
2000	258,95					
$\Delta_B H^0_{m0}$	−393,43	−66,934	+227,43	+60,801	−69,153	+100,483

Beispiel 8-42. Mit Hilfe der Daten aus der vorstehenden Tabelle soll die Gleichgewichtskonstante K_{th} für die Reaktion $2\,CH_4(g) \rightleftharpoons C_2H_4(g) + 2\,H_2(g)$ bei 1500 K berechnet werden.

Aus der Tabelle liest man für 1500 K ab:

	$CH_4(g)$	$C_2H_4(g)$	$H_2(g)$	
$\dfrac{G^0_{mT} - H^0_{m0}}{T}$	$-221{,}23$	$-267{,}70$	$-149{,}01$	$J/(mol \cdot K)$
$\Delta_B H^0_{m0}$	$-66\,934$	$+60\,801$	0	J/mol
ν_i	-2	$+1$	$+2$	

Mit diesen Daten ist

$$\frac{\Delta_R G^0_{m,1500}}{1500} = -2\left[-221{,}23 + \frac{(-66\,934)}{1500}\right] +$$

$$+ 1\left(-267{,}70 + \frac{60\,801}{1500}\right) + 2(-149{,}01 + 0) = 531{,}71 -$$

$$-227{,}17 - 298{,}02 = 6{,}52.$$

$$\ln\,K_{th} = -\frac{\Delta_R G^0_{m,1500}}{1500 \cdot 8{,}3143} = -0{,}7842; \quad K_{th} = 0{,}4565. \quad \text{———}$$

Aufgaben. 8/45. Zu berechnen ist die Gleichgewichtskonstante K_{th} für die Reaktion $0{,}5\,N_2(g) + 1{,}5\,H_2(g) \rightarrow NH_3(g)$ bei 700 K.

8/46. Für die Reaktion $2\,CH_4(g) \rightarrow C_2H_2(g) + 3\,H_2(g)$ ist die Gleichgewichtskonstante K_{th} bei 1500 K zu berechnen.

9 Elektrochemie

9.1 Elektrolytlösungen

9.1.1 Elektrische Leitfähigkeit

Werden *Ionenkristalle (Elektrolyte)* in Wasser aufgelöst, so leiten die dabei entstehenden Elektrolytlösungen den elektrischen Strom, da sich bei der Auflösung geladene *Ionen* (*Kationen* und *Anionen*) bilden, welche in einem elektrischen Feld wandern. Elektrolytlösungen haben somit einen gewissen elektrischen *Leitwert G* (SI-Einheit: S, Siemens), worunter man den reziproken Wert des elektrischen Widerstandes der Elektrolytlösung versteht:

$$G = \frac{1}{R} \, . \tag{I}$$

Der *elektrische Widerstand* eines Körpers ist durch das Ohmsche Gesetz definiert:

$$R = \frac{U}{I} \, , \tag{II}$$

wobei R der elektrische Widerstand in Ohm (Ω), U die *elektrische Spannung* in Volt (V) und I die *elektrische Stromstärke* in Ampere (A) ist. Der elektrische Widerstand eines Körpers ist dessen Länge l direkt und dessen Querschnittsfläche q umgekehrt proportional:

$$R = \rho \cdot \frac{l}{q} = \frac{1}{\kappa} \frac{l}{q} \, . \tag{III}$$

Der Proportionalitätsfaktor ρ wird als *spezifischer elektrischer Widerstand* (SI-Einheit: $\Omega \cdot$ m), dessen Kehrwert als *elektrische Leitfähigkeit* κ (SI-Einheit: S/m) bezeichnet:

$$\kappa = \frac{1}{\rho} \, . \tag{IV}$$

Gl. (III) gilt auch für den elektrischen Widerstand von Elektrolytlösungen; dann bedeutet l den Elektrodenabstand und q die Querschnittsfläche der Elektroden einer sog. Leitfähigkeitsmeßzelle. Meist ermittelt man das Verhältnis l/q, welches als *Zellkonstante P*

$$P = \frac{l}{q}$$

(V)

bezeichnet wird, nicht durch Ausmessen der Zelle, sondern mit Hilfe einer Elektrolytlösung bekannter elektrischer Leitfähigkeit (vorwiegend KCl-Lösung). Die elektrische Leitfähigkeit einer beliebigen Lösung ist dann

$$\kappa = \frac{P}{R} \; .$$

(VI)

Die Leitfähigkeit von Elektrolytlösungen steigt i. allg. mit zunehmender Konzentration des gelösten Elektrolyten wegen der Zunahme der vorhandenen Ionen an. Infolge der starken Konzentrationsabhängigkeit ist jedoch die elektrische Leitfähigkeit kein geeignetes Maß für den Vergleich verschiedener Elektrolytlösungen.

Betrachten wir eine Elektrolytlösung, welche aus einem Nichtelektrolyten (Komponente 1) als Lösungsmittel und einem Elektrolyten (Komponente 2) besteht; dieser enthalte neben undissoziierten Elektrolytmolekülen nur eine Kationensorte (Teilchenart +) und eine Anionensorte (Teilchenart −). Wir führen nun Formelzeichen ein, welche mit ihrer Bedeutung und ihrer SI-Einheit in der folgenden Tabelle aufgeführt sind.

Zeichen	Bedeutung	SI-Einheit
n_1	Stoffmenge des Lösungsmittels	mol
n_2	Stoffmenge des Elektrolyten	mol
ν_i	Zerfallszahl der Ionenart i (i bedeutet: +, −)	1 [+)]
z_i	Ladungszahl der Ionenart i (i bedeutet: +, −)	1 [+)]
$n_2^* = \lvert z_i \rvert \nu_i n_2$	Äquivalentmenge des Elektrolyten	mol
$c = n_2/V$	(Stoffmengen-) Konzentration (Molarität) des Elektrolyten (V Volumen der Lösung)	mol/m^3
$c^* = n_2^*/V$	Äquivalentkonzentration (Normalität) des Elektrolyten	mol/m^3

[+)] 1 steht für das Verhältnis zweier gleicher SI-Einheiten sowie für Zahlen.

Beispiel 9-1. Wie groß ist die Äquivalentmenge und die Äquivalentkonzentration einer Lösung von 1 mol $CaCl_2$ in 1 dm^3 Wasser ?

In der Lösung kommen die beiden Ionenarten Ca^{2+} und Cl^- vor. Es sind: $\nu_+ = 1$, $\nu_- = 2$, $z_+ = 2$, $z_- = -1$. Die Äquivalentmenge ist dann $n_2^* = 2 \cdot 1 \cdot 1 = 2$ mol. $V = 10^{-3} m^3$. Daher ist die

Äquivalentkonzentration $c^* = \dfrac{n_2^*}{V} = \dfrac{2}{10^{-3}} = 2 \cdot 10^3$ mol/m^3. ———

Bezieht man nun die elektrische Leitfähigkeit auf die gleiche Anzahl von Ladungsträgern, so folgt die Definition der Äquivalentleitfähigkeit Λ:

$$\Lambda = \frac{\kappa}{c^*} \, . \tag{VII}$$

Beispiel 9-2. Der Widerstand einer Zelle, welche bei 25 °C eine KCl-Lösung der Konzentration 100 mol/m^3 bzw. eine AgNO$_3$-Lösung der Konzentration 100 mol/m^3 enthält, wurde zu 338,38 bzw. 398,92 Ω gemessen. Die Leitfähigkeit der KCl-Lösung bei 25 °C beträgt 1,2886 S/m. Zu berechnen ist a) die Zellkonstante, b) die Äquivalentleitfähigkeit der AgNO$_3$-Lösung.

a) $P = (R\kappa)_{KCl} = 338,38 \cdot 1,2886 = 436,04 \, m^{-1}$.

b) $\kappa_{AgNO_3} = \dfrac{P}{R_{AgNO_3}} = \dfrac{436,04}{398,92} = 1,0931 \, \Omega^{-1} m^{-1} = 1,0931 \, S/m$

$|z_{Ag^+}| = |z_{NO_3^-}| = 1$; $\nu_{Ag^+} = \nu_{NO_3^-} = 1$; $n_2^* = n_2$; $c^* = c =$

$= 100 \, mol/m^3$; $\Lambda_{AgNO_3} = \dfrac{1,0931}{100} = 1,0931 \cdot 10^{-2} \, S \cdot m^2/mol.$ ———

Für sog. *starke Elektrolyte* gibt bei niedrigen Konzentrationen folgende Beziehung den Zusammenhang zwischen der Äquivalentleitfähigkeit und der Äquivalentkonzentration bei konstanter Temperatur wieder:

$$\Lambda = \Lambda^0 - A \cdot \sqrt{c^*} \, . \tag{VIII}$$

(Λ Äquivalentleitfähigkeit bei der Konzentration c^*; Λ^0 Äquivalentleitfähigkeit bei unendlicher Verdünnung, s. unten; A Konstante, abhängig von der Viskosität, der Dielektrizitätskonstante und Temperatur des Lösungsmittels). Elektrolyte, deren Lösungen eine andere Konzentrationsabhängigkeit der Äquivalentleitfähigkeit aufweisen, werden als *schwache Elektrolyte* bezeichnet (z. B. Essigsäure).

Mit zunehmender Verdünnung ($c^* \to 0$) strebt die Äquivalentleitfähigkeit einem Grenzwert, der sog. Grenz-Äquivalentleitfähigkeit Λ^0 zu, s. Gl. (VIII). In diesem Grenzfall kann man alle Elektrolyte als vollständig dissoziiert ansehen, und die interionischen Wechselwirkungskräfte verschwinden.

Beispiel 9-3. Für wäßrige KCl-Lösungen verschiedener Konzentrationen wurden bei 25 °C folgende Werte der Äquivalentleitfähigkeit ermittelt:

$$c^* = 0{,}2 \qquad 0{,}5 \qquad 0{,}8 \qquad 1{,}0 \qquad \text{mol/m}^3$$
$$\Lambda = 1{,}4860 \cdot 10^{-2} \quad 1{,}4785 \cdot 10^{-2} \quad 1{,}4730 \cdot 10^{-2} \quad 1{,}4695 \cdot 10^{-2} \quad \text{S} \cdot \text{m}^2/\text{mol}$$

$$c^* = 2{,}0 \qquad 5{,}0 \qquad 10{,}0 \qquad \text{mol/m}^3$$
$$\Lambda = 1{,}4592 \cdot 10^{-2} \quad 1{,}4353 \cdot 10^{-2} \quad 1{,}4127 \cdot 10^{-2} \qquad \text{S} \cdot \text{m}^2/\text{mol}$$

Zu bestimmen ist die Grenz-Äquivalentleitfähigkeit Λ^0.

Trägt man Λ als Funktion von $\sqrt{c^*}$ auf, so erhält man eine leicht gekrümmte Kurve, die bei niedrigen Konzentrationen in eine Gerade übergeht. Deren Extrapolation auf $\sqrt{c^*} \to 0$ ergibt als Schnittpunkt mit der Ordinatenachse den Wert der Grenz-Äquivalentleitfähigkeit $\Lambda^0 = 1{,}4990 \cdot 10^{-2} \ \text{S} \cdot \text{m}^2/\text{mol}$. ——

In ideal verdünnten Lösungen bewegen sich die Ionen im elektrischen Feld (Anionen zur Anode, Kationen zur Kathode) unabhängig voneinander und es gilt das Kohlrauschsche Gesetz der unabhängigen Ionenwanderung; dieses lautet in der Formulierung für einen binären Elektrolyten, welcher in nur zwei Ionenarten dissoziiert:

$$\Lambda^0 = \lambda_+^0 + \lambda_-^0 \ . \tag{IX}$$

λ_+^0 und λ_-^0 sind die *Grenz-Ionenleitfähigkeiten* der Kationen und Anionen.

Die einzelnen Grenz-Ionenleitfähigkeiten kann man aus der gemessenen Leitfähigkeit nicht ermitteln, denn dazu wäre die Kenntnis der Grenz-Ionenleitfähigkeit mindestens einer Ionenart notwendig (s. 9.2.2, S. 352 f.).

Auf der Basis der Gl. (IX) kann man jedoch bei schwachen Elektrolyten die Grenz-Äquivalentleitfähigkeit Λ^0 berechnen. Dazu setzt man die benötigte Summe $(\lambda_+^0 + \lambda_-^0)$ in geeigneter Weise aus den Λ^0-Werten starker Elektrolyte zusammen. So z. B. kann man Λ^0 für Essigsäure (HAc) aus den Λ^0-Werten von HCl, NaCl und NaAc erhalten:

$$\Lambda_{HAc}^0 = \Lambda_{HCl}^0 + \Lambda_{NaAc}^0 - \Lambda_{NaCl}^0 =$$
$$= \lambda_{H^+}^0 + \lambda_{Cl^-}^0 + \lambda_{Na^+}^0 + \lambda_{Ac^-}^0 - \lambda_{Na^+}^0 - \lambda_{Cl^-}^0 =$$
$$= \lambda_{H^+}^0 + \lambda_{Ac^-}^0 . \tag{X}$$

Beispiel 9-4. In verdünnten wäßrigen Lösungen von HCl, NaAc und NaCl betragen bei 25 °C die Grenz-Äquivalentleitfähigkeiten Λ^0:

$$\begin{array}{cccc}
 & HCl & NaAc & NaCl \\
\Lambda^0 = & 4{,}2616 \cdot 10^{-2} & 0{,}910 \cdot 10^{-2} & 1{,}2645 \cdot 10^{-2} \;\; S \cdot m^2/mol
\end{array}$$

Zu berechnen ist die Grenz-Äquivalentleitfähigkeit von Essigsäure.

Nach Gl. (X) ist $\Lambda_{HAc}^0 = (4{,}2616 + 0{,}910 - 1{,}2645) \cdot 10^{-2} =$
$= 3{,}9071 \cdot 10^{-2} \; S \cdot m^2/mol$.

Aufgaben. 9/1. Der Widerstand einer Leitfähigkeitsmeßzelle, welche bei 25 °C eine KCl-Lösung der Konzentration $c = 100 \; mol/m^3$ bzw. eine $CuSO_4$-Lösung derselben Konzentration enthält, wurde zu 300,75 bzw. 383,71 Ω gemessen. Die Leitfähigkeit der KCl-Lösung von $c = 100 \; mol/m^3$ beträgt 1,2886 S/m bei 25 °C. Man berechne die Zellkonstante und die Äquivalentleitfähigkeit der $CuSO_4$-Lösung der Konzentration $c = 100 \; mol/m^3$.

9/2. Für wäßrige HCl-Lösungen verschiedener Konzentrationen wurden bei 25 °C folgende Werte der Äquivalentleitfähigkeit ermittelt:

$$\begin{array}{lccccc}
c = & 0{,}5 & 1 & 5 & 10 & mol/m^3 \\
\Lambda = & 4{,}2274 \cdot 10^{-2} & 4{,}2136 \cdot 10^{-2} & 4{,}1580 \cdot 10^{-2} & 4{,}1200 \cdot 10^{-2} & S \cdot m^2/mol
\end{array}$$

Zu bestimmen ist die Grenz-Äquivalentleitfähigkeit Λ^0 bei 25 °C.

9/3. Gegeben sind die Grenz-Äquivalentleitfähigkeiten Λ^0 der wäßrigen Lösungen folgender Elektrolyte bei 25 °C:

$$\begin{aligned}
\Lambda_{NaIO_3}^0 &= 7{,}694 \cdot 10^{-3} \; S \cdot m^2/mol \\
\Lambda_{NaAc}^0 &= 7{,}816 \cdot 10^{-3} \; S \cdot m^2/mol \\
\Lambda_{AgAc}^0 &= 8{,}880 \cdot 10^{-3} \; S \cdot m^2/mol
\end{aligned}$$

Zu berechnen ist Λ^0 für eine $AgIO_3$-Lösung bei 25 °C.

9/4. Eine Zelle, gefüllt mit einer KCl-Lösung der Konzentration $c = 100 \; mol/m^3$, hat bei 25 °C einen Widerstand von 211,5 Ω; gefüllt mit einer NaCl-Lösung der Konzentration $c = 3{,}186$ mol/m^3 hat sie einen Widerstand von 6998 Ω bei 25 °C. Zu berechnen sind die Leitfähigkeit und die Äquivalentleitfähigkeit der NaCl-Lösung. Die Leitfähigkeit der KCl-Lösung der Molarität $M = c = 100$ mol/m^3 beträgt 1,2886 S/m bei 25 °C.

9/5. Die Grenz-Äquivalentleitfähigkeiten von wäßrigen NH$_4$Cl-, NaOH- und NaCl-Lösungen betragen $1{,}497 \cdot 10^{-2}$, $2{,}478 \cdot 10^{-2}$ und $1{,}2645 \cdot 10^{-2}$ S $\cdot$ m^2/mol bei 25 °C. Zu berechnen ist die Grenz-Äquivalentleitfähigkeit einer wäßrigen NH$_4$OH-Lösung.

9.1.2 Theorie der elektrolytischen Dissoziation von Arrhenius

Nach der Theorie von Arrhenius lösen sich Elektrolyte bereits beim Lösungsvorgang nicht in Form von Molekülen, sondern zum Teil als geladene *Ionen*. Arrhenius nahm in der Lösung ein Gleichgewicht zwischen undissoziierten und dissoziierten Molekülen an, welches durch zunehmende Verdünnung in Richtung der Dissoziationsprodukte (Ionen) verschoben wird. Unter der Annahme, daß die Grenz-Ionenleitfähigkeiten unabhängig von der Konzentration sind, drückte Arrhenius die Äquivalentleitfähigkeit bei einer beliebigen Äquivalentkonzentration c^* mit Hilfe des *Dissoziationsgrades* α aus:

$$\Lambda = \alpha \, (\lambda_+^0 + \lambda_-^0). \qquad\qquad\text{(XI)}$$

Der Dissoziationsgrad läßt sich dann ausdrücken durch

$$\alpha = \frac{\Lambda}{\lambda_+^0 + \lambda_-^0} = \frac{\Lambda}{\Lambda^0}. \qquad\qquad\text{(XII)}$$

Arrhenius unterschied allerdings nicht zwischen *starken* und *schwachen Elektrolyten*. Nach den heutigen Vorstellungen aber sind starke Elektrolyte praktisch vollständig dissoziiert ($\alpha = 1$). Die Abweichung der Äquivalentleitfähigkeit bei beliebiger Konzentration von der Äquivalentleitfähigkeit bei unendlicher Verdünnung wird bei starken Elektrolyten nicht durch eine Verminderung der Zahl der Ionen hervorgerufen, sondern durch eine Beeinflussung der Ionenwanderung durch interionische Wechselwirkungen. Das Konzept der partiellen Dissoziation von Arrhenius ist daher nur auf schwache Elektrolyte anwendbar.

Beispiel 9-5. Die Äquivalentleitfähigkeiten von wäßrigen HCl- und CH$_3$COOH-Lösungen derselben Konzentration von

100 mol/m^3 bei 25 °C betragen $3{,}9132 \cdot 10^{-2}$ bzw. $5{,}20 \cdot 10^{-4}$ $\text{S} \cdot \text{m}^2/\text{mol}$, die entsprechenden Grenz-Äquivalentleitfähigkeiten $4{,}2616 \cdot 10^{-2}$ bzw. $3{,}901 \cdot 10^{-2}$ $\text{S} \cdot \text{m}^2/\text{mol}$. Man berechne daraus die Dissoziationsgrade.

$$\alpha_{\text{HCl}} = \frac{3{,}9132 \cdot 10^{-2}}{4{,}2616 \cdot 10^{-2}} = 0{,}918; \quad \alpha_{\text{CH}_3\text{COOH}} = \frac{5{,}20 \cdot 10^{-4}}{3{,}901 \cdot 10^{-2}} = 0{,}0133.$$

9.1.3 Dissoziationsgleichgewichte

Die Gleichgewichtsbedingung für eine chemische Reaktion lautet allgemein (s. 8.4, S. 292):

$$\Delta_R G_m = \sum_i \nu_i \mu_i = \sum_i \nu_i G_{mi} = 0. \tag{XIII}$$

Führt man in diese Gleichung die chemischen Potentiale der Reaktionspartner und Reaktionsprodukte der Dissoziation (s. 8.3.4, S. 290)

$$\mu_i = \mu_i^0 + RT \cdot \ln \frac{a_i}{a_i^0} \quad \text{bzw.} \quad G_{mi} = G_{mi}^0 + RT \cdot \ln \frac{a_i}{a_i^0} \tag{XIV}$$

ein, so erhält man, da

$$\sum_i \nu_i \mu_i^0 = \sum_i \nu_i G_{mi}^0 = \Delta_R G_m^0. \tag{XV}$$

ist, für das Gleichgewicht:

$$\Delta_R G_m^0 = -RT \sum_i \nu_i \cdot \ln \left(\frac{a_i}{a_i^0} \right) = -RT \cdot \ln \prod_i \left(\frac{a_i}{a_i^0} \right)^{\nu_i} = -RT \cdot \ln K_{\text{th}}. \tag{XVI}$$

Die a_i sind dabei die Aktivitäten im Gleichgewichtszustand. $\Delta_R G_m^0$, die molare freie Enthalpie für die Dissoziationsreaktion, hängt von der Wahl des Standardzustandes ab. Bei Elektrolytlösungen wählt man hierfür aus praktischen Gründen den (nicht realisierbaren) Zustand einer idealen Lösung mit der Molalität $b = 1$ mol/kg bzw. mit der Stoffmengenkonzentration (Molarität) $c = M = 1$ mol/dm^3, d. h. $a_i^0 = 1$ mol/kg bzw. 1 mol/dm^3. Damit lautet dann die Gl. (XVI):

$$\Delta_R G_m^0 = -RT \sum_i \nu_i \cdot \ln a_i = -RT \cdot \ln \prod_i a_i^{\nu_i} = -RT \cdot \ln K_{\text{th}}. \tag{XVII}$$

K_{th} ist die thermodynamische Gleichgewichtskonstante für das Dissoziationsgleichgewicht (Dissoziationskonstante). Das Verhältnis von Aktivität a_i zur Molalität b_i bzw. zur Molarität c_i wird als Aktivitätskoeffizient γ_{bi} bzw. γ_{ci} bezeichnet (s. 6.7, S. 204):

$$\frac{a_i}{b_i} = \gamma_{bi} \quad \text{(XVIII)} \quad \text{bzw.} \quad \frac{a_i}{c_i} = \gamma_{ci} \, . \qquad \text{(XIX)}$$

Es gilt weiter:

$$\lim_{b_i \to 0} \gamma_{bi} = 1 \quad \text{(XX)} \quad \text{bzw.} \quad \lim_{c_i \to 0} \gamma_{ci} = 1 \, . \qquad \text{(XXI)}$$

Drücken wir in Gl. (XVII) a_i z. B. gemäß Gl. (XIX) durch $a_i = c_i \gamma_{ci}$ aus, so folgt daraus:

$$\Delta_R G_m^0 = -RT \cdot \ln \prod_i (c_i \gamma_{ci})^{\nu_i} = -RT \cdot \ln K_{th} \, . \qquad \text{(XXII)}$$

Es ist also

$$K_{th} = \prod_i c_i^{\nu_i} \cdot \prod_i \gamma_{ci}^{\nu_i} = K_c \cdot K_{\gamma_c} \, . \qquad \text{(XXIII)}$$

Für das Dissoziationsgleichgewicht eines binären Elektrolyten $KA \rightleftharpoons K^+ + A^-$ erhalten wir:

$$K_{th} = K_c \cdot K_{\gamma_c} = \frac{c_{K^+} \, c_{A^-}}{c_{KA}} \cdot \frac{\gamma_{K^+} \, \gamma_{A^-}}{\gamma_{KA}} \, . \qquad \text{(XXIV)}$$

Nach Gl. (XXI) sind für stark verdünnte Lösungen alle $\gamma_{ci} = 1$, d. h. auch $K_{\gamma_c} = 1$ und somit

$$K_{th} = K_c = \frac{c_{K^+} \, c_{A^-}}{c_{KA}} \, . \qquad \text{(XXV)}$$

Ist die Voraussetzung einer genügend verdünnten Lösung erfüllt, so muß K_c für ein gegebenes Lösungsmittel unabhängig von der Konzentration sein und darf nur von der Temperatur und vom Druck abhängen.

Aus Gl. (XXI), Abschnitt 8.4.2, folgt bei konstantem Volumen V für die Konzentration $c_i = n_i/V$ eines beliebigen Reaktanden i als Funktion des Umsatzes U_k einer Leitkomponente k ($=$ dissoziierender Elektrolyt, $U_k =$ Dissoziationsgrad α):

$$c_i = c_i^0 + \frac{\nu_i}{|\nu_k|}\, c_k^0\, U_k = c_i^0 + \frac{\nu_i}{|\nu_k|}\, c_k^0\, \alpha \,. \qquad\qquad \text{(XXVI)}$$

Für die oben formulierte Reaktion sind die Konzentrationen $c_{KA} = c_{KA}^0(1-\alpha)$, $c_{K^+} = c_{KA}^0\,\alpha$, und $c_{A^-} = c_{KA}^0\,\alpha$, wobei c_{KA}^0 die aus der Einwaage berechnete Gesamtkonzentration des Elektrolyten ist. Damit erhalten wir aus Gl. (XXV):

$$K_c = \frac{c_{KA}^0\,\alpha^2}{1-\alpha}\,. \qquad\qquad \text{(XXVII)}$$

Setzen wir für α den für ideal verdünnte Lösungen geltenden Ausdruck (XII) ein, so folgt das sog. Ostwaldsche Verdünnungsgesetz:

$$K_c = \frac{c_{KA}^0\,\Lambda^2}{\Lambda^0(\Lambda^0-\Lambda)}\,. \qquad\qquad \text{(XXVIII)}$$

Beispiel 9-6. Bei 25 °C beträgt die Grenz-Äquivalentleitfähigkeit einer wäßrigen Essigsäurelösung $\Lambda^0 = 3{,}907\cdot10^{-2}$ S·m²/mol. Die Äquivalentleitfähigkeiten von Essigsäurelösungen verschiedener Konzentrationen sind bei 25 °C:

$c^0 = c^* =$	0,0005	0,001	0,010	0,1000	mol/dm³
$\Lambda =$	$6{,}77\cdot10^{-3}$	$4{,}92\cdot10^{-3}$	$1{,}63\cdot10^{-3}$	$5{,}20\cdot10^{-4}$	S·m²/mol

Zu berechnen sind α und K_c.

α berechnet man nach der Gleichung $\alpha = \dfrac{\Lambda}{\Lambda^0}$ und K_c nach der Gleichung $K_c = \dfrac{c_{HAc}^0\cdot\alpha^2}{1-\alpha}$. Man erhält folgende Wertepaare:

$\alpha =$	0,1733	0,1259	0,04172	0,01331	
$K_c =$	$1{,}8164\cdot10^{-5}$	$1{,}8134\cdot10^{-5}$	$1{,}8163\cdot10^{-5}$	$1{,}7955\cdot10^{-5}$	mol/dm

Wie man sieht, ist K_c, die sog. klassische Dissoziationskonstante, für Essigsäure tatsächlich konzentrationsunabhängig. ——

Beispiel 9-7. Bei 25 °C beträgt die Grenz-Äquivalentfähigkeit einer wäßrigen HCl-Lösung $4{,}2616\cdot10^{-2}$ S·m²/mol. Die Äquivalentleitfähigkeiten von HCl-Lösungen verschiedener Konzentrationen sind bei 25 °C:

$c^0 = c^* =$	0,0005	0,001	0,010	0,100	mol/dm
$\Lambda =$	$4{,}2274\cdot10^{-2}$	$4{,}2136\cdot10^{-2}$	$4{,}1200\cdot10^{-2}$	$3{,}9132\cdot10^{-2}$	S·m²/

Man berechne auch hier, wie in Beispiel 9-6, den Dissoziationsgrad α sowie die Dissoziationskonstante K_c und vergleiche das Ergebnis mit demjenigen von Beispiel 9-6.

$$c^0 = c^* = \quad 0{,}0005 \quad 0{,}001 \quad 0{,}010 \quad 0{,}100 \qquad \text{mol/dm}^3$$
$$\alpha = \quad 0{,}992 \quad 0{,}989 \quad 0{,}967 \quad 0{,}918$$
$$K_c = \quad 0{,}0615 \quad 0{,}0889 \quad 0{,}283 \quad 1{,}028 \qquad \text{mol/dm}^3$$

K_c ist für den starken Elektrolyten HCl im gleichen Konzentrationsbereich wie für die Essigsäure in Beispiel 9-6 nicht einmal annähernd konstant, sondern steigt ganz beträchtlich an. Dies ist sowohl auf die Vernachlässigung der Aktivitätskoeffizienten zurückzuführen, als auch darauf, daß bei starken Elektrolyten der Ausdruck Λ/Λ^0 kein Maß für den Dissoziationsgrad darstellt. ———

Beispiel 9-8. Die Dissoziationskonstante K_c der Propionsäure beträgt $1{,}34 \cdot 10^{-5}$ mol/dm^3 bei 25 °C. Die Grenz-Ionenleitfähigkeiten der Hydronium- und Propionat-Ionen betragen $3{,}498 \cdot 10^{-2}$ bzw. $0{,}358 \cdot 10^{-2}$ S·m^2/mol. Man berechne die Leitfähigkeit einer wäßrigen Lösung von Propionsäure der Konzentration $c^0 = c^* = 0{,}100$ mol/dm^3 ($= 100$ mol/m^3) bei 25 °C.

Zuerst berechnen wir den Dissoziationsgrad aus Gl. (XXVII), welche nach α aufgelöst ergibt:

$$\alpha = -\frac{K_c}{2c^0}\left(1 - \sqrt{\frac{K_c + 4c^0}{K_c}}\right) =$$

$$= -\frac{1{,}34 \cdot 10^{-5}}{2 \cdot 0{,}100}\left(1 - \sqrt{\frac{1{,}34 \cdot 10^{-5} + 4 \cdot 0{,}100}{1{,}34 \cdot 10^{-5}}}\right) = 1{,}1509 \cdot 10^{-2}.$$

Die Grenz-Äquivalentleitfähigkeit der Propionsäure ist nach Gl. (IX):
$\Lambda^0 = \lambda_+^0 + \lambda_-^0 = (3{,}498 + 0{,}358) \cdot 10^{-2} = 3{,}856 \cdot 10^{-2}$ S·m^2/mol. Dann ist die Äquivalentleitfähigkeit $\Lambda = \alpha \Lambda^0 = 1{,}1509 \cdot 10^{-2} \times$
$\times 3{,}856 \cdot 10^{-2} = 4{,}4379 \cdot 10^{-4}$ S·m^2/mol und die Leitfähigkeit
$\kappa = c^* \Lambda = 100 \cdot 4{,}4379 \cdot 10^{-4} = 4{,}4379 \cdot 10^{-2}$ S/m. ———

Aufgaben. 9/6. Zu berechnen ist die Dissoziationskonstante K_c der Essigsäure bei 25 °C. Gegeben sind folgende Werte der Äquivalentleitfähigkeit bei 25 °C:

$$c^0 = c^* = \quad 1 \qquad\qquad 5 \qquad\qquad \text{mol/m}^3$$
$$\Lambda_{\text{NaAc}} = \quad 8{,}85 \cdot 10^{-3} \quad 8{,}57 \cdot 10^{-3} \quad \text{S·m}^2/\text{mol}$$
$$\Lambda_{\text{HAc}} = \quad 4{,}87 \cdot 10^{-3} \qquad\qquad\quad \text{S·m}^2/\text{mol}$$

Die Grenz-Ionenleitfähigkeiten des Natrium- bzw. Hydronium-Ions betragen $5{,}01 \cdot 10^{-3}$ und $3{,}498 \cdot 10^{-2}$ S·m²/mol bei 25 °C.

9/7. Die Leitfähigkeit κ einer wäßrigen Lösung von Essigsäure der Konzentration 1 mol/m³ ($= 10^{-3}$ mol/dm³) beträgt $4{,}87 \cdot 10^{-3}$ S/mol, die Grenz-Äquivalentleitfähigkeit $3{,}907 \cdot 10^{-2}$ S·m²/mol bei 25 °C. Zu berechnen sind die Dissoziationskonstante K_c und die Leitfähigkeit einer wäßrigen Essigsäurelösung der Konzentration $c_{HAc} = 50$ mol/m³ ($= 0{,}050$ mol/dm³) unter der Voraussetzung, daß das Ostwaldsche Verdünnungsgesetz gültig ist.

9.1.4 Ionenprodukt des Wassers und pH-Wert

Auch vollständig reines Wasser weist eine, wenn auch sehr geringe elektrische Leitfähigkeit auf; diese ist auf die Gegenwart von Hydronium- und Hydroxid-Ionen zurückzuführen, welche in reinem Wasser in gleichen Konzentrationen vorhanden sind und durch die „Eigendissoziation" des Wassers gebildet werden:

$$H_2O + H_2O \rightleftharpoons H_3O^+ + OH^-. \tag{XXIX}$$

Die Dissoziationskonstante des Wassers ist dann:

$$K_{th} = \frac{a_{H_3O^+}\, a_{OH^-}}{a_{H_2O}^2}. \tag{XXX}$$

Da man aber a_{H_2O} sowohl in reinem Wasser wie auch in verdünnten Lösungen als konstant ansehen darf, kann man $a_{H_2O}^2$ in die Dissoziationskonstante einbeziehen und schreiben:

$$K_W = K_{th}\, a_{H_2O}^2 = a_{H_3O^+}\, a_{OH^-} = c_{H_3O^+}\, c_{OH^-}\, \gamma_{H_3O^+}\, \gamma_{OH^-}. \tag{XXXI}$$

K_W wird als *Ionenprodukt* des Wassers bezeichnet. Bei äußerst kleinen Ionenkonzentrationen ist $\gamma_{H_3O^+} = \gamma_{OH^-} \approx 1$ und damit

$$K_W \approx c_{H_3O^+}\, c_{OH^-}. \tag{XXXII}$$

Beispiel 9-9. Bei 25 °C beträgt die Leitfähigkeit des Wassers $5{,}54 \cdot 10^{-6}$ S/m; die Grenz-Ionenleitfähigkeiten der H_3O^+- und OH^--Ionen betragen $3{,}498 \cdot 10^{-2}$ bzw. $1{,}985 \cdot 10^{-2}$ S·m²/mol. Man berechne die H_3O^+-Ionenkonzentration, den Dissoziationsgrad und das Ionenprodukt des Wassers bei 25 °C ($\rho = 997{,}1$ g/dm³).

Es ist $\Lambda = \dfrac{\kappa}{c_{H_2O}^*} = \dfrac{\kappa}{c_{H_2O}}$ und $\Lambda = \alpha\,(\lambda_{H_3O^+}^0 + \lambda_{OH^-}^0)$. Weiter

ist $c_{H_3O^+} = c_{OH^-} = c_{H_2O}\,\alpha = \dfrac{\kappa}{\lambda_{H_3O^+}^0 + \lambda_{OH^-}^0} = \dfrac{5{,}54 \cdot 10^{-6}}{(3{,}498 + 1{,}985) \cdot 10^{-2}} =$

$$= 1{,}01 \cdot 10^{-4} \ \text{mol/m}^3 = 1{,}01 \cdot 10^{-7} \ \text{mol/dm}^3 .$$

$$c_{H_2O} = \frac{n}{V} = \frac{m}{MV} = \frac{\rho}{M} = \frac{997{,}1}{18{,}02} = 55{,}333 \ \text{mol/dm}^3 .$$

$$\alpha = \frac{c_{H_3O^+}}{c_{H_2O}} = \frac{1{,}01 \cdot 10^{-7}}{55{,}333} = 1{,}83 \cdot 10^{-9} .$$

$$K_W = c_{H_3O^+} \, c_{OH^-} = (1{,}01 \cdot 10^{-7})^2 = 1{,}02 \cdot 10^{-14} \ (\text{mol/dm}^3)^2 . \ \text{———}$$

Zur einfacheren Beschreibung der H_3O^+-Ionenkonzentration definierte Sörensen den sog. *pH-Wert* als negativen Logarithmus der H_3O^+-Ionenkonzentration (in mol/dm^3):

$$pH = - \lg c_{H_3O^+} \ ; \quad c_{H_3O^+} = 10^{-pH} . \qquad\qquad \text{(XXXIII)}$$

Beispiel 9-10. Welchen pH-Wert hat eine Lösung, welche H_3O^+-Ionen in einer Konzentration von $3 \cdot 10^{-3} \ \text{mol/dm}^3$ enthält ?

$$pH = - \lg (3 \cdot 10^{-3}) = -(0{,}477 - 3) = 2{,}52 . \ \text{———}$$

Beispiel 9-11. In welcher Konzentration sind H_3O^+-Ionen in einer Lösung mit dem pH-Wert 5,03 enthalten ?

$$c_{H_3O^+} = 10^{-5{,}03} = 10^{0{,}97 - 6} = 9{,}33 \cdot 10^{-6} \ \text{mol/dm}^3 . \ \text{———}$$

Heute wird der pH-Wert nicht mehr mit der H_3O^+-Konzentration, sondern mit der H_3O^+-Aktivität definiert:

$$pH = -\lg a_{H_3O^+} = -\lg (c_{H_3O^+} \, \gamma_{c,H_3O^+}) \qquad\qquad \text{(XXXIV)}$$

$$a_{H_3O^+} = 10^{-pH} .$$

9.1.5 *Protolytische Reaktionen in wäßrigen Elektrolytlösungen*

In der klassischen Chemie bezeichnete man als Säuren solche Stoffe, welche H^+-Ionen (Protonen), und als Basen Stoffe, welche OH^--Ionen abzugeben vermögen. Da aber diese Definition nur auf wäßrige Lösungen anwendbar ist, erweiterte Brönsted den Säuren/Basen-Begriff durch folgende Definition: *Säuren sind Stoffe, welche Protonen abgeben, Basen solche, welche Protonen aufnehmen können; dabei ist gleichgültig, ob diese Stoffe aus neutralen Molekülen oder aus Ionen bestehen.* Demnach kann man allgemein formulieren:

$$\text{Säure} \rightleftharpoons \text{Base} + \text{Proton} . \qquad\qquad \text{(XXXV)}$$

Spezielle Beispiele für solche, durch Abgabe eines Protons ineinander umwandelbare „korrespondierende" Säuren und Basen sind:

Säure		Base	Säure		Base
HCl	$\rightleftharpoons$	$Cl^- + H^+$	NH_4^+	$\rightleftharpoons$	$NH_3 + H^+$
H_2SO_4	$\rightleftharpoons$	$HSO_4^- + H^+$	H_2O	$\rightleftharpoons$	$OH^- + H^+$ (XXXVI)
HSO_4^-	$\rightleftharpoons$	$SO_4^{2-} + H^+$	H_3O^+	$\rightleftharpoons$	$H_2O + H^+$

Aus diesen Beispielen sehen wir, daß nach der Brönstedschen Definition derselbe Stoff sowohl als Säure wie auch als Base wirken kann, sofern er die Fähigkeit hat, sowohl ein Proton abzugeben, als auch ein Proton aufzunehmen, z. B. HSO_4^- und H_2O.

Die den angeführten Reaktionen entsprechenden Gleichgewichtskonstanten sind deshalb nicht meßbar, weil freie Protonen in festen und flüssigen Phasen nicht existieren können. Koppelt man aber zwei korrespondierende Säure/Base-Paare, dann erfolgt ein mehr oder weniger starker Protonenaustausch, d. h. es findet eine sog. *protolytische Reaktion* statt, z. B.:

$$
\begin{array}{llll}
\text{(a)} & \text{Säure I} & \rightleftharpoons & \text{Base I} + H^+ \\
\text{(b)} & H^+ + \text{Base II} & \rightleftharpoons & \text{Säure II} \\
\hline
& \text{Säure I} + \text{Base II} & \rightleftharpoons & \text{Säure II} + \text{Base I} \\
& S_I + B_{II} & \rightleftharpoons & S_{II} + B_I
\end{array}
\qquad \text{(XXXVII)}
$$

Die Gleichgewichtskonstante der protolytischen Reaktion ist dann

$$K_{th} = \frac{a_{S_{II}}\, a_{B_I}}{a_{S_I}\, a_{B_{II}}} \qquad \text{(XXXVIII)}$$

(a_i Aktivitäten im Gleichgewichtszustand, $i = S_I, S_{II}, B_I, B_{II}$).

Das zweite Base/Säure-Paar (b) wird meist durch das Lösungsmittel repräsentiert: $H^+ + H_2O \rightleftharpoons H_3O^+$ bzw. $H^+ + OH^- \rightleftharpoons H_2O$.

Spezielle Beispiele solcher protolytischer Reaktionen, bei welchen das zweite Base/Säure-Paar H_2O/H_3O^+ bzw. OH^-/H_2O ist, sind:

$$
\begin{array}{lll}
\text{(a)}\ CH_3COOH + H_2O & \rightleftharpoons & H_3O^+ + CH_3COO^- \\
\phantom{\text{(a)}\ }H_2O + NH_3 & \rightleftharpoons & NH_4^+ + OH^- \\
\text{(b)}\ H_2SO_4 + H_2O & \rightleftharpoons & H_3O^+ + HSO_4^- \\
\phantom{\text{(b)}\ }HSO_4^- + H_2O & \rightleftharpoons & H_3O^+ + SO_4^{2-}
\end{array}
$$

(c) $H_2O + CH_3COO^-$ $\rightleftharpoons$ $CH_3COOH + OH^-$

$NH_4^+ + H_2O$ $\rightleftharpoons$ $H_3O^+ + NH_3$

(d) $^+NH_3CH_2COOH + H_2O$ $\rightleftharpoons$ $H_3O^+ + {}^+NH_3CH_2COO^-$

$^+NH_3CH_2COO^- + H_2O$ $\rightleftharpoons$ $H_3O^+ + NH_2CH_2COO^-$

$NH_2CH_2COO^- + H_2O$ $\rightleftharpoons$ $^+NH_3CH_2COO^- + OH^-$

$$(XXXIX)$$

Die Reaktionen der Typen (a) und (b) werden gewöhnlich als *„Dissoziation"* einer Säure bzw.einer Base bezeichnet. So gilt z. B. für die Dissoziation einer schwachen Säure $HA + H_2O \rightleftharpoons H_3O^+ + A^-$ folgende Gleichgewichtsbeziehung:

$$K_{th} = \frac{a_{H_3O^+}\, a_{A^-}}{a_{HA}\, a_{H_2O}}\,. \tag{XL}$$

Die als konstant anzusehende Aktivität des Wassers können wir in die Gleichgewichtskonstante einbeziehen ($K_{th} \cdot a_{H_2O} = K_S$) und erhalten dann:

$$K_S = \frac{a_{H_3O^+}\, a_{A^-}}{a_{HA}} = \frac{c_{H_3O^+}\, c_{A^-}}{c_{HA}} \cdot \frac{\gamma_{c,H_3O^+}\, \gamma_{c,A^-}}{\gamma_{c,HA}}\,. \tag{XLI}$$

Für die Dissoziation einer schwachen Base, z. B. $NH_3 + H_2O \rightleftharpoons NH_4^+ + OH^-$, erhält man entsprechend:

$$K_B = \frac{a_{NH_4^+}\, a_{OH^-}}{a_{NH_3}} = \frac{c_{NH_4^+}\, c_{OH^-}}{c_{NH_3}} \cdot \frac{\gamma_{c,NH_4^+}\, \gamma_{c,OH^-}}{\gamma_{c,NH_3}}\,. \tag{XLII}$$

Sind zwei schwache Säuren in einer einzigen Lösung vorhanden, so beeinflussen sie sich gegenseitig in ihrer Dissoziation. Liegen die schwachen einbasischen Säuren HA1 und HA2 jeweils getrennt in wäßrigen Lösungen mit den Konzentrationen c_{HA1}^0 und c_{HA2}^0 vor, so ist bei genügender Verdünnung (alle $\gamma_{ci} = 1$):

$$K_{S1} = \frac{c_{HA1}^0\, \alpha_1^2}{1-\alpha_1} \quad \text{und} \quad K_{S2} = \frac{c_{HA2}^0\, \alpha_2^2}{1-\alpha_2}\,. \tag{XLIII}$$

Beispiel 9-12. Man berechne die Dissoziationsgrade und die pH-Werte der getrennten wäßrigen Lösungen von: a) Essigsäure ($K_{S1} = 1{,}76 \cdot 10^{-5}$ mol/dm^3 bei 25 °C) der Konzentration $c_1 = 0{,}1$ mol/dm^3 und b) Ameisensäure ($K_{S2} = 2{,}1 \cdot 10^{-4}$ mol/dm^3

bei 25 °C) der Konzentration $c_2 = 0,1$ mol/dm^3. Alle Aktivitätskoeffizienten sind gleich 1 zu setzen.

Da sowohl K_{S1} als auch K_{S2} sehr klein ist, sind auch die Dissoziationsgrade sehr viel kleiner als 1, so daß man in den Gln. (XLIII) die Nenner vernachlässigen kann. Es ist dann:

a) $\alpha_1 \approx \sqrt{\dfrac{1,76 \cdot 10^{-5}}{0,1}} = 1,327 \cdot 10^{-2}$ und $(c_{H_3O^+})_1 \approx 1,327 \cdot 10^{-2} \cdot 0,1$

$\qquad = 1,327 \cdot 10^{-3}$ mol/dm^3. $(\mathrm{pH})_1 = -\lg(1,327 \cdot 10^{-3}) \approx 2,88$.

b) $\alpha_2 \approx \sqrt{\dfrac{2,1 \cdot 10^{-4}}{0,1}} = 4,583 \cdot 10^{-2}$ und $(c_{H_3O^+})_2 \approx 4,583 \cdot 10^{-3}$

mol/dm^3. $(\mathrm{pH})_2 = -\lg(4,583 \cdot 10^{-3}) \approx 2,34$. ——

Sind jedoch die beiden schwachen Säuren in der gleichen wäßrigen Lösung vorhanden, so muß in beiden Dissoziationsgleichgewichten die gesamte H_3O^+-Ionenkonzentration berücksichtigt werden. Wir nehmen an, daß die Lösungen so verdünnt sind, daß alle Aktivitätskoeffizienten $\gamma_{ci} = 1$ sind und damit $K_{\gamma c} = 1$ ist. Bezeichnen wir die Dissoziationsgrade der beiden zusammen gelösten Säuren mit α_1' und α_2', so liegen im Gleichgewichtszustand folgende Konzentrationen vor:

$c_{HA1} = c_{HA1}^0 (1 - \alpha_1')$, $c_{HA2} = c_{HA2}^0 (1 - \alpha_2')$, $c_{A^-,1} = c_{HA1}^0 \alpha_1'$, $c_{A^-,2} = c_{HA2}^0 \alpha_2'$ und $c_{H_3O^+} = c_{HA1}^0 \alpha_1' + c_{HA2}^0 \alpha_2'$. Somit sind, wenn v vereinfacht $c_{HA1}^0 = c_1$ und $c_{HA2}^0 = c_2$ schreiben, die beiden Dissoziationskonstanten:

$$K_{S1} = \frac{(c_1 \alpha_1' + c_2 \alpha_2') \alpha_1'}{1 - \alpha_1'} \quad \text{und} \quad K_{S2} = \frac{(c_1 \alpha_1' + c_2 \alpha_2') \alpha_2'}{1 - \alpha_2'} .$$

$$\text{(XLIV)}$$

Zur exakten Lösung dieser Gleichungen kann man z. B. beide nach α_1' auflösen mit dem Ergebnis

$$\alpha_1' = -\frac{1}{2 c_1} \left[c_2 \alpha_2' + K_{S1} - \sqrt{4 K_{S1} c_1 + (c_2 \alpha_2' + K_{S1})^2} \right] \text{ und}$$

$$\alpha_1' = \frac{K_{S2}(1 - \alpha_2')}{c_1 \alpha_2'} - \frac{c_2}{c_1} \cdot \alpha_2'. \qquad \text{(XLV)}$$

Die nach diesen beiden Gleichungen erhaltenen Werte für α_1' müssen gleich sein. Man kann die Lösung auf graphischem Weg erhalten, indem man verschiedene Werte für α_2' annimmt und jeweils die nach jeder der beiden Gleichungen berechneten Werte für α_1' als Funktion von α_2' aufträgt. Der Schnittpunkt der beiden Kurven gibt mit seinem Abszissenwert α_2', mit seinem Ordinatenwert α_1', durch welche beide Gleichungen erfüllt sind.

Sind alle Dissoziationsgrade α_1, α_2, α_1' und $\alpha_2' \ll 1$, so erhält man aus den Gln. (XLIII) und (XLIV):

$$K_{S1} \approx c_1 \alpha_1^2 \approx (c_1 \alpha_1' + c_2 \alpha_2') \alpha_1' \quad \text{und} \quad K_{S2} \approx c_2 \alpha_2^2 \approx (c_1 \alpha_1' + c_2 \alpha_2') \alpha_2'$$

$$\text{(XLVI)}$$

und weiter

$$\frac{K_{S1}}{K_{S2}} \approx \frac{\alpha_1'}{\alpha_2'} \, . \tag{XLVII}$$

Daraus folgt:

$$\alpha_1' \approx \frac{\alpha_1}{\sqrt{1 + \dfrac{c_2}{c_1} \cdot \dfrac{K_{S2}}{K_{S1}}}} \quad \text{bzw.} \quad \alpha_2' \approx \frac{\alpha_2}{\sqrt{1 + \dfrac{c_1}{c_2} \cdot \dfrac{K_{S1}}{K_{S2}}}} \, . \tag{XLVIII}$$

Ist aber z. B. die Säure HA2 eine starke Säure, welche vollständig dissoziiert ist, so ist $c_2 \alpha_2' = c_2$ und man erhält aus Gl. (XLIV):

$$K_{S1} = \frac{(c_1 \alpha_1' + c_2) \alpha_1'}{1 - \alpha_1'} \, . \tag{XLIX}$$

Beispiel 9-13. Zu berechnen sind die Dissoziationsgrade α_1' und α_2' in einer wäßrigen Lösung, welche Essigsäure ($K_{S1} = 1{,}76 \cdot 10^{-5}$ mol/dm^3 bei 25 °C) der Konzentration $c_1 = 0{,}1$ mol/dm^3 und Ameisensäure ($K_{S2} = 2{,}1 \cdot 10^{-4}$ mol/dm^3 bei 25 °C) der Konzentration $c_2 = 0{,}1$ mol/dm^3 enthält.

Die Dissoziationsgrade der Säuren in den getrennten Lösungen sind aus Beispiel 9-12 zu entnehmen. Dann ist für die gemeinsame Lösung der beiden Säuren nach Gl. (XLVIII):

$$\alpha_1' \approx \frac{1{,}327 \cdot 10^{-2}}{\sqrt{1 + \dfrac{0{,}1 \, (2{,}1 \cdot 10^{-4})}{0{,}1 \, (1{,}76 \cdot 10^{-5})}}} = 3{,}690 \cdot 10^{-3} \quad \text{und}$$

$$\alpha_2' \approx \frac{4{,}583 \cdot 10^{-2}}{\sqrt{1 + \dfrac{0{,}1 \, (1{,}76 \cdot 10^{-5})}{0{,}1 \, (2{,}1 \cdot 10^{-4})}}} = 4{,}402 \cdot 10^{-2} \, .$$

In der gemeinsamen Lösung beider Säuren wird also der Dissoziationsgrad gegenüber demjenigen in den getrennten Lösungen bei der schwächeren Essigsäure mehr zurückgedrängt (von $1{,}327 \cdot 10^{-2}$ auf $3{,}690 \cdot 10^{-3}$) als bei der stärkeren Ameisensäure (von $4{,}583 \cdot 10^{-2}$ auf $4{,}402 \cdot 10^{-2}$). ——

Beispiel 9-14. Zu berechnen ist der Dissoziationsgrad α_1' der Essigsäure in einer wäßrigen Lösung, welche außer der Essigsäure der Konzentration $c_1 = 0{,}1$ mol/dm^3 noch HCl der Konzentration $c_2 = 0{,}1$ mol/dm^3 enthält. HCl ist als starke Säure vollständig dissoziiert ($\alpha_2' = 1$).

Aus Gl. (XLIX) folgt durch Auflösen nach α_1':

$$\alpha_1' = - \frac{1}{2c_1} \left(c_2 + K_{S1} - \sqrt{4 c_1 K_{S1} + (c_2 + K_{S1})^2} \right) =$$

$$= - \frac{1}{2 \cdot 0{,}1} \left(0{,}1 + 1{,}76 \cdot 10^{-5} - \right.$$

$$\left. - \sqrt{4 \cdot 0{,}1 \cdot 1{,}76 \cdot 10^{-5} + (0{,}1 + 1{,}76 \cdot 10^{-5})^2} \right) = 1{,}759 \cdot 10^{-4}. ——$$

Beispiel 9-15. Bei zwei- und mehrwertigen Säuren und Basen erfolgt eine stufenweise Dissoziation, so z. B. bei einer zweiwertigen Säure:

$$H_2A + H_2O \rightleftharpoons H_3O^+ + HA^- \quad \text{(a)}$$
$$HA^- + H_2O \rightleftharpoons H_3O^+ + A^{2-} \quad \text{(b)}.$$

Für diesen Fall sind die Beziehungen für die Dissoziationskonstanten der beiden Stufen abzuleiten.

$$\text{Für Reaktion (a) ist } K_{S,I} = \frac{c_{H_3O^+} \, c_{HA^-}}{c_{H_2A}},$$

$$\text{für Reaktion (b) ist } K_{S,II} = \frac{c_{H_3O^+} \, c_{A^{2-}}}{c_{HA^-}}.$$

Bezeichnen wir mit c die analytische Konzentration der Säure, mit α_1 und α_2 die Dissoziationsgrade der ersten bzw. zweiten Stufe, so sind die Gleichgewichtskonzentrationen:

$$c_{H_2A} = c(1 - \alpha_1), \quad c_{HA^-} = c\,\alpha_1\,(1 - \alpha_2),$$
$$c_{A^{2-}} = c\,\alpha_1\alpha_2 \quad \text{und} \quad c_{H_3O^+} = c\,\alpha_1 + c\,\alpha_1\alpha_2 = c\alpha_1(1 + \alpha_2).$$

Damit folgt für die Dissoziationskonstanten:

$$K_{S,I} = \frac{c\,\alpha_1^2\,(1 - \alpha_2^2)}{1 - \alpha_1} \quad \text{und} \quad K_{S,II} = \frac{c\,\alpha_1\alpha_2\,(1 + \alpha_2)}{1 - \alpha_2} \cdot \underline{\quad\quad}$$

Hydrolysereaktionen

Reaktionen des Typs c) der Gl. (XXXIX) werden als *Hydrolysereaktionen* oder kurz *Hydrolyse* des Salzes einer schwachen Säure bzw. Base bezeichnet. Es handelt sich dabei um gekoppelte Reaktionen, z. B. die Dissoziation einer schwachen Säure HA und die Eigendissoziation des Wassers:

$$HA + H_2O \rightleftharpoons H_3O^+ + A^- \quad \text{und} \quad H_2O + H_2O \rightleftharpoons H_3O^+ + OH^- . \quad (L)$$

Die Dissoziationskonstante K_S ist durch Gl. (XLI) gegeben, für die zweite Reaktion gilt das Ionenprodukt des Wassers: $K_W = a_{H_3O^+}\,a_{OH^-}$, Gl. (XXXI). K_S und K_W sind über $a_{H_3O^+}$ miteinander gekoppelt. Man kann demnach schreiben:

$$\frac{a_{HA}\,a_{OH^-}}{a_{A^-}} = \frac{K_W}{K_S} = K_H = \frac{c_{HA}\,c_{OH^-}}{c_{A^-}} \cdot \frac{\gamma_{c,HA}\,\gamma_{c,OH^-}}{\gamma_{c,A^-}} . \quad (LI)$$

K_H ist offensichtlich die Gleichgewichtskonstante (*Hydrolysekonstante*) der Hydrolysereaktion

$$H_2O + A^- \rightleftharpoons HA + OH^- , \quad\quad\quad (LII)$$

wobei die praktisch konstante Aktivität des Wassers in die Konstante einbezogen ist. In genügend verdünnten Lösungen kann man die Aktivitätskoeffizienten der undissoziierten Säure gleich 1 setzen. Da im Debye-Hückelschen Grenzgebiet $\gamma_{c,A^-} = \gamma_{c,OH^-}$ ist, kann man für diesen Fall die Gl. (LI) schreiben:

$$K_H = \frac{c_{HA}\,c_{OH^-}}{c_{A^-}} . \quad\quad\quad (LIII)$$

Für die Hydrolysereaktion des Salzes einer schwachen Base gilt analog zu Gl. (LI):

$$K_H = \frac{K_W}{K_B} . \quad\quad\quad (LIV)$$

Beispiel 9-16. Bei 25 °C beträgt die Dissoziationskonstante der Essigsäure $K_S = 1{,}76 \cdot 10^{-5}$ mol/dm³, das Ionenprodukt des Wassers $K_W = 1{,}02 \cdot 10^{-14}$ (mol/dm³)². Zu berechnen ist die Hydrolysekonstante für eine wäßrige Natriumacetatlösung.

$$K_H = \frac{K_W}{K_S} = \frac{1{,}02 \cdot 10^{-14}}{1{,}76 \cdot 10^{-5}} = 5{,}80 \cdot 10^{-10} \, \text{mol/dm}^3. \ \text{——}$$

Beispiel 9-17. Bei 25 °C beträgt die Dissoziationskonstante von Pyridin $5{,}62 \cdot 10^{-6}$ mol/dm³. Zu berechnen ist die Hydrolysekonstante einer Pyridinchloridlösung.

$$K_H = \frac{K_W}{K_B} = \frac{1{,}02 \cdot 10^{-14}}{5{,}62 \cdot 10^{-5}} = 1{,}81 \cdot 10^{-10} \ \text{mol/dm}^3. \ \text{——}$$

Das Ausmaß der Hydrolyse wird durch den Hydrolysegrad β gekennzeichnet, der angibt, welcher Bruchteil des Salzes hydrolysiert ist. Bezeichnen wir mit c die (analytische) Konzentration des Salzes, so ist für den Fall der Gültigkeit von Gl. (LIII) $c_{HA} = c_{OH^-} = \ = c\,\beta$ und $c_{A^-} = c\,(1-\beta)$ und damit

$$K_H = \frac{K_W}{K_S} = \frac{c\,\beta^2}{1-\beta} \ . \tag{LV}$$

Ist $\beta \ll 1$, so ergibt sich

$$\beta \approx \sqrt{\frac{K_H}{c}} = \sqrt{\frac{K_W}{c\,K_S}} \ . \tag{LVI}$$

Der Hydrolysegrad bestimmt gleichzeitig die OH^-- und H_3O^+-Ionenkonzentration:

$$c_{OH^-} = c\,\beta \approx \sqrt{K_H\,c} = \sqrt{\frac{K_W\,c}{K_S}} \ . \tag{LVII}$$

$$c_{H_3O^+} = \frac{K_W}{c_{OH^-}} \approx \sqrt{\frac{K_W\,K_S}{c}} \ . \tag{LVIII}$$

Es ist dann

$$pH = -\lg c_{H_3O^+} = \frac{1}{2} \, (\lg c - \lg K_W - \lg K_S). \tag{LIX}$$

Beispiel 9-18. Für eine wäßrige Lösung von Natriumacetat der Konzentration $c = 0{,}01$ mol/dm³ sind bei 25 °C zu berechnen: a) der Hydrolysegrad, b) die H_3O^+-Ionenkonzentration, c) der pH-Wert. Bei 25 °C ist für Essigsäure $K_S = 1,76 \cdot 10^{-5}$ mol/dm³.

$$\beta \approx \sqrt{\frac{1,02 \cdot 10^{-14}}{0,01 \, (1,76 \cdot 10^{-5})}} = 2,41 \cdot 10^{-4};$$

$$c_{H_3O^+} \approx \sqrt{\frac{(1,02 \cdot 10^{-14})\,(1,76 \cdot 10^{-5})}{0,01}} = 4,24 \cdot 10^{-9}$$

$$pH = -\lg c_{H_3O^+} = -\lg (4,24 \cdot 10^{-9}) = 8,37. \text{———}$$

Analoge Beziehungen gelten für die Hydrolyse von Salzen einer schwachen Base und einer starken Säure:

$$\beta \approx \sqrt{\frac{K_W}{c \, K_B}} \qquad \text{(LX)}, \qquad c_{H_3O^+} = \beta c \approx \sqrt{\frac{c \, K_W}{K_B}}, \qquad \text{(LXI)}$$

$$pH = \frac{1}{2}\,(\lg K_B - \lg K_W - \lg c). \tag{LXII}$$

Beispiel 9-19. Für eine wäßrige Lösung von Ammoniumchlorid der Konzentration $c = 0,01$ mol/dm³ sind bei 25 °C zu berechnen: a) der Hydrolysegrad, b) die H_3O^+-Ionenkonzentration und c) der pH-Wert. Bei 25 °C ist für Ammoniak $K_B = 1,79 \cdot 10^{-5}$ mol/dm³.

$$\beta \approx \sqrt{\frac{1,02 \cdot 10^{-14}}{0,01\,(1,79 \cdot 10^{-5})}} = 2,39 \cdot 10^{-4};$$

$$c_{H_3O^+} \approx \sqrt{\frac{0,01\,(1,02 \cdot 10^{-14})}{1,79 \cdot 10^{-5}}} = 2,39 \cdot 10^{-6} \ \text{mol/dm}^3;$$

$$pH = -\lg (2,39 \cdot 10^{-6}) = 5,62. \text{———}$$

Für die Hydrolyse des Salzes einer schwachen Säure und einer schwachen Base nach

$$B^+ + A^- + H_2O \rightleftharpoons BOH + HA \tag{LXIII}$$

ist die Hydrolysekonstante

$$K_H = \frac{c_{BOH}\,c_{HA}}{c_{B^+}\,c_{A^-}} = \frac{K_W}{K_S K_B}. \tag{LXIV}$$

Sind K_S und K_B nicht sehr voneinander verschieden, so ist näherungsweise

$$c_{BOH} = c_{HA} = c\beta \quad \text{und} \quad c_{B^+} = c_{A^-} = c(1-\beta), \qquad \text{(LXV)}$$

somit

$$K_H = \frac{K_W}{K_S K_B} = \frac{\beta^2}{(1-\beta)^2} \approx \beta^2. \qquad \text{(LXVI)}$$

Die H_3O^+-Ionenkonzentration ist

$$c_{H_3O^+} = K_S \cdot \frac{c_{HA}}{c_{A^-}} = K_S \cdot \frac{\beta}{1-\beta} \approx K_S\beta \qquad \text{(LXVII)}$$

und die OH^--Ionenkonzentration

$$c_{OH^-} = K_B \cdot \frac{c_{BOH}}{c_{B^+}} = K_B \cdot \frac{\beta}{1-\beta} \approx K_B\beta. \qquad \text{(LXVIII)}$$

Für den Fall, daß Gl. (LXVI) gültig ist, folgt durch Einsetzen dieser Gleichung in die Gl. (LXVII):

$$c_{H_3O^+} = \sqrt{\frac{K_W K_S}{K_B}} \qquad \text{und daraus} \qquad \text{(LXIX)}$$

$$\text{pH} = -\lg c_{H_3O^+} = \frac{1}{2}(\lg K_B - \lg K_W - \lg K_S). \qquad \text{(LXX)}$$

Beispiel 9-20. Für eine wäßrige Lösung von Ammoniumacetat sind für 25 °C zu berechnen: a) der Hydrolysegrad, b) die H_3O^+-Ionenkonzentration, c) der pH-Wert; $K_S = 1{,}76 \cdot 10^{-5}$ mol/dm^3, $K_B = 1{,}79 \cdot 10^{-5}$ mol/dm^3 bei 25 °C.

$$\beta = \sqrt{\frac{K_W}{K_S K_B}} = \sqrt{\frac{1{,}02 \cdot 10^{-14}}{(1{,}76 \cdot 10^{-5})(1{,}79 \cdot 10^{-5})}} = 5{,}69 \cdot 10^{-3};$$

$$c_{H_3O^+} = K_S\beta = (1{,}76 \cdot 10^{-5})(5{,}69 \cdot 10^{-3}) = 1{,}00 \cdot 10^{-7};$$

$$\text{pH} = -\lg(10^{-7}) = 7{,}00. \; \text{———}$$

Protolytische Reaktionen amphoterer Elektrolyte

Bei den Reaktionen des Typs (d) der Gl. (XXXIX) handelt es sich um protolytische Reaktionen sog. *amphoterer Elektrolyte*; dies sind Verbindungen, welche gleichzeitig saure und basische Eigenschaften aufweisen, und deren wichtigste Vertreter die Aminosäuren sind. Die klassische Chemie formulierte die Dissoziation der Aminosäuren durch folgende Gleichungen:

$$NH_2-R'-COOH + H_2O \rightleftharpoons {}^+NH_3-R'-COOH + OH^-$$
$$NH_2-R'-COOH + H_2O \rightleftharpoons NH_2-R'-COO^- + H_3O^+$$

$$(LXXI)$$

Die entsprechenden „klassischen" Gleichgewichtskonstanten in ausreichend verdünnter Lösung sind dann, wenn wir R für $NH_2-R'-COOH$, R^+ für ${}^+NH_3-R'-COOH$ und R^- für $NH_2-R'-COO$ schreiben:

$$K_B = \frac{a_{R^+}\, a_{OH^-}}{a_R} \quad \text{und} \quad K_S = \frac{a_{H_3O^+}\, a_{R^-}}{a_R}. \qquad (LXXII)$$

Die protolytischen Gleichgewichtskonstanten, entsprechend den Gln. (XXXIX, d), dagegen sind mit $R^\pm$ für ${}^+NH_3-R'-COO^-$:

$$K_1 = \frac{a_{H_3O^+}\, a_{R^\pm}}{a_{R^+}} \quad \text{und} \quad K_2 = \frac{a_{H_3O^+}\, a_{R^-}}{a_{R^\pm}}. \qquad (LXXIII)$$

Aus dem Vergleich der Gln. (LXXII) und (LXXIII) folgt:

$$K_1 = \frac{K_W}{K_B} \quad \text{und} \quad K_2 = K_S. \qquad (LXXIV)$$

Wir verknüpfen nun K_1 und K_2, indem wir die Gln. (LXXIII) nach $a_{R^\pm}$ auflösen und gleichsetzen:

$$a_{H_3O^+}^2 = K_1 K_2 \cdot \frac{a_{R^+}}{a_{R^-}} = K_1 K_2 \cdot \frac{c_{R^+}}{c_{R^-}} \cdot \frac{\gamma_{R^+}}{\gamma_{R^-}}. \qquad (LXXV)$$

Den pH-Wert der Lösung, bei welchem die Konzentration an positiven und negativen Ionen des amphoteren Elektrolyten gleich groß, d. h. $c_{R^+} = c_{R^-}$ ist, bezeichnet man als *isoelektrischen Punkt* (Index I). Für diesen gilt also

$$(a_{H_3O^+})_I = \sqrt{K_1 K_2 \cdot \frac{\gamma_{R^+}}{\gamma_{R^-}}} \quad \text{und} \qquad (LXXVI)$$

$$(pH)_I = -\frac{1}{2}\left(\lg K_1 + \lg K_2 + \lg \frac{\gamma_{R^+}}{\gamma_{R^-}}\right). \qquad (LXXVII)$$

In ausreichend verdünnten Lösungen ist $\gamma_{R^+} = \gamma_{R^-}$ und damit

$$(pH)_I = -\frac{1}{2}(\lg K_1 + \lg K_2). \qquad (LXXVIII)$$

Beispiel 9-21. Für α-Alanin betragen die klassischen Dissoziationskonstanten $K_S = 1,35 \cdot 10^{-10}$ mol/dm^3 und $K_B = 2,21 \cdot 10^{-12}$ mol/dm^3. Man berechne $a_{H_3O^+}$ und den pH-Wert einer sehr verdünnten Lösung ($\gamma_{R^+} = \gamma_{R^-}$) am isoelektrischen Punkt.

$$K_1 = \frac{K_W}{K_B} = \frac{1,02 \cdot 10^{-14}}{2,21 \cdot 10^{-12}} = 4,62 \cdot 10^{-3} \text{ mol/dm}^3;$$

$$K_2 = K_S = 1,35 \cdot 10^{-10} \text{ mol/dm}^3.$$

Damit ergibt sich $a_{H_3O^+} = \sqrt{K_1 K_2} = 7,90 \cdot 10^{-7}$ mol/dm^3 und $(pH)_I = 6,10.$ ———

Beispiel 9-22. Bei 25 °C betragen die erste und die zweite Dissoziationskonstante der Kohlensäure $K_{S,I} = 4,30 \cdot 10^{-7}$ bzw. $K_{S,II} = 5,61 \cdot 10^{-11}$ mol/dm^3. Zu berechnen ist die H_3O^+-Ionenkonzentration und der pH-Wert einer wäßrigen Lösung von Natriumhydrogencarbonat der Konzentration $c = 0,01$ mol/dm^3.

Das amphiprotische Ion HCO_3^- ist an folgenden Gleichgewichtsreaktionen beteiligt:

(I) $HCO_3^- + H_2O \rightleftharpoons H_2CO_3 + OH^-$
(II) $HCO_3^- + H_2O \rightleftharpoons CO_3^{2-} + H_3O^+$
(III) $H_3O^+ + HCO_3^- \rightleftharpoons H_2CO_3 + H_2O;$

es verhält sich dabei in den Reaktionen (I) und (III) als Base, in der Reaktion (II) als Säure. Aus den Gln. (II) und (III) ergibt sich, daß $c_{CO_3^{2-}} = c_{H_3O^+} + c_{H_2CO_3}$ (a) ist. Es ist

$$K_{S,I} = \frac{c_{HCO_3^-} \, c_{H_3O^+}}{c_{H_2CO_3}} \quad \text{(b)} \quad \text{und} \quad K_{S,II} = \frac{c_{CO_3^{2-}} \, c_{H_3O^+}}{c_{HCO_3^-}} \quad \text{(c)}.$$

Löst man (b) nach $c_{H_2CO_3}$, (c) nach $c_{CO_3^{2-}}$ auf und setzt in (a) ein, so erhält man:

$$\frac{K_{S,II} \, c_{HCO_3^-}}{c_{H_3O^+}} = c_{H_3O^+} \cdot \left(1 + \frac{c_{HCO_3^-}}{K_{S,I}}\right) \quad \text{und daraus}$$

$$c_{H_3O^+} = \sqrt{\frac{K_{S,II} \, c_{HCO_3^-}}{1 + \dfrac{c_{HCO_3^-}}{K_{S,I}}}} \, . \quad \text{Die Hydrolysereaktion (I) kann man}$$

vernachlässigen und daher $c_{HCO_3^-} = c$ (Konzentration des

Natriumhydrogencarbonats) setzen. Damit ist $c_{H_3O^+} = \sqrt{\dfrac{K_{S,I} K_{S,II} c}{K_{S,I} + c}}$.

Für eine schwache Säure, z. B. die Kohlensäure, ist meist $K_{S,I} \ll c$

und daher $c_{H_3O^+} = \sqrt{K_{S,I} K_{S,II}}$ und $pH = -lg\, c_{H_3O^+} =$

$= -\dfrac{1}{2} (lg\, K_{S,I} + lg\, K_{S,II})$. Für eine $NaHCO_3$-Lösung ist dann,

unabhängig von der Konzentration:

$c_{H_3O^+} = \sqrt{(4{,}30 \cdot 10^{-7})(5{,}61 \cdot 10^{-11})} = 4{,}91 \cdot 10^{-9}$ mol/dm^3 und

$pH = -lg\, c_{H_3O^+} = -lg\,(4{,}91 \cdot 10^{-9}) = 8{,}31.$ ——

Puffersysteme

Puffersysteme sind Lösungen von definiertem pH-Wert, deren H_3O^+-Ionenaktivität unempfindlich ist gegenüber Verdünnungen, Verunreinigungen und selbst geringen Zusätzen starker Säuren und Basen. Diese Eigenschaft beruht darauf, daß sie gleichzeitig eine Säure und deren Salz bzw. eine Base und deren Salz in Konzentrationen annähernd gleicher Größenordnung enthalten. Das vollständig dissoziierte Salz drängt nach dem Massenwirkungsgesetz die Protolyse der Säure bzw. der Base erheblich zurück; die Säure bzw. Base liegt dann praktisch in undissoziierter Form vor.

In Lösungen einer schwachen Säure gilt für das protolytische Gleichgewicht die Gl. (XLI):

$$K_S = \frac{a_{H_3O^+}\, a_{A^-}}{a_{HA}}.$$ Dann ist, wenn man den Aktivitäts-

koeffizienten der undissoziierten Säure gleich 1 setzt:

$$a_{H_3O^+} = K_S \cdot \frac{c_{HA}}{c_{A^-}} \cdot \frac{1}{\gamma_{A^-}}. \qquad \text{(LXXIX)}$$

Für die Konzentrationen gilt

$$c_{A^-} = c_{A^-}^0 + c_{HA}^0\, \alpha; \quad c_{HA} = c_{HA}^0 (1 - \alpha). \qquad \text{(LXXX)}$$

Da aber die Dissoziation durch das Salz stark zurückgedrängt wird, ist annähernd $c_{A^-} = c_{A^-}^0 = c_{Salz}^0$ und $c_{HA} = c_{HA}^0$, wobei c_{Salz}^0 und c_{HA}^0 die analytischen Gesamtkonzentrationen des Salzes und der Säure sind. Damit folgt aus Gl. (LXXIX)

$$a_{H_3O^+} = K_S \cdot \frac{c_{HA}^0}{c_{Salz}^0} \cdot \frac{1}{\gamma_{A^-}} \quad \text{und} \qquad \text{(LXXXI)}$$

$$pH = -\lg a_{H_3O^+} = - \left(\lg K_S + \lg \frac{c^0_{HA}}{c^0_{Salz}} - \lg \gamma_{A^-} \right).\text{(LXXXII)}$$

Beispiel 9-23. Die Dissoziationskonstante K_S der Isobuttersäure beträgt $1,44 \cdot 10^{-5}$ mol/dm^3. a) Wie groß ist näherungsweise der pH-Wert einer wäßrigen Lösung von Natriumisobutyrat der Konzentration $c^0_{Salz} = 0,1$ mol/dm^3? b) Wie kann man aus der Säure und dem Salz eine Pufferlösung mit pH $= 4,8$ herstellen?

$$\text{a) } K_H = \frac{K_W}{K_S} = \frac{1,02 \cdot 10^{-14}}{1,44 \cdot 10^{-5}} = 7,08 \cdot 10^{-10} \text{ mol/dm}^3;$$

$$a_{H_3O^+} \approx \sqrt{\frac{K_W K_S}{c^0_{Salz}}} = \sqrt{\frac{(1,02 \cdot 10^{-14})(1,44 \cdot 10^{-5})}{0,1}} = 1,21 \cdot 10^{-9}$$

mol/dm^3; daraus pH $= -\lg a_{H_3O^+} = -\lg(1,21 \cdot 10^{-9}) = 8,92$.

$$\text{b) } pH = - \left(\lg K_S + \lg \frac{c^0_{HA}}{c^0_{Salz}} \right) \text{ ; daraus } \lg \frac{c^0_{HA}}{c^0_{Salz}} =$$

$$= - (pH + \lg K_S) = -(4,8 + \lg 1,44 \cdot 10^{-5}) = 4,164 \cdot 10^{-2}; \text{ d. h.}$$

das Konzentrationsverhältnis $\dfrac{c_{Säure}}{c_{Salz}}$ muß 1,101 betragen. Beträgt die Konzentration der Salzlösung 0,1 mol/dm^3, so muß man diese mit dem gleichen Volumen einer Säurelösung der Konzentration 0,1101 mol/dm^3 mischen. In der Mischung liegen dann zwar Salz und Säure jeweils nur in der halben Konzentration ihrer Ausgangslösungen vor, das Verhältnis der Konzentrationen ist aber gleich geblieben. ——

Aufgaben. 9/8. Man berechne den Dissoziationsgrad und den pH-Wert einer wäßrigen Lösung von Propionsäure der Konzentration $c = 0,05$ mol/dm^3. Die Aktivitätskoeffizienten sind gleich 1 zu setzen. $K_S = 1,34 \cdot 10^{-5}$ mol/dm^3 bei 25 °C.

9/9. Es ist der pH-Wert bei 25 °C folgender wäßriger Lösungen angenähert zu berechnen: **a)** Ameisensäure der Konzentration $c = 0,01$ mol/dm^3 ($K_S = 2,1 \cdot 10^{-4}$ mol/dm^3 bei 25 °C), **b)** Ammoniak der Konzentration $c = 0,01$ mol/dm^3 ($K_B = 1,79 \cdot 10^{-5}$ mol/dm^3 bei 25 °C). Die Aktivitätskoeffizienten sollen vernachlässigt werden.

9/10. Es soll der Dissoziationsgrad α'_1 des Ammoniaks in einer wäßrigen Lösung berechnet werden, welche außer dem Ammoniak der Konzentration $c_1 = 0,1$ mol/dm^3 noch NaOH der Konzentration $c_2 = 0,1$ mol/dm^3 enthält. NaOH ist als starke Base vollständig dissoziiert. Für Ammoniak ist $K_B = 1,79 \cdot 10^{-5}$ mol/dm^3 bei 25 °C.

9/11. Zu berechnen sind die Dissoziationsgrade und der pH-Wert einer wäßrigen Lösung von 20 °C, welche Ammoniak ($K_{B1} = 1{,}710 \cdot 10^{-5}$ mol/dm^3 bei 20 °C) der Konzentration $c_1 = 0{,}1$ mol/dm^3 und Hydrazin ($K_{B2} = 1{,}7 \cdot 10^{-6}$ mol/dm^3 bei 20 °C) der Konzentration $c_2 = 0{,}1$ mol/dm^3 enthält.

9/12. Bei 25 °C beträgt die Dissoziationskonstante K_B von Trimethylamin $6{,}58 \cdot 10^{-5}$ mol/dm^3. Zu berechnen sind: **a)** die Hydrolysekonstante, **b)** der Hydrolysegrad, **c)** die H_3O^+-Ionenkonzentration, **d)** der pH-Wert einer wäßrigen Lösung von Trimethylaminhydrochlorid der Konzentration $c = 0{,}01$ mol/dm^3. Die Aktivitätskoeffizienten sollen vernachlässigt werden.

9/13. Die Dissoziationskonstante einer wäßrigen Lösung von

Ammonik ist $K_B = 1{,}79 \cdot 10^{-5}$ mol/dm^3 bei 25 °C. **a)** Welchen pH-Wert hat näherungsweise eine NH_4Cl-Lösung der Konzentration $c = 0{,}01$ mol/dm^3? **b)** Wie kann man aus dieser NH_4Cl-Lösung eine Pufferlösung mit pH = 9,2 herstellen? **c)** Welchen pH-Wert würde man erhalten, wenn man gleiche Volumina der beiden Lösungen mit der gleichen Konzentration $c = 0{,}01$ mol/dm^3 mischen würde?

9/14. Die Dissoziationskonstante K_S von HCN in wäßriger Lösung beträgt $4{,}93 \cdot 10^{-10}$ mol/dm^3 bei 25 °C. Zu berechnen sind für eine wäßrige NaCN-Lösung der Konzentration $c = 0{,}01$ mol/dm^3: **a)** der Hydrolysegrad, **b)** die H_3O^+-Ionenkonzentration, **c)** der pH-Wert.

9/15. Zu berechnen sind **a)** die Hydrolysekonstante, **b)** der Hydrolysegrad, **c)** die H_3O^+-Ionenkonzentration, **d)** der pH-Wert einer wäßrigen Lösung von Anilinacetat. Die Dissoziationskonstante der Essigsäure ist $K_S = 1{,}76 \cdot 10^{-5}$ mol/dm^3, diejenige des Anilins $K_B = 4{,}36 \cdot 10^{-10}$ mol/dm^3

9/16. Für α-Amino-n-buttersäure betragen die klassischen Dissoziationskonstanten $K_S = 1{,}48 \cdot 10^{-10}$ mol/dm^3 und $K_B = 1{,}99 \cdot 10^{-12}$ mol/dm^3. Man berechne $a_{H_3O^+}$ und den pH-Wert einer sehr verdünnten Lösung ($\gamma_{R^+} = \gamma_{R^-}$) am isoelektrischen Punkt.

9/17. Für Glykokoll betragen die protolytischen Gleichgewichtskonstanten $K_1 = 4{,}47 \cdot 10^{-3}$ und $K_2 = 1{,}66 \cdot 10^{-10}$ mol/dm^3. Zu berechnen sind $a_{H_3O^+}$ und der pH-Wert einer sehr verdünnten Lösung am isoelektrischen Punkt.

9/18. Welchen pH-Wert bei 25 °C hat eine Pufferlösung, welche aus 40 cm^3 wäßriger Essigsäurelösung der Konzentration $c = 0{,}2$ mol/dm^3 und 15 cm^3 wäßriger NaOH-Lösung der Konzentration $c = 0{,}2$ mol/dm^3 hergestellt wurde? Für die Essigsäure ist $K_S = 1{,}76 \cdot 10^{-5}$ mol/dm^3.

9/19. Welchen pH-Wert bei 25 °C hat eine Pufferlösung, in welcher Essigsäure und Natriumacetat im Konzentrationsverhältnis 1:100 vorliegen? $K_S = 1{,}76 \cdot 10^{-5}$ mol/dm^3 bei 25 °C für die Essigsäure.

9.1.6 Aktivität von Elektrolyten

Da in Elektrolytlösungen bereits bei geringen Konzentrationen
Abweichungen vom Massenwirkungsgesetz auftreten, muß man fast
immer mit *Aktivitäten* rechnen. Die Verhältnisse

$$\frac{a_i}{b_i} = \gamma_{bi} \qquad\qquad\qquad \text{(LXXXIII)}$$

bzw.

$$\frac{a_i}{c_i} = \gamma_{ci} \qquad\qquad\qquad \text{(LXXXIV)}$$

werden als *Aktivitätskoeffizienten* bezeichnet, je nachdem, ob die
Gehaltsangabe für den gelösten Stoff i als Molalität b_i oder Stoffmengenkonzentration (Molarität) c_i erfolgt. Für unendliche Verdünnung gilt:

$$\lim_{b_i \to 0} \gamma_{bi} = 1 \qquad\qquad\qquad \text{(LXXXV)}$$

bzw.

$$\lim_{c_i \to 0} \gamma_{ci} = 1. \qquad\qquad\qquad \text{(LXXXVI)}$$

Vgl. Abschnitt 6.7, Gln. (III) bis (VI).

Die Aktivitäten einzelner Ionenarten können nicht gemessen
werden; daher müssen *mittlere Aktivitäten* und *mittlere Aktivitätskoeffizienten* eingeführt werden, welche für Kationen und
Anionen gleich groß sind. Die mittlere Ionenaktivität $a_\pm$ ist gleich
dem geometrischen Mittel der individuellen Ionenaktivitäten:

$$a_\pm = (a_+^{\nu_+} \cdot a_-^{\nu_-})^{\frac{1}{\nu_+ + \nu_-}}. \qquad\qquad \text{(LXXXVII)}$$

Für binäre (ein-einwertige) Elektrolyte folgt daraus:

$$a_\pm = \sqrt{a_+ \, a_-}. \qquad\qquad\qquad \text{(LXXXVIII)}$$

Entsprechend ist der mittlere Aktivitätskoeffizient definiert:

$$\gamma_\pm = (\gamma_+^{\nu_+} \cdot \gamma_-^{\nu_-})^{\frac{1}{\nu_+ + \nu_-}}. \qquad\qquad \text{(LXXXIX)}$$

Für binäre Elektrolyte ist dann:

$$\gamma_\pm = \sqrt{\gamma_+ \, \gamma_-}. \qquad\qquad\qquad \text{(XC)}$$

Die Aktivitätskoeffizienten sind von der *Ionenstärke I* der

Lösung abhängig (SI-Einheit: mol/kg). I ist folgendermaßen definiert:

$$I = \frac{1}{2} \sum_i z_i^2 b_i = \frac{1}{2} (z_+^2 \, \nu_+ + z_-^2 \, \nu_-) \, \alpha b. \tag{XCI}$$

α ist der Dissoziationsgrad, z_i die Ladungszahl, ν_i die Zerfallszahl der Ionenart, b_i sind die Molalitäten der Ionenart i (i bedeutet: $+$ bzw. $-$), wobei gilt:

$$b_+ = \nu_+ \alpha b \quad \text{und} \quad b_- = \nu_- \, \alpha b. \tag{XCII}$$

Wird anstatt mit b_i mit den Konzentrationen gerechnet, so wird die Ionenstärke mit J bezeichnet:

$$J = \frac{1}{2} \sum_i z_i^2 c_i = \frac{1}{2} (z_+^2 \nu_+ + z_-^2 \, \nu_-) \, \alpha c. \tag{XCIII}$$

c_i ist die Konzentration (mol/dm^3) der Teilchenart i (i bedeutet: $+$ bzw. $-$), wobei gilt:

$$c_+ = \nu_+ \alpha c \quad \text{und} \quad c_- = \nu_- \, \alpha c. \tag{XCIV}$$

Beispiel 9-24. Zu berechnen ist die Ionenstärke einer Lösung, welche $MgSO_4$, $AlCl_3$ und $(NH_4)_2 SO_4$ in folgenden Konzentrationen enthält:

	$MgSO_4$	$AlCl_3$	$(NH_4)_2 SO_4$	
$c =$	5	1	2	mol/dm^3

Die Dissoziationsgrade aller gelösten Elektrolyte seien gleich 1.

$$J = \frac{1}{2} (2^2 \cdot 1 + 2^2 \cdot 1) \, 5 + \frac{1}{2} (3^2 \cdot 1 + 1^2 \cdot 3) \, 1 + \frac{1}{2} (1^2 \cdot 2 + 2^2 \cdot 1) 2 =$$

$$= 20 + 6 + 6 = 32 \; \text{mol/dm}^3. \; \text{———}$$

Für Ionenstärken bis zu 0,1 mol/dm^3 kann man die mittleren Aktivitätskoeffizienten mit Hilfe der Gleichung von Debye und Hückel berechnen:

$$\lg \gamma_{c\pm} = - \frac{A \, |z_+ z_-| \, \sqrt{J}}{1 + B \, d \sqrt{J}} \tag{XCV}$$

(d mittlere effektiver Durchmesser des hydratisierten Ions in cm), mit

$$A = \frac{1{,}826 \cdot 10^6}{(\epsilon T)^{3/2}} \cdot \left(\frac{\text{dm}^3 \text{K}^3}{\text{mol}} \right)^{1/2} \tag{XCVI}$$

(T thermodynamische Temperatur, ϵ Dielektrizitätskonstante des Lösungsmittels) und

$$B = \frac{5{,}03 \cdot 10^9}{(\epsilon T)^{1/2}} \cdot \left(\frac{K^{1/2}}{cm}\right) \cdot \left(\frac{dm^3}{mol}\right)^{1/2}. \qquad \text{(XCVII)}$$

Für verdünnte wäßrige Lösungen ($\epsilon = 78{,}56$) bei 25 °C ist $A = 0{,}509 \ (dm^3/mol)^{1/2}$ und $B = 0{,}329 \cdot 10^8 \ cm^{-1} \cdot (dm^3/mol)^{1/2}$.

Da bei den einfachen Ionen der mittlere effektive Ionendurchmesser d etwa $3 \ldots 4 \cdot 10^{-8}$ cm beträgt, nimmt das Produkt Bd bei 25 °C ungefähr den Wert $1 \ (dm^3/mol)^{1/2}$ an, so daß man näherungsweise schreiben kann:

$$\lg \gamma_{c\pm} = - \frac{A \left|z_+ z_-\right| \sqrt{J}}{1 + \sqrt{J}}. \qquad \text{(XCVIII)}$$

Bei stark verdünnten Lösungen ($J \leqslant 10^{-2} \ mol/dm^3$) kann man den zweiten Summanden im Nenner vernachlässigen und erhält dann:

$$\lg \gamma_{c\pm} = - A \left|z_+ z_-\right| \sqrt{J}. \qquad \text{(XCIX)}$$

Lewis und Randall stellten fest, daß der mittlere Aktivitätskoeffizient eines Elektrolyten in allen verdünnten Lösungen mit derselben Ionenstärke gleich groß ist, unabhängig davon, welche Zusammensetzung die Lösungen an sich haben.

Beispiel 9-25. Zu berechnen ist der mittlere Aktivitätskoeffizient von KCl in einer Lösung, welche KCl der Molarität $0{,}002$ und Na_2SO_4 der Molarität $0{,}002 \ mol/dm^3$ enthält.

Für KCl ist $z_+ = 1$, $\nu_+ = 1$, $z_- = -1$, $\nu_- = 1$; für Na_2SO_4 ist $z_+ = 1$, $\nu_+ = 2$, $z_- = -2$, $\nu_- = 1$. Damit ist die Ionenstärke

$$J = \frac{1}{2}(1^2 \cdot 1 + 1^2 \cdot 1) \, 0{,}002 + \frac{1}{2}(1^2 \cdot 2 + 2^2 \cdot 1) \, 0{,}002 =$$

$= 0{,}002 + 0{,}006 = 0{,}008 \ mol/dm^3$. Mit Gl. (XCIX) erhält man dann für den mittleren Aktivitätskoeffizienten des KCl:

$\lg \gamma_{c\pm} = -0{,}509 \left|1 \cdot (-1)\right| \sqrt{0{,}008} = -0{,}046$; daraus $\gamma_{c\pm} = 0{,}900$. —

Beispiel 9-26. Für wäßrige HCl-Lösungen verschiedener Konzentrationen wurden folgende mittlere Aktivitätskoeffizienten $\gamma_{c\pm}$ bei 25 °C ermittelt:

c	$=$	0,001	0,005	0,01	0,02	0,03	0,05	mol/dm^3
$\gamma_{c\pm}$	$=$	0,996	0,930	0,906	0,878	0,859	0,833	

Aus diesen Daten soll der mittlere effektive Ionendurchmesser von HCl bestimmt werden.

In Gl. (XCV) sind A und B für ein gegebenes Lösungsmittel bei konstanter Temperatur Konstanten. $J = \dfrac{1}{2}\,(1^2 \cdot 1 + 1^2 \cdot 1)\,c =$

$= c$ mol/dm^3. Trägt man $-\dfrac{A\,|z_+ z_-|\,\sqrt{J}}{\lg \gamma_{c\pm}}$ als Funktion von $\sqrt{J}$ auf,

so erhält man eine Gerade mit der Steigung Bd. Da B bekannt ist, kann d berechnet werden. Man berechnet folgende Werte:

c	$= 0,001$	$0,005$	$0,01$	$0,02$	$0,03$	$0,05$	mol/dm^3
$\sqrt{J}$	$= 0,0316$	$0,0707$	$0,1000$	$0,1414$	$0,1732$	$0,2236$	(mol/dm^3)$^{1/2}$
$-\dfrac{A\,|z_+ z_-|\sqrt{J}}{\lg \gamma_{c\pm}}$	$= 1,0707$	$1,1418$	$1,1873$	$1,2737$	$1,3356$	$1,4342$	

Die Steigung der Geraden ist $m = 1,81$ (dm^3/mol)$^{1/2} = Bd$. Daraus ist

$$d = \frac{m}{B} = \frac{1,81}{0,329 \cdot 10^8} = 5,50 \cdot 10^{-8}\ \text{cm.} \ \text{——}$$

Beispiel 9-27. Der Dissoziationsgrad einer Säure HA in einer wäßrigen Lösung der Molarität $c = 0,01$ mol/dm^3 beträgt 0,04 bei 25 °C. Zu berechnen ist die thermodynamische Dissoziationskonstante.

Für das Gleichgewicht HA $\rightleftharpoons$ H$^+$ + A$^-$ ist

$$K_{th} = \frac{a_{H^+}\,a_{A^-}}{c_{HA}} = \frac{c_{H^+}\,c_{A^-}}{c_{HA}} \cdot \frac{\gamma_{H^+}\,\gamma_{A^-}}{\gamma_{HA}} = K_c \cdot \frac{\gamma_{H^+}\gamma_{A^-}}{\gamma_{HA}}\ \text{, wobei}$$

$\gamma_{H^+}\gamma_{A^-} = \gamma_{\pm}^2$ ist. Daher gilt $K_{th} = \dfrac{\alpha^2 c}{1-\alpha} \cdot \dfrac{\gamma_{\pm}^2}{\gamma_{HA}} = K_c \cdot \dfrac{\gamma_{\pm}^2}{\gamma_{HA}}$ mit

$$K_c = \frac{0,04^2 \cdot 0,01}{1 - 0,04} = 1,67 \cdot 10^{-5}\ \text{mol/dm}^3.$$

$$J = \frac{1}{2}\,(1 + 1)\,\alpha c = \alpha c = 0,04 \cdot 0,01 = 4,00 \cdot 10^{-4}\ \text{mol/dm}^3.$$

$\lg \gamma_{\pm} = -0,509 \cdot |1 \cdot (-1)|\,\sqrt{4 \cdot 10^{-4}} = -1,018 \cdot 10^{-2}$, daraus $\gamma_{\pm} = 0,9768$. Da die Ionenstärke des gelösten Elektrolyten nicht zu groß ist, kann man $\gamma_{HA} = 1$ setzen. Dann ist $K_{th} = K_c \gamma_{\pm}^2 =$
$= (1,67 \cdot 10^{-5})\,(0,9768)^2 = 1,59 \cdot 10^{-5}\ \text{mol/dm}^3.$ ——

Beispiel 9-28. Für wäßrige Lösungen von Elektrolyten der Typen (a) AB $\rightarrow$ A$^+$ + B$^-$, (b) A$_2$B $\rightarrow$ 2 A$^+$ + B^{2-} bzw. AB$_2$ $\rightarrow$ A^{2+} + 2 B$^-$ und (c) AB $\rightarrow$ A^{2+} + B^{2-} sind die Ionenstärken und daraus die mittleren Aktivitätskoeffizienten für die

Molalitäten $b = 10^{-2}$, 10^{-3} und 10^{-4} mol/kg zu berechnen;
für alle Lösungen sei der Dissoziationsgrad $\alpha = 1$.

$$\text{(a)}\ I = \frac{1}{2}\,(1^2 \cdot 1 + 1^2 \cdot 1)\,b = b;\quad \text{(b)}\ I = \frac{1}{2}\,(1^2 \cdot 2 + 2^2 \cdot 1)\,b =$$

$$= 3\,b;\quad \text{(c)}\ I = \frac{1}{2}\,(2^2 \cdot 1 + 2^2 \cdot 1)\,b = 4\,b.\quad \lg \gamma_{b\pm} = -0{,}509\,|z_+ z_-|\,\sqrt{I},$$

z. B. für den Fall c) mit $b = 10^{-3}$ mol/kg:

$$\lg \gamma_{b\pm} = -0{,}509\,|2 \cdot (-2)|\,\sqrt{4 \cdot 10^{-3}} = -0{,}1288,\quad \text{daraus}$$

$$\gamma_{b\pm} = 0{,}743.$$

Analog werden die anderen mittleren Aktivitätskoeffizienten berechnet, die in folgender Tabelle aufgeführt sind:

$b =$	10^{-2}	10^{-3}	10^{-4} mol/kg
(a) $\gamma_{b\pm} =$	0,889	0,964	0,988
(b) $\gamma_{b\pm} =$	0,666	0,880	0,960
(c) $\gamma_{b\pm} =$	0,392	0,743	0,911 ——

Aufgaben. 9/20. Zu berechnen ist die Ionenstärke einer Lösung von
H_2SO_4 ($b = 0{,}01$ mol/kg) und $MgSO_4$ ($b = 0{,}02$ mol/kg) in Wasser; $\alpha = 1$.

9/21. In Lösungen von KCl und KNO_3 der Molalität 0,01 mol/kg
betragen die mittleren Aktivitätskoeffizienten 0,922 bzw. 0,916. Mit der
Annahme, daß für KCl $\gamma_{K^+} = \gamma_{Cl^-}$ ist, soll der Aktivitätskoeffizient des
NO_3^--Ions berechnet werden; $\alpha = 1$.

9/22. Eine KCl-Lösung hat die Ionenstärke $I = 0{,}12$ mol/kg.
a) Wie groß ist die Molalität von KCl in der Lösung? **b)** Bei welcher Molalität
hat eine K_2SO_4-Lösung die gleiche Ionenstärke? ($\alpha = 1$).

9.1.7 Löslichkeitsprodukt

Nehmen wir einen binären (ein-einwertigen) Elektrolyten AB
an, so dissoziiert dieser bei der Auflösung in Wasser (aq) nach
folgender Gleichung:

$$AB(s) \rightarrow A^+(aq) + B^-(aq). \tag{C}$$

Für diesen Vorgang lautet die thermodynamische Gleichgewichtskonstante:

$$K_{th} = \frac{a_{A^+}\, a_{B^-}}{a_{AB}}. \tag{CI}$$

Steht die Lösung mit der reinen festen Phase als Bodenkörper
im Gleichgewicht, so kann man, da bei starken Elektrolyten voll-

ständige Dissoziation vorliegt und die Aktivität a_{AB} der reinen festen Phase konstant ist (bzw. definitionsgemäß gleich 1 gesetzt wird), a_{AB} in die Gleichgewichtskonstante K_{th} einbeziehen:

$$K_L = K_{th}\, a_{AB} = a_{A^+}\, a_{B^-}.$$ (CII)

Die Konstante K_L wird als *Löslichkeitsprodukt* des Elektrolyten AB bezeichnet. Setzt man nach den Gln. (LXXXIV) und (XC) $a_i = c_i \gamma_{ci}$ und $\gamma_+ \gamma_- = \gamma_\pm^2$, so erhält man:

$$K_L = \gamma_\pm^2\, c_{A^+}\, c_{B^-} \ ,$$ (CIII)

oder logarithmiert

$$\lg (c_{A^+}\, c_{B^-}) = \lg K_L - 2 \cdot \lg \gamma_\pm.$$ (CIV)

Liegt in der Lösung nur der Elektrolyt AB vor, so sind die Konzentrationen der Ionen

$$c_{A^+} = c_{B^-} = c_S,$$ (CV)

wobei c_S die Sättigungskonzentration ist, welche für jede Temperatur einen bestimmten Wert besitzt (s. Abschnitt 8.1.7). Aus Gl. (CIV) folgt dann schließlich:

$$\lg c_S = \frac{1}{2} \cdot \lg K_L - \lg \gamma_\pm.$$ (CVI)

Durch Zugabe von Fremdsalzen, welche die Ionen A^+ und B^- nicht enthalten, wird die Ionenstärke der Lösung geändert, dadurch auch $\gamma_\pm$ und als Folge davon c_S. Da K_L konstant bleibt, kann man auf diese Weise Aktivitätskoeffizienten als Funktion von c_S ermitteln.

Ersetzt man in Gl. (CVI) $\lg \gamma_\pm$ nach Gl. (XCIX), so erhält man, da bei einem ein-einwertigen Elektrolyten $|z_+ z_-| = 1$ ist,

$$\lg c_S = \frac{1}{2} \cdot \lg K_L + 0{,}509 \sqrt{J}.$$ (CVII)

Beispiel 9-29. Bei 25 °C beträgt die Sättigungskonzentration c_S^0 von Silberbromat $8{,}10 \cdot 10^{-3}$ mol/dm³. Zu berechnen sind: a) das Löslichkeitsprodukt, b) die Sättigungskonzentration von Silberbromat in einer Lösung, welche noch Silbernitrat der Konzentration $c_1 = 0{,}01$ mol/dm³ enthält. Angenommen sei, daß

Gl. (XCIX) gültig ist, und daß beide Salze vollständig dissoziiert sind.

a) Es ist für das Silberbromat $c_{Ag^+} = c_{BrO_3^-} = c_S^0$ und somit $K_L = (c_S^0)^2(\gamma_\pm^0)^2$, wobei der Index ^{0} angeben soll, daß es sich um die Sättigungskonzentration und den mittleren Aktivitätskoeffizienten in der reinen $AgBrO_3$-Lösung handelt. Es ist $J^0 = c_S^0$, $\lg \gamma_\pm^0 = -0{,}509 \cdot 1 \cdot \sqrt{J^0} = -0{,}509 \cdot 1 \cdot \sqrt{0{,}00810} = -0{,}04581$ und daraus $\gamma_\pm^0 = 0{,}8999$. Damit ist $K_L = (8{,}10 \cdot 10^{-3})^2 \cdot 0{,}8999^2 = 5{,}313 \cdot 10^{-5}$ $(mol/dm^3)^2$.

b) Für die Lösung beider Salze, welche das Ag^+-Ion gemeinsam hat, ist $c_{Ag^+} = c_S + c_1$ und $c_{BrO_3^-} = c_S$, somit $K_L = (c_S + c_1)\, c_S \cdot \gamma_\pm^2$. Daraus folgt für die gesuchte Sättigungskonzentration $c_S = -\dfrac{c_1}{2} + \sqrt{\dfrac{K_L}{\gamma_\pm^2} + \left(\dfrac{c_1}{2}\right)^2}$, wobei

$\lg \gamma_\pm = -0{,}509 \cdot 1 \cdot \sqrt{J} = -0{,}509 \cdot 1 \cdot \sqrt{c_S + c_1}$ ist. Die Sättigungskonzentration c_S soll aber erst berechnet werden. Daher setzen wir zur Berechnung von $\gamma_\pm$ zunächst in erster Näherung c_S^0 in die vorstehende Gleichung ein. Damit erhalten wir $\gamma_\pm = 0{,}8541$ und

$$c_S = -\frac{0{,}01}{2} + \sqrt{\frac{5{,}313 \cdot 10^{-5}}{(0{,}8541)^2} + \left(\frac{0{,}01}{2}\right)^2} = 0{,}00489 \text{ mol/dm}^3.$$

Diesen Wert für c_S verwenden wir jetzt, um einen besseren Wert für $\gamma_\pm$ zu berechnen; wir erhalten $\gamma_\pm = 0{,}8667$ und berechnen damit $c_S = 0{,}00478$ mol/dm^3. Diesen Vorgang wiederholen wir nochmals (Iteration) und bekommen $\gamma_\pm = 0{,}8672$ und damit wieder $c_S = 0{,}00478$ mol/dm^3. ——

Beispiel 9-30. Es wurden die Sättigungskonzentrationen c_S der wäßrigen Lösungen von Thalliumiodat, welche außerdem noch Kaliumchlorid in verschiedenen Konzentrationen c_1 enthalten, gemessen:

$c_1 = 0$ $\qquad$ $1{,}000 \cdot 10^{-2}$ $\quad$ $2{,}000 \cdot 10^{-2}$ $\quad$ $5{,}000 \cdot 10^{-2}$ $\quad$ $1{,}000 \cdot 10^{-1}$ mol/dm^3
$c_S = 1{,}844 \cdot 10^{-3}$ $\quad$ $2{,}005 \cdot 10^{-3}$ $\quad$ $2{,}107 \cdot 10^{-3}$ $\quad$ $2{,}335 \cdot 10^{-3}$ $\quad$ $2{,}625 \cdot 10^{-3}$ mol/dm^3

Unter Annahme vollständiger Dissoziation beider Salze sind die mittleren Ionenstärken und damit die mittleren Aktivitätskoeffizienten aus den experimentellen Ergebnissen zu bestimmen; diese sind mit den nach Gl. (XCVIII) berechneten zu vergleichen.

Die mittlere Ionenstärke beträgt $J = \dfrac{1}{2}(1^2 \cdot 1 + 1^2 \cdot 1)\, c_S +$

$+ \dfrac{1}{2}(1^2 \cdot 1 + 1^2 \cdot 1)\, c_1 = c_S + c_1$. Nach Gl. (CVII) ergibt die Auf-

tragung von $\lg c_S$ gegen $\sqrt{J}$ eine Gerade, deren Ordinatenabschnitt

$o = \dfrac{1}{2} \cdot \lg K_L$ ist. Man berechnet aus den experimentellen Ergeb-

nissen folgende Wertepaare:

$$
\begin{array}{llllll}
\lg c_S = & -2{,}734 & -2{,}698 & -2{,}676 & -2{,}632 & -2{,}581 \\
\sqrt{J} = & 0{,}043 & 0{,}110 & 0{,}149 & 0{,}229 & 0{,}320
\end{array}
$$

Der Ordinatenabschnitt ist $o = -2{,}757$, also $\lg K_L = -5{,}514$.

Damit berechnet man $\lg \gamma_\pm = \dfrac{1}{2} \cdot \lg K_L - \lg c_S$, s. Tabelle $\gamma_\pm(\exp)$.

Die nach Gl. (XCVIII) berechneten Werte sind in der Tabelle in
der untersten Zeile aufgeführt, $\gamma_\pm$ (ber).

$$
\begin{array}{llllll}
c_1 & = 0 & 1{,}000\cdot10^{-2} & 2{,}000\cdot10^{-2} & 5{,}000\cdot10^{-2} & 1{,}000\cdot10^{-1}\ \mathrm{mol/dm^3} \\
\gamma_\pm(\exp)= & 0{,}949 \quad 0{,}873 & 0{,}830 & 0{,}749 & 0{,}667 \\
\gamma_\pm(\mathrm{ber})= & 0{,}953 \quad 0{,}890 & 0{,}859 & 0{,}804 & 0{,}753 & \text{——}
\end{array}
$$

Beispiel 9-31. Für einen ein-zweiwertigen Elektrolyten A_2B
lautet die Lösungsreaktion $A_2B(s) \to 2\,A^+(aq) + B^{2-}(aq)$. Es ist
für diesen Fall die Beziehung $\gamma_\pm = f(c_S)$ abzuleiten.

Das Löslichkeitsprodukt ist $K_L = a_{A^+}^2\, a_{B^{2-}} = \gamma_\pm^3 c_{A^+}^2\, c_{B^{2-}}$.
Da die Sättigungskonzentration von A^+ doppelt so groß ist wie
diejenige von B^{2-}, gilt: $c_{A^+} = 2\,c_S$ und $c_{B^{2-}} = c_S$. Damit folgt
$K_L = \gamma_\pm^3\,(2\,c_S)^2 \cdot c_S = 4\,\gamma_\pm^3\, c_S^3$. Durch Logarithmieren erhält man

daraus $\lg \gamma_\pm = \dfrac{1}{3}(\lg K_L - \lg 4) - \lg c_S$. ——

Beispiel 9-32. Die Sättigungskonzentration c_S^0 einer wäßrigen
reinen CaF_2-Lösung bei 25 °C beträgt $2{,}0\cdot10^{-4}$ mol/dm^3. Welche
Sättigungskonzentration c_S hat eine CaF_2-Lösung, welche außerdem
noch KCl der Konzentration $c_1 = 0{,}01$ mol/dm^3 enthält?

$$
J = \frac{1}{2}(2^2 \cdot 1 + 1^2 \cdot 2)\, c_S + \frac{1}{2}(1^2 \cdot 1 + 1^2 \cdot 1)\, c_1 = 3\,c_S + c_1.
$$

Für die CaF_2-Lösung ist $K_L = a_{Ca^{2+}}\, a_{F^-}^2 = c_{Ca^{2+}}\, c_{F^-}^2\, \gamma_\pm^3$ und
$c_{Ca^{2+}} = c_S,\ c_{F^-} = 2\,c_S$, folglich $K_L = c_S(2\,c_S)^2 \gamma_\pm^3 = 4\,c_S^3 \gamma_\pm^3$.
Da K_L konstant ist, muß auch $c_S \gamma_\pm$ konstant sein, d. h.
$c_S \gamma_\pm = c_S^0 \gamma_\pm^0$. Daraus erhält man durch Logarithmieren

$\lg c_S = \lg c_S^0 + \lg \gamma_\pm^0 - \lg \gamma_\pm$ und durch Einsetzen von Gl. (XCIX):
$\lg c_S = \lg c_S^0 - 0{,}509\,|z_+ z_-|(\sqrt{J^0} - \sqrt{J}\,)$. Mit $J^0 = 3\,c_S^0 =$
$= 6 \cdot 10^{-4}$ mol/dm^3 und $J = 6 \cdot 10^{-4} + 0{,}01 = 0{,}0106$ mol/dm^3
erhält man daraus $c_S = 2{,}404 \cdot 10^{-4}$ mol/dm^3. ——

Aufgaben. 9/23. Die Löslichkeit c_S^0 von AgCl in Wasser bei 25 °C
beträgt $1{,}31 \cdot 10^{-5}$ mol/dm^3. Zu berechnen ist die Löslichkeit des AgCl in
einer Lösung, welche noch KCl der Konzentration $c_1 = 0{,}01$ mol/dm^3
enthält.

9/24. Eine Lösung enthält **a)** I^-- und Cl^--Ionen, **b)** Br^-- und
Cl^--Ionen. Bei welchem Verhältnis a_{Cl^-}/a_{I^-} bzw. a_{Cl^-}/a_{Br^-} beginnt
AgCl auszufallen? Für AgCl ist $K_L = 1{,}56 \cdot 10^{-10}$, für AgBr ist $K_L = 7{,}7 \cdot 10^{-13}$
und für AgI ist $K_L = 1{,}5 \cdot 10^{-16}$ (mol/dm^3)^2.

9/25. Die Löslichkeit von BaSO$_4$ in Wasser bei 25 °C beträgt
$c_S^0 = 1{,}04 \cdot 10^{-5}$ mol/dm^3. Zu berechnen ist die Löslichkeit des BaSO$_4$ in
einer Na$_2$SO$_4$-Lösung der Konzentration $c_1 = 0{,}01$ mol/dm^3.

9/26. Eine Lösung von KCl und KCNS wird mit AgNO$_3$-Lösung ver-
setzt. Bei welchem Konzentrationsverhältnis der CNS^-- und Cl^--Ionen
beginnt die Ausfällung von AgCl? Die Löslichkeitsprodukte betragen bei
25 °C für AgCl $K_L = 1{,}56 \cdot 10^{-10}$ (mol/dm^3)^2 und für AgCNS $K_L = 1{,}16 \cdot 10^{-12}$
(mol/dm^3)^2. Die mittleren Aktivitätskoeffizienten sind für die gesättigten
Lösungen beider Salze gleich 1,00.

9/27. Bei 25 °C beträgt die Löslichkeit von Hg$_2$Cl$_2$ in Wasser
$c_S = 7{,}94 \cdot 10^{-7}$ mol/dm^3. Zu berechnen ist K_L.

9.2 Elektrolyse und Überführungszahlen

9.2.1 Elektrolyse

Ein System aus einer festen, meist metallischen Phase und einer
Elektrolytlösung wird als *Elektrode* bezeichnet. Wird an zwei Elektroden eine Gleichspannung angelegt, welche größer ist als die entgegengesetzt gerichtete Zellspannung (s. 9.3.1), so finden an den
Elektroden elektrochemische Vorgänge (Elektrodenreaktionen)
statt, welche als *Elektrolyse* bezeichnet werden. Die negative Elektrode (*Kathode*) stellt dabei eine *Elektronenquelle*, die positive
Elektrode (*Anode*) eine *Elektrodensenke* innerhalb der Elektrolytlösung dar. Man unterscheidet zwischen *inerten* und *reagierenden*
festen Phasen des Elektrodensystems. Zu den erstern gehört z. B.
das Platin, welches nur dem Elektronentransport zur und von der

Lösung dient. Reagierende feste Phasen dagegen nehmen selbst an den Elektrodenreaktionen teil.

Nach Faraday wird durch eine Elektrizitätsmenge Q (SI-Einheit: Coulomb, Einheitenzeichen: C) die Äquivalentmenge n^* (s. 9.1.1, SI-Einheit: Mol, Einheitenzeichen: mol) umgewandelt:

$$n^* = \frac{Q}{F} \; ; \tag{I}$$

dabei ist $\qquad n^* = |z_i|\, \nu_i\, n \tag{II}$

und F die Faraday-Konstante

$$F = 96\,485 \text{ C/mol} = 96\,485 \text{ As/mol}. \tag{III}$$

Durch eine Elektrizitätsmenge von 96 485 C wird also die Äquivalentmenge von 1 mol Elektrolyseprodukten an den Elektroden abgeschieden. Schließlich ist die Elektrizitätsmenge

$$Q = I\,t \tag{IV}$$

(I Stromstärke in A, t Zeit in s), so daß man durch Einsetzen der Gln. (IV) und (II) in Gl. (I) erhält:

$$n = \frac{I\,t}{F\,|z_i|\,\nu_i} \quad \text{oder} \quad m = \frac{M\,I\,t}{F\,|z_i|\,\nu_i} \tag{V}$$

(i bedeutet + oder $-$, z_i die Ladungszahl, ν_i die Zerfallszahl der Ionenart i).

Beispiel 9-33. Eine $NiSO_4$-Lösung wird 18 min lang bei einer Stromstärke von 1,8 A elektrolysiert. Zu berechnen ist die in dieser Zeit an der Kathode abgeschiedene Masse an Nickel.

Molare Masse des Nickel: $M = 58{,}71$ g/mol; $|z_i| = 2$, $\nu_i = 1$.

Dann ist $m = \dfrac{58{,}71 \cdot 1{,}8 \cdot 1080}{96\,485 \cdot 2 \cdot 1} = 0{,}5915$ g. ——

Beispiel 9-34. Durch zwei hintereinandergeschaltete Zellen, welche Lösungen von $AgNO_3$ bzw. verdünnter H_2SO_4 enthalten, wird ein elektrischer Strom geleitet. In der $AgNO_3$-Zelle (Silber-Coulombmeter) werden an der Kathode 0,3004 g Ag abgeschieden. Welches Volumen an H_2 wird in der anderen Zelle entwickelt, wenn der Wasserstoff über Wasser bei 20 °C unter einem Druck $p = 101{,}3$

kN/m^2 aufgefangen wird? Bei 20 °C ist $p_{H_2O} = 2{,}337\ kN/m^2$.
Die durch die Zellen hindurchgegangene Elektrizitätsmenge

beträgt $Q = It = \dfrac{0{,}3004 \cdot 96\,485}{107{,}868} = 268{,}70$ C. Dadurch werden

$n = \dfrac{268{,}70}{96\,485} = 2{,}785 \cdot 10^{-3}$ mol H $= 1{,}392 \cdot 10^{-3}$ mol H_2 abge-

schieden. Deren Volumen ist $V = \dfrac{nRT}{p - p_{H_2O}} =$

$= \dfrac{(1{,}392 \cdot 10^{-3})\,8{,}3143 \cdot 293{,}15}{98\,963} = 3{,}43 \cdot 10^{-5}\,m^3 = 34{,}3\ cm^3.$ ———

Aufgaben. 9/28. Wieviel Kupfer wird an der Kathode abgeschieden, wenn 5 min lang ein Strom von 0,472 A durch eine $CuSO_4$-Lösung fließt?

9/29. In einem Silber-Coulombmeter wurden in 3 min 281,7 mg Ag abgeschieden. Wie groß war die verwendete Stromstärke?

9/30. Wieviel dm^3 Chlorgas werden bei 35 °C und 100 000 N/m^2 entwickelt, wenn 1 h und 20 min lang ein Strom von 10 A durch eine HCl-Lösung geleitet wird?

9/31. Wieviel Anilin kann durch elektrolytische Reduktion von Nitrobenzol hergestellt werden, wenn die Spannung der Elektrolysezelle 1 V beträgt und 10 kWh bei 90%iger Stromausbeute verbraucht werden?

9/32. Durch einen elektrischen Strom werden aus der Lösung eines Cu(II)-Salzes an der Kathode 0,096 g Cu abgeschieden. Ein in denselben Stromkreis geschaltetes Knallgas-Coulombmeter entwickelte 51 cm^3 Knallgas unter Normalbedingungen. Zu berechnen ist die molare Masse des Kupfers.

9.2.2 Überführungszahlen

Ein Maß für die von den einzelnen Ionenarten transportierten Stromanteile sind die *Überführungszahlen*. Der Bruchteil des Stromes, welcher durch die Kationen transportiert wird, wird als Überführungszahl t_+ der Kationen, der Bruchteil, welcher durch die Anionen transportiert wird, als Überführungszahl t_- der Anionen bezeichnet. Für einen binären Elektrolyten, welcher in nur zwei Ionenarten zerfällt, ist:

$$t_+ = \frac{I_+}{I_+ + I_-} = \frac{u_+}{u_+ + u_-} \quad \text{und} \tag{VI}$$

$$t_- = \frac{I_-}{I_+ + I_-} = \frac{u_-}{u_+ + u_-}. \tag{VII}$$

u_i (i bedeutet + bzw. −) wird als *Beweglichkeit* der Ionenart i, SI-Einheit $m^2/(V \cdot s)$, bezeichnet; diese ist folgendermaßen definiert:

$$u_i = \frac{w_i}{E} \ , \qquad\qquad\qquad \text{(VIII)}$$

wobei w_i den Betrag der stationären Wanderungsgeschwindigkeit (in m/s) der Ionenart i relativ zum Lösungsmittel, und E (in V/m) den Betrag der elektrischen Feldstärke darstellt.

Mit Hilfe der Überführungszahlen lassen sich nun auch einzelnen Ionen Äquivalentleitfähigkeiten, die sog. *Ionenleitfähigkeiten* (s. 9.1.1, S. 319), zuordnen:

$$\lambda_+^0 = t_+^0 \, \Lambda^0 \qquad\qquad\qquad \text{(IX)}$$

und $\qquad\qquad \lambda_-^0 = t_-^0 \, \Lambda^0 . \qquad\qquad\qquad \text{(X)}$

Hier sind t_+^0 und t_-^0 die auf unendliche Verdünnung extrapolierten Überführungszahlen.

Zwischen der Grenz-Ionenleitfähigkeit und der Grenz-Ionenbeweglichkeit bestehen folgende Beziehungen:

$$\lambda_+^0 = u_+^0 \, F \qquad\qquad\qquad \text{(XI)}$$

und $\qquad\qquad \lambda_-^0 = u_-^0 \, F, \qquad\qquad\qquad \text{(XII)}$

wobei F die Faraday-Konstante ist.

Beispiel 9-35. In einer sehr stark verdünnten wäßrigen NH_4Cl-Lösung beträgt die Überführungszahl des Cl^--Ions $t_-^0 = 0{,}491$, die Grenz-Äquivalentleitfähigkeit $\lambda_-^0 = 1{,}49 \cdot 10^{-2}$ $S \cdot m^2/mol$. Zu berechnen sind die Grenz-Ionenleitfähigkeit und die Grenz-Ionenbeweglichkeit des NH_4^+-Ions.

$t_+^0 = 1 - t_-^0 = 1 - 0{,}491 = 0{,}509$; damit folgt:
$\lambda_+^0 = 0{,}509 \cdot 1{,}49 \cdot 10^{-2} = 7{,}584 \cdot 10^{-3}$ $S \cdot m^2/mol$. Dann ist

$$u_+^0 = \frac{\lambda_+^0}{F} = \frac{7{,}584 \cdot 10^{-3}}{96\,485} = 7{,}860 \cdot 10^{-8}\, m^2/(V \cdot s). \ \underline{\qquad}$$

Aufgaben. 9/33. Die Grenz-Ionenleitfähigkeiten bei 25 °C betragen für

H^+	Na^+	K^+	Cl^-	
$34{,}982 \cdot 10^{-3}$	$5{,}011 \cdot 10^{-3}$	$7{,}352 \cdot 10^{-3}$	$7{,}623 \cdot 10^{-3}$	$S \cdot m^2/mol.$

Welche Werte haben bei 25 °C die Überführungszahlen der Cl^--Ionen in unendlich verdünnten Lösungen von HCl, NaCl und KCl?

9/34. Die Überführungszahl der Cl^--Ionen in verdünnter NH_4Cl-Lösung bei 25 °C beträgt 0,509, die Grenz-Äquivalentleitfähigkeit einer NH_4Cl-Lösung $1,4963 \cdot 10^{-2}$ $S \cdot m^2/mol$. Für verdünnte CH_3COONa-Lösung ist die Überführungszahl des CH_3COO^--Ions 0,449, die Grenz-Äquivalentleitfähigkeit $9,1010 \cdot 10^{-3}$ $S \cdot m^2/mol$. Zu berechnen ist die Grenz-Äquivalentleitfähigkeit einer CH_3COONH_4-Lösung.

9.2.3 Messung der Überführungszahlen nach Hittorf

Zur Bestimmung der *Überführungszahlen* kann man nach Hittorf die Konzentrationsänderungen heranziehen, welche bei der Durchführung von Elektrolysen in der Umgebung der Elektroden auftreten.

Die durch die Lösung eines binären Elektrolyten während einer gewissen Zeit transportierte Elektrizitätsmenge Q können wir aufteilen in einen Teil Q_+, der von den Kationen, und in einen Teil Q_-, der von den Anionen transportiert wird. Dann ist

$$t_+ = \frac{Q_+}{Q} \qquad\qquad (XIII)$$

und

$$t_- = \frac{Q_-}{Q} \; . \qquad\qquad (XIV)$$

Aus den von den beiden Ionenarten transportierten Elektrizitätsmengen kann man die den Querschnitt passierenden Äquivalentmengen n_+^* und n_-^* der beiden Ionenarten erhalten:

$$n_+^* = t_+ \, \frac{Q}{F} \qquad\qquad (XV)$$

und

$$n_-^* = t_- \, \frac{Q}{F} \; . \qquad\qquad (XVI)$$

Betrachtet man Anodenraum ($\oplus$) und Kathodenraum ($\ominus$) getrennt und berücksichtigt die Wanderungsrichtungen der beiden Ionenarten, so treten folgende Änderungen der Äquivalentmengen in beiden Räumen infolge *Wanderung* ein:

$$\text{Kation:} \quad \overset{\ominus}{\Delta n_+^*} = + \, t_+ \, \frac{Q}{F} \; , \quad \overset{\oplus}{\Delta n_+^*} = - \, t_+ \, \frac{Q}{F} \qquad (XVII)$$

$$\text{Anion:} \quad \Delta n_-^* = - t_- \, \frac{Q}{F} \; , \quad \Delta n_-^* = + \, t_- \, \frac{Q}{F} \; . \qquad (XVIII)$$

Die gesamten Konzentrationsänderungen in beiden Räumen resultieren aber nicht nur aus der Wanderung der Ionen, sondern auch aus den Elektrodenreaktionen. Betrachten wir als Beispiel die Elektrolyse von HCl zwischen Pt-Elektroden. An der Kathode werden H^+-Ionen, an der Anode Cl^--Ionen entladen. Infolge der Abscheidung treten folgende Änderungen ein:

$$\text{Kation:} \quad \ominus \qquad \Delta n_+^* = -\frac{Q}{F} \qquad \oplus \tag{XIX}$$

$$\text{Anion:} \qquad \Delta n_-^* = -\frac{Q}{F}. \tag{XX}$$

Somit sind die Summen für die gesamten Änderungen der Äquivalentmengen der Kationen und Anionen in beiden Räumen:

$$\text{Kation:} \quad \ominus \quad \Delta n_+^* = -(1-t_+)\frac{Q}{F}, \quad \oplus \quad \Delta n_+^* = -t_+\frac{Q}{F} \tag{XXI}$$

$$\text{Anion:} \quad \Delta n_-^* = -t_-\frac{Q}{F}, \qquad \Delta n_-^* = -(1-t_-)\frac{Q}{F}. \tag{XXII}$$

Da $t_+ + t_- = 1$ ist, folgt schließlich:

$$\text{Kation:} \quad \ominus \quad \Delta n_+^* = -t_-\frac{Q}{F}, \quad \oplus \quad \Delta n_+^* = -t_+\frac{Q}{F} \tag{XXIII}$$

$$\text{Anion:} \quad \Delta n_-^* = -t_-\frac{Q}{F}, \quad \Delta n_-^* = -t_+\frac{Q}{F}. \tag{XXIV}$$

Daraus ersieht man, daß in beiden Räumen die gleichen Änderungen der Äquivalentmengen beider Ionenarten auftreten, wie es aufgrund der Elektroneutralität nicht anders zu erwarten war.

Die Änderung der Äquivalentmenge Δn^* des gelösten Elektrolyten ist also

$$\ominus \qquad \oplus$$
$$\Delta n^* = -t_-\frac{Q}{F}, \quad \Delta n^* = -t_+\frac{Q}{F}. \tag{XXV}$$

Beispiel 9-36. Es soll die Beziehung zwischen den Änderungen der Äquivalentmengen in den beiden Elektrodenräumen und den Überführungszahlen für die Elektrolyse von $AgNO_3$ unter Verwendung einer Ag-Anode aufgestellt werden.

Die Änderungen der Äquivalentmengen durch Wanderung der

Ionen sind durch die Gln. (XVII) und (XVIII) gegeben. An der
Anode gehen Ag^+-Ionen in Lösung. Daher gilt für die Änderungen
der Äquivalentmengen infolge der Elektrodenvorgänge:

$$\text{Kation:} \quad \overset{\ominus}{\Delta n_+^*} = -\frac{Q}{F}, \quad \overset{\oplus}{\Delta n_+^*} = +\frac{Q}{F}.$$

Die Summierung dieser Gleichungen und der Gln. (XVII) sowie
(XVIII) ergibt schließlich:

$$\overset{\ominus}{\Delta n^*} = -t_-\frac{Q}{F}, \quad \overset{\oplus}{\Delta n^*} = +t_-\frac{Q}{F}. \quad \text{———}$$

Beispiel 9-37. Eine Lösung, welche 10,621 g $AgNO_3$ in
1000 g Wasser enthält, wurde unter Verwendung von Ag-Elektro-
den elektrolysiert. Nach Beendigung der Elektrolyse betrug die
Gesamtmasse der Lösung im Anodenraum 56,421g; die Analyse
der Lösung ergab einen Ag-Gehalt, welcher 0,7387 g $AgNO_3$ entsprach. In einem zu der Elektrolysezelle in Serie geschalteten
Coulombmeter wurden an der Kathode 0,05139 g Cu aus einer
Cu(II)-Salzlösung abgeschieden. Es sind die Überführungszahlen
des Ag^+- und des NO_3^--Ions zu berechnen.

Die Lösung im Anodenraum enthielt nach der Elektrolyse
0,7387 g $AgNO_3$ in $(56,421-0,7387)$ g = 55,6823 g Wasser.

Die Lösung enthielt vor der Elektrolyse in derselben Wasser-
menge $\dfrac{10,621}{1000} \cdot 55,6823 = 0,5914$ g $AgNO_3$. Demnach betrug

die Zunahme in der Lösung des Anodenraumes $(0,7387-0,5914)$ g =

$= 0,1473$ g $AgNO_3$, entsprechend $\Delta n^* = \dfrac{0,1473}{169,87} = 8,6713 \cdot 10^{-4}$

mol $AgNO_3$. Die Elektrizitätsmenge betrug $Q = It = \dfrac{m_{Cu} \cdot F \cdot 2}{M_{Cu}} =$

$= \dfrac{0,05139 \cdot 96\,485 \cdot 2}{63,546} = 156,06$ As. Folglich ist (s. Beispiel 9-36).

$$t_{NO_3^-} = \frac{\Delta n^* F}{Q} = \frac{(8,6713 \cdot 10^{-4})\,96\,485}{156,06} = 0,5361; \quad \text{dann ist}$$

$t_{Ag^+} = 1 - 0,5361 = 0,4639.$ ———

Aufgaben. 9/35. Bei der Elektrolyse einer KCl-Lösung zwischen
Pt-Elektroden betrug die Abnahme an Cl^--Ionen im Anodenraum 0,01381 g,

während in einem Silber-Coulombmeter, welches hinter die Elektrolysezelle geschaltet war, 0,08569 g Ag abgeschieden wurden. Zu berechnen sind die Überführungszahlen der K^+- und Cl^--Ionen.

9/36. Die Elektrolyse einer KCl-Lösung wurde zwischen einer Pt-Kathode und einer Cd-Anode durchgeführt. In einem nachgeschalteten Silber-Coulombmeter wurden 0,09625 g Ag abgeschieden. Wie groß ist die Zu- oder Abnahme der Masse an Cl^--Ionen im Anodenraum?

9.3 Galvanische Zellen

9.3.1 Elektromotorische Kraft

Als *Elektrode* bezeichnet man ein System, in welchem zwischen einer festen, meist metallischen Phase und einer Elektrolytlösung als flüssiger Phase ein Ladungsaustausch erfolgen kann.

Bei Gleichgewicht zwischen Phasen, welche aus ungeladenen Komponenten bestehen, gilt für isotherm-isobare Vorgänge die Gl. (III), Abschnitt 8.4:

$$\sum_i \mu_i \cdot dn_i = 0 \tag{I}$$

mit

$$\mu_i = \left(\frac{\partial G}{\partial n_i} \right)_{T,p,n_j}. \tag{II}$$

Sind an dem Phasengleichgewicht auch geladene Komponenten beteiligt, d. h. liegt ein *elektrochemisches Gleichgewicht* vor, so ist außer den Variablen T, p und n auch die an der Phasengrenze i. allg. vorhandene Potentialdifferenz φ von Bedeutung. Daher erweitert man das chemische Potential μ_i einer Komponente i zum *elektrochemischen Potential* η_i:

$$\eta_i = \mu_i + |z_i| \, F \varphi. \tag{III}$$

Die Gleichgewichtsbedingung zwischen fester Phase I und Elektrolytlösung (Phase II) lautet dann:

$$\eta_i^I = \eta_i^{II} = \mu_i^I + |z_i| F \varphi^I = \mu_i^{II} + |z_i| F \varphi^{II}. \tag{IV}$$

Für das *Elektrodenpotential (Galvani-Potential)* der betreffenden Elektrode ergibt sich dann:

$$\Delta \varphi = \varphi^{II} - \varphi^{I} = \frac{1}{|z_i| F} (\mu_i^{I} - \mu_i^{II}) = \Phi. \tag{V}$$

Einzelpotentiale sind jedoch grundsätzlich nicht meßbar, wohl aber
Potentialdifferenzen. Schaltet man also zwei Elektroden zu einer
sog. *galvanischen Zelle*, auch *galvanische Kette* oder *galvanisches
Element* genannt, zusammen, so besteht zwischen gleichartigen
metallischen Ableitungen, z. B. Cu-Draht, eine definierte und
meßbare Potentialdifferenz.

Ein Beispiel für eine galvanische Zelle ist das bekannte Daniell-
Element, welches aus einer $Zn/ZnSO_4$-Elektrode und aus einer
$Cu/CuSO_4$-Elektrode besteht. Die beiden Elektrolytlösungen stehen
über eine poröse Trennwand in Verbindung, welche zwar die Ionenwanderung gewährleistet, jedoch eine schnelle Durchmischung der
Lösungen durch Diffusion verhindert. Für diese galvanische Zelle
gilt folgendes Symbol:

$$Zn/Zn^{2+}//Cu^{2+}/Cu. \tag{VI}$$

Die Schrägstriche symbolisieren Phasengrenzen. Eliminiert die
Elektrolytbrücke gleichzeitig das Diffusionspotential, so wird dies
durch einen Doppelstrich // angedeutet. Beim Daniell-Element
finden folgende Elektrodenvorgänge statt:

$$\begin{aligned} \text{(links)} \qquad & Zn && \rightarrow Zn^{2+} + 2\,e^{-} \\ \text{(rechts)} \quad & Cu^{2+} + 2\,e^{-} && \rightarrow Cu \end{aligned} \tag{VII}$$

Aus der Summe dieser beiden Gleichungen ergibt sich für die *Zellreaktion:*

$$Zn + Cu^{2+} \rightarrow Zn^{2+} + Cu. \tag{VIII}$$

Die Differenz $\Delta\Phi$ der Galvani-Potentiale dieser galvanischen
Zelle ist hinsichtlich Vorzeichen und Betrag gleich der Differenz
aus dem elektrischen Potential eines metallischen Leiters auf der
rechten Seite des Zellensymbols und dem elektrischen Potential
eines gleichartigen Leiters auf der linken Seite des Zellensymbols:

$$\Delta\Phi = \Phi_{rechts} - \Phi_{links}. \tag{IX}$$

Wir schreiben das Zellensymbol stets so, daß bei der Reaktion
an der linken Elektrode Elektronen an den äußeren Stromkreis
abgegeben werden; dagegen werden bei der Reaktion an der rechten

Elektrode Elektronen aus dem Stromkreis aufgenommen. An der linken Elektrode findet also eine Oxidation, an der rechten eine Reduktion statt.

Unter der *elektromotorischen Kraft* (EMK) ΔE einer galvanischen Zelle versteht man den Grenzwert, welchen die Potentialdifferenz $\Delta \Phi$ annimmt, wenn die Stromstärke I gegen 0 geht:

$$\Delta E = \lim_{I \to 0} \Delta \Phi. \tag{X}$$

Man kann die EMK formal als Differenz zwischen den Galvani-Potentialen der verschiedenen Phasen einer galvanischen Zelle ausdrücken, so z. B. für das Daniell-Element:

$$\Delta E = (\Phi_{Cu} - \Phi_{Cu^{2+}}) + (\Phi_{Cu^{2+}} - \Phi_{Zn^{2+}}) + (\Phi_{Zn^{2+}} - \Phi_{Zn}) + \\ + (\Phi_{Zn} - \Phi'_{Cu}) = \Phi_{Cu} - \Phi'_{Cu}; \tag{XI}$$

Φ'_{Cu} bezieht sich auf die vom Zink abführende Kupferleitung.

Da eine galvanische Zelle nur dann elektrische Energie abgeben kann, wenn in der Zelle eine spontan ablaufende chemische Reaktion stattfindet, muß die gelieferte elektrische Energie bei reversiblem Ablauf gleich der freien Reaktionsenthalpie des energieliefernden Vorgangs, d. h. der in der Zelle ablaufenden chemischen Reaktion sein. Es gilt also:

$$\Delta_R G_m = - |z| F \Delta E, \tag{XII}$$

$|z|$ ist die Anzahl der bei den Elektrodenreaktionen ausgetauschten Elektronen, F die Faraday-Konstante, ΔE die EMK.

Für eine allgemeine Zellenreaktion

$$|\nu_A| A + |\nu_B| B \rightleftharpoons |\nu_C| C + |\nu_D| D \tag{XIII}$$

ist im Nichtgleichgewicht nach den Abschnitten 8.3, S. 282, und 9.1.3, S. 322:

$$\Delta_R G_m = \Delta_R G_m^0 + RT \cdot \ln \frac{a_C^{|\nu_C|} a_D^{|\nu_D|}}{a_A^{|\nu_A|} a_B^{|\nu_B|}}. \tag{XIV}$$

Setzt man diese Gleichung in Gl. (XII) ein, so erhält man die *Nernstsche Gleichung*

$$\Delta E = \Delta E^0 - \frac{RT}{|z| F} \cdot \ln \frac{a_C^{|\nu_C|} a_D^{|\nu_D|}}{a_A^{|\nu_A|} a_B^{|\nu_B|}}. \tag{XV}$$

wobei

$$\Delta E^0 = - \frac{\Delta_R G_m^0}{|z|\,F} = \frac{RT}{|z|\,F} \cdot \ln K_{th} \qquad \text{(XVI)}$$

als *Standard-EMK* oder *Normalspannung* der galvanischen Zelle bezeichnet wird. K_{th} ist die thermodynamische Gleichgewichtskonstante der Zellreaktion. Wie man aus Gl. (XV) ersehen kann, ist ΔE^0 die EMK einer galvanischen Zelle, wenn die Aktivitäten aller Reaktanden gleich 1 mol/dm³ sind.

Da man keine absoluten Einzelpotentiale (Elektrodenpotentiale) messen kann, bezieht man alle Elektrodenpotentiale auf die gleiche, durch internationale Übereinkunft (willkürlich) gewählte *Normalwasserstoffelektrode;* deren Potential wurde zu $E^0 = 0$ festgelegt. Dieses Potential besitzt eine Pt-Elektrode, welche im Gleichgewicht steht a) mit einer Lösung der mittleren Wasserstoffionenaktivität von 1 mol/kg und b) mit molekularem Wasserstoff der Fugazität (praktisch gleich dem Druck) von 1,01325 ba Das Symbol der Normalwasserstoffelektrode ist

$$\text{Pt/H}_2(1{,}01325 \text{ bar})/\text{H}^+\ (a = 1\ \text{mol/kg}) \qquad \text{(XVII)}$$

Schalten wir eine beliebige Elektrode X mit der Normalwasserstoffelektrode zu einer galvanischen Zelle

$$\text{Pt/H}_2(1{,}01325 \text{ bar})/\text{H}^+(a = 1\ \text{mol/kg})//X^{z+}/X \qquad \text{(XVIII)}$$

zusammen, dann ist die EMK dieser Anordnung das *relative Elektrodenpotential* der Elektrode X:

$$\Delta E = \Phi_{\text{rechts}} - \Phi_{\text{links}} \cdot \qquad \text{(XIX)}$$

Das Einzelpotential der Elektrode X ist demnach:

$$E(X^{z+}/X) - E^0(\text{H}_2/\text{H}^+) = E(X^{z+}/X). \qquad \text{(XX)}$$

Wird die Elektrode unter Standardbedingungen betrieben ($T = 298{,}15$ l und Aktivitäten aller an der Elektrodenreaktion beteiligten Ionen gleich 1), dann ist $E^0(X^{z+}/X)$ das *Normalpotential* der Elektrode (*Elektroden-Standardpotential*). Die Elektroden-Standardpotentiale bei 25 °C für einige wäßrige Lösungen sind mit den Elektrodenkurzbezeichnungen und den Elektrodenreaktionen in der Tabelle auf der folgenden Seite zusammengestellt.

Elektroden- kurzbezeichnung	Elektrodenreaktion	Standard- potential E^0 in V
in saurer Lösung		
Li/Li^+	$Li^+ + e^- \rightarrow Li$	$-3{,}045$
K/K^+	$K^+ + e^- \rightarrow K$	$-2{,}925$
Ba/Ba^{2+}	$Ba^{2+} + 2\,e^- \rightarrow Ba$	$-2{,}906$
Ca/Ca^{2+}	$Ca^{2+} + 2\,e^- \rightarrow Ca$	$-2{,}866$
Na/Na^+	$Na^+ + e^- \rightarrow Na$	$-2{,}7142$
Mg/Mg^{2+}	$Mg^{2+} + 2\,e^- \rightarrow Mg$	$-2{,}363$
Al/Al^{3+}	$Al^{3+} + 3\,e^- \rightarrow Al$	$-1{,}662$
Mn/Mn^{2+}	$Mn^{2+} + 2\,e^- \rightarrow Mn$	$-1{,}180$
Zn/Zn^{2+}	$Zn^{2+} + 2\,e^- \rightarrow Zn$	$-0{,}7628$
Cr/Cr^{3+}	$Cr^{3+} + 3\,e^- \rightarrow Cr$	$-0{,}744$
Fe/Fe^{2+}	$Fe^{2+} + 2\,e^- \rightarrow Fe$	$-0{,}4402$
Cd/Cd^{2+}	$Cd^{2+} + 2\,e^- \rightarrow Cd$	$-0{,}4409$
$Pt/Ti^{2+}, Ti^{3+}$	$Ti^{3+} + e^- \rightarrow Ti^{2+}$	$-0{,}369$
$Pb/PbSO_4/SO_4^{2-}$	$PbSO_4 + 2\,e^- \rightarrow Pb + SO_4^{2-}$	$-0{,}3588$
Ni/Ni^{2+}	$Ni^{2+} + 2\,e^- \rightarrow Ni$	$-0{,}250$
$Ag/AgI/I^-$	$AgI + e^- \rightarrow Ag + I^-$	$-0{,}1518$
Pb/Pb^{2+}	$Pb^{2+} + 2\,e^- \rightarrow Pb$	$-0{,}126$
$Pt/H_2/H^+$	$2\,H^+ + 2\,e^- \rightarrow H_2$	$0{,}0000$
$Ag/AgBr/Br^-$	$AgBr + e^- \rightarrow Ag + Br$	$+0{,}0713$
$Cu/CuCl/Cl^-$	$CuCl + e^- \rightarrow Cu + Cl^-$	$+0{,}137$
$Pt/Cu^+, Cu^{2+}$	$Cu^{2+} + e^- \rightarrow Cu^+$	$+0{,}153$
$Ag/AgCl/Cl^-$	$AgCl + e^- \rightarrow Ag + Cl^-$	$+0{,}2225$
$Pt/Hg/Hg_2Cl_2/Cl^-$	$Hg_2Cl_2 + 2\,e^- \rightarrow 2\,Hg + 2\,Cl^-$	$+0{,}2676$
Cu/Cu^{2+}	$Cu^{2+} + 2\,e^- \rightarrow Cu$	$+0{,}337$
$Pt/Fe^{2+}, Fe^{3+}$	$Fe^{3+} + e^- \rightarrow Fe^{2+}$	$+0{,}771$
Ag/Ag^+	$Ag^+ + e^- \rightarrow Ag$	$+0{,}7991$
$Pt/Tl^+, Tl^{3+}$	$Tl^{3+} + 2\,e^- \rightarrow Tl^+$	$+1{,}25$
$Pt/Cl_2/Cl^-$	$Cl_2\,(g) + 2\,e^- \rightarrow 2\,Cl^-$	$+1.3595$
$Pt/Mn^{2+}, MnO_4^-$	$MnO_4^- + 8\,H^+ + 5\,e^- \rightarrow Mn^{2+} + 4\,H_2O$	$+1{,}51$
$Pt/F_2/F^-$	$F_2\,(g) + 2\,e^- \rightarrow 2\,F^-$	$+2{,}87$
in basischer Lösung		
$Pt/H_2/OH^-$	$2\,H_2O + 2\,e^- \rightarrow H_2 + 2\,OH^-$	$-0{,}8280$
$Pt/O_2/OH^-$	$O_2 + 2\,H_2O + 4\,e^- \rightarrow 4\,OH^-$	$+0{,}401$
$Pt/MnO_2/MnO_4^-$	$MnO_4^- + 2\,H_2O + 3\,e^- \rightarrow MnO_2 + 4\,OH^-$	$+0{,}588$

Beispiel 9-38. Aus den Standardpotentialen der Elektroden Zn/Zn^{2+} und Cu/Cu^{2+} sind für die Reaktion $CuSO_4 + Zn \rightleftharpoons ZnSO_4 + Cu$ bei 25 °C zu berechnen: a) die freie Standard-Reaktionsenthalpie, b) die Gleichgewichtskonstante, c) die freie Reaktionsenthalpie, wenn die Ionenaktivitäten $a_{Zn^{2+}} = 10^{-3}$ mol/kg und $a_{Cu^{2+}} = 0,1$ mol/kg betragen.

Die Reaktionsgleichung kann man in Ionenform schreiben:

$$Cu^{2+} + Zn \rightleftharpoons Zn^{2+} + Cu; \quad \text{es ist also} \quad K_{th} = \frac{a_{Zn^{2+}}}{a_{Cu^{2+}}} \cdot \frac{a_{Cu}}{a_{Zn}}, \text{ wobei}$$

aber konventionsgemäß die Aktivität der reinen Metalle gleich

1 mol/kg gesetzt wird, so daß folgt: $K_{th} = \dfrac{a_{Zn^{2+}}}{a_{Cu^{2+}}}$. Die Reaktion

läßt sich in einer galvanischen Zelle $Zn/Zn^{2+}//Cu^{2+}/Cu$ realisieren (Daniell-Zelle). Für diese ist $\Delta E^0 = E^0(Cu/Cu^{2+}) - E^0(Zn/Zn^{2+}) = 0,337 - (-0,7628) = 1,0998$ V.

a) Nach Gl. (XII) ist $\Delta_R G_m^0 = - |z| F \Delta E^0 =$
$= -2 \cdot 96\,485 \cdot 1,0998 = -212\,228$ J/mol $= -212,228$ kJ/mol.

b) Nach Gl. (XVI) ist $\Delta_R G_m^0 = -RT \cdot \ln K_{th}$, woraus folgt:

$$K_{th} = \exp\left(-\frac{\Delta_R G_m^0}{RT}\right) = \exp\left(\frac{212\,228}{8,3143 \cdot 298,15}\right) = 1,52 \cdot 10^{37}.$$

c) Aus Gl. (XIV) folgt: $\Delta_R G_m = \Delta_R G_m^0 + RT \cdot \ln\dfrac{a_{Zn^{2+}}}{a_{Cu^{2+}}} =$

$$= -212\,228 + 8,3143 \cdot 298,15 \cdot \ln \frac{10^{-3}}{0,1} = -223\,644 \text{ J/mol.} \text{ ———}$$

Beispiel 9-39. Für die galvanische Zelle
$Ni/Ni(NO_3)_2\,(c_1 = 0,005$ mol/dm$^3)//AgNO_3(c_2 = 0,1$ mol/dm$^3)/Ag/Ni$
ist die EMK bei 25 °C zu berechnen. Für die angegebenen Lösungen betragen die Aktivitätskoeffizienten $\gamma_{c,Ni^{2+}} = 0,57$ und $\gamma_{c,Ag^+} = 0,717$.

Die Einzelreaktionen sind: links $\quad \dfrac{1}{2} Ni \quad \rightarrow \quad \dfrac{1}{2} Ni^{2+} + e^-$

rechts $\quad Ag^+ + e^- \quad \rightarrow \quad Ag$

Gesamt $\dfrac{1}{2} Ni + Ag^+ \rightarrow \dfrac{1}{2} Ni^{2+} + Ag$

Hierfür gilt: $\Delta E = E^0(Ag/Ag^+) - E^0(Ni/Ni^{2+}) - \dfrac{RT}{F} \cdot \ln \dfrac{(a_{Ni^{2+}})^{1/2}}{a_{Ag^+}} =$

$$= 0,7991 - (-0,250) - \frac{8,3143 \cdot 298,15}{96\,485} \cdot \ln \frac{(0,005 \cdot 0,57)^{1/2}}{0,1 \cdot 0,717} =$$
$$= 1,057 \text{ V.} \text{ ———}$$

Aufgaben. 9/37. Man berechne für die galvanische Zelle
$Zn/Zn^{2+}/\!\!/Cd^{2+}/Cd$ bei 25 °C: **a)** die EMK, **b)** die Standard-Reaktionsenthalpie,
c) die Gleichgewichtskonstante.

    9/38. Zu berechnen ist das Verhältnis der Aktivitäten der Zn^{2+}- und
Cu^{2+}-Ionen, welches beim Schütteln von Zn-Spänen in einer verdünnten
$CuSO_4$-Lösung nach Erreichen des Gleichgewichtes in der Lösung vorliegt.

9.3.2 Elektrodentypen

    Bei den Elektroden der Beispiele und Aufgaben des vorher-
gehenden Abschnitts taucht ein Metall in die Lösung seiner Ionen,
z. B. ein Silberstab in eine Silbersalzlösung. Solche Elektroden
werden als *Elektroden erster Art* bezeichnet. Bei der Elektrodenreaktion $Ag^+ + e^- \rightarrow Ag$ stellt sich zwischen der reinen metallischen
Phase und der Metallsalzlösung infolge des elektrochemischen
Gleichgewichtes das Potential

$$E = E^0 + \frac{RT}{F} \cdot \ln a_{Ag^+} \tag{XXI}$$

ein, da die Aktivität des reinen metallischen Silbers definitionsgemäß 1 mol/kg (bzw. 1 mol/dm^3) ist.

    Liegt das Metall aber nicht in reiner Form vor, sondern z. B.
als Amalgam, so sind zwei Mischphasen miteinander im Gleichgewicht, und es ist das Potential als Funktion der Aktivitäten des
Metallions in der Me^{z+}-Ionenlösung und des im Quecksilber als
Amalgam gelösten Metalls:

$$E = E^0 + \frac{RT}{|z|\,F} \cdot \ln \frac{a_{Me^{z+}}}{a_{Me(Hg)}}. \tag{XXII}$$

    Enthält die Lösung ein Anion A^-, welches mit dem Metall-
kation ein schwer lösliches Salz bildet, so liegt eine *Elektrode
zweiter Art* vor. Die Aktivität der Metallionen ist dann durch das
Löslichkeitsprodukt und die Aktivität der Anionen eindeutig
bestimmt:

$$a_{Me^{z+}} = \frac{K_L}{a_{A^-}^z} \,, \quad z. B. \quad a_{Ag^+} = \frac{K_L}{a_{Cl^-}}. \tag{XXIII}$$

Die zwischen dieser Elektrode und der Normalwasserstoffelektrode
bestehende Spannung ist dann:

$$E = E^0 + \frac{RT}{F} \cdot \ln a_{Ag^+} = E^0 + \frac{RT}{F} \cdot \ln \frac{K_L}{a_{Cl^-}}. \tag{XXIV}$$

Elektroden zweiter Art werden wegen ihres konstanten Potentials, ihrer Einfachheit und guten Reproduzierbarkeit sehr häufig als Bezugselektroden verwendet, so z. B. die *Kalomelelektrode*. Diese besteht aus Hg im Kontakt mit festem Hg_2Cl_2 und einer gesättigten Hg_2Cl_2-Lösung, welche außerdem KCl der Molalität 1 oder 0,1 mol/kg enthält.

Beispiel 9-40. Es ist die Beziehung für die Abhängigkeit der Spannung zwischen Kalomelelektrode und Normalwasserstoffelektrode von der Cl^--Ionenaktivität abzuleiten.

$K_L = a_{Hg^+}^2 \, a_{Cl^-}^2$. Die Elektrodenreaktion lautet:

$2\,Hg^+ + 2\,e^- \rightleftharpoons 2\,Hg$. Dann ist $E = E^0(Hg/Hg^+) + \dfrac{RT}{2F} \cdot \ln a_{Hg^+}^2 =$

$= E^0(Hg/Hg^+) + \dfrac{RT}{2F} \cdot \ln K_L - \dfrac{RT}{F} \cdot \ln a_{Cl^-}$. ———

Bei einer *Redoxelektrode* taucht ein Edelmetall in eine Lösung, welche Ionen in zwei verschiedenen Oxidationsstufen enthält. Die Konzentrationsabhängigkeit ihres Potentials gegenüber der Normalwasserstoffelektrode ist:

$$E = E^0 + \frac{RT}{|z|\,F} \cdot \ln \frac{(a_{ox})^{|\nu_{ox}|}}{(a_{red})^{|\nu_{red}|}} . \qquad\qquad (XXV)$$

Ein Beispiel ist die Eisen(II)/Eisen(III)-Elektrode $Pt/Fe^{2+}, Fe^{3+}$.

Beispiel 9-41. Schüttelt man die Lösung eines Eisen(III)-Salzes mit metallischem Silber, so stellt sich ein Gleichgewicht zwischen Fe^{3+}-, Fe^{2+}- und Ag^+-Ionen ein, für welches gilt:

$K_{th} = \dfrac{a_{Fe^{2+}}\, a_{Ag^+}}{a_{Fe^{3+}}} = 0,335$. Zu berechnen ist das Standard-

potential der Elektrode $Pt/Fe^{2+}, Fe^{3+}$ bei 25 °C.

Die Gesamtreaktion (a) $Fe^{3+} + Ag \rightarrow Fe^{2+} + Ag^+$ mit der EMK

$$E^0_{(a)} = \frac{RT}{F} \cdot \ln K_{th} = \frac{8,3143 \cdot 298,15}{96\,485} \cdot \ln 0,335 = -0,0281\ V$$

läßt sich zerlegen in die beiden Reaktionen

(b) $Fe^{3+} + e^- \rightarrow Fe^{2+}$, $E^0_{(b)} = \dfrac{RT}{F} \cdot \ln \dfrac{a_{Fe^{2+}}}{a_{Fe^{3+}}}$

(c) $Ag \rightarrow Ag^+ + e^-$, $E^0_{(c)} = \dfrac{RT}{F} \cdot \ln \dfrac{1}{a_{Ag^+}} = 0,7991$ (s. Tab., S. 361).

Das Standardpotential $E^0_{(b)}$ der Elektrode $Pt/Fe^{2+}, Fe^{3+}$ ist dann:

$$E^0_{(b)} = RT \cdot \ln \frac{a_{Fe^{2+}}}{a_{Fe^{3+}}} = E^0_{(a)} + E^0_{(c)} = -0{,}0281 + 0{,}7991 =$$

$$= 0{,}7710 \text{ V.} \underline{\quad\quad}$$

Auch Gaselektroden, wie z. B. die Wasserstoff- oder die Chlorelektrode sind als Redoxelektroden aufzufassen. Die Elektrodenreaktion der Wasserstoffelektrode (Elektrodenkurzbezeichnung $Pt/H_2/H^+$) ist

$$2\,H^+ + 2\,e^- \rightarrow H_2, \tag{XXVI}$$

und demnach deren Potential

$$E(H_2/H^+) = -\frac{RT}{2F} \cdot \ln \frac{a_{H_2}}{a^2_{H^+}\, a^0_{H_2}} = \frac{RT}{F} \cdot \ln a_{H^+} + \frac{RT}{2F} \cdot \ln \frac{p^0_{H_2}}{p_{H_2}}$$

$$\tag{XXVII}$$

(E^0 der Wasserstoffelektrode ist definitionsgemäß gleich 0 bei allen Temperaturen und beim Druck $p^0_{H_2} = 1{,}01325$ bar).

Beispiel 9-42. Zu berechnen ist die EMK der Gaszelle
Pt/H_2 ($p = 1{,}01325$ bar)$//H^+$ ($b = 0{,}1$ mol/kg)$//Cl_2$ ($p = 2{,}02650$ bar)$/Pt$
bei 25 °C. Bei der angegebenen Molalität ist $\gamma_{b\pm} = 0{,}796$.

Für die Chlorelektrode ($Cl_2 + 2\,e^- \rightarrow 2\,Cl^-$) ist

$$E = E^0(Cl_2/Cl^-) - \frac{RT}{F} \cdot \ln a_{Cl^-} + \frac{RT}{2F} \cdot \ln \frac{p_{Cl_2}}{p^0_{Cl_2}} . \text{ Demnach ist}$$

für die Gaszelle

$$\Delta E = E^0(Cl_2/Cl^-) - \frac{RT}{F} \cdot \ln a_{Cl^-} + \frac{RT}{2F} \cdot \ln \frac{p_{Cl_2}}{p^0_{Cl_2}} -$$

$$- \left(\frac{RT}{F} \cdot \ln a_{H^+} + \frac{RT}{2F} \cdot \ln \frac{p^0_{H_2}}{p_{H_2}} \right) =$$

$$= E^0(Cl_2/Cl^-) - \frac{RT}{F} \left(\ln(a_{H^+}\, a_{Cl^-}) - \frac{1}{2} \cdot \ln \frac{p_{Cl_2}}{p^0_{Cl_2}} - \right.$$

$$\left. - \frac{1}{2} \cdot \ln \frac{p^0_{H_2}}{p_{H_2}} \right) = 1{,}3595 - \frac{8{,}3143 \cdot 298{,}15}{96\,485} \left(\ln(0{,}1 \cdot 0{,}796)^2 - \right.$$

$$\left. - \frac{1}{2} \cdot \ln \frac{2{,}02650}{1{,}01325} - \frac{1}{2} \cdot \ln \frac{1{,}01325}{1{,}01325} \right) = 1{,}4984 \text{ V.} \underline{\quad\quad}$$

Aufgaben. 9/39. Zu berechnen sind die Potentiale einer Wasserstoffelektrode unter einem Wasserstoffdruck von 1,01325 bar bei 25 °C und H_3O^+-Ionenaktivitäten entsprechend pH = 2, pH = 5 sowie pH = 7.

9/40. Aus den Standardpotentialen der Elektroden Ag/Ag^+ und $Pt/Cl_2/Cl^-$ ist die freie Standard-Reaktionsenthalpie bei 25 °C für die Reaktion $2\,Ag + Cl_2$ (1,01325 bar) $\rightarrow$ 2 AgCl(s) zu berechnen, wenn bei 25 °C die Löslichkeit von AgCl in Wasser $1,31 \cdot 10^{-5}$ mol/dm^3 beträgt.

9.3.3 Konzentrationszellen

Als *Konzentrationszellen* bezeichnet man galvanische Zellen, deren Elektroden zwar qualitativ identisch sind, die sich aber durch die Konzentrationen (bzw. Aktivitäten) unterscheiden, wobei zwei Grundtypen möglich sind:

I) Die beiden Elektroden bestehen aus demselben Metall, tauchen aber in Elektrolytlösungen verschiedener Aktivität, z. B.:

$$Me/Me^{z+}\,(a_1)//Me^{z+}\,(a_2)/Me \qquad\qquad \text{(XXVIII)}$$

$$\Delta E = -\frac{RT}{|z|F} \cdot \ln\frac{a_2}{a_1} \quad (a_1 > a_2). \qquad\qquad \text{(XXIX)}$$

Dieselbe Beziehung gilt für Wasserstoffelektroden von gleichem Gasdruck in Lösungen verschiedenen pH-Wertes; da pH $= -\lg a_{H_3O^+}$ und $|z| = 1$ ist, folgt aus Gl. (XXIX):

$$\Delta E = \frac{RT}{F} \cdot 2,303\,(pH_2 - pH_1).$$

Beispiel 9-43. Für die Zelle $Ag/AgNO_3$ ($b = 0,1$ mol/kg)// $//AgCl$, KCl (ges. $b = 0,1$ mol/kg)/AgCl(s), Ag wurde bei 25 °C eine Spannung von 0,447 V gemessen. Zu berechnen ist das Löslichkeitsprodukt des AgCl. $\gamma_{b,Ag^+} = 0,72$ (in $AgNO_3$-Lösung mit $b = 0,1$ mol/kg), $\gamma_{b,Cl^-} = 0,769$ in KCl-Lösung mit $b = 0,1$ mol/kg).

$$\Delta E = \frac{RT}{F} \cdot \ln\frac{a_{Ag^+}\,(AgNO_3)}{a_{Ag^+}\,(AgCl)} = \frac{RT}{F} \cdot \ln\frac{a_{Ag^+}\,(AgNO_3)}{K_L/a_{Cl^-}}.$$

Daraus folgt: $\ln K_L = \ln\,[a_{Ag^+}\,(AgNO_3) \cdot a_{Cl^-}] - \dfrac{\Delta E F}{RT} =$

$$= \ln\,(0,072 \cdot 0,0769) - \frac{0,493 \cdot 96\,485}{8,3143 \cdot 298,15} = -5,1963 - 17,3983 =$$

$$= -22,5946; \text{ somit } K_L = 1,54 \cdot 10^{-10}\,(mol/kg)^2. \text{——}$$

II) Zwei Elektroden verschiedener Metallkonzentration
(z. B. Amalgamelektroden) tauchen in dieselbe Elektrolytlösung:
$Me(a_1)$, $Hg/Me^{z+}/Me(a_2)$, Hg. Es ist dann

$$\Delta E = -\frac{RT}{|z|F} \cdot \ln \frac{a_2}{a_1}, \quad a_1 > a_2. \qquad \text{(XXX)}$$

Beispiel 9-44. Für eine Cd-Amalgamzelle
$Cd(a_1)$, $Hg/Cd^{2+}/Cd(a_2)$, Hg beträgt die Cd-Aktivität der linken
Elektrode $a_1 = 8{,}90 \cdot 10^{-3}$ mol/kg, die der rechten Elektrode
$a_2 = 8{,}90 \cdot 10^{-4}$ mol/kg. Zu berechnen ist die EMK dieser Zelle
bei 25 °C.

In der Zelle laufen folgende Reaktionen ab:
(links) $Cd^{2+} + 2\,e^- \rightarrow Cd(a_2)$, (rechts) $Cd(a_1) \rightarrow Cd^{2+} + 2\,e^-$;
Gesamtreaktion: $Cd(a_1) \rightarrow Cd(a_2)$.

$$\Delta E = -\frac{8{,}3143 \cdot 298{,}15}{2 \cdot 96\,485} \cdot \ln \frac{8{,}90 \cdot 10^{-4}}{8{,}90 \cdot 10^{-3}} = 0{,}02958 \text{ V.} \; \text{———}$$

Zu dieser Art von Konzentrationsketten gehören auch Zellen
aus gleichartigen Gaselektroden, welche vom gleichen Gas, jedoch
bei verschiedenen Drücken umspült werden, z. B.
$Pt/H_2(p_1)//H^+// H_2(p_2)/Pt$, $p_1 > p_2$, mit der Gesamtreaktion
$H_2(p_1) \rightarrow H_2(p_2)$. Es ist dann

$$\Delta E = -\frac{RT}{|z|F} \cdot \ln \frac{p_2}{p_1}. \qquad \text{(XXXI)}$$

Beispiel 9-45. In einer Gaskonzentrationszelle, welche aus zwei
Wasserstoffelektroden besteht, welche in dieselbe Säurelösung eintauchen, beträgt der H_2-Druck der linken Elektrode $p_1 = 1$ bar,
derjenige der rechten Elektrode $p_2 = 0{,}1$ bar. Man berechne die
EMK dieser Zelle bei 25 °C.

$$\Delta E = -\frac{8{,}3143 \cdot 298{,}15}{2 \cdot 96\,485} \cdot \ln \frac{0{,}1}{1} = 0{,}02958 \text{ V.} \; \text{———}$$

Aufgaben. 9/41. Zu berechnen ist die EMK der Zelle Pt/H_2 (1,01325 bar)/
$/H_2SO_4(c_1 = 1{,}035$ mol/dm^3)//NaOH$(c_2 = 0{,}096$ mol/dm^3)/H_2 (1,01325 bar)/Pt
bei 25 °C. Für $c_1 = 1{,}035$ mol/dm^3 ist $\gamma_{c\pm} = 0{,}13$, für $c_2 = 0{,}096$ mol/dm^3
ist $\gamma_{c\pm} = 0{,}815$.

9/42. Die EMK der galvanischen Zelle $Ag/AgNO_3(c_1 = 0,01\ mol/dm^3)/\!/$ $/\!/$ ges. NH_4NO_3-Lösung$/\!/AgNO_3(c_2 = 0,001\ mol/dm^3)/Ag$ beträgt 0,0572 V bei 25 °C. Der Aktivitätskoeffizient der Ag^+-Ionen in der $AgNO_3$-Lösung der Konzentration c_1 ist $\gamma_{c,Ag^+} = 0,965$. Das Diffusionspotential ist durch Zwischenschaltung von gesättigter NH_4NO_3-Lösung weitgehend unterdrückt und soll daher vernachlässigt werden. Zu berechnen ist der Aktivitätskoeffizient der Ag^+-Ionen in der $AgNO_3$-Lösung der Konzentration c_2.

9/43. Bei 25 °C beträgt die EMK der Zelle $Ag/AgNO_3$ $(c_1 = 0,1\ mol/dm^3)/\!/$ $/\!/$ ges. NH_4NO_3-Lösung$/\!/AgBr$ $(c_2,$ ges. in KBr-Lösung mit $c = 0,1\ mol/dm^3)/Ag$ 0,593 V. Der Aktivitätskoeffizient der Br^--Ionen in der KBr-Lösung ist $\gamma_{c,Br^-} = \gamma_{c\pm,KBr} = 0,777$, derjenige der Ag^+-Ionen in der $AgNO_3$-Lösung $\gamma_{c,Ag^+} = \gamma_{c\pm,AgNO_3} = 0,717$. Zu berechnen ist das Löslichkeitsprodukt des Silberbromids.

9/44. Bei 25 °C beträgt die EMK der galvanischen Zelle $Ag/AgNO_3$ $(c_1 = 0,1\ mol/dm^3)/\!/$ ges. KNO_3-Lösung$/\!/AgCl$ $(c_2,$ ges. in KCl-Lösung mit $c = 0,1\ mol/dm^3)/Ag$ 0,4471 V. Die mittleren Aktivitätskoeffizienten der Ionen in Lösungen von $AgNO_3$ und KCl der Konzentrationen $c = 0,1\ mol/dm^3$ betragen 0,734 bzw. 0,770. Zu berechnen ist das Löslichkeitsprodukt des Silberchlorids unter der Annahme, daß $\gamma_{c,Ag^+} = \gamma_{c,Cl^-} = \gamma_{c\pm,AgCl}$ ist.

9.3.4 Konzentrationszellen mit Überführung

Schalten wir zwei Elektroden unterschiedlicher Elektrolytkonzentrationen direkt zu einer Zelle zusammen, etwa mittels eines Diaphragmas aus Sinterglas, so haben wir eine *Konzentrationszelle mit Überführung*, z. B.
$Ag/AgCl(s)/HCl(a_1)/HCl(a_2)/AgCl(s)/Ag$. Durch das Diaphragma mit elektrolytischer Verbindung zwischen den beiden Lösungen können Ionen von der einen Seite zur anderen überwechseln. Von der insgesamt durchgehenden Elektrizitätsmenge Q wird der Bruchteil t_+Q durch die H_3O^+-Ionen, der Bruchteil t_-Q durch die Cl^--Ionen transportiert (t_+ und t_- sind die Überführungszahlen der Kationen bzw. Anionen). Bei der als Beispiel erwähnten Zelle verhalten sich die Elektroden reversibel bezüglich der Cl^--Ionen. Die EMK dieser Konzentrationskette ist dann

$$\Delta E = -t_+ \cdot \frac{RT}{|z|F} \cdot \ln \frac{a_2}{a_1}, \qquad (a_1 > a_2), \qquad \text{(XXXII)}$$

d. h. der Bruchteil t_+ der EMK einer Konzentrationskette ohne Überführung. Es ist jeweils die Überführungszahl desjenigen Ions einzusetzen, für das die Elektroden nicht reversibel sind.

Beispiel 9-46. Bei 25 °C beträgt die EMK der Zelle
Ag/AgCl(s)/HCl (b = 0,01 mol/kg)/HCl(b = 0,001 mol/kg)/
/AgCl(s)/Ag　0,0949 V. Der mittlere Aktivitätskoeffizient einer
HCl-Lösung der Molalität b = 0,01 mol/kg beträgt 0,905, der-
jenige einer Lösung der Molalität b = 0,001 mol/kg beträgt 0,9647.
Zu berechnen ist die mittlere Überführungszahl des H_3O^+-Ions.

Da $a_{H^+}a_{Cl^-} = [(a_\pm)_{HCl}]^2$ und $(a_\pm)_{HCl} = \gamma_{b\pm}b$, folgt aus

Gl. (XXXII):　$\Delta E = 2\,t_+ \cdot \dfrac{RT}{F} \cdot \ln \dfrac{a_{0,01}}{a_{0,001}}$, wobei $a_{0,01}$ und $a_{0,001}$

die Aktivitäten der Lösungen von der Molalität b = 0,01 bzw.
0,001 mol/kg sind. Es ist dann

$$t_+ = \frac{\Delta E F}{2RT} \cdot \left(\ln \frac{a_{0,01}}{a_{0,001}} \right)^{-1} = \frac{0,0949 \cdot 96\,485}{2 \cdot 8,3143 \cdot 298,15} \left(\ln \frac{0,905 \cdot 0,01}{0,9647 \cdot 0,001} \right)^{-1} =$$

$$= 0,825. \text{———}$$

Aufgaben. 9/45. Eine Konzentrationszelle mit Überführung enthält
Lösungen von Thalliumnitrat der Molalitäten b_1 = 0,01 mol/kg ($\gamma_{b\pm}$ = 0,92)
und b_2 = 0,001 ($\gamma_{b\pm}$ = 0,98). Die Überführungszahl des Nitrations, für das
die Elektroden nicht reversibel sind, beträgt $t_{NO_3^-}$ = 0,483. Zu berechnen
ist die EMK dieser Zelle.

9.3.5 Bestimmung thermodynamischer Funktionen aus EMK-Messungen

Der Zusammenhang zwischen der freien Standard-Reaktionsenthalpie einer Zellreaktion und der Standard-EMK ΔE^0 (Normalspannung) der galvanischen Zelle ist durch Gl. (XVI) gegeben;
diese Gleichung gibt auch die Beziehung zwischen ΔE^0 und der
Gleichgewichtskonstanten K_{th} wieder. Aus den Gln. (XV) und
(XXVIII) des Abschnitts 8.3 (S. 283 bzw. 286)

$$\Delta_R G_m^0 = \Delta_R H_m^0 - T \cdot \Delta_R S_m^0 \tag{XXXIII}$$

und

$$\Delta_R S_m^0 = - \left(\frac{\partial \Delta_R G_m^0}{\partial T} \right)_p \tag{XXXIV}$$

ergibt sich mit Hilfe der Gl. (XVI):

$$\Delta_R S_m^0 = |z|\, F \left(\frac{\partial \Delta E^0}{\partial T} \right)_p \tag{XXXV}$$

und

$$\Delta_R H_m^0 = \Delta_R G_m^0 + T \cdot \Delta_R S_m^0 = - \left| z \right| F \Delta E^0 + \left| z \right| FT \left(\frac{\partial \Delta E^0}{\partial T} \right)_p =$$

$$= \left| z \right| F \left[T \left(\frac{\partial \Delta E^0}{\partial T} \right)_p - \Delta E^0 \right] . \qquad\qquad \text{(XXXVI)}$$

Beispiel 9-47. Die Zelle $Pt/H_2/HCl/\!/Ag^+/AgCl/Ag$ hat eine Standard-EMK von $\Delta E^0 = 0{,}2225$ V bei 25 °C. Der Temperaturkoeffizient unter Standardbedingungen ist $(\partial \Delta E^0/\partial T)_p = -0{,}000645$ VK^{-1}. Zu berechnen sind für die Reaktion

$$AgCl(s) + \frac{1}{2} H_2 \to Ag + H^+ + Cl^- :$$ a) die freie Reaktions-

enthalpie, b) die Reaktionsentropie und c) die Reaktionsenthalpie.

a) $\Delta_R G_m^0 = - \left| z \right| F \Delta E^0 = -1 \cdot 96\,485 \cdot 0{,}2225 =$

$$= -21\,468 \text{ J/mol; } b) \; \Delta_R S_m^0 = \left| z \right| F \left(\frac{\partial \Delta E^0}{\partial T} \right)_p = 1 \cdot 96\,485 \times$$

$\times (-0{,}000645) = -62{,}23$ J/K; c) $\Delta_R H_m^0 = \Delta_R G_m^0 + T \cdot \Delta_R S_m^0 =$
$= -21\,468 + 298{,}15 \cdot (-62{,}23) = -40\,022$ J/mol. ——

Beispiel 9-48. Aus der Standard-EMK ist die Gleichgewichtskonstante der Reaktion $Cu + 2\,Ag^+ \to Cu^{2+} + 2\,Ag$ bei 25 °C zu berechnen.

Die formulierte Gesamtreaktion setzt sich zusammen aus den beiden Elektrodenreaktionen (links) $Cu \to Cu^{2+} + 2\,e^-$;
(rechts) $2\,Ag^+ + 2\,e^- \to 2\,Ag$. Es ist dann $\Delta E^0 = E^0(Ag/Ag^+) - E^0(Cu/Cu^{2+}) = 0{,}7991 - 0{,}337 = 0{,}4621$ V; damit ergibt sich für $\Delta_R G_m^0 = - \left| z \right| F \Delta E^0 = -2 \cdot 96\,485 \cdot 0{,}4621 = -89\,171$ J/mol

und $\ln K_{th} = -\dfrac{\Delta_R G_m^0}{RT} = -\dfrac{-89\,171}{8{,}3143 \cdot 298{,}15} = 35{,}97;$

$K_{th} = 4{,}19 \cdot 10^{15}.$ ——

Aufgaben. 9/46. Die Zelle $Cu/Cu^{2+}/\!/Zn^{2+}/Zn$ hat eine Standard-EMK von $\Delta E^0 = 1{,}0960$ V bei 0 °C. Bei dieser Temperatur beträgt der Temperaturkoeffizient der EMK $(\partial \Delta E^0/\partial T)_p = 3{,}33 \cdot 10^{-5}$ VK^{-1}. Zu berechnen sind die freie Reaktionsenthalpie, die Reaktionsentropie und die Reaktionsenthalpie.

9/47. Man berechne die Gleichgewichtskonstante der Reaktion $Zn + H_2SO_4 \to ZnSO_4 + H_2$ bei 25 °C aus den Normalpotentialen.

10 Reaktionskinetik

Die chemische Thermodynamik gibt zwar Auskunft darüber, welcher Umsatz eines Reaktionspartners oder welche Ausbeute an einem Reaktionsprodukt bei einer chemischen Reaktion unter bestimmten Bedingungen maximal erreicht werden können; sie kann jedoch keine Angaben über die Geschwindigkeit des Reaktionsablaufs als Funktion der Reaktandenkonzentrationen, der Temperatur, des Druckes usw. liefern. Diese Aufgabe fällt der *Reaktionskinetik* zu.

Die *Mikrokinetik* befaßt sich mit dem zeitlichen Ablauf chemischer Reaktionen ohne den überlagerten Einfluß physikalischer Transportvorgänge (Stoff- und Wärmetransport), während die *Makrokinetik* diese Einflüsse, welche z. B. bei heterogenen Reaktionen (s. unten) eine große Rolle spielen, berücksichtigt.

Man unterscheidet zwei Arten chemischer Reaktionen: *homogene* und *heterogene*. Bei homogenen Reaktionen liegen alle Reaktionskomponenten, d. h. Reaktionspartner, Reaktionsprodukte, Inertstoffe (Lösungsmittel, Trägergase usw.) sowie Katalysatoren in einer einzigen Phase, z. B. in der Gasphase oder in einer flüssigen Lösung, vor. Bei heterogenen Reaktionen befinden sich die Reaktionskomponenten (einschließlich Katalysatoren) in zwei oder mehr Phasen; die chemische Reaktion erfolgt dann an der Grenzfläche dieser Phasen.

10.1 Homogene Reaktionen

10.1.1 Reaktionsgeschwindigkeit, Geschwindigkeitsgleichung und Reaktionsordnung homogener Reaktionen

Unter der *Reaktionsgeschwindigkeit* r_i eines Reaktanden *i* versteht man die durch chemische Reaktion gebildete oder ver-

brauchte Stoffmenge dieses Reaktanden in der Zeiteinheit und pro
Volumeneinheit der Reaktionsmischung. r_i ist negativ, wenn der
Reaktand *i* ein Reaktionspartner, positiv, wenn der Reaktand *i*
ein Reaktionsprodukt ist.

Dagegen hat die sog. *Äquivalent-Reaktionsgeschwindigkeit r*
stets einen positiven Zahlenwert; dieser ist zwar unabhängig vom
jeweils betrachteten Reaktanden, aber abhängig von der Formulierung der Gesamtreaktionsgleichung, also davon, ob man z. B.

$$N_2 + 3\,H_2 \rightarrow 2\,NH_3 \quad \text{oder} \quad \frac{1}{2}\,N_2 + \frac{3}{2}\,H_2 \rightarrow NH_3 \quad \text{schreibt. Für}$$

eine Reaktion

$$|\nu_A|\,A + |\nu_B|\,B \rightarrow |\nu_C|\,C + |\nu_D|\,D \tag{I}$$

ist die Äquivalent-Reaktionsgeschwindigkeit

$$r = \frac{r_A}{\nu_A} = \frac{r_B}{\nu_B} = \frac{r_C}{\nu_C} = \frac{r_D}{\nu_D}\,, \tag{II}$$

oder allgemein

$$r = \frac{r_i}{\nu_i} \quad \text{bzw.} \quad r_i = r\,\nu_i, \tag{III}$$

wobei $\nu_i < 0$ für Reaktionspartner und $\nu_i > 0$ für Reaktionsprodukte ist.

Empirisch findet man allgemein, daß die Äquivalent-Reaktionsgeschwindigkeit *r* als Produkt aus einem Koeffizienten *k*
und irgendeiner Funktion der Konzentrationen der Reaktionspartner ausgedrückt werden kann:

$$r = k \cdot f(c_A, c_B, \ldots), \tag{IV}$$

z. B. $\qquad r = k\,c_A^{\,n} \quad \text{oder} \quad r = k\,c_A^{\,n}\,c_B^{\,m}. \tag{V}$

Derartige Gleichungen werden als *Zeitgesetz* oder *Geschwindigkeitsgleichung* der betreffenden Reaktion, das auf der rechten
Seite stehende Produkt als *Geschwindigkeitsausdruck* bezeichnet.
Die Exponenten *n* und *m* geben die *Ordnung der Reaktion* in bezug
auf den Reaktionspartner an: Die Reaktion ist in bezug auf den
Reaktionspartner A von der Ordnung *n*, in bezug auf den Reaktionspartner B von der Ordnung *m* usw. Unter der *Gesamtordnung* ver-

steht man die Summe aller Exponenten im Geschwindigkeitsausdruck. Die Exponenten $m, n, \ldots$ brauchen nicht mit den stöchiometrischen Zahlen der Reaktionsgleichung übereinzustimmen.

Der Koeffizient k hängt nicht von den Konzentrationen der Reaktionspartner ab, sondern nur von der Temperatur sowie von der Anwesenheit und Menge gewisser Stoffe, welche zwar nicht in die Zusammensetzung der gebildeten Reaktionsprodukte eingehen, jedoch die Geschwindigkeit des Reaktionsablaufs beeinflussen (Katalysatoren, Inhibitoren); außerdem hängt k von der Art der Reaktion ab. k wird als *Reaktionsgeschwindigkeitskonstante* oder kurz *Geschwindigkeitskonstante* bezeichnet.

Laboratoriumsversuche zur Ermittlung der Kinetik einer Reaktion (Reaktionsordnung und Geschwindigkeitskonstante) in flüssiger Phase werden meist in einem auf konstanter Temperatur (isotherm) gehaltenen Kolben mit Rührer, Reaktionen zwischen gasförmigen Reaktionspartnern in einem kontinuierlich durchströmten Rohrreaktor (= Strömungsrohr) unter isothermen Bedingungen durchgeführt.

In einem *Satzreaktor* mit vollständiger (idealer) Durchmischung der Reaktionsmasse, wie ihn im Laboratorium der Kolben mit Rührer, im Chemiebetrieb annähernd der diskontinuierlich betriebene, intensiv durchmischte *Rührkessel* darstellt (s. Abb. 10.1) sind infolge der Durchmischung die Konzentrationen aller Reaktionskomponenten und ebenso die Temperatur an jedem Ort innerhalb des Reaktionsvolumens gleich; unabhängige Variable ist daher die Zeit. Die Änderung der Stoffmenge eines Reaktanden i in der Zeiteinheit und pro Volumeneinheit der Reaktionsmischung ist demnach gleich der Reaktionsgeschwindigkeit:

$$r\,\nu_i = r_i = \frac{1}{V_R} \cdot \frac{\mathrm{d}n_i}{\mathrm{d}t} \,. \tag{VI}$$

Im allgemeinen Fall ändert sich das Reaktionsvolumen V_R mit dem Umsatz, d. h. auch mit der Zeit. Nur wenn während der Reaktion V_R konstant bleibt ($\mathrm{d}V_R/\mathrm{d}t = 0$, bei Reaktionen in flüssiger Phase annähernd der Fall), kann man schreiben:

$$r\,\nu_i = \frac{\mathrm{d}c_i}{\mathrm{d}t} \,. \tag{VII}$$

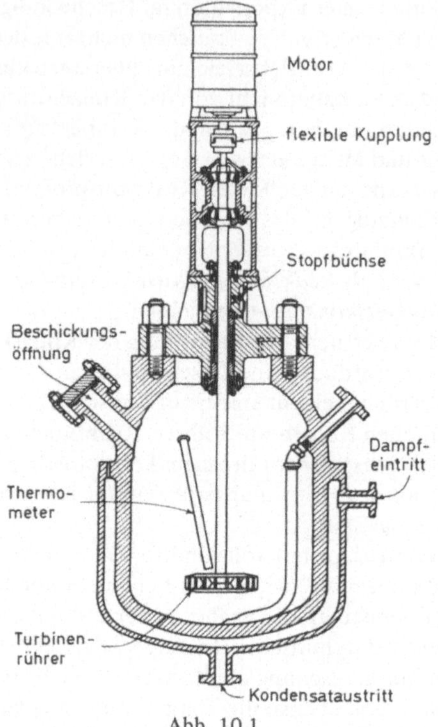

Abb. 10.1

Von dieser Beziehung rührt die häufig in der Physikalischen Chemie übliche
„Definition" der Reaktionsgeschwindigkeit her. Diese Gewohnheit kann
jedoch bei kontinuierlicher Reaktionsführung und stationärem Betriebszu-
stand, wo die Konzentrationen zeitlich an jedem Ort konstant sind (s. unten),
Verwirrung stiften. Das Differential dc_i/dt ist nicht allgemein die Reaktionsgeschwindigkeit, sondern vielmehr die zeitliche Änderung der Konzentration
des Reaktanden i in einem Satzreaktor als Folge einer volumenbeständigen
chemischen Reaktion.

Wir betrachten nun eine Reaktion in einem *idealen Strömungsrohr* (Voraussetzung: *kolben-* oder *pfropfenartige Strömung*), in
welchem an einem Ende die Reaktionspartner und die übrigen
Reaktionskomponenten (Lösungsmittel, Trägergas usw.) kontinuierlich zugeführt, am anderen Ende die Reaktionsprodukte,
nicht umgesetzte Reaktionspartner usw. kontinuierlich ausgetragen

werden. Hier ist die unabhängige Variable nicht die Zeit, sondern die Ortskoordinate x im Rohr bzw. das Reaktorvolumen. Die Zusammensetzung der Reaktionsmischung und die Reaktionsgeschwindigkeit ändern sich mit dieser Variablen, nicht mit der Zeit. Entsprechend muß die Reaktionsgeschwindigkeit für einen Punkt im Reaktor formuliert werden, d. h. es muß ein differentielles Volumenelement dV_R des Reaktors gewählt werden. Ist $\dot{n}_i$ der Stoffmengenstrom des Reaktanden i, so ist die Änderung $d\dot{n}_i$ des Stoffmengenstromes von i im Volumenelement $dV_R = q\,dx$ (q Rohrquerschnitt) gleich der Reaktionsgeschwindigkeit in diesem Volumenelement, d. h.

$$r\,v_i = r_i = \frac{d\dot{n}_i}{dV_R} = \frac{d\dot{n}_i}{q\,dx} = \frac{d(c_i\dot{v})}{dV_R} \qquad \text{(VIII)}$$

($\dot{n}_i = c_i\dot{v}$, $\dot{v}$ Volumenstrom). Der *Rohrreaktor* (Strömungsrohr) stellt in der chemischen Industrie den häufigsten Reaktortyp dar; im Laboratorium wird das Strömungsrohr meist für Reaktionen gasförmiger Reaktanden verwendet.

10.1.2 Einteilung der Reaktionen nach kinetischen Gesichtspunkten

Alle chemischen Reaktionen kann man einerseits nach der *Reaktionsordnung* einteilen in Reaktionen erster, zweiter usw. Ordnung, andererseits nach der *Reaktionsmolekularität*, d. h. der Anzahl der am Elementarvorgang beteiligten Moleküle, in mono-, bi- und trimolekulare Reaktionen.

Für eine volumenbeständige, in einem Satzreaktor durchgeführte Reaktion erster Ordnung, $|v_A|\,A + \ldots \rightarrow$ Produkte, können wir nach Gl. (VII) mit $i = A$ und $r = k\,c_A$ schreiben ($v_A < 0$):

$$\frac{dc_A}{dt} = r\,v_A = -\,|v_A|\,kc_A \quad \text{oder} \quad \frac{dc_A}{c_A} = -k\,|v_A|\,dt. \qquad \text{(IX)}$$

Daraus erhalten wir durch Integration:

$$\ln\frac{c_A}{c_A^0} = -k\,|v_A|\,t \quad \text{oder} \quad c_A = c_A^0\,e^{-k\,|v_A|\,t}\,; \qquad \text{(X)}$$

t ist die Zeit, nach welcher die Konzentration des Reaktionspartners A von c_A^0 (zur Zeit $t = 0$) auf die Konzentration c_A abgesunken ist:

$$t = \frac{1}{k\,|\nu_A|} \cdot \ln\left(\frac{c_A^0}{c_A}\right). \tag{XI}$$

Beispiel 10-1. Für eine volumenbeständige Reaktion
$A + \ldots \to P$ mit der Geschwindigkeitsgleichung $r = kc_A$ ist bei
isothermer Reaktionsführung ($\vartheta = 80\,°C$) nach einer Zeit $t = 3868$ s
die Anfangskonzentration $c_A^0 = 0{,}6$ mol/dm^3 des Reaktionspartners A
auf die Konzentration $c_A = 0{,}2$ mol/dm^3 abgefallen. Man berechne:
a) die Geschwindigkeitskonstante; b) die Zeit, nach welcher die
Anfangskonzentration $c_A^0 = 0{,}5$ mol/dm^3 auf die Konzentration
$c_A = 0{,}2$ mol/dm^3 abgefallen ist; c) die Konzentration c_A nach einer
Zeit $t = 2000$ s bei einer Anfangskonzentration $c_A^0 = 0{,}7$ mol/dm^3.
$|\nu_A| = 1$;

$$\text{a)}\quad k = \frac{1}{t} \cdot \ln\left(\frac{c_A^0}{c_A}\right) = \frac{1}{3868} \cdot \ln\left(\frac{0{,}6}{0{,}2}\right) = 2{,}840 \cdot 10^{-4}\ \text{s}^{-1};$$

$$\text{b)}\quad t = \frac{1}{k} \cdot \ln\left(\frac{c_A^0}{c_A}\right) = \frac{1}{2{,}840 \cdot 10^{-4}} \cdot \ln\left(\frac{0{,}5}{0{,}2}\right) = 3226\ \text{s};$$

$$\text{c)}\quad c_A = c_A^0\, e^{-kt} = 0{,}7 \cdot e^{-(2{,}840 \cdot 10^{-4})2000} = 0{,}3967\ \text{mol/dm}^3. \quad\text{———}$$

Beispiel 10-2. Die thermische Dissoziation von Äthylenoxid
nach der Gleichung $\mathrm{CH_2 - CH_2(g)} \to \mathrm{CH_4(g)} + \mathrm{CO\,(g)}$ kann durch
eine Geschwindigkeitsgleichung erster Ordnung in bezug auf das
Äthylenoxid beschrieben werden. Die Geschwindigkeitskonstante k
beträgt $2{,}05 \cdot 10^{-4}$ s^{-1} bei $\vartheta = 414{,}5\,°C$. Die Reaktion wird in
einem geschlossenen Behälter ($V_R = $ konst.) durchgeführt, wobei
der Anfangsdruck $p^0 = 15\,533$ N/m^2 bei $\vartheta = 414{,}5\,°C$ beträgt.
Wie groß sind die Umsätze und die Gesamtdrücke nach 300, 500
und 1000 s?

Bezugskomponente $k = A = $ Äthylenoxid, $|\nu_A| = 1$. Mit
$c_A = c_A^0(1 - U_A)$ folgt aus Gl. (X) für den Zusammenhang zwischen Umsatz und Reaktionszeit: $U_A = 1 - e^{-kt}$, d. h. für
$t = 300$ s ist $U_A = 1 - e^{-(2{,}05 \cdot 10^{-4})300} = 0{,}0596$. Für $t = 500$ s
ist $U_A = 0{,}0974$ und für $t = 1000$ s ist $U_A = 0{,}1854$.

Nach dem idealen Gasgesetz ist beim (konstanten) Volumen
V der Gesamtdruck $p = \sum_i n_i \cdot \dfrac{RT}{V}$ und der Anfangsdruck

$p^0 = n_A^0 \cdot \dfrac{RT}{V}$. Durch Eliminieren von $\dfrac{RT}{V}$ erhält man aus

diesen beiden Gleichungen: $p = p^0 \cdot \dfrac{\sum\limits_i n_i}{n_A^0} \cdot \sum\limits_i n_i$ ergibt sich aus

Gl. (XXII), Abschnitt 8.4.2, zu $\sum\limits_i n_i = \sum\limits_i n_i^0 + \dfrac{\sum\limits_i \nu_i}{|\nu_k|} \cdot n_k^0 U_k$;

da die gesamte Anfangsstoffmenge $\sum\limits_i n_i^0$ gleich der Anfangs-

stoffmenge n_A^0 des Äthylenoxids ist, und mit der Bezugskompo-

nente $k = A$ folgt daraus $\sum\limits_i n_i = n_A^0 + \dfrac{1}{1} \cdot n_A^0 U_A = n_A^0 (1 + U_A)$

und damit $p = p^0 \cdot \dfrac{\sum\limits_i n_i}{n_A^0} = p^0 (1 + U_A)$. Dann ist für $t = 300$ s

($U_A = 0{,}0596$): $p = p^0 (1 + U_A) = 15\,533\,(1 + 0{,}0596) =$
$= 16\,459$ N/m². Für $t = 500$ s ($U_A = 0{,}0974$) ist $p = 17\,046$
N/m² und für $t = 1000$ s ($U_A = 0{,}1854$) ist $p = 18\,413$ N/m². ———

Würden wir dieselbe Reaktion 1. Ordnung kontinuierlich
in einem idealen Strömungsrohr durchführen, so folgt mit $i = A$,
$\nu_i = \nu_A = - |\nu_A|$ und $r = k c_A$ aus Gl. (VIII):

$$dV_R = - \frac{d(c_A \dot{v})}{|\nu_A| k c_A} . \tag{XII}$$

Für eine volumenkonstante Reaktion ist der Volumenstrom
$\dot{v} = \dot{v}^{ein} = konst.$ und somit

$$dV_R = - \frac{\dot{v}^{ein}}{k |\nu_A|} \cdot \frac{dc_A}{c_A} . \tag{XIII}$$

Die Integration ergibt:

$$\frac{V_R}{\dot{v}^{ein}} = \frac{1}{k |\nu_A|} \cdot \ln \left(\frac{c_A^{ein}}{c_A} \right) , \tag{XIV}$$

wobei c_A^{ein} die Konzentration von A am Eintritt in das Strömungsrohr ist. Vergleicht man die Gln. (XI) und (XIV), so sieht man, daß
für $c_A^0 = c_A^{ein}$ die Ausdrücke auf den rechten Seiten beider Gleichungen identisch sind. Folglich müssen auch die linken Seiten

einander entsprechen. Der Reaktionszeit im Satzreaktor entspricht der Quotient V_R/v^{ein} für das Strömungsrohr.

Beispiel 10-3. Wie groß ist das Volumen V_R eines Strömungsrohres, in welchem die Reaktion des Beispiels 10-1 bei derselben Temperatur von $\vartheta = 80\ °C$ kontinuierlich durchgeführt wird, wenn die Reaktion bei einem Umsatz $U_A = 0,6$ abgebrochen werden soll. Der Zulauf-Volumenstrom v^{ein} beträgt 9,0 m³/h $(= 2,5 \cdot 10^{-3}$ m³/s$)$.

$|\nu_A| = 1$. Aus der Definition des Umsatzes $U_A = \dfrac{n_A^0 - n_A}{n_A^0} = \dfrac{n_A^{\text{ein}} - n_A}{n_A^{\text{ein}}}$ folgt für eine volumenbeständige Reaktion durch

Dividieren von Zähler und Nenner durch das Reaktionsvolumen

$(V_R = V_R^0)$: $\quad U_A = \dfrac{c_A^{\text{ein}} - c_A}{c_A^{\text{ein}}}$ und daraus $c_A = c_A^{\text{ein}}(1 - U_A)$.

Damit ist $\quad \dfrac{V_R}{v^{\text{ein}}} = \dfrac{1}{k} \cdot \ln\left(\dfrac{1}{1 - U_A}\right) = \dfrac{1}{2,840 \cdot 10^{-4}} \cdot \ln\left(\dfrac{1}{0,4}\right) =$

$= 3226$ s; $\quad V_R = 3226 \cdot (2,5 \cdot 10^{-3}) = 8,065$ m³. ———

Für eine in einem Satzreaktor durchgeführte volumenbeständige Reaktion erster Ordnung ergibt sich die *Halbwertszeit* $t_{1/2}$, d. h. die Zeit, nach welcher der Reaktionspartner A zur Hälfte umgesetzt ist (d. h. $c_A = c_A^0/2$), aus Gl. (XI) zu

$$t_{1/2} = \frac{\ln 2}{k|\nu_A|}\ ; \qquad\qquad\qquad (XV)$$

$t_{1/2}$ ist also für eine Reaktion erster Ordnung unabhängig von c_A^0.

Beispiel 10-4. Bei einer Reaktion erster Ordnung ist nach 30 Minuten der Reaktionspartner A zu 40% umgesetzt ($U_A = 0,40$). Wie groß ist die Halbwertszeit dieser Reaktion?

Aus Gl. (XI) folgt mit $c_A = c_A^0(1 - U_A)$, s. Beispiel 10-2,

$$k\,|\nu_A| = -\frac{1}{t} \cdot \ln(1 - U_A) = -\frac{1}{1800} \cdot \ln(1 - 0,4) = 2,84 \cdot 10^{-4}\,\text{s}^{-1}.$$

Demnach ist die Halbwertszeit $t_{1/2} = \dfrac{\ln 2}{2,84 \cdot 10^{-4}} = 2441$ s $=$ $= 40,7$ min. ———

Für eine volumenbeständige Reaktion zweiter Ordnung vom Typ $|\nu_A|\,A + |\nu_B|\,B \ldots \to$ Reaktionsprodukt(e) mit der Geschwindigkeitsgleichung $r = k c_A c_B$ $(c_A \neq c_B)$ gilt der Ansatz:

$$\frac{dc_A}{dt} = -k\,|\nu_A|\,c_A\,c_B,\tag{XVI}$$

woraus durch Integration für kt folgt:

$$kt = \frac{1}{c_A^0\,|\nu_B| - c_B^0\,|\nu_A|} \cdot \ln\left(\frac{c_B^0\,|\nu_A|\,(c_A/c_A^0)}{c_B^0\,|\nu_A| - (c_A^0 - c_A)\,|\nu_B|}\right).\tag{XVII}$$

(c_A^0, c_B^0 Konzentrationen der Reaktionspartner A und B zum Zeitpunkt $t = 0$). Daraus folgt die Halbwertszeit, wenn man $c_A = c_A^0/2$ setzt, zu:

$$t_{1/2} = \frac{1}{k(c_A^0\,|\nu_B| - c_B^0\,|\nu_A|)} \cdot \ln\left(\frac{c_B^0\,|\nu_A|}{2\,c_B^0\,|\nu_A| - c_A^0\,|\nu_B|}\right).\tag{XVIII}$$

Für eine volumenbeständige Reaktion n-ter Ordnung vom Typ $|\nu_A|\,A + \ldots \to$ Reaktionsprodukt(e) mit dem Zeitgesetz $r = kc_A^n$ ($n \neq 1$) folgt aus der Stoffbilanz

$$\frac{dc_A}{dt} = -k\,|\nu_A|\,c_A^n\tag{XIX}$$

durch Integration für kt:

$$kt = \frac{(c_A)^{1-n} - (c_A^0)^{1-n}}{(n-1)\,|\nu_A|}.\tag{XX}$$

Daraus ergibt sich die Halbwertszeit ($c_A = c_A^0/2$):

$$t_{1/2} = \frac{2^{(n-1)} - 1}{k\,|\nu_A|\,(n-1)(c_A^0)^{n-1}};\tag{XXI}$$

diese ist für eine Reaktion zweiter Ordnung ($n = 2$):

$$t_{1/2} = \frac{1}{k\,|\nu_A|\,c_A^0}, \quad \text{d. h. } t_{1/2} \sim (c_A^0)^{-1}.\tag{XXII}$$

Für eine Reaktion dritter Ordnung ist

$$t_{1/2} = \frac{3}{2\,k\,|\nu_A|\,(c_A^0)^2}, \quad \text{d. h. } t_{1/2} \sim (c_A^0)^{-2}.\tag{XXIII}$$

Beispiel 10-5. Butylacetat soll in einem Satzreaktor bei 100 °C nach der Reaktionsgleichung $CH_3COOH + C_4H_9OH \to$

$CH_3COOC_4H_9 + H_2O$ unter Verwendung von H_2SO_4 als Katalysator hergestellt werden. Die Anfangskonzentration der Essigsäure (Reaktionspartner A) ist $c_A^0 = 1{,}8$ mol/dm^3. Das Volumen der Reaktionsmischung ist als konstant anzunehmen. Bei einem Überschuß von Butanol (5 mol C_4H_9OH auf 1 mol H_2SO_4) ist die Reaktion in zweiter Ordnung von der Konzentration c_A der Essigsäure abhängig: $r_A = -kc_A^2$, wobei $k = 2{,}90 \cdot 10^{-4}$ dm^3/(mol·s) ist. Es ist die Reaktionszeit t zu berechnen, um einen Umsatz der Essigsäure von $U_A = 0{,}5$ zu erreichen.

Aus Gl. (XX) folgt mit $n = 2$ und $|\nu_A| = 1$: $\quad t = \dfrac{1}{k}\left(\dfrac{1}{c_A} - \dfrac{1}{c_A^0}\right)$.

Wir haben jetzt noch c_A durch den Umsatz U_A auszudrücken. Es ist $n_A = n_A^0(1 - U_A)$ und, da das Reaktionsvolumen konstant ist, $c_A = c_A^0(1 - U_A)$. Demnach gilt:

$$t = \frac{1}{kc_A^0}\left(\frac{U_A}{1 - U_A}\right) = \frac{1}{(2{,}90 \cdot 10^{-4})1{,}8}\left(\frac{0{,}5}{1 - 0{,}5}\right) =$$

$$= 1915{,}7 \text{ s} = 31{,}93 \text{ min} = 0{,}532 \text{ h.} \quad\text{------}$$

Beispiel 10-6. Die Reaktionsgeschwindigkeitskonstante für die Verseifung von Essigsäureäthylester (Reaktionspartner A) mit NaOH (Reaktionspartner B) bei 10 °C beträgt $3{,}9667 \cdot 10^{-2}$ dm^3/(mol·s). Das Zeitgesetz lautet: $r = kc_A c_B$. Nach welcher Zeit ist die Hälfte des Esters verseift, wenn bei 10 °C 1 dm^3 Esterlösung der Anfangskonzentration $c_A^0 = 0{,}05$ mol/dm^3 mit
a) 1 dm^3 NaOH-Lösung der Konzentration $c_B^0 = 0{,}05$ mol/dm^3,
b) 1 dm^3 NaOH-Lösung der Konzentration $c_B^0 = 0{,}10$ mol/dm^3,
c) 1 dm^3 NaOH-Lösung der Konzentration $c_B^0 = 0{,}04$ mol/dm^3
vereinigt und auf konstanter Temperatur gehalten wird?

a) Beide Konzentrationen sind gleich. In der vereinigten Lösung gleicher Volumina Ester- und NaOH-Lösung sind alle Konzentrationen nur noch halb so hoch, also $c_A^0 = 0{,}025$ und $c_B^0 = 0{,}025$ mol/dm^3. Da Gl. (XVIII) nur für $c_A^0 \neq c_B^0$ gilt, müssen wir die Gl. (XXII) mit $|\nu_A| = 1$ verwenden. Es ist dann

die Halbwertszeit $t_{1/2} = \dfrac{1}{kc_A^0} = \dfrac{1}{(3{,}9667 \cdot 10^{-2})0{,}025} = 1008$ s $=$ $= 16{,}81$ min.

b) Aus Gl. (XVIII) folgt mit $|\nu_A| = |\nu_B| = 1$:

$$t_{1/2} = \frac{1}{k(c_A^0 - c_B^0)} \cdot \ln\left(\frac{c_B^0}{2c_B^0 - c_A^0}\right) =$$

$$= \frac{1}{3{,}9667 \cdot 10^{-2}(0{,}025 - 0{,}05)} \cdot \ln\left(\frac{0{,}05}{0{,}10 - 0{,}025}\right) =$$

$$= 408{,}9 \text{ s} = 6{,}82 \text{ min.}$$

c) Wir verwenden dieselbe Gleichung:

$$t_{1/2} = \frac{1}{3{,}9667 \cdot 10^{-2}(0{,}025 - 0{,}02)} \cdot \ln\left(\frac{0{,}02}{0{,}04 - 0{,}025}\right) =$$

$$= 1450{,}5 \text{ s} = 24{,}17 \text{ min.} \; \text{---}$$

Es gibt auch Reaktionen, deren Reaktionsgeschwindigkeit nicht von den Konzentrationen abhängt; diese wird dann durch andere Einflußgrößen bestimmt, z. B. die Diffusionsgeschwindigkeit bei Oberflächenreaktionen oder die Lichtadsorption bei photochemischen Reaktionen. Derartige Reaktionen sind von nullter Ordnung:

$$\frac{dc_A}{dt} = -k\,|\nu_A| \qquad\qquad\qquad\text{(XXIV)}$$

$$k = \frac{c_A^0 - c_A}{|\nu_A|\,t} \qquad\qquad\qquad\text{(XXV)}$$

$$t_{1/2} = \frac{c_A^0}{2k\,|\nu_A|}\;. \qquad\qquad\qquad\text{(XXVI)}$$

Aufgaben. 10/1. Für die kontinuierliche Herstellung von Butylacetat (Reaktionsprodukt P) in einem Strömungsrohr sollen analog zu Beispiel 10-5 (Herstellung im Satzreaktor) mit den dort angegebenen Daten berechnet werden: **a)** der Zulauf-Volumenstrom $\dot{v}^{ein}$ für eine Produktionsleistung $\dot{n}_P^{aus} = 1000$ kg/h $= 8621$ mol/h Butylacetat, wenn der Umsatz der Essigsäure $U_A = 0{,}5$ betragen soll; **b)** das Reaktionsvolumen V_R (= Reaktorvolumen) eines idealen Strömungsrohres.

10/2. Die Pyrolysereaktion $AsH_3(g) \to As(s) + \frac{3}{2}H_2(g)$ wird durch ein Zeitgesetz erster Ordnung beschrieben. Unter isothermen Bedingungen in einem geschlossenen Behälter ($V_R = $ konst.) betrug zu Reaktionsbeginn der Druck $104\,658$ N/m^2, nach 3 Stunden (= $10\,800$ s) $117\,057$ N/m^2. Zu berechnen ist die Geschwindigkeitskonstante.

10.1.3 Kinetik zusammengesetzter Reaktionen

Bei sog. *zusammengesetzten Reaktionen* (reversible, Parallel-
und Folgereaktionen) laufen zwei oder mehr Teilreaktionen nebeneinander oder nacheinander ab. In der Geschwindigkeitsgleichung
zusammengesetzter Reaktionen treten daher zwei oder mehr Reak-
tionsgeschwindigkeitskonstanten auf.

Eine Reaktion, welche nicht vollständig, sondern infolge der
Rückreaktion der gebildeten Produkte nur bis zu einem (tempera-
turabhängigen) Gleichgewicht verläuft, wird als *unvollständige,
reversible oder Gleichgewichtsreaktion* bezeichnet, z. B.

$$A \underset{k_2}{\overset{k_1}{\rightleftharpoons}} B \quad \text{mit dem Zeitgesetz} \quad r = k_1 c_A - k_2 c_B. \tag{XXVII}$$

k_1 ist die Geschwindigkeitskonstante der Hinreaktion, k_2 diejenige
der Rückreaktion. Im Gleichgewicht ist die Geschwindigkeit beider
Reaktionen gleich, d. h. $r = 0$, und damit

$$\frac{k_1}{k_2} = \frac{c_{B,Gl}}{c_{A,Gl}} = K_c, \tag{XXVIII}$$

wobei K_c die Gleichgewichtskonstante dieser Reaktion darstellt.
Die Integration der Stoffbilanz ($\nu_A = -1$)

$$\frac{dc_A}{dt} = r\,\nu_A = -(k_1 c_A - k_2 c_B) \tag{XXIX}$$

liefert für diese Reaktion

$$k_1 t = \frac{K_c}{1 + K_c} \cdot \ln \frac{K_c c_A^0 - c_B^0}{c_A(1 + K_c) - c_A^0 - c_B^0}, \tag{XXX}$$

oder, wenn wir die Konzentration c_A mit Hilfe der Beziehung
$c_A = c_A^0(1 - U_A)$ durch den Umsatz ausdrücken:

$$k_1 t = \frac{K_c}{1 + K_c} \cdot \ln \frac{K_c c_A^0 - c_B^0}{c_A^0 [K_c - U_A(1 + K_c)] - c_B^0}. \tag{XXXI}$$

Beispiel 10-7. γ-Oxybuttersäure zerfällt in wäßriger Lösung in
Gegenwart von Wasserstoffionen in ein Lakton und Wasser:
$$CH_2(OH)-CH_2-CH_2-COOH \rightleftharpoons \underset{\big\lfloor\!\!-\!\!-\!\!-\!O-\!\!-\!\!-\!\!\big\rfloor}{CH_2-CH_2-CH_2CO} + H_2O.$$

Die Anfangskonzentration der γ-Oxybuttersäure beträgt
$c_A^0 = 0{,}175$ mol/dm^3. Zu Beginn der bei 20 °C durchgeführten
Versuchsreihe werden zur Titration von 10 cm^3 der Säurelösung
$V^0 = 17{,}80$ cm^3 Barytwasser der Konzentration $c = 0{,}04916$
mol/dm^3 verbraucht, nach 21 min ($= 1260$ s) 15,47 cm^3 und
nach 45 h (Gleichgewicht) 4,83 cm^3. Nach welcher Zeit seit
Versuchsbeginn werden zur Titration der Säure 8,90 cm^3 des
Barytwassers verbraucht?

Wir verwenden zur Berechnung die Gl. (XXX), wobei
$c_B^0 = 0$ ist. Für die Konzentrationen c_A^0 und c_A kann direkt der
entsprechende Verbrauch an Barytwasser eingesetzt werden, da
sich die Konzentrationseinheiten bei Reaktionen erster Ordnung
herauskürzen. Die Gleichgewichtskonstante K_c erhält man nach
Gl. (XXVIII) aus den Endwerten der Titration (nach 45 h):

$$K_c = \frac{c_{B,Gl}}{c_{A,Gl}} = \frac{c_A^0 - c_{A,Gl}}{c_{A,Gl}} = \frac{17{,}80 - 4{,}83}{4{,}83} = 2{,}69. \quad \text{Damit erhalten wir}$$

$$\text{für } k_1 = \frac{K_c}{t(1 + K_c)} \cdot \ln \frac{K_c c_A^0}{(1 + K_c)c_A - c_A^0} =$$

$$= \frac{2{,}69}{1260(1 + 2{,}69)} \cdot \ln \frac{2{,}69 \cdot 17{,}80}{(1 + 2{,}69)\,15{,}47 - 17{,}80} = 1{,}145 \cdot 10^{-4} \text{ s}^{-1}.$$

Es ist dann $k_2 = \dfrac{k_1}{K_c} = \dfrac{1{,}145 \cdot 10^{-4}}{2{,}69} = 4{,}26 \cdot 10^{-5}\,\text{s}^{-1}$. Die Zeit,

nach welcher zur Titration der Säure 8,90 cm^3 des Barytwassers
verbraucht werden, ist

$$t = \frac{2{,}69}{1{,}145 \cdot 10^{-4}(1 + 2{,}69)} \cdot \ln \frac{2{,}69 \cdot 17{,}80}{(1 + 2{,}69)\,8{,}90 - 17{,}80} =$$

$$= 7372{,}5 \text{ s} = 122{,}9 \text{ min.} \; \text{———}$$

Bei *Parallelreaktionen* werden entweder aus einem Reaktionspartner (bzw. mehreren Reaktionspartern) auf verschiedenen Wegen
zwei oder mehr Reaktionsprodukte gebildet, oder es entsteht ein
gemeinsames Reaktionsprodukt aus verschiedenen Reaktionspartnern. Als Beispiel seien zwei Reaktionen erster Ordnung betrachtet,
durch welche aus dem Reaktionspartner A zwei verschiedene Reaktionsprodukte B und C gebildet werden:

$$A \underset{k_2}{\overset{k_1}{\rightleftarrows}} \begin{matrix} B \\ C \end{matrix} \qquad\qquad\qquad (\text{XXXII})$$

Meist führt nur eine der parallel ablaufenden Reaktionen zum gewünschten Produkt; diese wird daher als *Hauptreaktion*, die andere als *Nebenreaktion* bezeichnet.

Für den Reaktionspartner A ($\nu_A = -1$) gilt die Stoffbilanz:

$$\frac{dc_A}{dt} = -(k_1 + k_2)\,c_A, \qquad\qquad\qquad\text{(XXXIII)}$$

woraus durch Integration mit $c_A = c_A^0$ zur Zeit $t = 0$ folgt:

$$c_A = c_A^0\,e^{-(k_1 + k_2)t}. \qquad\qquad\qquad\text{(XXXIV)}$$

Für das Reaktionsprodukt B ist

$$\frac{dc_B}{dt} = k_1 c_A = k_1 c_A^0\,e^{-(k_1 + k_2)t}. \qquad\qquad\qquad\text{(XXXV)}$$

Die Integration ergibt mit $c_B = c_B^0$ zur Zeit $t = 0$:

$$c_B = c_B^0 + \frac{k_1 c_A^0}{k_1 + k_2}\,(1 - e^{-(k_1 + k_2)t}). \qquad\qquad\qquad\text{(XXXVI)}$$

Ein entsprechendes Ergebnis erhält man für c_C.

Beispiel 10-8. Für zwei volumenbeständige, parallel ablaufende Reaktionen erster Ordnung [s. Gl. (XXXII)] seien die Anfangskonzentrationen $c_A^0 = 20$, $c_B^0 = 0$ und $c_C^0 = 0\ \text{mol/dm}^3$. Nach einer Zeit von $t = 50\ \text{min}\ (= 3000\ \text{s})$ sind die Konzentrationen $c_A = 10$, $c_B = 8$ und $c_C = 2\ \text{mol/dm}^3$. Zu berechnen sind die Geschwindigkeitskonstanten k_1 und k_2.

Aus der Gl. (XXXIV) folgt $\ln \dfrac{c_A}{c_A^0} = -(k_1 + k_2)\,t$ und daraus

$$(k_1 + k_2) = -\frac{1}{t}\cdot\ln\frac{c_A}{c_A^0} = -\frac{1}{3000}\cdot\ln\frac{10}{20} = 2{,}310\cdot10^{-4}\ \text{s}^{-1}.$$

Durch Kombination der Gln. (XXXIV) und (XXXVI) mit $c_B^0 = 0$

erhält man $\quad c_B = \dfrac{k_1 c_A^0}{k_1 + k_2}\left(1 - \dfrac{c_A}{c_A^0}\right) = \dfrac{k_1}{k_1 + k_2}\,(c_A^0 - c_A)$

und daraus $\quad k_1 = \dfrac{c_B}{c_A^0 - c_A}\,(k_1 + k_2) = \left(\dfrac{8}{20 - 10}\right)\cdot 2{,}310\cdot10^{-4} =$

$= 1{,}848\cdot10^{-4}\,\text{s}^{-1}$. Demnach ist $k_2 = (k_1 + k_2) - k_1 =$
$= 2{,}310\cdot10^{-4} - 1{,}848\cdot10^{-4} = 4{,}620\cdot10^{-5}\,\text{s}^{-1}$. ——

Als *Folgereaktionen* bezeichnet man Reaktionen, bei welchen aus einem oder mehreren Reaktionspartnern Zwischenprodukte gebildet werden, welche dann weiter umgesetzt werden, z. B. bei der Chlorierung von Methan:

$$CH_4 \xrightarrow{Cl_2} CH_3Cl \xrightarrow{Cl_2} CH_2Cl_2 \xrightarrow{Cl_2} CHCl_3 \xrightarrow{Cl_2} CCl_4 \,.$$

$$(+ HCl) \qquad (+ HCl) \qquad (+ HCl) \qquad (+ HCl)$$

Als einfaches Beispiel sei die Folge zweier volumenbeständiger Reaktionen erster Ordnung angeführt:

$$A \xrightarrow{k_1} B \xrightarrow{k_2} C. \tag{XXXVII}$$

Die Gleichungen für die Stoffbilanzen lauten dann:

$$\frac{dc_A}{dt} = -k_1 c_A, \tag{XXXVIII}$$

$$\frac{dc_B}{dt} = k_1 c_A - k_2 c_B. \tag{XXXIX}$$

B wird durch die erste Reaktion aus A gebildet, durch die zweite unter Bildung von C verbraucht, wobei die Bildungsgeschwindigkeit von C proportional zu c_B ist:

$$\frac{dc_C}{dt} = k_2 c_B. \tag{XL}$$

c_A ergibt sich durch Integration von Gl. (XXXVIII) zu:

$$c_A = c_A^0 \, e^{-k_1 t}. \tag{XLI}$$

Damit folgt durch Einsetzen in Gl. (XXXIX) für die Stoffbilanz von B die inhomogene Differentialgleichung

$$\frac{dc_B}{dt} + k_2 c_B = k_1 c_A^0 \, e^{-k_1 t}. \tag{XLII}$$

Diese entspricht der allgemeinen Form

$$\frac{dy}{dx} + P(x)y + Q(x) = 0 \tag{XLIII}$$

$[c_B = y, \ t = x, \ k_2 = P(x), \ -k_1 c_A^0 e^{-k_1 t} = Q(x)]$.

Ist in dieser Gleichung $Q(x) = 0$, so resultiert die homogene Differentialgleichung

$$\frac{dy}{dx} + P(x)y = 0, \qquad\qquad\qquad \text{(XLIV)}$$

deren allgemeines Integral nach Trennung der Variablen lautet:

$$y = c\, e^{-\int P(x)dx} \qquad\qquad\qquad \text{(XLV)}$$

(c Integrationskonstante).

Die inhomogene Differentialgleichung wird nun durch „Variation der Konstanten" gelöst. Dabei gibt man dem Integral der inhomogenen Gleichung dieselbe Form wie der homogenen, d. h.

$$y = c(x)\, e^{-\int P(x)dx}, \qquad\qquad\qquad \text{(XLVI)}$$

wobei $c(x)$ eine noch zu bestimmende Funktion von x ist. Damit erhält Gl. (XLIII) die Form

$$c'(x) = -Q(x)e^{\int P(x)dx}, \qquad\qquad\qquad \text{(XLVII)}$$

woraus durch Integration folgt:

$$c(x) = -\int Q(x)\, e^{\int P(x)dx}\, dx + C. \qquad\qquad \text{(XLVIII)}$$

(C Integrationskonstante). Durch Einsetzen dieser Gleichung in (XLVI) erhält man das allgemeine Integral der inhomogenen Differentialgleichung (XLIII)

$$y = -e^{-\int P(x)dx}\int e^{\int P(x)dx}\, Q(x)dx + C\, e^{-\int P(x)dx}, \quad \text{(XLIX)}$$

bzw. der Gl. (XLII)

$$c_B = -e^{-\int k_2 dt}\int e^{\int k_2 dt}(-k_1 c_A^0 e^{-k_1 t})\, dt + C\, e^{-\int k_2 dt} =$$

$$= e^{-k_2 t} \cdot \frac{k_1 c_A^0}{k_2 - k_1} \cdot e^{(k_2 - k_1)t} + C\, e^{-k_2 t} =$$

$$= \frac{k_1 c_A^0}{k_2 - k_1} \cdot e^{-k_1 t} + C\, e^{-k_2 t}. \qquad\qquad \text{(L)}$$

Die Integrationskonstante ergibt sich aus der Anfangsbedingung

$c_B = 0$ für $t = 0$ zu $C = -\dfrac{k_1 c_A^0}{k_2 - k_1}$. Dann ist

$$c_B = \frac{k_1 c_A^0}{k_2 - k_1} \; (e^{-k_1 t} - e^{-k_2 t}).$$ (LI)

Die Beziehung für c_C erhält man durch Einsetzen von Gl. (LI) in Gl. (XL) und Integration (für $t = 0$ ist $c_C = 0$) zu:

$$c_C = c_A^0 \left[1 - \frac{1}{k_2 - k_1} \; (k_2 e^{-k_1 t} - k_1 e^{-k_2 t}) \right].$$ (LII)

c_A fällt und c_C steigt stetig, c_B dagegen hat ein Maximum (s. Abb. 10.2). Die Zeit t_{max}, nach welcher c_B ein Maximum

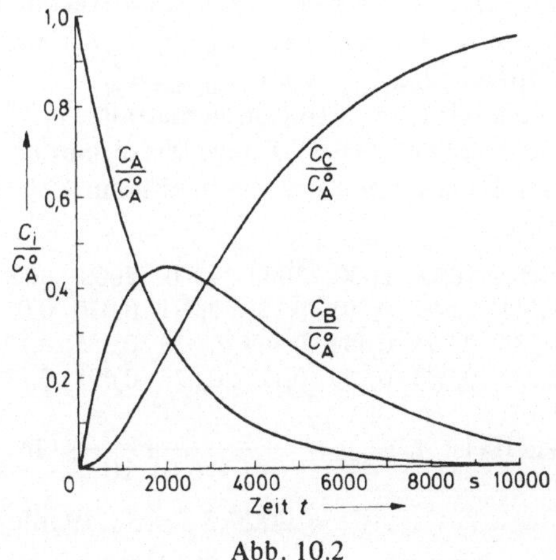

Abb. 10.2

erreicht, erhält man aus Gl. (LI), indem man diese differenziert und $dc_B/dt = 0$ setzt, zu

$$t_{c\,B,max} = \frac{1}{k_2 - k_1} \cdot \ln\left(\frac{k_2}{k_1}\right), \quad (k_1 \neq k_2).$$ (LIII)

Setzt man diesen Wert in Gl. (LI) für t ein, dann folgt für die maximale Konzentration an Zwischenprodukt B:

$$c_{B,max} = c_A^0 \left(\frac{k_2}{k_1}\right)^{k_2/(k_1 - k_2)}.$$ (LIV)

Die Gln. (LI) bis (LIV) gelten nicht, wenn $k_1 = k_2 = k$ ist. Für diesen Fall ist:

$$c_B = kc_A^0\, e^{-kt}\, t, \qquad\qquad\qquad\qquad (LV)$$

$$c_C = c_A^0\,[1 - e^{-kt}\,(1 + kt)], \qquad\qquad (LVI)$$

$$t_{c_{B,\max}} = \frac{1}{k}\,, \qquad\qquad\qquad\qquad (LVII)$$

$$c_{B,\max} = \frac{c_A^0}{e}\,. \qquad\qquad\qquad\qquad (LVIII)$$

Beispiel 10-9. Für die Folge zweier Reaktionen erster Ordnung
$A \xrightarrow{\ k_1\ } B \xrightarrow{\ k_2\ } C$ betragen die Geschwindigkeitskonstanten
$k_1 = 6{,}0 \cdot 10^{-4}\ \mathrm{s}^{-1}$ und $k_2 = 4{,}0 \cdot 10^{-4}\,\mathrm{s}^{-1}$. Zu berechnen sind die
Konzentrationen von A, B und C, bzw. c_A/c_A^0, c_B/c_A^0 und c_C/c_A^0,
ferner die Reaktionszeit $t_{c_{B,\max}}$ sowie $c_{B,\max}/c_A^0$.

Die Berechnung der Konzentrationsverhältnisse c_i/c_A^0 erfolgt
nach den Gln. (XLI), (LI) und (LII). Einige Werte sind in folgender
Tabelle aufgeführt; der gesamte Kurvenverlauf ist in Abb. 10.2 dargestellt.

t	$= 300$	500	1000	2000	3000	4000	5000	6000	7000	$8000\ \mathrm{s}$
c_A/c_A^0	$= 0{,}835$	$0{,}741$	$0{,}549$	$0{,}301$	$0{,}165$	$0{,}091$	$0{,}050$	$0{,}027$	$0{,}015$	$0{,}008$
c_B/c_A^0	$= 0{,}156$	$0{,}234$	$0{,}363$	$0{,}444$	$0{,}408$	$0{,}333$	$0{,}255$	$0{,}192$	$0{,}138$	$0{,}099$
c_C/c_A^0	$= 0{,}009$	$0{,}025$	$0{,}088$	$0{,}255$	$0{,}427$	$0{,}576$	$0{,}695$	$0{,}781$	$0{,}847$	$0{,}893$

Nach Gl. (LIII) ist
$$t_{c_{B,\max}} = \frac{1}{(4{,}0 - 6{,}0) \cdot 10^{-4}} \cdot \ln \frac{4{,}0}{6{,}0} =$$
$$= 2027{,}3\ \mathrm{s} = 33{,}79\ \mathrm{min}.$$

Nach Gl. (LIV) ist
$$\frac{c_{B,\max}}{c_A^0} = \left(\frac{4{,}0 \cdot 10^{-4}}{6{,}0 \cdot 10^{-4}} \right)^{4{,}0/(6{,}0 - 4{,}0)} = 0{,}444. \text{ ---}$$

10.1.4 Methoden zur Bestimmung der Reaktionsordnung und der Geschwindigkeitskonstante

Die Bestimmung der Reaktionsordnung erfolgt bei Zeitgesetzen der Form $r = kc_A^n$ oder $r = kc_A^n\, c_B^m$ im wesentlichen nach folgenden drei Methoden: a) Probier- oder Einsetzmethode,
b) Halbwertszeitmethode, c) Anfangsgeschwindigkeitsmethode.

a) Bei der *Probier-* oder *Einsetzmethode* verfährt man so,
daß man verschiedene Reaktionsordnungen vorgibt, z. B. $n = 1$;
$1{,}5$; $2 \dots$, jeweils ein Wertepaar für c_A und t in die integrierte

Stoffbilanz für die betreffende Reaktionsordnung einsetzt und
die Geschwindigkeitskonstante k berechnet. Diejenige integrierte Geschwindigkeitsgleichung, nach welcher konstante
Werte von k erhalten werden, basiert auf der richtigen Reaktionsordnung.

Beispiel 10-10. Für die thermische Zersetzung von Dioxan bei
504 °C wurden die in der folgenden Tabelle in den beiden ersten
Spalten aufgeführten Wertepaare erhalten. Es sind die Reaktionsordnung und die Geschwindigkeitskonstante nach der Einsetzmethode
zu bestimmen.

t	c	Berechnete Geschwindigkeitskonstante k		
s	mol/dm^3	1. Ordnung s^{-1}	3/2. Ordnung $1^{1/2}/(mol \cdot s)^{1/2}$	2. Ordnung $1/(mol \cdot s)$
0	$8{,}46 \cdot 10^{-3}$	–	–	–
240	7,20	$6{,}71 \cdot 10^{-4}$	$7{,}60 \cdot 10^{-3}$	$0{,}862 \cdot 10^{-1}$
660	5,55	6,20	7,80	0,983
1200	4,04	5,80	7,52	1,242
1800	3,05	4,68	7,90	1,337
2400	2,41	3,92	7,52	1,446

Die 3. Spalte enthält die nach Gl. (XI) berechneten Geschwindigkeitskonstanten für den Fall einer Reaktion erster Ordnung; die
Spalten 4 und 5 enthalten die nach Gl. (XX) für $n = 1{,}5$ bzw.
$n = 2$ berechneten Geschwindigkeitskonstanten. Man sieht aus
der Tabelle, daß nur mit der integrierten Stoffbilanz für $n = 1{,}5$
konstante Werte für k erhalten werden. Die Reaktionsordnung ist
also $n = 1{,}5$. ——

Man kann aber auch eine graphische Auswertung vornehmen,
indem man diejenige Funktion der Konzentration sucht, welche,
gegen die Zeit aufgetragen, eine Gerade ergibt. Für eine Reaktion
erster Ordnung folgt aus Gl. (X) durch Logarithmieren:

$$\ln c_A = \ln c_A^0 - k|\nu_A|t, \qquad \text{(LIX)}$$

d. h. für eine Reaktion erster Ordnung muß $\ln c_A$, gegen t aufgetragen, eine Gerade ergeben.

Für eine Reaktion n-ter Ordnung folgt aus Gl. (XX) durch
Umformen:

$$\frac{1}{(c_A)^{n-1}} = \frac{1}{(c_A^0)^{n-1}}\,[1 + k|\nu_A|(n-1)(c_A^0)^{n-1}t]. \qquad \text{(LX)}$$

So muß z. B. für eine Reaktion zweiter Ordnung $1/c_A$, gegen t aufgetragen, eine Gerade ergeben.

Beispiel 10-11. Für die thermische Dissoziation von Äthylenoxid nach der Reaktionsgleichung $CH_2-CH_2(g) \rightarrow CH_4(g) + CO(g)$ $\quad\underset{O}{\diagdown\diagup}$

wurde bei $\vartheta = 414{,}5\,°C$ folgende Änderung des Gesamtdruckes der Reaktionsmischung festgestellt ($V = konst.$):

$t =$	0	300	420	540	720	1080	s
$p =$	15 533	16 340	16 761	17 164	17 763	18 848	N/m²

Zu bestimmen sind Reaktionsordnung und Geschwindigkeitskonstante für diese Reaktion.

Aus dem idealen Gasgesetz folgt: $p^0 = n_A^0 \cdot \dfrac{RT}{V}$, Gl. (a) und

$$p = \sum_i n_i \cdot \frac{RT}{V} = \left(\sum_i n_i^0 + \frac{\sum\limits_i \nu_i}{|\nu_k|} \cdot n_k^0 U_k \right) \frac{RT}{V} \quad . \quad \text{Da } \sum_i n_i^0 = n_A^0, \; {}^0_A,$$

$\sum\limits_i \nu_i = +1$, und mit $k = A = $ Äthylenoxid folgt daraus:

$p = n_A^0 (1 + U_A) \dfrac{RT}{V}$. Somit ist $\dfrac{p}{p^0} = (1 + U_A)$ und da bei

konstantem Volumen $U_A = \dfrac{c_A^0 - c_A}{c_A^0}$ ist, erhält man schließlich

$\dfrac{p}{p^0} = \dfrac{2\,c_A^0 - c_A}{c_A^0}$. Daraus folgt: $c_A = c_A^0 \left(2 - \dfrac{p}{p^0} \right)$, wobei

$c_A^0 = \dfrac{n_A^0}{V} = \dfrac{p^0}{RT}$ ist, s. Gl. (a). Somit ist $c_A = \dfrac{p^0}{RT} \left(2 - \dfrac{p}{p^0} \right) =$

$= 2{,}7168 \left(2 - \dfrac{p}{15\,533} \right)$.

Durch Einsetzen der Werte für den Gesamtdruck p erhält man:

t	$= 0$	300	420	540	720	1080	s
c_A	$= 2{,}7168$	2,5757	2,5020	2,4315	2,3268	2,1370	mol/m³
$\ln c_A$	$= 0{,}9995$	0,9461	0,9171	0,8885	0,8445	0,7594	

$\ln c_A$, gegen t aufgetragen, ergibt eine Gerade. Die Reaktion ist daher erster Ordnung. ——

Beispiel 10-12. Die Reaktion zwischen gleichen Stoffmengen Kohlenmonoxid und Chlor verläuft nach der Gleichung

$CO + Cl_2 \rightarrow COCl_2$. In Anwesenheit eines Katalysators wurde bei 27 °C und konstantem Volumen folgende Druckänderung des Systems festgestellt:

$$t = 0 \qquad 300 \qquad 600 \qquad 960 \qquad 1260 \quad s$$
$$p = 96\,525 \quad 89\,993 \quad 82\,927 \quad 77\,860 \quad 73\,461 \quad N/m^2$$

Zu bestimmen ist die Reaktionsordnung

Wir wählen als Bezugskomponente k = A das Kohlenmonoxid.

Nach dem idealen Gasgesetz ist $p^0 = \sum\limits_i n_i^0 \cdot \dfrac{RT}{V}$ (Gl. a) und

$$p = \sum_i n_i \cdot \frac{RT}{V} = \left(\sum_i n_i^0 + \frac{\sum\limits_i \nu_i}{|\nu_A|} \cdot n_A^0 U_A \right) \frac{RT}{V} \quad \text{(Gl. b). Da beide}$$

Gase in gleichen Stoffmengen eingesetzt werden, ist $n_A^0 = \dfrac{\sum\limits_i n_i^0}{2}$;

ferner ist $\sum\limits_i \nu_i = -1$, $|\nu_A| = 1$. Damit wird $p = \sum\limits_i n_i^0 \left(1 - \dfrac{U_A}{2} \right) \dfrac{RT}{V}$

(Gl. c). Dividiert man (c) durch (a), so folgt $\dfrac{p}{p^0} = 1 - \dfrac{U_A}{2}$ (Gl. d).

Da bei konstantem Volumen $U_A = \dfrac{c_A^0 - c_A}{c_A^0}$ ist, erhält man durch

Einsetzen in die Gl. (d) und Auflösen nach c_A : $c_A = c_A^0 \left(\dfrac{2p}{p^0} - 1 \right)$.

Es ist nun aber $c_A^0 = \dfrac{n_A^0}{V} = \dfrac{p^0}{2RT}$, so daß schließlich resultiert:

$$c_A = \frac{p}{RT} - \frac{p^0}{2RT} = \frac{p}{8,3143 \cdot 300,15} - \frac{96\,525}{2 \cdot 8,3143 \cdot 300,15} =$$

$= p \cdot 4,007 \cdot 10^{-4} - 19,340$. Durch Einsetzen der Werte für p erhält man

t	= 0	300	600	900	1260	s
c_A	= 19,34	16,72	13,89	11,86	10,10	mol/m³
$\ln c_A$	= 2,96	2,82	2,63	2,47	2,31	
$1/c_A$	= 5,171	5,980	7,199	8,432	$9,904 \cdot 10^{-2}$	m³/mol
$1/c_A^2$	= 2,674	3,577	5,183	7,109	$9,803 \cdot 10^{-3}$	m⁶/mol²

Bei einer Auftragung von $\ln c_A$, $1/c_A$ bzw. $1/c_A^2$ gegen t sieht man, daß sich nur für $1/c_A$ gegen t eine Gerade ergibt. Die Reaktion ist demnach von zweiter Ordnung. ——

b) *Halbwertszeitmethode*. Man mißt für verschiedene Anfangskonzentrationen c_A^0 die Halbwertszeiten $t_{1/2}$. Für den Sonderfall $n = 1$ ist nach Gl. (XV) $t_{1/2}$ unabhängig von der Anfangskonzentration. Für $n \neq 1$ ergibt nach Gl. (XXI) die Auftragung von $\lg t_{1/2}$ gegen $\lg c_A^0$ eine Gerade mit der Steigung $(1-n)$. Stehen nur zwei Wertepaare $(t_{1/2})_I$, $c_{A,I}^0$ und $(t_{1/2})_{II}$, $c_{A,II}^0$ zur Verfügung, so erwächst aus der graphischen Auswertung gegenüber der rechnerischen kein Vorteil. Für die rechnerische Auswertung folgt aus Gl. (XXI):

$$ n = 1 + \frac{\lg (t_{1/2})_I - \lg (t_{1/2})_{II}}{\lg c_{A,II}^0 - \lg c_{A,I}^0} . \tag{LXI} $$

Beispiel 10-13. Bei der homogenen Zersetzung von Distickstoffoxid, $N_2O \rightarrow N_2 + \frac{1}{2} O_2$, wurden bei konstantem Volumen und konstanter Temperatur ($\vartheta = 694\ °C$) für zwei verschiedene Anfangsdrücke p^0 folgende Halbwertszeiten $t_{1/2}$ ermittelt:
$p^0 = 38,1\ kN/m^2$, $t_{1/2} = 1556\ s$; $p^0 = 42,0\ kN/m^2$, $t_{1/2} = 1412\ s$.
Zu berechnen sind a) die Reaktionsordnung, b) die Geschwindigkeitskonstante bei 694 °C, c) der Molenbruch an Stickstoff bei $t_{1/2}$.

a) Nach dem idealen Gasgesetz ist $c_A^0 = \dfrac{n_A^0}{V} = \dfrac{p^0}{RT}$, demnach

$$ c_{A,I}^0 = \frac{38\ 100}{8,3143 \cdot 967,15} = 4,74\ mol/m^3 = 4,74 \cdot 10^{-3}\ mol/dm^3 ; $$

analog erhält man $c_{A,II}^0 = 5,22 \cdot 10^{-3}\ mol/dm^3$. Dann folgt aus Gl. (LXI):

$$ n = 1 + \frac{\lg 1556 - \lg 1412}{\lg (5,22 \cdot 10^{-3}) - \lg (4,74 \cdot 10^{-3})} = 1 + 1,007 \approx 2. $$

Die Reaktion ist also zweiter Ordnung.

b) Nach Gl. (XXII) ist für eine Reaktion zweiter Ordnung

$$ k\,|\nu_A| = \frac{1}{c_A^0\, t_{1/2}} = \frac{1}{(4,74 \cdot 10^{-3})\,1556} = 0,136\ dm^3/(mol \cdot s); $$

$|\nu_A| = 1$, also $k = 0,136\ dm^3/(mol \cdot s)$.

c) Nach der Reaktionsgleichung ist $\nu_{N_2O} = -1$, $\nu_{N_2} = +1$ und $\sum_i \nu_i = 0,5$. Aus Gl. (XXIII), Abschnitt 8.4.2, erhält man dann mit $i = N_2$, $k = N_2O$, $x_{N_2}^0 = 0$, $x_{N_2O}^0 = 1$ und $U_k = U_{N_2O} = 0,5$ (da bei der Halbwertszeit) für x_{N_2}:

$$x_{N_2} = \frac{0 + \dfrac{1}{1} \cdot 1 \cdot 0{,}5}{1 + \dfrac{0{,}5}{1} \cdot 1 \cdot 0{,}5} = \frac{0{,}5}{1{,}25} = 0{,}40. \quad\rule{2cm}{0.4pt}$$

Es ist hervorzuheben, daß die Halbwertszeitmethode nur dann exakte Ergebnisse liefert, wenn die Reaktion tatsächlich nach dem Zeitgesetz $r = kc_A^n$ abläuft. Ein komplizierterer Reaktionsablauf kommt meist nicht zum Ausdruck, wenn nur die Halbwertszeit, d. h. nur ein Punkt der Konzentrations/Zeit-Kurve, für die Auswertung herangezogen wird.

c) *Anfangsgeschwindigkeitsmethode*. Hängt die Reaktionsgeschwindigkeit nur von der Konzentration eines Reaktionspartners A $\left(\nu_A = - \, |\nu_A|, \; \dfrac{dc_A}{dt} < 0, \; \text{d. h.} \; \dfrac{dc_A}{dt} = - \left| \dfrac{dc_A}{dt} \right| \right)$ in n-ter Ordnung ab, so erhält man durch Logarithmieren der Gl. (XIX):

$$\lg \left| \frac{dc_A}{dt} \right| = \lg \left(k \, |\nu_A| \right) + n \cdot \lg c_A . \tag{LXII}$$

Wertepaare von $\left| \dfrac{dc_A}{dt} \right|$ und c_A erhält man aus der Darstellung von c_A als Funktion von t z. B. durch graphische Differentiation, d. h. durch Anlegen der Tangenten an die Kurve $c_A(t)$. Die Auftragung von $\lg \left| \dfrac{dc_A}{dt} \right|$ gegen $\lg c_A$ ergibt eine Gerade mit der Steigung n, der gesuchten Reaktionsordnung. $k \, |\nu_A|$ bzw. k kann man gleichzeitig aus dem Ordinatenabschnitt erhalten. Im Prinzip genügt hier eine einzige Meßreihe.

Bei Reaktionen, deren Kinetik durch die gebildeten Reaktionsprodukte beeinflußt wird (z. B. reversible oder autokatalytische Reaktionen), benutzt man vorteilhaft die Anfangsgeschwindigkeit

$$r_A^0 = r^0 \nu_A = \left(\frac{dc_A}{dt} \right)^0 , \quad \text{d. h. die Geschwindigkeit zum Zeitpunkt}$$

$t = 0 \; (c_A = c_A^0)$. Für diese folgt aus Gl. (LXII):

$$\lg \left| \frac{dc_A}{dt} \right|^0 = \lg \left(k \, |\nu_A| \right) + n \cdot \lg c_A^0 . \tag{LXIII}$$

Für mehrere Meßreihen mit verschiedenen Anfangskonzentrationen c_A^0 trägt man $\lg \left|\dfrac{dc_A}{dt}\right|^0$ als Funktion von $\lg c_A^0$ auf und erhält dann eine Gerade mit der Steigung n und dem Ordinatenabschnitt $k\,|\nu_A|$, woraus auch k zu berechnen ist. Liegen nur zwei Versuchsreihen I und II vor, so erhält man n aus der Gleichung

$$n = \frac{\lg \left|\dfrac{dc_A}{dt}\right|^0_I - \lg \left|\dfrac{dc_A}{dt}\right|^0_{II}}{\lg c_{A,I}^0 - \lg c_{A,II}^0}\,. \tag{LXIV}$$

Beispiel 10-14. Zur Untersuchung der Kinetik der Laktonbildung von γ-Oxybuttersäure (Reaktionspartner A) in Gegenwart von Wasserstoffionen wurden in zwei Versuchsreihen I und II mit verschiedenen Anfangskonzentrationen c_A^0 nach bestimmten Zeiten die jeweiligen Konzentrationen von c_A bestimmt, die in der folgenden Tabelle aufgeführt sind:

Versuchs-	$t\,=\,0$	79	204	373	518	s
reihe I	$c_A=\,0{,}2000$	0,1982	0,1954	0,1917	0,1886	mol/dm³
Versuchs-	$t\,=\,0$	85	197	410	831	s
reihe II	$c_A=\,0{,}1760$	0,1743	0,1721	0,1680	0,1603	mol/dm³

Zu bestimmen sind die Reaktionsordnung und die Geschwindigkeitskonstante.

Aus der Auftragung von c_A als Funktion von t erhält man für die Versuchsreihe I eine Anfangssteigung der Kurve im Punkt $t = 0$ von $\left|\dfrac{dc_A}{dt}\right|^0_I = 2{,}290 \cdot 10^{-5}$ mol/(dm³·s), für die Versuchsreihe II erhält man $\left|\dfrac{dc_A}{dt}\right|^0_{II} = 2{,}015 \cdot 10^{-5}$ mol/(dm³·s). Die Reaktionsordnung ergibt sich aus Gl. (LXIV):

$$n = \frac{\lg\,(2{,}290\cdot 10^{-5}) - \lg\,(2{,}015\cdot 10^{-5})}{\lg 0{,}2000 - \lg 0{,}1760} = 1{,}000. \qquad \lg\,(k\,|\nu_A|)$$

erhält man mittels Gl. (LXIII): $\lg\,(k\,|\nu_A|) = \lg \left|\dfrac{dc_A}{dt}\right|^0_I - n\cdot\lg c_A^0 =$

$= \lg\,(2{,}290\cdot 10^{-5}) - \lg 0{,}200 = -3{,}9412$; daraus $k\,|\nu|_A = 1{,}145\cdot 10^{-4}\,\text{s}^{-1}$. ——

Aufgaben. 10/3. H_2O_2 mit einer Anfangskonzentration $c_A^0 = 25$ mol/dm^3 zum Zeitpunkt $t = 0$ wird katalytisch zersetzt: $2\,H_2O_2 \rightarrow 2\,H_2O + O_2$. Nach einer Zeit von $t = 900$ s ist die Konzentration des H_2O_2 $c_A = 9,8$ mol/dm^3, nach $t = 1800$ s noch $c_A = 3,8$ mol/dm^3. Zu berechnen sind die Reaktionsordnung und die Geschwindigkeitskonstante.

10/4. Vaughan bestimmte für die thermische Dimerisierung von Butadien-1,3 zu Vinylcyclohexen-3 (C_8H_{12}) in einem geschlossenen System ($V = konst.$) bei 326 °C nach verschiedenen Zeiten folgende Drücke:

$t =$	0	195	367	605	1038	1751	2183	3305	s
$p =$	84260	82460	80873	78874	75634	71381	69488	65355	N/m^2

Zu ermitteln sind die Reaktionsordnung und die Geschwindigkeitskonstante.

10/5. Die Hydrolysekinetik von Äthyl-m-nitrobenzoat durch Hydroxidionen in wäßriger Lösung bei 15,2 °C wurde von Newling und Hinshelwood untersucht. Zu Beginn der Reaktion lagen sowohl das Äthyl-m-nitrobenzoat (Reaktionspartner A) als auch die Hydroxidionen (Reaktionspartner B) in einer Konzentration von 0,05 mol/dm^3 vor. Die Konzentrationen c_A betrugen nach verschiedenen Zeiten:

$t =$	120	180	240	330	530	600	s
$c_A =$	0,0335	0,0291	0,0256	0,0210	0,0155	0,0148	mol/dm^3

Zu bestimmen sind die Reaktionsordnung und die mittlere Geschwindigkeitskonstante.

10.1.5 Temperaturabhängigkeit der Reaktionsgeschwindigkeit

Die Geschwindigkeit der meisten chemischen Reaktionen nimmt mit steigender Temperatur stetig zu, und zwar ist die Reaktionsgeschwindigkeitskonstante k eine Funktion der Temperatur. Der funktionale Zusammenhang zwischen k und der thermodynamischen Temperatur T ist gegeben durch die Arrheniussche Gleichung:

$$k = k_0\, e^{-E/RT}. \tag{LXV}$$

k_0 wird als Häufigkeits- oder Frequenzfaktor bezeichnet (entspricht der Geschwindigkeitskonstanten bei unendlich hoher Temperatur); E ist die Aktivierungsenergie, R die Gaskonstante.

Für das Verhältnis der Geschwindigkeitskonstanten bei zwei verschiedenen Temperaturen T_1 und T_2 folgt aus vorstehender Gleichung:

$$\ln \frac{k_{T_2}}{k_{T_1}} = \frac{E}{R} \cdot \frac{T_2 - T_1}{T_1 T_2}. \tag{LXVI}$$

Sind also für eine gegebene Reaktion die Geschwindigkeitskonstanten bei zwei Temperaturen bekannt, so kann man die Aktivierungsenergie E bestimmen. Damit läßt sich die Geschwindigkeitskonstante dieser Reaktion bei jeder beliebigen Temperatur berechnen, welche zwischen den gegebenen Temperaturen liegt. Extrapolationen auf Temperaturen, welche wesentlich außerhalb dieses Bereiches liegen, sind deshalb sehr kritisch, weil bei anderen Temperaturen ein anderer Reaktionsmechanismus vorliegen kann.

Beispiel 10-15. Die Zersetzung von Ameisensäure an einer Goldoberfläche ist eine Reaktion 1. Ordnung. Die Geschwindigkeitskonstanten betragen $k_{T_1} = 5{,}5 \cdot 10^{-4}\,\mathrm{s^{-1}}$ bei $\vartheta_1 = 140\,°\mathrm{C}$ und $k_{T_2} = 9{,}2 \cdot 10^{-3}\,\mathrm{s^{-1}}$ bei $\vartheta_2 = 185\,°\mathrm{C}$. Zu berechnen ist die Aktivierungsenergie.

Nach Gl. (LXVI) ist
$$E = R \cdot \frac{T_1 T_2}{T_2 - T_1} \cdot \ln \frac{k_{T_2}}{k_{T_1}} =$$
$$= 8{,}3143 \cdot \frac{413{,}15 \cdot 458{,}15}{458{,}15 - 413{,}15} \cdot \ln \frac{9{,}2 \cdot 10^{-3}}{5{,}5 \cdot 10^{-4}} = 98\,519\ \mathrm{J/mol}.$$

Beispiel 10-16. Für die Pyrolyse von Trimethylwismut (Reaktion 1. Ordnung) wurden bei verschiedenen Temperaturen folgende Geschwindigkeitskonstanten ermittelt:

$T =$ 643   648   653   568   663   668   673   K
$k =$ 0,113   0,145   0,190   0,250   0,325   0,410   0,525   s^{-1}

Zu bestimmen ist die Aktivierungsenergie.

Aus der Arrheniusschen Gleichung folgt: $\ln k = \ln k_0 - \dfrac{E}{RT}$.

Trägt man $\ln k$ gegen $1/T$ auf, so muß sich eine Gerade mit der Steigung $-E/R$ ergeben. Die Wertepaare für $\ln k$ und $1/T$ sind:

$1/T =$ 1,555   1,543   1,531   1,520   1,508   1,497 $1{,}486 \cdot 10^{-3}\,\mathrm{K^{-1}}$
$\ln k =$ −2,180   −1,931   −1,661   −1,386   −1,124   −0,892   −0,644

Aus der Auftragung erhält man die Steigung der Geraden $-E/R =$ $= -22\,251\ \mathrm{K}$; daraus folgt: $E = 8{,}3143 \cdot 22\,251 = 185\,000\ \mathrm{J/mol} =$ $= 185\ \mathrm{kJ/mol}.$ ——

Aufgaben. 10/6. Die Geschwindigkeitskonstanten für eine Reaktion 1. Ordnung betragen $5{,}457 \cdot 10^{-7}\,\mathrm{s^{-1}}$ bei $627\,°\mathrm{C}$ und $1{,}223 \cdot 10^{-4}\,\mathrm{s^{-1}}$ bei $1471\,°\mathrm{C}$. Zu berechnen sind die Aktivierungsenergie und der Frequenzfaktor.

10.2 Heterogene Reaktionen

Bei *heterogenen Reaktionen*, z. B. an der Phasengrenze zwischen einem fluiden und einem festen Reaktionspartner oder an der Phasengrenze zwischen einem fluiden Reaktionspartner und einem festen Katalysator, können folgende Teilvorgänge ablaufen:

1) Stofftransport der Reaktionspartner durch einen Diffusionsvorgang aus der Hauptmasse der fluiden Phase an die äußere Oberfläche des Feststoffes,

2) Diffusion der Reaktionspartner von der äußeren Oberfläche des Feststoffes durch dessen Poren in das Innere,

3) Adsorption (Chemisorption) der Reaktionspartner auf der inneren (und äußeren) Oberfläche des Feststoffes,

4) Reaktion auf der Feststoffoberfläche,

5) Desorption der Reaktionsprodukte von der inneren (und äußeren) Oberfläche des Feststoffes,

6) Diffusion der Reaktionsprodukte vom Inneren des Feststoffes durch die Poren an die äußere Oberfläche,

7) Stofftransport der Reaktionsprodukte durch einen Diffusionsvorgang von der äußeren Oberfläche des Feststoffes in die Hauptmasse der fluiden Phase.

Ist der Feststoff (Katalysator) nicht porös, so entfallen die Teilvorgänge 2 und 6. Wir wollen uns jetzt aber nur den Teilvorgängen 1 und 7 zuwenden.

Die *Diffusionsgeschwindigkeit* (der Stoffstrom) ist nach dem *1. Fickschen Gesetz*

$$\dot{n} = -D\,S\,\frac{\mathrm{d}c}{\mathrm{d}x} \qquad\qquad \text{(LXVII)}$$

proportional dem Diffusionsquerschnitt (bzw. der Oberfläche) S und dem Konzentrationsgradienten $\mathrm{d}c/\mathrm{d}x$. Der Proportionalitätsfaktor D wird als *Diffusionskoeffizient* bezeichnet.

Selbst wenn durch Maßnahmen zur intensiven Durchmischung des fluiden Mediums die Konzentrationen in der Hauptmasse der fluiden Phase konstant sind, bleibt unmittelbar an der Phasengrenze eine Grenzschicht, in welcher der Stofftransport durch Diffusion erfolgt. In dieser Grenzschicht der Dicke δ kann man den Konzentrationsverlauf in erster Näherung als linear annehmen. Dann folgt aus Gl. (LXVII) für den *Stoffübergang* von der fluiden Phase auf die Phasengrenzfläche:

$$\dot{n} = D\,S \cdot \frac{c_F - c_S}{\delta} = \beta\,S\,(c_F - c_S);\qquad\qquad\text{(LXVIII)}$$

c_F und c_S sind die Konzentrationen des betrachteten Stoffes in der Hauptmasse der fluiden Phase bzw. an der Phasengrenze. Der Quotient aus Diffusionskoeffizient D und Grenzschichtdicke δ wird als *Stoffübergangskoeffizient β* bezeichnet:

$$\beta = \frac{D}{\delta}\,;\qquad\qquad\text{(LXIX)}$$

dieser läßt sich für den Stoffübergang zwischen einem Fluid und Feststoffen mit dem (äquivalenten) Durchmesser d mit Hilfe folgender Beziehung berechnen:

$$\beta \cdot \frac{d}{D} = Sh = A \cdot Re^{1/2} \cdot Sc^{1/3}.\qquad\qquad\text{(LXX)}$$

$Sh = \beta d/D$ ist die dimensionslose *Sherwoodsche Kenngröße*, A eine ebenfalls dimensionslose Konstante (für Festbetten mit kugelförmigem Feststoff ist $A = 1{,}9$).

$$Re = \frac{wd}{\nu}\qquad\qquad\text{(LXXI)}$$

ist die *Reynoldssche Kenngröße*, wobei w die Leerraumgeschwindigkeit des Fluids, d. h. die Geschwindigkeit ist, die man bei demselben Volumenstrom ohne Feststofffüllung messen würde; ν ist die kinematische Zähigkeit des Fluids (s. 12.2.1). Die *Schmidtsche Kenngröße Sc* ist ebenfalls dimensionslos:

$$Sc = \frac{\nu}{D} = \frac{\eta}{\rho D}\,.\qquad\qquad\text{(LXXII)}$$

(η dynamische Zähigkeit, s. 12.2.1).

Beispiel 10-17. Durch ein Festbett von kugelförmigen Teilchen des Durchmessers 5 mm strömt ein binäres Gemisch aus zwei Flüssigkeiten mit einer Leerraumgeschwindigkeit von 0,1 m/s. Die Dichte des Gemisches beträgt 1000 kg/m^3, die dynamische Zähigkeit $10^{-3}\,\mathrm{Ns/m^2}$ und der Diffusionskoeffizient $8\cdot10^{-10}\,\mathrm{m^2/s}$. Zu berechnen ist die Sherwoodsche Kenngröße Sh sowie der Stoffübergangskoeffizient β zwischen Flüssigkeitsstrom und Feststoff.

Es ist $Sc = \dfrac{\eta}{\rho D} = \dfrac{10^{-3}}{1000 \cdot (8 \cdot 10^{-10})} = 1250$, ferner

$$Re = \frac{w d \rho}{\eta} = \frac{0,1 \cdot (5 \cdot 10^{-3}) \cdot 1000}{10^{-3}} = 500. \quad \text{Dann ist}$$

$Sh = 1,9 \cdot 500^{1/2} \cdot 1250^{1/3} = 458$. Daraus ergibt sich der Stoffüber-

gangskoeffizient zu $\beta = Sh \cdot \dfrac{D}{d} = 458 \cdot \dfrac{8 \cdot 10^{-10}}{5 \cdot 10^{-3}} = 7,33 \cdot 10^{-5}\,\text{m/s}$. ──

Ist die Reaktion an der Phasengrenze (Teilschritte 3 und 4) genügend schnell, so wird der gesamte herandiffundierende Stoff sofort verbraucht, d. h. in Gl. (LXVIII) ist die Konzentration an der Phasengrenzfläche $c_S = 0$. Damit wird die Gesamtreaktionsgeschwindigkeit proportional c_F, d. h. es liegt scheinbar eine Reaktion 1. Ordnung vor.

Beispiel 10-18. Das Festbett des Beispiels 10-17 habe ein Volumen von 3 m³, der relative Leerraumanteil (Leerraumvolumen, bezogen auf das Gesamtvolumen) beträgt 0,4. Wie groß ist maximal die in der Zeiteinheit umgesetzte Stoffmenge eines Reaktionspartners, wenn dessen Konzentration in der flüssigen Phase $c_F = 1\,\text{kmol/m}^3$ beträgt?

Der Feststoffvolumenanteil beträgt $V_s = (1-0,4) \cdot 3 = 1,8\,\text{m}^3$, wobei V_s gleich der Zahl Z der Teilchen mal dem Volumen eines

einzelnen Teilchens ist: $V_s = Z \cdot \dfrac{4}{3} \cdot r^3 \pi$; daraus $Z = \dfrac{3\,V_s}{4\,\pi\,r^3}$.

Dann ist die Oberfläche aller Teilchen $S = Z \cdot 4\,\pi\,r^2 = \dfrac{3\,V_s}{r} =$

$$= \frac{3 \cdot 1,8}{2,5 \cdot 10^{-3}} = 2160\,\text{m}^2.$$ Selbst wenn die Reaktion äußerst

schnell ist, kann die umgesetzte Stoffmenge eines Reaktionspartners nie größer sein, als die durch Diffusion herangeführte, d. h.
$\dot{n} = \beta\,S\,c_F = (7,33 \cdot 10^{-5})\,2160 \cdot 1 = 0,158\,\text{kmol/s}$. ──

Aufgaben. 10/7. Durch ein Festbett aus kugelförmigen Teilchen vom Durchmesser 5 mm strömt eine binäre Gasmischung mit einer Leerraumgeschwindigkeit von 0,1 m/s. Die Dichte der Gasmischung beträgt 1 kg/m³, deren dynamische Zähigkeit $3 \cdot 10^{-5}$ Ns/m² und der Diffusionskoeffizient $4 \cdot 10^{-5}\,\text{m}^2/\text{s}$. Zu berechnen ist die Sherwoodsche Kenngröße Sh sowie der Stoffübergangskoeffizient zwischen Gasstrom und Feststoff.

10/8. Das Festbett der Aufgabe 10/7 habe ein Volumen von $3\ m^3$, der relative Leerraumanteil beträgt 0,4. Welche Stoffmenge eines Reaktionspartners kann in der Zeiteinheit maximal umgesetzt werden, wenn dessen Konzentration in der Gasphase $c_F = 10\ mol/m^3$ beträgt?

11 Optische Eigenschaften und Photochemie

11.1 Optisches Drehvermögen

Stoffe, welche beim Durchgang eines linear polarisierten Lichtbündels dessen Polarisationsebene drehen, nennt man *optisch aktiv*.

Zum Vergleich der optischen Aktivität verschiedener Stoffe dient das *spezifische Drehvermögen*, welches bei reinen Stoffen durch folgende Gleichung definiert ist:

$$[\alpha]_\lambda^\vartheta = \frac{\alpha}{l\,\rho}\ . \tag{I}$$

Darin bedeuten: α gemessener Drehwinkel bei Anwendung monochromatischen Lichts der Wellenlänge λ (meist D-Linie des Na) bei der Temperatur ϑ, l Schichtdicke, ρ Dichte des Stoffes. Bei Lösungen optisch aktiver Stoffe tritt an Stelle von ρ die Massenkonzentration $\rho_i = m_i/V$ des gelösten Stoffes; diese ist mit der Dichte $\rho_L = m/V$ der Lösung verknüpft durch die Beziehung

$$\rho_i = \rho_L \cdot \frac{m_i}{m} = \rho_L \cdot w_i, \tag{II}$$

wobei w_i der Massenanteil des Stoffes i in der Lösung ist. Durch Einsetzen von ρ_i an Stelle von ρ in Gl. (I) erhält man

$$[\alpha]_\lambda^\vartheta = \frac{\alpha}{l\,\rho_L\,w_i}\ . \tag{III}$$

Als Einheit des spezifischen Drehvermögens wird gewöhnlich $1\ °\mathrm{cm}^3/(\mathrm{dm}\cdot\mathrm{g})$ verwendet; der Zahlenwert von $[\alpha]$ ist dann gleich demjenigen des Drehwinkels (in $°$), der sich ergibt, wenn sich 1 g aktive Substanz in 1 cm^3 befindet und die Schichtdicke 1 dm beträgt.

Das *molare Drehvermögen* ist definiert durch die Gleichung

$$[M]_\lambda^\vartheta = M\,[\alpha]_\lambda^\vartheta. \tag{IV}$$

(M molare Masse des gelösten Stoffes). Als Einheit wird meist
$1\,°\cdot 100\ \text{cm}^3/(\text{dm}\cdot\text{mol})$ verwendet.

Aufgaben. 11/1. Welchen Massenanteil hat eine wäßrige Rohrzuckerlösung der Dichte 1,0549 g/cm³ bei 20 °C, wenn bei einer Schichtdicke von 2 dm der Drehwinkel $\alpha = 19{,}63°$ beträgt? Bei 20 °C und einer Wellenlänge von $5{,}893\cdot 10^{-13}$ m ist das spezifische Drehvermögen 66,45 ° cm³/(dm·g).

11.2 Brechungsgesetz

Fällt Licht aus dem Vakuum, unter dem Winkel α gegen das Einfallslot geneigt, auf die Oberfläche eines Mediums, so wird das Licht aus seiner ursprünglichen Richtung abgelenkt (gebrochen), und setzt seinen Weg unter dem Winkel β (Brechungswinkel) gegen das Einfallslot fort (Abb. 11.1). Als *Brechzahl (Brechungsindex)* des Mediums wird definiert:

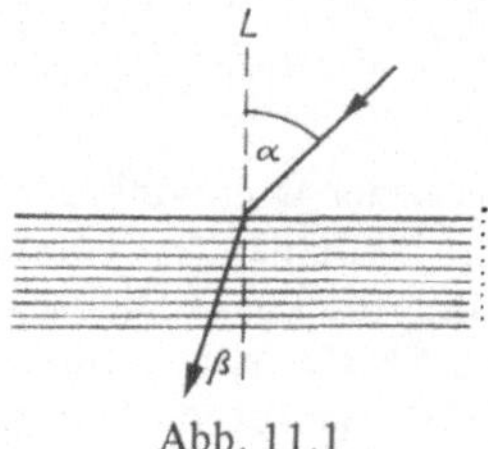

Abb. 11.1

$$n = \frac{\sin\alpha}{\sin\beta}. \tag{V}$$

Tritt das Licht aus einem Medium I mit der Brechzahl n_I in ein Medium II mit der Brechzahl n_II, so ist

$$\frac{\sin\alpha}{\sin\beta} = \frac{n_\mathrm{II}}{n_\mathrm{I}}. \tag{VI}$$

(*Brechungsgesetz* von Snellius, Ableitung s. S. 61). Die Brechzahl des Vakuums ist gleich 1, diejenige der Luft 1,000272 (bei 20 °C und 1 bar, für $\lambda = 5{,}890\cdot 10^{-13}$ m).

Beispiel 11-1. Beim Übergang von Licht aus Luft in Glyzerin betrug der Einfallswinkel $\alpha = 52°$, der Brechungswinkel $\beta = 32°20'$. Demnach ist die Brechzahl des Glyzerins

$$n_{II} = n_I \cdot \frac{\sin \alpha}{\sin \beta} = 1{,}000272 \cdot \frac{0{,}7880}{0{,}5348} = 1{,}4738. \text{———}$$

Tritt Licht von einem optisch dichteren in ein optisch dünneres Medium ($n_{II} < n_I$) über, so wird es vom Einfallslot weg gebrochen. Es gibt einen Einfallswinkel α_T, dem ein Brechungswinkel von $\beta = 90^\circ$ entspricht. Dann gilt, da $\sin 90^\circ = 1$ ist:

$$\sin \alpha_T = \frac{n_{II}}{n_I} . \tag{VII}$$

Wird dieser Grenzwinkel überschritten, so ist kein Übergang des Lichtes in das dünnere Medium mehr möglich; vielmehr wird alles Licht an der Grenzfläche vollständig reflektiert (*Totalreflexion*).

Beispiel 11-2. Wie groß ist die Brechzahl von Glyzerin, wenn beim Übergang des Lichtes aus Glyzerin (I) in Luft (II) der Grenzwinkel der Totalreflexion $\alpha_T = 42^\circ 50' 48''$ beträgt?

$$n_I = \frac{n_{II}}{\sin \alpha_T} = \frac{1{,}000272}{0{,}68002} = 1{,}4709. \text{———}$$

Ablenkung des Lichtes durch Prismen (Abb. 11.2). Beim Durchgang durch ein dreiseitiges Prisma erfährt ein Lichtstrahl eine Ablenkung um den Winkel δ von der „brechenden Kante" fort. Dieser Ablenkungswinkel ist am kleinsten, wenn der Ein-

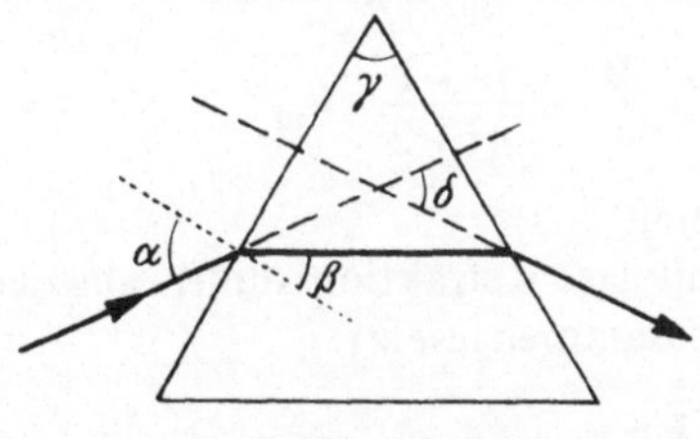

Abb. 11.2

fallswinkel α so gewählt wird, daß der Lichtstrahl im Inneren des Prismas senkrecht zur Symmetrieebene verläuft. Ist γ der brechende Winkel des Prismas, dann gilt:

$$n = \frac{\sin \dfrac{\gamma + \delta}{2}}{\sin \dfrac{\gamma}{2}} . \tag{VIII}$$

Die Bestimmung von δ erfolgt mit Hilfe des Reflexionsgoniometers.

Beispiel 11-3. Die Brechzahl von Äthanol soll aus folgenden Größen berechnet werden ($\vartheta = 22{,}1$ °C, D-Linie des Na): Brechender Winkel des Prismas $\gamma = 49°40'$, kleinster Ablenkungswinkel $\delta = 20°02'$.

$$n_D = \frac{\sin \dfrac{20°2' + 49°40'}{2}}{\sin \dfrac{49°40'}{2}} = 1{,}3606. \ ———$$

Die Brechzahl ist außer von der Art des Stoffes von dessen Dichte bei der betreffenden Temperatur abhängig. Wird diese durch Erhöhung der Temperatur verringert, so nimmt der Wert der Brechzahl ab.

Die Größe

$$r = \frac{n^2 - 1}{n^2 + 2} \cdot \frac{1}{\rho} \tag{IX}$$

(ρ Dichte) heißt die *spezifische Refraktion* eines Stoffes. Der Wert von r eines reinen Stoffes ist von ρ unabhängig.

Die Refraktion von Gemischen von Flüssigkeiten, Lösungen und Gasen, deren Komponenten nicht in Wechselwirkung stehen, setzt sich additiv aus den Refraktionen der einzelnen Komponenten zusammen.

Das Produkt aus spezifischer Refraktion und molarer Masse wird als *molare Refraktion* r_m bezeichnet:

$$r_m = \frac{n^2 - 1}{n^2 + 2} \cdot \frac{M}{\rho} = \frac{n^2 - 1}{n^2 + 2} \cdot V_m. \tag{X}$$

(V_m molares Volumen).

Häufig ist die molare Refraktion additiv aus den *atomaren Refraktionen* r_{mi} zusammengesetzt:

$$r_m = \sum_i k_i r_{mi} \tag{XI}$$

(k_i Anzahl, A_i atomare Masse, r_{mi} atomare Refraktion der Atome der Sorte i im Molekül). Bei der Berechnung ist zu beachten, daß die Bindungsverhältnisse (Doppelbindung, Dreifachbindung usw.) mit in Rechnung zu setzen sind.

Beispiel 11-4. Zu berechnen ist die molare Refraktion von Äthanol C_2H_5OH, wenn die atomaren Refraktionen (D-Linie des Na) gegeben sind und für Wasserstoff 1,100, für Kohlenstoff 2,418 und für Hydroxylsauerstoff 1,525 cm^3/mol betragen.

$$
\begin{array}{llll}
2\,\text{C:} & 2 \cdot 2{,}418 = & 4{,}836 \\
6\,\text{H:} & 6 \cdot 1{,}100 = & 6{,}600 \\
1\,\text{O:} & 1 \cdot 1{,}525 = & \underline{1{,}525} \\
& r_\text{m} = & 12{,}961 \ \text{cm}^3/\text{mol.}
\end{array}
$$

Dielektrizitätskonstante und Brechzahl. Die elektrostatische Wechselwirkung zweier elektrisch geladener Körper ändert sich je nach der Natur des Mediums, in welchem sie sich befinden; ziehen sie sich im Vakuum mit der Kraft F an, so beträgt diese Kraft in einem anderen Medium F/ϵ, wobei ϵ die Dielektrizitätskonstante des betreffenden Mediums ist.

Nach Maxwell besteht für lange, nicht absorbierbare Wellen zwischen der Brechzahl n des Dielektrikums und dessen Dielektrizitätskonstante ϵ der Zusammenhang

$$n^2 = \epsilon. \qquad\qquad\qquad\qquad \text{(XII)}$$

Beispiel 11-5.

	CS$_2$	Hexan	Ni(CO)$_4$
$n \ =$	1,617	1,375	1,45
$n^2 =$	2,61	1,89	2,1
ϵ (gemessen) $=$	2,63	1,88	2,2

ϵ ist abhängig vom Aggregatzustand und der Temperatur, bei Gasen vom Druck, bei Kristallen von der Richtung des elektrischen Feldes zu den Achsen, bei Gemischen von der Konzentration.

Aufgaben. 11/2. Wie groß ist die Brechzahl von Terpentinöl, wenn in einem Hohlprisma mit einem brechenden Winkel von 60° bei einer Temperatur von 10 °C ein Minimum der Ablenkung von 34°54′ gemessen wurde?

11/3. Berechne die molare Refraktion für **a)** Benzol C$_6$H$_6$, **b)** Chloroform CHCl$_3$, wenn die atomaren Refraktionen für die Na-D-Linie für Wasserstoff 1,100, für Kohlenstoff 2,418, für an Alkyl gebundenes Chlor 5,967 und das Bindungsinkrement für eine Doppelbindung 1,733 cm^3/mol betragen.

11/4. Zu berechnen ist die molare Refraktion aus folgenden Daten: **a)** Nitrobenzol C$_6$H$_5$NO$_2$, $n_\text{D} = 1{,}5532$, $\rho = 1{,}203$ g/cm^3; **b)** Ameisensäure HCOOH, $n_\text{D} = 1{,}3714$, $\rho = 1{,}219$ g/cm^3.

11/5. Bei 20 °C ist die Dichte von Diäthyläther 0,7208, von Äthanol 0,7892 und von einer Äthanol/Äther-Mischung 0,7389 g/cm^3. Bei derselben Temperatur sind die Brechzahlen n_D für Äther 1,3526, für Äthanol 1,3623 und für die Mischung 1,3572. Berechne den Massenanteil von Äthanol in der Mischung.

11.3 Kolorimetrie

Nach dem *Lambert-Beerschen Gesetz* ist die (*dekadische*)
Extinktion einer Lösung gegeben durch

$$E = \lg \frac{I_0}{I} = \epsilon\, c\, d = k\, d. \tag{XIII}$$

Darin bedeuten: I_0 Intensität des eingestrahlten Lichtes der Wellenlänge λ, I Intensität des durchfallenden Lichtes, d Schichtdicke;
ϵ (dekadischer) molarer Extinktionskoeffizient, sofern c als Stoffmengenkonzentration angegeben ist; k (dekadischer) Extinktions-
modul.

Zur kolorimetrischen Konzentrationsbestimmung eines gelösten, bekannten Stoffes schickt man Licht gleicher spektraler
Zusammensetzung durch eine Lösung 2, deren Konzentration
gemessen werden soll, und durch eine Vergleichslösung 1 desselben
Stoffes mit bekannter Konzentration. Man variiert die Schichtdicke
der zu messenden Lösung so lange, bis beide Lichtbündel nach dem
Durchgang durch die Lösungen gleiche Intensität haben. Es gilt dann:

$$E_1 = \epsilon\, c_1 d_1 = E_2 = \epsilon\, c_2 d_2. \tag{XIV}$$

Daraus folgt, da ϵ für eine bestimmte Substanz konstant ist:

$$c_2 = \frac{c_1 d_1}{d_2}. \tag{XV}$$

Beispiel 11-6. Die beiden Zylinder bei einer kolorimetrischen
Analyse enthielten: a) $V_1 = 100$ cm³ Vergleichslösung mit einer
Massenkonzentration an Eisen $\rho_{Fe} = 5 \cdot 10^{-4}$ g/dm³, b) $V_2 = 75$ cm³
der zu messenden Probenlösung. Nach dem Durchgang durch die Lösungen hatten die Lichtbündel gleiche Intensität.

$$c_2 = c_1 \cdot \frac{d_1}{d_2} = c_1 \cdot \frac{V_1}{V_2} = 5 \cdot 10^{-4} \cdot \frac{100}{75} = 6{,}67 \cdot 10^{-4} \text{ g/dm}^3. \text{ ---}$$

Aufgaben. 11/6. Von monochromatischem Licht ($\lambda = 3{,}130 \cdot 10^{-7}$ m)
werden beim Durchgang durch eine 10 cm dicke Schicht von Acetondampf
90% absorbiert. **a)** Durch welche Schichtdicke werden 50% absorbiert?
b) Wieviel Prozent werden durch eine 6 cm dicke Schicht absorbiert?

11/7. Zweiwertiges Eisen kann kolorimetrisch mittels Phenantrolin
bestimmt werden. Die Absorptionskurve des Eisenkomplexes besitzt bei
$\lambda = 5{,}10 \cdot 10^{-7}$ m ein Maximum des molaren Extinktionskoeffizienten

$\epsilon_1 = 11,2 \cdot 10^3$ l/(mol·cm). Bei Verwendung eines Spektralfilters kann die Extinktion dieser roten Lösung durch Vergleich mit einer neutralgrauen Lösung ermittelt werden. Welche Schichtdicke muß man für die Eisen-Phenantrolin-Lösung wählen, damit nach Einstellung auf gleiche Extinktion die Anzahl Millimeter Graulösung sofort zahlenmäßig gleich der Konzentration der untersuchten Lösung an Eisen in mg Fe/l ist? Die Graulösung ist so beschaffen, daß bei $\lambda = 5,10 \cdot 10^{-7}$ m und gleichen Schichtdicken die gleiche Extinktion durch die Graulösung und eine $4,46 \cdot 10^{-5}$ molare Eisen-Phenantrolin-Lösung hervorgerufen wird. (Nach Asmus.)

11.4 Photochemie

Ist der Energieinhalt von Atomen, Molekülen oder Ionen infolge Absorption von Strahlung vorübergehend erhöht, so zeigen diese eine erhöhte Reaktionsfähigkeit. Daher können in geeigneten Systemen durch Bestrahlung sog. *photochemische Reaktionen* ausgelöst werden. Allerdings ist nur solche Strahlung photochemisch wirksam, welche absorbiert wird. Nach der Quantentheorie erfolgt die Lichtabsorption nur in ganzen Energiequanten

$$\epsilon = h\nu = h \cdot \frac{c}{\lambda} \qquad \text{(XVI)}$$

($h = 6,62620 \cdot 10^{-34}$ Js Plancksche Konstante oder Plancksches Wirkungsquantum; ν Frequenz, λ Wellenlänge der Strahlung; $c = 2,997925 \cdot 10^8$ m/s Lichtgeschwindigkeit im Vakuum). Die *Lichtquanten* oder *Photonen* ϵ sind als Atome der Strahlungsenergie zu betrachten.

Nach dem *Einsteinschen Äquivalenzgesetz* verursacht ein absorbiertes Photon immer die photochemische Umsetzung eines Moleküls. Dies bedeutet aber nicht, daß die Zahl der Moleküle, welche primär ein Photon absorbiert haben, mit der resultierenden Zahl der Moleküle identisch sein muß, welche tatsächlich bei der Reaktion umgesetzt wurden. Vielmehr können durch den primären photochemischen Vorgang Folgereaktionen ausgelöst werden, so daß in diesem Fall die Zahl der umgesetzten Moleküle und die Zahl der absorbierten Photonen von 1 verschieden ist. Als *photochemische Quantenausbeute* der betreffenden Reaktion bezeichnet man das Verhältnis

$$\varphi = \frac{\text{Zahl der chemisch umgesetzten Moleküle}}{\text{Zahl der absorbierten Quanten}}. \qquad \text{(XVII)}$$

Multipliziert man die Energie eines Photons, welches der Wellenlänge λ entspricht, mit der Avogadro-Konstante, so erhält man die (spektrale) molare Strahlungsenergie E_λ der Photonen:

$$E_\lambda = N_A \cdot \frac{hc}{\lambda} = 6{,}02217 \cdot 10^{23} \cdot \frac{6{,}6262 \cdot 10^{-34} \cdot 2{,}997925 \cdot 10^8}{\lambda} =$$

$$= \frac{0{,}11963}{\lambda} \ \text{J/mol} \quad (\lambda \ \text{in m}). \qquad \text{(XVIII)}$$

Die *photochemische Energieausbeute* ψ einer Reaktion ist nach Warburg definiert durch

$$\psi = \frac{\text{Energiebedarf}}{\text{Absorbierte Energie}} = \frac{\varphi \cdot \Delta E_m}{\dfrac{0{,}11963}{\lambda}} . \qquad \text{(XIX)}$$

Der Zusammenhang zwischen Energie und Masse wird durch die von Einstein abgeleitete Beziehung wiedergegeben, welche als *Gesetz von der Äquivalenz der Energie und der Masse* bezeichnet wird;

$$\Delta E = \Delta m \cdot c^2 . \qquad \text{(XX)}$$

Aufgaben. 11/8. Man berechne die molare Strahlungsenergie von grünem Licht der Wellenlänge $\lambda = 5{,}300 \cdot 10^{-7}$ m.

11/9. Warburg bestrahlte HI bei Zimmertemperatur mit Licht verschiedener Wellenlängen, wodurch ein teilweiser Zerfall in die Elemente eintrat. Bei einer Wellenlänge von $2{,}070 \cdot 10^{-7}$ m betrug die zerfallene (umgesetzte) Stoffmenge pro Einheit der absorbierten Energie $3{,}4394 \cdot 10^{-6}$ mol/J, bei einer Wellenlänge von $2{,}530 \cdot 10^{-7}$ m dagegen $4{,}4186 \cdot 10^{-6}$ mol/J. Zu berechnen ist die photochemische Quantenausbeute.

11/10. Die Reaktionsenthalpie der Reaktion $0{,}5\ H_2(g) + 0{,}5\ Br_2(g) = HBr(g)$ beträgt $51{,}50$ kJ/mol. Wieviel Prozent der eingestrahlten Energie (Licht der Wellenlänge $2{,}054 \cdot 10^{-7}$ m) werden ausgebeutet, wenn die photochemische Quantenausbeute $\varphi = 2$ beträgt?

11/11. Bei der Kernspaltung von 1 kg Uran 235 wird eine Energie von $8{,}23 \cdot 10^{13}$ J abgegeben. Welche Masse haben die materiellen Reaktionsprodukte? $(c \approx 3 \cdot 10^8$ m/s$)$.

12 Grenzflächenspannung und Zähigkeit

12.1 Grenzflächenspannung

12.1.1 Grenzflächenspannung und Grenzflächenenergie

Die Enthalpie bzw. innere Energie eines Stoffes oder Systems hängt u. a. von dessen Oberfläche (Grenzfläche) ab, da an der Oberfläche befindliche Teilchen durch die Nachbarteilchen schwächer „gebunden" werden als im Inneren. Bei flüssigen Systemen ist es verhältnismäßig leicht möglich, die mechanische Arbeit (Zunahme der freien Enthalpie bzw. freien Energie) zu messen, welche mit der Schaffung neuer Oberfläche (Grenzfläche) verbunden ist. Diejenige Arbeit, welche pro Flächeneinheit neuer Oberfläche (Grenzfläche) zu deren Neubildung aus dem Inneren erforderlich ist, wird als *Oberflächenspannung (Grenzflächenspannung)* γ der Flüssigkeit bezeichnet. (Oberfläche: Grenze zwischen Flüssigkeit und Gas; Grenzfläche: Grenze zwischen zwei kondensierten Stoffen). Die SI-Einheit der Oberflächen- bzw. Grenzflächenspannung ist 1 N/m.

Beispiel 12-1. Wie groß ist die Oberflächenenergie von 1 mol Wasser bei 20 °C, welches in Form von Tröpfchen mit einem Radius von 10^{-3} mm ($= 10^{-6}$ m) vorliegt? Oberflächenspannung von Wasser bei 20 °C: $7{,}258 \cdot 10^{-2}$ N/m.

Volumen eines Tröpfchens: $\frac{4}{3} \cdot \pi \, (10^{-6})^3 = 4{,}189 \cdot 10^{-18} \, \mathrm{m}^3$;

da die Dichte des Wassers 1000 kg/m³ beträgt, ist die Masse eines Tröpfchens $4{,}189 \cdot 10^{-15}$ kg $= 4{,}189 \cdot 10^{-12}$ g. 1 mol Wasser =

$= 18{,}016$ g Wasser; 1 mol enthält somit $\dfrac{18{,}016}{4{,}189 \cdot 10^{-12}} = 4{,}301 \cdot 10^{12}$

Tröpfchen vom Radius 10^{-3} mm.
Oberfläche eines Tröpfchens: $4 \pi r^2 = 4 \cdot 3{,}14 \cdot (10^{-6})^2 = 1{,}257 \cdot 10^{-11} \, \mathrm{m}^2$.

Die Gesamtoberfläche beträgt also $4{,}301 \cdot 10^{12} \cdot (1{,}257 \cdot 10^{-11}) =$
$= 54{,}064 \text{ m}^2$. Die Oberflächenenergie ist dann: $54{,}064 \cdot (7{,}258 \cdot 10^{-2}) =$
$= 3{,}924 \text{ J}.$ ———

12.1.2 Messung der Oberflächenspannung von Flüssigkeiten

a) *Mit Hilfe des Stalagmometers durch Bestimmung der
Tropfenmasse.* Diese Tropfenmethode beruht darauf, daß ein an
einer horizontalen Kreisfläche gebildeter Tropfen abreißt, wenn
die auf ihn wirkende Kraft (Gewichtskraft) größer wird als die Ober-
flächenkraft $2\,\pi\,r\,\gamma$ längs des Kreisumfangs. Im Augenblick des
Abtropfens ist $2\,\pi\,r\,\gamma = mg$, woraus folgt:

$$\gamma = \frac{mg}{2\,\pi\,r}\;; \tag{I}$$

m bedeutet darin die Masse des Tropfens, g die Erdbeschleunigung.
Diese Methode wird meist zu Vergleichsmessungen mit einer Flüssigkeit bekannter Oberflächenspannung verwendet. Benutzt man
stets dieselbe Abreißfläche, so ist die Masse des Tropfens der
Oberflächenspannung proportional. Bestimmen wir dann für zwei
verschiedene Flüssigkeiten 1 und 2 die Massen m_1 und m_2 für jeweils die gleiche Anzahl von Tropfen, so muß gelten:

$$\frac{\gamma_1}{\gamma_2} = \frac{m_1}{m_2}\,. \tag{II}$$

Ist die Oberflächenspannung der einen Flüssigkeit bekannt, so kann
diejenige der anderen berechnet werden.

Beispiel 12-2. Zu berechnen ist die Grenzflächenspannung
Öl/Wasser. Zur Eichung im Stalagmometer diente das System
Benzol/Wasser mit einer Grenzflächenspannung von $3{,}496 \cdot 10^{-2} \text{ N/m}$
bei 20 °C.

Man ermittelt die Volumina jeweils der gleichen Anzahl von
Tropfen, z. B. 50 oder 100. Nimmt eine bestimmte Tropfenzahl
von Benzol bei 20 °C das Volumen V_1 im Stalagmometer ein,
die gleiche Tropfenzahl Öl das Volumen V_2, bezeichnet ferner ρ_1
die Dichte von Benzol, ρ_2 die Dichte des Öls und ρ_3 die Dichte des
Wassers, dann ist die Grenzflächenspannung Öl/Wasser bei 20 °C

$$\gamma = \frac{3{,}496 \cdot 10^{-2} \cdot (\rho_3 - \rho_2) \cdot V_2}{(\rho_3 - \rho_1) \cdot V_1} \text{ N/m}. \text{ ———}$$

b) *Nach der Steighöhenmethode in Kapillaren.* Man läßt eine Kapillare mit gleichförmigem inneren Durchmesser $2\,r$ senkrecht in die Meßflüssigkeit eintauchen. Bei vollständiger Benetzung steigt die Flüssigkeit in der Kapillare bis zu einer Höhe h (horizontale Tangente an den Meniskus). In nicht zu weiten Kapillaren kann der Meniskus als halbkugelförmig angesehen werden. Es gilt dann für die Oberflächenspannung:

$$\gamma = r \left(h + \frac{r}{3} \right) \frac{\rho g}{2} \,. \tag{III}$$

In sehr engen Kapillaren kann $r/3$ gegenüber h vernachlässigt werden, so daß man erhält:

$$\gamma = \frac{rh\rho g}{2} \,. \tag{IV}$$

Beispiel 12-3. Benzol hat bei 20 °C die Dichte $\rho = 0{,}879$ g/cm^3 (= 879 kg/m^3) und eine Oberflächenspannung $\gamma = 2{,}888 \cdot 10^{-2}$ N/m. Man berechne die Steighöhe von Benzol bei 20 °C in einer Kapillare vom Halbmesser $r = 0{,}1$ mm ($= 10^{-4}$ m).

$$h = \frac{2\,\gamma}{r\,\rho\,g} = \frac{2 \cdot (2{,}888 \cdot 10^{-2})}{10^{-4} \cdot 879 \cdot 9{,}81} = 0{,}0670 \text{ m} = 67{,}0 \text{ mm.} \text{ ———}$$

Aufgaben. 12/1. Wie groß ist die Oberflächenspannung von Äthyljodid, C_2H_5I, wenn dieses in einer Kapillare vom Radius $r = 1{,}29 \cdot 10^{-4}$ m a) bei 19,1 °C 2,445 cm hoch steigt ($\rho = 1{,}937$ g/cm^3); b) bei 46,2 °C 2,22 cm hoch steigt ($\rho = 1{,}875$ g/cm^3)?

12.1.3 Temperaturabhängigkeit der Oberflächenspannung

Zum Vergleich der Oberflächenenergien verschiedener Flüssigkeiten wird eine *Oberflächenenergie* σ durch folgende Beziehung definiert:

$$\sigma = \gamma\, V_m^{2/3} = \gamma \left(\frac{M}{\rho} \right)^{2/3} , \tag{V}$$

wobei V_m das molare Volumen, M die molare Masse und ρ die Dichte ist. Zwischen der so definierten Oberflächenenergie und der Temperatur ϑ fanden Eötvös, Ramsay und Shields eine empirische Beziehung, welche für alle Flüssigkeiten annähernd gilt:

$$\sigma = \gamma \left(\frac{M}{\rho} \right)^{2/3} = k_\sigma (\vartheta_{krit} - 6 - \vartheta). \tag{VI}$$

Darin bedeuten σ, γ und ρ die betreffenden Größen bei der Temperatur ϑ, $\vartheta_{\mathrm{krit}}$ die kritische Temperatur und k_σ eine Konstante, welche für nicht assoziierende Flüssigkeiten den Wert $2{,}12 \cdot 10^{-7}$ $J/(mol^{2/3} \cdot K)$ hat. Für assoziierende Flüssigkeiten (Wasser, Alkohole, Carbonsäuren usw.) ist k_σ kleiner und eine Funktion der Temperatur.

Ist die Oberflächenspannung γ_1 bei einer Temperatur ϑ_1 bekannt, so kann diese Regel dazu benutzt werden, um die Oberflächenspannung γ_2 bei einer Temperatur ϑ_2 zu berechnen. Aus Gl. (VI) folgt durch Eliminieren von ϑ_k:

$$\gamma_2 = \gamma_1 \left(\frac{\rho_2}{\rho_1}\right)^{2/3} + (\vartheta_1 - \vartheta_2)\, k_\sigma \left(\frac{\rho_2}{M}\right)^{2/3} . \tag{VII}$$

Beispiel 12-4. Zu berechnen ist die Oberflächenspannung von Anilin bei 10 °C, wenn bei $\vartheta_2 = 20$ °C die Oberflächenspannung $\gamma_2 = 4{,}34 \cdot 10^{-2}$ N/m beträgt ($\rho_2 = 1022$ kg/m³). Die Änderung der Dichte soll vernachlässigt, d. h. $\rho_1 = \rho_2$ gesetzt werden.

Molare Masse des Anilins $M = 93{,}1$ g/mol ($= 0{,}0931$ kg/mol).

$$\gamma_2 = 4{,}34 \cdot 10^{-2} + 10 \cdot 2{,}12 \cdot 10^{-7} \cdot \left(\frac{1022}{0{,}0931}\right)^{2/3} = 4{,}34 \cdot 10^{-2} +$$

$$+ 1{,}05 \cdot 10^{-3} = 4{,}45 \cdot 10^{-2}\, \text{N/m.} \underline{\quad\quad}$$

Die Gl. (VII) kann man, etwas umgeformt, zur Abschätzung der molaren Masse nicht assoziierender Flüssigkeiten verwenden:

$$M \approx \left(\frac{k_\sigma\,(\vartheta_2 - \vartheta_1)}{\gamma_1 \rho_1^{-2/3} - \gamma_2 \rho_2^{-2/3}}\right)^{3/2} . \tag{VIII}$$

Beispiel 12-5. Die Abhängigkeit der Oberflächenspannung und der Dichte von n-Hexylalkohol wurde als Funktion der Temperatur untersucht:

ϑ	γ	ρ
°C	N/m	kg/m³
85	$2{,}104 \cdot 10^{-2}$	770,24
105	$1{,}941 \cdot 10^{-2}$	753,41
125	$1{,}775 \cdot 10^{-2}$	735,50
145	$1{,}596 \cdot 10^{-2}$	716,18

Welche molare Masse M' erhält man damit aus Gl. (VIII)?

Zwischen $\qquad$ 85 und 105 °C: $M' \approx 136{,}79$ g/mol,
$\qquad$ 105 und 125 °C: $M' \approx 129{,}29$ g/mol,
$\qquad$ 125 und 145 °C: $M' \approx 110{,}07$ g/mol.

Die aus der Formel berechnete molare Masse M beträgt 102,11 g/mol. Das Ergebnis deutet darauf hin, daß in flüssigem Zustand n-Hexylalkohol assoziiert ist. Definiert man einen Assoziationsfaktor durch $x = M'/M$, wobei M' die aus der Oberflächenspannung und M die aus der Formel berechnete molare Masse ist, so erhält man für x in den drei Temperaturbereichen: $x = 1{,}34$; 1,27 bzw. 1,08. ——

Aufgaben. 12/2. Berechne aus dem Ergebnis der Aufgabe 12/1, a) und b) den Assoziationsfaktor des Äthyljodids zwischen 19,1 und 46,2 °C. Hat das Äthyljodid in diesem Temperaturbereich seine normale molare Masse?

12/3. Bei 14,8 °C steigt Acetylchlorid ($\rho = 1{,}124$ g/cm^3) in einer Kapillare vom Radius 0,01425 cm 3,28 cm hoch; bei 46,2 °C beträgt die Dichte $\rho = 1{,}064$ g/cm^3 und die Steighöhe 2,85 cm. Zu berechnen ist die kritische Temperatur des Acetylchlorids.

12.1.4 Der Parachor

Die *Sugdensche Regel* besagt, daß

$$\frac{M}{\rho_{Fl} - \rho_D} \cdot \gamma^{1/4} = P, \qquad\qquad \text{(IX)}$$

der *Parachor*, eine für die gegebene Substanz charakteristische, temperaturunabhängige Größe ist. Darin sind M die molare Masse, ρ_{Fl} die Dichte der Flüssigkeit, ρ_D die Dichte des Dampfes und γ die Oberflächenspannung. Da die Dichte des Dampfes gegenüber der Dichte der Flüssigkeit vielfach vernachlässigt werden kann, können wir vereinfacht schreiben:

$$P = \gamma^{1/4} \cdot V_m, \qquad\qquad \text{(X)}$$

wobei V_m das stoffmengenbezogene (molare) Volumen bedeutet. Sugden hat gezeigt, daß sich der Parachor eines Moleküls sehr häufig additiv aus den Atom- und Bindungsinkrementen bzw. Gruppeninkrementen zusammensetzt.

Beispiel 12-6. Für p-Benzochinon $C_6H_4O_2$ beträgt der aus experimentellen Ergebnissen berechnete Parachorwert $4{,}211 \cdot 10^{-5}$

$\left(\dfrac{N}{m}\right)^{1/4} \cdot \dfrac{m^3}{mol}$.   Die einzelnen Atom-, Bindungs- und Ringinkremente betragen für

C	H	O	Doppelbindg.	6-Ring	
$8{,}536 \cdot 10^{-7}$	$3{,}041 \cdot 10^{-6}$	$3{,}557 \cdot 10^{-6}$	$4{,}126 \cdot 10^{-6}$	$1{,}085 \cdot 10^{-6}$	$\left(\dfrac{N}{m}\right)^{1/4} \cdot \dfrac{m^3}{mol}$

Legen wir dem Benzochinon die übliche Chinonformel

$O = \langle = \rangle = O$ zugrunde, so ergibt sich für $6\,C + 4\,H + 2\,O + 4$ Doppelbindungen $+\,1$ Sechsring ein Wert für $P = 4{,}199 \cdot 10^{-5}\ N^{1/4}\,m^3/(m^{1/4} \cdot mol)$. Die außerdem diskutierte Peroxidformel $\langle\!-O\!-\!O\!-\!\rangle$ mit

$6\,C + 4\,H + 2\,O + 3$ Doppelbindungen $+\,2$ Sechsringe liefert einen Wert für $P = 3{,}895 \cdot 10^{-5}\ N^{1/4}\,m^3/(m^{1/4} \cdot mol)$. Aufgrund dieser Berechnung muß für die Chinonformel entschieden werden. ——

Aufgaben. 12/4. Die experimentell bestimmten Parachorwerte, alle in $\left(\dfrac{N}{m}\right)^{1/4} \cdot \dfrac{m^3}{mol}$ betragen für Propionsäuremethylester $3{,}825 \cdot 10^{-5}$ und für Essigsäureäthylester $3{,}861 \cdot 10^{-5}$. a) Welches ist der aus den Atom- und Bindungsinkrementen berechnete P-Wert? Atomparachore für C: $8{,}536 \cdot 10^{-7}$, für H: $3{,}041 \cdot 10^{-6}$ und für die 2 Ester-O: $1{,}067 \cdot 10^{-5}$. b) Berechne den Parachor für Essigsäureäthylester aus folgenden Daten: Oberflächenspannung $\gamma = 2{,}376 \cdot 10^{-2}$ N/m, Dichte $\rho = 901$ kg/m³ bei 20 °C.

12.2 Zähigkeit

12.2.1 Zähigkeit von Flüssigkeiten

Flüssigkeiten besitzen, ebenso wie Gase (s. 12.2.2) eine *Zähigkeit*, welche jedoch hier eine andere Ursache hat (s. unten).

Eine durch ein Rohr strömende reale Flüssigkeit haftet infolge von Adhäsionskräften an der Rohrwand (Strömungsgeschwindigkeit an der Wand $w = 0$); von der Wand aus nimmt die Strömungsgeschwindigkeit in Richtung der Rohrachse zu und erreicht in der Achse ein Maximum. Die Flüssigkeitsschichten besitzen unterschiedliche Geschwindigkeiten und verschieben sich gegeneinander. Reale Flüssigkeiten setzen dieser Verschiebung einen Widerstand entgegen, welcher durch die Anziehungskräfte zwischen den

Molekülen bewirkt und als *innere Reibung* (*Zähigkeit, Viskosität*)
bezeichnet wird.

Die *dynamische (absolute) Zähigkeit* oder *dynamische (absolute)
Viskosität* η ist definiert durch die Gleichung

$$F = \eta\, A \cdot \frac{\mathrm{d}w}{\mathrm{d}x}\,, \tag{XI}$$

wobei F die Kraft ist, welche zwischen zwei parallelen Schichten
der Fläche A im Abstand $\mathrm{d}x$ wirksam ist, wenn zwischen ihnen
die Geschwindigkeit $\mathrm{d}w$ besteht. Die SI-Einheit der dynamischen
Zähigkeit ist $1\ \mathrm{N\cdot s/m^2}$. Mit steigender Temperatur nimmt bei
Flüssigkeiten die Zähigkeit ab, bei Gasen nimmt sie zu. Der Kehrwert der dynamischen Zähigkeit wird als *Fluidität* φ bezeichnet:

$$\varphi = \frac{1}{\eta}\,. \tag{XII}$$

Die *kinematische Zähigkeit (kinematische Viskosität)* ν ist
definiert durch

$$\nu = \frac{\eta}{\rho} \tag{XIII}$$

(SI-Einheit: $1\ \mathrm{m^2/s}$; ρ Dichte); η und ρ sind dabei auf dieselbe
Temperatur zu beziehen.

Strömt eine Flüssigkeit (oder ein Gas) stationär in koaxialen
zylindrischen Schichten (laminare Strömung) durch ein Rohr vom
Radius r und der Länge l, so ist nach Hagen-Poiseuille das in der
Zeit t unter der Wirkung eines Druckunterschiedes Δp ausfließende
Flüssigkeitsvolumen

$$V = \frac{\pi\, r^4 t\, \Delta p}{8\,\eta\, l}\,. \tag{XIV}$$

Mit Hilfe dieser Gleichung kann die Viskosität aus der Durch-
flußmenge bestimmt werden.

Häufiger jedoch führt man relative Messungen durch, wobei
das Verhältnis der Viskositäten zweier Flüssigkeiten bestimmt wird.
Im Ostwald-Viskosimeter wird die Zeit gemessen, während der ein
bestimmtes Flüssigkeitsvolumen aus einer stehenden Kapillare aus-
strömt, d. h. der Meniskus von einer oberen Marke bis zu einer
unteren absinkt. Der wirksame Überdruck in Gl. (XIV) ist durch
den hydrostatischen Druck $g\,\rho\,h_{\mathrm{m}}$ gegeben (h_{m} zeitlicher Mittel-

wert des Abstandes zwischen oberer und unterer Flüssigkeitsober-
fläche). Man kann dann die Gl. (XIV) auf die Form bringen

$$\eta = C \rho \, t, \qquad\qquad\qquad (\text{XV})$$

wobei C eine Apparatekonstante ist. C kann aus einer mit einer
Flüssigkeit bekannter Viskosität durchgeführten Messung bestimmt
werden; sie kann aber auch beim Vergleich der Viskositäten zweier
Flüssigkeiten 1 und 2 eliminiert werden, wenn die Viskosität z. B.
der Flüssigkeit 1 bekannt ist:

$$\eta_2 = \eta_1 \cdot \frac{\rho_2}{\rho_1} \cdot \frac{t_2}{t_1} . \qquad\qquad\qquad (\text{XVI})$$

Beispiel 12-7. Durch eine Kapillare vom Radius $r = 3{,}11 \cdot 10^{-2}$
cm und der Länge $l = 30{,}14$ cm fließen 10,3 cm³ Wasser von 18,5 °C
($\rho = 998{,}5$ kg/m³) bei einer Druckdifferenz $\Delta p = 3428$ N/m² in
256 s aus. Zu berechnen ist die dynamische Zähigkeit.

$$\eta = \frac{\pi \, r^4 t \, \Delta p}{8 \, Vl} = \frac{3{,}14 \cdot (3{,}11 \cdot 10^{-4})^4 \cdot 256 \cdot 3428}{8 \cdot (1{,}03 \cdot 10^{-5}) \cdot 0{,}3014} = 1{,}038 \cdot 10^{-3} \text{ Pa} \cdot \text{s.} \; -$$

12.2.2 Zähigkeit von Gasen

Die Strömung von Gasen, z. B. durch ein Rohr, muß man sich
als eine Bewegung dünner zylindrischer Schichten vorstellen, wobei
die Gesamtheit aller Kräfte, die zwischen den strömenden Schichten
wirken, als innere Reibung bezeichnet wird (s. 12.2.1).

Die innere Reibung kommt dadurch zustande, daß zwischen
den einzelnen Schichten Moleküle ausgetauscht werden, welche je
nach der Entfernung von der Rohrwand verschiedene Impulskom-
ponenten in der Strömungsrichtung haben.

Die Zähigkeit von Gasen ist in einem gewissen Druckbereich
sowohl unterhalb als auch oberhalb von 100 000 N/m² = 100 000 Pa
unabhängig vom Druck. Bei höheren Drücken steigt η mit zunehmendem Druck merklich an.

Für den Zusammenhang zwischen der Zähigkeit η bei der
Temperatur T und der Zähigkeit η_0 bei der Temperatur T_0 hat
Sutherland folgende Beziehung abgeleitet:

$$\eta = \eta_0 \cdot \frac{T_0 + C}{T + C} \cdot \left(\frac{T}{T_0}\right)^{3/2} . \qquad\qquad\qquad (\text{XVII})$$

Die Zähigkeit von Gasmischungen kann man nach folgender Näherungsformel berechnen:

$$\frac{M_M}{\eta_M} = \frac{x_1 M_1}{\eta_1} + \frac{x_2 M_2}{\eta_2} + \dots \qquad \text{(XVIII)}$$

M_M, M_1, M_2 sind die molaren Massen der Gasmischung bzw. der einzelnen Komponenten,

η_M, η_1, η_2 sind die entsprechenden dynamischen Zähigkeiten,

x_1, x_2 sind die Molenbrüche der Komponenten in der Mischung.

Beispiel 12-8. Es ist die Zähigkeit einer Gasmischung mit folgenden Molenbrüchen der Komponenten zu berechnen: $x_{CO_2} = 0{,}16$, $x_{O_2} = 0{,}05$ und $x_{N_2} = 0{,}79$. Bei einer Temperatur von 400 °C und einem Druck von 1,01325 bar betragen die dynamischen Zähigkeiten: $\eta_{CO_2} = 3{,}5 \cdot 10^{-5}$, $\eta_{O_2} = 3{,}9 \cdot 10^{-5}$, $\eta_{N_2} = 3{,}35 \cdot 10^{-5}$ Pa·s.

$$\frac{M_M}{\eta_M} = \frac{0{,}16 \cdot 0{,}044}{3{,}5 \cdot 10^{-5}} + \frac{0{,}05 \cdot 0{,}032}{3{,}9 \cdot 10^{-5}} + \frac{0{,}79 \cdot 0{,}028}{3{,}35 \cdot 10^{-5}} =$$

$$= 902{,}4 \ \frac{\text{kg}}{\text{mol·Pa·s}} \ . \ \text{Molare Masse der Gasmischung:}$$

$M_M = 0{,}16 \cdot 0{,}044 + 0{,}05 \cdot 0{,}032 + 0{,}79 \cdot 0{,}028 = 0{,}0308$ kg/mol. Dann ist die dynamische Zähigkeit der Gasmischung

$$\eta_M = \frac{0{,}0308}{902{,}4} = 3{,}41 \cdot 10^{-5} \ \text{Pa·s.} \ \text{———}$$

13 Lösungen zu den Aufgaben

2/1. **a)** $y' = 5\,x^{\frac{2}{3}}$; **b)** $y' = \dfrac{a}{2\sqrt{x}}$; **c)** $y = x^{\frac{5}{4}}$, $y' = \dfrac{5}{4}\,x^{\frac{1}{4}} = \dfrac{5}{4}\,\sqrt[4]{x}$;

d) $y = x^{-3}$, $y' = -\dfrac{3}{x^4}$; **e)** $y' = \dfrac{1}{n}\,x^{\frac{1}{n}-1} = \dfrac{\sqrt[n]{x}}{nx}$; **f)** $y' = \sqrt{\dfrac{a}{2\,x}}$;

g) $\dfrac{\mathrm{d}y}{\mathrm{d}r} = y' = 2\,r\,\pi$; **h)** $\dfrac{\mathrm{d}y}{\mathrm{d}r} = y' = 4\,\pi\,r^2$.

2/2. **a)** $y' = 5\,x^4 - 9\,x^2 + 1$; **b)** $y' = 2$; **c)** $y' = \dfrac{4a}{b}\,x^3 - 3\,(c + b)x^2$.

2/3. **a)** $y' = \dfrac{2 + 3\,x}{2\sqrt{1 + x}}$; **b)** $y' = \dfrac{4\,ax - 5\,x^2}{2\sqrt{a - x}}$; **c)** $y' = \dfrac{-2}{(1 + x)^2}$;

d) $y = \dfrac{u}{v}$, $y' = \dfrac{4 - 6\,x}{(3x^2 - 4x + 5)^2}$.

2/4. **a)** $4\,x - 2 = z$, $y = \sqrt[3]{z^4} = z^{\frac{4}{3}}$, $\dfrac{\mathrm{d}y}{\mathrm{d}z} = \dfrac{4}{3}\,\sqrt[3]{z}$, $\dfrac{\mathrm{d}z}{\mathrm{d}x} = 4$ und

$\dfrac{\mathrm{d}y}{\mathrm{d}z} \cdot \dfrac{\mathrm{d}z}{\mathrm{d}x} = \dfrac{\mathrm{d}y}{\mathrm{d}x} = \dfrac{16}{3}\,\sqrt[3]{4x - 2}$; **b)** $2\,x - 5 = z$, $y' = 12\,(2x - 5)$;

c) Einsetzen von u und v und berechnen von u' und v' nach der Kettenregel.

$y' = \dfrac{ab}{(a - bx)\sqrt{a^2 - b^2 x^2}}$; **d)** $y' = \dfrac{2 + x}{2\sqrt{(1 + x)^3}}$;

e) $y' = 3\,a\sqrt{2\,x - 2} - \dfrac{1}{2\,x\sqrt{x}}$.

2/5. **a)** $y = a^z$, $\dfrac{\mathrm{d}y}{\mathrm{d}z} = a^z \ln a$ und $\dfrac{\mathrm{d}z}{\mathrm{d}x} = \dfrac{1}{2\sqrt{x}}$, daraus $\dfrac{\mathrm{d}y}{\mathrm{d}x} = y' =$

$= a^z \ln a\ \dfrac{1}{2\sqrt{x}} = a^{\sqrt{x}} \ln a\ \dfrac{1}{2\sqrt{x}}$; **b)** $y' = \dfrac{x^{n-1} \cdot (n - x)}{e^x}$;

c) $y' = \dfrac{-2\,e^x}{(e^x - 1)^2}$; **d)** $y' = a\,e^{ax}$; **e)** $y' = -a\,e^{-ax}$; **f)** $y' = e^{\frac{x}{a}}$;

g) $y' = (x + n)\, e^x\, x^{n-1}$; **h)** $y' = \dfrac{e^x (x - n)}{x^{n+1}}$.

2/6. a) $2x = z$, $y' = \dfrac{1}{x}$; **b)** $x^2 = z$, $\lg x^2 = 0{,}434 \ln x^2$, $y' = \dfrac{0{,}868}{x}$;

c) $y' = -\dfrac{1}{x}$; **d)** $\ln y = x^2 \ln e = x^2$, $\dfrac{y'}{y} = 2x$, $y' = 2xy = 2x\, e^{x^2}$;

e) $\ln y = \left(\dfrac{1}{x} - 2\right) \cdot \ln e = \dfrac{1}{x} - 2$, $\dfrac{y'}{y} = -\dfrac{1}{x^2}$, $y' = -\dfrac{1}{x^2}\, y = -\dfrac{1}{x^2}\, e^{\frac{1}{x} - 2}$;

f) $y' = 2x\, e^{x^2 - 1}$.

2/7. a) $\dfrac{dx}{du} = \dfrac{-2a}{(a + u)^2}$, $\dfrac{dy}{du} = \dfrac{a}{(a + u)^2}$ und $\dfrac{dy}{dx} = -\dfrac{1}{2}$;

b) $\dfrac{dy}{dx} = -1$.

2/8. $\dfrac{\partial f}{\partial x} = \dfrac{2x}{a^2}$, $\dfrac{\partial f}{\partial y} = \dfrac{2y}{b^2}$, $\dfrac{dy}{dx} = -\dfrac{b^2 x}{a^2 y} = \dfrac{bx}{a\sqrt{a^2 - x^2}}$.

2/9. a) $y'' = 6x$; **b)** $y'' = \dfrac{2}{x^3}$; **c)** $y'' = \dfrac{-a^2}{\sqrt{(a^2 - x^2)^3}}$; **d)** $y'' = \dfrac{1}{x}$.

2/10. a) $y' = 6x^2 - 18x + 12 = 0$, $x^2 - 3x + 2 = 0$, daraus $x_1 = +2$ und $x_2 = +1$, $y'' = 12x - 18$. Für $x = 2$ ist $y'' = +6$, also ein Minimum;

für $x = 1$ ist $y'' = -6$, also ein Maximum; **b)** $y' = \dfrac{\dfrac{1}{x} x - \ln x \cdot 1}{x^2} =$

$= \dfrac{1 - \ln x}{x^2} = 0$. Es ist somit auch $1 - \ln x = 0$ und $x = e$; $y'' = \dfrac{-3 + 2\ln x}{x^3}$.

Für $x = e$ wird also $y'' = -\dfrac{1}{e^3}$, dem $x = e$ entspricht ein Maximum von y.

2/11. a) $y' = -3x^2 + 2x + 5$, daraus bei $y' = 0 \ldots x_1 = \dfrac{5}{3}$ und

$x_2 = -1$. Nachdem $y'' = -6x + 2$, ist für $x_1 \ldots y'' < 0$, also Max. und

für $x_2 \ldots y'' > 0$, also Min. Aus $-6x + 2 = 0$ wird $x_w = \dfrac{1}{3}$. Die zugehö-

rigen Werte für y errechnen sich aus der gegebenen Gleichung durch Ein-

setzen der x-Werte, also $y_1 = 7\dfrac{13}{27}$, $y_2 = -2$, $y_w = 2\dfrac{20}{27}$;

b) $y' = 2x\, e^{-x} - x^2 e^{-x} = x\, e^{-x} \cdot (2 - x)$. Da e^{-x} niemals Null werden kann, erhält man alle Wurzeln aus $x(2 - x) = 0$; $x_1 = 0$, $x_2 = 2$; $y'' = +2\, e^{-x} -$

$-2x\,e^{-x}-2x\,e^{-x}+x^2e^{-x}=e^{-x}\,(2-4x+x^2)$. Für $x=0\ldots y''=2$, also Min. Für $x=2\ldots y''=e^{-2}\cdot(-2)=-2\,e^{-2}$, also Max. Für die Wendepunkte muß, da e^{-x} nicht Null sein kann, $2-4x+x^2=0$ oder $x=2\pm\sqrt{2}$, was angenähert die Werte 3,41 und 0,59 ergibt; **c)** $x_1=3$ (Min.), $y_1=-\dfrac{1}{3}$;

$x_2=1$ (Max.), $y_2=1$; $x_{\mathrm{w}}=2$, $y_{\mathrm{w}}=\dfrac{1}{3}$; **d)** $y'=\dfrac{1-2\ln x}{x^3}$,

$y''=\dfrac{-5+6\ln x}{x^4}$; Extremwerte: $y'=0$, $1-2\ln x=0$, $(\ln x=2{,}303\lg x)$,

$x=1{,}648$; $y''<0\ldots$ Max.; Wendepunkt $y''=0$, $x_{\mathrm{w}}=2{,}301$.

   2/12. Kanten des Prismas: x, y, z; Volumen $V=xyz$; halbe Oberfläche $F=xy+xz+yz$; den Wert von z aus der ersten in die zweite Gleichung eingeführt: $F=xy+Vy^{-1}+Vx^{-1}$; $\dfrac{\partial F}{\partial x}=y-Vx^{-2}$; $\dfrac{\partial F}{\partial y}=x-Vy^{-2}$;

$\dfrac{\partial^2 F}{\partial x^2}=2\,Vx^{-3}$; $\dfrac{\partial^2 F}{\partial y^2}=2\,Vy^{-3}$; $\dfrac{\partial^2 F}{\partial x\partial y}=1$; die ersten Differential-

quotienten $=0$ gesetzt ergibt $x=y=\sqrt[3]{V}$; eingesetzt: $A=\dfrac{\partial^2 F}{\partial x^2}=2$;

$B=\dfrac{\partial^2 F}{\partial x\partial y}=1$; $C=\dfrac{\partial^2 F}{\partial x^2}=2$. Daraus ergibt sich: $\Delta=AC-B^2=4-1=3$,

d. h. $\Delta>1$ und $\dfrac{\partial^2 F}{\partial x^2}>0$. Daher wird F ein Minimum für $x=y=\sqrt[3]{V}$.

Aus der Ansatzgleichung geht hervor, daß $x=y=z$ ist, d. h. bei gegebenem Volumen ist das Prisma mit der kleinsten Oberfläche ein Würfel.

   2/13. a) Zähler und Nenner für sich differenziert:

$\displaystyle\lim_{x\to 1}\frac{3x^2-12x+11}{3x^2+4x-1}=\frac{1}{3}$; **b)** $\displaystyle\lim_{x\to 1}\frac{-1}{\dfrac{1}{x}}=-1$; **c)** $\displaystyle\lim_{x\to 0}\frac{2\cos 2x}{1}=2$.

   2/14. a) $\dfrac{3}{4}x^8+C$; **b)** $\dfrac{7x^5}{5}+C$; **c)** $\dfrac{2}{3}\sqrt{x^3}+C$; **d)** $2\sqrt{x}+C$;

e) $\dfrac{3}{5}\sqrt[3]{x^5}+C$; **f)** $2\sqrt{a+x}+C$.

   2/15. a) $\dfrac{x^3}{3}+\dfrac{x^2}{2}+x+C$; **b)** $x^4+\dfrac{10}{3}x\sqrt{x}-3\sqrt[3]{x^2}+C$;

c) $e^x\cdot(x^2-4x+5)+C$; **d)** $\tan x+\dfrac{x^4}{4}+C$; **e)** $\displaystyle\int\left(3+\frac{7}{x-2}\right)\mathrm{d}x=$
$=3x+7\ln(x-2)+C$.

2/16. a) $z = \sqrt{x^2 + a^2}$, $x = \sqrt{z^2 - a^2}$, $\displaystyle\int \frac{\sqrt{z^2 - a^2}}{z} \cdot \frac{z}{\sqrt{z^2 - a^2}} \cdot \mathrm{d}z =$

$\displaystyle = \int \mathrm{d}z = z + C = \sqrt{x^2 + a^2} + C$; **b)** $a + bx = z$, $y = \dfrac{1}{b} \displaystyle\int \frac{1}{z}\,\mathrm{d}z = \dfrac{1}{b} \ln z =$

$\displaystyle = \frac{1}{b} \ln(a + bx) + C$; **c)** $mx = z$, $\dfrac{\mathrm{d}x}{\mathrm{d}z} = \dfrac{1}{m}$, $y = \dfrac{1}{m} \displaystyle\int e^z \mathrm{d}z = \frac{e^z}{m} = \frac{e^{mx}}{m} + C$;

d) $-\dfrac{1}{a^2} \dfrac{\sqrt{x^2 + a^2}}{x} + C$; **e)** $\dfrac{1}{3}(x^2 + a^2)^{\frac{3}{2}} + C$; **f)** $\dfrac{1}{2} \ln(1 + x^2) =$

$= \ln \sqrt{1 + x^2}$.

2/17. a) $u = \ln x$ und $\mathrm{d}v = \mathrm{d}x$, daher $v = x$, $\mathrm{d}u = \dfrac{\mathrm{d}x}{x}$. Somit wird

$\displaystyle\int \ln x \, \mathrm{d}x = x \cdot \ln x - \int x \, \mathrm{d} \ln x = x \cdot \ln x - \int x \cdot \frac{1}{x} \, \mathrm{d}x = x \cdot \ln x - \int \mathrm{d}x =$

$\displaystyle = x \cdot \ln x - x + C = x(\ln x - 1) + C$; **b)** $x \sin x - \int 1 \cdot \sin x \, \mathrm{d}x = x \cdot \sin x +$

$+ \cos x + C$; **c)** $-x \cos x + \sin x + C$, **d)** $x\, e^x - e^x + C$.

2/18. a) 1; **b)** $\dfrac{64}{5}$; **c)** $\dfrac{1}{3}(b^3 - a^3)$; **d)** $aT + \dfrac{1}{2} bT^2 + \dfrac{1}{3} cT^3 + \dots$;

e) $\left| aT + \dfrac{1}{2} bT^2 \right|_{T_1}^{T_2} = a(T_2 - T_1) + \dfrac{1}{2} b(T_2^2 - T_1^2)$.

2/19. a) Wir setzen $-5x = u$, daraus $x = -\dfrac{1}{5} u$, dann ist $\dfrac{\mathrm{d}x}{\mathrm{d}u} = -\dfrac{1}{5}$.

Den Werten 0 und $\ln 2$ entsprechen die Werte $u = -5 \cdot 0 = 0$ und $u = -5 \cdot \ln 2$.

Daher $\displaystyle\int_0^{-5\ln 2} e^u \cdot \left(-\frac{1}{5}\right) \mathrm{d}u = -\frac{1}{5} \int_0^{-5\ln 2} e^u \, \mathrm{d}u = \frac{1}{5} \int_{-5\ln 2}^{0} e^u \, \mathrm{d}u =$

$\displaystyle = \frac{1}{5} e^u \Big|_{-5\ln 2}^{0} = \frac{1}{5} \cdot (1 - e^{-5\ln 2}) = \frac{1}{5} \cdot \left(1 - \frac{1}{2^5}\right)$; **b)** $u = a - x$,

$x = a - u$, $\dfrac{\mathrm{d}x}{\mathrm{d}u} = 1$, $\mathrm{d}x = -\mathrm{d}u$. Den Grenzen 0 und x entsprechen $u = a$

und $u = a - x$, $t = \dfrac{1}{k} \displaystyle\int_a^{a-x} \frac{-\mathrm{d}u}{u} = -\frac{1}{k} \int_a^{a-x} \frac{\mathrm{d}u}{u} = +\frac{1}{k} \int_{a-x}^{a} \frac{\mathrm{d}u}{u} =$

$\displaystyle = \frac{1}{k} \cdot \ln u \Big|_{a-x}^{a} = \frac{1}{k} \ln \frac{a}{a-x}$.

2/20. a) $\displaystyle\int_0^T \frac{\mathrm{d}T}{T^2}\cdot 0{,}001\cdot\frac{T^2}{2} = \int_0^T 0{,}0005\,\mathrm{d}T = 0{,}0005\,T;$

b) Wir integrieren zunächst über z (x und $\mathrm{d}x$ konstant), $\displaystyle\int_0^a \mathrm{d}x\ \Big|_0^b\ m\cdot\frac{z^2}{2} =$

$\displaystyle= \frac{b^2}{2}\int_0^a \mathrm{d}x.$ Weitere Integration gibt $m\,\dfrac{b^2}{2}\,a.$

2/21. a) $\displaystyle\bar{C}_{mp} = 24{,}79 + \frac{3{,}75\cdot 10^{-2}}{2}\cdot(400+300) - \frac{7{,}39\cdot 10^{-6}}{3}\times$

$\times\,(400^2 + 300\cdot 400 + 300^2) = 37{,}00\ \mathrm{J/(mol\cdot K)};$ **b)** $\displaystyle C_{mp} = \frac{1}{1000-400}\times$

$\displaystyle\times\int_{400}^{1000}(36{,}89 - 7{,}95\cdot 10^{-3}\cdot T + 9{,}21\cdot 10^{-6}\cdot T^2)\,\mathrm{d}T =$

$\displaystyle= \frac{1}{1000-400}\left[36{,}89\cdot(1000-400) - \frac{7{,}95\cdot 10^3}{2}\cdot(1000^2-400^2) + \right.$

$\displaystyle\left. +\,\frac{9{,}21\cdot 10^{-6}}{3}\cdot(1000^3-400^3)^2\right] = 36{,}11\ \mathrm{J/(mol\cdot K)}.$

2/22. $\displaystyle\int(1+x^2)^{-1}\,\mathrm{d}x;$ der Integrand kann nach der binomischen Reihe

entwickelt werden: $\displaystyle\int(1-x^2+x^4-x^6+x^8-\ldots)\,\mathrm{d}x =$

$\displaystyle= x - \frac{x^3}{3} + \frac{x^5}{5} - \frac{x^7}{7} + \frac{x^9}{9}\ldots + C.$

3/1. $\displaystyle\eta = \frac{\pi\,\Delta p\,R^4}{8\,V\,L}\ ;\ [\eta] = \frac{\mathrm{Pa}\cdot \mathrm{m}^4}{\mathrm{m}^3\cdot \mathrm{s}^{-1}\cdot \mathrm{m}} = \mathrm{Pa}\cdot\mathrm{s}.$

3/2. $\displaystyle R = \frac{p_n V_{mn}}{T_n} = \frac{101\,325\ \mathrm{Pa}\cdot 22{,}41383\ \mathrm{m}^3\,\mathrm{kmol}^{-1}}{273{,}15\ \mathrm{K}} =$

$\displaystyle= 8314{,}4\,\frac{\mathrm{N}}{\mathrm{m}^2}\cdot\frac{\mathrm{m}^3}{\mathrm{kmol}}\cdot\frac{1}{\mathrm{K}} = 8314{,}4\,\frac{\mathrm{J}}{\mathrm{kmol}\cdot\mathrm{K}}.$

3/3. $742\ \mathrm{Torr} = 98\,925{,}2\ \mathrm{Pa} = 989{,}252\ \mathrm{mbar}.$

3/4. $M_{H_2O} = 18{,}02;\ M_{C_2H_5OH} = 46{,}08;\ x_{H_2O} = \dfrac{\dfrac{40}{18{,}02}}{\dfrac{40}{18{,}02} + \dfrac{60}{46{,}08}} =$

$= 0{,}63028\ (\approx 63{,}03\%);\ x_{C_2H_5OH} = 0{,}36972.$

3/5. a) $w_i = \dfrac{\rho_i}{\rho}$; $\rho_i = 0{,}2 \cdot 1{,}2086 = 0{,}24172 \ \text{g cm}^{-3}$ $(i = \text{Na}_2\text{CO}_3)$;

b) $c_i = \dfrac{n_i}{V}$; $n_i = \dfrac{m_i}{M_i}$; $V = \dfrac{m_i}{\rho_i}$; daraus: $c_i = \dfrac{\rho_i}{M_i} = \dfrac{0{,}24172}{105{,}99} =$

$= 2{,}281 \cdot 10^{-3} \ \text{mol cm}^{-3} = 2{,}281 \ \text{mol dm}^{-3}$;

c) $x_i = \dfrac{\dfrac{0{,}2}{105{,}99}}{\dfrac{0{,}2}{105{,}99} + \dfrac{0{,}8}{18{,}02}} = 0{,}0408 \ (= 4{,}08\%)$.

3/6. a) $\epsilon = 55{,}45 - 0{,}1975 \ \vartheta$. Berechnete Werte von ϵ: $0\,^{\circ}\text{C}$ $55{,}45$;

$10\,^{\circ}\text{C}$ $53{,}48$; $20\,^{\circ}\text{C}$ $51{,}50$; $30\,^{\circ}\text{C}$ $49{,}53$ mV. **b)** $\left(\dfrac{\mathrm{d}\,\epsilon}{\mathrm{d}\,\vartheta}\right)_{20\,^{\circ}\text{C}} = -0{,}2045$.

3/7. Es handelt sich sehr angenähert um einen Parabelast, daher $C_{mp} = a + bT + cT^2$. Durch Ausgleichsrechnung werden die Konstanten ermittelt und die Gleichung erhält folgende Form:
$C_{mp} = 20{,}529 + 8{,}678 \cdot 10^{-2} \cdot T - 6{,}7 \cdot 10^{-5} \cdot T^2$.

3/8. $0{,}15742$ bar.

3/9. $24{,}38$.

3/10. $2{,}844 \cdot 10^{-6} \ \Omega \cdot \text{cm} \pm 0{,}006 \cdot 10^{-6} \ \Omega \cdot \text{cm}$.

4/1. 2269 mbar.

4/2. 100 g Benzol $= 100 : 78{,}11 = 1{,}280$ mol; 100 g Toluol $= 1{,}085$ mol, zusammen 2,365 mol. Die Molenbrüche sind daher $x_B = 1{,}280 : 2{,}365 = 0{,}541$ und $x_T = 0{,}459$; $p = 160{,}3 \cdot 0{,}541 + 48{,}9 \cdot 0{,}459 = 109{,}2$ mbar.

4/3. $n_S = \dfrac{5{,}1}{28{,}02} = 0{,}182$ mol; $n_W = \dfrac{8}{2{,}02} = 3{,}960$ mol; insgesamt

4,142 mol. $p = \dfrac{4{,}142 \cdot 8{,}3143 \cdot 298}{2 \cdot 10^{-3}} = 5{,}13 \cdot 10^6 \ \text{Pa} = 51{,}3$ bar.

4/4. $p = p_W + p_H$; $p_W = n_W \cdot \dfrac{RT}{V}$ und $p_H = n_H \cdot \dfrac{RT}{V}$; $n_W = \dfrac{1}{18{,}02} =$

$= 0{,}0555$ und $n_H = \dfrac{1}{86{,}2} = 0{,}0116$ mol; $p = (n_W + n_H) \cdot \dfrac{RT}{V} =$

$= \dfrac{0{,}0671 \cdot 8{,}3143 \cdot 523}{5 \cdot 10^{-3}} = 5{,}836 \cdot 10^4 \ \text{Pa} = 583{,}6$ mbar.

4/5. $p_B = 0{,}6 \cdot 100 = 60$ und $p_T = 0{,}4 \cdot 29{,}3 = 11{,}72$ mbar; $p = p_B + p_T = 71{,}72$ mbar. Daher in der Dampfphase für Benzol

$x_B = \dfrac{60}{71{,}72} = 0{,}837$ und für Toluol $x_T = 1 - 0{,}837 = 0{,}163$. Da in idealen

Gasmischungen $x_i = \chi_i$ ist, enthält der Dampf über dem Flüssigkeitsgemisch $\chi_B = 83,7\%$ Benzol und $\chi_T = 16,3\%$ Toluol.

4/6. Partialdruck der trockenen Luft $= 1000 - 19,37 = 980,63$ mbar.

Der Sauerstoff-Partialdruck beträgt davon $\dfrac{21}{100}$, also $p_{O_2} = \dfrac{980,63 \cdot 21}{100} =$
$= 205,93$ mbar.

4/7. $2\,NaHCO_3 = Na_2\,CO_3 + H_2O + CO_2$. Partialdruck für jedes Gas ist 486,6 mbar, daher das auf den Normzustand reduzierte Volumen 0,3517 dm^3; folglich gemäß Reaktionsgleichung 1,663 g Soda.

4/8. Maximale Feuchtigkeit: $\dfrac{m_W}{V} = \dfrac{p_W M_W}{RT} = \dfrac{18,16 \cdot 10^2 \cdot 18,02}{8,3143 \cdot 289} =$

$= 13,62$ g/m^3; relative Feuchtigkeit (Feuchtigkeitsgrad): $\dfrac{100 \cdot 11,3}{13,62} = 83,0\%$.

Taupunkt (durch Interpolation aus der Dampfdrucktafel) für einen Sättigungsdruck von 15,07 mbar: 13,1 °C.

4/9. Druck des trockenen Gases: $988 - 11,95 = 976,05$ mbar; Volumen

des trockenen Gases: $\dfrac{4000 \cdot 976,05 \cdot 293}{1000 \cdot 290} = 3945$ m^3.

4/10. $\rho_{O_2} = 1,4277$; $\rho_{N_2} = 1,2493$; $\rho_{CO} = 1,2493$; $\rho_{NO} = 1,3385$ kg/m^3.

4/11. a) 728,5 bar; **b)** 1500,4 bar.

4/12. 1 cm^3 Wasser enthält $0,04889 \cdot 0,208 = 0,01017$ cm^3 O_2, $0,02354 \cdot 0,790 = 0,01860$ cm^3 N_2 und $1,713 \cdot 0,002 = 0,00343$ cm^3 CO_2, zusammen 0,03220 cm^3, daher Volumenanteile 31,58% O_2, 57,76% N_2 und 10,65% CO_2.

4/13. Die Löslichkeiten sind bei ihren Partialdrucken $0,79 \cdot 23,54 =$ $= 18,60$ cm^3/dm^3 und $0,21 \cdot 48,89 = 10,27$ cm^3/dm^3. Die gelöste Luft besteht also aus $\dfrac{18,60}{18,60 + 10,27} \cdot 100 = 64,4\%$ N_2 und 35,6% O_2 (Volumenanteil bzw. Molenbruch).

4/14. 266,4 mbar.

4/15. $\kappa = \dfrac{1,03048 - 1,01325}{1,03048 - 1,01832} = 1,417$.

4/16. $\kappa = \dfrac{1260^2 \cdot 0,08987}{1,01325 \cdot 10^5} = 1,408$.

4/17. Für $T = 300$ K ist $C_{mp} = 29,12$, für 600 K $= 30,11$, für 900 K $= 32,10$ J/(mol·K). Daraus durch Ausgleichsrechnung $C_{mp} = a + bT =$ $= 27,23 + 0,0052\,T$; das ergibt für die beiden Grenzen 300 und 900 K die

Werte 28,79 bzw. 31,91 J/(mol·K). Aus $C_{mp} = \dfrac{7}{2} R$ erhält man den temperaturunabhängigen Wert $8,3143 \cdot 3,5 = 29,10$ J/(mol·K).

4/18. $395\ \text{K} = 122\ °\text{C}$.

4/19. $p = n \cdot \left(\dfrac{RT}{V-nb} - \dfrac{na}{V^2} \right)$; $\quad n = \dfrac{416,6}{26,04} = 16,0\ \text{mol}$;

$T = 273,15 + 27 = 300,15$ K; $V = 10^{-2}\,\text{m}^3$. Demnach ist $p = 32,11$ bar.

Bei idealen Verhältnissen wäre $p = \dfrac{nRT}{V} = 39,96$ bar. Der Unterschied beträgt 24,5%.

4/20. $\left(p + \dfrac{n^2 a}{V^2} \right)(V-nb) = nRT$; $\quad V = 4 \cdot 10^{-3}\ \text{m}^3$; $\quad p = 4 \cdot 10^6\ \text{N/m}^2$;

also $\left(4 \cdot 10^6 + \dfrac{n^2 \cdot 1,8286}{16 \cdot 10^{-6}} \right)(4 \cdot 10^{-3} - n \cdot 1,1536 \cdot 10^{-4}) - n \cdot 5404,3 = 0$.

Diese Gleichung 3. Grades kann graphisch gelöst werden. Man setzt die linke Seite gleich y und betrachtet y als Funktion von n. Für eine Reihe angenommener Werte für n wird y berechnet und die Kurve als Funktion von n aufgetragen. Der Schnittpunkt der Kurve mit der x-Achse ($y = 0$) ergibt den gesuchten Wert für n. Man kann die Lösung auch rechnerisch finden, indem man wieder angenommene Werte für n einsetzt, so lange, bis die Gleichung erfüllt ist, d. h. $y = 0$ wird. Wir erhalten für

$n =$	4	3,75	3,70	3,665	3,660
$y =$	$-992,33$	$-263,10$	$-112,65$	$-6,42$	$+8,81$

Wir nehmen $n = 3,663$ mol ($y = -0,35$); dann ist die Masse des Benzols $3,663 \cdot 78,12 = 286,15$ g.

4/21. $T_{\text{Boyle}} = \dfrac{a}{Rb} = 1044$ K.

4/22. $\Delta T = \left(\dfrac{2 \cdot 0,1381}{8,3143 \cdot 273,15} - 3,180 \cdot 10^{-5} \right) \cdot \dfrac{1 \cdot 10^5}{29,01} = +0,31$ K.

5/1. a) $\dfrac{\mathrm{d}p}{\mathrm{d}T} = \dfrac{\Delta_V H_m p}{RT^2} = \dfrac{35\,295 \cdot 1013,25}{8,3143 \cdot (337,85)^2} = 37,68$ mbar/K.

b) 6,89 mbar/K.

5/2. $p_2 = 860,6$ mbar.

5/3. $\lg p = -4,70 \cdot \dfrac{370,75}{303,15} + 7,71$; daraus $p = 868,3$ mbar.

5/4. $\Delta_V H_{m,1} = 30\,007$ J/mol (zwischen 259,3 und 267,6 K); $\Delta_V H_{m,2} = 29\,155$ J/mol; $\Delta_V H_{m,3} = 28\,680$ J/mol; Mittelwert $29\,281 \pm 672$ J/mol.

5/5. 375,1 kJ/mol.

5/6. Wir setzen an Stelle des Druckverhältnisses den Molenbruch; $w_{Sb} = 90\%$ entspricht $x_{Sb} = 93{,}88\% = 0{,}9388$. $\Delta_V H_m = 19{,}148 \cdot \ln x_{Sb} \times$

$$\times \ \frac{T_1 T_2}{T_2 - T_1} = 19{,}148 \cdot (-0{,}0274) \cdot \frac{903{,}15 \cdot 882{,}15}{882{,}15 - 903{,}15} = 19\ 905 \ \text{J/mol}.$$

5/7. 120,3 °C.

5/8. a) $T = \dfrac{-2407}{(\lg 1013{,}25) - 8{,}25} = 458{,}98 \ \text{K} = 185{,}83 \ °\text{C}.$

b) $\lg p = \dfrac{1}{2{,}303} \cdot \ln p = \dfrac{-2407}{T} + 8{,}25; \quad \dfrac{dp}{dT} = -\dfrac{2{,}303 \cdot (-2407) \cdot p}{T^2} =$

$$= \frac{2{,}303 \cdot (-2407) \cdot 1013{,}25}{(458{,}98)^2} = 26{,}66 \ \text{mbar/K}.$$

5/9. Auftragen von $\lg p$ gegen $\dfrac{1}{T} \cdot 10^4$, zeichnen der Ausgleichs-geraden, deren Konstanten graphisch bestimmt werden. Es ergibt sich

$$\lg p = \frac{-5130}{T} + 6{,}90.$$

6/1. $v = v_1 w_1 + v_2 w_2$ oder $\dfrac{1}{\rho} = \dfrac{w_1}{\rho_1} + \dfrac{1 - w_1}{\rho_2}$, daraus

$$w_1 = \frac{0{,}867 \, (1{,}594 - 1{,}500)}{1{,}500 \, (1{,}594 - 0{,}867)} = 0{,}07473 \ (= 7{,}473\%).$$

6/2. Für $x_1 = 1{,}0000$ ist $V_2 = V_m + x_1 \cdot \dfrac{dV_m}{dx_2} = 29{,}419 + 1 \cdot \dfrac{0{,}25}{0{,}02} =$

$= 41{,}919 \ \text{cm}^3/\text{mol}; \ \dfrac{dV_m}{dx_2}$ wurde graphisch ermittelt. $V_1 = V_m + x_2 \cdot \dfrac{dV_m}{dx_2} =$

$= 29{,}419 \ \text{cm}^3/\text{mol}.$ Für $x_1 = 0{,}8529$ ist $V_2 = 31{,}779 + 0{,}8529 \cdot \dfrac{0{,}39}{0{,}02} =$
$= 48{,}41 \ \text{cm}^3/\text{mol}$ und $V_1 = 28{,}91 \ \text{cm}^3/\text{mol}.$

6/3. Die part. spez. Vol. sind im 96%igen Alkohol $v_A = \dfrac{58{,}01}{46{,}08} = 1{,}2589$

und $v_W = \dfrac{14{,}61}{18{,}02} = 0{,}8108 \ \text{cm}^3/\text{g}$, im 56%igen Alkohol $v_A = \dfrac{56{,}58}{46{,}08} = 1{,}2279$

und $v_W = \dfrac{17{,}11}{18{,}02} = 0{,}9495 \ \text{cm}^3/\text{g}.$ Für den 96%igen Alkohol ist

$v = w_1 v_1 + w_2 v_2 = 0{,}96 \cdot 1{,}2589 + 0{,}04 \cdot 0{,}8108 = 1{,}2409.$ Daraus die Dichte

$\rho_{96} = \dfrac{1}{1{,}2409} = 0{,}8059 \ \text{g/cm}^3$ und daher die Masse von 1 m^3 des 96%igen

Alkohols 805,9 kg. Aus diesen werden $\dfrac{805{,}9 \cdot 96}{56} = 1381{,}5 \ \text{kg}$ des 56%igen

Alkohols erhalten. Folglich müssen $575,6 \text{ kg} = \dfrac{575,6}{0,9991} = 576,1 \text{ dm}^3$ Wasser

zugesetzt werden. Das spez. Vol. des 56%igen Alkohols $v = 0,56 \cdot 1,2279 +$

$+ \; 0,44 \cdot 0,9495 = 1,1054 \text{ cm}^3/\text{g}$, daraus $\rho_{56} = \dfrac{1}{1,1054} = 0,9046 \text{ g/cm}^3$.

Erhalten werden $1381,5 \text{ kg} \cong 1,527 \text{ m}^3$ des 56%igen Alkohols.

6/4. $w_{\text{Prop}} = 0,05\%$ entspricht $x_{\text{Prop}} = 0,0034$. Nach Raoult ist

$p_{\text{Prop}} = x_{\text{Prop}} \, p^0_{\text{Prop}} = 0,0034 \cdot 10,133 = 0,03444$ bar. Bei einem Außendruck von $1,01325$ bar bedeutet dies, daß über dem Schmieröl im geschlos-

senen Tank $\dfrac{p_1}{p_{\text{ges}}} = \dfrac{0,03444}{1,01325} = 0,034 = 3,4\%$ Propan (Volumenanteil)

sind. Das Propan-Luft-Gemisch liegt also innerhalb der Explosionsgrenzen und der an sich geringe Propananteil im Schmieröl muß noch weiter herabgesetzt werden.

6/5. In 100 g Lösung sind enthalten $10 : 342,29 = 0,0292$ mol Zucker und $90 : 18,02 = 4,9944$ mol Wasser; der Molenbruch für Wasser ist daher $4,9944 : (4,9944 + 0,0292) = 0,9942$; damit ist $p_1 = 1013,25 \times$ $\times \; 0,9942 = 1007,4$ mbar.

6/6. $M_{\ddot{\text{A}}} = 74,12 \text{ g/mol}$; $M_{\text{BS}} = \dfrac{6,1 \cdot 74,12}{50} \cdot \left(\dfrac{589,3}{41,3} - 1 \right) =$

$= 119,98 \text{ g/mol}$ (tats. $122,12$ g/mol). Relat. Abweichung $1,79\%$.

6/7. $M_2 = \dfrac{m_2}{m_1} \cdot \dfrac{K_K}{\Delta T_F} = \dfrac{0,2242 \cdot 5118}{30,55 \cdot 0,246} = 152,7 \text{ g/mol}.$

6/8. $i = \dfrac{\Delta T_F}{K_K b} = \dfrac{0,0055 \cdot 1000}{1860 \cdot 0,001} = 2,96$ bzw. $\dfrac{0,3854 \cdot 1000}{1860 \cdot 0,0819} = 2,53.$

6/9. $b_{\text{H}_2\text{O}} = \dfrac{\Delta T_F}{K_K} = \dfrac{2,3}{3,9} = 0,59 \; \dfrac{\text{mol}}{\text{kg}}$; $w_{\text{H}_2\text{O}} = 0,59 \cdot 18,02 =$

$= 10,63 \text{ g/kg}.$

6/10. $M_2 = \dfrac{0,563 \cdot 2,4}{40 \cdot 0,133} = 0,254 \text{ kg/mol} = 254 \text{ g/mol};$

$254 : 32,06 = 7,92 \approx 8\text{-atomig}.$

6/11. a) $M_2 = 87,4$, $98,8$ und $123,3$ g/mol; **b)** durch die graphische Darstellung M_2 gegen m_2 und zeichnen der Ausgleichsgeraden erhält man für $m_2 = 0$ den Wert $M_2 = 82$ g/mol.

6/12. $M_2 = \dfrac{0,401 \cdot 1070}{10,199 \cdot 0,337} = 124,84 \text{ g/mol}$ (tatsächlich $138,12$ g/mol).

6/13. $\Pi = \dfrac{i n R T}{V}$; $i = 1 + \alpha \, (v - 1) = 1 + 0,743 \, (2 - 1) = 1,743.$

$$\Pi = 1{,}743 \cdot 500 \cdot 8{,}3143 \cdot 291{,}15 = 2{,}10965\ \text{N/m}^2 = 21{,}0965\ \text{bar}.$$

6/14. $M = \dfrac{4{,}80 \cdot 8{,}3143 \cdot 283{,}15}{10^{-4} \cdot 71{,}45 \cdot 10^2} = 15\,815\ \text{g/mol}.$

6/15. $1\ \text{m}^3$ Lösung hat eine Masse von 1024 kg; darin sind enthalten $200 \cdot 120{,}38 = 24076\ \text{g} = 24{,}076\ \text{kg}\ MgSO_4$. Demnach enthält $1\ \text{m}^3$ Lösung $1000\ \text{kg} = 55{,}5\ \text{kmol}\ H_2O$. Nach 6.4, Gl. (III), ist $i = \dfrac{\Delta p_1}{p_1^0} \cdot \dfrac{n_1}{n_2} =$

$$= \frac{0{,}128 \cdot 55\,500}{31{,}672 \cdot 200} = 1{,}1215\ ;\ \Pi = i\,\frac{n}{V}\,RT = 1{,}1215 \cdot 200 \cdot 8{,}3143 \cdot 298{,}15 =$$

$$= 5{,}560 \cdot 10^5\,\text{N/m}^2 = 5{,}560\ \text{bar}.$$

6/16. $a_{\text{Aceton}} = \dfrac{267{,}7}{459{,}3} = 0{,}583\ ;\ a_{\text{Chloroform}} = \dfrac{96{,}4}{390{,}8} = 0{,}247.$

$$\gamma_{\text{Aceton}} = \frac{0{,}583}{0{,}640} = 0{,}911\ ;\ \gamma_{\text{Chloroform}} = \frac{0{,}247}{0{,}360} = 0{,}686.$$

6/17. $a_{H_2O} = \dfrac{5{,}965}{17{,}049} = 0{,}350\ ;\ x_{H_2O} = \dfrac{4{,}559}{5{,}559} = 0{,}820\ ;$

$$\gamma_{H_2O} = \frac{0{,}350}{0{,}820} = 0{,}427.$$

7/1.

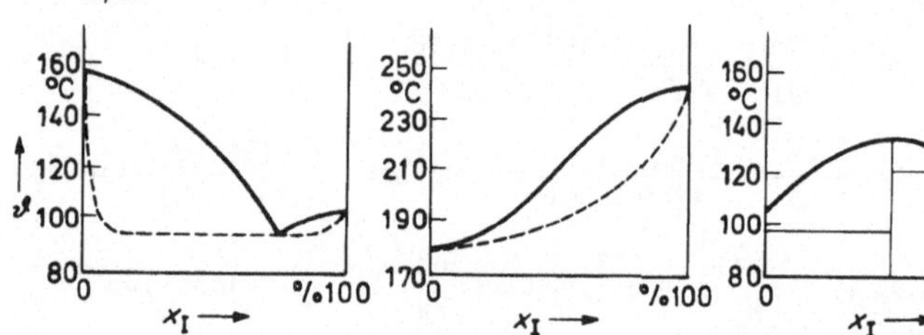

a) Eutektikum   b) Mischkristalle   c) Molekülverbin-
                                                    dung 1:1 und
                                                    Eutektikum

7/2.

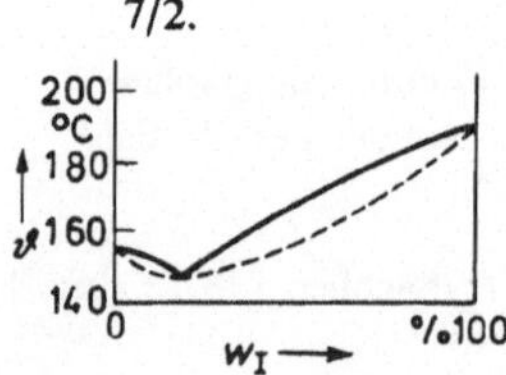

Mischkristalle mit Minimum bei 146 °C und $w_I = 20\%$.

7/3.

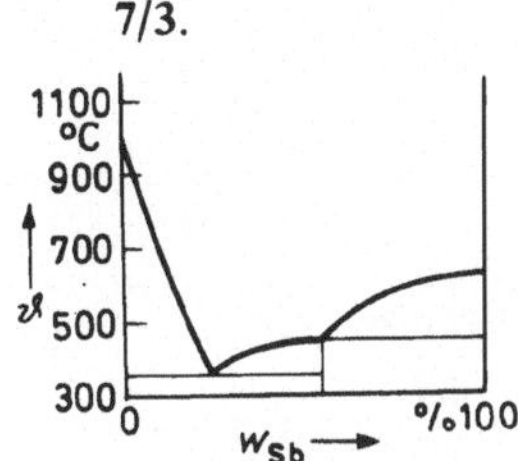

Aus dem Diagramm lesen wir ab: Keine Mischkristalle; bei 360 °C und $w_{Sb} = 25\%$ Eutektikum, bei 460 °C und $w_{Sb} = 55\%$ (entsprechend $x_{Sb} = 66,4\%$) Verbindung $AuSb_2$.

7/4. a) $p = p_2^0 + x_1'(p_1^0 - p_2^0); \quad x_1' = \dfrac{p - p_2^0}{p_1^0 - p_2^0} = \dfrac{1013,3 - 472}{2448 - 472} = 0,274;$

b) $p_1 = x_1' p_1^0 = x_1'' p; \quad x_1'' = x_1' \cdot \dfrac{p_1^0}{p} = 0,274 \cdot \dfrac{2448}{1013,3} = 0,662.$

7/5. Siedetemperatur: $61,0\,°C$; $p_{Tol.} = 192,8$ mbar; $p_{H_2O} = 218,4$ mbar;

$$\frac{n_{Tol.}}{n_{H_2O}} = \frac{192,8}{218,4} = 0,883; \quad x_{Tol.} = \frac{0,883}{0,883 + 1} = 0,469;$$

$$\frac{m_{Tol.}}{m_{H_2O}} = \frac{192,8}{218,4} \cdot \frac{92,13}{18,02} = 4,513; \quad w_{Tol.} = \frac{4,513}{4,513 + 1} = 0,819.$$

7/6. Siedetemperatur: $91,2\,°C$; $p_{Chlorb.} = 279,6$ mbar; $p_{H_2O} = 733,7$ mbar;

$$\frac{n_{Chlorb.}}{n_{H_2O}} = \frac{279,6}{733,7} = 0,381; \quad x_{Chlorb.} = \frac{0,381}{0,381 + 1} = 0,276.$$

7/7. $K = \dfrac{c'}{c''} = \dfrac{m'}{V'M} \cdot \dfrac{V''M}{m''} = 6.$ Ferner ist $m' + m'' = 3$ g, also

$m'' = 3 - m'$ g. Demnach ist $\dfrac{m'}{V'} \cdot \dfrac{V''}{(3 - m')} = K = 6$ g/dm³, also $m' = \dfrac{18}{\dfrac{V''}{V'} + 6} =$

$= \dfrac{18}{\dfrac{3}{1} + 6} = 2$ g und $m'' = 1$ g. Somit ist $\rho' = \dfrac{m'}{V'} = 2$ g/dm³ und

$\rho'' = \dfrac{m''}{V''} = \dfrac{1}{3} = 0,333$ g/dm³.

7/8. Gehalt von 1 dm³ der wäßrigen Jodlösung vor der Extraktion m_0,

nach einmaliger Extraktion mit CS_2: $m_1 = m_0 \cdot \dfrac{1}{588 \cdot 0,1 + 1} = m_0 \cdot 1,672 \cdot 10^{-2}.$

Gehalt der wäßrigen Jodlösung nach der q-ten Extraktion mit je $V_S = \dfrac{0,1}{q}$ dm^3

CHCl$_3$ (s. Gl.X): $m_q = m_0 \left(\dfrac{1}{130 \cdot \dfrac{0,1}{q} + 1} \right)^q$, welcher gleich $m_1 =$

$= m_0 \cdot 1{,}672 \cdot 10^{-2}$ sein soll. Durch Logarithmieren erhält man

$\lg 0{,}01672 = q \cdot \lg \left(\dfrac{q}{13 + q} \right)$ und daraus $q = \dfrac{-1{,}7768}{\lg\left(\dfrac{q}{13 + q} \right)}$. Die Lösung

erfolgt nach dem Iterationsverfahren (s. 3.3.2, S. 93).

Als erste Näherung wählt man $q_1 = 1$ und setzt diesen Wert in den rechten Teil der obigen Gleichung ein, wodurch sich ein Wert $q = 1{,}55$ ergibt. Nun nimmt man diesen Wert als zweiten Näherungswert (q_2) und fährt in gleicher Weise fort; damit erhält man für q: 1,83; 1,96; 2,01; 2,03; 2,04; 2,05; 2,05. Man wird also durch 2malige Extraktion mit je 50 cm^3 CHCl$_3$ den gleichen Effekt erzielen, wie durch einmalige Extraktion mit 100 cm^3 CS$_2$.

7/9. Nach Freundlich müßte sich bei einer Auftragung von $\lg a$ gegen $\lg p$ eine Gerade ergeben; dies ist jedoch nicht der Fall. Dagegen ergibt sich eine Gerade, wenn man $\dfrac{p}{a}$ gegen p aufträgt (Langmuirsche Adsorptions-isotherme); deren Steigung ist $\dfrac{1}{a_{max}}$ und deren Ordinatenabschnitt $\dfrac{\beta}{a_{max}}$. Man erhält $a_{max} = 0{,}223$ g N$_2$/g Kohle und $\beta = 2{,}721$ bar.

7/10. $\lg a = \lg \alpha + \dfrac{1}{n} \cdot \lg c$ oder $y = a + bx$. Die Bestimmung der Konstanten $a = \lg \alpha$ und $b = \dfrac{1}{n}$ nach der Methode der kleinsten Quadrate ergibt: $\dfrac{1}{n} = 0{,}1609$ und $\alpha = 2{,}786$. Die damit berechneten Werte sind:

$a_{ber.}$, mmol/g: 1,067   1,020   0,998   0,9722   0,9528   0,9310   0,9062
$a_{gem.}$, mmol/g: 1,058   1,031   0,996   0,9788   0,9651   0,9214   0,9017

8/1. $A = -1{,}01325 \cdot 10^5 \cdot (20 \cdot 10^{-3}) \cdot 0{,}607 = -1230$ J.
$Q = 921{,}1 \cdot (20 \cdot 10^{-3}) = 18{,}422$ kJ $= 18\,422$ J. $\Delta U = Q + A = 18\,422 - 1230 = 17\,192$ J $= 17{,}192$ kJ.

8/2. $A = 0$; $C_{mv} = \dfrac{3}{2} R$; $n = \dfrac{5}{22{,}41383} = 0{,}223$ mol. $\Delta U = Q =$

$= \dfrac{3}{2} Rn (T_2 - T_1) = \dfrac{3}{2} \cdot 8{,}3143 \cdot 0{,}223 \cdot (873{,}15 - 273{,}15) = 1669$ J.

$$p_2 = p_1 \frac{T_2}{T_1} = 1,01325 \cdot \frac{873,15}{273,15} = 3,239 \text{ bar.}$$

8/3. $T_2 = \dfrac{p_2}{p_1} T_1 = \dfrac{20}{6} \cdot 298,15 = 993,83 \text{ K}; \quad n = \dfrac{p_1 V_1}{RT_1} =$

$$= \frac{(6 \cdot 10^5)(5 \cdot 10^{-2})}{8,3143 \cdot 298,15} = 12,10 \text{ mol}; \quad C_{mv} = \frac{5}{2} R = \frac{5}{2} \cdot 8,3143 \text{ J/(mol·K).}$$

$$\Delta U = Q = nC_{mv}(T_2 - T_1) = 12,10 \cdot \frac{5}{2} \cdot 8,3143 \cdot (993,83 - 298,15) = 174\,969 \text{ J.}$$

8/4. $\dfrac{T_1}{T_2} = \left(\dfrac{V_2}{V_1}\right)^{\kappa - 1}; \quad \kappa - 1 = \dfrac{\lg \dfrac{T_1}{T_2}}{\lg \dfrac{V_2}{V_1}} = \dfrac{\lg \dfrac{298}{277}}{\lg \dfrac{6}{5}} = 0,40,$

d. h. $\kappa = 1,40$. Es muß sich demnach um ein 2-atomiges Gas, nämlich im vorliegenden Fall um Stickstoff handeln.

8/5. $\Delta_R H^0_{m,\,298,15} = -(-822,16) + (-1669,79) = -847,63 \text{ kJ/mol.}$

8/6. $\Delta_R H^0_{m,\,298,15} = -(-62,76) - 2(-285,83) + (-986,59) +$
$(+226,75) = -125,42 \text{ kJ/mol.}$

8/7. $\Delta_B H^0_{m,\,298,15} = -[-(-393,51) - 2(-285,83) + (-890,44)] =$
$= -74,73 \text{ kJ/mol.} \quad \sum_i \nu_i = -1; \quad \Delta_B U^0_{m,\,298,15} = -74,73 - (-1 \cdot 8,3143 \cdot 298,15) \times$

$\times 10^{-3} = -72,25 \text{ kJ/mol.}$

8/8. $\Delta_B H^0_{m,\,298,15} = -[-(-393,51) - (-285,83) + (-270,14)] =$
$= -409,20 \text{ kJ/mol.}$

8/9. $\Delta_R H^0_{m,\,298,15} = -[-(-1366,88) + (-1166,37) + (-285,83)] =$
$= +85,32 \text{ kJ/mol.}$

8/10. $\Delta_B H^0_{m,\,298,15} = -[-3(-393,51) - 4(-285,83) + (-2219,9)] =$
$= -103,95 \text{ kJ/mol.} \quad \sum_i \nu_i = 1 - 4 = -3; \quad \Delta_B U^0_{m,\,298,15} = -103,95 -$

$- (-3 \cdot 8,3143 \cdot 298,15) \cdot 10^{-3} = -96,51 \text{ kJ/mol.}$

8/11. $(COOH)_2(s) + 0,5\,O_2(g) \rightarrow 2\,CO_2(g) + H_2O(1);$
$\sum_i \nu_i = 2 - 0,5 = -1,5; \quad \Delta_C H^0_{m,\,298,15} = -249,32 - (-1,5 \cdot 8,3143 \cdot 298,15) \cdot 10^{-3} =$
$= -245,60 \text{ kJ/mol.}$

8/12. $CH_2(COOH)_2(s) + 2\,O_2(g) \rightarrow 3\,CO_2(g) + 2\,H_2O(1);$
$\sum_i \nu_i = -2 + 3 = +1; \quad \Delta_C H^0_{m,\,298,15} = -863,63 + (1 \cdot 8,3143 \cdot 298,15) \cdot 10^{-3} =$
$= -861,15 \text{ kJ/mol.}$

8/13. $\Delta_C H^0_{m,\,298,15} = -5188,55 + 4 \cdot 44,02 + (2 \cdot 8,3143 \cdot 298,15) \cdot 10^{-3} =$
$= -5007,51 \text{ kJ/mol.}$

8/14. $\Delta a = \sum_i \nu_i a_i = -2\cdot 27{,}28 - 1\cdot 29{,}96 + 2\cdot 30{,}54 = -23{,}44\ \text{J/(mol}\cdot\text{K)}$;

$\Delta b = \sum_i \nu_i b_i = -2\,(3{,}26\cdot 10^{-3}) - 1\,(4{,}18\cdot 10^{-3}) + 2\,(10{,}29\cdot 10^{-3}) =$

$= 9{,}880\cdot 10^{-3}\ \text{J/(mol}\cdot\text{K}^2)$; $\Delta c = \sum_i \nu_i c_i = -2\,(0{,}50\cdot 10^5) - 1\,(-1{,}67\cdot 10^5) =$

$= 6{,}700\cdot 10^4\ \text{J}\cdot\text{K/mol}$; $\Delta_R H^0_{m,1300} = -483\,630 - 23\,483 + 15\,819 + 173 =$

$= -491\,121\ \text{J/mol} = -491{,}121\ \text{kJ/mol}.$

8/15. $\Delta_R H^0_{m,298,15} = -\,[-1\,(-393{,}15) - 2\,(-285{,}83) + 1\,(-890{,}91)] =$
$= -73{,}90\ \text{kJ/mol.}$ $\Delta a = \sum_i \nu_i a_i = -1\cdot 16{,}86 - 2\cdot 27{,}28 + 23{,}64 =$

$= -47{,}78\ \text{J/(mol}\cdot\text{K)}$; $\Delta b = \sum_i \nu_i b_i = -1\,(4{,}77\cdot 10^{-3}) - 2\,(3{,}26\cdot 10^{-3}) +$

$+\ 47{,}86\cdot 10^{-3} = 3{,}657\cdot 10^{-2}\ \text{J/(mol}\cdot\text{K}^2)$; $\Delta c = \sum_i \nu_i c_i = -1\,(-8{,}54\cdot 10^5) -$

$-\ 2\,(0{,}50\cdot 10^5) + (-1{,}92\cdot 10^5) = 5{,}62\cdot 10^5\ \text{J}\cdot\text{K/mol}$; $\Delta_R H^0_{m,T} =$

$= -73\,900 - 47{,}78\,(T-298{,}15) + \dfrac{3{,}657\cdot 10^{-2}}{2}\,(T^2 - 88\,893) -$

$-\ 5{,}62\left(\dfrac{1}{T} - 3{,}35\cdot 10^{-3}\right) = -87\,801\ \text{J/mol.}$

8/16. $\Delta a = \sum_i \nu_i a_i = -16{,}86 - 0{,}5\cdot 29{,}96 + 28{,}41 = -3{,}43\ \text{J/(mol}\cdot\text{K)}$;

$\Delta b = \sum_i \nu_i b_i = (-4{,}77 - 0{,}5\cdot 4{,}18 + 4{,}10)\cdot 10^{-3} = -2{,}76\cdot 10^{-3}\ \text{J/(mol}\cdot\text{K}^2)$;

$\Delta c = \sum_i \nu_i c_i = [8{,}54 - 0{,}5\cdot(-1{,}67) - 0{,}46]\cdot 10^5 = 8{,}92\cdot 10^5\ \text{J}\cdot\text{K/mol}$;

$\Delta_R H^0_{m,T} = -106\,392 - 3{,}43\cdot T - 1{,}38\cdot 10^{-3}\cdot T^2 - \dfrac{8{,}92\cdot 10^5}{T}\ \text{J/mol.}$

8/17. $\Delta a = \sum_i \nu_i a_i = -27{,}28 - 0{,}5\cdot 29{,}96 + 75{,}84 = 33{,}58\ \text{J/(mol}\cdot\text{K)}$;

$\Delta b = \sum_i \nu_i b_i = (-3{,}26 - 0{,}5\cdot 4{,}18)\cdot 10^{-3} = -5{,}35\cdot 10^{-3}\ \text{J/(mol}\cdot\text{K}^2)$;

$\Delta c = \sum_i \nu_i c_i = [-0{,}50 - 0{,}5\,(-1{,}67)]\cdot 10^5 = -1{,}335\cdot 10^5\ \text{J}\cdot\text{K/mol}$;

a) $\Delta_B H^0_{m,373,15} = -285\,830 + 33{,}58\,(373{,}15 - 298{,}15) -$

$-\ \dfrac{5{,}35\cdot 10^{-3}}{2}\,(373{,}15^2 - 298{,}15^2) - (-1{,}335\cdot 10^5)\left(\dfrac{1}{373{,}15} - \dfrac{1}{298{,}15}\right) =$

$= -285\,830 + 2519 - 135 - 90 = -283\,536\ \text{J/mol} = -283{,}536\ \text{kJ/mol.}$

b) $\Delta_B H^0_{m,373,15} = -283{,}54 + 40{,}73 = -242{,}81\ \text{kJ/mol.}$

8/18. $\Delta_V H_{m,300°C} = 59\,290 + (20{,}84 - 27{,}16)\cdot(-57) =$
$= 59\,650\ \text{J/mol} = 59{,}65\ \text{kJ/mol.}$

8/19. $\Delta_L H_m = 8{,}3143\cdot \dfrac{288{,}15\cdot 313{,}15}{313{,}15 - 288{,}15}\cdot \ln\dfrac{6{,}1}{4{,}0} = 12\,664\ \text{J/mol} =$
$= 12{,}664\ \text{kJ/mol.}$

8/20. $L_{50°C} = L_{25°C} \cdot \exp\left[\dfrac{\Delta_L H_m}{R} \cdot \left(\dfrac{T_2 - T_1}{T_1 T_2}\right)\right] =$

$= 1{,}96 \cdot \exp\left(\dfrac{26\,530}{8{,}3143} \cdot \dfrac{25}{298{,}15 \cdot 323{,}15}\right) = 4{,}49 \text{ g/dm}^3.$

8/21. $\eta = \dfrac{T_a - T_b}{T_a} = \dfrac{300 - 200}{300} = 0{,}333. \quad \eta = \dfrac{Q_a + Q_b}{Q_a} = \dfrac{80}{Q_a} =$

$= 0{,}333; \; Q_a = 240 \text{ kJ}. \; \dfrac{Q_a}{T_a} + \dfrac{Q_b}{T_b} = 0; \; Q_b = -Q_a \cdot \dfrac{T_b}{T_a} = -240 \cdot \dfrac{200}{300} =$

$= -160 \text{ kJ}.$

8/22. a) $Q_{ma} = -A_{m1} = RT_a \cdot \ln \dfrac{V_2}{V_1} = 8{,}3143 \cdot 353{,}15 \cdot \ln \dfrac{2V_1}{V_1} =$

$= 2035{,}22 \text{ J/mol}. \quad \textbf{b)} \; A_{m2} = \dfrac{RT_a}{\kappa - 1}\left[\left(\dfrac{V_2}{V_3}\right)^{\kappa - 1} - 1\right] =$

$= \dfrac{8{,}3143 \cdot 353{,}15}{1{,}4 - 1}\left[\left(\dfrac{2V_1}{4V_1}\right)^{1{,}4 - 1} - 1\right] = -1777{,}44 \text{ J/mol}.$

$T_b = T_a\left(\dfrac{2V_1}{4V_1}\right)^{\kappa - 1} = 353{,}15 \cdot 0{,}5^{0{,}4} = 267{,}64 \text{ K}. \quad \textbf{c)} \; Q_{mb} = -A_{m3} =$

$= RT_b \cdot \ln \dfrac{2V_1}{4V_1} = 8{,}3143 \cdot 267{,}64 \cdot \ln 0{,}5 = -1542{,}42 \text{ J/mol}.$

d) $A_{m4} = \dfrac{RT_b}{\kappa - 1}\left[\left(\dfrac{2V_1}{V_1}\right)^{\kappa - 1} - 1\right] = \dfrac{8{,}3143 \cdot 267{,}64}{1{,}4 - 1}\,(2^{1{,}4 - 1} - 1) =$

$= 1777{,}45 \text{ J/mol}. \quad \eta = \dfrac{Q_{mb} - Q_{ma}}{Q_{ma}} = \dfrac{2035{,}22 - 1542{,}42}{2035{,}22} = 0{,}2421 \quad \text{oder}$

$\eta = \dfrac{T_a - T_b}{T_a} = \dfrac{353{,}15 - 267{,}64}{353{,}15} = 0{,}2421.$

8/23. $\Delta S = 100 \cdot 4{,}1868 \cdot \ln \dfrac{373{,}15}{298{,}15} + \dfrac{100 \cdot 2257}{373{,}15} + 100 \cdot 1{,}997 \times$

$\times \ln \dfrac{383{,}15}{373{,}15} = 704{,}8 \text{ J/K}.$

8/24. $S^0_{m,\,700} = S^0_{m,\,298{,}15} + \displaystyle\int_{298{,}15}^{700} \dfrac{(17{,}46 + 6{,}050 \cdot 10^{-2} \cdot T)}{T} \cdot dT =$

$= 186{,}15 + 17{,}46 \cdot \ln \dfrac{700}{298{,}15} + 6{,}050 \cdot 10^{-2}\,(700 - 298{,}15) = 225{,}36 \text{ J/(mol} \cdot \text{K)}.$

Somit ist für 10 dm^3 = 0,1741 mol: $S^0_{700} = 0{,}1741 \cdot 225{,}36 = 39{,}24 \text{ J/K}.$

8/25. $12 \text{ g } O_2 = 0,375 \text{ mol } O_2$. $\Delta S = 0,375 \cdot 29,18 \cdot \ln \dfrac{233,15}{293,15} -$

$-0,375 \cdot 8,3143 \cdot \ln \dfrac{60}{1} = -2,51 - 12,77 = -15,28 \text{ J/K}$.

8/26. $\dfrac{T_2}{T_1} = \dfrac{V_2}{V_1}$; $n = \dfrac{200\,000 \cdot (4 \cdot 10^{-3})}{8,3143 \cdot 373,15} = 0,2579 \text{ mol}$. $C_{\text{mv}} = \dfrac{3}{2} \cdot R$.

$\Delta S = n \left[\dfrac{3}{2} \cdot R \cdot \ln \dfrac{V_2}{V_1} + R \cdot \ln \dfrac{V_2}{V_1} \right] = \dfrac{5}{2} \cdot nR \cdot \ln \dfrac{V_2}{V_1} = \dfrac{5}{2} \cdot 0,2579 \cdot 8,3143 \times$

$\times \ln \dfrac{12}{4} = 5,89 \text{ J/K}$.

8/27. Wärmemenge zum Schmelzen von 1 kg Eis von $-5\,°C$:
$2,031 \cdot 5 + 333,69 + 10 \cdot 4,1868 = 385,71 \text{ kJ/(kg·K)}$; diese wird der Umgebung

bei 283,15 K entzogen, daher deren Entropieabnahme $\dfrac{-385,71}{283,15} = -1,362$

J/(kg·K). Das Eis erfährt eine Entropiezunahme von $\Delta s = 2,031 \cdot \ln \dfrac{273,71}{283,15} +$

$+ \dfrac{333,69}{273,15} + 4,1868 \cdot \ln \dfrac{283,15}{273,15} = 0,038 + 1,222 + 0,151 = 1,411 \text{ kJ/(kg·K)}$.

Die Entropiezunahme des ganzen Systems beträgt daher $\Delta s = 1,411 - 1,362 =$
$= 0,049 \text{ kJ/(kg·K)} = 49 \text{ J/(kg·K)}$.

8/28. Von 0 bis 15 K: $S^0_{\text{m}1} = \dfrac{1}{3} \cdot 0,67 = 0,2233 \text{ J/(mol·K)}$;

von 15 bis 30 K: $S^0_{\text{m}2} = \dfrac{(0,0447 + 0,1590)}{2} \cdot 15 = 1,5278 \text{ J/(mol·K)}$;

von 30 bis 270 K: $S^0_{\text{m}3} = 20 \left(\dfrac{0,1590}{2} + 0,2330 + \ldots \dfrac{0,0937}{2} \right) =$

$= 38,1500 \text{ J/(mol·K)}$; von 270 bis 290 K: $S^0_{\text{m}4} = \left(\dfrac{0,0937 + 0,0877}{2} \right) \cdot 20 =$

$= 1,8140 \text{ J/(mol·K)}$; von 290 bis 298,15 K: $S^0_{\text{m}5} = \left(\dfrac{0,0877 + 0,0855}{2} \right) \cdot 8,15 =$

$= 0,7058 \text{ J/(mol·K)}$; $S^0_{\text{m},\,298,15} = \sum\limits_{i=1}^{i=5} S^0_{\text{m}i} = 42,42 \text{ J/(mol·K)}$.

8/29. $\vartheta = T - 273,15$; $M = 46,07 \text{ g/mol}$.

$$S_{\text{m}} = S^0_{\text{m},\,298,15} + 46,07 \cdot 2,2585 \cdot \int\limits_{298,15}^{351,15} \dfrac{dT}{T} +$$

$$+ 46,07 \cdot 7,1092 \cdot 10^{-3} \int\limits_{298,15}^{351,15} \dfrac{(T - 273,15)}{T} \cdot dT + \dfrac{\Delta_{\text{V}} H^0_{\text{m}}}{351,15} + R \cdot \ln \dfrac{p_1}{p_2} =$$

$$= 160{,}77 + 46{,}07 \cdot 2{,}2585 \cdot \ln \frac{351{,}15}{298{,}15} + 46{,}07 \cdot 7{,}1092 \cdot 10^{-3}(351{,}15 - 298{,}15) -$$

$$-46{,}07 \cdot 7{,}1092 \cdot 10^{-3} \cdot 273{,}15 \cdot \ln \frac{351{,}15}{298{,}15} + \frac{40\,821}{351{,}15} + 8{,}3143 \cdot \ln \frac{101\,325}{5000} =$$

$$= 160{,}77 + 17{,}02 + 17{,}36 - 14{,}64 + 116{,}25 + 25{,}02 = 321{,}78 \text{ J/mol.}$$ Bei der Verdampfung ist die Entropieänderung am größten.

8/30. a) $C + O_2 \rightarrow CO_2$; $\Delta_C S^0_{m,\,298,15} = +\,2{,}86$ J/(mol·K);

b) $2\,C + 2\,H_2 \rightarrow C_2H_4$; $\Delta_B S^0_{m,\,298,15} = -\,53{,}28$ J/(mol·K);

c) $\dfrac{1}{2}\,N_2 + \dfrac{3}{2}\,H_2 \rightarrow NH_3(g)$; $\Delta_B S^0_{m,\,298,15} = -\,99{,}15$ J/(mol·K).

8/31. Wir denken uns den Vorgang in 4 reversible Stufen eines Kreisprozesses zerlegt: Erwärmung des Eises von -4 auf $0\,°C$, Schmelzen des Eises bei $0\,°C$, Unterkühlung des Wassers auf $-4\,°C$, Erstarren des Wassers bei $-4\,°C$. $C_{mp,s}(273{,}15 - 269{,}15) + \Delta_F H_{m,\,273,15} + C_{mp,l}(269{,}15 - 273{,}15) + \\ + \Delta_F H_{m,\,269,15} = \Delta H_m = 0$. Daraus folgt: $\Delta_F H_{m,\,269,15} = -\,[\Delta_F H_{m,\,273,15} + \\ + (C_{mp,l} - C_{mp,s})(269{,}15 - 273{,}15)] = -\,6007 - 149) = -\,5858$ J/mol. Für die Entropie folgt bei diesem Kreisprozeß:

$$\Delta S_m = C_{mp,s} \cdot \ln \frac{273{,}15}{269{,}15} + \frac{6007}{273{,}15} + C_{mp,l} \cdot \ln \frac{269{,}15}{273{,}15} + \Delta_F S_{m,\,269,15} = 0.$$

$$\Delta_F S_{m,\,269,15} = -\left[\frac{6007}{273{,}15} + (C_{mp,l} - C_{mp,s}) \ln \frac{269{,}15}{273{,}15} \right] = -\,21{,}44 \text{ J/(mol·K).}$$

$$\Delta_F G_{m,\,269,15} = \Delta_F H_{m,\,269,15} - T \cdot \Delta_F S_{m,\,269,15} =$$
$$= -\,5858 - 269{,}15 \cdot (-21{,}44) = -\,87{,}42 \text{ J/mol.}$$

8/32. Durch Addition der 3 Gleichungen erhält man für die Reaktion $H_2(g) + Cl_2(g) = 2\,HCl(g)$: $\Delta_R G^0_m = -\,190\,636$ J/mol, somit ist $\Delta_B G^0_m = -\,95{,}318$ kJ/mol.

8/33. $\Delta_R G^0_m = -(-137{,}1) - (-228{,}6) + (-394{,}5) = -\,28{,}8$ kJ/mol.

8/34. $n = \dfrac{10}{32} = 0{,}3125$. $\Delta F = \Delta G = nRT \cdot \ln \dfrac{p_2}{p_1} =$

$$= 0{,}3125 \cdot 8{,}3143 \cdot 278{,}15 \cdot \ln \frac{3}{0{,}5} = 1388 \text{ J/mol.}$$

8/35. $COCl_2 \rightleftharpoons CO + Cl_2$; $x_{COCl_2} = \dfrac{1-\alpha}{1+\alpha}$, $x_{CO} = \dfrac{\alpha}{1+\alpha}$, $x_{Cl_2} =$

$$= \frac{\alpha}{1+\alpha}.$$

Da $\displaystyle\sum_i \nu_i = 1$, $K_f = 1$ und $p = p^0$ ist, gilt: $K_{th} = K_{p/p^0} =$

$$= K_x \cdot \left(\frac{p}{p^0} \right) = K_x = \frac{\alpha^2}{1-\alpha^2} = \frac{0{,}5649^2}{1-0{,}5649^2} = 0{,}4687.$$

$$\Delta_R G_m^0 = RT \cdot \ln K_{p/p^0} = -8{,}3143 \cdot 800 \cdot \ln 0{,}4687 = 5040 \text{ J/mol}.$$

Der Druck, bei welchem $\alpha = 0{,}70$ beträgt ist:

$$p = K_{p/p^0} \cdot p^0 \cdot \frac{(1-\alpha^2)}{\alpha^2} = 0{,}4687 \cdot 101\,325 \cdot \frac{(1-0{,}49)}{0{,}49} = 49\,429 \text{ N/m}^2.$$

8/36. Für die Reaktion $N_2 + O_2 \rightleftharpoons 2\,NO$ ist $\Delta_R G_m^0 = 2 \cdot \Delta_B G_m^0 =$

$$= 116{,}50 \text{ kJ/mol und } \ln K_{p/p^0} = \frac{-\Delta_R G_m^0}{RT} = \frac{-116\,500}{8{,}3143 \cdot 2500} = -5{,}605;$$

$$K_{p/p^0} = 3{,}680 \cdot 10^{-3}. \quad \sum_i \nu_i = 0, \quad \text{daher } K_{p/p^0} = K_p = K_x = \frac{x_{NO}^2}{x_{O_2} x_{N_2}}.$$

$$x_{N_2} = x_{N_2}^0 - x_{O_2}^0 U_{O_2} = 0{,}8 - 0{,}2 \cdot U_{O_2}; \quad x_{O_2} = x_{O_2}^0 (1 - U_{O_2}) =$$

$$= 0{,}2 (1 - U_{O_2}); \quad x_{NO} = 0 + 2 \cdot x_{O_2} U_{O_2} = 0{,}4 \cdot U_{O_2}. \quad \text{Damit ist}$$

$$K_x = \frac{0{,}4^2 \cdot U_{O_2}^2}{(0{,}8 - 0{,}2 \cdot U_{O_2}) \cdot 0{,}2 \cdot (1 - U_{O_2})} = \frac{U_{O_2}^2}{(1 - 0{,}25 \cdot U_{O_2})(1 - U_{O_2})} =$$

$$= 3{,}680 \cdot 10^{-3}.$$ Durch Auflösen dieser quadratischen Gleichung erhält man: $U_{O_2} = 0{,}0584 = 5{,}84\%.$

8/37. $\sum_i \nu_i = -1 + 2 = +1. \quad K_x = \dfrac{x_{NO_2}^2}{x_{N_2O_4}} = \dfrac{0{,}773^2}{0{,}227} = 2{,}6323.$

$$K_{th} = K_{p/p^0} = K_x \cdot \left(\frac{p}{p^0}\right)^{\sum_i \nu_i} = 2{,}6323 \left(\frac{34\,850}{101\,325}\right)^1 = 0{,}90536.$$

$$K_p = K_{th} \cdot (p^0)^{\sum_i \nu_i} = 0{,}90536 \cdot (101\,325)^1 = 9{,}1736 \cdot 10^4 \text{ N/m}^2.$$

$$K_c = K_{th} \cdot \left(\frac{p^0}{RT}\right)^{\sum_i \nu_i} = 0{,}90536 \left(\frac{101\,325}{8{,}3143 \cdot 322{,}85}\right)^1 = 34{,}175 \text{ mol/m}^3 =$$

$$= 3{,}4175 \cdot 10^{-2} \text{ mol/dm}^3 \cdot \Delta_R G_m^0 = -RT \cdot \ln K_{th} = -8{,}3143 \cdot 322{,}85 \times$$
$$\times \ln 0{,}90536 = 266{,}88 \text{ J/mol}.$$

8/38. $H_2O \rightleftharpoons H_2 + 0{,}5\,O_2. \quad U_{H_2O} = \alpha.$

$$x_{H_2O} = \frac{1-\alpha}{1 + 0{,}5 \cdot \alpha}; \quad x_{H_2} = \frac{\alpha}{1 + 0{,}5 \cdot \alpha}; \quad x_{O_2} = \frac{0{,}5\,\alpha}{1 + 0{,}5 \cdot \alpha}. \quad \text{Damit}$$

ist $K_x = \dfrac{(0{,}5)^{1/2} \alpha^{3/2}}{(1 + 0{,}5 \cdot \alpha)^{1/2}(1-\alpha)} \approx \sqrt{0{,}5 \cdot \alpha^3} = \sqrt{0{,}5 \cdot (2{,}494 \cdot 10^{-7})^3} =$

$$= 8{,}81 \cdot 10^{-11}.$$ Da $K_f = 1$ und $p = p^0$ ist, gilt $K_{th} = K_{p/p^0} = K_x = 8{,}81 \cdot 10^{-11}.$
Damit folgt: $\Delta_R G_m^0 = -RT \cdot \ln K_{th} = -RT \cdot \ln K_x = -8{,}3143 \cdot 1000 \times$
$\times \ln (8{,}81 \cdot 10^{-11}) = 192\,497 \text{ J/mol}.$ Demnach ist die molare freie Bildungs-

enthalpie von Wasserdampf bei $1000\,^{\circ}$C: $\Delta_B G_m^0 = -\Delta_R G_m^0 =$
$= -192,5$ kJ/mol.

8/39. $H_2 + I_2 \rightleftharpoons 2\,HI$; $\sum_i \nu_i = 0$. Die molaren Massen sind:

$M_{I_2} = 253,81$ g/mol, $M_{H_2} = 2,016$ g/mol und $M_{HI} = 127,91$ g/mol.

Damit sind die Stoffmengen vor Beginn der Reaktion $n_{I_2}^0 = \dfrac{74,6}{253,81} =$

$= 0,294$ mol und $n_{H_2}^0 = \dfrac{1,62}{2,016} = 0,804$ mol, ferner die Stoffmenge des

Jodwasserstoffs im Gleichgewichtszustand $n_{HI} = \dfrac{72,1}{127,91} = 0,564$ mol.

Mit I_2 als Bezugskomponente $(k = I_2)$ ist nach Gl. (XXI):

$n_{HI} = \dfrac{\nu_{HI}}{|\nu_{I_2}|} \cdot n_{I_2}^0 \cdot U_{I_2} = 0 + \dfrac{2}{1} \cdot 0,294 \cdot U_{I_2} = 0,564$. Damit erhält man

$U_{I_2} = 0,9592$. Somit sind im Gleichgewichtszustand:

$n_{H_2} = n_{H_2}^0 + \dfrac{\nu_{H_2}}{|\nu_{I_2}|} \cdot n_{I_2}^0 \cdot U_{I_2} = 0,804 + \dfrac{(-1)}{1} \cdot 0,294 \cdot 0,9592 = 0,522$ mol

und analog $n_{I_2} = 0,0120$ mol. Dann sind die Konzentrationen im Gleichgewichtszustand: $c_{HI} = 5,64 \cdot 10^{-3}$ mol/dm^3, $c_{H_2} = 5,22 \cdot 10^{-3}$ mol/dm^3 und

$c_{I_2} = 1,20 \cdot 10^{-4}$ mol/dm^3. Dann ist $K_c = \dfrac{(c_{HI})^2}{c_{H_2} \cdot c_{I_2}} = \dfrac{(5,64 \cdot 10^{-3})^2}{(5,22 \cdot 10^{-3})(1,20 \cdot 10^{-4})} =$

$= 50,782$. Setzt man dem Anfangsgemisch noch 10 g I_2 und 0,5 g H_2 zu, so sind
$n_{I_2}^0 = 0,3333$ mol und $n_{H_2}^0 = 1,052$ mol, entsprechend die Anfangskonzentrationen
$c_{I_2}^0 = 3,333 \cdot 10^{-3}$ mol/dm^3 und $c_{H_2}^0 = 1,052 \cdot 10^{-2}$ mol/dm^3. Da $c_{H_2} =$
$= c_{H_2}^0 - c_{I_2}^0 \cdot U_{I_2}$, $c_{I_2} = c_{I_2}^0(1 - U_{I_2})$ und $c_{HI} = 2 \cdot c_{I_2}^0 \cdot U_{I_2}$ ist, wird

$K_c = \dfrac{4 \cdot c_{I_2}^0 \cdot (U_{I_2})^2}{(c_{H_2}^0 - c_{I_2}^0 \cdot U_{I_2})(1 - U_{I_2})} = 50,782$. Durch Auflösen dieser quadrati-

schen Gleichung erhält man $U_{I_2} = 0,9664$ und damit für die Gleichgewichtskonzentrationen $c_{H_2} = 7,299 \cdot 10^{-3}$, $c_{I_2} = 1,120 \cdot 10^{-4}$ und $c_{HI} =$
$= 6,442 \cdot 10^{-3}$ mol/dm^3.

8/40. $K_{th} = K_{p/p^0} = K_p(p^0)^{-\sum_i \nu_i}$; $\sum_i \nu_i = -1$; $K_p = \dfrac{1}{p_{CO_2}}$;

$K_{p/p^0} = \dfrac{p^0}{p_{CO_2}}$. Dann ist $\Delta_R G_m^0 = -RT \cdot \ln\left(\dfrac{p^0}{p_{CO_2}}\right) = -8,3143 \cdot 1130,15 \times$

$\times \ln \dfrac{101\,325}{56\,033} = -5566$ J/mol.

8/41. $\ln K_{th} = \ln K_{p/p^0} = \ln K_p = -\dfrac{\Delta_R G_m^0}{RT} = \dfrac{-(-4933)}{8{,}3143 \cdot 1000} = 0{,}59$,

d. h. $K_p = 1{,}81$. Es gilt aber: $K_p = \dfrac{p_{H_2}}{p_{H_2O}}$, daraus $p_{H_2} = K_p \cdot p_{H_2O} =$

$= K_p(p - p_{H_2})$ und damit $p_{H_2} = p \cdot \dfrac{K_p}{(1 + K_p)} = 202\,650 \cdot \dfrac{1{,}81}{(1 + 1{,}81)} =$

$= 130\,533 \; N/m^2$.

8/42. $\sum\limits_i \nu_i = 1$. $K_{p/p^0} = K_p(p^0)^{-\sum\limits_i \nu_i} = \dfrac{p_{NH_3}}{p^0}$; damit ist

$K_{p/p^0, T_1} = \dfrac{48\,929}{101\,325} = 0{,}4829$ und $K_{p/p^0, T_2} = \dfrac{72\,255}{101\,325} = 0{,}7131$.

$\Delta_R H_m = \dfrac{RT_1 T_2}{T_2 - T_1} \cdot \ln \dfrac{K_{p/p^0, T_2}}{K_{p/p^0, T_1}} = \dfrac{8{,}3143 \cdot 369{,}15 \cdot 378{,}15}{378{,}15 - 369{,}15} \cdot \ln \dfrac{0{,}7131}{0{,}4829} =$

$= 50\,270 \; J/mol$.

8/43. $\sum\limits_i \nu_i = 1$. $K_{p/p^0} = \dfrac{p_{CO_2}}{p^0}$; daraus $K_{p/p^0, T_1} = \dfrac{110\,110}{101\,325} = 1{,}0867$

und $K_{p/p^0, T_2} = \dfrac{162\,546}{101\,325} = 1{,}6042$. $\Delta_R H_m = \dfrac{8{,}3143 \cdot 818{,}15 \cdot 838{,}15}{838{,}15 - 818{,}15} \; \times$

$\times \ln \dfrac{1{,}6042}{1{,}0867} = 111\,029 \; J/mol$.

8/44. $\Delta a = -42{,}68 - 3 \cdot 70{,}21 + 4 \cdot 49{,}63 + 4 \cdot 47{,}71 = 136{,}05$;
$\Delta b = (-15{,}90 - 3 \cdot 98{,}74 + 4 \cdot 4{,}52 + 4 \cdot 5{,}917) \cdot 10^{-3} = -0{,}2704$;
$\Delta c = [4 \cdot 6{,}95 + 4 \cdot (-8{,}559)] \cdot 10^5 = -6{,}436 \cdot 10^5$.
$\Delta_R H_{m, 298{,}15}^0 = -(-478{,}3) - 3(-1424) + 4(-635{,}1) + 4(-296{,}9) =$
$= 1022{,}30 \; kJ/mol$; $\Delta_R S_{m, 298{,}15}^0 = -(56{,}5) - 3 \cdot 106{,}7 + 4 \cdot 39{,}7 + 4 \cdot 248{,}1 =$
$= 774{,}60 \; J/(mol \cdot K)$; $\Delta_R G_{m, 298{,}15}^0 = \Delta_R H_{m, 298{,}15}^0 - 298{,}15 \cdot \Delta_R S_{m, 298{,}15}^0 =$
$= 1022{,}30 - 230{,}95 = 791{,}35 \; kJ/mol$. $C = 1\,022\,300 - 136{,}05 \cdot 298{,}15 -$
$-4{,}4447 \cdot 10^4 \cdot (-0{,}2704) + 3{,}3540 \cdot 10^{-3} \cdot (-6{,}436 \cdot 10^5) = 1\,022\,300 -$
$-40\,563 + 12\,018 - 2159 = 991\,596 \; J/mol$; $\Delta_R H_{mT}^0 = 991\,596 +$

$+ 136{,}05 \cdot T - 0{,}1352 \cdot T^2 + \dfrac{6{,}436 \cdot 10^5}{T}$. $I = -[4{,}0340 \cdot 10^{-4} \cdot 791\,350 +$

$+ 0{,}68528 \cdot 136{,}05 + 17{,}930 \cdot (-0{,}2704) + 6{,}7651 \cdot 10^{-7} \cdot (-6{,}436 \cdot 10^5) -$
$-4{,}0340 \cdot 10^{-4} \cdot 991\,596] = -(319{,}23 + 93{,}67 - 4{,}85 - 0{,}44 - 400{,}01) = -7{,}60$;
$IR = 8{,}3143 \cdot (-7{,}60) = -63{,}19 \; J/(mol \cdot K)$; $\Delta_R G_{mT}^0 = -(136{,}05 \cdot T \cdot \ln T -$

$- 0{,}1352 \cdot T^2 - \dfrac{3{,}218 \cdot 10^5}{T} = 991\,596 - 63{,}19 \cdot T)$. $\Delta_R G_{m, 1300}^0 =$

$= -(1\,268\,143 - 228\,488 - 248 - 991\,596 - 82\,147) = +34\,336 \; J/mol$.

$$\ln K_{th} = \ln K_{p/p^0} = -\frac{34\,336}{8{,}3143 \cdot 1300} = -3{,}18; \quad K_{th} = K_{p/p^0} =$$

$$= 4{,}1586 \cdot 10^{-2}. \quad K_p = K_{p/p^0} \cdot (p^0)^4 = 4{,}3834 \cdot 10^{18} = (p_{SO_3})^4 \; (N/m^2)^4;$$

$$p_{SO_2} = 45\,756 \; N/m^2.$$

8/45. $R \cdot \ln K_{th} = -\Big[-0{,}5 \cdot (-187{,}44 + 0) - 1{,}5 \cdot (-126{,}71 + 0) +$

$$+ 1 \cdot \left(-189{,}29 - \frac{38\,728}{700} \right) \Big] = -(+93{,}72 + 190{,}07 - 244{,}62) = -39{,}17 \; J/(mol \cdot K);$$

$$\ln K_{th} = \frac{-39{,}17}{8{,}3143} = -4{,}7112; \quad K_{th} = 8{,}99 \cdot 10^{-3}.$$

8/46. $R \cdot \ln K_{th} = -\Big[-2 \cdot \left(-221{,}23 - \frac{66\,934}{1500} \right) +$

$$1 \cdot \left(-239{,}61 + \frac{227\,430}{1500} \right) + 3 \cdot (-149{,}01 + 0) \Big] = -(531{,}71 - 87{,}99 - 447{,}03) =$$

$$= -3{,}32 \; J/(mol \cdot K); \quad \ln K_{th} = \frac{-3{,}32}{8{,}3143} = -0{,}3993; \quad K_{th} = 0{,}6708.$$

9/1. $P = (R\,\kappa)_{KCl} = 300{,}75 \cdot 1{,}2886 = 387{,}55 \; m^{-1}; \quad \kappa_{CuSO_4} =$

$$= \frac{P}{R_{CuSO_4}} = \frac{387{,}55}{383{,}71} = 1{,}0100 \; \Omega^{-1} m^{-1} = 1{,}0100 \; S/m. \quad z_{Cu^{2+}} = \left| z_{SO_4^{2-}} \right| = 2;$$

$$\nu_{Cu^{2+}} = \nu_{SO_4^{2-}} = 1; \quad c^* = |z_i| \nu_i c = 200 \; mol/m^3; \quad \Lambda_{CuSO_4} = \frac{1{,}0100}{200} =$$

$$= 5{,}05 \cdot 10^{-3} \; S \cdot m^2/mol.$$

9/2. $\Lambda^0 = 4{,}2616 \cdot 10^{-2} \; S \cdot m^2/mol.$

9/3. $\Lambda^0_{AgIO_3} = (7{,}694 - 7{,}816 + 8{,}880) \, 10^{-3} = 8{,}758 \cdot 10^{-3} \; S \cdot m^2/mol.$

9/4. $\kappa_{NaCl} = \kappa_{KCl} \cdot \dfrac{R_{KCl}}{R_{NaCl}} = 1{,}2886 \cdot \dfrac{211{,}5}{6998} = 3{,}8945 \cdot 10^{-2} \; S/m.$

$$c^* = c = 3{,}186 \; mol/m^3; \quad \Lambda_{NaCl} = \frac{3{,}8945 \cdot 10^{-2}}{3{,}186} = 1{,}2224 \cdot 10^{-2} \; S \cdot m^2/mol.$$

9/5. $\Lambda^0_{NH_4OH} = \Lambda^0_{NH_4Cl} + \Lambda^0_{NaOH} - \Lambda^0_{NaCl} = (1{,}497 + 2{,}478 - 1{,}2645) \times$
$\times 10^{-2} = 2{,}7105 \cdot 10^{-2} \; S \cdot m^2/mol.$

9/6. Grenz-Äquivalentleitfähigkeit von NaAc-Lösung aus Gl. (VIII):
$8{,}85 \cdot 10^{-3} - 8{,}57 \cdot 10^{-3} = -A \, (\sqrt{1} - \sqrt{5})$; daraus $A = 2{,}2652 \cdot 10^{-4}$
$S \cdot m^{7/2} \cdot mol^{-3/2}$. Dann ist $\Lambda^0 = \Lambda + A \sqrt{c^*} = 8{,}85 \cdot 10^{-3} + 2{,}2652 \cdot 10^{-4} \sqrt{1} =$
$= 9{,}08 \cdot 10^{-3} \; S \cdot m^2/mol.$ Grenz-Äquivalentleitfähigkeit der wäßrigen Essigsäure-
lösung: $\Lambda^0_{HAc} = \lambda^0_{Na^+} + \lambda^0_{Ac^-} - \lambda^0_{Na^+} + \lambda^0_{H^+}$, wobei $\lambda^0_{Na^+} + \lambda^0_{Ac^-} = \Lambda^0_{NaAc}$
ist. also $\Lambda^0_{HAc} = \Lambda^0_{NaAc} - \lambda^0_{Na^+} + \lambda^0_{H^+} = 9{,}08 \cdot 10^{-3} - 5{,}01 \cdot 10^{-3} +$

$$+ 3{,}498 \cdot 10^{-2} = 3{,}905 \cdot 10^{-2} \; S \cdot m^2/mol. \quad \alpha = \frac{\Lambda_{HAc}}{\Lambda^0_{HAc}} = 0{,}1247.$$

K_c nach Gl. (XXVIII): $K_c = \dfrac{1 \cdot (4{,}87 \cdot 10^{-3})^2}{3{,}905 \cdot 10^{-2} \, (3{,}905 \cdot 10^{-2} - 4{,}87 \cdot 10^{-3})} =$

$= 1{,}7769 \cdot 10^{-2} \text{ mol/m}^3 = 1{,}7769 \cdot 10^{-5} \text{ mol/dm}^3$.

9/7. $c^* = c = 1 \text{ mol/m}^3$. $\Lambda = \dfrac{\kappa}{c^*} = \dfrac{4{,}87 \cdot 10^{-3}}{1} = 4{,}87 \cdot 10^{-3} \text{ S} \cdot \text{m}^2/\text{mol}$;

$\alpha = \dfrac{\Lambda}{\Lambda^0} = \dfrac{4{,}87 \cdot 10^{-3}}{3{,}907 \cdot 10^{-2}} = 0{,}1246$; $K_c = \dfrac{c\,\alpha^2}{1-\alpha} = 1{,}7735 \cdot 10^{-2} \text{ mol/m}^3 =$

$= 1{,}7735 \cdot 10^{-5} \text{ mol/dm}^3$. Für eine Lösung beliebiger Konzentration ist

$\alpha = -\dfrac{K_c}{2c} \left(1 - \sqrt{\dfrac{K_c + 4c}{K_c}} \right)$, somit für $c = 0{,}050 \text{ mol/dm}^3$:

$\alpha = -\dfrac{1{,}7735 \cdot 10^{-5}}{2 \cdot 0{,}050} \cdot \left(1 - \sqrt{\dfrac{1{,}7735 \cdot 10^{-5} + 4 \cdot 0{,}050}{1{,}7735 \cdot 10^{-5}}} \right) = 1{,}866 \cdot 10^{-2}$;

somit $\Lambda = \alpha \, \Lambda^0 = 1{,}866 \cdot 10^{-2} \cdot 3{,}907 \cdot 10^{-2} = 7{,}290 \cdot 10^{-4} \text{ S} \cdot \text{m}^2/\text{mol}$;
$\kappa = \Lambda \, c^* = 3{,}645 \cdot 10^{-2} \text{ S/m}$.

9/8. $\alpha = \sqrt{\dfrac{1{,}34 \cdot 10^{-5}}{0{,}05}} = 1{,}64 \cdot 10^{-2}$; $c_{\text{H}_3\text{O}^+} = 0{,}05 (1{,}64 \cdot 10^{-2}) =$

$= 8{,}20 \cdot 10^{-4} \text{ mol/dm}^3$; $\text{pH} = -\lg(8{,}20 \cdot 10^{-4}) = 3{,}09$.

9/9. a) $\alpha = \sqrt{\dfrac{2{,}1 \cdot 10^{-4}}{0{,}01}} = 0{,}145$; $c_{\text{H}_3\text{O}^+} = 0{,}01 \cdot 0{,}145 = 1{,}45 \cdot 10^{-3}$

mol/dm^3; $\text{pH} = 2{,}84$. **b)** $\alpha = \sqrt{\dfrac{1{,}79 \cdot 10^{-5}}{0{,}01}} = 4{,}23 \cdot 10^{-2}$; $c_{\text{OH}^-} =$

$= 0{,}01 (4{,}23 \cdot 10^{-2}) = 4{,}23 \cdot 10^{-4} \text{ mol/dm}^3$; $c_{\text{H}_3\text{O}^+} = \dfrac{1{,}02 \cdot 10^{-14}}{4{,}23 \cdot 10^{-4}} =$

$= 2{,}41 \cdot 10^{-11} \text{ mol/dm}^3$; $\text{pH} = 10{,}62$.

9/10. Analog zu Gl. (XLIX) ist $K_{B1} = \dfrac{(c_1 \alpha_1' + c_2)\,\alpha_1'}{1 - \alpha_1'}$, daraus

$\alpha_1' = -\dfrac{1}{2c_1}\,(c_2 + K_{B1}) + \sqrt{\dfrac{K_{B1}}{c_1} + \dfrac{1}{4c_1^2}\,(c_2 + K_{B1})^2} =$

$= -\dfrac{1}{2 \cdot 0{,}1} \cdot (0{,}1 + 1{,}79 \cdot 10^{-5}) + \sqrt{\dfrac{1{,}79 \cdot 10^{-5}}{0{,}1} + \dfrac{(0{,}1 + 1{,}79 \cdot 10^{-5})^2}{4 \cdot (0{,}1)^2}} =$

$= 1{,}79 \cdot 10^{-4}$.

9/11. $\alpha_1 = \sqrt{\dfrac{1{,}710 \cdot 10^{-5}}{0{,}1}} = 1{,}31 \cdot 10^{-2}$; $\alpha_2 = \sqrt{\dfrac{1{,}7 \cdot 10^{-6}}{0{,}1}} = 4{,}12 \cdot 10^{-3}$.

Analog zu Gl. (XLVIII) ist, wenn man dort K_{B2} anstelle von K_{S2} und K_{B1}

anstelle von K_{S1} setzt: $\quad \alpha_1' = \dfrac{1{,}31 \cdot 10^{-2}}{\sqrt{1 + \dfrac{0{,}1}{0{,}1} \cdot \dfrac{1{,}7 \cdot 10^{-6}}{1{,}71 \cdot 10^{-5}}}} = 1{,}25 \cdot 10^{-2}\,;$

$$\alpha_2' = \frac{4{,}12 \cdot 10^{-3}}{\sqrt{1 + \dfrac{0{,}1}{0{,}1} \cdot \dfrac{1{,}71 \cdot 10^{-5}}{1{,}7 \cdot 10^{-6}}}} = 1{,}24 \cdot 10^{-3}\,.$$

$c_{OH^-} = 0{,}1\,(1{,}25 \cdot 10^{-2}) + 0{,}1\,(1{,}24 \cdot 10^{-3}) = 1{,}37 \cdot 10^{-3}\ \text{mol/dm}^3\,;$

$c_{H_3O^+} = \dfrac{1{,}02 \cdot 10^{-14}}{1{,}37 \cdot 10^{-3}} = 7{,}45 \cdot 10^{-12}\ \text{mol/dm}^3\,;\ \ \text{pH} = 11.13.$

9/12. a) $K_H = \dfrac{1{,}02 \cdot 10^{-14}}{6{,}58 \cdot 10^{-5}} = 1{,}55 \cdot 10^{-10}\ \text{mol/dm}^3\,;$

b) $\beta = \sqrt{\dfrac{1{,}55 \cdot 10^{-10}}{0{,}01}} = 1{,}24 \cdot 10^{-4}\,;$ **c)** $c_{H_3O^+} = 0{,}01\,(1{,}24 \cdot 10^{-4}) =$

$= 1{,}24 \cdot 10^{-6}\ \text{mol/dm}^3\,;$ **d)** $\text{pH} = 5{,}9.$

9/13. a) $\beta = \sqrt{\dfrac{1{,}02 \cdot 10^{-14}}{0{,}01\,(1{,}79 \cdot 10^{-5})}} = 2{,}39 \cdot 10^{-4}\,;\ c_{OH^-} =$

$= 0{,}01\,(2{,}39 \cdot 10^{-4}) = 2{,}39 \cdot 10^{-6}\ \text{mol/dm}^3\,;\ \ \text{pH} = 5{,}62.$ **b)** Analog zu
Gl. (LXXIX) ist, wenn man mit Konzentrationen rechnet und die Aktivi-

tätskoeffizienten vernachlässigt: $c_{OH^-} = K_B \cdot \dfrac{c_{BOH}^0}{c_{Salz}^0}$ und damit

$$c_{H_3O^+} = \frac{K_W}{c_{OH^-}} = \frac{K_W}{K_B} \cdot \frac{c_{Salz}^0}{c_{BOH}^0}\,.\ \text{Somit ist}\ \ \text{pH} = -\left(\lg K_W - \lg K_B + \right.$$

$$\left. + \lg \frac{c_{Salz}^0}{c_{BOH}^0} \right)\ \text{und daraus}\ \ \frac{c_{Salz}^0}{c_{BOH}^0} = 1{,}107,\ \text{d. h.}\ c_{BOH}^0 = \frac{c_{Salz}^0}{1{,}107} =$$

$= \dfrac{0{,}01}{1{,}107} = 9{,}03 \cdot 10^{-3}\ \text{mol/dm}^3\,.$ Man kann eine Pufferlösung von $\text{pH} = 9{,}2$

herstellen, indem man gleiche Volumina der NH_4Cl-Lösung ($c = 0{,}01\ \text{mol/dm}^3$)
und einer NH_3·Lösung der Konzentration $c = 9{,}03 \cdot 10^{-3}\ \text{mol/dm}^3$ mischt.
c) $\text{pH} = -(\lg K_W - \lg K_B) = -[-13{,}991 - (-4{,}747)] = 9{,}244.$

9/14. a) $K_H = \dfrac{K_W}{K_S} = \dfrac{1{,}02 \cdot 10^{-14}}{4{,}93 \cdot 10^{-10}} = 2{,}07 \cdot 10^{-5}\ \text{mol/dm}^3\,;$

$\beta \approx \sqrt{\dfrac{2{,}07 \cdot 10^{-5}}{0{,}01}} = 4{,}55 \cdot 10^{-2}\,;$ **b)** $c_{OH^-} \approx 0{,}01\,(4{,}55 \cdot 10^{-2}) = 4{,}55 \cdot 10^{-4}$

$\text{mol/dm}^3\,;\ c_{H_3O^+} \approx \dfrac{1{,}02 \cdot 10^{-14}}{4{,}55 \cdot 10^{-4}} = 2{,}24 \cdot 10^{-11}\ \text{mol/dm}^3\,;$ **c)** $\text{pH} \approx 10{,}65.$

9/15. a) $K_H = \dfrac{1,02 \cdot 10^{-14}}{(1,76 \cdot 10^{-5})(4,36 \cdot 10^{-10})} = 1,329;$

b) $\beta = \dfrac{\sqrt{K_H}}{1 + \sqrt{K_H}} = \dfrac{1,153}{1 + 1,153} = 0,536;$ **c)** $c_{H_3O^+} = \sqrt{\dfrac{K_W K_S}{K_B}} =$

$= \sqrt{\dfrac{(1,02 \cdot 10^{-14})(1,76 \cdot 10^{-5})}{(4,36 \cdot 10^{-10})}} = 2,03 \cdot 10^{-5} \ \text{mol/dm}^3;$ **d)** $\text{pH} = 4,69.$

9/16. $K_1 = \dfrac{K_W}{K_B} = \dfrac{1,02 \cdot 10^{-14}}{1,99 \cdot 10^{-12}} = 5,13 \cdot 10^{-3} \ \text{mol/dm}^3;$

$K_2 = K_S = 1,48 \cdot 10^{-10} \ \text{mol/dm}^3;$ $(a_{H_3O^+})_I \approx \sqrt{K_1 K_2} = 8,71 \cdot 10^{-7}$ $\text{mol/dm}^3;$ $(\text{pH})_I \approx 6,06.$

9/17. $(a_{H_3O^+})_I \approx \sqrt{(4,47 \cdot 10^{-3})(1,66 \cdot 10^{-10})} = 8,61 \cdot 10^{-7} \ \text{mol/dm}^3;$ $(\text{pH})_I \approx 6,06.$

9/18. Die vereinigte Lösung enthält Essigsäure in der Konzentration $c_{HA}^0 = 0,091 \ \text{mol/dm}^3$ und Natriumacetat in der Konzentration

$c_{\text{Salz}} = 0,055 \ \text{mol/dm}^3,$ daher $\text{pH} \approx -\left(\lg 1,76 \cdot 10^{-5} + \lg \dfrac{0,091}{0,055} \right) = 4,54.$

9/19. $\text{pH} \approx -\left(\lg 1,76 \cdot 10^{-5} + \lg \dfrac{1}{100} \right) = -[-4,75 + (-2)] = 6,75.$

9/20. $\alpha = 1;$ $I = \dfrac{1}{2}(1^2 \cdot 2 + 2^2 \cdot 1) \cdot 1 \cdot 0,01 + \dfrac{1}{2}(2^2 \cdot 1 + 2^2 \cdot 1) \cdot 1 \cdot 0,02 =$ $= 0,11 \ \text{mol/kg.}$

9/21. $\gamma_{\pm(KCl)} = \gamma_{K^+} = 0,922;$ $\gamma_{\pm(KNO_3)}^2 = \gamma_{K^+} \gamma_{NO_3^-} = (0,916)^2;$ $\gamma_{NO_3^-} = \dfrac{(0,916)^2}{0,922} = 0,910.$

9/22. a) $I = \dfrac{1}{2}(1^2 \cdot 1 + 1^2 \cdot 1) \, 1 \cdot c = c = 0,12 \ \text{mol/kg;}$

b) $I = \dfrac{1}{2}(2 + 4) c = 3c = 0,12 \ \text{mol/kg;}$ $c = 0,04 \ \text{mol/kg.}$

9/23. $K_L = 1,7017 \cdot 10^{-10} \ (\text{mol/dm}^3)^2;$ nach wiederholter Iteration ist $c_S = 2,15 \cdot 10^{-8} \ \text{mol/dm}^3$ und $\gamma_\pm = 0,8894.$

9/24. a) $\dfrac{K_{L,\,AgCl}}{K_{L,\,AgI}} = 1,04 \cdot 10^6;$ **b)** $\dfrac{K_{L,\,AgCl}}{K_{L,\,AgBr}} = 2,03.$

Im Fall **a)** ist eine Trennung quantitativ durchführbar, auch wenn Cl^--Ionen in großem Überschuß vorliegen; der Fall **b)** ist für eine Trennung ungünstig.

9/25. Für die reine gesättigte $BaSO_4$-Lösung ist $\gamma_\pm = 0,9702$ und $K_L = 1,018 \cdot 10^{-10} \ (\text{mol/dm}^3)^2.$ Die Löslichkeit in der Na_2SO_4-Lösung

($c_1 = 0,01$ mol/dm^3) ergibt sich nach wiederholter Iteration zu $c_S = 5,16 \cdot 10^{-8}$ mol/dm^3 und $\gamma_\pm = 0,4440$.

9/26. $K_{L,AgCl} = c_{Ag^+} c_{Cl^-}$, $K_{L,AgCNS} = c_{Ag^+} c_{CNS^-}$. Bei Beginn der Fällung des AgCl ist die Ag$^+$-Ionenkonzentration für beide Reaktionen gleich, d. h. $c_{Ag^+} = \dfrac{K_{L,AgCl}}{c_{Cl^-}} = \dfrac{K_{L,AgCNS}}{c_{CNS^-}}$, daher $\dfrac{c_{CNS^-}}{c_{Cl^-}} =$

$= \dfrac{K_{L,AgCNS}}{K_{L,AgCl}} = 7,44 \cdot 10^{-3}$. Wenn also c_{CNS^-} auf den Wert $c_{Cl^-} \cdot 7,44 \cdot 10^{-3}$ mol/dm^3 gesunken ist, beginnt bereits die Mitfällung der Cl$^-$-Ionen. Eine quantitative Trennung ist daher auf diesem Weg nicht möglich.

9/27. $Hg_2Cl_2(s) \rightleftharpoons Hg_2^{2+}$ (aq) $+ 2\,Cl^-$(aq). $I = \dfrac{1}{2}(2^2 \cdot 1 + 1^2 \cdot 2)\,c_S =$

$= 3\,c_S = 2,38 \cdot 10^{-6}$ mol/dm^3. $\lg \gamma_\pm = -0,509 \cdot 2 \cdot \sqrt{2,38 \cdot 10^{-6}} = -1,57 \cdot 10^{-3}$; $\gamma_\pm = 0,996$. $K_L = c_{Hg^{2+}} c_{Cl^-}^2 \gamma_\pm^3$ und daraus, da $c_{Hg^{2+}} = c_S, c_{Cl^-} = 2\,c_S$ ist: $K_L = 4\,c_S^3 \gamma_\pm^3 = 4\,(7,94 \cdot 10^{-7})^3 (0,996)^3 = 1,978 \cdot 10^{-18}$ (mol/dm^3)^3.

9/28. Molare Masse des Kupfers: $M = 63,546$ g/mol; $|z_i| = 2$, $\nu_i = 1$. Damit ist $m_{Cu} = \dfrac{63,546 \cdot 0,472 \cdot 300}{96\,485 \cdot 2 \cdot 1} = 0,0466$ g Cu.

9/29. $I = \dfrac{mF\,|z_i|\nu_i}{Mt} = \dfrac{(281,7 \cdot 10^{-3})\,96\,485 \cdot 1 \cdot 1}{107,868 \cdot 180} = 1,400$ A.

9/30. $n = \dfrac{It}{F\,|z_i|\nu_i} = \dfrac{10 \cdot 4800}{96\,485 \cdot 1 \cdot 1} = 0,4975$ mol Cl $= 0,2487$ mol Cl$_2$;

$V = n \cdot \dfrac{RT}{p} = \dfrac{0,2487 \cdot 8,3143 \cdot 308,15}{100\,000} = 6,372 \cdot 10^{-3}\,m^3 = 6,372$ dm^3.

9/31. $C_6H_5NO_2 + 3\,H_2 \rightarrow C_6H_5NH_2 + 2\,H_2O$. Nach der Reaktionsgleichung sind zur Herstellung von 1 mol Anilin 3 mol H$_2$ = 6 mol H erforderlich, und dafür eine Elektrizitätsmenge $Q = It = nF\,|z_i|\nu_i = 6 \cdot 96\,485 \cdot 1 \cdot 1 = 578\,910$ C $= 578\,910$ As; dieser entspricht bei einer Spannung von 1 V eine Energie von $578\,910$ VAs $= 578\,910$ Ws $= 160,81$ Wh $= 160,81 \cdot 10^{-3}$ kWh. Mit 10 kWh können daher theoretisch $10/(160,81 \cdot 10^{-3}) = 62,19$ mol Anilin hergestellt werden. Da die Stromausbeute nur 90% beträgt, können lediglich $0,9 \cdot 62,19 = 55,97$ mol $= (55,97 \cdot 93,13)$ g $= 5212,5$ g Anilin erzeugt werden.

9/32. 51 cm^3 Knallgas unter Normalbedingungen sind $n = \dfrac{pV}{RT} =$

$= \dfrac{101\,325\,(51 \cdot 10^{-6})}{8,3143 \cdot 273,15} = 2,2754 \cdot 10^{-3}$ mol des Gemisches H$_2 + \dfrac{1}{2}\,O_2$;

davon sind $2/3\,H_2$, d. h. $1,5169 \cdot 10^{-3}$ mol H$_2$, entsprechend $3,0339 \cdot 10^{-3}$

mol H. Diesen entspricht eine Elektrizitätsmenge $Q = It = nF =$
$= (3,0339 \cdot 10^{-3})\, 96\,485 = 292,73$ C. Somit ist die molare Masse M_{Cu} von

Kupfer: $M_{Cu} = \dfrac{mF\,|z_i|\,\nu_i}{It} = \dfrac{0,096 \cdot 96\,485 \cdot 2 \cdot 1}{292,73} = 63,284$ g/mol.

9/33. Für die HCl-Lösung ist $\Lambda^0_{HCl} = \lambda^0_{H^+} + \lambda^0_{Cl^-} =$
$= (34,982 + 7,623)\, 10^{-3} = 4,2605 \cdot 10^{-2}$ S·m²/mol, folglich $t^0_{Cl^-} =$
$= \dfrac{\lambda^0_{Cl^-}}{\Lambda^0_{HCl}} = \dfrac{7,623 \cdot 10^{-3}}{4,2605 \cdot 10^{-2}} = 0,179.$ Für die NaCl-Lösung ist

$\Lambda^0_{NaCl} = 1,2634 \cdot 10^{-2}$ S·m²/mol und $t^0_{Cl^-} = \dfrac{7,623 \cdot 10^{-3}}{1,2634 \cdot 10^{-2}} = 0,603.$

Für die KCl-Lösung ist $\Lambda^0_{KCl} = 1,4975 \cdot 10^{-2}$ S·m²/mol und $t^0_{Cl^-} = 0,509.$

9/34. $t^0_{NH_4^+} = 1 - 0,509 = 0,491$; dann ist $\lambda^0_{NH_4^+} = 0,491\,(1,4963 \cdot 10^{-2}) =$
$= 7,35 \cdot 10^{-3}$ S·m²/mol. $\lambda^0_{CH_3COO^-} = 0,449\,(9,1010 \cdot 10^{-3}) = 4,09 \cdot 10^{-3}$
S·m²/mol. Somit ist $\Lambda^0_{CH_3COONH_4} = \lambda^0_{CH_3COO^-} + \lambda^0_{NH_4^+} = (4,09 + 7,35)10^{-3} =$
$= 1,144 \cdot 10^{-2}$ S·m²/mol.

9/35. $Q = It = \dfrac{m_{Ag} \cdot F}{M_{Ag}} = \dfrac{0,08569 \cdot 96\,485}{107,868} = 76,647$ C.

$\Delta n^*_{Cl^-} = \dfrac{-0,01381}{35,453} = -3,8953 \cdot 10^{-4}$ mol Cl⁻. Dann ist $t_{K^+} = -\Delta n^*_- \dfrac{F}{Q} =$

$= \dfrac{(3,8953 \cdot 10^{-4})\, 96\,485}{76,647} = 0,490$ und $t_{Cl^-} = 1 - 0,490 = 0,510.$

9/36. $Q = It = \dfrac{0,09625 \cdot 96\,485}{107,868} = 86,093$ C. Es ist dann

$\Delta n^*_{Cl^-} = + t_{Cl^-}\, \dfrac{Q}{F} = 0,510 \cdot \dfrac{86,093}{96\,485} = 4,5507 \cdot 10^{-4}$ mol Cl⁻ $= 0,01613$ g Cl⁻.

9/37. a) $\Delta E^0 = E^0(Cd/Cd^{2+}) - E^0(Zn/Zn^{2+}) = -0,4409 - (-0,7628) =$
$= 0,3219$ V; **b)** $\Delta_R G^0_m = -|z|\, F\, \Delta E^0 = -2 \cdot 96\,485 \cdot 0,3219 = -62\,117$ J/mol;

c) $K_{th} = \dfrac{a_{Zn^{2+}}}{a_{Cd^{2+}}} = \exp\left(-\dfrac{\Delta_R G^0_m}{RT}\right) = 7,63 \cdot 10^{10}.$

9/38. Die entsprechende Reaktion findet in der Daniell-Zelle statt, für
welche $\Delta E^0 = 0,337 - (-0,7628) = 1,0998$ V ist. Im Gleichgewicht ist die
Zellspannung $\Delta E = 0$. Somit erhält man aus der Nernstschen Gleichung:

$\Delta E^0 = \dfrac{RT}{2F} \cdot \ln \dfrac{a_{Zn^{2+}}}{a_{Cu^{2+}}} \cdot \dfrac{a_{Cu}}{a_{Zn}}$. Da die Aktivität der reinen festen Phasen

gleich 1 gesetzt wird, erhält man daraus für das Verhältnis $\dfrac{a_{Zn^{2+}}}{a_{Cu^{2+}}} =$

$= \exp\left(\dfrac{2\Delta E^0 F}{RT}\right) = \exp\left(\dfrac{2 \cdot 1,0998 \cdot 96\,485}{8,3143 \cdot 298,15}\right) = 1,52 \cdot 10^{37}.$

9/39. $E^0 = 0$, somit $E = -\dfrac{RT}{F} \cdot \ln a_{H_3O^+} = -2{,}303 \cdot \dfrac{RT}{F} \cdot \lg a_{H_3O^+}$;

$pH = -\lg a_{H_3O^+}$, somit $E = 2{,}303 \cdot \dfrac{RT}{F} \cdot (pH)$. Für $pH = 2$ ist

$E = 2{,}303 \cdot \dfrac{8{,}3143 \cdot 298{,}15}{96\,485} \cdot 2 = 0{,}1183 \text{ V}$; für $pH = 5$ ist $E = 0{,}2958 \text{ V}$

und für $pH = 7$ ist $E = 0{,}4142 \text{ V}$.

9/40. Die Reaktion läßt sich in einer galvanischen Zelle $Ag/AgCl$

(ges. Lösung)$/Cl_2$(Pt) durchführen. Es ist $\Delta E = \Delta E^0 - \dfrac{RT}{zF} \cdot \ln (a_{AgCl})^2 =$

$= 1{,}3595 - 0{,}7991 - \dfrac{8{,}3143 \cdot 298{,}15}{96\,485} \cdot \ln (1{,}31 \cdot 10^{-5})^2 = 1{,}1381 \text{ V}$;

$\Delta_R G_m^0 = -|z| F \Delta E = -2 \cdot 96\,485 \cdot 1{,}1381 = 219\,619 \text{ J/mol}$.

9/41. $a_{H^+}(H_2SO_4) = 1{,}035 \cdot 2 \cdot 0{,}13 = 0{,}269 \text{ mol/kg}$, $a_{OH^-}(NaOH) =$

$= 0{,}096 \cdot 0{,}815 = 0{,}0782 \text{ mol/kg}$, demnach $a_{H^+}(NaOH) = \dfrac{K_W}{a_{OH^-}} =$

$= 1{,}304 \cdot 10^{-13} \text{ mol/kg}$; dann ist $\Delta E = -\dfrac{RT}{F} \cdot \ln \dfrac{a_{H^+}(NaOH)}{a_{H^+}(H_2SO_4)} =$

$= -\dfrac{8{,}3143 \cdot 298{,}15}{96\,485} \cdot \ln \dfrac{1{,}304 \cdot 10^{-13}}{0{,}269} = 0{,}735 \text{ V}$.

9/42. $\gamma_{c,Ag^+} = \dfrac{0{,}001 \cdot 0{,}965}{0{,}01} \cdot \exp \left(\dfrac{96\,485 \cdot 0{,}0572}{8{,}3143 \cdot 298{,}15} \right) = 0{,}8942$.

9/43. $a_{Ag^+} = \dfrac{K_L}{a_{Br^-}}$; $\Delta E = -\dfrac{RT}{|z|F} \cdot \ln \dfrac{(a_{Ag^+})_{rechts}}{(a_{Ag^+})_{links}} =$

$= -\dfrac{RT}{|z|F} \cdot \ln \dfrac{K_L}{(a_{Br^-})(a_{Ag^+})_{links}}$; daraus folgt: $K_L = (a_{Br^-})(a_{Ag^+})_{links} \times$

$\times \exp \left(-\dfrac{|z|F\Delta E}{RT} \right) = (0{,}1 \cdot 0{,}777)(0{,}1 \cdot 0{,}717) \cdot \exp \left(-\dfrac{1 \cdot 96\,485 \cdot 0{,}593}{8{,}3143 \cdot 298{,}15} \right) =$

$= 5{,}27 \cdot 10^{-13} \text{ (mol/dm}^3)^2$.

9/44. Es handelt sich um eine Konzentrationszelle. Das Verhältnis der

Aktivitäten des Ag^+-Ions ist $\dfrac{a_2}{a_1} = \exp \left(-\dfrac{F\Delta E}{RT} \right)$, wobei die Aktivität

in der $AgNO_3$-Lösung gegeben ist: $a_1 = 0{,}1 \cdot 0{,}734 = 0{,}0734 \text{ mol/dm}^3$. Aus

dem Löslichkeitsprodukt $K_L = a_{Ag^+} a_{Cl^-} = a_2 c_{Cl^-} \gamma_{c\pm}$ folgt für

$a_2 = \dfrac{K_L}{c_{Cl^-} \gamma_{c\pm}}$. Damit ist $K_L = a_1 c_{Cl^-} \gamma_{c\pm} \cdot \exp \left(-\dfrac{F\Delta E}{RT} \right) =$

$$= 0,0734 \cdot 0,1 \cdot 0,770 \cdot \exp\left(-\frac{96\,485 \cdot 0,4471}{8,3143 \cdot 298,15}\right) \approx 1,56 \cdot 10^{-10} \ (\mathrm{mol/dm^3})^2 \,.$$

9/45. $\Delta E = 2\, t_{NO_3^-} \cdot \dfrac{RT}{F} \cdot \ln \dfrac{(a_\pm)_2}{(a_\pm)_1} = 2 \cdot 0,483 \cdot \dfrac{8,3143 \cdot 298,15}{96\,485} \times$

$\times \ln\left(\dfrac{0,01 \cdot 0,92}{0,001 \cdot 0,98}\right) = 0,0556 \ \mathrm{V}\,.$

9/46. $\Delta_R G_m^0 = -\,|z|\,F\,\Delta E^0 = 2 \cdot 96\,485 \cdot 1,0960 = 211\,495 \ \mathrm{J/mol};$

$$\Delta_R S_m^0 = |z|\,F\left(\frac{\partial \Delta E^0}{\partial T}\right)_p = 2 \cdot 96\,485 \cdot (3,33 \cdot 10^{-5}) = 6,43 \ \mathrm{J/(mol \cdot K)};$$

$$\Delta_R H_m^0 = 2 \cdot 96\,485\,(3,33 \cdot 10^{-5} \cdot 273,15 - 1,0960) = -209\,740 \ \mathrm{J/mol}.$$

9/47. Elektrodenreaktionen:

$$\begin{array}{l} \mathrm{Zn} \rightarrow \mathrm{Zn^{2+}} + 2\,e^- \\ 2\,\mathrm{H^+} + 2\,e^- \rightarrow \mathrm{H_2} \\ \hline \end{array}$$

Gesamtreaktion:　　　$\mathrm{Zn} + 2\,\mathrm{H^+} \rightarrow \mathrm{Zn^{2+}} + \mathrm{H_2}$

$\Delta E^0 = 0 - (-0,7628) = 0,7628 \ \mathrm{V}; \quad \Delta_R G_m^0 = -\,|z|\,F\,\Delta E^0 =$

$= -2 \cdot 96\,485 \cdot 0,7628 = -147\,198 \ \mathrm{J/mol}; \quad \ln K_{th} = -\dfrac{\Delta_R G_m^0}{RT} =$

$= -\dfrac{(-147\,198)}{8,3143 \cdot 298,15} = 59,38, \quad \text{daraus } K_{th} = 6,14 \cdot 10^{25}\,.$

10/1. P Butylacetat, k Essigsäure. **a)** $\dot{n}_P^{\text{aus}} = \dot{n}_P^{\text{ein}} (=0) + \dfrac{\nu_P}{|\nu_k|} \cdot \dot{n}_k^{\text{ein}}\,U_k =$

$= \dfrac{\nu_P}{|\nu_k|} \cdot c_k^{\text{ein}}\,\dot{v}^{\text{ein}}\,U_k\,.$ Daraus: $\dot{v}^{\text{ein}} = \dfrac{\dot{n}_P^{\text{aus}}}{c_k^{\text{ein}}\,U_k} \cdot \dfrac{|\nu_k|}{\nu_P} = \dfrac{8621 \cdot 1}{1,8 \cdot 0,5 \cdot 1} =$

$= 9578 \ \mathrm{dm^3/h} = 9,578 \ \mathrm{m^3/h}.$ **b)** Setzt man an Stelle der Reaktionszeit $t = 0,532 \ \mathrm{h}$ im Satzsektor nun $V_R / \dot{v}^{\text{ein}} = 0,532 \ \mathrm{h}$ ein, so ergibt sich $V_R = 0,532 \cdot 9,578 = 5,095 \ \mathrm{m^3}\,.$

10/2. $\mathrm{AsH_3}$: Reaktionspartner k. Nach dem Gesetz für ideale Gase

ist $\dfrac{p}{p^0} = \dfrac{\sum\limits_i n_i}{\sum\limits_i n_i^0}\,; \quad \sum\limits_i n_i = \sum\limits_i n_i^0 + \dfrac{\sum\limits_i \nu_i}{|\nu_k|} \cdot n_k^0\,U_k.$ Da $\sum\limits_i n_i^0 = n_k^0$, $\sum\limits_i \nu_i = 1/2$

und $|\nu_k| = 1$ ist, folgt aus diesen beiden Gleichungen: $\dfrac{p}{p^0} = 1 + \dfrac{U_k}{2}$ und

weiter $U_k = 2\left(\dfrac{p}{p^0} - 1\right) = 2\left(\dfrac{117\,057}{104\,658} - 1\right) = 0,2369.$ Für eine Reaktion

1. Ordnung ist mit $A = k$ nach Gl. (XI): $k = \dfrac{1}{t\,|\nu_k|} \cdot \ln \dfrac{c_k^0}{c_k} = \dfrac{1}{t} \cdot \ln \dfrac{c_k^0}{c_k^0(1 - U_k)} =$

$= \dfrac{1}{10\,800} \cdot \ln \dfrac{1}{1 - 0,2369} = 2,504 \cdot 10^{-5} \ \mathrm{s^{-1}}\,.$

10/3. Man prüft, ob die Reaktion 1. Ordnung ist, indem man $\ln c_A$ berechnet ($\ln c_A = 3{,}2187$ für $t = 0$; $\ln c_A = 2{,}2824$ für $t = 900$ s; $\ln c_A = 1{,}3350$ für $t = 1800$ s) und diese Werte gegen t aufträgt. Es ergibt sich eine Gerade, d. h. die Reaktion ist von 1. Ordnung. k erhält man aus Gl. (XI):

$$k\,|\nu_A| = \frac{1}{t} \cdot \ln \frac{c_A^0}{c_A} = \frac{1}{900} \cdot \ln \frac{25}{9{,}8} = 1{,}0405 \cdot 10^{-3}\,\text{s}^{-1} \quad \text{bzw.}$$

$$k\,|\nu_A| = \frac{1}{1800} \cdot \ln \frac{25}{3{,}8} = 1{,}0466 \cdot 10^{-3}\,\text{s}^{-1}. \quad \text{Da } |\nu_A| = 2 \text{ ist, wird}$$

$k = 5{,}203 \cdot 10^{-4}$ bzw. $5{,}233 \cdot 10^{-4}\,\text{s}^{-1}$.

10/4. Die Reaktionsgleichung lautet: $2\,C_4H_6(g) \rightarrow C_8H_{12}(g)$
(Bezugskomponente $k = $ Butadien, $|\nu_k| = 2$, $\sum_i \nu_i = -1$). $\sum_i n_i^0$ ist gleich

der Anfangsstoffmenge des Butadiens, d. h. $\sum_i n_i^0 = n_k^0$; wir nehmen

$\sum_i n_i^0 = n_k^0 = 1$ an. Dann gilt $\sum_i n_i = \frac{pV}{RT} = 1 - \frac{1}{2} \cdot 1 \cdot U_k = 1 - 0{,}5\,U_k$.

Für $U_k = 0$ ist $p = p^0$ und damit $V = \dfrac{RT}{p^0}$. Durch Einsetzen in vorstehende

Gleichung wird $U_k = 2\left(1 - \dfrac{p}{p^0}\right)$. Andererseits ist $c_k = \dfrac{1}{RT}\,(2\,p - p^0) =$

$$= \frac{1}{8{,}3143 \cdot 599{,}15}\,(2\,p - 84\,260).\quad \text{Durch Einsetzen der Werte für } p$$

erhält man:

t	$= 0$	195	367	605	1038	1751	2183	3305	s
c_k	$= 16{,}911$	16,188	15,551	14,749	13,449	11,741	10,982	9,323	mol/m³
$1/c_k$	$= 5{,}923$	6,177	6,430	6,780	7,435	8,517	9,106	10,726	m³/mc

Die Auftragung von $1/c_k$ gegen t ergibt eine Gerade, also ist die Reaktion von 2. Ordnung. Die Steigung der Geraden ist $k\,|\nu_k| = 1{,}456 \cdot 10^{-5}\,\text{s}^{-1}$, also $k = 7{,}28 \cdot 10^{-6}\,\text{s}^{-1}$.

10/5. Wäre die Reaktion von 1. Ordnung, so müßte die Auftragung von $\ln c_A$ gegen t eine Gerade ergeben. Dies ist nicht der Fall. Ist die Reaktion von 2. Ordnung, so muß die Auftragung von $1/c_A$ gegen t eine Gerade ergeben. Für $1/c_A$ erhält man:

t	$= 120$	180	240	330	530	600	s
$1/c_A$	$= 29{,}851$	34,364	39,063	47,619	64,516	67,568	dm³/mol

Die Auftragung von $1/c_A$ gegen t ergibt tatsächlich eine Gerade. Aus deren Steigung erhält man den Mittelwert für $k = 8{,}13 \cdot 10^{-2}\,\text{dm}^3/(\text{mol} \cdot \text{s})$.

10/6. $E = R \cdot \dfrac{T_2 T_1}{T_2 - T_1} \cdot \ln \dfrac{k_{T_2}}{k_{T_1}} = 8{,}3143 \cdot \dfrac{1744{,}15 \cdot 900{,}15}{1744{,}15 - 900{,}15} \times$

$$\times \ln \frac{1{,}223\cdot 10^{-4}}{5{,}457\cdot 10^{-7}} = 83\,705 \text{ J/mol}. \quad k_0 = k\cdot e^{E/RT} = 5{,}457\cdot 10^{-7} \times$$

$$\times e^{83\,705/(8{,}3143\cdot 900{,}15)} = 0{,}03929 \text{ s}^{-1}.$$

10/7. Es ist $Sc = \dfrac{\eta}{\rho D} = \dfrac{3\cdot 10^{-5}}{1\cdot(4\cdot 10^{-5})} = 0{,}750$, ferner $Re = \dfrac{wd\rho}{\eta} =$

$$= \frac{0{,}1\cdot(5\cdot 10^{-3})\cdot 1}{3\cdot 10^{-5}} = 16{,}67. \quad \text{Dann ist } Sh = 1{,}9\cdot 16{,}67^{1/2}\cdot 0{,}750^{1/3} = 7{,}05.$$

Daraus ergibt sich der Stoffübergangskoeffizient zu: $\beta = Sh\cdot \dfrac{D}{d} =$

$$= 7{,}05\cdot \frac{4\cdot 10^{-5}}{5\cdot 10^{-3}} = 5{,}64\cdot 10^{-2} \text{ m/s}.$$

10/8. $V_s = 1{,}8 \text{ m}^3$; $S = \dfrac{3\cdot 1{,}8}{2{,}5\cdot 10^{-3}} = 2160 \text{ m}^2$. $n = (5{,}64\cdot 10^{-2})\,2160\cdot 1 =$

$$= 1218 \text{ mol/s} = 1{,}218 \text{ kmol/s}.$$

11/1. $w = 0{,}14\,(14\%)$.

11/2. $n = 1{,}4734$.

11/3. **a)** $6\cdot 2{,}418 + 6\cdot 1{,}100 + 3\cdot 1{,}733 = 26{,}307$; **b)** $1\cdot 2{,}418 +$
$+\; 1\cdot 1{,}100 + 3\cdot 5{,}967 = 21{,}419$.

11/4. **a)** $32{,}76 \text{ cm}^3/\text{mol}$; **b)** $8{,}57 \text{ cm}^3/\text{mol}$.

11/5. Allgemein ist für die Mischung AB zweier Flüssigkeiten A und B

$$(w_A \text{ Massenanteil von A}): \quad \frac{n_{AB}^2-1}{n_{AB}^2+2}\cdot \frac{1}{\rho_{AB}} = \frac{n_A^2-1}{n_A^2+2}\cdot \frac{w_A}{\rho_A} +$$

$$+\frac{n_B^2-1}{n_B^2+2}\cdot \frac{1-w_A}{\rho_B}. \quad \text{Damit wird } w_A = 0{,}204\,(20{,}4\%).$$

11/6. $\lg \dfrac{I_0}{I} = kd$; $\lg \dfrac{100}{10} = k\cdot 10$, daraus $k = 0{,}1$ cm.

a) $d = \dfrac{1}{k}\cdot \lg \dfrac{I_0}{I} = \dfrac{1}{0{,}1}\cdot \lg \dfrac{100}{50} = 3{,}01$ cm; **b)** $\lg \dfrac{100}{I} = 0{,}1\cdot 6$

und $I = 25{,}1\%$, also werden $74{,}9\%$ absorbiert.

11/7. Es wird $E = k_1\cdot d_1 = \epsilon_1\cdot c_1\cdot d_1 = \epsilon_2\cdot c_2\cdot d_2 = k_2\cdot d_2$.
Bei gleicher Schichtdicke ist $k_2 = k_1 = \epsilon_1\cdot c_1$ (der Index 1 bezieht sich
auf die Eisen-Phenantrolin-Lösung, 2 auf die Graulösung). $k_2 =$

$$= 11{,}2\cdot 10^3\cdot 4{,}46\cdot 10^{-5} = 0{,}50 \text{ cm}^{-1}; \quad c_1 = \frac{0{,}5\cdot d_2}{\epsilon_1\cdot d_1} \text{ mol Fe/Liter} =$$

$$= \frac{55{,}85\cdot 10^3\cdot 0{,}5\cdot d_2}{11{,}2\cdot 10^3\cdot d_1} \text{ mg Fe/Liter. Es ist gefordert, daß } d_2 \text{ zahlenmäßig}$$

gleich c_1 sein soll, daher wird $d_1 = 2{,}49$ mm.

11/8. $E = \dfrac{0,11963}{5,300 \cdot 10^{-7}} = 2,2572 \cdot 10^5$ J/mol.

11/9. Die molare Strahlungsenergie beträgt für $\lambda_1 = 2,070 \cdot 10^{-7}$ m:

$$E_1 = \frac{0,11963}{2,070 \cdot 10^{-7}} = 5,779 \cdot 10^5 \text{ J}; \text{ zerfallen sind } 3,4394 \cdot 10^{-6} \text{ mol/J},$$

daher sind durch $5,779 \cdot 10^5$ J zerfallen $5,779 \cdot 10^5 \cdot (3,4394 \cdot 10^{-6}) =$
$= 1,99$ mol. Analog erhält man für $\lambda_2 = 2,530 \cdot 10^{-7}$ m: 2,09 mol.

11/10. $\psi = \dfrac{2 \cdot 51\,500}{\dfrac{0,11963}{2,054 \cdot 10^{-7}}} = 0,177 \ (17,7\%).$

11/11. Der freigesetzten Energie (Licht, γ-Strahlen usw.) ΔE

entspricht nach Gl. (XX) eine Massenabnahme $\Delta m = \dfrac{8,23 \cdot 10^{13}}{(3 \cdot 10^8)^2} =$

$= 9,14 \cdot 10^{-4}$ kg $= 0,914$ g. Von der ursprünglichen Masse des Ausgangs-
materials (1000 g) verbleiben somit als materielle Reaktionsprodukte
$1000 - 0,914 = 999,086$ g. Es wurden also nahezu 0,1% der Materie in
Strahlung umgewandelt.

12/1. a) $\gamma = \dfrac{rh\rho g}{2} = \dfrac{(1,29 \cdot 10^{-4}) \cdot 0,02445 \cdot 1937 \cdot 9,81}{2} =$

$= 2,997 \cdot 10^{-2}$ N/m; **b)** $\gamma = \dfrac{(1,29 \cdot 10^{-4}) \cdot 0,0222 \cdot 1875 \cdot 9,81}{2} =$

$= 2,634 \cdot 10^{-2}$ N/m.

12/2. Nach Gl. (VIII) ist $M \approx \left(\dfrac{2,12 \cdot 10^{-7} \cdot (46,2 - 19,1)}{(2,997 \cdot 10^{-2}) \cdot 1937^{-2/3} - (2,634 \cdot 10^{-2}) \cdot 1875^{-2/3}} \right)^{3/2}$

$= 0,1582$ kg/mol $= 158,2$ g/mol; tatsächliche molare Masse: 156,0, daher
Assoziationsfaktor $x = 1,01$.

12/3. $\dfrac{\gamma_1}{\gamma_2} = \dfrac{\rho_1 h_1}{\rho_2 h_2} = \dfrac{(\vartheta_{\text{krit}} - 6 - \vartheta_1)\rho_1^{2/3}}{(\vartheta_{\text{krit}} - 6 - \vartheta_2)\rho_2^{2/3}}$,   daraus $\dfrac{\rho_1^{1/3} h_1}{\rho_2^{1/3} h_2} =$

$= \dfrac{\vartheta_{\text{krit}} - 6 - \vartheta_1}{\vartheta_{\text{krit}} - 6 - \vartheta_2} = \dfrac{1124^{1/3} \cdot 0,0328}{1064^{1/3} \cdot 0,0285} = 1,1721; \ \vartheta_{\text{krit}} - 6 - 14,8 =$

$= 1,1721 \cdot (\vartheta_{\text{krit}} - 6 - 46,2) = 1,1721 \cdot \vartheta_{\text{krit}} - 7,0326 - 54,1510;$ daraus folgt
für $\vartheta_{\text{krit}} = 234,65$ °C.

12/4. a) $3,521 \cdot 10^{-5} \left(\dfrac{\text{N}}{\text{m}} \right)^{1/4} \cdot \dfrac{\text{m}^3}{\text{mol}}$;   **b)** $P = (2,376 \cdot 10^{-2})^{1/4} \times$

$\times \ \dfrac{0,08810}{901} = 3,839 \cdot 10^{-5} \left(\dfrac{\text{N}}{\text{m}} \right)^{1/4} \cdot \dfrac{\text{m}^3}{\text{mol}}$.

14 Tabellen

Relative Atommassen der Elemente (1987)

bezogen auf die relative Atommasse $A_r(^{12}C) = 12$.

Das Streuungsintervall der letzten Stelle ist durch die Zahl in Klammern angegeben, z. B. für Antimon $A_r(Sb) = 121{,}75 \pm 0{,}03$.

Ac	Actinium	(227)	Eu	Europium	151,965(9)
Ag	Silber	107,8682(2)	F	Fluor	18,9984032(9)
Al	Aluminium	26,981539(5)	Fe	Eisen	55,847(3)
Am	Americium	(243)	Fm	Fermium	(257)
Ar	Argon	39,948(1)	Fr	Francium	(223)
As	Arsen	74,92159(2)	Ga	Gallium	69,723(1)
At	Astatin	(210)	Gd	Gadolinium	157,25(3)
Au	Gold	196,96654(3)	Ge	Germanium	72,61(2)
B	Bor	10,811(5)	H	Wasserstoff	1,00794(7)
Ba	Barium	137,327(7)	He	Helium	4,002602(2)
Be	Beryllium	9,012182(3)	Hf	Hafnium	178,49(2)
Bi	Bismut	208,98037(3)	Hg	Quecksilber	200,59(3)
Bk	Berkelium	(247)	Ho	Holmium	164,93032(3)
Br	Brom	79,904(1)	I	Iod	126,90447(3)
C	Kohlenstoff	12,011(1)	In	Indium	114,82(1)
Ca	Calcium	40,078(4)	Ir	Iridium	192,22(3)
Cd	Cadmium	112,411(8)	K	Kalium	39,0983(1)
Ce	Cer	140,115(4)	Kr	Krypton	83,80(1)
Cf	Californium	(251)	La	Lanthan	138,9055(2)
Cl	Chlor	35,4527(9)	Li	Lithium	6,941(2)
Cm	Curium	(247)	Lr	Lawrencium	(260)
Co	Cobalt	58,93320(1)	Lu	Lutetium	174,967(1)
Cr	Chrom	51,9961(6)	Md	Mendelevium	(258)
Cs	Cäsium	132,90543(5)	Mg	Magnesium	24,3050(6)
Cu	Kupfer	63,546(3)	Mn	Mangan	54,93805(1)
Dy	Dysprosium	162,50(3)	Mo	Molybdän	95,94(1)
Er	Erbium	167,26(3)	N	Stickstoff	14,00674(7)
Es	Einsteinium	(252)	Na	Natrium	22,989768(6)

Nb	Niob	92,90638(2)
Nd	Neodym	144,24(3)
Ne	Neon	20,1797(6)
Ni	Nickel	58,69(1)
No	Nobelium	(259)
Np	Neptunium	(237)
O	Sauerstoff	15,9994(3)
Os	Osmium	190,2(1)
P	Phosphor	30,973762(4)
Pa	Protactinium	(231)
Pb	Blei	207,2(1)
Pd	Palladium	106,42(1)
Pm	Promethium	(145)
Po	Polonium	(209)
Pr	Praseodym	140,90765(3)
Pt	Platin	195,08(3)
Pu	Plutonium	(244)
Ra	Radium	(226)
Rb	Rubidium	85,4678(3)
Re	Rhenium	186,207(1)
Rh	Rhodium	102,90550(3)
Rn	Radon	(222)
Ru	Ruthenium	101,07(2)
S	Schwefel	32,066(6)
Sb	Antimon	121,75(3)
Sc	Scandium	44,955910(9)
Se	Selen	78,96(3)
Si	Silicium	28,0855(3)
Sm	Samarium	150,36(3)
Sn	Zinn	118,710(7)
Sr	Strontium	87,62(1)
Ta	Tantal	180,9479(1)
Tb	Terbium	158,92534(3)
Tc	Technetium	(98)
Te	Tellur	127,60(3)
Th	Thorium	232,0381(1)
Ti	Titan	47,88(3)
Tl	Thallium	204,3833(2)
Tm	Thulium	168,93421(3)
U	Uran	238,0289(1)
V	Vanadium	50,9415(1)
W	Wolfram	183,85(3)
Xe	Xenon	131,29(2)
Y	Yttrium	88,90585(2)
Yb	Ytterbium	173,04(3)
Zn	Zink	65,39(2)
Zr	Zirconium	91,224(2)

Wasserdampftafel (Sättigungszustand)

ϑ Temperatur in °C

p Sättigungsdruck in bar

v' spezifisches Volumen der Flüssigkeit in dm^3/kg

v'' spezifisches Volumen des trocken gesättigten Dampfes in m^3/kg

ρ'' Dichte des gesättigten Dampfes in kg/m^3

h' spezifische Enthalpie der Flüssigkeit in kJ/kg

h'' spezifische Enthalpie des trocken gesättigten Dampfes in kJ/kg

$\Delta_V h = h'' - h'$ spezifische Verdampfungsenthalpie in kJ/kg

ϑ	p	v'	v''	ρ''	h'	h''	$\Delta_V h$
°C	bar	dm^3/kg	m^3/kg	kg/m^3	kJ/kg	kJ/kg	kJ/kg
0	0,006108	1,0002	206,3	0,004847	−0,04	2501,6	2501,6
2	0,007055	1,0001	179,9	0,005558	8,39	2505,2	2496,8
4	0,008129	1,0000	157,3	0,006358	16,80	2508,9	2492,1
6	0,009345	1,0000	137,8	0,007258	25,21	2512,6	2487,4
8	0,010720	1,0001	121,0	0,008267	33,60	2516,2	2482,6

ϑ	p	v'	v''	ρ''	h'	h''	$\Delta_v h$
°C	bar	dm³/kg	m³/kg	kg/m³	kJ/kg	kJ/kg	kJ/kg
10	0,012270	1,0003	106,4	0,009396	41,99	2519,9	2477,9
12	0,014014	1,0004	93,84	0,01066	50,38	2523,6	2473,2
14	0,015973	1,0007	82,90	0,01206	58,75	2527,2	2468,5
16	0,018168	1,0010	73,38	0,01363	67,13	2530,9	2463,8
18	0,02062	1,0013	65,09	0,01536	75,50	2534,5	2459,0
20	0,02337	1,0017	57,84	0,01729	83,86	2538,2	2454,3
22	0,02642	1,0022	51,49	0,01942	92,23	2541,8	2449,6
24	0,02982	1,0026	45,93	0,02177	100,59	2545,5	2444,9
26	0,03360	1,0032	41,03	0,02437	108,95	2549,1	2440,2
28	0,03778	1,0037	36,73	0,02723	117,31	2552,7	2435,4
30	0,04241	1,0043	32,93	0,03037	125,66	2556,4	2430,7
32	0,04753	1,0049	29,57	0,03382	134,02	2560,0	2425,9
34	0,05318	1,0056	26,60	0,03759	142,38	2563,6	2421,2
36	0,05940	1,0063	23,97	0,04172	150,74	2567,2	2416,4
38	0,06624	1,0070	21,63	0,04624	159,09	2570,8	2411,7
40	0,07375	1,0078	19,55	0,05116	167,45	2574,4	2406,9
42	0,08198	1,0086	17,69	0,05652	175,81	2577,9	2402,1
44	0,09100	1,0094	16,04	0,06236	184,17	2581,5	2397,3
46	0,10086	1,0103	14,56	0,06869	192,53	2585,1	2392,5
48	0,11162	1,0112	13,23	0,07557	200,89	2588,6	2387,7
50	0,12335	1,0121	12,05	0,08302	209,26	2592,2	2382,9
52	0,13613	1,0131	10,98	0,09108	217,62	2595,7	2378,1
54	0,15002	1,0140	10,02	0,09979	225,98	2599,2	2373,2
56	0,16511	1,0150	9,159	0,1092	234,35	2602,7	2368,4
58	0,18147	1,0161	8,381	0,1193	242,72	2606,2	2363,5
60	0,19920	1,0171	7,679	0,1302	251,09	2609,7	2358,6
62	0,2184	1,0182	7,044	0,1420	259,46	2613,2	2353,7
64	0,2391	1,0193	6,469	0,1546	267,84	2616,6	2348,8
66	0,2615	1,0205	5,948	0,1681	276,21	2520,1	2343,9
68	0,2856	1,0217	5,476	0,1826	284,59	2623,5	2338,9
70	0,3116	1,0228	5,046	0,1982	292,97	2626,9	2334,0
72	0,3396	1,0241	4,656	0,2148	301,35	2630,3	2329,0
74	0,3696	1,0253	4,300	0,2326	309,74	2633,7	2324,0
76	0,4019	1,0266	3,976	0,2515	318,13	2637,1	2318,9
78	0,4365	1,0279	3,680	0,2718	326,52	2640,4	2313,9
80	0,4736	1,0292	3,409	0,2933	334,92	2643,8	2308,8
82	0,5133	1,0305	3,162	0,3163	343,31	2647,1	2303,8
84	0,5557	1,0319	2,935	0,3407	351,71	2650,4	2298,7
86	0,6011	1,0333	2,727	0,3667	360,12	2653,6	2293,5
88	0,6495	1,0347	2,536	0,3942	368,53	2656,9	2288,4
90	0,7011	1,0361	2,361	0,4235	376,94	2660,1	2283,2
92	0,7561	1,0376	2,200	0,4545	385,36	2663,4	2278,0
94	0,8146	1,0391	2,052	0,4873	393,78	2666,6	2272,8
96	0,8769	1,0406	1,915	0,5221	402,20	2669,7	2267,5
98	0,9430	1,0421	1,789	0,5589	410,63	2672,9	2262,2
100	1,0133	1,0437	1,673	0,5977	419,06	2676,0	2256,9

ϑ	p	v'	v''	ρ''	h'	h''	$\triangle_v h$
°C	bar	dm³/kg	m³/kg	kg/m³	kJ/kg	kJ/kg	kJ/kg
105	1,2080	1,0477	1,419	0,7046	440,17	2683,7	2243,6
110	1,4327	1,0519	1,210	0,8265	461,12	2691,3	2230,0
115	1,6906	1,0562	1,036	0,9650	482,50	2698,7	2216,2
120	1,9854	1,0606	0,8915	1,122	503,72	2706,0	2202,2
125	2,3210	1,0652	0,7702	1,298	524,99	2713,0	2188,0
130	2,7013	1,0700	0,6681	1,497	546,31	2719,9	2173,6
135	3,131	1,0750	0,5818	1,719	567,68	2726,6	2158,9
140	3,614	1,0801	0,5085	1,967	589,10	2733,1	2144,0
145	4,155	1,0853	0,4460	2,242	610,60	2739,3	2128,7
150	4,760	1,0908	0,3924	2,548	632,15	2745,4	2113,2
155	5,433	1,0964	0,3464	2,886	653,78	2751,2	2097,4
160	6,181	1,1022	0,3068	3,260	675,47	2756,7	2081,3
165	7,008	1,1082	0,2724	3,671	697,25	2762,0	2064,8
170	7,920	1,1145	0,2426	4,123	719,12	2767,1	2047,9
175	8,924	1,1209	0,2165	4,618	741,07	2771,8	2030,7
180	10,027	1,1275	0,1938	5,160	763,12	2776,3	2013,1
185	11,233	1,1344	0,1739	5,752	785,26	2780,4	1995,2
190	12,551	1,1415	0,1563	6,397	807,52	2784,3	1976,7
195	13,987	1,1489	0,1408	7,100	829,88	2787,8	1957,9
200	15,549	1,1565	0,1272	7,864	852,37	2790,9	1938,6
210	19,077	1,1726	0,1042	9,593	897,74	2796,2	1898,5
220	23,198	1,1900	0,08604	11,62	943,67	2799,9	1856,2
230	27,976	1,2087	0,07145	14,00	990,26	2802,0	1811,7
240	33,478	1,2291	0,05965	16,76	1037,6	2802,2	1761,6
250	39,776	1,2513	0,05004	19,99	1085,8	2800,4	1714,6
260	46,943	1,2756	0,04213	23,73	1134,9	2796,4	1661,5
270	55,058	1,3025	0,03559	28,10	1185,2	2789,9	1604,6
280	64,202	1,3324	0,03013	33,19	1236,8	2780,4	1543,6
290	74,461	1,3659	0,02554	39,16	1290,0	2767,6	1477,6
300	85,927	1,4041	0,02165	46,19	1345,0	2751,0	1406,0
305	92,144	1,4252	0,01993	50,18	1373,4	2741,1	1367,7
310	98,700	1,4480	0,01833	54,54	1402,4	2730,0	1327,6
315	105,61	1,4726	0,01686	59,33	1432,1	2717,6	1285,5
320	112,89	1,4995	0,01548	64,60	1462,6	2703,7	1241,1
325	120,56	1,5289	0,01419	70,45	1494,0	2688,0	1194,0
330	128,63	1,5615	0,01299	76,99	1526,5	2670,2	1143,6
335	137,12	1,5978	0,01185	84,36	1560,3	2649,7	1089,5
340	146,05	1,6387	0,01078	92,76	1595,5	2626,2	1030,7
345	155,45	1,6858	0,009763	102,4	1632,5	2598,9	966,4
350	165,35	1,7411	0,008799	113,6	1671,9	2567,7	895,7
355	175,77	1,8085	0,007859	127,2	1716,6	2530,4	813,8
360	186,75	1,8959	0,006940	144,1	1764,2	2485,4	721,3
365	198,33	2,0160	0,006012	166,3	1818,0	2428,0	610,0
370	210,54	2,2136	0,004973	201,1	1890,2	2342,8	452,6
372	215,62	2,3636	0,004439	225,3	1935,6	2286,9	351,4
374	220,81	2,8407	0,003458	289,2	2046,3	2155,0	108,6
374,15	221,20	3,1700	0,003170	315,5	2107,4		0,0

Einschlägige, benutzte und weiterführende Literatur

1. Tabellenwerke

D'Ans, J., Lax, E.: Taschenbuch für Chemiker und Physiker, 3. Aufl., Bd. I
bis III. Berlin-Heidelberg-New York: Springer 1964–1970.

Weast, R. C. (Hrsg.): Handbook of chemistry and physics, 59. Aufl. Cleveland:
Chemical Rubber Publishing Company 1978.

Heczko, Th.: Chemisch-stöchiometrische Rechentafeln. Wien: Springer 1949.

Küster, F. W., Thiel, A., Fischbeck, K.: Logarithmische Rechentafeln für
Chemiker, Pharmazeuten, Mediziner und Physiker, 101. Aufl. Berlin:
W. de Gruyter 1973.

Landolt-Börnstein (Bartel, J., Ten Bruggencate, P., Hausen, H. u. a., Hrsg.):
Zahlenwerte und Funktionen aus Physik, Chemie, Astronomie, Geophysik
und Technik, 6. Aufl. Berlin-Göttingen-Heidelberg: Springer, 1950 ff.

Perry, R. H.: Chemical engineers' handbook, 5. Aufl. New York-London:
McGraw-Hill 1973.

2. Bücher über Mathematik, Physikalische Chemie und Physikalisch-chemisches Rechnen

Anderson, H. V.: Chemical calculations, 6. Aufl. New York-London:
McGraw-Hill 1955.

Asmus, E.: Einführung in die höhere Mathematik und ihre Anwendungen.
Ein Hilfsbuch für Chemiker, Physiker und andere Naturwissenschaftler,
5. Aufl. Berlin: W. de Gruyter 1969.

Barrow, G. M. (übersetzt und bearbeitet von Herzog, G. W.): Physikalische
Chemie, 2. Aufl. Heidelberg-Wien: Bohmann-Verlag, Braunschweig:
Friedrich Vieweg & Sohn 1977.

Batuner, L. M., Posin, M. J.: Mathematische Methoden in der chemischen
Technik. Berlin: VEB Verlag Technik 1958.

Besskow, S. D.: Technisch-chemische Berechnungen, 3. Aufl. Berlin:
VEB Verlag Technik 1962.

Brdicka, R.: Grundlagen der physikalischen Chemie, 14. Aufl. Berlin:
VEB Deutscher Verlag der Wissenschaften 1977.

Bronstein, I. N., Semendjajew, K. A.: Taschenbuch der Mathematik, 5. Aufl.
Zürich-Frankfurt/M.: Verlag Harri Deutsch 1965.

Burri, C.: Petrochemische Berechnungsmethoden auf äquivalenter Grundlage.
Basel-Stuttgart: Birkhäuser 1959.

Daeves, K., Beckel, A.: Großzahl-Forschung und Häufigkeitsanalyse.
Weinheim-Berlin: Verlag Chemie 1948.

Fiedler, H.: Chemisches Rechnen auf elementarer Grundlage in Form einer
Aufgabensammlung, 7. Aufl. Weinheim: Verlag Chemie 1970; 2. Nachdruck: 1977.

Fitzer, E., Fritz, W.: Technische Chemie. Eine Einführung in die Chemische
Reaktionstechnik, 3. Aufl. Berlin-Heidelberg-New York: Springer 1989.

Fromherz, H.: Physikalisch-chemisches Rechnen in Wissenschaft und Technik,
3. Aufl. Weinheim: Verlag Chemie 1966; Nachdruck: 1973.

Fuhrmann, J., Zachmann, H. G.: Übungsaufgaben zur Mathematik für
Chemiker. Weinheim: Verlag Chemie 1976.

Gibbs, R. H.: Chemical problems and calculations. London: E. Arnold 1944.

Grumbt, A.: Gleichgewichtsgase der Verbrennung und Vergasung. Wärme-
technische Berechnungen. Berlin-Göttingen-Heidelberg: Springer 1958.

Hamilton, L. F., Simpson, S. G.: Calculations of quantitative chemical
analysis, 5. Aufl. New York-London: McGraw-Hill 1954.

Hawes, B. W. V., Davies, N. H. (übersetzt von Zachmann, H. G.): Aufgabensammlung Physikalische Chemie in SI-Einheiten. Weinheim: Verlag
Chemie-Physik Verlag 1975.

Heslop, R. B.: Praktisches Rechnen in der allgemeinen Chemie. Weinheim:
Verlag Chemie 1973.

Holleck, L.: Physikalische Chemie und ihre rechnerische Anwendung —
Thermodynamik. Berlin-Göttingen-Heidelberg: Springer 1950.

Kisselewa, Je. W., Karetnikow, G. S., Kudrjaschow, I. W.: Beispiele und Aufgaben zur physikalischen Chemie. Leipzig: Akademische Verlagsgesell-
schaft Geest und Portig 1964.

Klezl-Norberg, F.: Allgemeine Methodenlehre der Statistik, 2. Aufl. Wien:
Springer 1946.

Knox, J.: Physico-chemical calculations, 16. Aufl. London: Methuen 1949.

Kowalke, O. L.: Fundamentals in chemical process calculations. New York:
Macmillan 1947.

Luckey-Treusch, O.: Nomographie, 7. Aufl. Stuttgart: B. G. Teubner 1954.

Matz, W.: Aufgabensammlung zur Thermodynamik des Wärme- und Stoff-
austausches. Darmstadt: D. Steinkopff 1953.

Meyer zur Capellen, W.: Leitfaden der Nomographie. Berlin-Göttingen-
Heidelberg: Springer 1953.

Moore, W. J. (2. Aufl. bearbeitet und erweitert von Hummel, D. O.):
Physikalische Chemie. Berlin-New York: W. de Gruyter 1976.

Müller, F. G.: Theoretische Kapitel aus der allgemeinen Chemie, 4. Aufl.
Zürich: E. Wurzel 1944.

Müller, G. O.: Grundlagen der Stöchiometrie, 4. Aufl. Leipzig: S. Hirzel 1964.

Nernst, W., Schoenflies, A.: Einführung in die mathematische Behandlung der
Naturwissenschaften, 10. Aufl. München-Berlin: R. Oldenbourg 1923.

Nylén, P., Wigren, N.: Einführung in die Stöchiometrie, 17. Aufl. Darmstadt:
D. Steinkopff 1978.

Papula, L.: Mathematik für Chemiker. Stuttgart: Ferdinand Enke 1975.

Papula, L.: Übungen und Anwendungen zur Mathematik für Chemiker.
Stuttgart: Ferdinand Enke 1977.

Poethke, W., Reuther, H.: Grundlagen des chemischen Rechnens, 5. Aufl.
Dresden-Leipzig: Th. Steinkopff 1966.

Pukall, W.: Keramisches Rechnen auf chemischer Grundlage, 4. Aufl.
Breslau: F. Hirt 1927.

Rein, D.: Mathematik für die Praxis des Naturwissenschaftlers und Ingenieurs.
Berlin-New York: W. de Gruyter 1979.

Richards, J. W.: Metallurgische Berechnungen. Berlin: Springer 1913.

Sillén, L. G., Lange, P. W., Gabrielson, C. O.: Fysikalisk-kemiska
Räkneuppgifter. Stockholm: H. Gebers Forlag 1948.

Sirk, H., Draeger, M.: Mathematik für Naturwissenschaftler, 12. Aufl.
Darmstadt: D. Steinkopff 1972.

Sirk, H., Rang, O.: Einführung in die Vektorrechnung für Naturwissenschaftler, Chemiker und Ingenieure, 3. Aufl. Darmstadt: D. Steinkopff
1974.

Stackelberg, M. v.: Kalorisch-chemische Rechenaufgaben. Berlin-Göttingen-
Heidelberg. Springer 1952.

Tust, P., Schimmels, M.: Einführung in die Chemie auf einfachster Grundalge,
Band I, 9. Aufl. Wiesbaden: F. Steiner 1965.

Wittenberger, W.: Rechnen in der Chemie. Grundoperationen-Stöchiometrie,
13. Aufl. Wien-New York: Springer 1988.

Zachmann, H. G.: Mathematik für Chemiker, 3. Aufl. Weinheim: Verlag
Chemie 1977.

Aus der Göschensammlung (W. de Gruyter Berlin):
Abegg, R., Sackur, O.: Physikalisch-chemische Rechenaufgaben. 1914.

Asmus, E.: Physikalisch-chemische Rechenaufgaben, 4. Aufl. 1967.

Bahrdt, W., Scheer, R.: Stöchiometrische Aufgabensammlung, 9. Aufl. 1967.

Deegener, H.: Chemisch-technische Rechnungen, 2. Aufl. 1912.

Hüttig, G. F.: Sammlung elektrochemischer Rechenaufgaben 1924.

Mahler, G., Mahler, K.: Physikalische Aufgabensammlung, 12. Aufl. 1964.

Pirani, M., Fischer, F.: Graphische Darstellung in Wissenschaft und Technik,
4. Aufl. 1957.

Sachverzeichnis